国家科学技术学术著作出版基金
澳门基金会　资助出版

# THE ILLUSTRATED IMPORTANT
# WILD ORCHIDS IN CHINA

# 中国主要野生兰
# 手绘图鉴

唐振缁　程式君　编著
C. Z. TANG  AND  S. J. CHENG

科学出版社
北　京

## 内 容 简 介

本书为鉴定、识别我国主要野生兰科植物的工具书，也是植物画家以活体野生兰为描绘对象的手绘图集。全书主体包括概论、兰科植物的识别和中国主要野生兰各论三大部分。重点在第三章的各论部分，涉及学术价值、经济价值和观赏价值较高的我国主要野生兰，个别我国引种成功的国外闻名兰科植物种类共73属247种，以及一些重要的变种和品种。属的排列按拉丁属名的字母顺序，其描述内容包括：中文属名、拉丁属名、历史、分类和分布、模式种、生态类别、形态特征；大属则附有亚属或分组的检索表或名单。每个种附有文字描述和一张以上的手绘标本图，其文字内容有：中名（和别名）、拉丁学名（和曾用学名）、组别（或亚属）、形态、花（果）期、产地和分布、生态、用途等。

本书可供植物学、花卉园艺学、中药学、环境保护、绿化、工艺美术等方面的工作者和爱好者、大专院校有关科系和中学师生、兰友等使用参考。

**图书在版编目（CIP）数据**

中国主要野生兰手绘图鉴 / 唐振缁，程式君编著. —北京：
科学出版社，2016.5
ISBN 978-7-03-047320-2

Ⅰ.①中… Ⅱ.①唐… ②程… Ⅲ.① 兰科-野生植物-中国-图集
Ⅳ.① Q949.71-64

中国版本图书馆CIP数据核字（2016）第026848号

责任编辑：王 静 马 俊 白 雪 / 责任校对：郑金红
责任印制：肖 兴 / 书籍设计：北京美光设计制版有限公司

科 学 出 版 社 出版
北京东黄城根北街16号
邮政编码：100717
http://www.sciencep.com

北京盛通印刷股份有限公司 印刷
科学出版社发行 各地新华书店经销

*

2016年5月第 一 版 开本：889×1194 1/16
2016年5月第一次印刷 印张：28 3/4
字数：920 000

定价：298.00元
（如有印装质量问题，我社负责调换）

菊

孟北楨題

孟兆禎院士 80 大寿时为本书题字

衷心感谢
国家科学技术学术著作出版基金和澳门基金会
共同全额资助本书的出版

# 不以无人而不芳

## ——贺《中国主要野生兰手绘图鉴》出版

　　该书作者程式君、唐振缁伉俪是我的同窗好友，我们很幸运地成为了汪菊渊、吴良镛两位前辈创立的造园专业一年级新生。一个班才 7 名学生，幸运主要体现在综合强大的师资阵营。农学基础、植物学、土壤学、气象学、植物生理学和病虫害都是由实力最强的教授任教，园艺学的果树课亦然。建筑学有关课程如画法几何学、美术、制图、园林建筑等都是由清华大学建筑系教师任教。专业课中的中外园林史由汪菊渊先生任教，这为我们打下了本科学习全面、扎实的基础，而使我们受益终生。程式君是美术课的课代表，素描和水彩都是我们班上最好的，她还从宗维城老师那里了解了画植物标本的理法。他俩能完成这本巨著首先在于有博大的专业基本知识和绘制植物标本的基本技能，这才能得心应手地完成硕果。

　　园林学科由园林植物和风景园林规划设计两个学科合成。兰科不仅在植物中是一个大科，而且是具有中国特色的中国名花，无论就遗传育种还是兰花的栽培而言，野生兰都是研究的基础，要叩开兰之大门，使之多样化持续发展，根基都在野生兰。而此前认识野生兰的标本都是干标本，不如鲜活的植株写生，可以全面而有重点地记录总观和开花、结实的分类特征。一支铅笔，据实描绘，呼之欲出，生机盎然，既是符合科学研究的野生兰标本画，也是布局匀称、宾主分明、生动鲜活的美术作品，充分体现了学科为科学的艺术之特色。野生兰种类近万，能从野外调查三百种野生兰谈何容易，这是程唐伉俪以毕生精力积累的硕果，他们把毕生硕果贡献给人类。在此，我要特别感谢他们对风景园林事业作出的卓越贡献，也感谢帮助完成该书的各界人士。

　　他们在野外调查中还发现了一些新种，如虾脊兰属中的新种等。他俩去过多国，参观过不少国际著名的标本馆，从而确立了手绘鲜活野生兰的研究方向。他俩都是多年从事兰科植物研究的专家，以解剖学的科学基础亲手绘制，有别于专事绘画的绘图员的功力。关键是把握了重要的分类科学特征。以活体野生兰为写生对象，在于抓紧开花的短暂时间应物赋象，随类赋彩确保植物活体的形体、质感和色彩，与残缺、失色的蜡叶标本有天壤之别，这是本书之特色。他们传承了国内外兰科植物标本和 Kew Garden 大量液浸兰科标本的成果而又有所创新，综合整理和研究各家之言，又能按自己的认识去伪存真。功夫不负有心人，难在汇滴水为川。

孟兆祯

2014 年 5 月于北京

　　兰科植物是高等植物中居于前列的大科之一，具有很重要的学术、经济和观赏价值。兰科植物种类繁多、形态变异很大，使它的种类识别和鉴定非常困难。通常大多数植物的分类鉴定都是利用压干的蜡叶标本，因其容易储藏、不会腐烂，便于将采自各地的蜡叶标本集中对比以资辨别分类。然而兰科植物由于肉质多汁，在制作蜡叶标本的过程中容易腐烂，且由于压制时往往各部分互相粘连、位置改变，颜色更是与新鲜时大不相同，使得活植物清晰易辨的一些形态特征也变得难于区分。这就是以往兰科植物分类识别难度非常大、种类鉴定混乱易错的主要原因。除标本外，描绘兰科植物形态和构造解剖的图是分类鉴定的一个重要工具。然而由于不是种种兰科植物都随时有现成的活植物可供描绘，特别是要观察描绘正在盛花的活植物更是机会难得，所以绝大部分供分类参考的兰科植物图都是以压干的蜡叶标本为描绘对象，用这样的图最多只能与观察干标本差不多。而根据活植物解剖并绘制的兰图虽然对分类鉴定最有帮助，却极为珍贵难得。本书所载的兰科植物图，全都是根据活植物绘制的（其中绝大部分由兰科专家程式君精心绘制，只有个别几张是出自唐振缁和其他人之手）。

　　自 1961 年以来近 50 年，程式君不论在多么艰难的条件下，不论是在野外还是在引种栽培场地，只要见到正在开花、比较特别的兰科植物就一定要立即描绘、记载下来。但由于和丈夫唐振缁一起研究兰花分类并非她的主要工作任务，其他大量的工作占了她主要的时间。加之在当时的形势下，科研人员还得把大部分时间和精力用于政治学习和政治运动。她没有时间画，只能挤出自己有限的吃饭和休息时间，夜以继日地工作。有时为了趁花朵尚未凋萎时及时将它们描绘下来（有的兰花寿命只有几十分钟），只好在野外采集营地昏暗的灯光下，在当时唯一能够得到的一小片废纸上把这株兰花及其花的细部解剖仔细画下来，这片废纸也因而由腐朽化为神奇。20 世纪 60 年代，新加坡植物园前主任、英国皇家植物园（邱园）的兰科专家赫尔顿（R. E. Holttum）来广州看到程式君以兰科活植物为对象所作的绘画和研究时非常赞赏、大加鼓励。程式君出于对兰科研究的巨大热忱，以惊人的毅力和坚持，从 1962 年到她不能继续工作为止，共作兰图近 400 张，本书选用了其中 300 多张，包括她和唐振缁一起发表的兰科新种。由于长期辛勤工作，积劳成疾，她最终离开了我们、离开了她至爱的兰科植物。这本书将是对她永远的纪念。

　　本书的每个种名都经过认真鉴定、核对，每个种和属都有详细的文字描述。这些种类鉴定和书的文字部分由唐振缁负责。唐曾在英国兰科分类专家克里布（Dr. P. Cribb）指导下，在英国皇家植物园（邱园）兰科植物标本室学习和研究兰科分类多年。该园馆藏丰富的兰科蜡叶标本和液浸标本，特别是自 18 世纪以来采自中国的大量兰科标本（包括模式标本）以及该园搜集引种的大量活的兰科植物，为研究我国兰科植物分类提供了非常好的条件。除邱园标本馆外，唐还在国内外其他馆藏兰科标本特别丰富的大标本馆查阅研究了大量国产兰科植物标本，其中国内的标本馆有中国科学院北京植物所标本馆、中国科学院华南植物所标本馆、中国科学院昆明植物研究所标本馆、中国科学院西双版纳植物园标本馆、香港中文大学植物标本馆、香港渔农处（即今"香港渔农自然护理署"）植物标本馆、台湾林业试验所植物标本馆等；国外的有英国皇家植物园（爱丁堡园）植物标本馆、英国自然博物馆标本馆、法国巴黎自然博物馆标本馆、美国哈佛大学欧克·艾姆斯兰科标本馆（Oaks Ames Orchid Herbarium，简称 AMES）等。这些标本馆的丰富馆藏，为本书国产兰科种类的鉴定和编写打下了坚实的基础。

全书包括我国主要的野生兰种类和个别已在我国驯化的国外重要属的代表种类，共计 73 属 247 种。排列以每个属的拉丁属名字母为序，由脆兰属（Acampe）起至线柱兰属（Zeuxine）止。图文并重，每种一图，重点的种还附有其主要变种和品种的图。属的文字内容包括：中文属名、拉丁属名、历史、分类和分布、模式种；大的属附有分组检索表。种的文字内容包括：中名（和别名）、拉丁学名（和曾用学名）、组别、形态、花（果）期、产地和分布、生态、用途。图边文字内容为：图号、中名、拉丁学名、图注、绘图者和绘图日期、采集者和采集日期等。每张图的内容包括：植株、花正面、花侧断面、中萼片、侧萼片、花瓣、唇瓣、蕊柱、药帽、花粉块等。

本书是鉴定识别兰科植物的工具书，可供植物学、花卉园艺学、中药学、环境保护工作者和爱好者，大学有关科系和中学师生，兰友和植物爱好者使用参考。因现有资料和作者水平所限，个别种类仅能鉴定到属。由于它们非常特殊（有可能不属于已知种类），故仍载入其图以供后人研究。为了保持手稿的原貌，也为了体现学术研究的历史变迁，在书稿中存在个别图文不一致的现象，如二列叶虾脊兰（Calanthe formosana）手绘图中为棒距虾脊兰（Calanthe clavata），本书不再做统一处理。

兰科分类研究是唐振缁和程式君夫妇终生的共同爱好，二人自始至终亲密合作、并肩钻研，这本书就是他俩合作研究的心血和结晶。在他们研究兰科的岁月中，很多兰科专家如前辈胡秀英博士，唐振缁的导师、英国皇家植物园兰科标本馆主任 Dr. P. Cribb，与已故的兰科专家 Prof. R. E. Holttum、Dr. G. Seidenfaden、Ms. G. Barreto、Dr. J. A. Fowlei 等，以及国内外其他许多专家同行、中国科学院华南植物园和北京植物所植物园的同事们都曾给予作者很多的教导帮助和亲切鼓励，仅此向他们表达衷心的感谢和怀念。

特别应该提到的是，中国工程院院士孟兆祯教授在百忙中为本书作序并题写"兰"字首页，北京林业大学教授杨赉丽，中国科学院植物研究所植物分类专家陈艺林、兰科专家卢思聪，澳门名画家邹锡华、邓颖群夫妇，澳门生态专家李金平等热心人士对本书的出版给予了很多鼓励和帮助，均此一并致谢！

唐振缁

2015 年 11 月

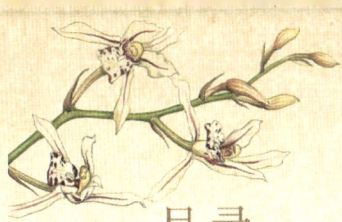

# 目录

# 第一章　概论

# 1.1 "兰"、"兰花"和"兰科植物"

　　真正或严格意义的"兰",应该是指属于"兰科"的各种植物,即"兰科植物"。然而我国自古以来,有很多不属于兰科的植物,也被称为"兰"。例如,古书中的"兰,香草也",指的就是茎叶芳香、属于菊科的"泽兰"。还有很多花香或叶香、或虽然不香但叶形似兰叶的植物,不论草本或木本,也被称为"兰"。其中草本的,如"香雪兰"(石蒜科)、"文殊兰"(石蒜科)、"朱顶兰"(石蒜科)、"虎尾兰"(龙舌兰科)、"丝兰"(龙舌兰科)、"龙舌兰"(龙舌兰科)、"剑兰"(鸢尾科)、"酒瓶兰"(百合科)、"吊兰"(百合科)、"鹤望兰"(旅人蕉科)、"牛舌兰"(紫草科)、"蟹爪兰"(仙人掌科)、"紫罗兰"(十字花科)、"非洲紫罗兰"(苦苣苔科)、"铁兰"(菠萝科)、"兰花蕉"(兰花蕉科)等;木本的如"木兰"(木兰科)、"玉兰"(木兰科)、"白兰"(木兰科)、"黄兰"(木兰科)、"夷兰"(番荔枝科)、"金粟兰"(金粟兰科)、"米仔兰"(楝科)等;藤本的如"球兰"(萝摩科)等。这些名为兰,却实际不属于兰科的植物可称之为"非兰之兰"。在兰科植物中,花朵或美丽、或芳香、或奇特可供观赏的种类,称为"兰花",但人们也有把"兰科植物"一概泛称为"兰花"的。本书所涉及的仅限于真正意义上的"兰",即属于兰科的"兰科植物"。

# 1.2 "国兰"和"洋兰"

　　我国栽培兰花以供观赏,已经有上千年的历史。主要着重其芳香和花形、叶形、株型,花色则以淡雅或单色为主。其种类仅包括地生兰中的兰属植物。主要种类有:春兰、建兰、墨兰、蕙兰、寒兰等及其栽培品种。因此习惯上把兰属植物称为"中国兰"或简称"国兰"。"国兰"的栽培地区主要在中国,其他如日本、韩国等东亚国家也有不少栽培,因此"国兰"有时也被称为"东洋兰"。在欧美等其他国家,栽培兰花的目的主要是欣赏其艳丽的颜色或奇特的花形,种类主要是源自热带、亚热带地区的附生兰,也包括不属于"国兰"的其他地生兰。这类兰花由于在国外栽培较普遍,所以称之为"洋兰"。其主要种类有卡特兰、蕾丽兰、蝴蝶兰、石斛、文心兰等以及它们数量众多的栽培品种。我国有些艺兰者和花商习惯上更将所有的附生兰,甚至凡不属于"国兰"的其他众多兰科植物种类均笼统称为"洋兰"。实际上其中很多是我国原产的种类,甚至有些是我国的特产(如石斛属的很多种和蝴蝶兰属的一些种),却都被误会成了"洋兰"。

# 1.3 丰富多彩的兰科植物

## 1.3.1 兰科——被子植物中最大的科

　　根据 A. Cronquist 的植物分类系统,被子植物共有 383 科 16.5 万种。其中有 5 个拥有 1 万种植物以上的超级大科,兰科则居于这五大科之首,顺序为:①兰科:有 880 属 26 049 种;

②菊科：有 1620 属 23 000 种；③豆科：有 730 属 19 400 种；④茜草科：有 611 属 13 000 种；⑤禾本科：有 668 属约 10 000 种。

兰科中种类最为丰富的属共有 4 个，即①石豆兰属（*Bulbophyllum*），全世界共约有 2000 种；②树兰属（*Epidendrum*），全世界共约有 1500 种（我国不产）；③石斛属（*Dendrobium*），全世界共约有 1400 种；④肋茎兰属（*Pleurothallis*），全世界共约有 1000 种（我国不产）。

兰科植物的种类占全部种子植物种类总数的 6% ～ 11% 。和动物相比，兰科植物的种数是鸟类的 2 倍、哺乳动物的 4 倍。

兰科植物中有很多花朵美丽奇特、或可供药用的种类，经过人类长期的栽培育种，如今兰科植物的杂交种和栽培品种已经达到 10 万种以上。

## 1.3.2　中国丰富的兰科植物

我国国土面积辽阔，地形和气候条件多种多样，形成了众多适于各种不同生态环境的兰科植物。据《中国植物志》记载，现在我国已知的兰科植物共有 171 属 1247 种以及许多亚种、变种和变型。国产兰科植物种类最多的有 6 个属，即

1）石豆兰属（*Bulbophyllum*）：我国有 98 种和 3 变种。主产于西南和华南地区，以云南南部最多。

2）石斛属（*Dendrobium*）：我国有 74 种和 2 变种。产于秦岭以南诸省区，其中以云南南部最多。

3）玉凤花属（*Habenaria*）：我国有 55 种。除新疆外各省区都有，但主要分布于长江流域及其以南，以西南部的横断山脉地区最多。

4）羊耳蒜属（*Liparis*）：我国有 52 种。主要分布于具亚热带和热带气候的华南和西南地区，也有少数产于温带地区。

5）虾脊兰属（*Calanthe*）：我国有 49 种和 5 变种。主产于长江流域及其以南各省区。

6）毛兰属（*Eria*）：我国有 43 种。产于南部各省区。

## 1.3.3　兰科植物形态的多样性

如前所述，兰科是被子植物中最大的科，它的种类繁多，形态也千差万别。

• 植株：植株的形态，有直立、有匍匐、有悬垂、有藤本。

植株的大小，高大的可达 1 米至几米（如山珊瑚、倒吊兰、西藏虎头兰、二列虾脊兰等），藤本的如火焰兰、大香荚兰等则可长达十数米。而矮小的则只有几厘米甚至几毫米（如小羊耳蒜、小毛兰、球茎卷瓣兰等）。

• 叶：叶色有草绿、深绿、墨绿、灰绿，或叶面绿而叶背紫红。

叶的质地有草质、纸质、革质、肉质等。

叶的形状：大部分为扁平的（包括带状、线形、披针形、卵形、椭圆形和圆形等及中间形的如卵状披针形、长圆状卵形等各种形状），但也有圆柱形（如钗子股、红花隔距兰等）和针状（如针叶石斛）的。

叶的大小：叶宽度，宽的可达 24 厘米（大花鹤顶兰）、窄的只有 0.2 厘米（对茎毛兰）。

叶长度，长的可达 120 厘米（莎叶兰）、短的只有 0.7 厘米（对茎毛兰）。

叶的先端：有尖的、有钝的、有二裂的、有啮蚀状的。

叶的有无：兰科植物绝大部分有叶，但也有些种类没有绿叶，如天麻、珊瑚兰、大根兰、无叶美冠兰等。

- 花：花的颜色：兰花的颜色非常丰富，红、黄、蓝、白、黑，由浅到深都有。除单色外，还有各种不同的彩晕、斑点和条纹。

　　花的气味：有浓、淡不同的芳香，或完全不香。

　　花的大小：花大的直径可达十几厘米（如卡特兰），小的只有几毫米，甚至不到 1 毫米（如鸢尾兰）。

　　花的形状：兰科植物的花形非常丰富、千差万别。尤其是花中的距、萼囊和唇瓣变化更大，种种不同。

　　距，有些种类无距、有些有距。不同种类距的形状、粗、细、长、短、直、弯各有不同。

　　萼囊，有些兰有萼囊、有些兰没有。萼囊的深、浅、底尖、底平均随种类而不同。

　　唇瓣，各种兰科植物唇瓣的大小、形状和颜色多种多样，是分类的主要特征。

## 1.3.4　兰科植物生态的多样性

兰科植物的生态习性多种多样，大致可分为地生兰、附生兰和腐生兰三大类。

- **地生兰**（terrestrial orchids）：地生兰主要分布于温带地区。它们像大多数高等植物一样，依靠生长于土壤中的根系来吸收水分和养料并固定植株本身。我国的地生兰种类很多，其中最为国人熟悉的就是兰属（*Cymbidium*，有少数附生及腐生种类），此外，我国种类较多的地生兰还有：杓兰属（*Cypripedium*）、开唇兰属（*Anoectochilus*）、红门兰属（*Orchis*）、舌唇兰属（*Platanthera*）、虾脊兰属（*Calanthe*）、玉凤花属（*Habenaria*）、阔蕊兰属（*Peristylus*）、沼兰属（*Malaxis*，有少数附生种类）等。

- **附生兰**（epiphytic orchids）：植株具粗壮且包有可保水的根被的"气生根"或肥厚的假鳞茎等储水器官。它们借助气生根附着、固定在其他物体（如大树的枝干或岩石表面）上面生长，所以又名"气生兰"。其附着于岩石上生长的又特称为"石生兰"（lithophilous orchids）。附生兰所需的水分和养料来自雨水（及露水、雾水）及溶解其中的无机盐，以及根系周围的落叶、脱落的树皮、死亡昆虫等细碎残留物。这种附生习性的优点为：①植株处于所在环境（树林、岩石等）的高处，可以避开阴影和生存竞争；②易被鸟类和传粉昆虫发现，有利于传粉；③兰科种子依靠风媒，高处风大且无遮挡，使种子传播得更远。由于以上特点，附生兰主要分布于热带和亚热带雨水较多、空气湿度较大、植被茂盛的地区。我国如广东、广西、海南、云南、福建南部和台湾等地，附生兰的分布都比较多。我国主要的附生兰属有：贝母兰属（*Coelogyne*）、石斛属（*Dendrobium*）、石豆兰属（*Bulbophyllum*）、万代兰属（*Vanda*）、兜兰属（*Paphiopedilum*）、指甲兰属（*Aerides*）、毛兰属（*Eria*）、鸢尾兰属（*Oberonia*）、隔距兰属（*Cleisostoma*）、石仙桃属（*Pholidota*）等。兰属（*Cymbidium*）在我国虽以地生兰闻名，但也有不少国产的附生种类，如多花兰（*C. floribundum* Lindl.）、冬凤兰（*C. dayanum* Rchb.

f. ）、纹瓣兰 [*C. aloifolium* (L.) Sw.]、虎头兰（*C. hookerianum* Rchb. f. ）、独占春（*C. eburneum* Lindl. ）等。我国附生兰的种类如此丰富，但有的兰花爱好者却错把"附生兰"一概称为"洋兰"，真是天大的误会！

- **腐生兰**（saprophytic orchids）：植株因没有绿叶，不能进行光合作用自行制造养料。它们依靠寄生于真菌的菌根，来吸收被真菌分解的其他腐烂生物体（如朽木、腐叶、烂根等）身上的养分。因此它们又被称为"菌媒异养生物（myco-heterophs）"。腐生兰不需要阳光，多生于阴暗的林下，因此往往不易被人们发现。我国腐生兰虽然比较鲜为人知，其实种类并不太少，而且有些是重要的药用植物。今举十个我国较重要的腐生兰属如下：无叶兰属（*Aphyllorchis*）、山珊瑚属（*Galeola*）、天麻属（*Gastrodia*）、珊瑚兰属（*Corallorhiza*）、虎舌兰属（*Epipogium*）、头蕊兰属（*Cephalanthera*）、鸟巢兰属（*Neottia*）、肉果兰属（*Cyrtosia*）、盂兰属（*Lecanorchis*）、无喙兰属（*Holopogon*）。

# 1.4　兰科植物的重要性

兰科植物的重要性主要表现在观赏、药用、经济、学术研究 4 方面。

## 1.4.1　观赏方面的重要性

兰花以它的花色、花香、花形、叶形和植株的体态，深得世人喜爱而成为最享盛名的花卉。兰属中的春兰、建兰、墨兰、蕙兰等几种兰花的花色清淡，花香袭人，叶形和体态优雅，是最受我国人民热爱的兰花，特称"国兰"。"国兰"的栽培从唐朝到现在已有 1200 多年的历史，培育出大量各种各样的栽培品种。"国兰"以它优美的形象和幽香，历来是我国文学艺术的题材和高尚情操的象征，养兰、赏兰的"兰文化"已成为我国悠久历史文化的组成部分。在我国辉煌灿烂文化的影响下，日本、韩国等亚洲国家也盛行"国兰"的栽培，并称之为"东洋兰"。欧美等国较早发现和引种产于热带或亚热带、颜色艳丽或形态奇特的附生兰，如卡特兰、蝴蝶兰、石斛兰、文心兰等，因此盛行这些兰花的栽培和品种培育，"附生兰"也因此被冠以"洋兰"的名称。如今热带、亚热带附生兰的栽培和欣赏已经成为全世界的潮流，而且其中不少种类是原产于我国本土的，但仍有不少人出于惯性而称之为"洋兰"。

## 1.4.2　药用方面的重要性

兰科植物中有不少属于名贵重要的药用植物。例如，著名的药材天麻，就是兰科植物天麻的地下块茎；药材石斛，就是多种石斛属植物（其中以霍山石斛和铁皮石斛最为名贵）和金石斛属植物的干燥假鳞茎；药材白及，就是白及的地下块茎等。据有关研究，我国具有药用价值的兰科植物有 80 种以上。

## 1.4.3　经济方面的重要性

兰科植物中名贵药材和观赏兰花及其他的珍稀兰科植物具有极高的经济价值。兰花珍品的价格惊人高昂，有的一株要价相当于一辆小轿车，常被比喻为"天价"。卡特兰、蝴蝶兰、石斛兰、万代兰等兰花的栽培繁育，在很多国家和地区已成为大规模的生产企业。例如，在泰国、新加坡、菲律宾及美国夏威夷等地，兰花的生产已成为其出口收入的重要组成部分。

### 1.4.4　学术方面的重要性

兰科植物是单子叶植物中最进化的科，也是种类最多、形态最复杂的科。研究兰科植物，对于植物系统进化的研究、植物生态的研究、植物生理的研究、植物与动物相互关系的研究、植物与微生物之间关系的研究、濒危植物资源保护和利用的研究等等都具有重要的意义。兰科植物分类的研究是最有历史和成就的兰科研究工作，但种类太复杂多样和标本难于保存等种种原因，使得兰科植物的分类研究仍存在不少空白和谬误，有待用现代化的科研思路和手段逐步予以解决。兰科由于它的特殊性，有很多重要而又有趣的课题提供人们研究。兰花的特殊构造和形态与授粉昆虫的关系问题、兰科植物与真菌关系的问题等等，早在达尔文时代就已被关注并研究，其他还有大量的重要课题，有待我们进行研究探讨。

# 1.5　兰科植物的濒危状况及保育知识

## 1.5.1　兰科植物的濒危状况

由于人类活动直接和间接的巨大影响，以及由此引致的地球生态条件的改变，动植物物种的濒危状况日益严重，每时每刻都有大量的物种消失，处于濒危状态的更是不计其数。特别是兰科植物，它形态的美丽奇特、气味的芬芳、珍贵的药用价值，使它的"灾情"成为重中之重。有的生物学者指出，我们现在已经进入自白垩纪后期以来，物种灭绝最严重的时期。这种情况如果任其发展，必将对自然环境和人类本身产生极其严重的后果。在这种形势下，于 1963 年由当时的"国际自然与天然资源保护联盟"（今名"国际自然保护联盟"，英文名简称"IUCN"）的会员国政府起草签署了《濒危野生动植物种国际贸易公约》（英文名：Convention on International Trade in Endangered Species of Wild Fauna and Flora，简称 CITES）。此公约因在美国华盛顿市签署，故又名《华盛顿公约》（英文名：Washington Convention）。此公约于 1975 年 7 月 1 日正式开始执行。在公约包含的物种中，动物约 5000 种、植物约 28 000 种，根据它们濒危的程度分别归入 3 个附录中。即

- 附录 1. 包括受到灭绝威胁的物种，禁止进行贸易（其中为商业目的而经人工繁殖的物种则视为属于附录 2，可进行管制下的贸易）（超过 800 个物种）。
- 附录 2. 没有立即灭绝危机，但需管制其交易情况以避免影响其存续（包括约 32 000 个物种）。
- 附录 3. 在某个国家或地区被列为保育生物的物种。

由于濒危情况的严重性，兰科植物的全部种类都已被列入附录 1 和附录 2，受到法律保护。

## 1.5.2　兰科植物濒危的主要原因

和其他动植物种类一样，兰科植物濒危的主要原因是人类直接和间接活动的影响。大致

有以下几方面。

- **原生境被破坏 / 改变和分裂**：如森林采伐、农业和种植场的发展、完整大片的生境被分裂为互相隔离的小碎块（从而使生境条件恶化、阻断基因互动、减少传粉者等）、城镇化、开矿等。
- **不顾后果的采收**：兰科植物由于其高度的观赏价值和珍贵的药用价值而被高价收购，引致无节制的滥采，使得很多兰科植物趋于灭绝。例如，很多种兜兰在某些兰商的高利刺激下，当地人疯狂滥采，原产地遭受严重破坏。石斛、天麻等在我国是传统的珍贵药材，价格昂贵，长期被大量采收，灭绝威胁已达到非常严重的程度。
- **兰科植物本身的生存弱点**：兰科植物在生存方面，远比不上其他适应性强的大科如禾本科、菊科。不少种类的兰科植物，对于生境条件的适应范围非常狭窄，条件改变就无法生存。很多兰科植物各有特定的授粉者（昆虫或动物）种类，缺乏这种授粉者就无法授粉产生饱满的种子。兰科植物的种子没有胚乳，在萌发初期如果没有特定真菌种类的协助，得不到可吸收的营养，就无法生长。如此种种，都限制了兰科植物的生存发展。

## 1.5.3 濒危兰科植物的主要保护措施

首先，要通过宣传教育提高广大人民群众对当前兰科植物濒危状况严重性的认识，提高大家对保护濒危植物、保护大自然的自觉性。

第二，要通过政府立法，严禁非法采集和贩卖野生兰科植物，并加强对野生兰原生境的监控和保护。

第三，研究和发展重要兰科药用植物与观赏兰花的人工繁殖和大量生产，促进人工繁殖兰科植物和切花的贸易，以代替野生兰科植物满足人类对药用和观赏的需求。

第四，从被破坏的生境抢救处于险境的兰科植物（一株被砍倒的大树上，可能有数百野生附生兰），进行人工繁殖和传布。

# 第二章 兰科植物的识别

# 2.1　兰科植物的特征

　　兰科植物有 26 000 多种，形态千差万别。它们与其他科植物之间的区别点主要是**花**。各种各样的兰科植物，有各种各样颜色和形状的花。但只要是兰科植物的花，一定同时具有以下 5 个共同特点（缺一不可！）。

- **花朵两侧对称**。
- 花的中央有"**蕊柱**"：在兰科植物的进化过程中，花的雄蕊和雌蕊合生成柱状的生殖器官，称为蕊柱。多数兰科植物在蕊柱的顶端有一个"药帽"。在药帽之下、蕊柱的下面有一个凹陷的柱头区域。蕊柱一般均为白色、质地坚硬、蜡质。
- 花具有"**蕊喙**"：蕊喙是柱头的先端延伸部分，状如鸟喙。位于蕊柱下面，柱头面和花粉块之间。它有两个重要作用：一可防止花粉跌落柱头面，因而阻止了自花授粉；二是分泌黏液，当蜜蜂采蜜后离去时，使花粉块黏附于蜜蜂身上，以利异花授粉。
- 具有"**花粉块**"：一般植物的花粉均为粉状，而兰科植物的花粉则团聚为块状，特称"花粉块"。花粉块位于药帽下面，两两成对，一般每朵花有 2～8 枚，因不同的属而有差异，个别种类有多至 12 枚的 [ 如紫瓣柏拉兰 *Brassavola cucullata* (L.)R. Br.]。花粉块一般为黄色，形状基本上为椭圆形或圆形，因种属不同而有差异。
- 具有微细且**无胚乳的种子**：兰科植物的种子微细如尘，且数量很大。每枚蒴果内藏数千至上万种子。由于不像其他植物的种子那样具有胚乳，因此发芽后必须在共生真菌的帮助下才能取得养分继续生长。

# 2.2　兰科植物的主要形态术语

　　为了识别兰科植物，除了请教专家和参考有关的图片、照片，最重要的是阅读研究关于兰科植物形态和分类的书籍和文献资料。为了充分理解这些书籍和文献资料的内容，有必要掌握基本的兰科植物形态术语。除上节已经提到的"蕊柱"、"蕊喙"和"花粉块"外，现将其他主要形态术语列举如下（按所形容植物体的有关部位排列）。

## 2.2.1　与整个植株或不同器官有关的形态术语

- 具细尖（apiculate）：指器官先端具短而尖锐、但不坚硬的尖头。
- 具关节（articulate）：有的种类在叶片与叶柄间、或唇瓣基部与蕊柱基部间具有关节。关节或为可活动的、或为固定的。
- 品种（cultivar，或简写为 cv.）：通过人工培育或杂交产生的某种栽培植物类群。如"宋梅"。
- 特有种（endemic）：只产于某特定地区的种类。
- 附生的（epiphyte）：附着于其他物体（如岩石、树干）上生长的。如石斛。

- 石生的（saxicolous 或 lithophyte）：附着于岩石上生长的。如石豆兰。
- 腐生的（saprophytic）：依靠腐烂的有机体为生的。如某些美冠兰属植物。
- 陆生（或地生）的（terrestrial）：生长于土地上的。如虾脊兰。

## 2.2.2　与根有关的形态术语

- 根被（velamen）：某些附生兰（如蝴蝶兰）根部外层的海绵质组织，成熟时细胞已不具活性，但有通气和吸水的功能。
- 菌根（mycorrhiza）：真菌侵入植物根部，与根形成共生关系：根部消化真菌的菌丝体以取得养分，而真菌也由植物根部取得所需物质。

## 2.2.3　与茎有关的形态术语

- 无茎（acaulescent）：没有明显的茎，只有一些根生叶呈莲座状生于极短的直立根状茎上。如隐柱兰等。
- 球茎（corm）：生于地下的球状茎，表面覆盖鳞片或具鳞片脱落后的环状痕。
- 假鳞茎（pseudobulb）：茎中部的节间增粗且长、两端的较细而节密，形成卵球形或两头细中部粗的茎，多数为地上茎。如石斛、贝母兰等。
- 根茎（rhizome）：匍匐如根状的茎。如斑叶兰属的一些种类。
- 合轴生长（sympodial）：主轴的茎只能有限生长，每年由顶芽下的侧芽长成新的主轴继续生长。如贝母兰、春兰等。
- 单轴生长（monopodial）：茎的顶芽不断生长，使主轴无限延长。如万代兰。
- 块茎（tuber）：指肥厚的地下茎，无节，呈不规则的长椭圆形、卵形等。如天麻。

## 2.2.4　与叶有关的形态术语

- 渐尖（acuminate）：叶片先端逐渐收窄形成细长尖。
- 急尖（acute）：叶片先端尖锐，但不形成细长的延伸物。
- 带状（band-shaped）：叶片扁平、颇长，两边互相平行。如脆兰。
- 披针形（lanceolate）：叶窄长呈匕首形，先端收窄变尖。
- 倒披针形（oblanceolate）：叶片披针形，但最宽处靠近先端。
- 长圆形（oblong）：叶片长度至少为宽度的 2 倍以上，其中段的两边基本互相平行。
- 线形（linear）：叶窄而长，长数倍于宽。
- 具褶（plicate）：叶面起褶状如折扇。如坛花兰和沼兰的叶。
- 根生叶（radical）：数叶呈莲座状聚生于极短的、为叶基包被的根状茎上。
- 苞片（bract）：叶的变形，通常较小。
- 芽苞叶（cataphyll）：指根茎上的鳞片状叶，或直立茎下部的鞘状叶。
- 革质（coriaceous）：形容厚而质韧如革的叶片。

- 楔形（cuneate）：指叶的基部收窄如楔。
- 舟状（cymbiform）：苞片形状内凹像小船。如兰属的苞片。
- 套叠（plicate）：叶片基部对折，外面叶基依次套住里面的叶基。如鸢尾兰。

## 2.2.5　与花有关的形态术语

- 花期（anthesis）：开花的时期。
- 花梗（pedicel）：支持一朵花的柄。
- 总梗（peduncle）：支持一丛多朵花的梗。
- 花萼（sepal）：为花被的外轮，由 3 枚萼片（1 片中萼片和 2 片侧萼片）组成。
- 中萼片（dorsal sepal）：又称顶萼片或背萼片。古兰书叫"主瓣"，位居中央，常近直立，形状常与其他 2 枚萼片不同。
- 侧萼片（lateral sepal）：指两侧的 2 片萼片，古兰书称"副瓣"。常比中萼片宽而形状偏斜，有时两片合生。
- 合萼片（synsepal）：两片侧萼片合而为一。如兜兰、杓兰。
- 萼囊（mentum）：蕊柱足和着生于其两侧的两片侧萼片基部组成的囊状部分。
- 靠合（黏合、粘贴）（adherent）：面对面紧密接触。如斑叶兰的花瓣和中萼片靠合呈盔状。
- 花瓣（petal）：是 3 枚内轮花被片中的左右两枚，古兰籍中称为"捧心"。
- 睫毛（复数 cilia，单数 cilium）：沿边缘生长的长毛。如某些石豆兰花瓣边缘的毛。
- 唇瓣（lip 或 labellum）：由 3 枚内轮花被片的中央一枚变态而成，是 3 枚内轮花被中形态最丰富、颜色最美丽、通常较大的一枚。古兰籍称为"舌"。
- 下唇（hypochile）：唇瓣有时中部缩窄而形成的两部分中，靠近基部的称为"下唇"。
- 上唇（epichile）：唇瓣中部收缩形成的两部分中，靠近顶端的称为"上唇"。
- 唇盘（disc）：唇瓣中裂片和侧裂片之间的部位。
- 流苏状（fimbriate）：边缘为多数不规则的细条状裂片。如流苏贝母兰和流苏石斛的唇瓣边缘。
- 距（spur）：唇瓣基部下延形成的中空圆筒状部分。
- 爪（claw）：唇瓣具扩展先端的狭窄部分。见线柱兰、叉柱兰。
- 胼胝体（callus）：纽扣状的赘生物。常见于花的唇盘上、距内或唇瓣的中裂片外面。见于羊耳兰、隔距兰和蜘蛛兰。
- 褶片（lamella）：唇瓣上面纵向排列的薄片状组织。如白及的唇。
- 蕊柱（column 或 gynandrium）：由雌雄蕊合生而成的柱状器官。古兰籍中称为"鼻"。
- 蕊柱足（column foot）：蕊柱基部向下前方延伸的部分。
- 蕊喙（rostellum）：处于花药和柱头间的舌状组织，形似鸟喙因而得名。
- 雄蕊（androecium）：花的雄性器官。
- 雌蕊（gynoecium）：花的雌性器官。
- 花药（anther）：雄蕊中产生花粉的部分。
- 药床（clinandrium）：蕊柱顶端凹陷处，花药处于其中。
- 药帽（operculum）：花药顶端的帽状组织。

- 退化雄蕊（staminode）：退化的雄蕊呈各种形状。常 2 枚位于蕊柱顶端两侧、或 1 枚位于蕊柱后上方，如兜兰和杓兰位于蕊柱先端的蝶状物。
- 花粉块（复数 pollinia，单数为 pollinium）：兰科的花粉常黏合成团块，其数量（每花药内有 2～8 枚）、形状和质地（粒粉质或蜡质）因种类而不同。
- 花粉块柄（caudicle）：花粉块的细长柄状部分，常连接于蕊喙的黏盘上。
- 黏盘（viscid disk）：包在蕊喙中的一片盘状黏块。在接触授粉昆虫时能黏在虫体上，使昆虫将附在黏盘上的花粉块带往其他花的柱头上，以达到异花授粉的目的。
- 黏盘柄（stipe）：连接花粉块和黏盘的细柄。
- 花倒转（resupinate）：有些兰花的子房作 180° 扭转，结果使唇瓣处于花的最下方。如兰属、鹤顶兰属。

## 2.2.6  与果有关的形态术语

- 蒴果（capsule）：由多心皮子房发育成的果实，成熟时干燥开裂。如所有兰科植物的果。
- 纺锤状（fusiforme）：形如纺锤。如沼兰的果。
- 喙状（rostrate）：状如鸟嘴。形容蒴果先端的宿存蕊柱。

# 2.3  兰科植物的分类系统

## 2.3.1  兰科分类系统的历史发展

自从 1753 年 Carl von Linné 在他的巨著 *Species Plantarum*（《植物志种》）第一版将当时已知的 69 种兰科植物分为 8 个属以来，随着大量种类被发现和兰科分类、进化、形态等研究的发展，不断出现新的分类系统。John Lindley 在 1830～1840 年出版的巨著 *The Genera and Species of Orchidaceous Plants*（《兰科植物的属和种》）一书，可以说是现代兰学的先河。他在该书所用的系统中把当时来自世界各地的 2000 种兰描述归类，把兰科分成 7 个族，族下再分属。此后，1881 年 G. Bentham 和 J. Hooker、1889 年 E. Pfitzer、1926 年 R. Schlechter、1959 年 C. Schweinfurth 先后在继承和创新的基础上发表了他们各自新的兰科分类系统。而最后于 1993 年出现的 R. Dressler 的兰科分类系统则在有关学科新发展的基础上集各家之大成，创造了一个比较合理和全面的新系统，为多数兰科专家所遵循。

Dressler 分类系统的要点是：把兰科分为 3 个亚科，即①拟兰亚科 Apostasioideae（包括三蕊兰属和拟兰属）；②杓兰亚科 Cypripedioideae（包括杓兰属和兜兰属）；③兰亚科 Orchidoideae（包括兰科大部分的属和种。此亚科之下分为鸟巢兰组、树兰组和万代兰组，组之下再分 17 个族）。

以上的各个系统主要是以形态学为依据。随着近年分子学和胚胎学研究的发展，与形态分析相结合促成了兰科植物分类系统的大革新。例如，Pridgeon 等（1999～2009）在其 *Genera Orchidacearum*（《兰科志属》）中所用的系统，以及在此基础上发展的 Chase 等（2003）

的系统（将兰科划分为 5 个亚科，即拟兰亚科 Apostasioideae、杓兰亚科 Cypripedioideae、香荚兰亚科 Vanilloideae、兰亚科 Orchidoideae 和树兰亚科 Epidendroideae）均属于这种情况。

## 2.3.2 《中国植物志》采用的兰科分类系统

《中国植物志》兰科部分基本上采用了 Dressler 的兰科分类系统，并根据我国情况适当修改。本书主要包括国产种类，故所用的分类系统亦以此为根据。现将这个系统的纲要概述如下。

此系统共包括：3 个亚科（拟兰、杓兰、兰），其中兰亚科下分 4 个族，族下有 42 个亚族，亚族下有 171 个属。即

1）拟兰亚科 Apostasioideae

包括：三蕊兰属、拟兰属。

2）杓兰亚科 Cypripedioideae

包括：杓兰属、兜兰属。

3）兰亚科 Orchidoideae：国产兰共分 4 个族

1 鸟巢兰族：我国有 8 亚族 29 属。

- 头蕊兰亚族：有金佛山兰属等 4 个属。
- 对叶兰亚族：有双蕊兰属等 4 个属。
- 管花兰亚族：有竹茎兰属等 2 个属。
- 斑叶兰亚族：有斑叶兰属等 13 个属。
- 绶草亚族：有绶草属等 2 个属。
- 针花兰亚族：有铠兰属等 2 个属。
- 隐柱兰亚族：只有 1 个隐柱兰属。
- 葱叶兰亚族：只有 1 个葱叶兰属。

2 兰族：我国有 3 亚族 21 属。

- 兰亚族：有红门兰属等 19 个属。
- 双袋兰亚族：只有 1 个双袋兰属。
- 鸟足兰亚族：只有 1 个鸟足兰属。

3 树兰族：我国有 30 亚族 72 属。

- 香荚兰亚族：有香荚兰属等 4 个属。
- 盂兰亚族：只有 1 个盂兰属。
- 朱兰亚族：只有 1 个朱兰属。
- 芋兰亚族：只有 1 个芋兰属。
- 天麻亚族：有天麻属等 3 个属。
- 肉药兰亚族：只有 1 个肉药兰属。
- 虎舌兰亚族：只有 1 个虎舌兰属。
- 白及亚族：只有 1 个白及属。
- 宽距兰亚族：只有 1 个宽距兰属。

- 羊耳蒜亚族：有羊耳蒜属等 4 个属。
- 紫茎兰亚族：只有 1 个紫茎兰属。
- 布袋兰亚族：有山兰属等 5 个属。
- 珊瑚兰亚族：只有 1 个珊瑚兰属。
- 美冠兰亚族：有美冠兰属等 2 属。
- 萼足兰亚族：只有 1 个兰属。
- 合萼兰亚族：只有 1 个合萼兰属。
- 拟白及亚族：有球柄兰属等 10 个属。
- 坛花兰亚族：只有 1 个坛花兰属。
- 筒瓣兰亚族：只有 1 个筒瓣兰属。
- 吻兰亚族：有吻兰属等 3 个属。
- 竹叶兰亚族：只有 1 个竹叶兰属。
- 笋兰亚族：只有 1 个笋兰属。
- 贝母兰亚族：有贝母兰属等 9 个属。
- 多穗兰亚族：只有 1 个多穗兰属。
- 毛兰亚族：有毛兰属等 5 个属。
- 禾叶兰亚族：只有 1 个禾叶兰属。
- 柄唇兰亚族：有牛齿兰属等 2 个属。
- 矮柱兰亚族：有矮柱兰属等 2 个属。
- 石斛亚族：有石斛属等 3 个属。
- 石豆兰亚族：有石豆兰属等 3 个属。

4 万代兰族：我国只有 1 亚族 45 属。

- 指甲兰亚族：有带叶兰属等 45 属。

# 2.4 兰科植物的亚科检索表

1. 发育雄蕊 2 或 3 枚 ·································································· 2
1. 发育雄蕊 1 枚 ····························································· **兰亚科 Orchidoideae**
   2. 花辐射对称或近于规则；侧萼片分离；唇瓣呈花瓣状，有时略宽；蕊柱仅花丝的基部融合；花药 2 或 3 枚立于唇瓣上；柱头顶生 ······························ **拟兰亚科 Apostasioideae**
   2. 花两侧对称；两枚侧萼片通常合生直至先端；唇常为深的囊状或瓮状；蕊柱具 2 枚侧生的雄蕊和 1 枚盾状的退化雄蕊；柱头位于腹侧，具柄 ············ **杓兰亚科 Cypripedioideae**

# 2.5 本书所载各个国产属在兰科分类系统中的位置

## 2.5.1 杓兰亚科 Cypripedioideae

兜兰属 *Paphiopedilum*

## 2.5.2 兰亚科 Orchidoideae

### 2.5.2.1 鸟巢兰族 Neottieae

**斑叶兰亚族：** 斑叶兰属 *Goodyera*；血叶兰属 *Ludisia*；翻唇兰属 *Hetaeria*；线柱兰属 *Zeuxine*；开唇兰属 *Anoectochilus*。

**绶草亚族：** 绶草属 *Spiranthes*。

### 2.5.2.2 兰族 Orchideae

**兰亚族：** 舌唇兰属 *Platanthera*；白蝶兰属 *Pecteilis*；玉凤兰属 *Habenaria*。

### 2.5.2.3 树兰族 Epidendreae

**香荚兰亚族：** 香荚兰属 *Vanilla*。

**芋兰亚族：** 芋兰属 *Nervilia*。

**白及亚族：** 白及属 *Bletilla*。

**羊耳蒜亚族：** 羊耳蒜属 *Liparis*；沼兰属 *Malaxis*；鸢尾兰属 *Oberonia*。

**布袋兰亚族：** 杜鹃兰属 *Cremastra*。

**美冠兰亚族：** 美冠兰属 *Eulophia*；地宝兰属 *Geodorum*。

**萼足兰亚族：** 兰属 *Cymbidium*。

**拟白及亚族：** 球柄兰属 *Mischobulbum*；云叶兰属 *Nephelaphyllum*；带唇兰属 *Tainia*；苞舌兰属 *Spathoglottis*；黄兰属 *Cephalantheropsis*；鹤顶兰属 *Phaius*；虾脊兰属 *Calanthe*。

**坛花兰亚族：** 坛花兰属 *Acanthephippium*。

**筒瓣兰亚族：** 筒瓣兰属 *Anthogonium*。

**吻兰亚族：** 吻兰属 *Collabium*。

**竹叶兰亚族：** 竹叶兰属 *Arundina*。

**贝母兰亚族：** 贝母兰属 *Coelogyne*；独蒜兰属 *Pleione*；曲唇兰属 *Panisea*；足柱兰属 *Dendrochilum*；石仙桃属 *Pholidota*。

**多穗兰亚族：** 多穗兰属 *Polystachya*。

**毛兰亚族：** 毛兰属 *Eria*；牛角兰属 *Ceratostylis*。

**禾叶兰亚族：** 禾叶兰属 *Agrostophyllum*。

**柄唇兰亚族：** 牛齿兰属 *Appendicula*。

**矮柱兰亚族：** 矮柱兰属 *Thelasis*。

**石斛亚族：** 石斛属 *Dendrobium*；金石斛属 *Flickingeria*；厚唇兰属 *Epigeneium*。

**石豆兰亚族：** 石豆兰属 *Bulbophyllum*；短瓣兰属 *Monomeria*。

## 2.5.2.4. 万代兰族 Vandeae

**指甲兰亚族：** 五唇兰属 *Doritis*；拟万代兰属 *Vandopsis*；

蛇舌兰属 *Diploprora*；羽唇兰属 *Ornithochilus*；

脆兰属 *Acampe*；火焰兰属 *Renanthera*；

匙唇兰属 *Schoenorchis*；毛舌兰属 *Trichoglottis*；

钻柱兰属 *Pelatantheria*；隔距兰属 *Cleisostoma*；

花蜘蛛兰属 *Esmeralda*；湿唇兰属 *Hygrochilus*；

蜘蛛兰属 *Arachnis*；白点兰属 *Thrixspermum*；

异型兰属 *Chiloschista*；尖囊兰属 *Kingidium*；

钻喙兰属 *Rhynchostylis*；寄树兰属 *Robiquetia*；

指甲兰属 *Aerides*；盆距兰属 *Gastrochilus*；

鸟舌兰属 *Ascocentrum*。

第三章　中国主要野生兰各论

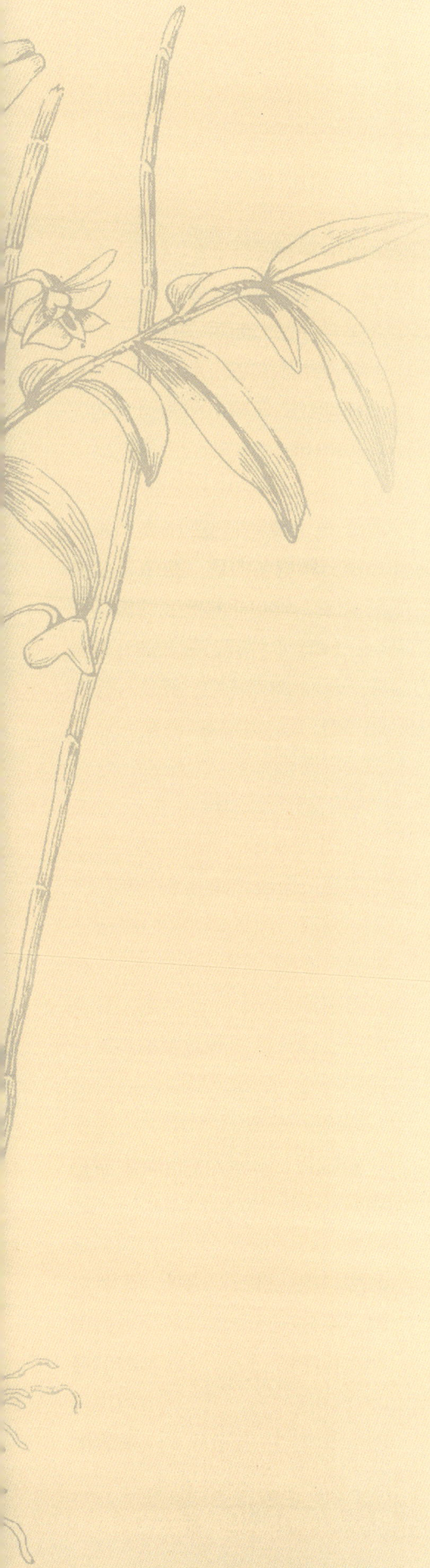

# 3.1 脆兰属 *Acampe* Lindley

**历史：** 本属于 1853 年由 John Lindley 建立。发表于 *Folia Orchidacea*。当时他将 8 种具有"花小而僵硬易碎，唇瓣与蕊柱边沿合生，花粉块柄纤细，腺体极小"共同特点的兰科植物，分别由万代兰属（*Vanda*）和囊唇兰属（*Saccolabium*）中抽离出来，建立此属。拉丁属名 *Acampe* 源自希腊文 *akampes*，意为"僵硬"，可能是指其缺乏柔软弹性因而易碎的花。

**分类和分布：** 脆兰属隶属兰科的万代兰亚科。全属共约 5 种。分布于中国、印度、尼泊尔、缅甸、越南、泰国、马来西亚和热带非洲。我国有 3 种，产于广东、海南和云南等省的湿热地区。

**本属模式种：** 多花脆兰 *Acampe rigida* (Buch.-Ham. ex J. E. Sm.) P. F. Hunt

**生态类别：** 附生兰。

**形态特征：** **植株** 粗壮的大型附生兰。**茎** 延长，多节；略为木质；疏生较粗而长的不定气根。**叶** 排成 2 列，带状，厚革质；叶端为不等的 2 圆裂，叶基部具关节和抱茎的鞘。**花序** 花多朵密集生于直立短粗的总状花序或亚聚伞花序上；**花** 小或中等，肉质，常呈半开状；**花瓣与萼片** 相似而略小，相互离生，侧萼多少与唇瓣在其距的两侧黏合；**唇瓣** 不分裂，囊状或有距，与蕊柱基部紧密连接，囊或距的底部常有毛，或具直立的褶片；**蕊柱** 肉质，短，无蕊柱足；**蕊喙** 短而不明显；**花粉块** 蜡质，4 枚，每 2 枚大小不等的组成一对；具棒状柄；**黏盘** 极小。

# 1 多花脆兰（别名：蕉兰）

**学名：** *Acampe rigida* (Buch.-Ham. ex J. E. Sm.) P. F. Hunt

[ 曾用学名：*Aerides rigida* Buch.-Ham. ex J. E. Sm.；*Vanda multiflora* Lindl.；*Vanda longifolia* Lindl.；*Acampe multiflora* (Lindl.) Lindl.；*Acampe longifolia* (Lindl.) Lindl.；*Saccolabium longifolium* (Lindl.) Hook. f. ]

**形态：** 大型附生兰。**茎** 粗壮，不分枝，长可达 1 米，直径 1 ～ 2 厘米，具多节，节间长 2 ～ 3 厘米。**叶** 多枚，在茎上排成 2 列，斜立。叶带状，大型，长 15 ～ 40 厘米、宽 3.5 ～ 5 厘米，厚革质，略呈肉质，先端为不等 2 圆裂，基部具抱茎且宿存的鞘。**花序** 腋生，不分枝或具短分枝，遥短于叶；**花序柄** 长 5 ～ 11 厘米，径 0.5 ～ 0.8 厘米，具 2 ～ 3 枚三角形肉质短鞘；**花苞片** 为先端钝的扁三角形，长 3 ～ 5 毫米，肉质；花梗连子房 长约 1 厘米，径 3 毫

**图 1 多花脆兰**
*Acampe rigida*
(Buch-Ham. ex J. E. Sm.) P. F. Hunt

1 植株
2 花
3 花纵剖面
4 花纵剖面（无花萼）
5 花粉块
(1962/09/25 程式君绘)

米，肉质，黄绿色。花 黄色（开始凋萎时变为深藤黄色），正面具暗红色的断续横纹、背面具暗红斑点，有香气，多呈半开状，花被近直立；**顶萼片与侧萼片** 形状与大小相似，长圆形，端钝，长 10～12 毫米、宽 5～6 毫米；**花瓣** 狭倒卵形，先端钝，长 8～9 毫米、宽 3～4 毫米；**唇瓣** 厚肉质，白色有红点，不明显 3 裂，长 5～8 毫米、宽约 3 毫米；**侧裂片** 近方形，与中裂片垂直，内面具暗红色纵条纹；**中裂片** 近直立，呈舌形，先端钝，上面有多数水泡状物，边缘略为波状并具不规则缺刻；**距** 长约 3 毫米，呈钝圆锥形，末端淡黄色，内壁密被毛；**蕊柱** 粗短，长约 2.5 毫米，两侧紫红色；**药帽** 半球形，黄色；花粉块 4 枚，每大小不同的 2 枚紧贴成一组；具黏盘和黏盘柄。**果** 近直立，圆柱形或纺锤形，略似小香蕉状（本种的别名 "蕉兰" 就是由此而来），长约 6 厘米，直径 0.8～1.5 厘米。**花期 8～9 月。果期 10～11 月。**

**产地和分布：**产于广东、广西、云南、贵州（南部）、海南和港澳地区。广泛分布于热带亚洲至热带非洲。**模式标本**采自尼泊尔。

**生态：**生长于海拔 560～1500 米的林地或沟谷中，附生于树干上或岩石上。

**用途：**在热带、亚热带地区的城市和园林中用于弱光、潮湿环境的竖向绿化。例如，装饰、美化和绿化在荫蔽潮湿环境中以砖、石或混凝土为材料的柱、墙、挡土墙，以及岩石、假山等。

## 3.2 坛花兰属 *Acanthephippium* Blume

**历史:** 本属首先于 1825 年由 C. L. Blume 以 *Acanthophippium* 的名称发表,后来于 1828 年由他本人在《爪哇植物志》(*Flora Javae*)中更正为今名。拉丁属名 *Acanthephippium* 源自希腊文 *akantha*(刺)和 *ephippion*(马鞍),指它马鞍状、上面有两条平行齿冠状褶片的唇瓣。本属的明显特征为其肿胀而具萼囊的萼管,以及马鞍状的唇瓣。

**分类和分布:** 坛花兰属隶属兰科兰亚科树兰族的坛花兰亚族。与鹤顶兰属相近。全属共约 10 种,分布于热带亚洲,由马来西亚至斐济等太平洋岛屿。我国有 3 种,产于南方各省区。

**本属模式种:** 爪哇坛花兰 *Acanthephippium javanicum* Bl.

**生态类别:** 地生兰。

**形态特征:** **植株** 丛生粗壮的地生兰。**假鳞茎** 卵状圆柱形或圆柱形,肉质,具数节,常被鳞片状鞘。**叶** 大型,1 ~ 4 枚顶生于假鳞茎顶端,呈折扇状皱折;先端尖,基部收窄成短柄,具关节。**花序** 总状,少花,侧生于近茎顶处;花序梗粗短,肉质,具数枚复瓦状排列的膜质鞘。**花萼** 肉质,除先端外,合生成大而肿胀的坛状萼管,将花瓣和唇瓣包于其中。**花瓣** 比萼片狭窄得多,藏于萼筒中。**唇瓣** 3 裂,鞍形,具狭长的爪,以活动的关节与蕊柱足相连;**唇盘** 上具褶片或龙骨状凸起。**蕊柱** 肉质,短而粗,具长的蕊柱足;**蕊柱足** 与侧萼片合生,形成宽阔的萼囊;**花粉块** 8 枚,每 4(2 大 2 小)枚为一组,附着于一块黏质物上。

# 2 中华坛花兰

**学名:** *Acanthephippium sinense* Rolfe

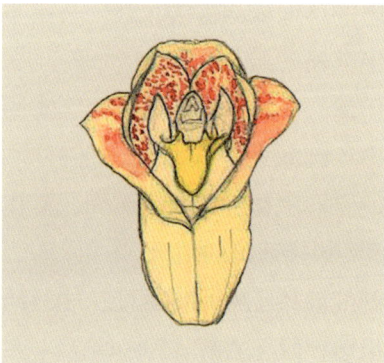

**形态:** 大型地生兰,高 30 ~ 50 厘米。**假鳞茎** 密集丛生;圆柱形或倒卵状圆柱形,肉质,具数节;长 6 ~ 14 厘米,直径约 3 厘米,近基部增粗;被数枚大型膜质鞘;基部具多数粗短的肉质根。叶 2 ~ 4 枚顶生于茎顶;叶柄坚硬,长约 15 厘米;叶阔倒卵形,端尖,长 22 ~ 24 厘米,基部渐窄下延至叶柄;叶暗绿光亮,呈折扇状皱折,具 5 条主脉。**花葶** 自假鳞茎的基部抽出,长约 8 厘米,紫红色,粗壮,基部具数枚鳞片状鞘,具花 2 ~ 4 朵。**花** 长约 3 厘米,呈坛状,每朵花具长圆状披针形的苞片 1 枚。**花梗连子房**

图 2 中华坛花兰
*Acanthephippium sinense* Rolfe

1 植株
2 花正面
3 花纵剖面
4 唇瓣
5 药帽
6 花粉块
7 唇瓣、蕊柱、子房
　（1973/05/17 程式君绘）

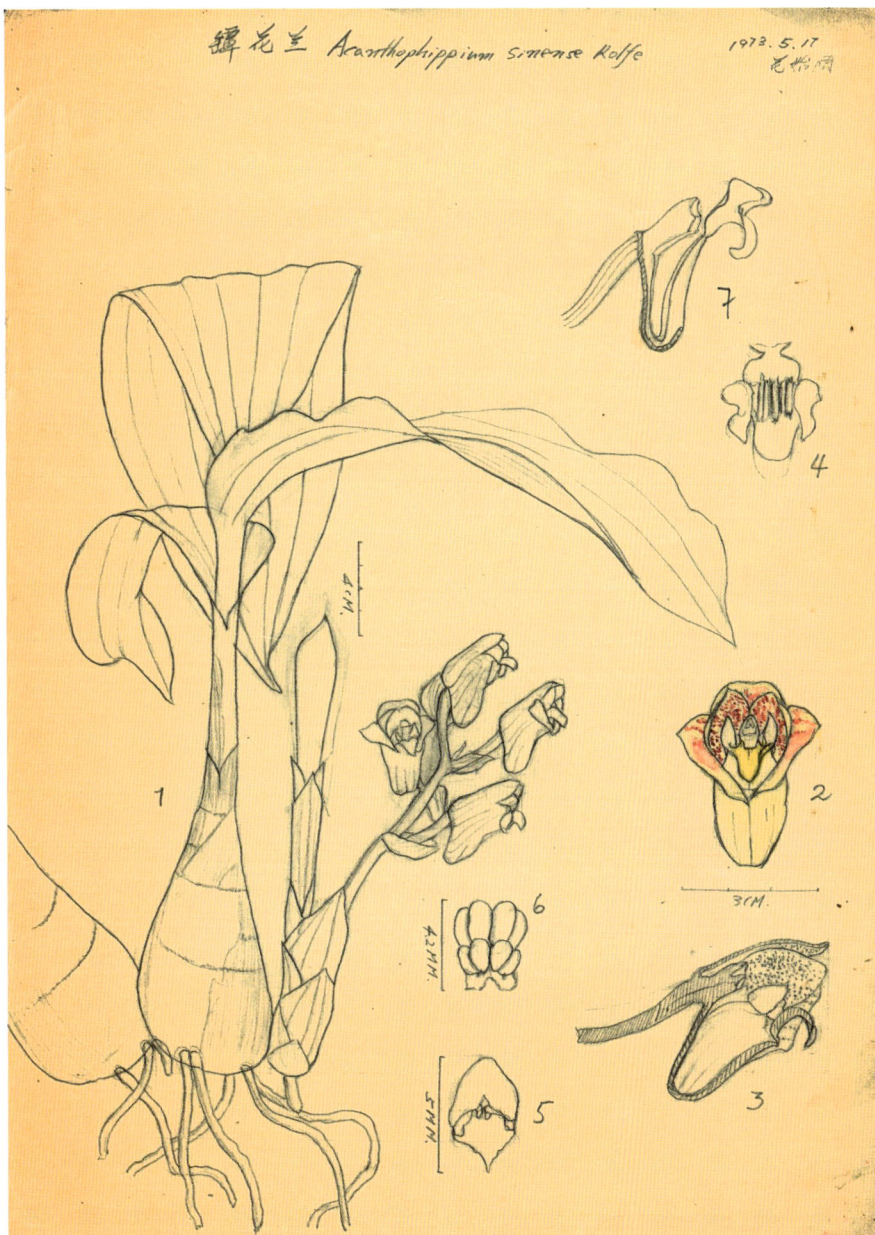

长约 1.5 厘米；**顶萼与萼片** 合生呈筒状，下延而成袋状的距；萼筒外表乳白色，里面淡黄色并具多条由暗紫红色斑点连续而成的纵纹，基部带有暗紫色晕。**花瓣** 乳黄色，由中部至端部具多数较密而均匀的不规则紫红色斑点，颜色与萼片近似但基部无暗紫色晕。**唇瓣** 3 裂；**侧裂片** 白色，直立；**中裂片** 质地较厚，向后弯，先端伸出有如坛口，呈蜡黄色，近基部有淡紫色条状晕；在侧裂片之间的唇盘上有 5 条棱脊，略带黄色。**蕊柱** 白色；**花粉块** 8 枚，4 大 4 小，呈柠檬黄色。**花期** 4 ～ 5 月。

**产地和分布：** 产于广东（东部）和香港。**模式标本** 采自中国广东。

**生态：** 地生兰。多生于海拔 400 米以下阴湿处或溪边的疏松腐殖土中。

**用途：** 花形奇特，叶浓绿光亮，可盆栽供观赏。

# 3.3 指甲兰属 *Aerides* Loureiro

**历史：** 本属于 1790 年由葡萄牙植物学家 Juan Loureiro 发表于《越南植物志》。是由一些花朵美丽芳香的兰科植物组成的小属。拉丁属名 *Aerides* 由希腊文 *aer*（空气）和 *eides*（类似的）组合而成，原意为"空气中的孩子们"，指本属植物"气生"的特性。

**分类和分布：** 指甲兰属隶属兰科兰亚科万代兰族的指甲兰亚族。全属共约有 20 种，分布于中国南部至东南亚。我国有 4 种，产于南部各省。

**本属模式种：** 香花指甲兰 *Aerides odorata* Lour.

**生态类别：** 附生兰。

**形态特征：** **植株** 小型或中型。**根** 多数，为长而粗壮的气生根，肉质，有时有分枝。**茎** 较粗壮，但比普通铅笔略细，具多数节和宿存的叶鞘。**叶** 数枚，在茎上紧密排成 2 列，无柄，基部抱茎并具叶鞘和关节；叶带状，厚革质或稍为肉质，先端 2～3 裂，叶背中肋稍呈龙骨状。**花序** 总状或圆锥状，自茎侧面的叶腋抽出，由多数倒转着生、排列紧密的中型花朵组成，有黏质，通常下垂且略长于叶。**花** 中等大小，白色，具玫瑰红色或紫红色斑纹，艳丽而芳香。**萼片** 开展，与花瓣略相似；**中萼片** 比侧萼片略窄；**侧萼片** 宽阔，其基部与蕊柱足黏合。**花瓣** 较小，与中萼片相近。**唇瓣** 3 裂；**侧裂片** 直立；**中裂片** 比侧裂片大、前伸、两侧略外卷；**唇瓣** 基部有圆锥状或角状、向前弯曲的距。**蕊柱** 粗短，具蕊柱足。**蕊喙** 狭长，向下伸长；**花粉块** 蜡质，2 枚，近球形，每枚具半裂的裂纹一条。

# 3 多花指甲兰

**学名：** *Aerides rosea* Lodd. ex Lindl. et Paxt.

[ 曾用学名：*Aerides multiflora* auct. non Roxb.]

**形态：** 中型附生兰。**茎** 粗壮，直径连同叶鞘可达 2.5 厘米。**叶** 厚而硬，呈带状或为狭窄的长圆形，先端为不等的 2 圆裂，长可达 30 厘米、宽 2～3.5 厘米。**花序** 每株有 1～3 个，腋生，大而下垂，略长于叶，着花甚密，不分枝；**花序柄** 粗壮，具 3 枚长约 1 厘米的鳞片状鞘；**花序轴** 略长于花序柄，其长度为花序全长的 1/2～3/5；**花苞片** 卵状披针形，质厚，绿色，长 5～7 毫米。**花** 直径约 2 厘米，开展，白色，具紫红色斑点。**花梗连子房**

**图3 多花指甲兰**

*Aerides rosea* Lodd. et Lindl. et Paxt

1 植株
2 花正面
3 花背面
4 花纵剖面
5 药帽（正、反面）
6 花粉块
7 叶尖

（1974/06/27 邵应韶采自云南西双版纳。程式君绘）

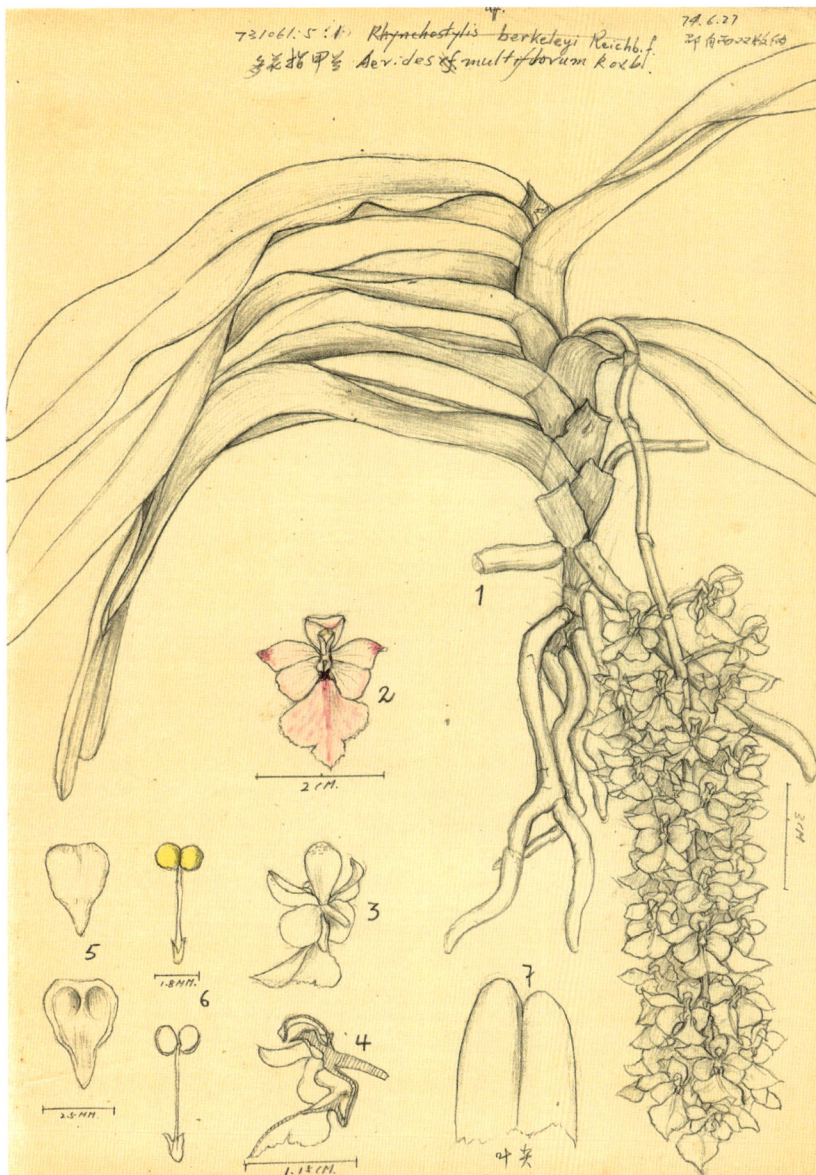

长1.2～1.4厘米，白色染淡紫晕。**萼片及花瓣** 也均为白色染淡紫晕，但顶萼片和花瓣尖端有由紫红色细点组成的紫红色斑。**顶萼片与侧萼片** 先端钝圆，均具4～5条脉；顶萼片倒卵形，基部收窄，长约12毫米、最宽处约7毫米；侧萼片斜卵圆形，长约8毫米、宽约7毫米。**花瓣** 与顶萼片的形状与颜色均相似。**唇瓣** 3裂；**侧裂片** 小，直立，耳状；**中裂片** 近菱形，先端尖，长16～18毫米、最宽处12～14毫米，边缘具不规则细锯齿，白色、均匀遍布玫瑰红色的细斑点，正中为一条由玫瑰红色细点组成的纵带；**唇瓣** 基部向距内延伸为一先端钩曲、

表面被细乳突的附属物。**距** 狭圆锥形，向前伸，长约5毫米，白色。**蕊柱** 长约5毫米，白色略带紫晕；**蕊柱足** 长约1毫米；**蕊喙** 尖长、肉质。**药帽** 乳黄色，前端喙状；**花粉块** 2枚，黄色，表面有凹槽；花粉块柄细长、白色透明，着生于黏盘上。**蒴果** 长约2厘米，径1.2厘米，具短柄。**花期** 较长，6月或7月。**果期** 8月至次年5月。

**产地和分布：** 产于广西西南部、贵州西南部、云南东南部至南部。分布于印度（东北部）、不丹、缅甸、老挝、越南。**模式标本**采自印度东北部。

**生态：** 多附生于海拔300～1500米山地的林缘或稀疏常绿阔叶林的树干上。

**用途：** 花美丽芳香，常栽培以供观赏。

# 4 扇唇指甲兰

**学名：** *Aerides flabellata* Rolfe ex Downie

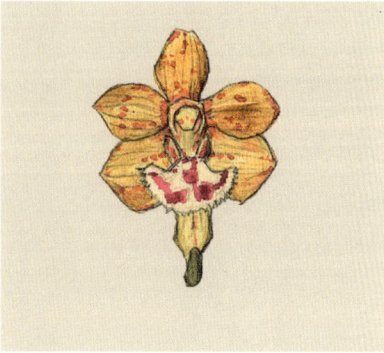

**形态：** 中型附生兰，株高约 14 厘米。**茎** 粗壮，并为相互套叠的叶基所包被；老茎圆柱形，径约 8 毫米，淡褐色，常附有褐色残存叶鞘。**根** 1～2 条着生茎节上，少分枝，长 15～40 厘米，径 0.2～0.4 厘米；新根绿白色，老根灰绿色。**叶** 9 枚左右，在茎上排成 2 列，基部互相套叠；叶硬革质，呈带状，或为披针形，长 3～12（一般 9）厘米、宽 1～2 厘米；植株最下部的叶最小，三角形，呈苞片状，长 1.2 厘米、宽约 0.5 厘米；叶端不等 2 裂，或呈斜截状并具不整齐尖齿；叶面深绿色，叶背色稍淡，中脉附近略透明；中脉在叶面凹陷、在叶背凸出，使叶基部形成对折状，其先端在叶端突出成小尖头；叶与叶鞘连接处有关节。**花序** 总状，1～2 个自茎下部的叶腋抽出，长约 12 厘米，径宽约 8 厘米；**花序柄** 绿色，长 3～14 厘米，径 0.3～0.4 厘米，约有 4 节，

节间长 1～1.5 厘米，节上具深棕色、扁圆形、先端钝凹的苞片 1 枚，苞片长约 0.5 厘米、宽约 1 厘米；**花序** 疏生花 8 朵左右；**花序轴** 呈"之"字形曲折，着花约 8 朵；每朵花具黄绿色至绿色、半圆形、先端短尖的苞片 1 枚，长约 3 毫米、宽约 6.5 毫米。**花梗连子房** 长 1.6～2.6 厘米、直径 2～3.5 毫米，下部黄绿色、上部白色具玫瑰红晕，有 6 条纵棱，呈螺旋状扭曲。**花** 质地厚，径约为 2.1 厘米（横）× 2.8 厘米（竖），淡褐绿色，具多数紫褐色斑点。**顶萼片** 阔卵形，先端钝，长约 1 厘米、宽约 0.85 厘米，有黄绿色纵脉 7 条（背面脉纹不显）。**侧萼片** 大，为偏斜的扁圆形、先端阔尖，长约 0.9 厘米、宽约 1.2 厘米，基部贴生在蕊柱足上，有脉 8 条。花瓣比顶萼片稍小，卵形，略偏斜，先端尖，有脉 7 条。**唇瓣** 白色带淡紫红色斑点，3 裂；**侧裂片** 卵状三角形，直立，贴生于蕊柱足基部并向蕊柱足下延，近蕊柱足一侧的边缘长约 5 毫米；**中裂片** 白色带紫红色斑点，前部扩展为扇形，长约 1 厘米、宽约 0.7 厘米，先端凹，边缘有不整齐缺刻，后部具长约 1.5 厘米的爪；爪呈凹槽状，密布细乳突，爪中央具一条紫红色纵纹，两侧各有一条黄色

脊突；**距** 黄色，圆筒状，向前弯曲指向唇瓣中裂片背面，长约 1 厘米、粗 2～3 毫米。**蕊柱** 短，长约 3 毫米，具 3 毫米长的蕊柱足。**药帽** 深黄色，先端截形，具

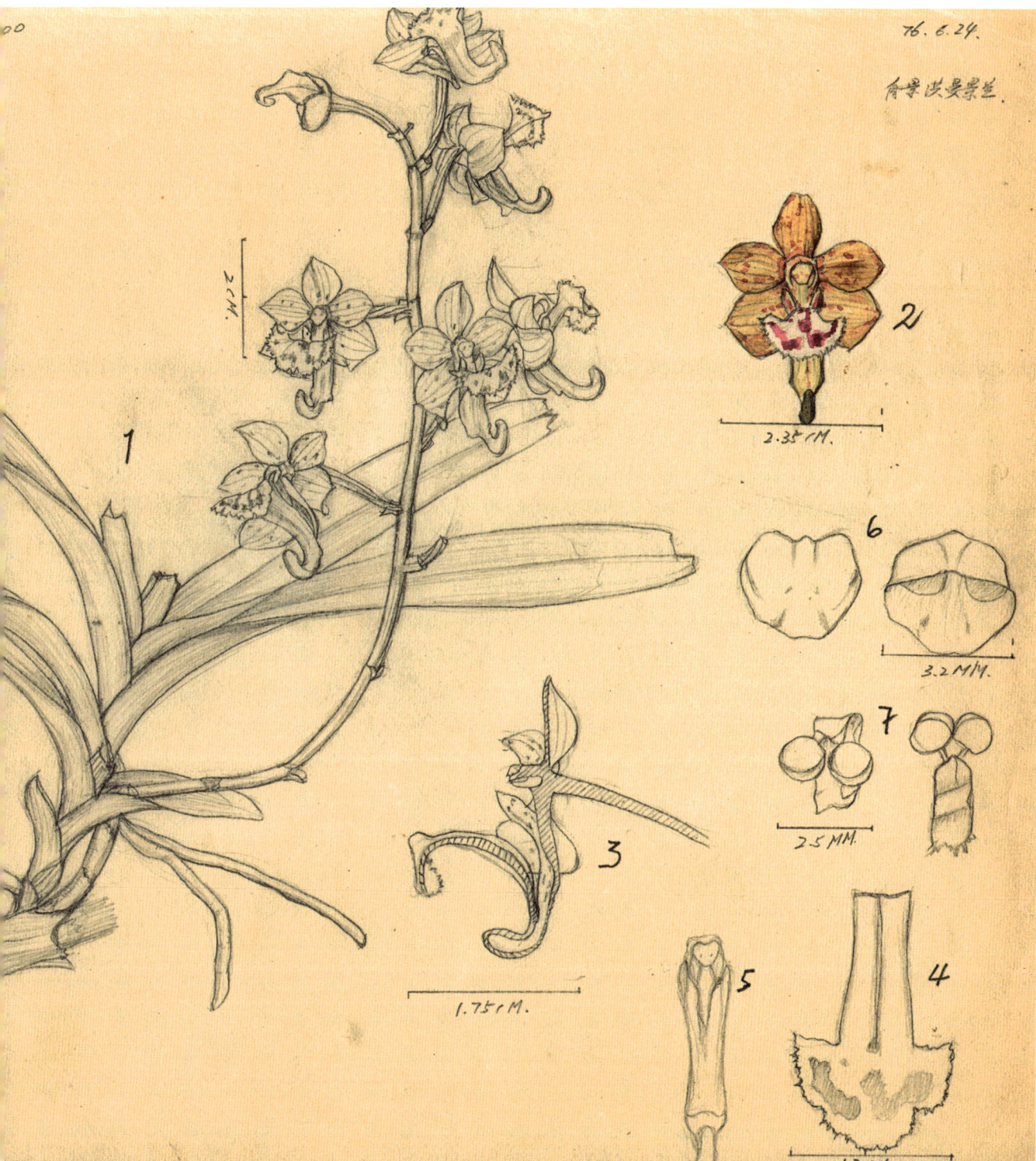

紫红色斑点。**花期** 5 ～ 6 月。

**产地和分布：**产于云南东南部至南部。缅甸、老挝、泰国均有分布。**模式标本**采自泰国。

**生态：**生于海拔 600 ～ 1700 米林缘和山地常绿阔叶疏林的树干上。

**用途：**可栽培供观赏。

**图 4　扇唇指甲兰**
*Aerides flabellata* Rolfe ex Downie

1 植株　2 花　3 花纵剖面　4 唇瓣
5 蕊柱　6 药帽　7 花粉块　8 叶尖
（1976/06/24 程式君采自云南景洪曼景兰，并绘图）

# 3.4 禾叶兰属 *Agrostophyllum* Blume

**历史：** 本属于 1825 年由 C. L. Blume 建立，发表于《荷属东印度植物志》（*Bijdragen tot de Flora van Nederlandsch Indië* 第 8 卷 368 页）。拉丁属名 *Agrostophyllum* 源自希腊文 *agrostis*（禾草）和 *phyllon*（叶），意指本属大部分种类的叶形有如禾草。

**分类和分布：** 禾叶兰属隶属兰科兰亚科树兰族的禾叶兰亚族。全属共有约 85 种，分布于热带亚洲及大洋洲，仅一种向西分布到非洲的塞舌尔群岛。我国 2 种，产于海南、云南和台湾。

**本属模式种：** 爪哇禾叶兰 *Agrostophyllum javanicum* Bl.

**生态类别：** 附生兰。

**形态特征：** **植株** 中型，直立。**茎** 丛生，细长，略呈扁圆柱形，具多节。**叶** 多枚，排成 2 列；狭长圆形至线状披针形，质较薄；基部具叶鞘和关节。**花序** 顶生，常由多数小花聚集呈头状，罕有少花或单花的。**花** 一般较小。**花瓣** 与 **萼片** 离生，花瓣较为窄小。**唇瓣** 中部常缩窄并有一条横脊，形成前唇和后唇两部分；后唇基部凹陷成囊状，其内常有胼胝体。**蕊柱** 短；**蕊柱足** 不明显；**花粉块** 8 枚，共附于一个黏盘上，蜡质，具短柄。**蕊喙** 近三角形。

# 5 禾叶兰（别名：硬皮禾叶兰，胼胝唇禾叶兰）

**学名：** *Agrostophyllum callosum* Rchb. f.

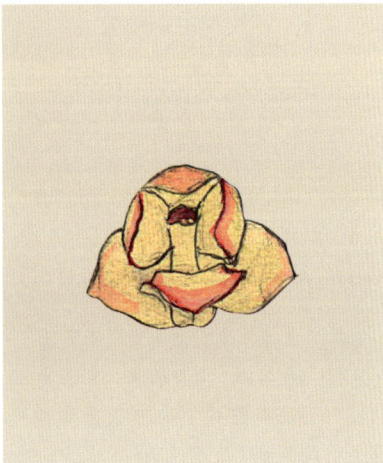

**形态：** 中型附生兰，高 30～60 厘米。**根状茎** 直径 3～4 毫米，匍匐状，坚硬，覆被披针形的箨状鳞片，具较粗的纤维根。**茎** 着生于根状茎上，间距 1～2 厘米；细长，直立，不分枝，其中下部为圆柱形、具多数箨状的鞘，上部稍压扁、着生多数叶。**叶** 在茎的上部呈二列状排列，叶剑形，似禾草状，纸质，长 8～13 厘米、宽 0.4～0.8 厘米，基部最宽，向先端渐狭，叶端为不等的 2 圆裂，叶基部与叶鞘相连；**叶鞘** 圆筒状，长 2～3.5 厘米，中部以上于一侧开裂，开裂处边缘黑色膜质。叶与叶鞘之间具不明显关节。**花序** 头状，顶生，直径 1～2 厘米，由紧密着生的数朵至十数朵小花组成；**花苞片** 膜质，近长圆形，长约 4 毫米，最外面的一枚则长可达 1～2 厘米。**花梗** 极短，子房长 5～6 毫米。**花** 小，淡红色或白色染紫红晕，或具紫红边。中萼片 近圆形，长约 4 毫米；**侧萼片** 阔卵圆形，长约 4 毫米、宽约 5 毫米，基部包围唇瓣；**花瓣** 较小，近菱状阔椭圆形，长宽为 2.5 毫米 ×3 毫米，基部收窄；**唇瓣** 阔长圆形，稍大于萼片，长约 3.5 毫米，中部稍缢缩，基部凹陷呈浅囊状，囊内有呈二叉状分枝的大胼胝体 1 枚，分叉的末端肥厚；**蕊柱** 短，长约 2 毫米，无明显蕊柱足。**蒴果** 椭圆形，长约 5 毫米，直径约 3.5 毫米，果柄长约 3 毫米。花、果期 5～8 月。

**产地和分布：** 产于海南和云南（南部）。尼泊尔、不丹、印度、缅甸、泰国和越南均有分布。**模式标本** 采自印度。

**生态：** 见于海拔 900～2400 米。附生于密林中的树上。

图 5 禾叶兰 *Agrostophyllum callosum* Rchb. f.
1 植株　2 植株顶部的花序　3 花　4 花纵剖面　5 唇瓣　6 花粉块
（1973/05/23 程式君采自海南，并绘图）

# 3.5 开唇兰属 *Anoectochilus* **Blume**

**异名：** *Odontochilus* Blume

**历史：** 本属于 1828 年由 C. L. Blume 发表于《爪哇植物志》（*Flora Javae*）。R. Holttum 于 1964 年在其《马来亚的兰科植物》中将齿唇兰属（*Odontochilus*）合并入此属。拉丁属名 *Anoectochilus* 源自希腊文 *anoektos*（开展）和 *cheilos*（唇），形容它开展的唇瓣。

**分类和分布：** 开唇兰属隶属兰亚科鸟巢兰族的斑叶兰亚族。全属共有 40 余种，我国有 20 种及 2 变种。分布于亚洲热带地区至大洋洲，产于中国西南部至南部。

**本属模式种：** 绒毛叶开唇兰 *Anoectochilus setaceus* Bl.

**生态类别：** 地生兰。

**形态特征：** **植株** 低矮，具长而匍匐的根茎。**根茎** 肉质，多节，节上生根。**茎** 圆柱形，直立向上，具叶。**叶** 互生，具叶柄，稍肉质，卵状或披针状，基部常偏斜；叶面常具金色、紫色或白色的美丽网纹或斑纹。**花序** 总状，顶生。**花** 通常较小；**萼片** 背面常被毛；**中萼片** 内凹而呈舟状，并与花瓣黏合成头盔状；**侧萼片** 略长于中萼片，基部环抱唇瓣的基部；**花瓣** 与中萼片近等长，常歪斜，膜质，比萼片薄；**唇瓣** 基部凹陷成球状小囊，与蕊柱贴近，为侧萼片基部所包被，有时延伸成圆锥状的距伸出于侧萼基部之外；囊或距的末端常为 2 浅裂，囊内中央有时具一枚纵向褶片，两侧各具一枚肉质的胼胝体；唇瓣前部多明显扩大成二叉或四叉的翅状裂，罕有前部不裂而只是略微扩大的；唇瓣中部收窄成爪，爪两侧常分裂呈篦状，或具锯齿，罕有为全缘的；**蕊柱** 短；**花粉块** 2 枚，生于同一个黏盘之上，每枚多少纵裂为 2，棒状，下部逐渐收窄成柄。

# 6 金线兰（别名：花叶开唇兰）

**学名：** *Anoectochilus roxburghii* (Wall.) Lindl.

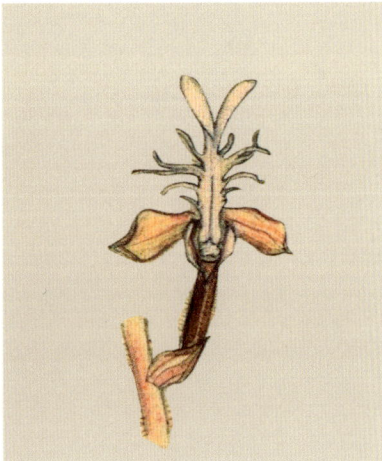

**形态：** **植株** 高 8 ～ 18 厘米。**根茎** 匍匐，肉质，多节，节上生根。**茎** 肉质，直立，圆柱形，具叶 3 ～ 4 枚。**叶** 卵形至卵圆形，先端急尖或稍钝，基部近截形或圆形，突然收狭成柄；长 1.5 ～ 3.5 厘米、宽 0.8 ～ 3.0 厘米；叶面暗紫红色或黑紫色，具少数金红色、有金属光泽但不明显的网状脉纹，叶背淡紫红色。**叶柄** 长 0.4 ～ 1.0 厘米，基部扩大成抱茎的鞘。**总状花序** 长 3 ～ 5 厘米，有花 2 ～ 6 朵，花序梗和花序轴淡红色，被柔毛，花序梗具鞘状苞片 2 ～ 3 枚；**花苞片** 淡红色，阔卵形，先端长渐尖，长 6 ～ 9 毫米、宽约 5 毫米。**花** 白色或淡红，长宽约 1.2 厘米 ×1.4 厘米；**萼片** 红褐色、稍染墨绿色晕，疏被白色透明腺毛；**中萼片** 阔卵形，先端渐

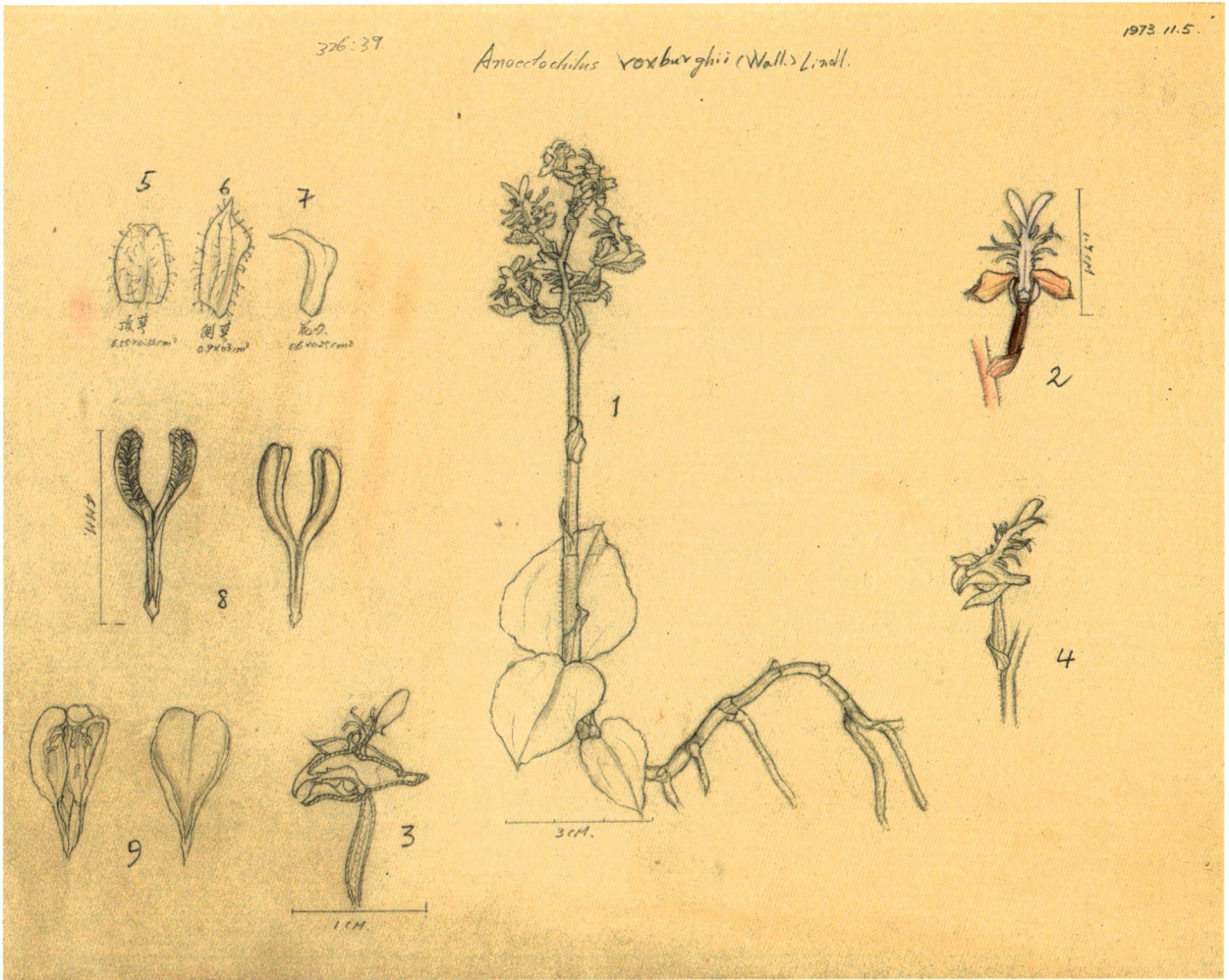

图 6　金线兰（1）**Anoectochilus roxburghii** (Wall.) Lindl.
1 植株　2、4 花　3 花纵剖面　5 中萼片　6 侧萼片　7 花瓣　8 花粉块　9 药帽　（1973/11/05 程式君绘）

尖，长约 6 毫米、宽约 3 毫米；**侧萼片** 近长圆形，略歪斜，长约 8 毫米；**花瓣** 较薄，白色染淡红晕，镰刀状披针形，长约 7 毫米，与中萼片靠合。**唇瓣** 白色，长约 12 毫米；先端呈叉状 2 裂，其裂片近长圆形；中段缩窄成长约 6 毫米的颈状部，"颈"两侧各具 5 条长 4～6 毫米的流苏，基部两侧各有一枚三角形的耳；

**距** 长约 6 毫米，上举指向唇瓣，末端稍圆钝、2 裂，距筒内近距口处有 2 枚胼胝体；**花粉块** 灰黄色，4 枚，分为两组，花粉粒在其上呈羽状排列。**蕊柱** 短，其药帽内面有腺毛。**花梗** 连**子房** 长 1～1.2 厘米，淡褐红色，被腺毛。**花期** 9～11 月。

**产地和分布：** 产于浙江、江西、福建、湖南、四川、广东、广西、海南、云南、西藏（墨脱）。日本、泰国、老挝、越南、印度、不丹、尼泊尔、孟加拉国均有分布。**模式标本** 采自尼泊尔。

**生态：** 多生于海拔 50～1600 米的密林下或沟谷溪边的潮湿草丛中。

**用途：** 全草供药用，生药名"金线风"。花、叶美丽，可盆栽供观赏。

图 6a 金线兰（2）

***Anoectochilus roxburghii*** (Wall.) Lindl.

1 植株
2 花
3 花纵剖面
4 唇瓣
5 中萼片
6 侧萼片
7 花瓣
8 花粉块
9 药帽

（1963/11/09 程式君绘）

# 7　齿唇兰（别名：绿叶开唇兰，双囊齿唇兰，三线莲）

**学名：*Anoectochilus lanceolatus* Lindl.**

[ 曾用学名：*Odontochilus lanceolatus* (Lindl.) Bl.；*Odontochilus yunnanensis* Rolfe；*Odontochilus bisaccatus* Hayata；*Odontochilus densiflorus* (Mansf.) T. Tang et F. T. Wang ex Merr. et Metc.；*Anoectochilus bisaccatus* Hayata；*Anoectochilus densiflorus* Mansf.；*Pristiglotis bisaccatus* (Hayata) Nackejima]

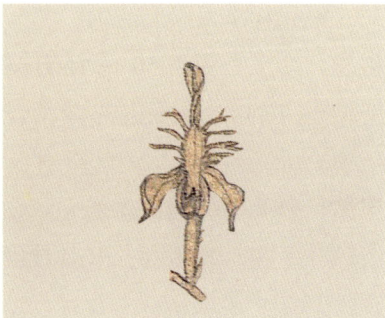

**形态：植株** 高 10～25 厘米，为小型地生兰。**根状茎** 匍匐贴生于腐殖层表面，肉质，具节，节上生根。**茎** 圆柱形，直立，具叶 3～5 枚。**叶** 上面暗绿色、背面淡绿色；叶脉绿白色，基出，3 条，故又名三线莲，但仅中脉较明显；叶卵形至卵状披针形，长 1.5～8 厘米、宽 1～5 厘米，先端急尖，基部阔楔形或圆钝，向下收窄成柄；叶柄长 0.9～2 厘米，下部扩大成抱茎的鞘。**花序** 总状，有花 3～10 朵，花序轴和花序梗被白色短柔毛；**花苞片** 卵状披针形，先端渐尖，背面被短柔毛，与子房近等长。**花** 明显，径约 1 厘米、长约 1.5 厘米，**唇瓣**位于下方。**子房** 圆柱形，常扭转，连花梗长 0.9 ～ 1 厘米，草绿色。**萼片** 草绿色；**中萼片** 卵形或卵状长圆形，长 4 ～ 6 毫米、宽 3 ～ 4 毫米，内凹呈舟状，与花瓣黏合呈兜状；**侧萼片** 开展，卵状椭圆形，歪斜，长 6 ～ 7.5 毫米、宽 4 ～ 5 毫米。**花瓣** 绿白色，呈歪斜的半卵形，外侧远较内侧为宽，长 4 ～ 6 毫米、中部宽 2.5 ～ 4 毫米，基部收窄，先端呈细长钝头。**唇瓣** 淡黄色，长 1.8 ～ 2 厘米，基部呈圆球形，长约 3 毫米；中部窄长，长 4 ～ 6 毫米，两侧各具 4 ～ 6 条流苏状条裂，排列有如鱼骨；唇瓣前端 2 裂，裂片为宽大的倒卵形，长约 5 毫米、宽约 4.5 毫米，甚开展，形似金鱼尾部。**花期** 6 ～ 11 月。

**产地和分布：** 产于台湾、广东、广西、云南。在尼泊尔、印度、缅甸、越南、泰国也有分布。**模式标本**采自印度东北部。

**生态：** 喜潮湿和凉爽通风的环境。多生于海拔 800 ～ 2000 米的山坡或沟谷常绿林下、潮湿肥沃的腐殖层中。

**用途：** 花形奇特，花色亮丽，可栽培供观赏。

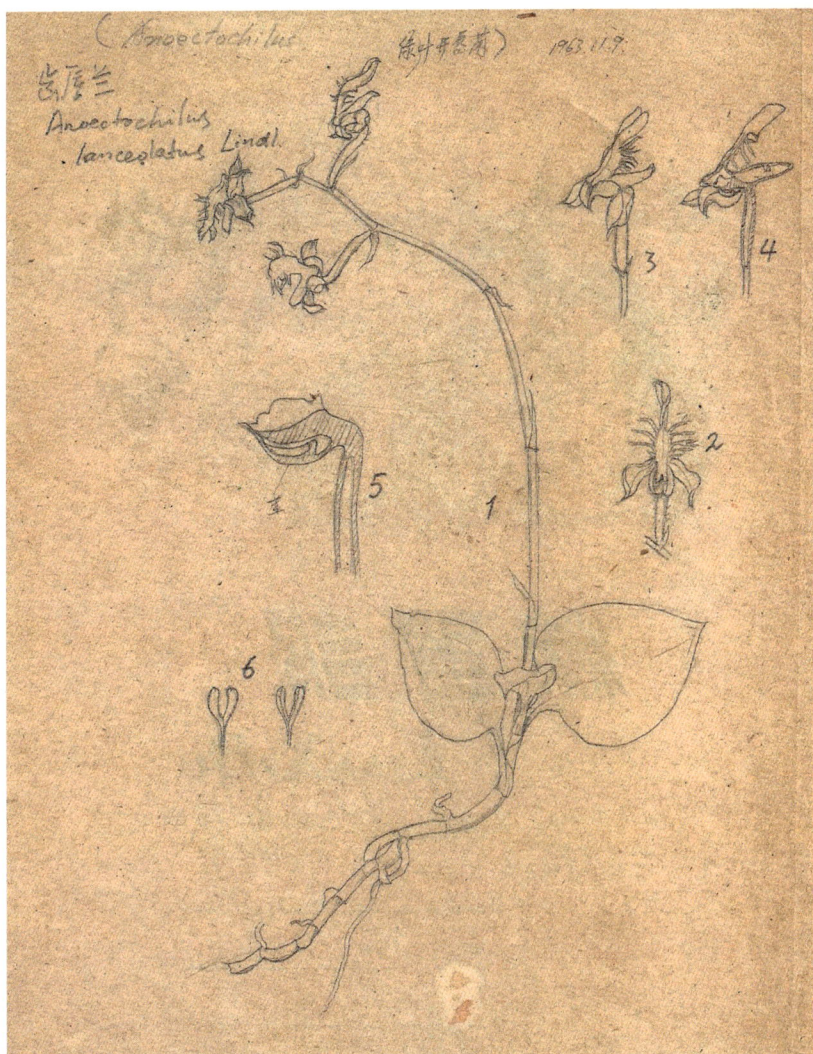

图 7 齿唇兰
*Anoectochilus lanceolatus* Lindl.

1 植株
2 花正面
3 花侧面
4 花纵剖面
5 蕊柱纵剖面
6 花粉块
（1963/11/09 程式君绘）

## 3.6 筒瓣兰属 *Anthogonium* Lindley

**历史：** 本属于 1840 年由 John Lindley 建立，发表于他的《兰科植物的属和种》[*The Genera and Species of Orchidaceous Plants*（1840），425]。拉丁属名*Anthogonium*源自希腊文*anthos*（花）和*gonia*（角度），可能是指它筒状的花与花柄（包括子房）之间形成的奇特的夹角。

**分类和分布：** 筒瓣兰属隶属兰科兰亚科兰族的筒瓣兰亚族。本属只有 1 种，产于广西、贵州、云南等省区。热带喜马拉雅及缅甸、越南、老挝和泰国均有分布。

**本属模式种：** 筒瓣兰 *Anthogonium gracile* Lindl.

**生态类别：** 地生兰。

**形态特征：** **假鳞茎** 位于地下，扁球形，被鳞片状鞘，顶具叶数枚。**叶** 狭长，具折扇状脉。**叶柄** 较长，常包卷而成假茎状。**花葶** 侧生于假鳞茎顶端，纤细而直立，不分枝；**花序** 总状，疏生花数朵。**花梗** 细长。**萼片** 下部互相联合成窄筒状，与子房垂直；上部则分离且稍反卷。**花瓣** 中部以下藏于萼筒内，上部稍反卷。**唇瓣** 位于花的上方；基部具长爪，贴生于蕊柱基部；上半部扩展，先端 3 裂。**蕊柱** 细长，前弯，具翅，无蕊柱足；**花粉块** 4 枚，两两成对，蜡质，扁卵形，近等大，无柄，无黏盘。

## 8 筒瓣兰

**学名：** *Anthogonium gracile* Lindl.

[ 曾用学名：*Anthogonium corydaloides* Schltr.]

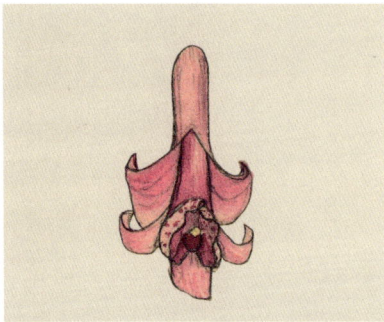

**形态：** 直立地生兰。**植株** 15 ～ 60 厘米。**假鳞茎** 形似慈菇，象牙白色，直径 1 ～ 2 厘米，有 2 ～ 3 节；具深褐色、纤维状的残存叶鞘，以及多数须状根；鳞茎顶有叶 2 ～ 5 枚。**叶** 纸质，草绿色，狭椭圆形至狭披针形，禾叶状，长 7 ～ 40 厘米、宽 1 ～ 2 厘米，先端渐尖，基部收窄成短柄；叶具明显的叶脉 3 条，在叶表面凹陷，在叶背突出。**叶鞘** 长，与叶柄互相包卷，形成纤细的假茎。**花葶** 暗绿色有紫褐色晕（近基部紫褐色），自假鳞茎顶部的节上抽出，挺直纤细，长可达 46 厘米、直径约 1.5 毫米，常高出叶丛之上，不分枝或偶然在上部分枝，具筒状鞘数枚；**花序** 总状，长 4 ～ 10 厘米，疏生数朵至十余朵（可多达 19 朵）花，花朵由花序下部往上陆续开放；**花苞片** 褐色，卵状披针形或锥形，先端急尖，长 1.5 ～ 4 毫米。**花梗连子房** 长 0.7 ～ 2 厘米。**花朵** 玫瑰红色，下倾。**萼片** 3 枚，其下半部合生成长约 0.9 厘米的狭筒，仅上半部分离；**顶萼片** 长圆状披针形，先端尖并稍向后反卷，长 1.6 厘米、宽 2 毫米，淡玫瑰红色；**侧萼片** 镰刀状匙形，长约 1.6 厘米、近端部宽约 3 毫米，先端锐尖且向后反卷，呈淡玫瑰紫色。**花瓣** 与萼片等长，倒卵状披针形，下半部收窄成爪，

图 8 筒瓣兰
*Anthogonium gracile* Lindl.

1 植株
2 花序
2a 花纵剖面
3 花瓣
4 萼片
5 唇瓣
6 花
7 蕊柱
8 药帽
9 花粉块

（1976/08/21 程式君采自云
南宜良集市，并绘图）

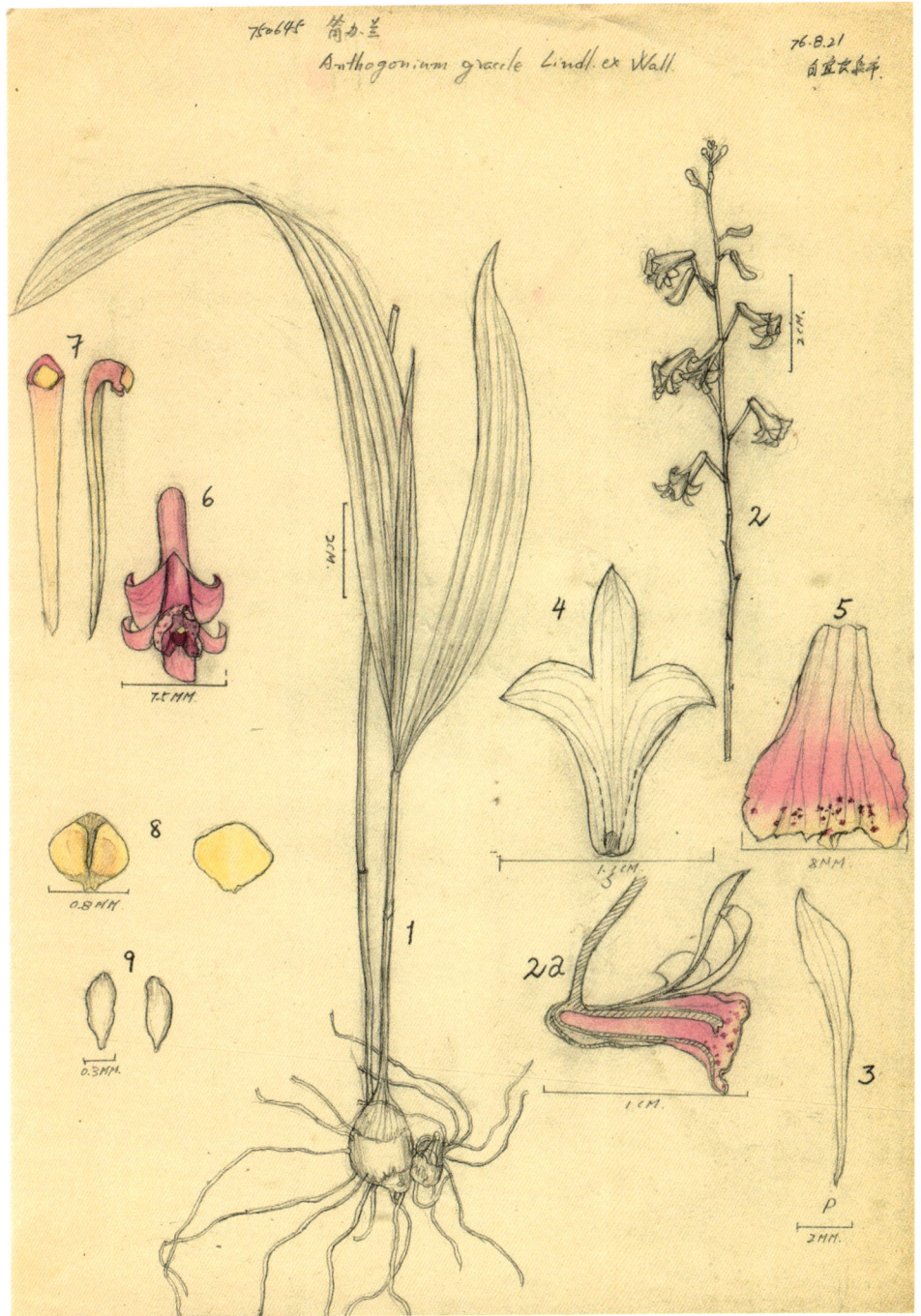

先端渐尖，最宽处 1.5 ～ 2 毫米。**唇瓣** 梯形，先端 3 裂，具皱折，长 1 ～ 1.5 厘米、宽约 0.8 厘米，淡玫瑰红色，向端部渐加深为玫瑰红色，近先端边沿则转为淡铬黄色，其上散布多数玫瑰红色细小斑点，唇瓣表面有脉 3 条，近中部分枝。**蕊柱** 细长，长约 0.9 厘米、宽约 1 毫米，两侧有薄翅，柱身淡黄色、顶部玫瑰红色。**药帽** 铬黄色，有淡褐色晕。**花期** 8 ～ 10 月。

**产地和分布：** 产于广西、贵州、云南、西藏（东南部）。分布于热带喜马拉雅及缅甸、泰国、老挝和越南。**模式标本**采自尼泊尔。
**生态：** 生于海拔 1180 ～ 2300 米的山坡草丛中或灌丛下。

# 3.7 牛齿兰属 *Appendicula* Blume

**历史：** 本属于 1825 年由 C. L. Blume 根据他当时在爪哇确认的 18 个种建立，发表于《荷属东印度植物志》（*Bijdragen tot de Flora van Nederlandsch Indië*，1825），以后种类不断增加。本属中文属名为"牛齿兰属"，是因其在我国最常见的种类"牛齿兰"的叶，排列有如牛齿而得名。拉丁属名 *Appendicula* 源自拉丁文 *appendicula*，意为"小附属物"，指本属植物花的唇瓣上附属的瘤状物。

**分类和分布：** 牛齿兰属隶属兰科兰亚科树兰族的柄唇兰亚族。全属现今共约有 150 种，其中我国产 4 种。本属的分布中心在印度尼西亚和巴布亚新几内亚。其分布范围由印度向东至中国的海南、台湾、广东和香港，向东南经泰国至马来西亚和印度尼西亚、菲律宾、巴布亚新几内亚、新喀里多尼亚和太平洋岛屿；其中以牛齿兰（*A. cornuta*）的分布最广，北至印度（锡金）仍有发现。

**本属模式种：** 白牛齿兰 *Appendicula alba* Bl.

**形态特征：** **植株** 附生或地生草本。**茎** 丛生，直立或下垂。**叶** 多枚，扁平，在茎上排成 2 列，互相紧靠，因叶柄扭转而使叶面朝向同一方向；叶基部有关节，并具抱茎的筒状鞘。**总状花序** 较短，有时缩短而类似头状花序，多数顶生、间有侧生者；**花苞片** 宿存。花小；**中萼片** 与侧萼片分离；**侧萼片** 与唇瓣基部合生形成萼囊；**花瓣** 通常略小于中萼片；**唇瓣** 与蕊柱足基部连接，前端不裂或略为 3 裂，唇面近基部处有附属物 1 枚。**蕊柱** 短，具长而宽的蕊柱足；**花粉块** 蜡质，略呈棒状；共 6 枚，每 3 枚为一组，具柄，着生于一个共同的黏盘上。**蕊喙** 大，直立，通常 2 裂。

# 9 牛齿兰（别名：梯兰）

**学名：** *Appendicula cornuta* Bl.

[ 曾用学名：*Dendrobium manillense* Schau.；*Appendicula bifaria* Lindl.；*Appendicula manillensis* (Schau.) Rchb. f.；*Appendicula reduplicata* Par. & Rchb. f.；*Podochilus cornutus* (Bl.) Schltr.；*Podochilus brachiatus* Schltr.；*Podochilus cyclopetala* Schltr.；*Appendicula cyclopetala* (Schltr.) Schltr.；*Appendicula brachiata* (Schltr.) Schltr.；*Dendrobium pseudorevolutum* Guill. ]

**形态：** 石生常绿草本植物。每株·丛生 3 ～ 5 条细茎。**茎** 长 20 ～ 50 厘米，常下垂，不分枝。每条茎上有叶 20 ～ 40 枚，大小形状一致，排成 2 列，使整体形状有如一枚常绿的蕨类叶。**叶** 长圆状卵形，长约 2 厘米、宽约 0.5 厘米，在茎上斜出，与茎呈 45 度角，亮绿色，基部扭转 90 度，使叶完全面向前方。**花** 很小，不开展，径约 5 毫米，2 ～ 6 朵呈丛生状的总状花序，位于茎顶或近于茎顶；白色稍带乳黄，在唇瓣先端和侧萼片基部边沿具褐色

图 9 牛齿兰
*Appendicula cornuta* Bl.

1 植株
2 花
3 花纵剖面
4 花的平面解剖
5 药帽
6 花粉块
（1961/11/03 程式君绘）

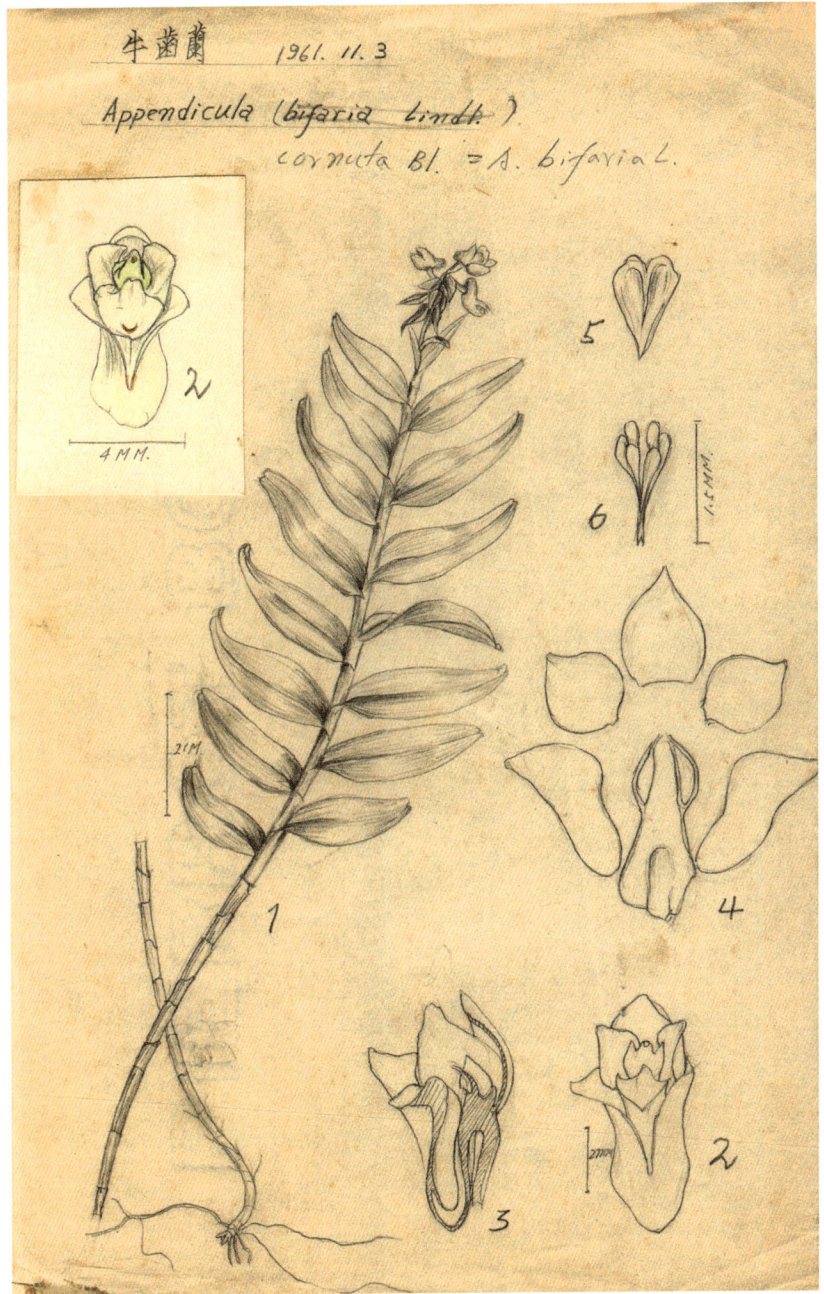

纹。**中萼片** 椭圆形，先端渐尖，长约 3.5 毫米、宽 1.8～2 毫米，凹陷。**侧萼片** 斜三角形，长 4～5 毫米，基部宽，着生于蕊柱足上，并与唇瓣基部联合形成长约 1 毫米的萼囊。**花瓣** 卵状长圆形，长 2.5～3 毫米、宽约 1.5 毫米。

**唇瓣** 近长圆形，先端钝，中部略缢缩，边沿波状；上部具一枚肥厚的褶片状附属物，近基部具 1 枚半圆形、向后伸展、两侧边沿内弯的膜片状附属物。**蕊柱** 长约 2 毫米；**蕊柱足** 与蕊柱等长或略长。**蒴果** 椭圆形。**花期** 9～11 月。

**产地和分布：** 产于广东、海南和香港。印度（锡金）、缅甸、泰国、越南、马来西亚、印度尼西亚、菲律宾均有分布。**模式标本** 采自印度尼西亚爪哇。

**生态：** 生于海拔 800 米以下树林中的岩石上或阴湿的石壁上。

# 3.8 蜘蛛兰属 *Arachnis* Blume

**历史：** 本属于 1825 年首先由 C. L. Blume 在 *Bijdragen* 上发表。后来蜘蛛兰属所包括的种类又曾被分别归入以下各属，即指甲兰属（*Aerides*）、蛛花兰属（*Arachnanthe*）、岩隙兰属（*Armodorum*）、异花兰属（*Dimorphorchis*）、花蜘蛛兰属（*Esmeralda*）、火焰兰属（*Renanthera*）、十字兰属（*Stauropsis*）、毛舌兰属（*Trichoglottis*）、万代兰属（*Vanda*）和拟万代兰属（*Vandopsis*）等其他属中。近 150 多年来，关于蜘蛛兰属的分类问题有很多不同意见。本书根据的是 Kiat Tan 于 1975 年在 *Selbyana* 中发表的有关本属及其邻近属的处理意见和《中国植物志》的做法。拉丁属名 *Arachnis* 源自希腊文 *arachne*（蜘蛛），意指本属的花形似蜘蛛。

**分类和分布：** 蜘蛛兰属隶属兰科兰亚科万代兰族的指甲兰亚族。它与近似属拟万代兰属和火焰兰属的区别点在于唇瓣，以及唇瓣和蕊柱的关系；与花蜘蛛兰属及岩隙兰属的区别点在于唇瓣的结构；而与异花兰属的区别则在于蜘蛛兰属没有二型花的现象。蜘蛛兰属共约有 13 种，分布于东南亚至巴布亚新几内亚和一些太平洋岛屿。我国仅 1 种，产于海南、云南等热带地区。

**本属模式种：** 指甲蜘蛛兰 *Arachnis moschifera* Bl. [*A. flos-aeris* (L.) Rchb. f.]

**形态特征：** **茎** 攀援，粗壮而长，分枝或否，具多数排成 2 列的叶。**叶** 长圆形，或向先端略收窄，叶端 2 裂。**花序** 直立或下垂，通常比叶长。**花** 颇大而鲜艳。**萼片与花瓣** 近相等，开展，通常较窄，向先端渐宽，边反卷；**侧萼片** 与花瓣常向下弯曲。**唇瓣** 肉质，3 裂，基部有一可活动的关节，与蕊柱足相连；**侧裂片** 阔，通常近长方形，立于蕊柱足的两侧；**中裂片** 肉质，中央具龙骨状脊；距短，末端稍向后弯。**蕊柱** 短而粗；蕊柱足短；**花粉块** 近相等，4 枚，成 2 对；**黏盘柄** 短而宽；**黏盘** 大。

# 10 窄唇蜘蛛兰

**学名：** *Arachnis labrosa* (Lindl. et Paxt.) Rchb. f.

[ 曾用学名：*Arrynchium labrosum* Lindl. ex Paxt.；*Renanthera bilinguis* Rchb. f.；*Armodorum labrosum* (Lindl. ex Paxt.) Schltr. ]

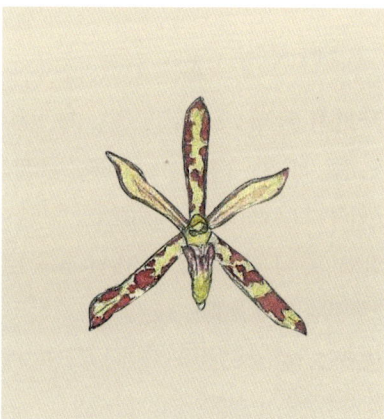

**形态：** 攀援状附生兰。**茎** 质硬，长可达 50 厘米、直径 0.7～1 厘米，具多节。**叶** 多数，在茎上排成 2 列；革质，带状；长 15～30 厘米、宽 1.5～2 厘米及以上；叶端为不等 2 圆裂；叶基部具鞘；叶鞘抱茎而且宿存。叶腋常有不定根。**花序** 长 70～100 厘米，斜出，有时具分枝，疏生多数花朵；**花苞片** 宽卵形，褐红色，长 5～8 毫米。**花柄和子房** 长约 2 厘米，纤细，褐红色。**花** 大小中等，直径约 3 厘米。**萼片与花瓣** 形状相似，均为倒披针形；萼片长约 1.8 厘米、宽约 0.3 厘米，花瓣则比萼片稍短；萼片黄绿色，有暗紫色斑块；花瓣黄绿色，边沿暗紫红

图 10　窄唇蜘蛛兰 *Arachnis labrosa* (Lindl. et Paxt.) Rchb. f.
1 植株及花序　2 花　3 唇瓣　4 蕊柱　5 药帽　6 花粉块（1973/07 华南植物园采自海南五指山，1973/08/09 广州兰圃采自云南西双版纳，程式君绘）

色，中央有条状的暗紫红色晕。**唇瓣** 长约 1 厘米，3 裂；**侧裂片** 小，近三角形，直立，边沿暗紫红色；中裂片 舌状，厚肉质，先端尖，背面具一枚圆锥形凸起，基部中央凹陷，两侧各有一枚向后的乳突；中裂片的中部具厚肉质的距，距长 4～5 毫米，向后弯，距的开口位于中裂片基部、两个侧裂片之间。**中裂片** 白色，有 6 条紫红色脉，中部以下黄白色；距白色，有紫红晕。**蕊柱** 粗壮，长约 6 毫米，淡黄色；**花粉块** 4 枚，分成两组，铬黄色；**花粉块柄** 白色透明。**黏盘** 近半圆形。花期 8～9 月。

**产地和分布：** 产于台湾、海南、广西、云南。分布于印度（东北部）、不丹、缅甸、泰国和越南等地。**模式标本** 采自热带亚洲（具体地点不详）。

**生态：** 附生于海拔 800～1200 米山地林缘的树干上或山谷悬岩上。

**用途：** 花美丽奇特，可栽培供观赏。

# 3.9 竹叶兰属 *Arundina* Blume

**历史：** 1825 年首次被 C. L. Blume 发表于 *Bijdragen*。拉丁属名 *Arundina* 源自拉丁文的 (h) *arundo*（芦苇），意指本属植物的茎秆类似芦苇。以前有些学者（如 Garay 和 Sweet）认为本属至少有 5 个种。但经 Holttum 及 Seidenfaden 对本属马来亚和泰国种类的研究，认为其中有些种只是同一个形态多变的种的不同类型，本书作者同意这一观点。

**分类和分布：** 竹叶兰属隶属兰科兰亚科树兰族的竹叶兰亚族。全属 1 ～ 2 种，分布于亚洲的热带和亚热带地区：斯里兰卡、印度、中国（南部）、马来西亚直至隔海的塔希提及其附近岛屿（菲律宾除外）。

**本属模式种：** 竹叶兰 *Arundina graminifolia (D. Don) Hochr.*

[= *Arundina graminifolia* (D. Don) Hochr. 及 *Bletia graminifolia* D. Don]

**生态类别：** 地生兰。

**形态特征：** **植株** 高大。**茎** 数条丛生，圆柱形，直立而坚挺，具鞘，不分枝。**叶** 形如禾草，狭窄，在茎上排成 2 列，叶基有关节和抱茎的鞘。**花序** 顶生，直立，不分枝或具分枝。**花** 少数，大而鲜艳，白色至紫红色；**花苞片** 小而宿存。**萼片** 分离，开展，披针形，先端渐尖。**花瓣** 与萼片相似但较宽。**唇瓣** 阔大，无柄，基部包围蕊柱。**蕊柱** 细长，具窄翅，无蕊柱足；**花粉块** 8 枚，每 4 枚紧靠形成一簇，柄短，附着于黏盘上。

# 11 竹叶兰（别名：竹兰）

**学名：** *Arundina graminifolia* (D. Don) Hochr.

[曾用学名：*Bletia graminifolia* D. Don；*Arundina chinensis* Bl.；*Arundina stenopetala* Gagnep.；*Arundina graminifolia* var. *chinensis* (Bl.) S. S. Ying]

**形态：** 大型地生兰，高 30 ～ 80 厘米，偶有高达 1 米以上的。根状茎与地面茎交接处常膨大呈球形的假鳞茎状，直径 1 ～ 2 厘米，具多数纤维状根。**茎** 丛生，呈禾秆状，具多枚叶，叶鞘常包茎。**叶** 质硬，窄披针形，略似竹叶，先端尖，长 8 ～ 20 厘米、宽 0.5 ～ 1.5 厘米，基部具筒状的叶鞘；叶鞘长 2 ～ 4 厘米，抱茎。**花序** 长 2 ～ 8 厘米，总状或有时为圆锥状，具 2 ～ 10 朵花，但每次只开一朵；**花苞片** 阔卵状三角形，长 3 ～ 5 毫米。**花** 直径 3 ～ 6 厘米，粉红色、白色或略带紫色，花形开展。**花梗连子房** 长

1.5～3 厘米；**萼片** 狭椭圆形或椭圆状披针形，长 2.5～4 厘米、宽约 0.8 厘米；**花瓣** 与萼片等长但远比萼片宽，椭圆形或卵状椭圆形，宽度 1.3～1.5 厘米；**唇瓣** 长 2.5～4 厘米，外轮廓近于长圆状卵形，3 裂；边沿及先端呈深玫瑰紫色，内面有深玫瑰红色脉纹及斑点，喉部有黄斑；**侧裂片** 内卷略呈筒状，包围蕊柱；**中裂片** 近方形，长 1～1.5 厘米，边缘有波状皱折，先端 2 浅裂或微凹；**唇盘** 上有褶片 3～5 条，黄色；**蕊柱** 长 2～2.5 厘米，略前弯。**蒴果** 近圆柱形，长约 3 厘米、直径 0.8～1 厘米。**花、果期** 7～12 月。

**产地和分布：** 广布于亚洲的热带、亚热带地区。产于浙江、江西、福建、台湾、湖南、广东、广西、海南、四川、贵州、云南和西藏（墨脱）。尼泊尔、不丹、印度、斯里兰卡、缅甸、越南、老挝、柬埔寨、泰国、马来西亚、印度尼西亚、琉球群岛和塔希提岛均有分布。**模式标本**采自尼泊尔。

**生态：** 生于海拔 400～2800 米的草坡、溪边、灌丛或林中。生长在山顶附近的植株比较矮而壮。

**用途：** 花朵美丽，栽培管理容易，可地栽或盆栽作为观赏花卉。

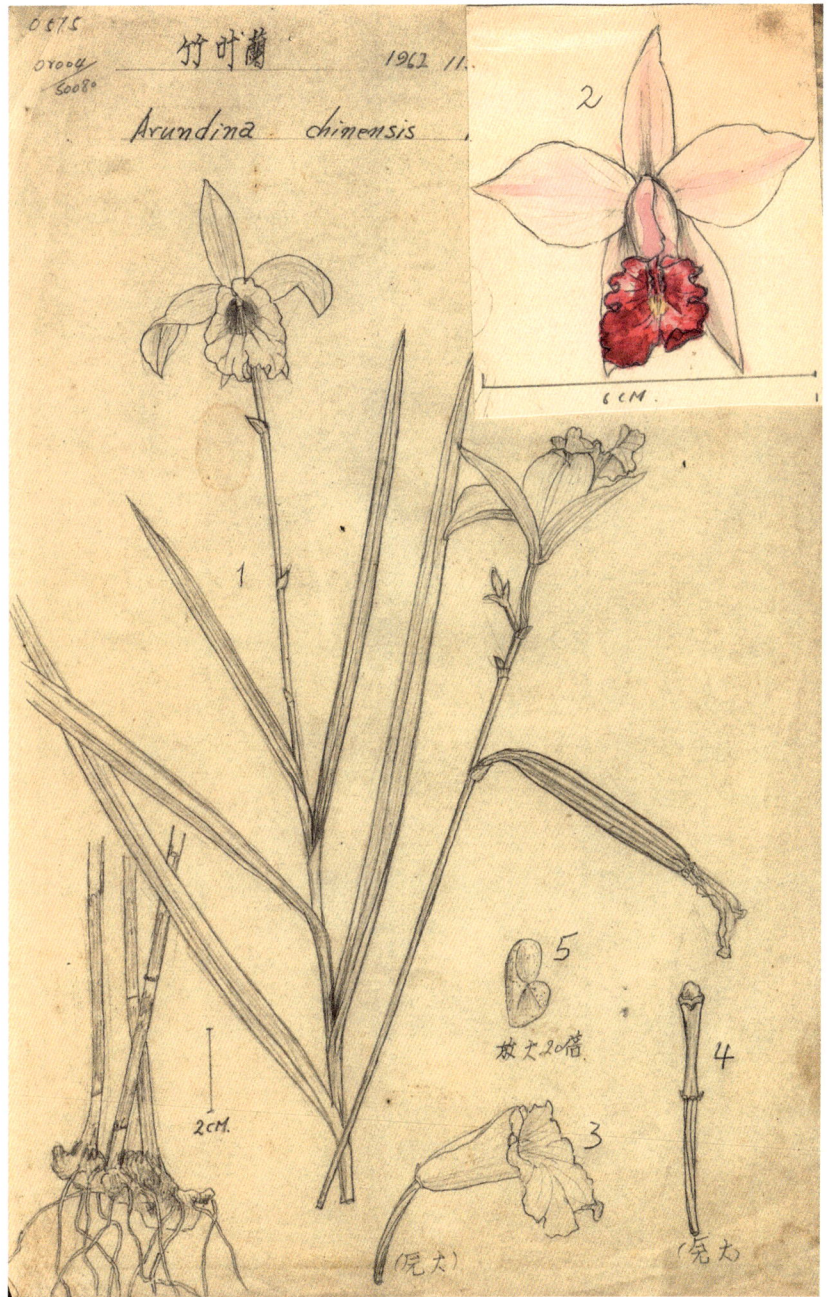

图 11 竹叶兰 *Arundina graminifolia* (D. Don) Hochr.
1 植株　2 花　3 唇瓣　4 蕊柱　5 花粉块（1962/11 程式君绘）

# 3.10 鸟舌兰属 *Ascocentrum* Schlechter

**历史：** 1913 年 Rudolf Schlechter 以橙红囊唇兰（*Saccolabium miniatum* Lindl.）为依据，在 *Fedde, Repertorium Speciarum Novarum, Beihefte* 一书中首次描述发表了鸟舌兰属（*Ascocentrum*）。以橙红囊唇兰的唇瓣形状特殊为由，将它和另外 3 个种从囊唇兰属中分离出来，成立了新的鸟舌兰属（*Ascocentrum*）。拉丁属名 *Ascocentrum* 一词源自希腊文 *ascos*（袋）和 *kentron*（距），是指它悬于唇瓣下的大而呈袋状的距。

**分类和分布：** 鸟舌兰属隶属兰科兰亚科万代兰族的指甲兰亚族。本属与万代兰属（*Vanda*）及囊唇兰属（*Saccolabium*）相近。其与万代兰属的区别为：花比万代兰小且颜色不同，而且花柄较细。与囊唇兰属的区别为：其唇瓣的中裂片扁平而伸长，唇瓣侧裂片的后部边缘几乎与蕊柱接触。全属共约 10 种，分布由喜马拉雅往东至东南亚、印度尼西亚（爪哇）、中国（南部）和菲律宾。我国有 3 种，产于南部热带、亚热带省区。

**本属模式种：** 橙红鸟舌兰 *Ascocentrum miniatum* (Lindl.) Schltr.

**生态类别：** 附生兰。

**形态特征：** **植株** 小型附生兰类，形似万代兰而较小。具多数长而粗的肉质气生根。**叶** 数枚排成 2 列；半圆柱形，或扁平而基部呈 "V" 形对折；叶先端锐尖，或呈截形而具 2 ~ 3 个不规则缺刻；叶的基部具关节。**花序** 总状，腋生，直立或向下斜展，密生多数花朵。**花** 小，花型开展，颜色通常鲜艳。**萼片与花瓣** 相似。**唇瓣** 3 裂，固定于蕊柱基部；其侧裂片基部与蕊柱基部略微相连；唇瓣的中裂片舌状，前伸或下弯。**距** 比子房短，具柄，无龙骨状褶片或隔膜，在近唇瓣中裂片基部的距口内有小的胼胝体。**蕊柱** 短，无蕊柱足；**花粉块** 2 枚，蜡质，每枚顶端具裂隙；**花粉块柄** 细，或下细上粗；**黏盘** 较厚。

# 12 鸟舌兰

**学名：** *Ascocentrum ampullaceum* (Roxb.) Schltr.

[ 曾用学名： *Aerides ampullacea* Roxb.； *Saccolabium ampullaceum* (Roxb.) Lindl. ]

**形态：** 植株矮小，高 9 ~ 15 厘米。**茎** 粗短，不分枝，被叶鞘包被，有叶 6 ~ 7 枚；具多数（7 至十余条）肉质、粗绳状根，根或有分枝，长可达 24 厘米（一般 8 ~ 12 厘米）。**叶** 在茎上排成 2 列；呈带状，质厚而硬，表面深绿色、背面较淡；前部常外弯，近基部常呈 "V" 形对折，使表面呈槽状、背有龙骨状脊；叶先端为截形而具齿，或为尖锐 2 裂，每裂先端又具 3 齿；叶长 9 ~ 17 厘米、宽 1.3 ~ 2 厘米；叶基互相套叠，遮蔽短茎。**花序** 通常 2 ~ 4 个，比叶短，长达 8 厘米；直立，由下部的叶腋抽出；

图 12 鸟舌兰
*Ascocentrum ampullaceum*
(Roxb.) Schltr.

1 植株
2 花
3 花纵剖面
4 蕊柱及唇瓣
5 蕊柱、唇瓣和距的纵剖面,
6 药帽
7 花粉块
（1976/05/15 程式君采自云南西双版纳：普文往思茅路边并绘图）

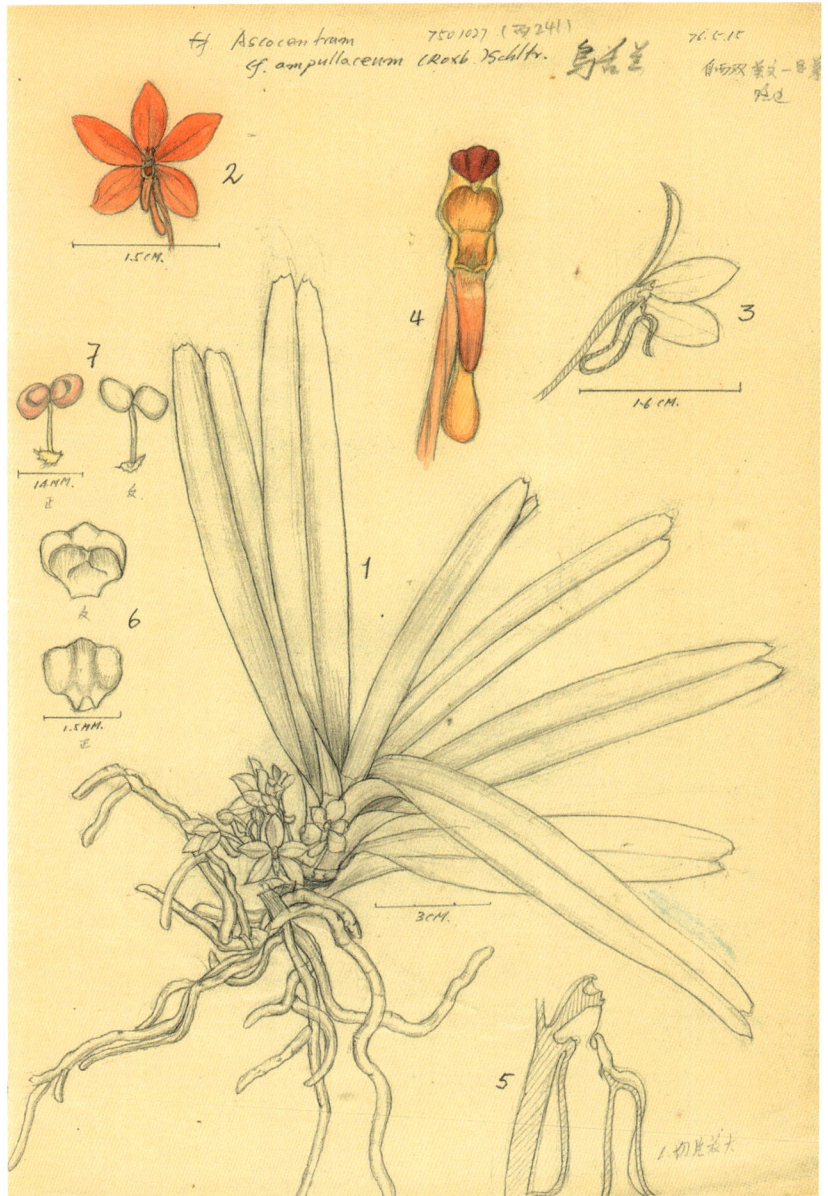

花序梗粗壮，草绿色，径 2.5～3 毫米，有花 6～10 朵。苞片细小，三角形。**花** 直径 1.6 厘米，朱红色，唇瓣带橙红色，雄蕊略带紫色。**花柄连子房** 长 1.2 厘米、径 0.1 厘米，朱红色，具扭曲的条纹。**萼片** 阔披针形至椭圆状倒卵形，长可达 9 毫米、宽约 0.45 毫米，中脉较明显。**花瓣** 与萼片相似而略长，色较深。**唇瓣** 舌形，3 裂，外翻，先端圆，长 6～7 毫米、宽约 3 毫米；**侧裂片** 直立，小，铬黄色；**中裂片** 橙红色，近端部朱红色。**距** 生于唇瓣基部，长筒形，细长，上部侧扁，下部扩宽呈蜂肚状，向后弯；长 7～8 毫米，比唇瓣长，直径上部约 1 毫米、下部约 2 毫米；橙红色。**蕊柱** 短，长约 2.5 毫米、径约 2 毫米；呈橙红色，**药帽** 深红色；**花粉块** 2 枚，球形，玫瑰红色，具长柄，柄淡铬黄色、透明、具黏盘，**黏盘** 具齿状边缘。花期 5 月。

**产地和分布：** 产于云南南部至东南部。由热带喜马拉雅经尼泊尔、印度（东北部）、不丹到缅甸、泰国、老挝均有分布。**模式标本**采自印度东北部。

**生态：** 附生兰。生于海拔 1100～1500 米的常绿阔叶林中的树干上。

**用途：** 植株和花美丽，可栽培供观赏。

## 3.11 白及属 *Bletilla* Reichenbach fil.

**历史：** 本属于 1853 年由 H. G. Reichenbach 创立，发表于 *Flora des Serres*（《法国赛勒斯植物志》）。1911 年 R. Schlechter 在 *Fedde, Repertorium Specierum Novarum* 中，1969 年 Kiat Tan（陈伟杰）在 *Brittonia* 中，均对本属进行了重要的校订和讨论。由于本属的花和拟白及属（*Bletia*）的很相似，故本属的拉丁学名参照拟白及属（*Bletia*）的拉丁名，命名为 "*Bletilla*"。

**分类和分布：** 白及属隶属兰科兰亚科树兰族的白及亚族。共约有 6 种，均分布于亚洲。由缅甸北部经中国至日本。我国产 4 种，其分布东起浙江、西至西藏东南（察隅），北自江苏、河南，南讫台湾。

**本属模式种：** 白及 *Bletilla gebina* (Lindl.) Rchb. f. [*Bletilla striata* (Thunb. ex A. Murray) Rchb. f. ]

**生态类别：** 地生兰。

**形态特征：** **植株** 地生草本。**茎** 基部膨大成球茎。**叶** 2～6 枚，长圆状披针形至线状披针形，具折扇状皱折；叶与叶柄间有关节；叶柄互相卷抱成茎状。**花序** 总状，顶生，疏生花数朵；**花序轴** 多呈 "之" 字形折曲；**花苞片** 早落。**花** 中等大，倒置，鲜艳，紫红色、粉红色、黄色或白色。**萼片与花瓣** 相似，离生，组成开口状的花冠。**唇瓣** 3 裂；**侧裂片** 直立，抱拥蕊柱；**中裂片** 前伸并反卷；**唇盘** 具脊状褶片。**蕊柱** 纤细，无蕊柱足，两侧具窄翅；**花粉块** 8 枚，分成 2 群，粒粉质。**柱头** 1 个，位于蕊喙之下。**蒴果** 长圆状纺锤形，直立。

## 13 白及

**学名：** *Bletilla striata* (Thunb. ex A. Murray) Rchb. f.

[ 曾用学名：*Limodorum striatum* Thunb. ex A. Murray；*Limodorum striatum* Thunb.；*Cymbidium hyacinthinum* J. E. Smith；*Bletia hyacinthina* (J. E. Sm.) R. Br.；*Bletia gebina* Lindl.；*Bletilla gebina* (Lindl.) Rchb. f.；*Bletilla striata* var. *gebina* (Lindl.) Rchb. f.；*Bletilla hyacinthina* (J. E. Sm.) Rchb. f.；*Bletia striata* (Thunb. ex A. Murray) Druce；*Jimensia striata* (Thunb. ex A. Murray) Garay et Schultes]

**形态：** 植株高可达 60 厘米。**球根** 扁球形，绿色，具环带。**茎** 直立，粗壮，为覆瓦状的鞘所包被，上部具叶 4～5 枚。**叶** 长圆状披针形，颇窄，先端渐尖；长可达 45 厘米、宽约 5 厘米；叶面呈折扇状皱折，基部收窄成包茎的鞘。**花序** 纤细，直立，略带紫红色，高约 14 厘米，其上疏生 3～5 朵花；**花苞片** 不明显，卵状三角形，长可达 3 毫米，开花时常凋落。**花** 中型，淡玫瑰红色或紫红色，少数可为白色；不开展。**萼片和花瓣** 基本相似，其中花瓣稍宽；长圆状披针形或长圆状倒披针形，端急尖；长可

图 13 白及

***Bletilla striata***

(Thunb. ex A. Murray) Rchb. f.

1 植株
2 花
3 花纵剖面
4 花瓣
5 中萼片
6 侧萼片
7 唇瓣
8 唇瓣侧面
9 蕊柱
10 花粉块
11 果

（1962/02/19 程式君绘）

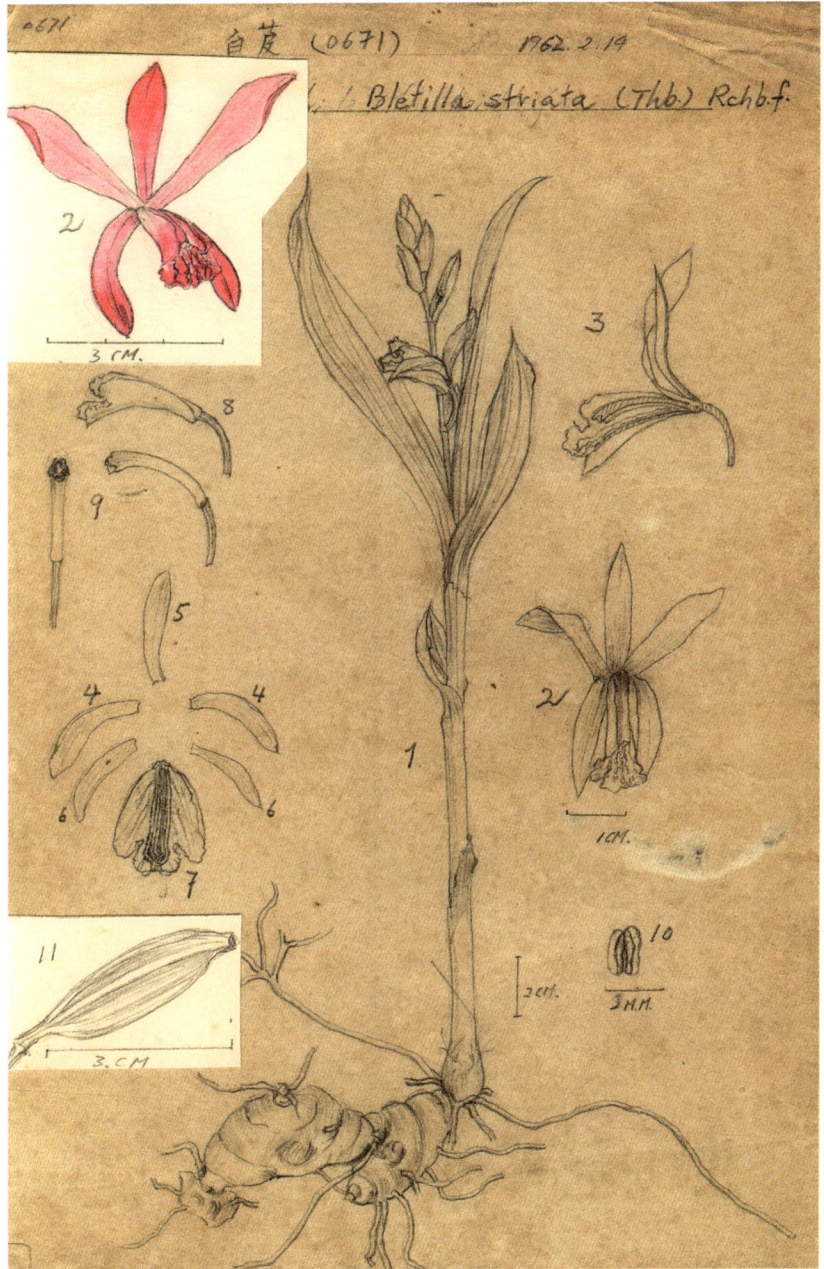

达 3.5 厘米、宽 0.8 厘米。唇瓣 3 裂，比萼片和花瓣稍短，长达 3.5 厘米、宽 2 厘米，端部紫红色、上部白色具紫色脉；**侧裂片** 直立，近似卵形，边缘有齿；**中裂片** 反卷，接近四方形，先端微凹；**唇盘** 上具 5 条平行、波状的褶片。**蕊柱** 呈柱状而略前弯，具狭翅，长 1.8～2.0 厘米；**花粉块** 8 枚，分为 2 组。**花期** 3～5 月。

**产地和分布：** 产于陕西、甘肃、江苏、安徽、浙江、江西、福建、湖北、湖南、广东、广西、四川和贵州等省区。朝鲜半岛和日本也有分布。**模式标本**采自日本。

**生态：** 生于海拔 100～3200 米的常绿阔叶林下（如壳斗科乔木林下或针叶林下）、路边草丛中或岩石缝隙中。

**用途：** 本种的球根（假鳞茎）为著名中药'白及'，有止血补肺、生肌止痛之功。我国北京、天津等地已有人工栽培，以广药源。花朵美丽，宜栽培供观赏。

# 14 黄花白及（别名：赭黄白及）

**学名：** *Bletilla ochracea* Schltr.

[ 曾用学名：*Jimensia ochracea* (Schltr.) Garay et Schultes]

**形态：** 株高 20～55 厘米。**球茎** 扁斜卵形，具横环带，有黏性。**茎** 粗壮，通常具叶 4 枚。**叶** 长圆状披针形，端尖，基部收窄成抱茎的鞘；长 8～35 厘米、宽 1.5～2.5 厘米。**花序** 具花 3～8 朵；**花苞片** 长圆状披针形，先端急尖，长 1.8～2 厘米，花时凋落。**花** 大小中等。**萼片和花瓣** 近等长，长圆形、钝或略尖，长 1.8～2.3 厘米、宽 0.5～0.7 厘米；外面黄或黄绿色，常有紫色细点或紫红色晕，内面乳黄或近白色。**唇瓣** 椭圆形，长 1.5～2.0 厘米、宽 0.8～1.2 厘米，白色或乳黄色，有多数不规则的红褐斑，在中部以上 3 裂；**侧裂片** 直立，斜长圆形，端钝，拥抱蕊柱；**中裂片** 近正方形，边缘微波状，先端微凹；**唇盘** 具 5 条纵行的龙骨状褶片，褶片仅在位于中裂片上的部分呈波状。**蕊柱** 呈柱状，稍弓曲，两侧具狭翅，长 1.5～1.8 厘米，白色，基部有一橙黄色点；**花粉块** 4 枚。**花期** 3～7 月。

**产地和分布：** 产于陕西、甘肃、河南、湖北、湖南、广西、贵州、四川和云南。**模式标本** 采自中国云南。

**生态：** 生于海拔 300～2300 米的常绿林或灌丛下、草丛中或溪沟边。

**用途：** 药用和观赏。

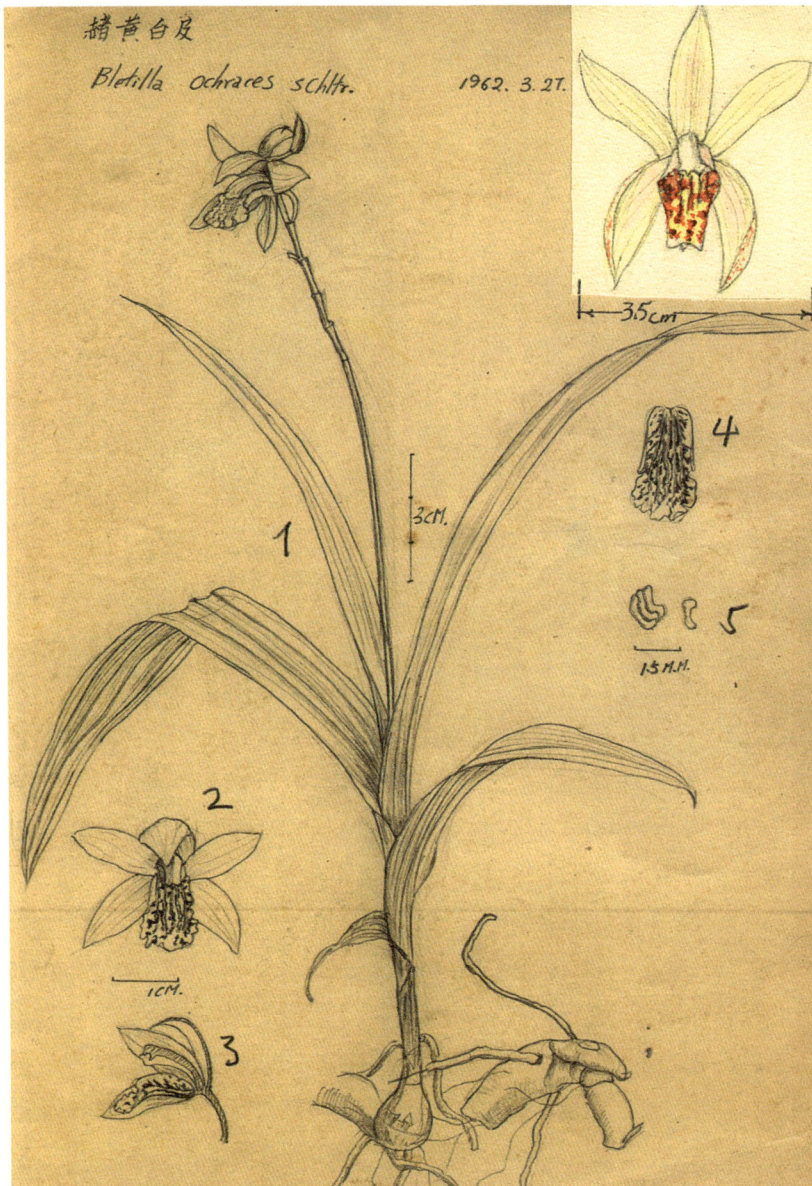

**图 14** 黄花白及 *Bletilla ochracea* Schltr.
1 植株　2 花　3 花纵剖面　4 唇瓣　5 花粉块（1962/03/27 程式君绘）

## 3.12 石豆兰属 *Bulbophyllum* Thouars

**历史：** 本属最初于 1822 年由 Aubert du Petit Thouars 建立，并发表于 *Orchidees des Iles Australes de l'Afrique*（《非洲南部岛屿的兰科植物》）。R. Holttum 在其 1964 年出版的 *Orchids of Malaya*（《马来亚的兰科植物》）中，记载了 100 多种产于马来亚的石豆兰属植物，并将其划分为 12 个组。G. Seidenfaden 在 1980 年出版的 *Dansk Botanik Arkiv*（《丹麦植物学文献》）中发表了他关于泰国石豆兰属的研究成果。而那些产于非洲，具阔而扁平的花序柄，原属于 Megaclinium Lindl. 属的兰科植物，现在也属于石豆兰属了。不少植物学家如 G. Seidenfaden 和 A. Dockrill 等，以及《中国植物志兰科》的作者都主张把卷瓣兰属（*Cirrhopetalum* Thou.）归入石豆兰属，作为后者的异名。本书采纳了他们的观点。拉丁属名 *Bulbophyllum* 源自希腊文 *bolbos*（鳞茎）和 *phyllon*（叶），指本属植物在假鳞茎上长一片叶的形态特征。

**分类和分布：** 石豆兰属隶属兰科兰亚科树兰族的石豆兰亚族。它是兰科中最大的属，全世界有 1000 多种，广泛分布于全世界的热带和亚热带地区。由于种类繁多，为研究方便起见，按其形态特征分为很多'组'（Section）。我国的石豆兰属植物主要产于长江以南，包括华东、华南及西南各省区。共有 98 种和 3 个变种，分属于 **12 个组**。即

1. **大花组** Sect. Sestochilos 包括**赤唇石豆兰**等 11 种和 1 变种。

2. **飘带组** Sect. Epicrianthes 仅包括**飘带石豆兰** 1 种。

3. **隐序组** Sect. Polyblepharon 仅包括**环唇石豆兰** 1 种。

4. **球茎组** Sect. Monilibulbus 仅包括**勐海石豆兰** 1 种。

5. **小花组** Sect. Micromoranthe 包括**戟唇石豆兰**等 2 种。

6. **短序组** Sect. Desmosanthes 包括**广东石豆兰**等 11 种。

7. **长序组** Sect. Racemosae 包括**伏生石豆兰**等 13 种。

8. **单叶卷瓣兰组** Sect. Cirrhopetalum 包括**直唇卷瓣兰**等 42 种和 2 变种。

9. **球花组** Sect. Glopiceps 包括**大苞石豆兰**等 3 种。

10. **无假鳞茎组** Sect. Aphanobulbon 包括**海南石豆兰**等 6 种。

11. **双叶卷瓣兰组** Sect. Tripudianthes 包括**双叶卷瓣兰**等 2 种。

12. **双叶石豆兰组** Sect. Pleiophyllus 包括**直葶石豆兰**等 5 种。

**本属模式种：** 垂花石豆兰 *Bulbophyllum nutans* Thou.

**生态类别：** 附生兰。

**形态特征：** **根状茎** 匍匐，节上生根和假鳞茎（有的种类无假鳞茎）。**假鳞茎** 单节，在根状茎上密生或疏离，顶生 1 叶（罕 2～3 叶）。**叶** 肉质或革质，生于假鳞茎顶端或根状茎的节上。**花葶** 由假鳞茎基部一侧，或直接由根状茎的节上抽出；具单花，或由多花组成总状花序或近于伞形花序。**花** 小型至中等大。**萼片** 近相等，或侧萼片远长于中萼片；侧萼片离生，或下侧边缘呈不同程度的互相黏合或靠近，基部贴生于蕊柱足两侧而形成萼囊；**花瓣** 小于萼片；唇瓣 肉质，小于花瓣，前部下弯，基部与蕊柱足末端以关节相连；**蕊柱** 短，具翅，基部延伸为蕊柱足；蕊柱翅多少扩展，并向上伸延为各种形状的蕊柱齿。**花药** 2 室或 1 室；**花粉块** 蜡质，4 枚分成 2 对。

## 国产石豆兰属的分组检索表

1. 假鳞茎发育良好

  2. 假鳞茎顶生 1 枚叶片，或叶直接从根状茎的节上生出

    3. 根状茎匍匐状

      4. 花序轴不伸长

        5. 具单花，或罕为 2～3 朵花的总状花序；萼片离生

          6. 植株较大；花大或中等，萼片长 1 厘米以上；单花，或罕 2～3

            朵·····························································1. **大花组 Sect. Sestochilos**

          6. 植株小；花小，单花，萼片长不及 7 毫米

            7. 假鳞茎近扁球形，在根状茎上密生··············2. **球茎组 Sect. Monilibulbus**

            7. 假鳞茎卵球形，立生于根状茎上，彼此间隔明显···

            ·······················································3. **小花组 Sect. Micromoranthe**

        5. 罕单花，花朵组成伞状花序，或呈伞形的短总状花序；萼片离生，或两侧萼片的边缘有或多或少的黏合

          8. 两侧萼片彼此离生，与中萼片等长，或不超过中萼片长的一倍···················

          ·······················································4. **短序组 Sect. Desmosanthes**

          8. 两侧萼片基部扭转而上下侧边缘有不同程度的黏合或靠拢；侧萼片明

            显长于中萼片···························5. **单叶卷瓣兰组 Sect. Cirrhopetalum**

      4. 花序轴伸长，花朵组成总状花序··············6. **长序组 Sect. Racemosae**

    3. 根状茎悬垂状

        9. 花单生，花瓣分裂为飘带状··············7. **飘带组 Sect. Epicrianthes**

        9. 多朵花组成总状花序，花瓣不裂··············8. **隐序组 Sect. Polyblepharon**

  2. 假鳞茎顶生 2 枚叶片

    10. 侧萼片远长于中萼片··············9. **双叶卷瓣兰组 Sect. Tripudianthes**

    10. 侧萼片与中萼片近等长··············10. **双叶石豆兰组 Sect. Pleiophyllus**

1. 假鳞茎退化或完全消失

  11. 花序为花朵疏生的总状花序或伞形花序，罕单花·······················

  ·······················································11. **无假鳞茎组 Sect. Aphanobulbon**

  11. 总状花序密生很多花，呈圆球状或圆柱状··············12. **球花组 Sect. Glopiceps**

    在以上的 12 个国产石豆兰组中，以大花组、短序组、单叶卷瓣兰组和长序组比较重要，本书接下来将选择一些实例种类进行描述。

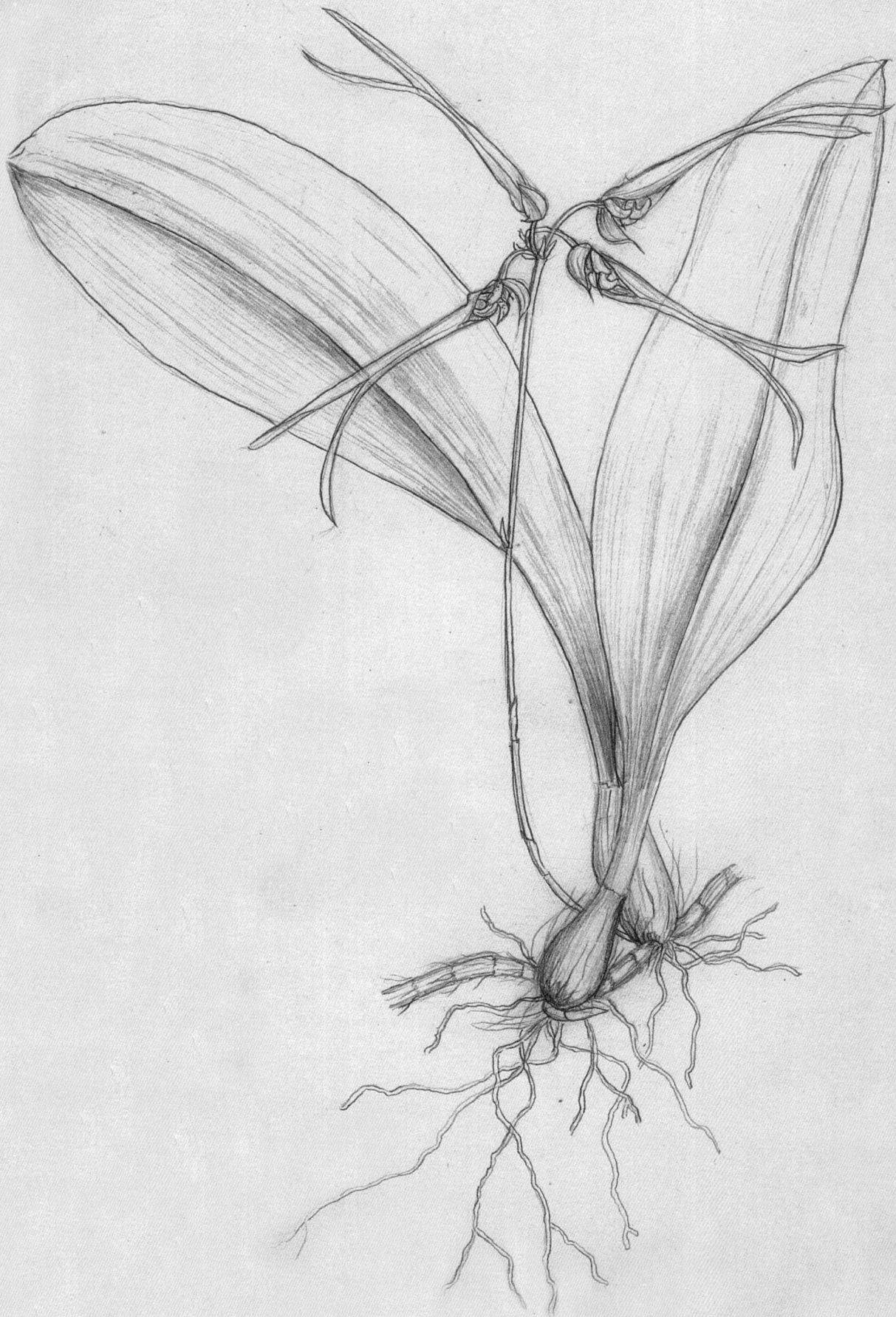

# 15 赤唇石豆兰（别名：高士石豆兰，恒春石豆兰）

**学名：*Bulbophyllum affine* Lindl.**

（曾用学名：*Bulbophyllum kusukuensis* Hayata）

**组别：** 大花组 Sect. Sestochilos

**形态：根状茎** 较粗壮，径 4～5 毫米，被鳞片状鞘。**根** 多数，在节上和节间均有分布。**假鳞茎** 彼此间距 4～8 厘米；近圆柱形，直立，长 3～4 厘米、径 5～8 毫米；顶生叶 1 枚。**叶** 厚革质或肉质，直立，长圆形，长 6～26 厘米、宽 1～4 厘米，先端钝且稍凹陷，基部收窄成 1～2 厘米长的柄；中肋在叶面凹陷、在背面隆起。**花葶** 稍扁，自根状茎的节上或假鳞茎的基部抽出，连花梗长 4～8 厘米，基部具 3～5 枚互相套叠的筒状鞘，顶生一朵单花。**花** 淡黄色具紫色条纹，质厚；**中萼片** 披针形，长 1.7～2 厘米，中部宽 4～5 毫米，先端急尖，具 5 条脉；**侧萼片** 与中萼片近等长，基部稍宽且歪斜，贴生于蕊柱足，形成宽而钝的萼囊，具 5 条脉，先端急尖；**花瓣** 比萼片小，全缘，披针形，长 1～1.4 厘米，先端急尖，具脉 3 条；**唇瓣** 肉质，比花瓣短，披针形，先端渐尖，稍下弯，基部具凹槽，与蕊柱足末端连接处有活动的关节，上面光滑无毛，两侧边缘深紫色；**蕊柱** 粗短；蕊柱齿 不明显；**药帽** 僧帽状或三角状圆锥形，表面具细乳突。**花期** 5～7 月。

**产地和分布：** 产于台湾、广东、广西、海南、四川、云南。分布从喜马拉雅山西北部经尼泊尔、印度（东北部）、不丹、琉球群岛、泰国、老挝、越南。**模式标本** 采自尼泊尔。

**生态：** 生于海拔 100～1500 米的林中树干上或沟谷中的岩石上。

**用途：** 花形奇特，花色美丽，植株光洁可爱，宜栽培供观赏。

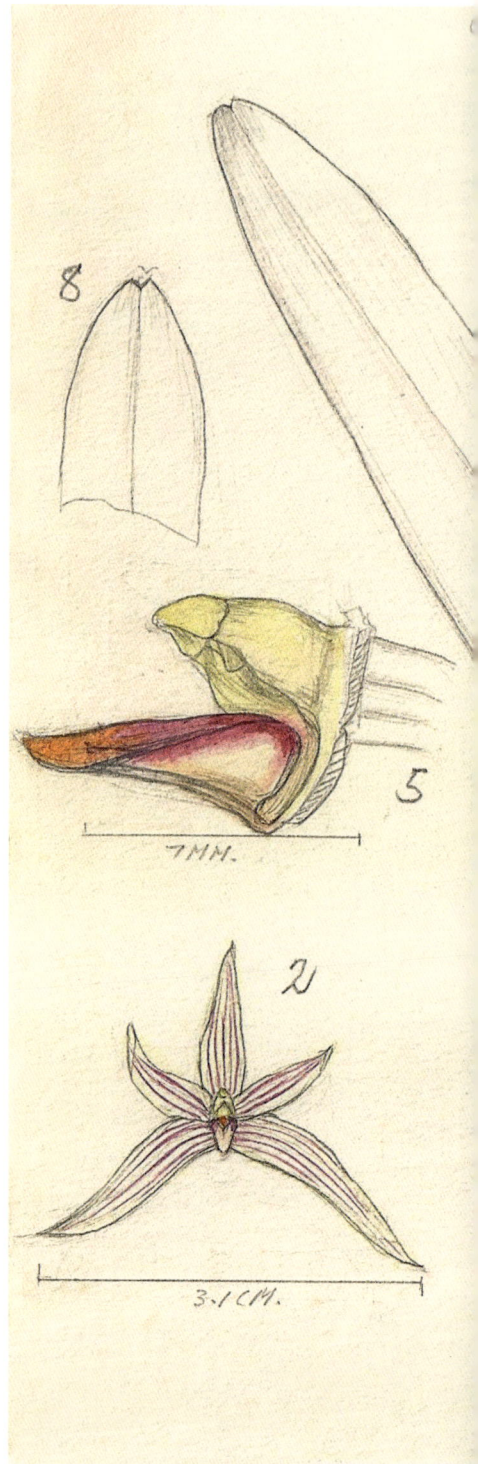

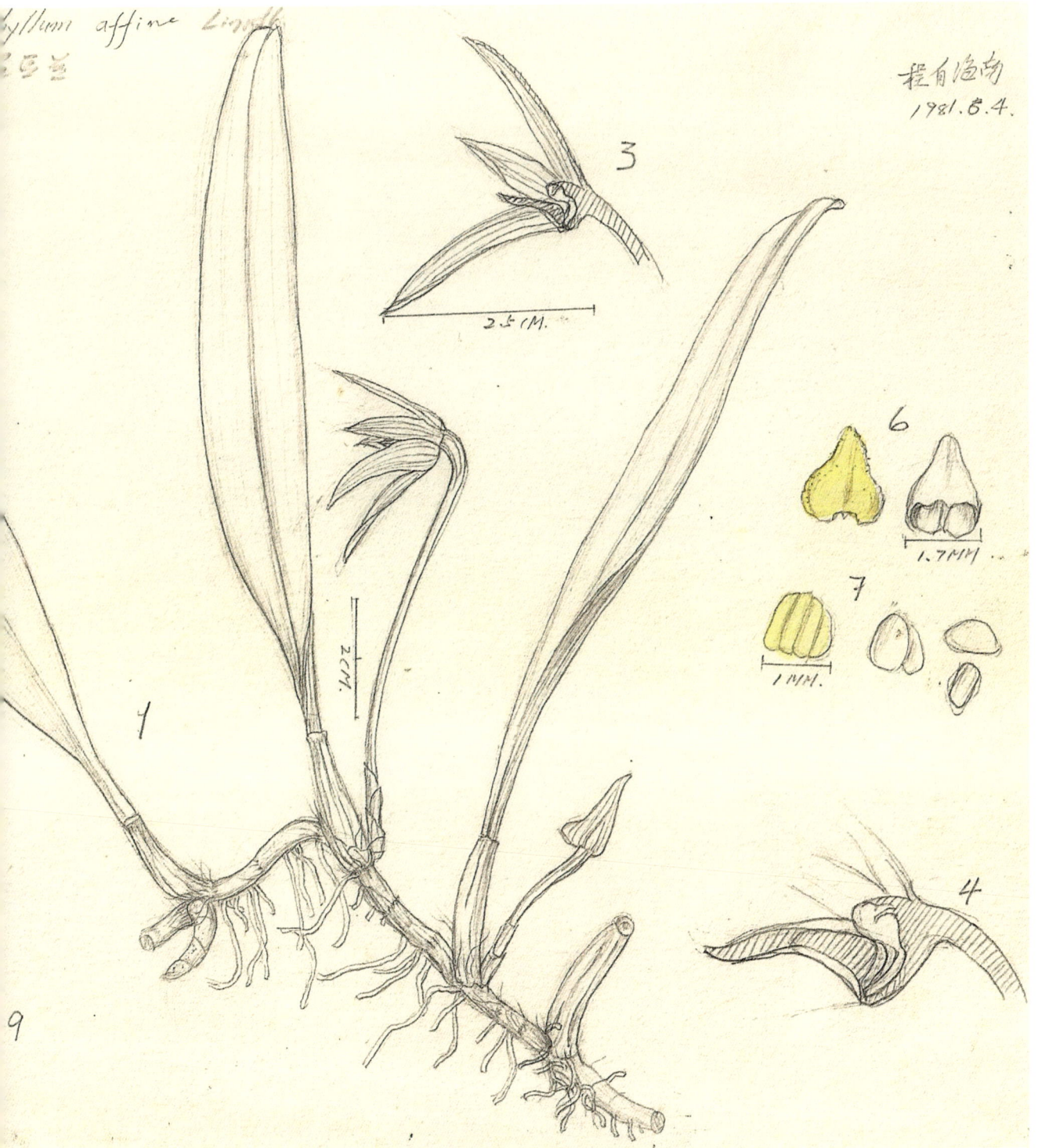

图 15　赤唇石豆兰 *Bulbophyllum affine* Lindl.

1 植株　2 花　3 花纵断面　4 蕊柱及唇瓣纵断面　5 蕊柱及唇瓣侧面　6 药帽
7 花粉块　8 叶尖　9 唇瓣上面（1981/06/04 程式君采自海南，并绘图）

# 16 芳香石豆兰

**学名**：***Bulbophyllum ambrosia*** (Hance) Schltr.

（曾用学名：*Eria ambrosia* Hance；*Bulbophyllum watsonianum* Rchb. f.）

**组别**：大花组 Sect. Sestochilos

**形态**：**根状茎** 纤细、木质，直径约 2 毫米，被覆瓦状鳞片状鞘。**根** 成束自假鳞茎基部生出。**假鳞茎** 在根状茎上彼此相距 3～9 厘米，直立或有时稍向上弧曲，圆柱形，长 1.5～5 厘米、直径 6～8 毫米，两端浑圆，黄绿色，基部紫褐色（天冷时生长在暴露位置的整个变为紫色），被纤维状的残留鞘，顶生叶 1 枚。**叶** 革质，表面深绿色，叶背除中脉外为淡绿色；长圆形或长椭圆形，长 3.5～13 厘米、宽 1.0～2.2 厘米，先端钝而略凹且有小凸尖，基部收窄为长 3～7 毫米的柄；中脉在叶面凹陷，在叶背稍隆起。**花葶** 自假鳞茎基部抽出，1～3 枝，直立，紫红色，纤细如发丝，**花梗连子房** 长 4～7 厘米，顶生花 1 朵。**花** 较大，轮廓似长的等腰三角形，约 1.7 厘米 ×2.2 厘米，略点垂，有似杏仁的香气，初开时乳黄色有紫纹，逐渐由乳黄变为具玫瑰紫晕，越久色越深。**萼片** 薄而近于透明；**中萼片** 长圆形，长 1.2 厘米、宽约 6 毫米，先端急尖或锐尖，边全缘，乳黄色，有 5 条紫红色纵纹；**侧萼片** 三角状斧形，内凹，长 1.2 厘米，与中萼片相等，宽约 9 毫米，基部贴生于蕊柱足而形成宽钝的萼囊，色乳黄略带绿，有 5 条紫红色纹（其中一条短而不到顶）；**花瓣** 锥形，长 6～7 毫米、宽约 3 毫米，先端急尖，全缘，乳白色，具 3 条脉；**唇瓣** 肥厚，近卵形，中部以下对折、前半部下弯，基部具凹槽，与蕊柱足末端连接形成活动关节，中部两侧扩展，上面具 1～2 条肉质褶片；**蕊柱** 粗短；**蕊柱齿** 不明显；**蕊柱足** 长 1 厘米；**药帽** 紫褐色有黄晕；**花粉块** 4 枚，分为不明显的两组，柠檬黄色。**花期** 2～5 月。

**产地和分布**：产于福建、广东、香港、广西、海南、云南。越南有分布。**模式标本** 采自中国香港。

**生态**：生于海拔 400～1300 米的山地或潮湿山谷的裸岩上或林中树干上。

**用途**：花有芳香，花形和色彩奇特美丽，假鳞茎光洁有如碧玉，为一种珍奇花卉。可盆栽或攀附于岩石、树干之上，以供观赏。

图 16 芳香石豆兰 *Bulbophyllum ambrosia* (Hance) Schltr.

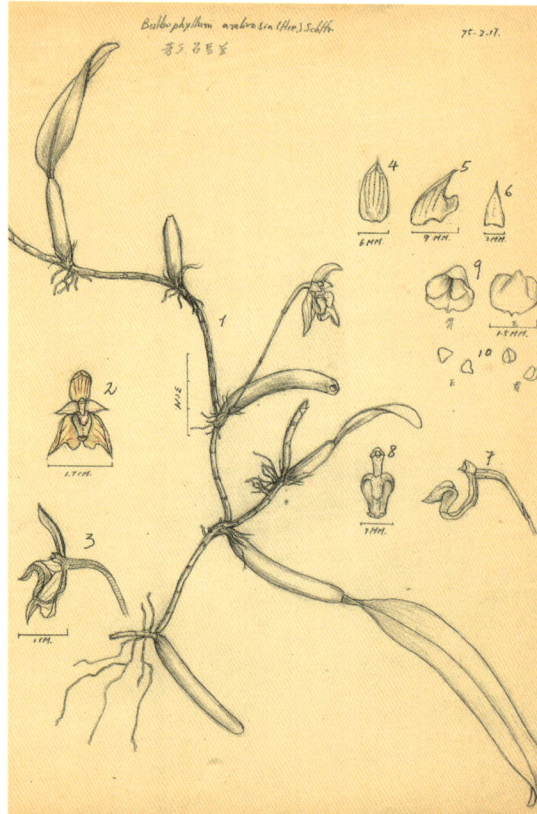

1 植株
2 花正面
3 花纵剖面
4 中萼片
5 侧萼片
6 花瓣
7 蕊柱及唇瓣侧面
8 蕊柱及唇瓣正面
9 药帽
10 花粉块

（1975/02/17 程式君绘）

# 17 短葶石豆兰

**学名:** *Bulbophyllum leopardinum* (Wall.) Lindl.

[ 曾用学名: *Dendrobium leopardinum* Wall.; *Sarcopodium leopardinum* (Wall.) Lindl. ]

**组别:** 大花组 Sect. Sestochilos

**形态:** **根** 自假鳞茎基部生出,常 12 条以上,线状,稍扭曲但不分枝,长 2 ～ 12 厘米、径约 1 毫米,淡灰褐色。**假鳞茎** 较大,橄榄绿色,长 2 ～ 4 厘米、径最宽处可达 2.5 厘米,梨形至狭卵状圆柱形,常有皱纹,斜卧密生于根状茎上,背凸腹平,基部被纤维状残存鞘,顶生一片叶。**叶** 大而直立,长 4 ～ 15 厘米、宽 2 ～ 6 厘米,先端钝且略凹,稍背卷,基部收窄成长 1 ～ 5 厘米、一侧有凹槽的柄;叶面深绿有光泽,中脉凹陷,叶背粉绿色,中脉隆起且色较深。**花葶** 纤细,自假鳞茎基部的侧面抽出,与假鳞茎近等长。**花序** 甚短,有花 1 ～ 3 朵。**花苞片** 膜质,长约 8 毫米,似佛焰苞状,端尖,污黄色具暗紫红色细点。**花** 较大,径 2.5 厘米 ×3 厘米,肥厚而有光泽;略有异臭,以吸引蝇类传粉。**萼片及花瓣** 淡黄色带密而均匀的紫红色点(初开时色略偏绿),花瓣色较淡而偏黄,边缘略透明;**中萼片** 卵形,内凹呈舟状,端尖,长 1.5 ～ 2 厘米,近基部最宽处约 1 厘米,具 9 条脉;**侧萼片** 较中萼片宽而长,长约 2 厘米、最宽处 1.3 厘米,斜卵形,端尖,内凹,背面稍呈龙骨状,

图 17 短葶石豆兰 *Bulbophyllum leopardinum* (Wall.) Lindl.

1 植株
2 花
3 花纵剖面
4 药帽
5 花粉块
6 叶尖
(1976/06/14 程式君采自云南勐海,并绘图)

基部贴生于蕊柱足,形成宽而钝的萼囊;**花瓣** 斜卵形,端尖,边缘稍内卷,短于萼片,长约 1.5 厘米,中部最宽处约 8 毫米,边全缘,具 7 脉;**唇瓣** 比花瓣短,肥厚肉质,长三角形,表面暗紫色,向外下弯呈弧状,下弯长约 1 厘米、宽约 0.5 厘米,厚 0.6 厘米,先端尖而侧扁,基部具凹槽,其两侧边缘略具齿,端钝;**唇盘** 光滑,唇瓣背面及两侧均为黄色,基部与蕊柱足连接处有关节;**蕊柱** 粗短,长 6 毫米、宽约 5 毫米,黄色;蕊柱足 长而上弯,长约

12 毫米、宽约 3 毫米,上面紫红色,背面蜡黄色;**蕊柱齿** 齿状;**药帽** 淡黄色,圆锥形,长尖而端钝,长约 3 毫米、基部宽约 2.5 毫米;**花粉块** 4 枚,薄片状,柠檬黄色。**花期** 6 月。

**产地和分布:** 产于西藏(南部)、云南。尼泊尔、印度(东北部)、不丹、缅甸、泰国也有分布。

**生态:** 附生于 1300 ～ 1700 米的山地常绿阔叶林中树干上或林下岩石上。

**用途:** 本种奇特珍稀,花鲜艳美丽,可栽培供观赏。

# 18 长足石豆兰

**学名:** *Bulbophyllum pectinatum* Finet
**组别:** 大花组 Sect. Sestochilos

**形态:** **根状茎** 细而匍匐,径 2～3 毫米。**假鳞茎** 在根状茎上密生,斜立,圆锥形或近圆柱形,长 1～2.5 厘米、径 0.5～1.0 厘米,基部被膜质鞘或纤维,顶生 1 枚叶片。**叶** 革质,椭圆至长椭圆形,长 2.5～5 厘米、宽 1～2 厘米,先端钝且略凹,基部具短柄且略扭曲。**花葶** 自假鳞茎基部抽出,长 3～5 厘米,顶生 1 朵单花,基部有 2～3 枚杯状鞘。花柄加子房 长 2.5～4.5 厘米,扁平;**花苞片** 膜质,长 7～10 毫米,杯状或近似佛焰苞状。**花** 较大,径约 2.7 厘米,黄绿色密布褐色斑点;**中萼片** 卵形,直立,内凹,长约 2 厘米、中部宽约 0.9 厘米,具 7 脉,边全缘,先端略钝;**侧萼片** 较大,斜卵形,长 2.2 厘米、中部宽 1.5 厘米,端略钝,基部贴生于蕊柱足而形成宽钝的萼囊,具 9 脉;**花瓣** 阔卵形,长度约为中萼片之半,先端略钝,边全缘或稍具齿,具 7 脉;**唇瓣** 肉质,阔卵状舌形,长约 0.8 厘米,前部下弯,端钝、指向后方,后部两侧直立、膜质,边缘撕裂状或具短流苏,基部以不动的关节与蕊柱足的末端相连;唇盘 上具多数疣状凸起,中央有 2 条纵行的鸡冠状褶片;**蕊柱** 粗短,基部延伸为 2.5 厘米长的蕊柱足;**蕊柱齿** 不明显;**药帽** 圆锥形或近球形,光滑。**花期** 4～5 月。

**产地和分布:** 我国产于云南东南部至西部。分布于印度(东北部)、缅甸、泰国、越南等地。**模式标本**采自中国云南临沧。

**生态:** 附生植物,生于海拔 1000～2500 米的山地林中树干上或沟谷中的岩石上。

**用途:** 珍奇稀有的附生花卉,可栽培供观赏。

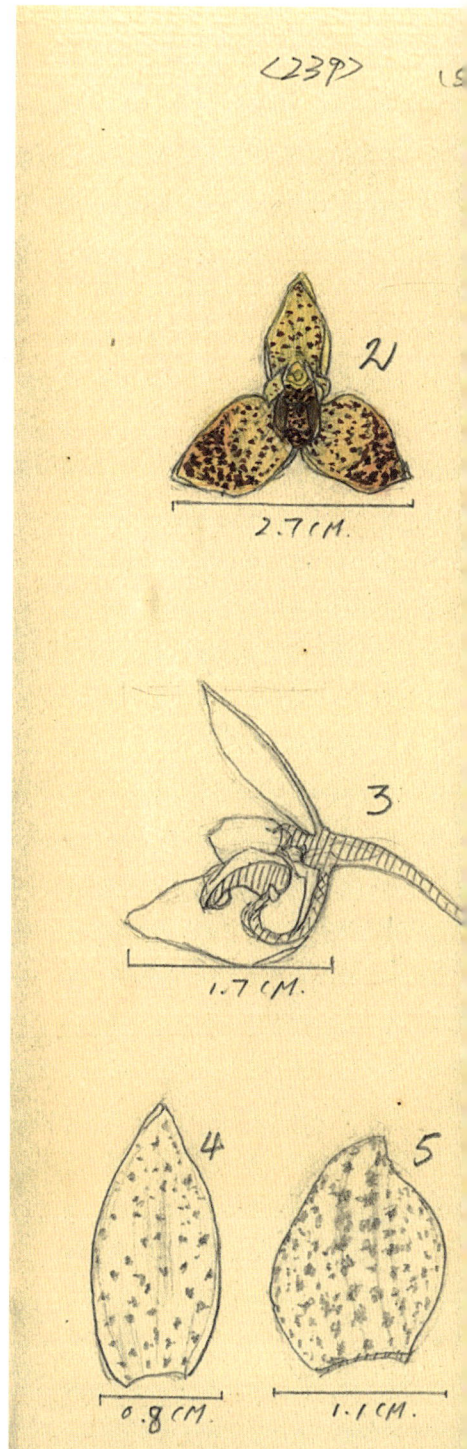

长足石豆兰 *Bulbophyllum pectinatum* Finet

82.5.17.
石海石

1

7

8

2.2MM.

2 CM.

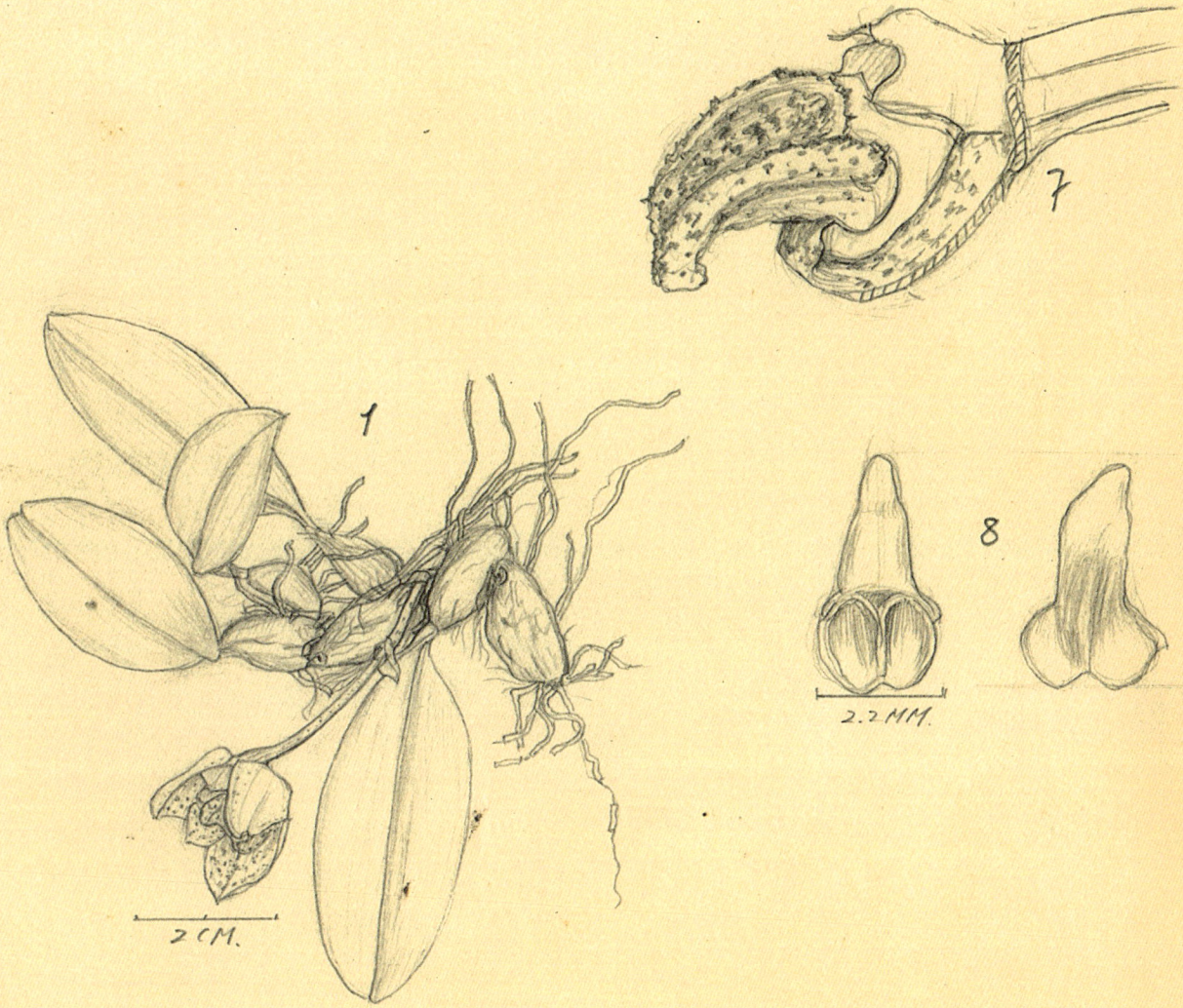

**图 18** 长足石豆兰 ***Bulbophyllum pectinatum*** Finet

1 植株　2 花　3 花纵剖面　4 中萼片　5 侧萼片　6 花瓣　7 唇瓣及蕊柱　8 药帽
（1982/05/17 程式君采自云南石林，并绘图）

# 19 广东石豆兰 （别名：白花石豆兰，辐射石豆兰）

**学名：** *Bulbophyllum kwangtungense* Schltr.
（曾用学名：*Bulbophyllum radiatum* auct. non Lindl.）
**组别：** 短序组 Sect. Desmosanthes

**形态：植株** 高 4～5 厘米。**根状茎** 灰褐色，较细，直径 1～2 毫米，当年生者常被桶状鞘。**根** 6～9 条簇生于假鳞茎基部的根状茎节上，细线形，长 1.5～2.5 厘米，幼时绿白色，老时灰褐色。**假鳞茎** 黄绿色，生于根状茎的节上，间距 0.5～7 厘米，直立，长圆形至卵圆形，长 1～2.5 厘米、中部径 2～5 毫米，幼时被膜质鞘，老假鳞茎有凹槽。**叶** 着生于假鳞茎顶端，1 枚，革质，叶表深绿、有淡绿色中脉一条，叶背淡绿、具较深色中脉；叶长 2.5～4.7 厘米、中部宽 5～14 毫米，长圆形至长圆状披针形，先端圆钝微凹，基部具 1～2 毫米长的柄。**花葶** 直立而纤细，白稍带绿色，自老的假鳞茎基部，或挨近假鳞茎基部的根状茎节上生出，每抽出 1～2 葶，长达 9.5 厘米，远高出于叶上，具 3～4 节，每节被苞片一枚包围，下部的苞片淡褐色，上部苞片与花葶同色；总状花序缩短呈伞状，由 2～4 朵花组成，向四面放射开放。**花梗连子房** 长 1 厘米，绿白色，基部有锥状苞片 1 枚。**花** 纯白或乳白色，径 1.7 厘米 × 1.8 厘米；**萼片** 离生，长 8～10 毫米，近基部处宽 1～1.3 毫米，锥状披针形，先端长渐尖，中部以上两侧边缘内卷，具 3 条脉；侧萼片略长于中萼片且略弯，基部贴生于蕊柱足上，**萼囊** 极不明显；**花瓣** 狭卵状披针形，长 4～5 毫米，中部宽约 0.4 毫米，先端长渐尖，边全缘，具 1 条或不明显的 3 条脉；**唇瓣** 小，肉质，狭披针形，前伸，长约 1.5 毫米、宽约 0.4 毫米，端钝，中部以下具凹槽，唇面具 2～3 条小龙骨脊，在唇瓣中部以上汇合成一条粗脊；**蕊柱** 长约 0.5 毫米；**蕊柱齿** 呈齿状；**蕊柱足** 与蕊柱等长。**药帽** 前端稍伸长，截形，多少上翘，表面密生细乳突。**花期** 5～8 月。

**产地和分布：** 产于浙江、福建、江西、湖北、湖南、广东、香港、广西、贵州、云南。**模式标本**采自中国广东罗浮山。

**生态：** 常附生于海拔 800 米左右的山坡林下岩石石面或石壁上。

**用途：** 可栽培供观赏。特别是用于山石盆景，或园林中假山石的绿化点缀。

图 19 广东石豆兰
*Bulbophyllum kwangtungense* Schltr.

1 植株
2 叶尖
3 花
4 花纵剖面
5 蕊柱及唇瓣纵剖面
6 药帽
7 花粉块
（1962 程式君绘）

# 20 齿瓣石豆兰

**学名：** *Bulbophyllum levinei* Schltr.

（曾用学名：*Bulbophyllum psychoon* auct. non Rchb. f.）

**组别：** 短序组 Sect. Desmosanthes

图 20 齿瓣石豆兰
*Bulbophyllum levinei*
Schltr.

1 植株
2 花序
3 花
4 花纵剖面
5 中萼片
6 侧萼片
7 花瓣
8 唇瓣
9 蕊柱、唇瓣、子房侧面
10 药帽
11 花粉块
（1973/05 程式君采自广东乳源和怀集，1974/05/06 程式君绘）

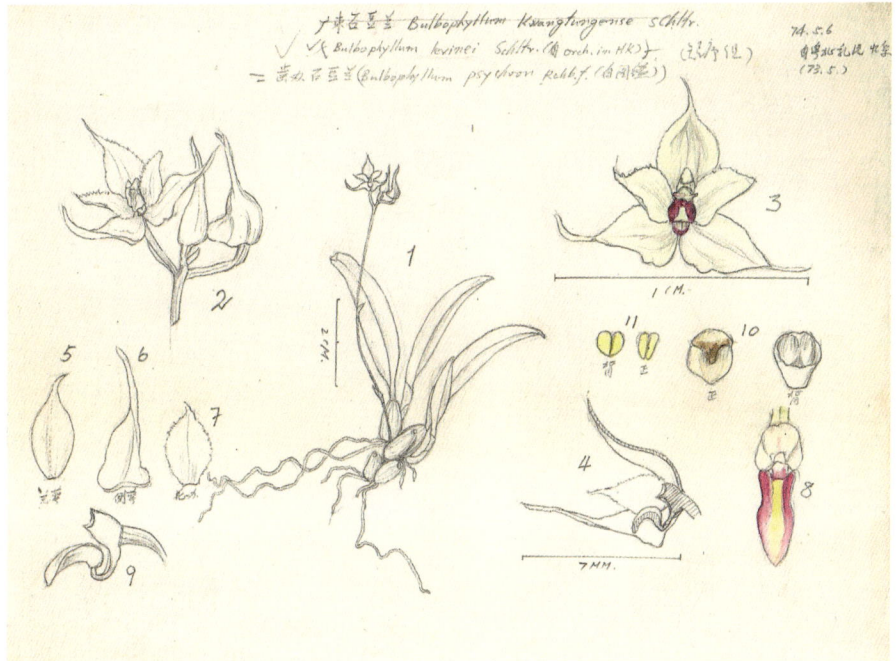

**形态：** **植株** 高约 4 厘米。根状茎 纤细，匍匐生根。**假鳞茎** 密集聚生于根状茎上，直立，长圆形或近于瓶状，长 5～10 毫米、直径 2～4 毫米，顶生 1 叶，基部被鞘或残鞘的纤维。**叶** 薄革质，狭长圆形或倒卵状披针形，长 3～4 厘米、最宽处 0.5～0.7 厘米，先端锐尖，基部收窄为长 4～10 毫米的柄，边缘略呈波状，中肋在叶面上常凹陷。**花葶** 绿色有紫红色细点，细柔，直立，自假鳞茎基部抽出，高出叶上。**花序** 总状，缩短呈伞形，由 2～6 朵花组成；**花苞片** 直立，狭披针形，端渐尖，长 2～3.5 毫米，短于花梗连子房。**花** 膜质，径 1 厘米 × 0.6 厘米，绿白色具淡紫脉；**中萼片** 卵形，内凹，长 4～5 毫米、基部上方宽 1.5～2 毫米，中部以上突然收窄且增厚，先端急渐尖而略呈尾状，边缘具细齿，有脉 3 条；**侧萼片** 斜卵状披针形，长 5～5.5 毫米，与中萼片近等宽，中部以上增厚，向先端骤狭呈尾状，基部贴生于蕊柱足而形成萼囊，边全缘，具脉 3 条；**花瓣** 卵状披针形，长约 3.5 毫米、中部宽约 1.5 毫米，边具细齿，先端急尖，有脉 1 条；**唇瓣** 近肉质，中部有橘黄色带、两边为紫红色，披针形，向外下弯，长 2～2.5 毫米，全缘，先端近急尖，中部一下具凹槽，基部与蕊柱足末端连接而形成不动关节；**蕊柱** 白色略带紫晕；**蕊柱齿** 短，丝状；**蕊柱足** 弯曲，长约 1.5 毫米；**药帽** 半球形，上面中央具 1 条密生细乳突的龙骨脊；**花粉块** 2 枚，柠檬黄色。花期 5～8 月。

**产地和分布：** 产于浙江、福建、江西、湖南、广东、香港、广西等省区。**模式标本**采自中国广东罗浮山。

**生态：** 附生于海拔 800 米的山地林中树干上或沟谷岩石面上。

**用途：** 栽培供观赏，用于点缀山水盆景或绿化假山岩石。

# 21 密花石豆兰

**学名：** *Bulbophyllum odoratissimum* (J. E. Sm.) Lindl.
（曾用学名：*Stelis odoratissima* J. E. Sm.；*Cirrhopetalum trichocephalum* Schltr.；*Bulbophyllum hyacinthiodorum* W. W. Smith）
**组别：** 短序组 Sect. Desmosanthes

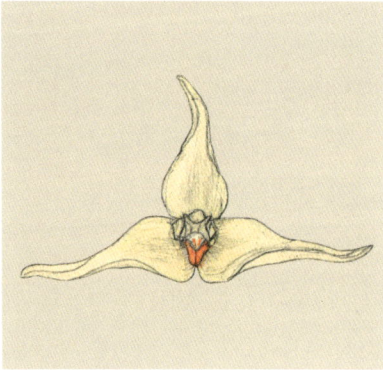

**形态：** 植株 高 6～10 厘米。**根状茎** 径 2～4 毫米，有分枝，被膜质筒状鞘。**根** 有分枝，成束生于根状茎生有假鳞茎的节上。**假鳞茎** 近圆柱形，长 2.5～5 厘米、径 0.3～0.6（罕 0.9）毫米；直立着生于假鳞茎的节上，间距 4～8 厘米；顶端具叶 1 枚，幼时基部被鞘 3～4 枚。**叶** 近革质，长圆形，长 4～13 厘米、宽 0.8～2.6 厘米，先端钝且微凹，基部收窄，近无柄。**花葶** 直立，淡黄绿色，每 1～2 条自假鳞茎基部抽出，最长可达 14 厘米。**花序** 总状，缩短为伞形，常略低垂，密生十余朵花；**花序柄** 具 3～4 枚宽松筒状鞘，鞘污白色，长 8～10 毫米，由基部向上端扩大，鞘口斜截，稍张开；**花苞片** 卵状披针形，先端渐尖，长于花梗连子房，膜质，具脉 3

条。**花** 略有香气；径 1 厘米 × 1.3 厘米；初开时白色，以后萼片和花瓣由中部至尖端转为橘黄色。**萼片** 离生，质地较厚，披针形，由基部上方向先端急剧收窄，同时两侧边缘内卷呈窄筒状或近尾状，具 3 脉；**中萼片** 内凹，卵状披针形，长 3～7 毫米、基部宽 1.5 毫米；**侧萼片** 明显长于中萼片，长 4～14 毫米、基部宽约 2 毫米；**花瓣** 小，质地较薄，近卵形或椭圆形，端钝，长 1～2 毫米、中部宽 1～1.5 毫米，具 3 脉，但仅中脉到达瓣端；**唇瓣** 肉质，橘红色，舌形，稍下弯，先端钝，基部具短爪并与蕊柱足末端连接，边缘、上表面和背面中央均密布白色腺毛；**蕊柱** 粗短；**蕊柱齿** 为短而钝的三角形或齿状；**蕊柱足** 橘黄色；**药帽** 近半球形或短而钝的心形，上被细乳突。**花期** 4～8 月。

**产地和分布：** 本种为广布种，产于福建、广东、香港、广西、四川、云南等省区和西藏（墨脱）。分布于尼泊尔、印度（东北部）、不丹、缅甸、泰国、老挝、越南。**模式标本** 采自尼泊尔。

**生态：** 附生于海拔 200～2300 米的混交林中的树干上或沟谷的

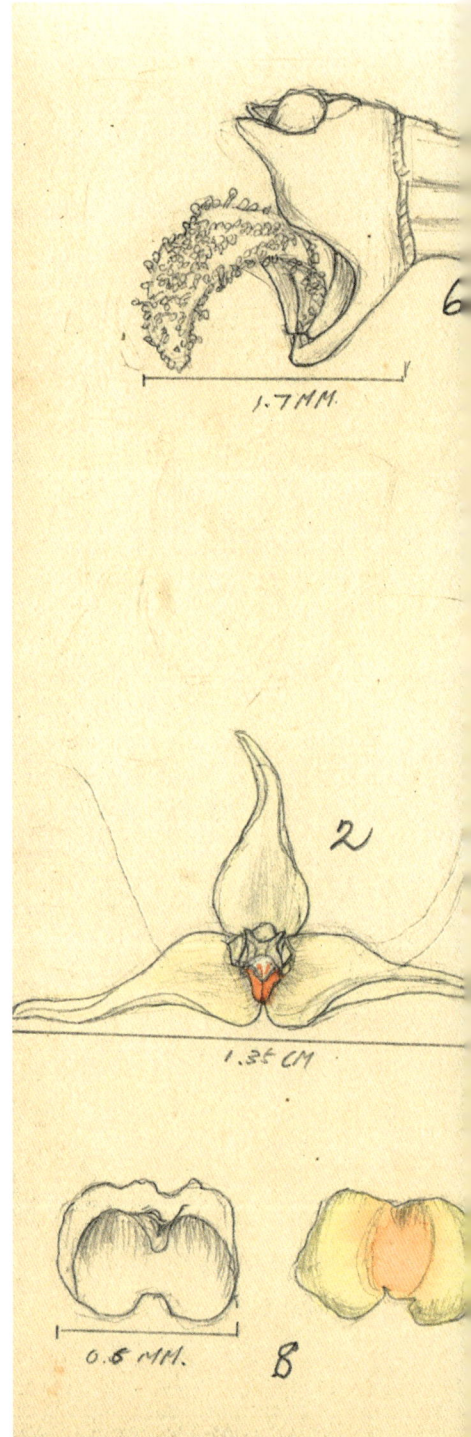

岩石表面。

**用途：** 全株翠绿雅致，花朵繁密芳香，可栽培供观赏。用于点缀水石盆景，或绿化美化园林中的假山岩石。

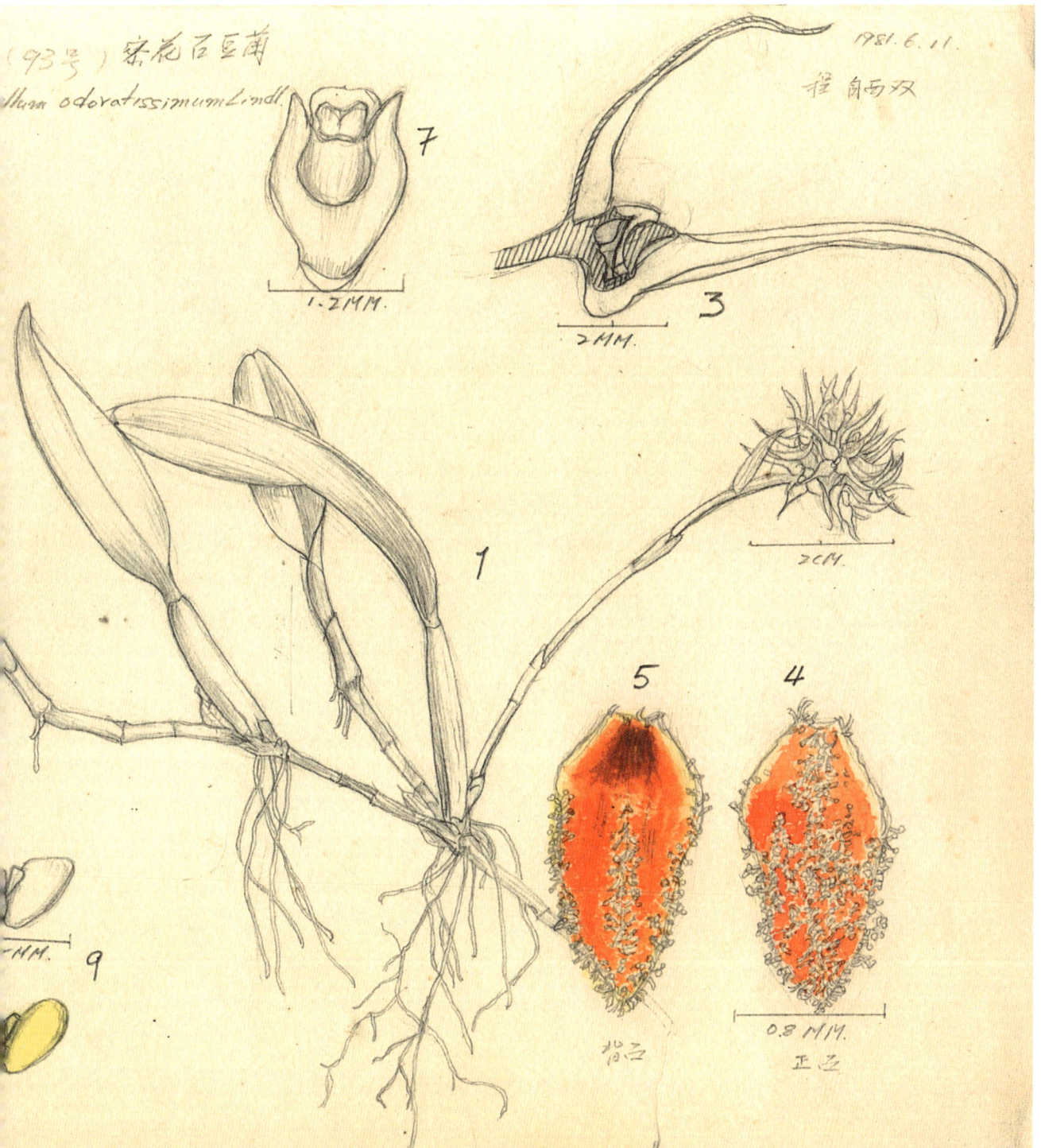

图 21 密花石豆兰 *Bulbophyllum odoratissimum* (J. E. Sm.) Lindl.

1 植株　2 花　3 花纵剖面　4 唇瓣正面　5 唇瓣背面　6 唇瓣及蕊柱侧面　7 蕊柱正面　8 药帽　9 花粉块

（1981/06/11 程式君采自云南西双版纳，并绘图）

# 22　伞花石豆兰

**学名：** *Bulbophyllum shweliense* W. W. Smith

（曾用学名：*Bulbophyllum craibianum* Kerr.）

**组别：** 短序组 Sect. Desmosanthes

**形态：植株** 小型，高 3～5 厘米。**根状茎** 纤细，径约 1 毫米，有分枝，幼时被膜质筒状鞘。**根** 多条，簇生于假鳞茎基部的根状茎的节上，不分枝。**假鳞茎** 直立，在根状茎上彼此相距 2～5 厘米，近圆柱形或窄椭圆状圆柱形，长 1～1.5 厘米、中部径 0.4～0.5 厘米，顶生 1 枚叶。**叶** 革质，长圆形，长 2～3 厘米、中部宽 0.5～1 厘米，顶端微凹，基部收窄成极短的叶柄。**花葶** 每 1 或 2 枝由假鳞茎基部抽出，直立，纤细，长 3～4.5 厘米，与叶等高或稍高出叶上，具 3～4 枚筒状膜质鞘；**总状花序** 缩短呈伞状，具 4～10 朵花；**花苞片** 披针形，内凹，等于或略长于花梗连子房（**花梗连子房** 长约 2 毫米）。**花** 淡黄色至橙黄色，微香；**萼片** 近等长，离生，披针形，长约 7.5 毫米、基部宽约 2 毫米，先端长渐尖，有脉 3 条；**中萼片** 近先端两侧边缘稍内卷；**侧萼片** 中部以上两侧边缘内卷呈筒状，基部贴生于蕊柱足而形成半球状的萼囊；**花瓣** 卵状披针形，长 3～3.5 毫米、中部宽 1.5～2 毫米，先端长渐尖，基部收窄，具 1～3 条脉，边全缘；**唇瓣** 肉质，光滑，近先端处下弯，展平后为卵状披针形，长约 2 毫米，基部对折具凹槽，先端急尖；**蕊柱** 长约 1 毫米；**蕊柱足** 长 2 毫米，向上弯；**蕊柱齿** 钻状，与药帽等高；**药帽** 前端略收窄而成钝三角形。**花期** 6 月。

**产地：** 产于广东北部及云南南部至西北部。分布于泰国。

**模式标本** 采自中国云南。

**生态：** 附生兰。多附生于海拔 1760～2100 米山地林中的树干。

**用途：** 植株和花纤巧雅致，可用树蕨板栽植悬挂以供装饰和观赏。

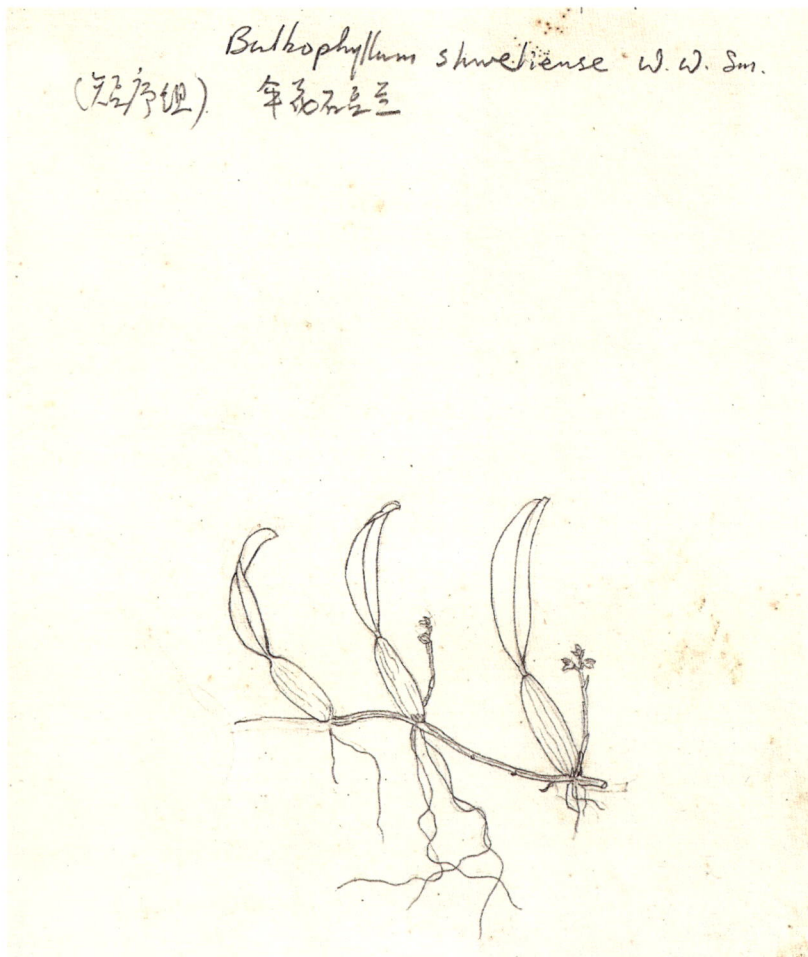

（短序组）　伞花石豆兰
*Bulbophyllum shweliense* W. W. Sm.

图 22 伞花石豆兰
*Bulbophyllum shweliense* W. W. Smith

带有花序的植株（1978 唐振缁绘）

# 23　短足石豆兰（别名：杨氏石豆兰）

**学名：** *Bulbophyllum stenobulbon* Par. et Rchb. f.

[ 曾用学名： *Phyllorchis stenobulbon* (Par. et Rchb. f.) Kuntze； *Bulbophyllum clarkeanum* King et Pantl.；
*Bulbophyllum youngsayeanum* S. Y. Hu et Barretto]

**组别：** 短序组 Sect. Desmosanthes

**形态：** 植株 高 3～4 厘米。**根状茎** 细，有分枝；根出自生有假鳞茎的节上。**假鳞茎** 直立生于根状茎的节上，彼此相距 1.5～3 厘米，圆柱形或卵状圆柱形，一般长 1～2 厘米、最粗处直径 3～6 毫米，**顶生叶** 1 枚。**叶** 革质，长圆形，长 1.5～3.5 厘米、最宽处可达 1 厘米，先端圆钝且略微凹陷，基部收窄成柄，中肋在叶面凹陷。**花葶** 每 1 或 2 枝自假鳞茎基部抽出，纤细如发丝，略高于假鳞茎。**花序** 总状，缩短为伞形，通常由 2～4 朵花组成；**花苞片** 卵状披针形，内凹，先端急尖。**花** 径约 6.5 毫米 × 3.5 毫米；花色鲜丽，淡黄色、柠檬黄色至黄色，萼片中部以上橘黄色至橘红色；**萼片** 质地较厚，离生，具脉 3 条，中部以上的两侧边缘多少内卷，先端尾状长渐尖；**中萼片** 长三角状披针形，长 4.5～5 毫米、基部最宽 1.3～1.5 毫米；**侧萼片** 斜卵状披针形，稍长于中萼片，基部贴生于蕊柱足上；**花瓣** 质地较薄，卵形，先端略钝，全缘，长 2～2.4 毫米、中部宽 0.8～1 毫米，具 3 脉，其中仅中脉到达尖端；**唇瓣** 橘黄色，肉质，呈舌状，长约 2 毫米、宽 0.5～0.7 毫米，先端钝、稍下弯，基部具凹槽，表面密生细乳突，具 3 条纵脊；**蕊柱** 足短，稍向上弯；**药帽** 半球形，前端具短尖。**花期** 5～6 月，**单花花寿** 约 3 天。

**产地和分布：** 产于广东、香港、云南。分布于印度(锡金)、不丹、缅甸、泰国、老挝、越南。**模式标本** 采自缅甸。

**生态：** 附生于海拔达 2100 米的山地林中树干上或岩石上。

**用途：** 花形雅致，花色鲜艳，宜栽培供观赏。可用于点缀水石盆景，或绿化、美化假山岩石表面。

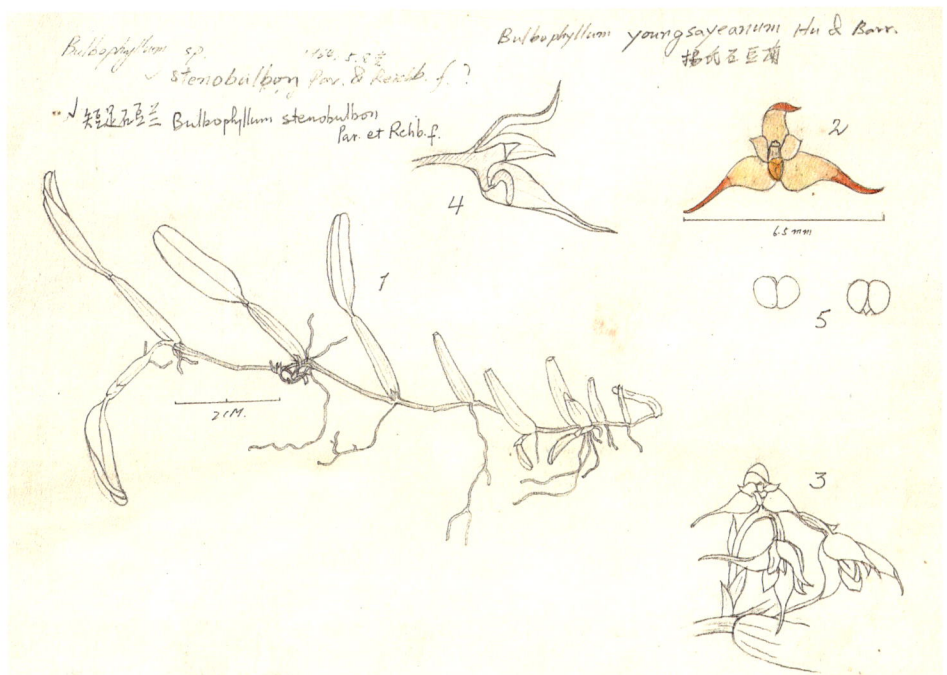

图 23 短足石豆兰

*Bulbophyllum stenobulbon*
Par. et Rchb. f.

1 植株
2 花
3 花序
4 花纵剖面
5 花粉块
（1964/05/08 程式君绘）

# 24　直唇卷瓣兰

**学名：** *Bulbophyllum delitescens* Hance

[ 曾用学名：*Cirrhopetalum delitescens* (Hance) Rolfe]

**组别：** 单叶卷瓣兰组 Sect. Cirrhopetalum

**形态：植株** 为大型石豆兰，高 15～25 厘米。**根状茎** 棕黑色，粗壮，直径 2～4 毫米，常有分枝，节间被膜质鞘，或具纤维状的残余鞘。**根** 淡灰褐色，线状稍扭曲，多条成簇，生于假鳞茎基部的根状茎节上，长 1.5～10 厘米、直径不到 1 毫米。**假鳞茎** 在根状茎上疏生，间隔 1.5～10 厘米，绿色，长圆锥形或近圆柱形，长 1.5～4 厘米、中部直径 5～14 毫米，老时稍皱缩，基部有褐色纤维状的残存鞘，顶端具叶 1 枚。**叶** 薄革质，表面深绿色、背面淡绿色，长圆形至倒卵状披针形，长 10～27 厘米、中部宽 3.5～6 厘米，先端钝或急尖，基部楔形、收窄成 2～3 厘米长的叶柄，中脉在叶面凹陷、在叶背隆起，有不明显的侧脉 6 条。幼叶在芽中对折，叶芽基部有互

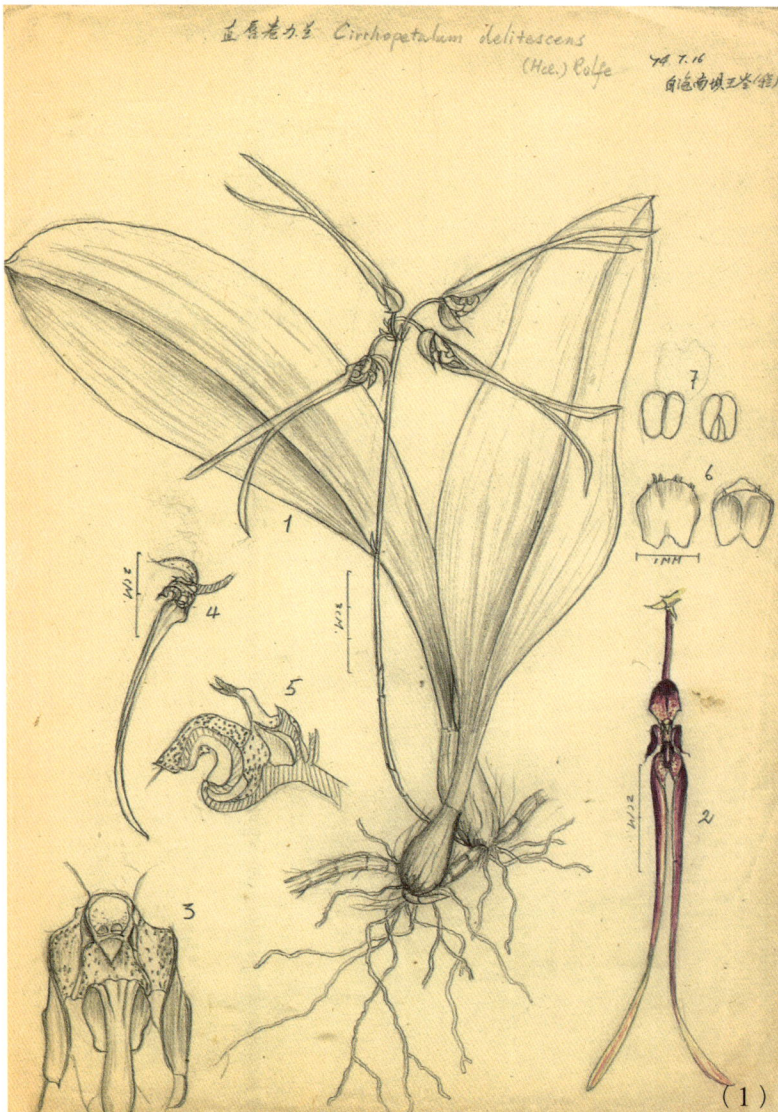

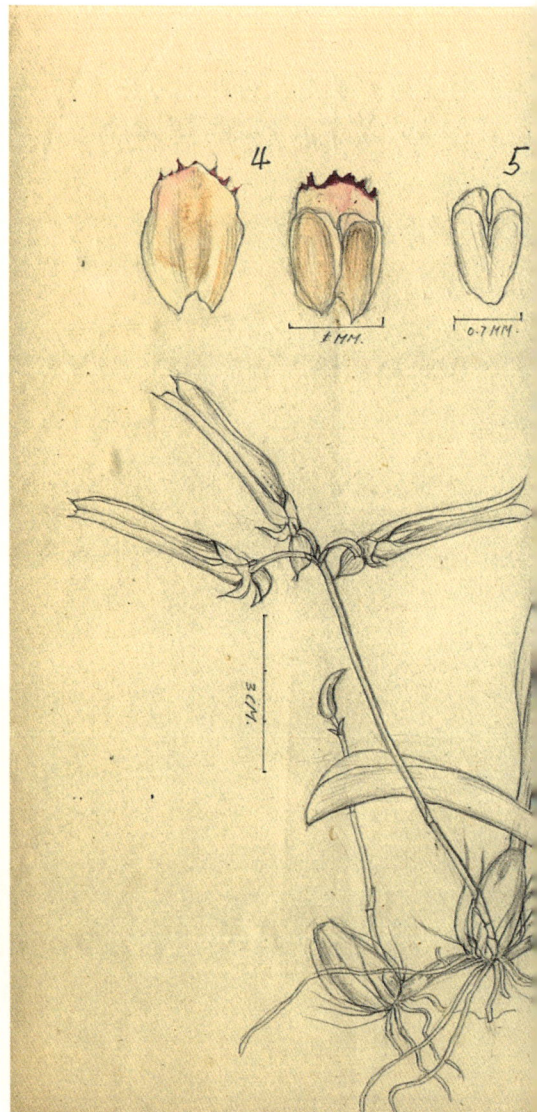

相套叠的苞片两枚。**花葶** 自假鳞茎基部的根状茎节上抽出，直立，纤细，绿色密被紫点，长 8～22 厘米，通常不高出叶外，基部为白色苞片包围，具 3～4 节，每节有长约 6 毫米的披针形苞片一枚。**花序** 伞形，有花 1～4 朵。**花柄** 紫红色，连子房长 1.5 厘米、径约 1.5 毫米。**花** 紫红色，径 0.55 厘米 × 3 厘米；**中萼片** 暗紫红色，基部黄白色，具多数暗紫红色斑点，卵圆形，内凹，长约 1 厘米、宽 0.3～0.4 厘米，先端

具长约 7 毫米的芒尖；**侧萼片** 底色黄白，密被紫红色斑点，且中部以上染紫红晕，基部为极深的紫红色，形状特别窄长，呈狭披针形，长度可达中萼片的 6 倍，即 6 厘米左右，宽约 2 毫米，基部贴生于蕊柱足上，两侧萼片基部上方扭转、而中部上下侧边缘互相粘连，先端长渐尖；**花瓣** 镰状披针形，长 5～7 毫米、中部宽 1.5～2 毫米，暗紫红色，具 5 条由细紫点组成的纵纹，瓣边缘黄白色半透明、全缘，先端截

形有凹缺、具紫红色芒尖；**唇瓣** 暗紫红色，肉质，舌状，向前方下弯，长约 5 毫米，端钝，基部具凹槽且与蕊柱足末端连接；**蕊柱** 黄白色，具多数细而密的紫红点；**蕊柱齿** 伸长呈触角状、先端紫红色；药帽 边缘有少数刺状凸起。**花期** 4～11 月。

**产地和分布：**产于福建、海南、广东、香港、云南、西藏（墨脱）。印度（东北部）及越南有分布。

**模式标本** 采自中国香港。

**生态：**附生于海拔约 1000 米的山谷溪边岩石上和林中树干上。

**用途：**花形奇特，色彩艳丽，宜栽培供观赏。

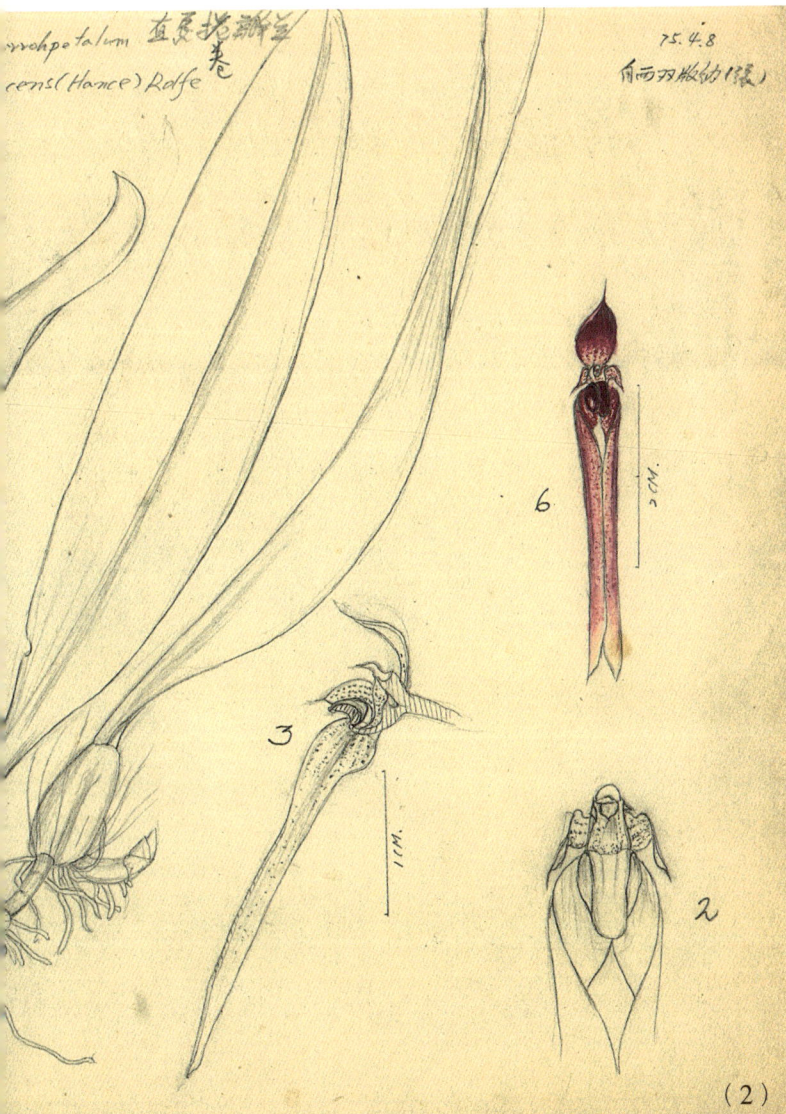

图 24 直唇卷瓣兰（1）

***Bulbophyllum delitescens*** Hance
1 植株
2 花
3 花局部俯视放大
4 花纵剖面
5 唇瓣及蕊柱纵剖面
6 药帽
7 花粉块
（1974/07/16 程式君采自海南霸王岭，并绘图）

图 24a 直唇卷瓣兰（2）

***Bulbophyllum delitescens*** Hance
1 植株
2 花局部放大（去掉中萼片）
3 花纵剖面
4 药帽
5 花粉块
6 花
（1975/04/08 张永锦采自云南西双版纳，程式君绘）

（2）

# 25　紫纹卷瓣兰

**学名：** *Bulbophyllum melanoglossum* Hayata

（曾用学名：*Cirrhopetalum melanoglossum* Hayata）

**组别：** 单叶卷瓣兰组 Sect. Cirrhopetalum

**形态：** 植株 高4～8厘米。根状茎 纤细，径约1毫米。根 每5～7条簇生于假鳞茎基部的根状茎节上。假鳞茎 卵球形至球状锥形，在根状茎上彼此间距约1厘米，长0.8～1.2厘米、最宽处直径0.7～1厘米，顶生叶1枚。叶 革质，倒卵状披针形、长圆状卵形至长圆形，长4～5.5厘米、宽0.8～1厘米，先端钝且具细尖，基部楔形、收窄为短柄。花葶 自假鳞茎基部抽出，直立，纤细，上半部略弯，明显高出叶上，黄绿色，带紫红色斑点。花序 伞形，具花5～8朵；花 底色淡黄，密布紫红色纵向条纹；中萼片 卵形，长约5毫米、中部宽2.5毫米，先端急尖，边缘具流苏状毛，具脉3条；侧萼片 狭带状披针形，长1.2～2厘米、宽约0.2厘米，即长度为中萼片的2.5～4倍，全缘，先端近急尖，基部较宽且贴生于蕊柱足上，基部上方扭转，且两侧萼片的上、下侧边缘分别彼此黏合，具脉5条；花瓣 三角状卵形，长约3.5毫米、最宽处1.8毫米，先端近钝尖，边缘具缘毛，具脉1条；唇瓣 上面红色、背面黄色，肉质、舌状，长约2.5毫米，由中部以前向下弯，基部与蕊柱足末端连接而形成关节；蕊柱 黄色，长约1.5毫米；蕊柱足 与蕊柱等长，具多数紫红色斑点；蕊柱齿 钻状；药帽 黄色，具细乳突。花期5～7月。

**产地和分布：** 产于台湾、福建、海南。模式标本采自中国台湾。

**生态：** 附生于海拔700～1800米的山地林中树干上或沟谷岩石上。

**用途：** 本种珍奇美丽，可栽培供观赏。

图 25　紫纹卷瓣兰

*Bulbophyllum melanoglossum*
　　　　Hayata

1 植株
2 花侧面图
3 花纵剖面
4 萼片及花瓣
5 花背面
6 花正面
7 蕊柱及唇瓣纵剖面
8 蕊柱及唇瓣侧面
9 蕊柱及唇瓣正面
10 花粉块
（1962/07/10 程式君绘）

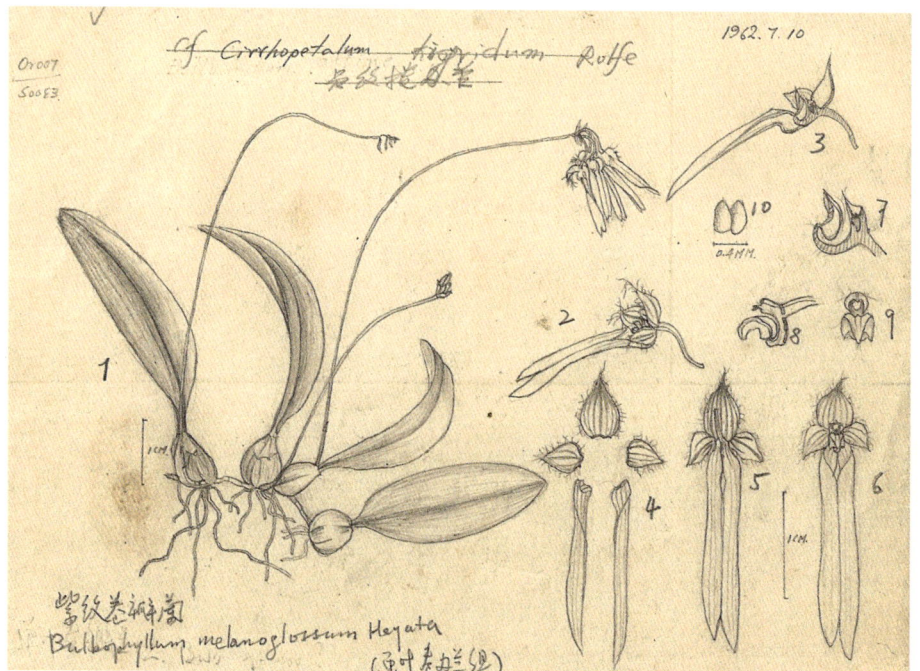

# 26 毛药卷瓣兰（别名：溪头卷瓣兰）

**学名：** *Bulbophyllum omerandrum* Hayata
**组别：** 单叶卷瓣兰组 Sect. Cirrhopetalum

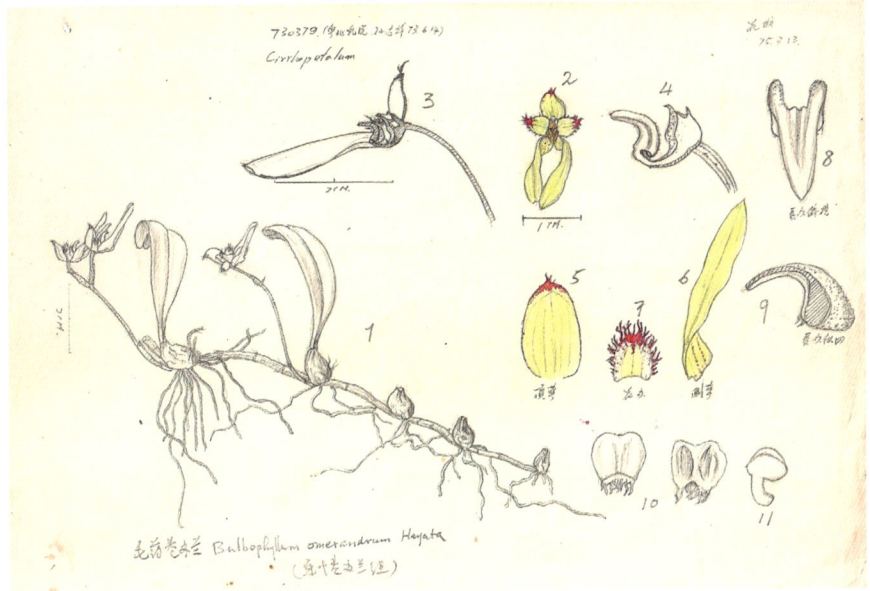

图 26 毛药卷瓣兰
*Bulbophyllum omerandrum* Hayata
1 植株
2 花
3 花纵剖面
4 蕊柱及唇瓣侧面
5 中萼片
6 侧萼片
7 花瓣
8 唇瓣正面
9 唇瓣侧面纵切
10 药帽
11 花粉块
（1973/06/14 孙达祥采自广东乳源，程式君绘）

**形态：** **植株** 高 4～17 厘米。**根状茎** 径约 2 毫米。根 线形，扭曲，不分枝，4～8 条簇生于假鳞茎基部的根状茎节上。**假鳞茎** 在根状茎上彼此相距 1.5～4 厘米，球状圆锥形，长 1～2 厘米、中部直径 0.5～0.8 厘米，干后表面具很多皱纹，基部被纤维状的残鞘，顶端具叶 1 枚。**叶** 厚革质，长圆状披针形或倒卵状长圆形，前部和两侧边缘下弯，长 1.5～8.5 厘米、中部宽 0.8～1.4 厘米，先端钝且微凹，基部楔形，有短柄或无柄，中肋在叶面下陷。**花葶** 自假鳞茎基部抽出，直立，长 5～6 厘米，约与叶等高。**花序** 伞形，具花 1～3 朵；**花苞片** 卵形，内凹呈舟状，长 7～8 毫米；**花梗** 连子房 长 1.5～2 厘米，黄绿色，有紫红点。**花** 淡黄色，径 1 厘米 × 1.2 厘米；**中萼片** 绿黄色，卵形，长 1～1.4 厘米、中部宽 0.7 厘米，先端紫红色，稍钝，具 2～3 条紫红色繸状毛，边全缘，具脉 5 条；**侧萼片** 绿黄色，基部沿脉有少数紫红色细点，条状披针形，长 2.3～3 厘米，为中萼片的 2～3 倍，中部宽 4～5 毫米，先端阔渐尖，边全缘，基部贴生于蕊柱足上，侧萼上段近基部处扭转、令两侧萼片呈"八"字形叉开；**花瓣** 长度约为中萼片之半，三角状卵形，长约 5 毫米、最宽处 4 毫米，先端钝，紫红色，具紫红色细尖，花瓣中部以上边缘具紫红色繸状毛，其中端部边缘的繸状毛更长而明显，具脉 3 条；**唇瓣** 肉质，舌形，长约 7 毫米、宽约 4 毫米，前部略下弯，后半部的两侧对折，基部与蕊柱足末端连接成活动关节，先端钝，边缘多少具睫毛，近端部两侧疏生细乳突；**蕊柱** 长约 4 毫米，黄绿色，密布紫红色细点；**蕊柱翅** 中部稍前伸呈半月形；**蕊柱足** 弯曲；**蕊柱齿** 呈尖齿状；**药帽** 前缘具黄绿色流苏。花期 3～4 月，单花花寿 5～7 天。

**产地和分布：** 产于台湾、福建、浙江、湖北、湖南、广东、广西等省区。**模式标本** 采自中国台湾。

**生态：** 附生于海拔 1000～1850 米的山地林中树干上或沟谷岩石上。

**用途：** 花奇特美丽，容易栽培。可配植点缀盆景、山石以供观赏。

# 27　藓生卷瓣兰（别名：藓叶卷瓣兰，黄萼卷瓣兰，黄梳兰）

**学名：** *Bulbophyllum retusiusculum* Rchb. f.

[曾用学名：*Cirrhopetalum wallichii* Lindl.；*Cirrhopetalum flavisepalum* Hayata；*Cirrhopetalum oreogenes* W. W. Sm.；*Bulbophyllum oreogenes* (W. W. Sm.) Seidenf.；*Bulbophyllum retusiusculum* Rchb. f. var. *oreogenes* (W. W. Sm.) Z. H. Tsi]

**组别：** 单叶卷瓣兰组 Sect. Cirrhopetalum

**形态：** 植株 高 4 ～ 8 厘米。**根状茎** 粗约 2 毫米。根 3 ～ 4 条簇生于假鳞茎基部的根状茎节上，不分枝。**假鳞茎** 橄榄绿色，生于根状茎的节上，彼此间隔 1 ～ 3 厘米，或密集聚生，呈卵状圆锥形或狭卵形，长 0.5 ～ 2.5 厘米、径 0.4 ～ 1.3 厘米，基部被纤维状残鞘，干后表面皱缩或有纵沟，顶端具叶 1 枚。叶 革质，披针形至窄带状披针形，端短渐尖或略钝，叶基收窄成不明显的柄，**叶**连柄长 3.5 ～ 9 厘米、宽约 0.7 厘米，边微卷；中脉在叶面凹陷，在叶背隆起且色比两旁叶颜色为深。**花葶** 自假鳞茎基部、根状茎的节上抽出，纤细，近直立，高长达 14 厘米，高出叶约 1 倍。**花序** 伞形，具花 4 ～ 8 朵。花径 1 ～ 1.5 厘米；**中萼片** 底色黄或紫红，带深紫色脉纹，长圆状卵形或近长方形，长 3 ～ 3.5 毫米、中部宽 1.5 ～ 2 毫米，先端尖，或截形且具凹缺，背面中部以下有时疏具乳突，具脉 3 条；**侧萼片** 鲜黄色，有时橙黄色，狭披针形或带状披针形，长 7 ～ 21 毫米、宽 1.5 ～ 3 毫米，两侧边缘有时在先端处稍内卷，先端渐尖，基部贴生于蕊柱足上，基部上方扭转，使两枚侧萼片的上下边缘分别彼此黏合，形成椭圆形或长角状的合萼；**花瓣** 与中萼片颜色相同，卵形或近方形，长 2.5 ～ 3 毫米、宽约 1.8 毫米，先端钝圆，基部贴生于蕊柱足上，具脉 3 条；**唇瓣** 肉质，舌形，前半部下弯，长约 3 毫米，端略钝，基部具凹槽，且与蕊柱足末端连接形成活动关节；**蕊柱** 长 1.5 ～ 2 毫米，翅在蕊柱基部稍扩大；**蕊柱足** 向上弯曲；**蕊柱齿** 先端呈尖齿状；**药帽** 稍具细乳突。**花期** 9 ～ 12 月。

**产地和分布：** 产于甘肃、台湾、海南、湖南、四川、云南、西藏。分布于尼泊尔、印度（东北部）、不丹、缅甸、泰国、老挝、越南。**模式标本**采自缅甸。

**生态：** 附生于海拔 500 ～ 2800 米的山地林中树干上或林下岩石上。

**用途：** 植株娇小，花奇特鲜艳，为珍奇花卉，但栽培较困难。

图 27 藓生卷瓣兰（1） *Bulbophyllum retusiusculum* Rchb. f.

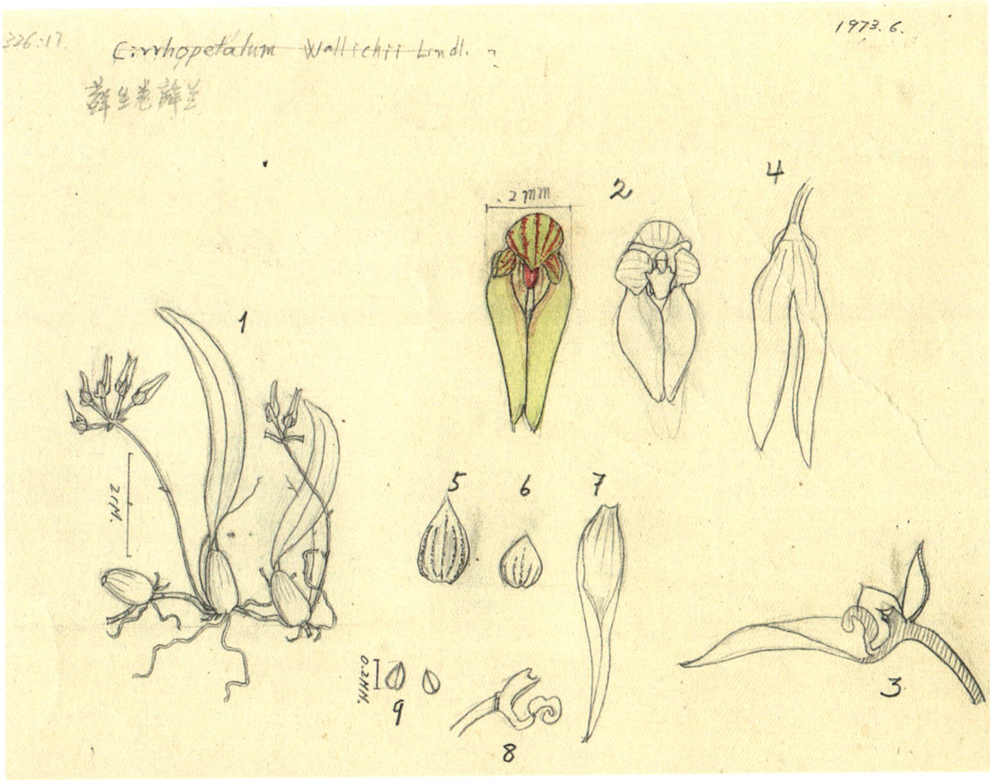

1 植株
2 花
3 花纵剖面
4 侧萼片背面
5 中萼片
6 花瓣
7 侧萼片
8 蕊柱及唇瓣侧面
9 花粉块
（1973/06 程式君绘）

图 27a 藓生卷瓣兰（2） *Bulbophyllum retusiusculum* Rchb. f.

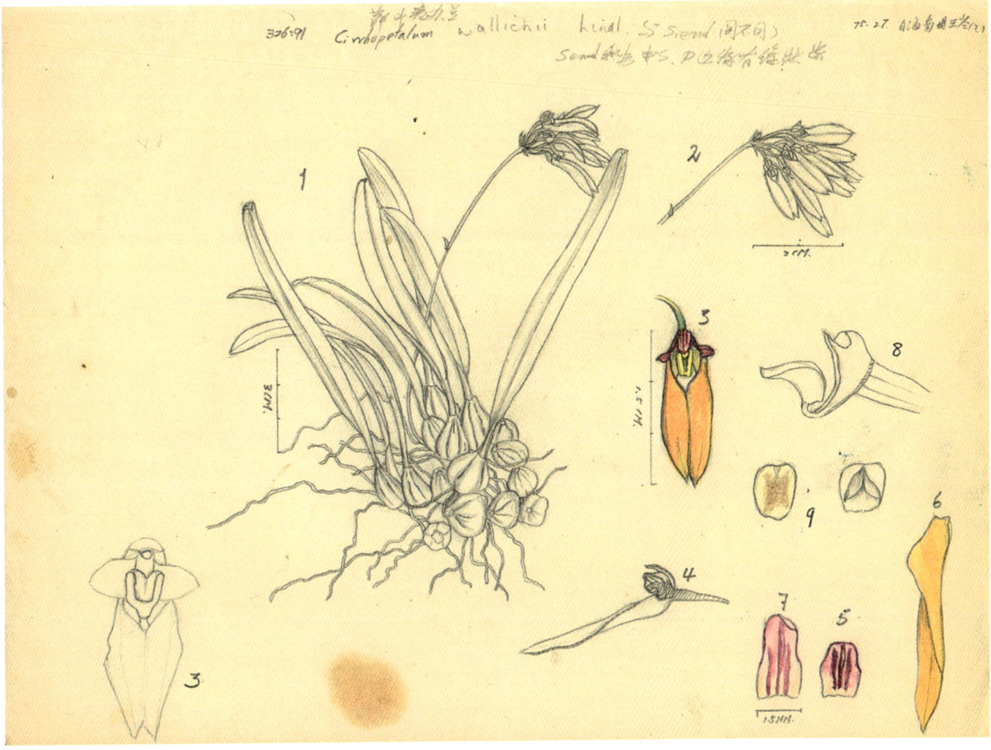

1 植株
2 花序
3 花
4 花纵剖面
5 花瓣
6 侧萼片
7 中萼片
8 蕊柱及唇瓣
9 药帽
（1975/02/07 程式君
采自海南霸王岭，并
绘图）

图 27b　藓生卷瓣兰（3）*Bulbophyllum retusiusculum* Rchb. f.

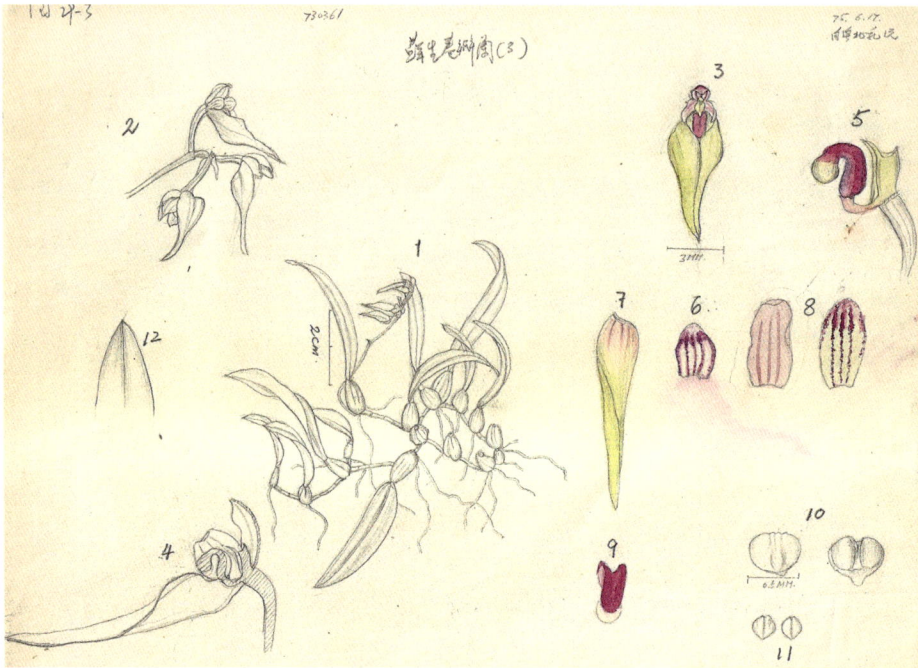

1 植株
2 花序
3 花
4 花纵剖面
5 蕊柱及唇瓣侧面
6 花瓣
7 侧萼片
8 中萼片
9 唇瓣
10 药帽
11 花粉块
12 叶尖
（1975/06/17 程式君采
自广东乳源，并绘图）

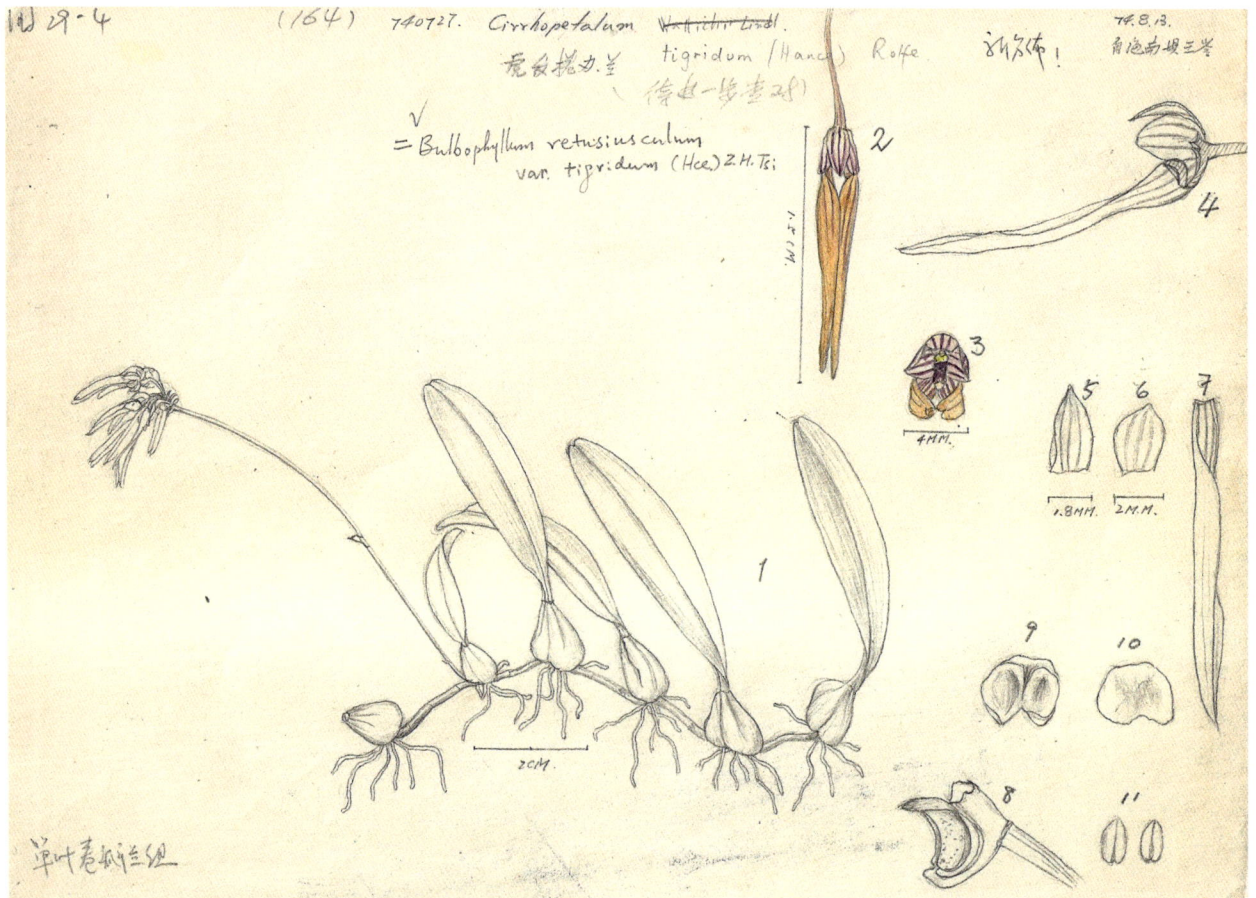

图 27c　藓生卷瓣兰（4）*Bulbophyllum retusiusculum* Rchb. f.

1 植株　2 花（俯视）　3 花（正面）　4 萼片及唇瓣侧面　5 花瓣　6 中萼片　7 侧萼片　8 蕊柱及唇瓣　9 药帽腹面
10 药帽背面　11 花粉块（1974/08/18 程式君采自海南霸王岭，并绘图）

# 28 匙萼卷瓣兰

**学名：** *Bulbophyllum spathulatum* (Rolfe) Seidenf.

（曾用学名：*Cirrhopetalum spathulatum* Rolfe ex Cooper；*Bulbophyllum bootanense* auct. non Griff.；*Cirrhopetalum bootanense* auct. non Griff.）

**组别：** 单叶卷瓣兰组 Sect. Cirrhopetalum

**形态：** 植株 高约 8 厘米。根状茎木质，粗壮，径约 4 毫米，被膜质半透明鞘，淡绿色，密被紫红色细点。根 线状，灰绿色，长 2～6 厘米，不分枝，5～8 条成束生于假鳞茎基部的根状茎节上。假鳞茎 在根状茎上疏生，彼此间距 10～11 厘米，卵状锥形至近球形，有时有伸长的颈部，高 2～4 厘米、中部粗 1～1.8 厘米，顶生叶 1 枚；老的假鳞茎有纵皱纹，褐绿色，新的假鳞茎绿色，有残存的灰色苞片。叶 厚革质，阔披针形至长圆形，长 10～18 厘米、最宽处 2～2.4 厘米，先端钝，基部收窄并延续成 0.7～1 厘米长，多少对折的短柄；叶背除中肋外、密布淡绿色细点。花葶 自根状茎近末端处的假鳞茎基部抽出，较短，与假鳞茎近等长；花序 总状呈伞形，由 5 至多达 20 余朵花组成；花序柄 有 4～5 枚长 1 厘米、佛焰苞状的鞘；花苞片 长圆状卵形，长达 1 厘米，端近锐尖。花柄连子房 长 1.5～2 厘米，扁形，淡黄色，或有紫红色纹。花 色黄，密被红褐斑，长约 1.3 厘米、宽 0.8 厘米；中萼片 倒卵状长圆形，长 8 毫米、最宽处 4 毫米，先端近截形并具短尖，有脉 5 条；侧萼片 长 18 毫米，基部上方扭转，两枚侧萼片的上下侧边缘彼此黏合形成拖鞋状的合萼；合萼扁平，先端圆形，最宽处达 11 毫米，被细乳突；褐红色，或底色黄，密被褐红色点；花瓣 长圆状披针形，长 4～5 毫米、最宽处 1.3 毫米，端钝，具 3 条脉；唇瓣 披针形，基部上方向外下弯成 90 度角，中部以下两侧对折，先端钝；蕊柱 长约 2 毫米；蕊柱足 长 3 毫米；蕊柱齿 三角形，长约 1 毫米；药帽 近半球形，全缘。花期 10 月。

**产地和分布：** 产于云南南部及海南（新分布！）。分布于印度（锡金）、缅甸、泰国、老挝、越南。模式标本采自泰国。

**生态：** 附生兰。附生于海拔 860 米左右的山地阔叶林的树干上。

**用途：** 可盆栽供观赏。

图 28 匙萼卷瓣兰
*Bulbophyllum spathulatum* (Rolfe) Seidenf.

1 植株
2 花侧面
3 花俯视
4 花纵剖面
5 蕊柱及唇瓣俯视
6 蕊柱及侧萼俯视
7 药帽
（1975/08/30 程式君采自海南霸王岭，并绘图）

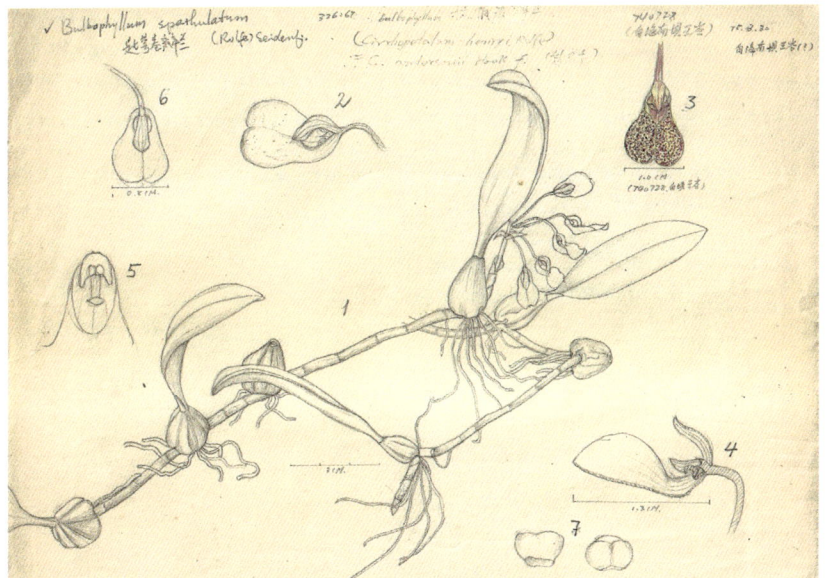

## 29 香港卷瓣兰（别名：谢氏卷瓣兰）

**学名：** *Bulbophyllum tseanum* (S. Y. Hu et Barretto) Z. H. Tsi
（曾用学名：*Cirrhopetalum tseanum* S. Y. Hu et Barretto）
**组别：** 单叶卷瓣兰组 Sect. Cirrhopetalum

**形态：植株** 中或大型，匍匐，高 8～18 厘米。**根状茎** 径约 3 毫米，被稻黄色的鞘，或具纤维状残鞘。根 须状，黄褐色，长 4～10 厘米、径约 0.5 毫米，每十余条簇生于根状茎的生有假鳞茎的节上。**假鳞茎** 黄绿色，卵球形，长 1～1.5 厘米、基部粗 6～8 毫米，老假鳞茎略有纵皱纹，在根状茎上斜立，疏生，彼此相隔 2～8 厘米，基部被纤维状残鞘，顶端生叶 1 枚。**叶** 厚革质，长圆形至阔披针形，长 4～7 厘米、宽 1.7～2.5 厘米，先端圆钝且略凹入，基部收窄成 3～7 毫米长的叶柄。**花葶** 由上一年的假鳞茎基部抽出，长 8～12 厘米、径约 1.5 毫米，黄绿色，密布暗紫褐色斑点；**花序** 伞形，由 4～9 朵花组成；**花序柄** 纤细，淡紫红色，具 2 枚鞘；**花苞片** 钻形，长 3 毫米，先端渐尖或具细尖，黄白色具多数紫褐色细点。**花** 淡紫红色，宽 0.45～0.5 厘米、长 1.5～2.5 厘米；**花梗连子房** 暗红色，纤细，向上弯曲，长约 4 毫米；**中萼片** 鲜黄色具深红色边缘，近卵形，

图 29 香港卷瓣兰（1）
*Bulbophyllum tseanum*
　　(S. Y. Hu et Barretto) Z. H. Tsi

1 植株
2 叶尖
3 花
4 中萼片
5 侧萼片
6 花瓣
7 唇瓣侧面
8 唇瓣正面
9 花纵剖面
10 蕊柱及唇瓣侧面
11 药帽
12 花粉块
（1981/08/03 程式君采自广东英德犀牛公社天堂山，并绘图）

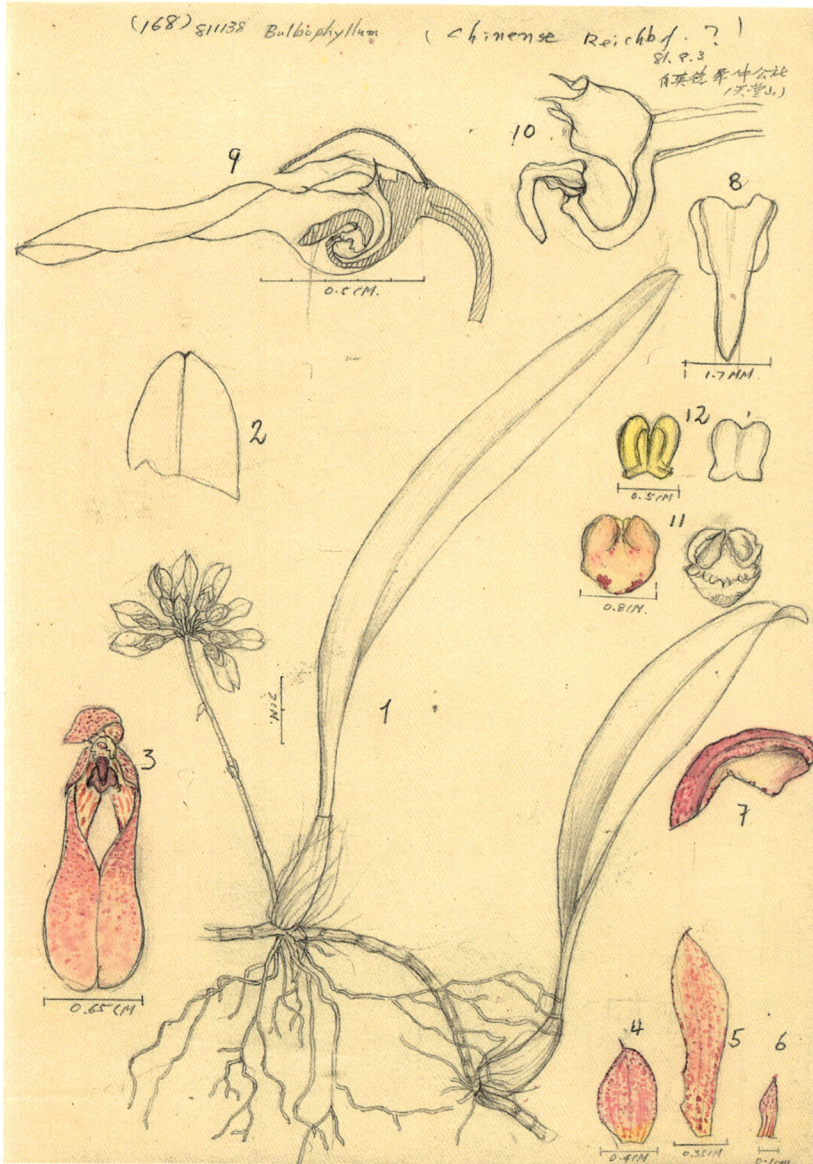

图 29a　香港卷瓣兰（2）
***Bulbophyllum tseanum***
　　　　(S. Y. Hu et Barreto) Z. H. Tsi
1 植株
2 花俯视
3 花侧面
4 侧萼片
5 中萼片
6 花瓣
7 苞片
8 花纵剖面
9 蕊柱及唇瓣侧面
10 花粉块
11 药帽
（1975 程式君采自云南西双版纳，
1976/05/27 程式君绘）

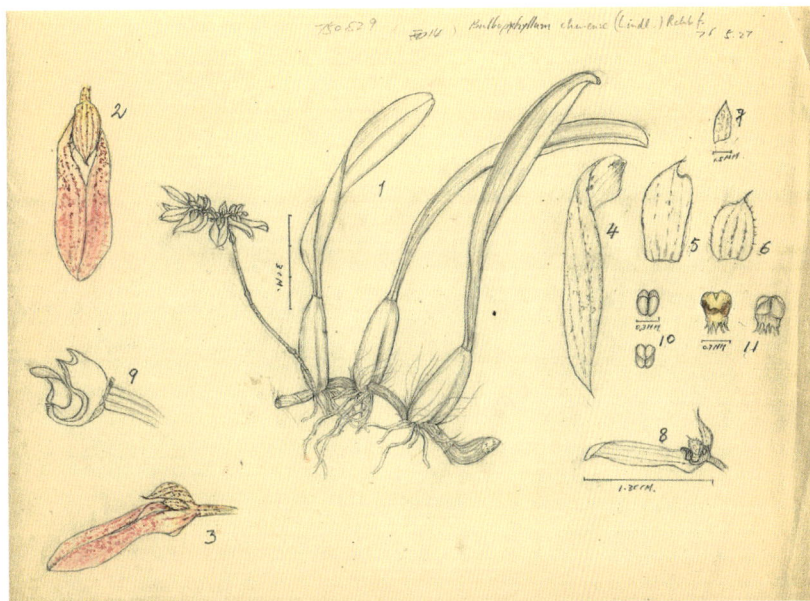

图 29b　香港卷瓣兰（3）
***Bulbophyllum tseanum***
　　　　(S. Y. Hu et Barretto) Z. H. Tsi
1 植株
2 花
3 花纵剖面
4 中萼片
5 侧萼片
6 花瓣
7 蕊柱及唇瓣侧面
8 药帽
9 花粉块（1975 程式君采自云南西双
版纳，1981/06/06 程式君绘）

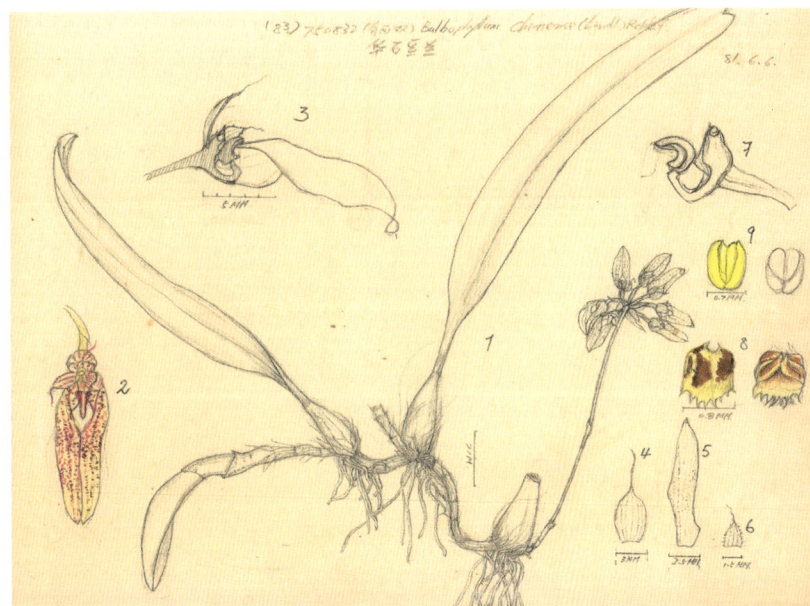

内凹，长 5 毫米、宽 4 毫米，有 3 条紫褐色细点组成的脉，边缘具暗红色、流苏状长缘毛，先端延伸为暗紫色细尾；**侧萼片** 斜披针形，在基部上方扭转，上侧边缘互相黏合而形成椭圆形的"合萼"，此合萼长 1.8～2 厘米、宽 0.7～0.8 厘米，先端略分开，密布暗紫红色和鲜黄色斑点，边缘为黄色；**花瓣** 斜卵形，长 0.4 厘米、宽 0.25 厘米，鲜黄色具暗红色边缘，有 3 条紫褐色细点组成的脉，边缘具流苏状长缘毛，先端渐尖，形成长约 0.4 厘米的尾部；**唇瓣** 淡黄色，肉质，舌状，前部下弯，基部与蕊柱足末端链接而成活动关节；**唇盘** 中央具一条纵向的龙骨脊，两侧各具 1 凹槽；**蕊柱** 长 3 毫米，黄白色；**蕊柱翅** 于蕊柱基部向前扩展呈三角形；**蕊柱齿** 短；**药帽** 光滑，污黄色带褐斑，前端截形，全缘。**花期** 4 月。

**产地和分布**：产于香港、广东（北部）（**新分布！**）和云南（南部）（**新分布！**）。**模式标本** 采自中国香港。

**生态**：附生于岩石上。

# 30 等萼卷瓣兰

**学名：** *Bulbophyllum violaceolabellum* Seidenf.
**组别：** 单叶卷瓣兰组 Sect. Cirrhopetalum

**形态：** **植株** 高 10～17 厘米。**根状茎** 粗壮，径 4～6 毫米。**根** 弯曲，不分枝或稍分枝，数条丛生于假鳞茎基部的根状茎节上。**假鳞茎** 在根状茎上疏生，彼此相距 2～9 厘米，卵形，长 1.5～3.5 厘米、最粗处直径 1～1.5 厘米，顶生叶 1 枚，基部被纤维状残留鞘。**叶** 革质或稍呈肉质，卵形至长圆形，长 10～20 厘米、中部宽 2.2～4.2 厘米，先端钝，常内凹，基部收窄为长 1.5～2 厘米、两侧对折的叶柄。**花葶** 远高出叶之上，长 19～26 厘米，黄绿色有长形紫红斑；**花序** 总状，缩短呈伞形，具花 3～7 朵。**花** 中等大，长约 2.5 厘米，开展，略有香气；**萼片和花瓣** 土黄色或淡黄绿色，疏具多数不规则紫红色点；**花梗连子房** 长约 2 厘米，黄色，密布紫红点；**中萼片** 宽卵形，长 6～8 毫米、宽约 6.2 毫米，端钝，边缘稍呈波状，具脉 5 条；**侧萼片** 三角状长圆形，长、宽与中萼片相近而略大，即长 8～9 毫米、宽约 8 毫米，先端短尖，基部贴生于蕊柱足，全缘，具 5 条脉；**花瓣** 远小于萼片，卵状披针形，长 4～5 毫米、宽约 3 毫米，全缘，先端具芒尖，有脉 3 条，

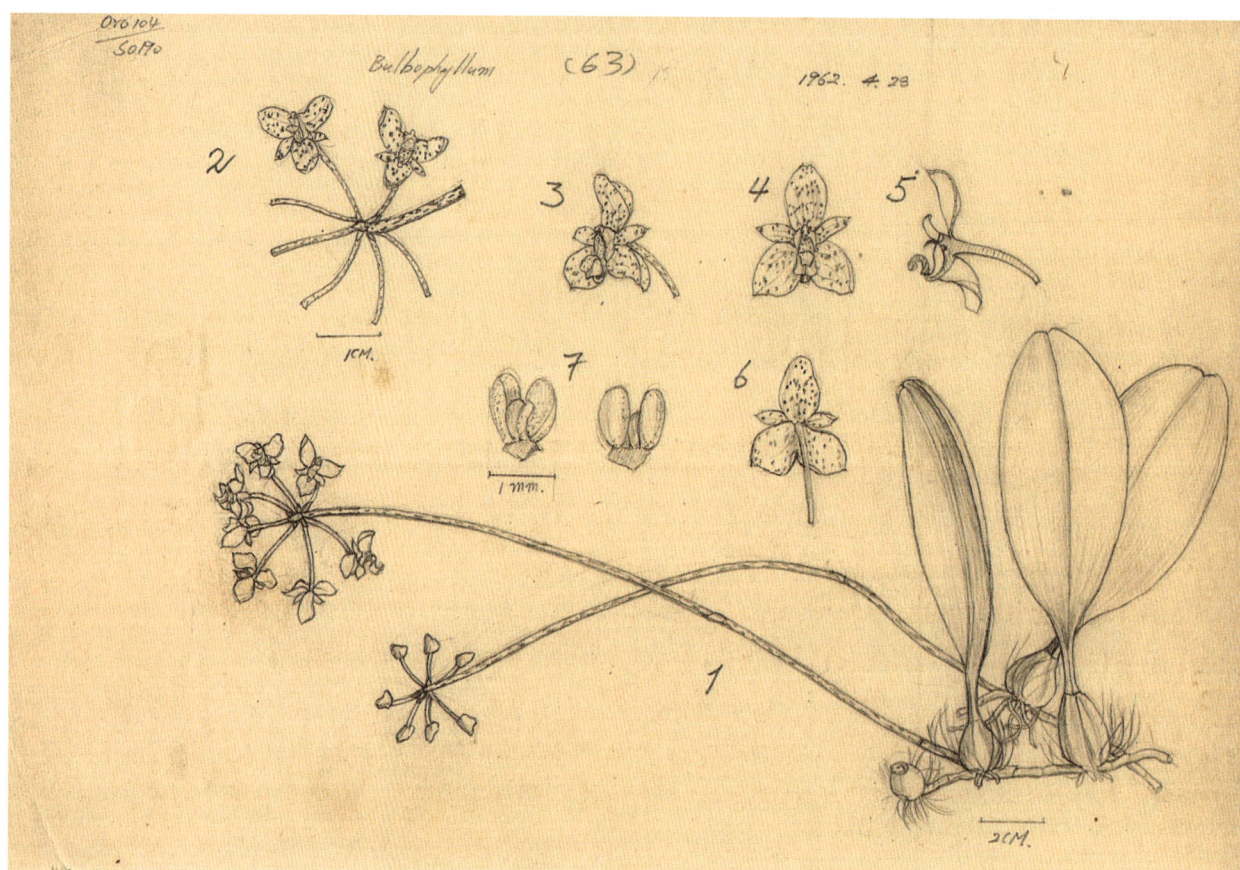

图 30 等萼卷瓣兰（1）*Bulbophyllum violaceolabellum* Seidenf.
1 植株　2 花序　3 花正侧面　4 花正面　5 花纵剖面　6 花背面　7 花粉块　（1962/04/28 程式君绘）

图 30a 等萼卷瓣兰（2）
**Bulbophyllum violaceolabellum** Seidenf.

1 植株
2 花正面
3 花纵剖面
4 花粉块
（1973/03/30 程式君绘）

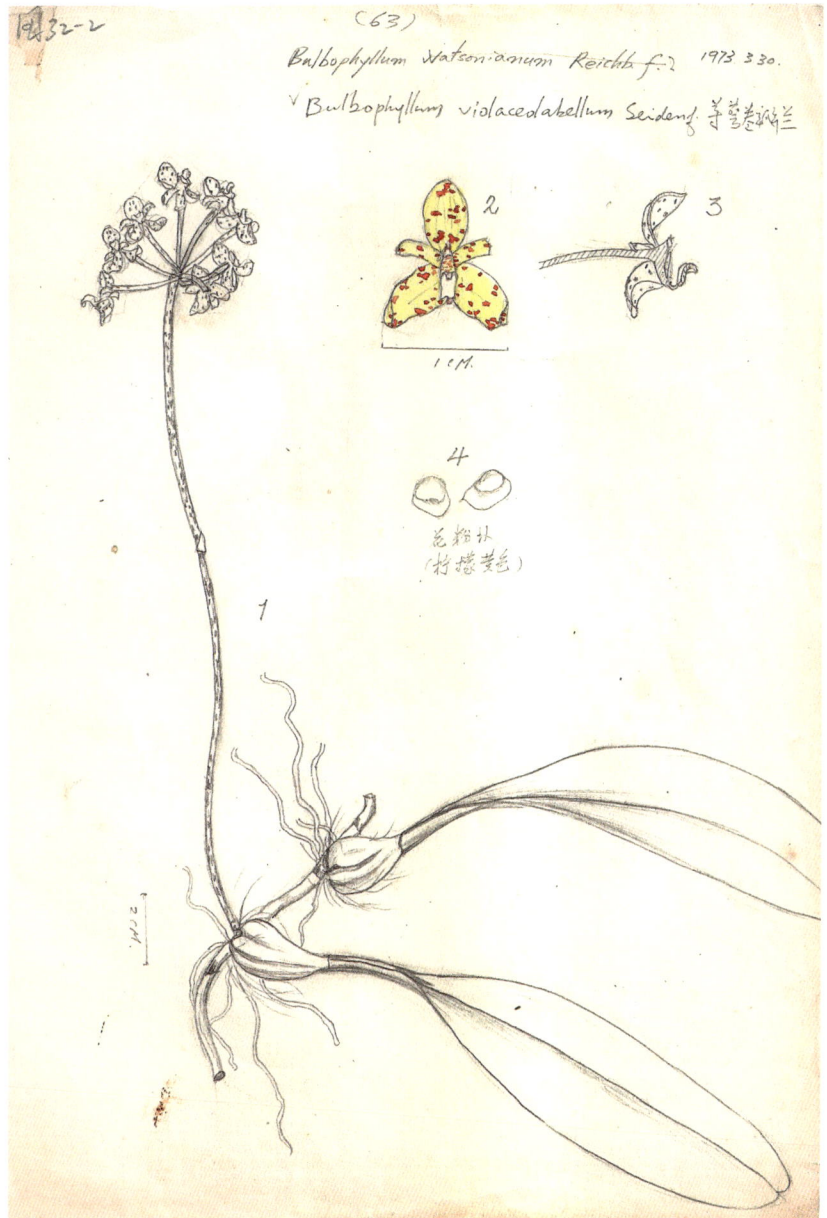

但仅中脉到达尖端；**唇瓣** 舌形，肉质，强烈向下弯，灰白色，上表面密布细小紫红点，长约 5 毫米、宽约 3 毫米，先端截形，基部以活动关节与蕊柱足的末端相连；**蕊柱** 黄色，有均匀分布的紫红色细点，长约 2 毫米；**蕊柱足** 紫色、长 5.5 毫米；**蕊柱齿** 长钻状、长 2.5 毫米。**花期** 3 ～ 4 月，单花花寿 5 ～ 7 天。

**产地和分布：** 产于云南。分布于老挝。**模式标本**采自老挝。

**生态：** 附生兰。生于海拔 700 ～ 800 米的石灰岩山坡疏林中的树干上。

**用途：** 花美丽且有香气，容易栽培。喜中等强度光照，可供室内盆栽观赏。

# 31 麦穗石豆兰

**学名：*Bulbophyllum orientale* Seidenf.**

[ 曾用学名：*Bulbophyllum careyanum* auct. non (Hook.) Spreng. ]

**组别：**长序组 Sect. Racemosae

**形态：植株** 中型或大型石豆兰，高 12～20 厘米。**根状茎** 粗，径 4～5 毫米，被鞘。**根** 4～6 条成束，出自长有假鳞茎的根状茎的节上。**假鳞茎** 直立，疏生于根状茎上，彼此相距 2～3 厘米，绿色，有时略带淡紫红晕，圆锥形至卵状圆锥形，长 2～3 厘米、最粗处直径 1.3～2.0 厘米，下半部常微有钝纵棱，幼时被膜质鞘，顶有叶 1 枚。**叶** 革质或肉质，硬而有光泽，绿色，有时叶背带淡紫红晕，长圆状披针形，长 8～30 厘米、中部宽 1.5～3.5 厘米，先端钝或具内凹，基部收窄为 0.5～1 厘米长的叶柄。**花葶** 由假鳞茎基部侧方抽出，外弯，长 4～13 厘米，具 4～5 枚大型鞘，鞘长可达 2 厘米，近基部者互相套叠；**总状花序** 外形似狗尾状，长 3～6 厘米，密生多数覆瓦状排列的花；**花苞片** 卵状披针形，长 5～6 毫米，先端急尖。**花** 淡橙色有紫红纹，径 5 毫米×8 毫米；**花梗连子房** 长 5 毫米，乳黄具紫红色斑纹。**萼片和花瓣** 淡黄绿色具褐红色脉纹；**中萼片** 卵形，长 6 毫米、中部宽约 3 毫米，先端急尖，全缘，具脉 3 条；**侧萼片** 斜卵形，先端渐尖，长 8 毫米、最宽处 4.2 毫米，基部贴生于蕊柱足上，上部两侧边缘稍内卷，下部边缘彼此靠近合成兜状，背面稍具疣状凸起；**花瓣** 略呈斜三角形，长约 2.5 毫米，基部最宽，约 1.8 毫米，先端长尖，具脉 1 条，边缘略不平整；**唇瓣** 肉质，淡黄绿色带紫红晕和深紫红色斑点，或有 2 条褐红色纵纹，长约 6 毫米，由基部起下弯，中部以下中央具凹槽，先端钝，边缘被乳突，基部与蕊柱足连接，两侧具前伸的小裂片；裂片镰刀状，前端具不整齐的齿；**蕊柱** 黄白色；**蕊柱足** 前弯，末端黄色；**蕊柱齿** 前倾，呈长尖的钻状；**药帽** 黄色，光滑。**花期** 6～9 月。

**产地和分布：**我国产于云南南部。泰国也有分布。**模式标本采自泰国。**

**生态：**附生兰。生于海拔 1200 米左右的山坡常绿阔叶林中的树干上。

**用途：**花序奇特艳丽，可栽培供观赏。

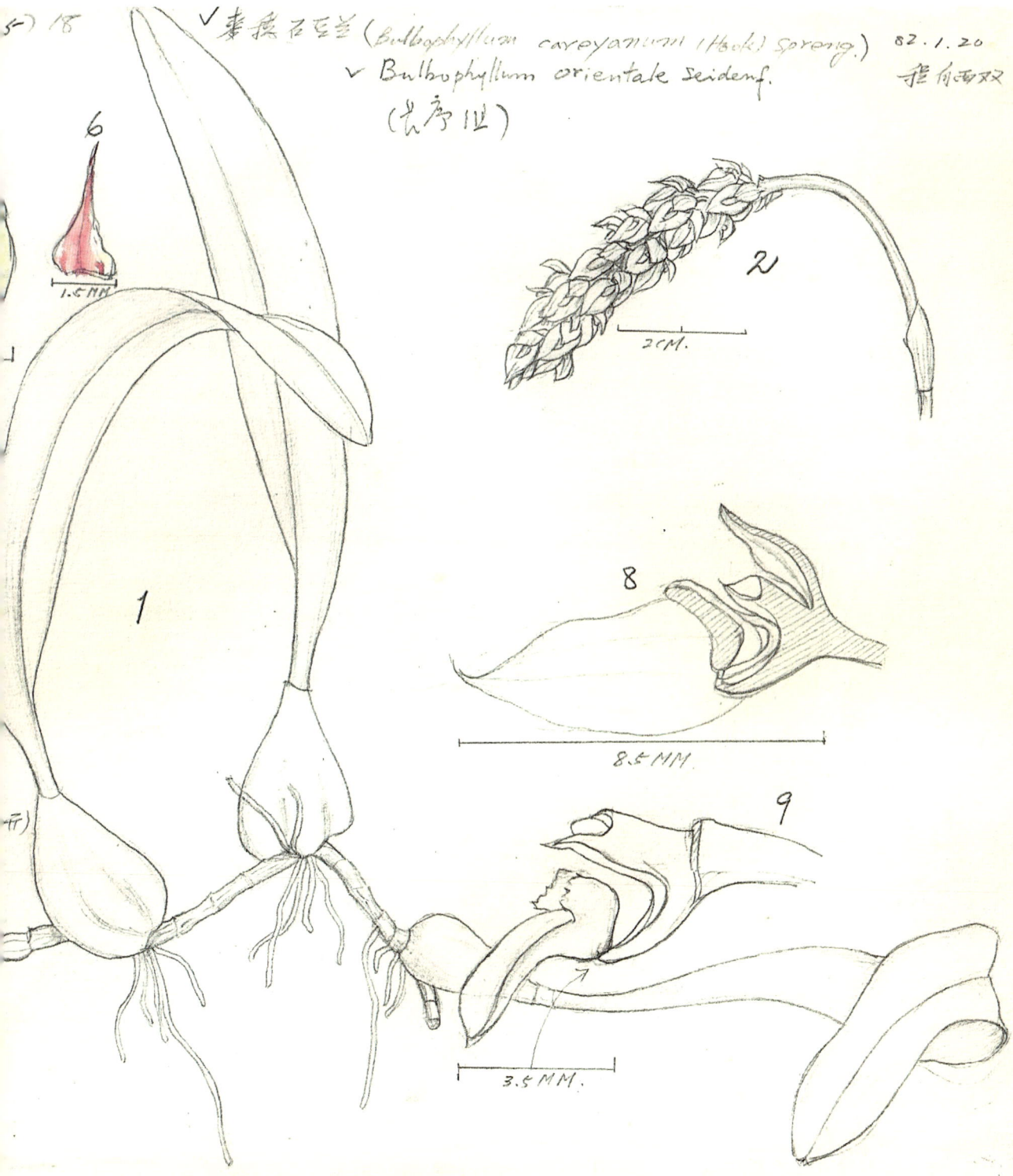

图 31 麦穗石豆兰 *Bulbophyllum orientale* Seidenf.
1 植株 2 花序 3 花 4 中萼片 5 侧萼片 6 花瓣 7 唇瓣 8 花纵剖面
9 蕊柱及唇瓣的侧面 10 药帽 11 花粉块（1975 程式君采自云南西双版纳，
1982/01/20 程式君绘）

# 3.13 虾脊兰属 *Calanthe* R. Brown

**历史：** 本属于 1821 年由 R. Brown 建立，发表于 *Botanical Register*。拉丁属名 *Calanthe* 源自希腊文 *kalos*（美丽的）和 *anthe*（花），意为"美丽的花"。因为本属大部分种类的花朵都很美丽。

**分类和分布：** 虾脊兰属隶属兰科树兰亚科树兰族的拟白及亚族。全属共约有 150 种。分布遍及热带地区，而以亚洲的热带和亚热带地区最多。我国约有 48 种，主要分布于长江流域及其以南地区。

**本属模式种：** 三褶虾脊兰 *Calanthe triplicata* (Willem.) Ames

**生态类别：** 地生兰，罕有附生者。

**形态特征：植株** 中型或大型。**根** 多数被灰色绒毛。**茎** 有根状茎，以及比较肥短、着生于根状茎上的假鳞茎，或伸长而呈正常茎状。**叶** 常绿或落叶；2 至数枚；多数较为宽大，呈阔椭圆形，间或有带状或剑形的；常有皱折；叶基部收窄成叶柄，叶柄下具长鞘。**花** 小型或中型，通常鲜艳；数花至多花形成直立的总状花序，自叶丛中抽出；腋生或由假鳞茎的基部一侧或顶端生出。**花萼** 萼片分离、开展，顶萼与侧萼相似。**花瓣** 与萼片相似而较窄。**唇瓣** 基部与蕊柱侧翅的部分或全部合生成管，罕有贴生于蕊柱基部的，全缘或 3 裂；中裂片常 2 深裂；有距或无距；唇面具折片，或在近基部有瘤状物。**蕊柱** 粗短，肉质，腹面两侧具翅；无蕊柱足或极罕见短足；**花粉块** 蜡质，狭倒卵形，近等大；共 8 枚，分为两组，附着于同一个黏盘上。

# 32 银带虾脊兰

**学名：** *Calanthe argenteo-striata* C. Z. Tang et S. J. Cheng

（本种为本书作者唐振缁和程式君于 1981 年 5 月发表的新种，新种描述于 1981 年 5 月刊登在英国 Orchid Review 杂志第 89 卷 1051 期 144 ～ 146 页，第 121 图）

**拉丁文原始描述：**

*Calanthe argenteo-striata* C. Z. Tang et S. J. Cheng, sp. nov.

Affinis *C. triplicatae* (Willd.) Ames, sed foliis atrovirentibus argenteo-striatis, floribus smaragdinis, labello albo basi lamellis cristatis citrinis distinguenda.

Herba terrestris, caulis brevis vaginis amplexus. Folia 3-7, tenuiter coriacea, ovata vel late lanceolata, cum petiolis 18-25cm longa, 6.5-11cm lata, apice acuminate, nervis 3-5; superficie atrovirenti, striis 6 argenteis 0.2-1cm latis longitudinalibus inter nervos, subtus pallidulis. Scapus 45cm altus, flavovirens, puberulus, ex apice caulis ortus, vaginis 3-4 oblongo-ovatis 2.5-3cm longis herbaceis glabris, racemo 8-11cm longo, 6-7cm lato, 10-floro vel ultra, bracteis magnis ovatis 1.2cm longis persistentibus. Flos smaragdinus (labio excepto), amplitudine 1.75cm × 2.5cm; sepalo dorsali oblongo, apice acuminato, 0.9cm longo, 0.7cm lato, 5-nervi; sepalis lateralibus obovatis, 1cm longis, 0.65cm latis, apicibus obtusis cum acumine, 5-nervibus, pleno anthesi reflexis; petalis obovato-oblongis obtusis, basis versus attenuates, unguiculatis, 1cm longis, 0.45cm latis; labello albo, demum luteo, magno, conspicuo, 1.75cm longo et lato, basi columnae adnato, lobis lateralibus obovato-lanceolatis patentibus 1cm longis, 0.7cm latis, lobo intermedio obtuso profunde bifido in fundo sinus mucronato; basi disci labelli 3-lamellato, lamellis cristatis citrinis; calcari tenui attenuato viridulo-albido 1.9cm longo; ovario cum pedicello ca. 0.35cm longo; operculo conico 0.25cm longo. Capsula oblonga ca. 3cm longa. Fl. Aprilis ad Majum. Fr. November ad Decembrem.

**Guangdong**: Cong-hua Xian, alt. 500m in silva, Y. S. Shao 126, Dec. 1963 (**Typus!** In Herb. Inst. Bot. Austrosinensi servatus). Specimem vivum in Hort. Bot. Austrosinensi culta.

**形态:** **植株** 高约 50 厘米，无明显根状茎。**假鳞茎** 粗短，近圆锥形，为 2～3 枚鞘所包被。**叶** 3～7 枚，在花期开展；薄革质，卵形或阔披针形，长 18～25 厘米、最宽处 6.5～11 厘米，先端渐尖，基部收窄成柄；叶上表面深绿色，具 5～6 条处于叶主脉间的银灰色纵带，叶背面呈淡灰绿色。**花葶** 由叶丛中间抽出，高约 45 厘米，黄绿色，被短柔毛；具 3～4 枚卵形至长圆形的鞘，鞘长 2.5～3 厘米，黄绿色，略呈革质，光滑无毛。**花序** 总状，长 8～11 厘米，由 10 朵以上的花组成，在每朵花的花柄基部有一枚大的宿存苞片，此苞片长约 1.2 厘米，卵形，光滑。**花** 除唇瓣为白色外，整个为黄绿色，径 1.75 厘米 × 2.5 厘米，子房连花梗长 2.4 厘米。**中萼片** 长圆形，渐尖，内凹，长 0.9 厘米、宽 0.7 厘米，具 5 条脉；**侧萼片** 倒卵形，长 1 厘米、宽 0.65 厘米，先端钝、具凸尖，5 脉，盛开时反卷；**花瓣** 倒卵状长圆形，端钝，基部渐狭成爪，长 1 厘米、宽 0.45 厘米。**唇瓣** 纯白色、凋萎时转黄，颇大而显著，长、宽均约为 1.75 厘米，基部与蕊柱足合生成管状；**侧裂片** 卵状披针形，开展，长 1 厘米、宽 0.7 厘米；**中裂片** 端钝，2 深裂，裂隙底部具端尖；**唇盘** 后部具 3 条柠檬黄色的鸡冠状褶片；**距** 细长，约长 1.9 厘米，向尖端渐细，绿白色；**蕊柱** 短粗，长约 3.5 毫米，绿白色；**药帽** 圆锥形，白色，长约 2.5 毫米。**蒴果** 长圆形，约长 3 厘米。**花期** 4～5 月。**果熟期** 11～12 月。

**产地和分布:** 产于广东、广西、贵州、云南。

**模式标本** 采自中国广东从化。

**生态:** 地生兰。生于海拔 500～1200 米的山坡林下的岩石缝隙间或有覆土的石灰岩面上。

**用途:** 花、叶美丽，栽培容易。可盆栽或地栽供观赏。

图 32 银带虾脊兰 *Calanthe argenteo-striata* C. Z. Tang et S. J. Cheng

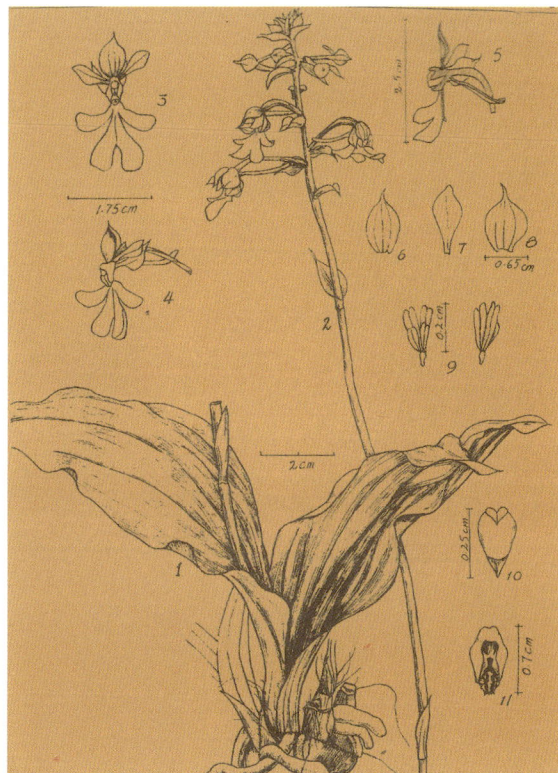

1 植株
2 花葶
3 花正面
4 花侧面
5 花纵剖面
6 中萼片
7 花瓣
8 侧萼片
9 花粉块
10 药帽背面
11 药帽腹面
（1965/05/04 程式君采，1973/04/26 唐振缁绘）

# 33 翘距虾脊兰（别名：翘距根节兰，垂花根节兰）

**学名：** *Calanthe aristulifera* Rchb. f.

（曾用学名：*Calanthe kirishimensis* Yatabe；*Calanthe elliptica* Hayata；*Calanthe raishaensis* Hayata）

**形态：** 植株 高 20 ～ 60 厘米。**假茎** 高 13 ～ 20 厘米。**假鳞茎** 近球形，径约 1 厘米；具鞘 3 枚和 2 ～ 3 枚叶片。**叶** 纸质，在花期时不完全展开；倒卵状椭圆形或椭圆形，长 15 ～ 30 厘米、宽 4 ～ 8 厘米，先端急尖，基部收窄为柄，叶背密被短毛。**花葶** 1 ～ 2 枝，自假茎上端抽出，长 25 ～ 60 厘米，密被短毛；**花序** 总状，疏生约 10 朵花；**花苞片** 宿存，膜质，狭披针形，先端急尖，长约 5 毫米；**花梗连子房** 长 1.5 ～ 2 厘米，弧曲，子房被毛。**花** 白色或粉红色，或白色染淡紫晕，半开放，径 3 ～ 3.5 厘米；**中萼片** 长圆状披针形，长 1.2 ～ 1.7 厘米、中部宽 0.5 ～ 0.8 厘米，先端渐尖，基部收窄，背面被短毛，具脉 5 条；**侧萼片** 与中萼片等长，但较窄，呈斜长圆形，先端急尖，背面被短毛，具脉 5 条；**花瓣** 狭倒卵形或椭圆形，比萼片略短，中部宽 2.5 ～ 4.5 毫米，先端近锐尖，具 3 条脉，无毛；**唇瓣** 扇形，与蕊柱翅合生，长 8 ～ 16 毫米，中部以上 3 裂；**侧裂片** 圆耳状或半圆形，先端圆钝，基部约一半与蕊柱翅的边缘合生；**中裂片** 扁圆形，先端微凹且具细尖，边缘略呈波状；**唇盘** 具 3 ～ 5 条肉质的脊突，近中裂片先端处呈三角形；**距** 圆筒形，常向上翘起，长 1.4 ～ 2 厘米，里面被长柔毛，外面被短毛；**蕊柱** 长 6 毫米，上端扩大，腹面被毛；**蕊柱翅** 下延到唇瓣上并与唇盘上的脊突相连接；**蕊喙** 2 裂，裂片先端锐尖；**药帽** 前端收窄呈喙状；**花粉块** 棒状，每群中有 2 枚较小；**黏盘** 近椭圆形。**花期** 2 ～ 5 月。

**产地和分布：** 产于福建、台湾、广东、广西。日本有分布。

**模式标本** 采自日本。

**生态：** 地生兰。生于海拔达 2500 米的山地沟谷阴湿处和密林下。

**用途：** 花、叶美丽，可栽培供观赏。

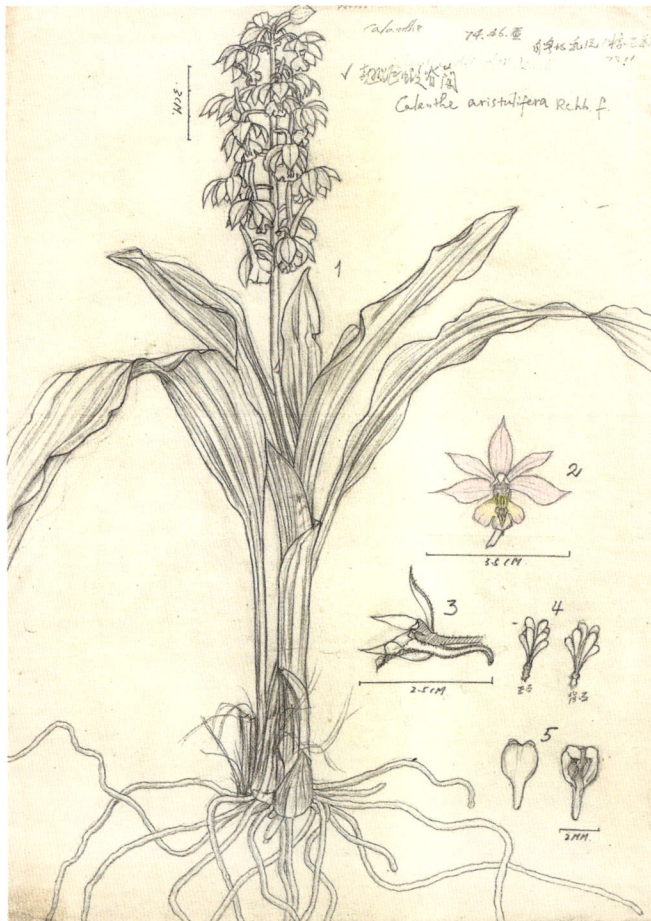

图 33 翘距虾脊兰
*Calanthe aristulifera* Rchb. f.

1 植株　2 花　3 花纵剖面
4 花粉块　5 药帽
（1973 朱家正等采自广东乳源，
1974/04/06 程式君绘）

# 34 棒距虾脊兰（别名：棒距根节兰）

**学名：** *Calanthe clavata* Lindl.

（曾用学名：*Calanthe clavata* Lindl. var. *malipoensis* Z. H. Tsi）

**形态：** 植株高 20 ～ 50 厘米。**假鳞茎** 短，为叶鞘所包被。**根状茎** 粗壮，径约 1 厘米。**根** 粗壮，生于节上。**叶** 2 ～ 3 枚，阔披针形至卵状披针形，具折扇状皱褶，长可达 65 厘米、宽 4 ～ 10 厘米，先端急尖，楔形的基部渐狭为柄；**叶柄** 长 7 ～ 13 厘米、粗 0.5 ～ 1.3 厘米，对折，与叶鞘相连处有关节。**花葶** 1 ～ 2 枝，自茎基部生出，直立，长达 20 ～ 40 厘米、径 0.7 ～ 1.3 厘米，低于叶层；花序之下具数枚阔圆筒状鞘；**总状花序** 具许多花；近花序顶部具多数密集的白色、披针形的苞片，其长度约为花序顶部花蕾的 5 倍；在花序下面的苞片长 1.5 ～ 3.5 厘米、最宽处 0.5 ～ 1 厘米，端渐尖，具脉 3 条。**花** 黄色（花萼及花瓣为淡铬黄色，唇瓣为深黄色），径 0.9 厘米 × 1.1 厘米，由唇瓣端部至距的末端为 1.7 厘米；**中萼片** 椭圆形，长 12 毫米、中部宽 5 ～ 6 毫米，先端急尖，具脉 5 条，其中央 3 条较明显且到达萼片尖端；**侧萼片** 近长圆形，长 12 毫米、中部宽 4 ～ 5 毫米，先端急尖并呈芒状，具 5 条脉，其中中央 3 条较明显；**花瓣** 倒卵状椭圆形至椭圆形，长 10 毫米、宽 5 毫米，先端锐尖，具 5 脉，但仅中央 3 条到达尖端；**唇瓣** 3 裂，基部近截形，与整个蕊柱翅合生；**侧裂片** 耳状或近卵状三角形，直立，两侧裂片先端间距 7 毫米；**中裂片** 近圆形，长 4 毫米、宽 5 ～ 5.5 毫米，先端截形且微凹，于凹处具一细尖，基部略收窄并具 2 枚三角形褶片；**距** 棒状，劲直，长约 9 毫米，近末端最粗，径达 3.5 毫米；**蕊柱** 长约 7 毫米，上部扩大；**蕊喙** 三角形，不裂，先端急尖或稍钝；**药帽** 前部收窄，先端截形；**花粉块** 8 枚、分为 2 组，柠檬黄色，近棒状或狭倒卵形，近等大，长约 1.2 毫米，具短柄；**黏盘** 近心形，较厚。**果** 卵形或近圆球形，长 1 厘米、径 0.3 厘米或长 1 厘米、径 0.8 厘米；果柄与果等长，细长下弯。**花期** 10 ～ 12 月。

**产地和分布：** 产于福建、广东、广西、海南、云南和西藏（墨脱）。分布于印度、缅甸、越南和泰国。**模式标本** 采自印度。

**生态：** 地生兰。生于海拔 870 ～ 1300 米的山地密林下或山谷岩石边。

**用途：** 植株比较高大，花朵大而稠密、颜色鲜艳。有较高的观赏价值。适于盆栽或园林中半阴处地栽，以供观赏。

图 34 棒距虾脊兰
*Calanthe clavata* Lindl.

1 植株　2 花　3 花侧面　4 花纵剖面
5 蕊柱和唇瓣侧面　6 蕊柱和唇瓣正面
7 药帽　8 花粉块（1974/01/10 程式君绘）

# 35  二列叶虾脊兰（别名：黄花虾脊兰，八仙兰）

**学名**：*Calanthe formosana* Rolfe

[ 曾用学名：*Calanthe yushunii* Mori et Yamamoto；*Calanthe patsinensis* S. Y. Hu；*Calanthe disticha* T. Tang et F. T. Wang；*Calanthe pulchra* (Bl.) Lindl. var. *formosana* (Rolfe) S. S. Ying；*Calanthe curculigoides* auct. non Lindl.；*Calanthe clavata* auct. non Lindl. ]

**形态**：**植株** 丛生，高大粗壮，株高 60～120 厘米，光滑无毛。**根状茎** 长而粗壮。**假鳞茎** 粗短，圆柱状，径约 3 厘米，为叶鞘所包被。**叶** 根生，5～9 枚，呈二列状排列，叶长 50～90 厘米、宽 4～9 厘米，长圆状椭圆形、椭圆形至披针形，呈褶扇状皱，先端渐尖，基部收窄成长柄；**叶柄** 粗壮，长 10～20 厘米、径约 1 厘米，对折状，基部扩大成鞘，在与叶鞘连接处有关节。**花葶** 粗壮，径 5～15 毫米，粗如铅笔，直立，高 40～50 厘米，从茎基部抽出，具数枚筒状鞘，最下一枚最小，长约 1 厘米，最上一枚最长。**花序** 总状，由 70～100 朵或更多的花密集于 12～18 厘米长的花序轴上所组成，在花蕾时为苞片所包而呈球状；苞片狭披针形，长约 3.5 厘米，花开时脱落。**花** 不开展，蜡质，鲜黄色或橘黄色（折下或揉碎后很快变黑），径约 1.5 厘米。**中萼片** 与**侧萼片** 相似，卵状披针形，长 9～12 毫米、中部宽 4～5 毫米，先端渐尖，具 5 脉。**花瓣** 卵状椭圆形，长度及宽度与萼片近相等，或有时略宽，先端近急尖，具 7 脉，中央 3 条较粗且延伸至先端，其余的细而分叉。**唇瓣** 深黄色或橘黄色，基部与整个蕊柱翅合生；3 裂；**侧裂片** 近方形或卵状三角形；**中裂片** 略窄，琴形，长约 5 毫米，先端截形并具短尖，基部收窄成爪；**唇盘** 在两侧裂片之间具 2 枚半月形褶片或胼胝体，或有时不明显。**距** 棒状，先端向下，距内常有花蜜一滴。**蕊柱** 粗短，上部稍扩大；**蕊喙** 三角形，不裂，先端尾状；**药帽** 在前端收窄，先端尖；**花粉块** 棒状，近等大，长约 2 毫米，具明显的柄；**黏盘** 近线形，长约 2.2 毫米。花期 7～10 月。

**产地和分布**：产于台湾、香港和海南。**模式标本**采自中国台湾。

**生态**：地生兰。生于海拔 500～1500 米的山谷林下阴湿处。

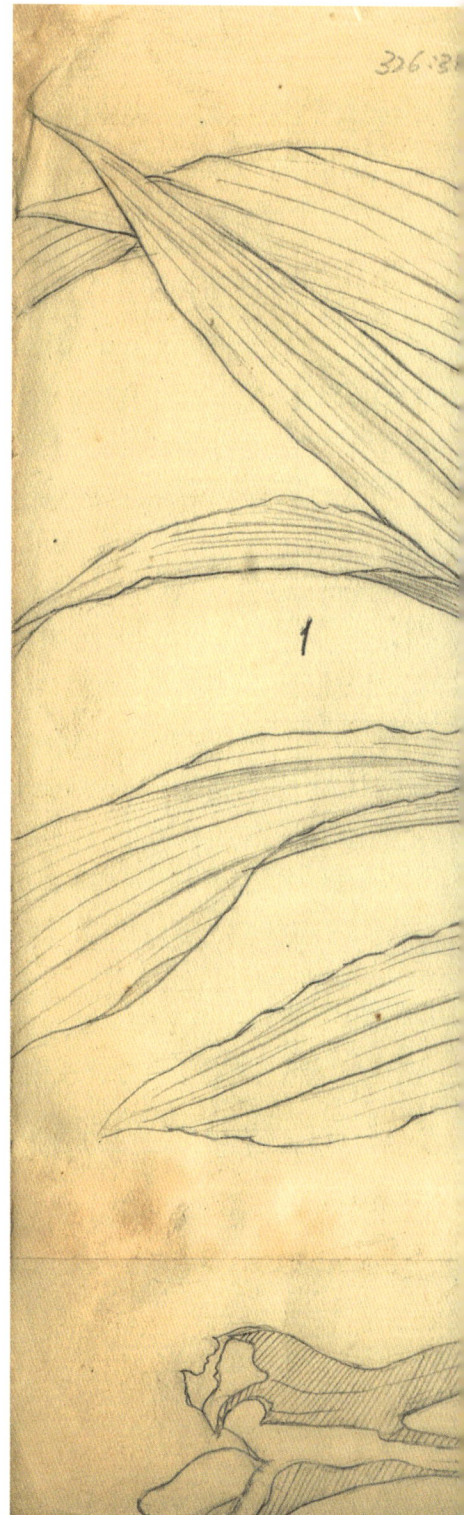

**用途**：植株高大，花多而色彩鲜明，可作阴生花卉盆栽或布置于园林中。

图 35 二列叶虾脊兰 *Calanthe formosana* Rolfe

1 植株 2 花 3 花侧面 4 花纵剖面 5 中萼片 6 侧萼片 7 花瓣 8 蕊柱与唇瓣侧面 9 蕊柱与唇瓣纵剖面 10 药帽 11 花粉块 (1973/10/12 程式君绘)

# 36 钩距虾脊兰 （别名：纤花根节兰，细花根节兰）

**学名：** *Calanthe graciliflora* Hayata

[ 曾用学名： *Calanthe hamata* Hand.-Mazz.；  *Calanthe striata* auct. non (Sw.) R. Br. ]

**形态：植株** 地生，高约 60 厘米。**根状茎** 不明显。**假鳞茎** 短，径约 2 厘米，具 3 ～ 4 枚叶状鞘和 3 ～ 4 枚呈簇生状的叶。**假茎** 长 5 ～ 18 厘米、径约 1.5 厘米。**叶** 椭圆形至椭圆状披针形，长 20 ～ 35 厘米、宽 5 ～ 10 厘米，秃净无毛，端急尖，基部收窄成柄，柄长可达 10 厘米。**花葶** 自叶丛中抽出，高出叶丛之上，长可达 70 厘米，密被短毛。**花序** 总状，秃净，疏生 7 ～ 10 朵花；

**花苞片** 膜质，披针形，端渐尖，比花梗连子房短。**花** 径 2 ～ 3 厘米，面向下方或向斜下方；**花梗连子房** 共长 1.5 ～ 2 厘米，弧曲，绿色有褐红晕，密被短毛；**萼片和花瓣** 淡黄绿色，背面带红褐色；**中萼片** 近椭圆形，长 10 ～ 15 毫米、宽 5 ～ 6 毫米，先端锐尖，基部收窄，具 3 ～ 5 条脉，有时背面疏具短毛；**侧萼片** 与中萼片近似而略狭；**花瓣** 倒卵状披针形，长 9 ～ 13 毫米、宽 3 ～ 4 毫米，先端锐尖且略前弯卷，基部具短爪，无毛；**唇瓣** 白色，3 裂，比花瓣短；**侧裂片** 为稍斜的卵状长圆形或半月形，基部约 1/3 与蕊柱翅的外边缘合

图 36 钩距虾脊兰 （1）
*Calanthe graciliflora* Hayata

1 植株
2 花正面及花背面
3 花纵剖面
4 蕊柱及唇瓣
5 花粉块
（1964/03/21 程式君绘）

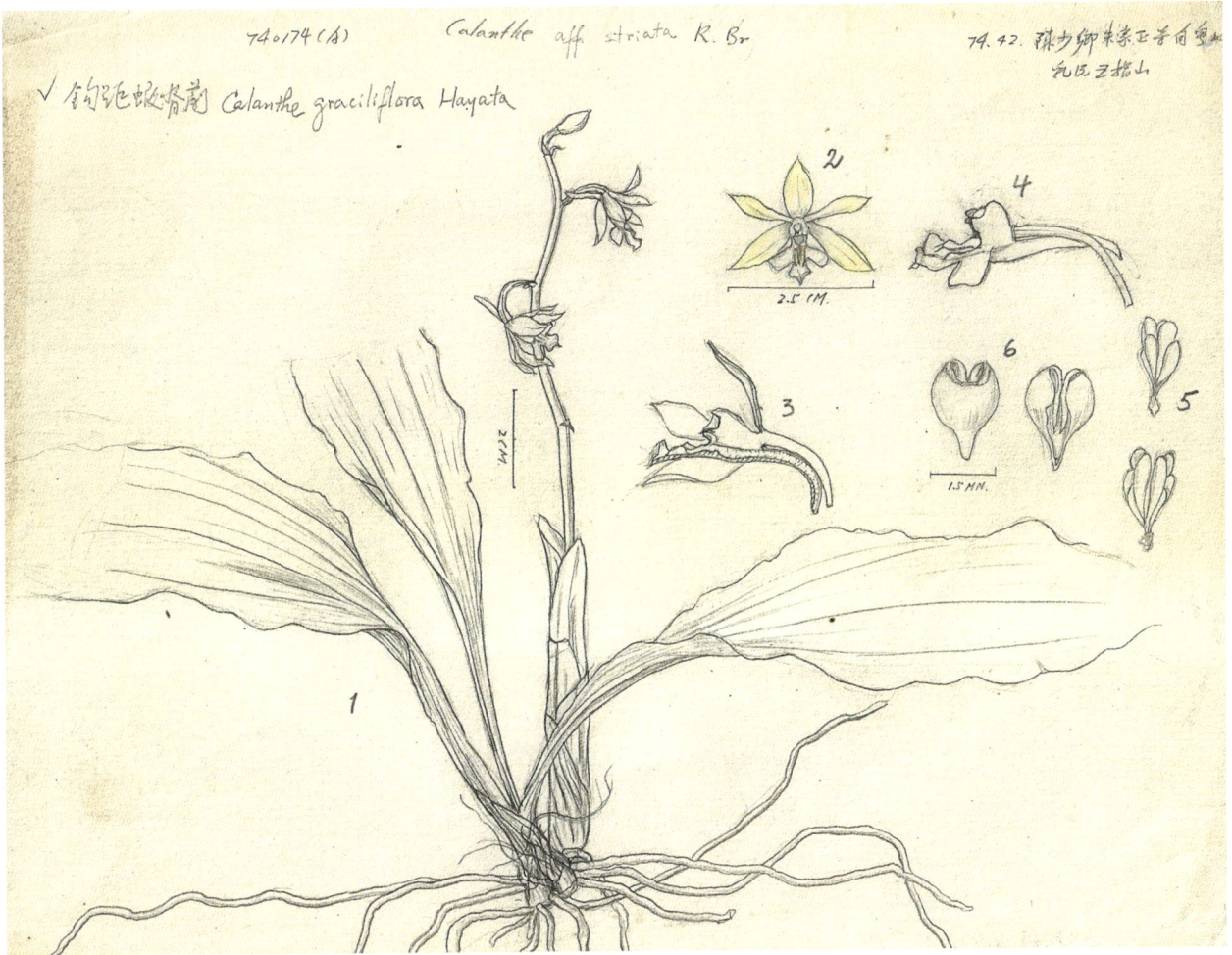

生，先端圆钝或呈斜截形；**中裂片** 倒卵状矩圆形或近方形，先端扩大，近截形并微凹，在凹处具短尖头；**唇盘** 上具 3 条肉质的龙骨状脊，其末端呈三角状隆起；**距** 圆筒形，长 10～13 毫米，末端变狭且常向下钩曲，外面疏被短毛、内面密被短毛；**蕊柱** 白色，无毛；**蕊柱翅** 下延至唇盘基部，并与唇盘两侧的龙骨状脊相连；**蕊喙** 2 裂，裂片三角形，先端牙齿状；**药帽** 前端突然收窄呈喙状；**花粉块** 棒状，等大，

长约 2 毫米；**黏盘** 近长圆形。**花期** 3～5 月。

**产地和分布：** 产于安徽、浙江、江西、台湾、湖南、湖北、广东、香港、广西、四川、贵州、云南。**模式标本** 采自中国台湾。

**生态：** 地生兰。生于海拔 600～1500 米的山谷溪旁和林下等阴湿处。

**用途：** 植株壮健浓绿、花朵纤巧雅致，为颇有观赏价值的阴生花卉。可盆栽或种植于园林中的阴湿地段以供欣赏。

**图 36a** 钩距虾脊兰（2）
*Calanthe graciliflora* Hayata

1 植株
2 花
3 花纵剖面
4 蕊柱及唇瓣侧面
5 花粉块
6 药帽

（1974/04/02 陈少卿、朱家正等采自广东乳源五指山，程式君绘）

# 37　乐昌虾脊兰

**学名：** *Calanthe lechangensis* Z. H. Tsi et T. Tang

**形态：** **植株** 地生，丛生，高 15～50 厘米。**假鳞茎** 粗短，圆锥形，径约 1 厘米，常具 3 枚叶状鞘和一片叶。**假茎** 长 9～20 厘米。**叶** 在开花时尚未全展；宽椭圆形，长 20～30 厘米、宽 8～11 厘米，先端急尖，基部收窄为柄，边缘稍呈波状，无毛；叶柄长 14～32 厘米。**花葶** 自叶腋发出，为叶状鞘和叶基部所包裹，不高出叶层外，长达 35 厘米，被短柔毛。**花序** 总状，长 3～4 厘米，疏生 4～5 朵花；**花苞片** 宿存，膜质，无毛，长 4～5 毫米，卵状披针形，先端急尖并呈芒状。**花** 淡粉红色，径 2.4 厘米 × 3.7 厘米；**花梗连子房** 长 1.2 厘米，密被短柔毛；**萼片** 淡粉红色，**中萼片** 卵状披针形，长 17 毫米左右、中部宽 6～7 毫米，先端急尖，5 脉，背面密被短柔毛；**侧萼片** 与中萼片等长但稍狭，长圆形但稍偏斜，先端多少钩曲并急尖呈芒状，具 5 脉，背面密被短柔毛；**花瓣** 长圆状披针形，长 15～16 毫米、中部宽 4.5～5 毫米，具 3 脉，背面被短柔毛；**唇瓣** 阔倒卵形，基部具爪，与整个蕊柱翅合生，3 裂；**侧裂片** 小，牙齿状，长 1～3 毫米，端钝，两侧裂片之间具 3 条褶片；**中裂片** 宽卵状楔形，长 1 厘米，近先端处宽 1 厘米，远大于两侧裂片尖端之间的距离，先端微凹并具短尖，基部具爪，边缘多少波状，无毛；**距** 圆筒形，劲直，长约 9 毫米、粗 1.5 毫米，末端钝，内外均被毛；**蕊柱** 长 6 毫米，上端扩大；**蕊柱翅** 三角形；**蕊喙** 2 裂，裂片近三角形，先端尖；**药帽** 长 4 毫米，前端呈喙状收窄；**花粉块** 棒状，近等大，长约 2 毫米；**黏盘** 近长圆形。**花期** 3～4 月。

**产地：** 产广东北部（乐昌、乳源）。

**生态：** 地生兰。生于山地林下及溪边阴湿处。

**用途：** 可作为珍奇阴生花卉，盆栽或地栽以供观赏。

图37 乐昌虾脊兰 *Calanthe lechangensis* Z. H. Tsi et T. Tang
1 植株　2 花正面　3 花背面　4 花纵剖面　5 蕊柱及唇瓣纵剖面
6 蕊柱及唇瓣正面　7 花粉块　8 药帽　（1964/04/12 程式君绘）

# 38 细花虾脊兰

**学名：** *Calanthe mannii* Hook. f.

（曾用学名：*Calanthe pusilla* Finet；*Calanthe brachychila* Gagnep.）

**形态：** **植株** 高 20 ～ 55 厘米。根状茎 不明显。**假鳞茎** 圆锥形，粗约 1 厘米，具鞘 2 ～ 3 枚，叶 3 ～ 5 枚。**假茎** 长 5 ～ 7 厘米。**叶** 倒披针形至长圆形，呈折扇状皱折，长 18 ～ 35 厘米、宽 3 ～ 4.5 厘米，先端急尖，基部渐狭为长 5 ～ 10 厘米的柄，或有时无柄，叶背被短毛。**花葶** 直立，长可达 51 厘米，高出叶丛之上，密被短毛；**花序** 总状，长 4 ～ 10 厘米，由十余朵小花组成；**花苞片** 宿存，披针形，长 2 ～ 4 毫米；**花梗连子房** 长 5 ～ 7 毫米，密被短毛；**花** 小，径约 1.2 厘米；**萼片及花瓣** 深褐色、基部黄绿色，唇瓣柠檬黄色；**中萼片** 卵状披针形或长圆形，内凹，长 7 ～ 9 毫米、中部宽 2.5 ～ 4.5 毫米，端尖，具 3 ～ 5 脉，背面密被短毛；**侧萼片** 与中萼片近等长，卵状披针形或长圆形，稍偏斜，先端尖，具 3 脉，背面密被短毛；**花瓣** 倒卵状披针形或长圆形，比萼片小得多，长 5 ～ 6 毫米、中部以上宽 1 ～ 1.2 毫米，先端锐尖，具 1 ～ 3 条脉；**唇瓣** 比花瓣短，基部与整个蕊柱翅合生，3 裂；**侧裂片** 卵圆形或斜卵圆形，长 1.5 ～ 2 毫米、宽 1 ～ 1.5 毫米，先端圆钝；**中裂片** 横长圆形或近肾形，长 1.5 ～ 2 毫米、宽 2.5 ～ 3

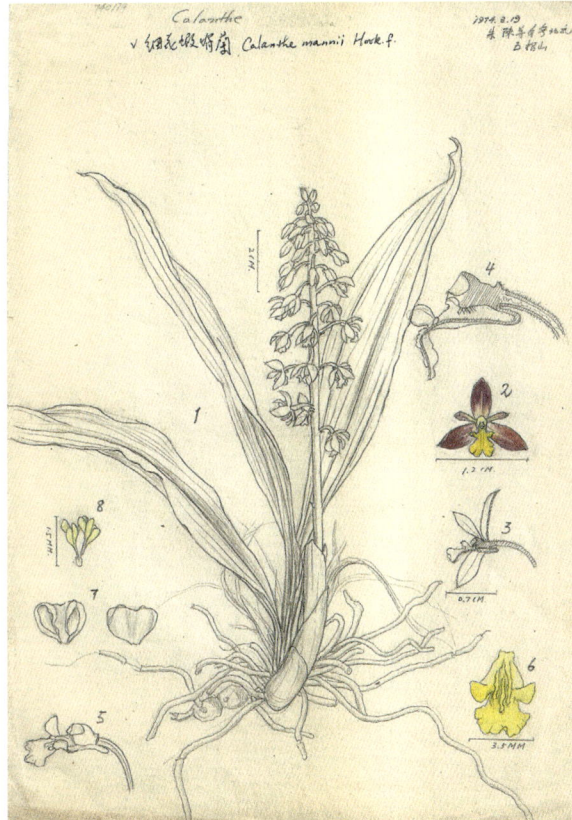

图 38 细花虾脊兰 *Calanthe mannii* Hook. f.
1 植株 2 花 3 花纵剖面 4 蕊柱及唇瓣纵剖面 5 蕊柱及唇瓣侧面 6 唇瓣 7 药帽 8 花粉块 （1974/03/19 陈少卿、朱家正采自广东乳源五指山，程式君绘）

毫米，先端凹且具端尖，边缘稍呈波状；**唇盘** 具三条褶片或龙骨状脊，末端呈三角形在中裂片上高高隆起；**距** 直、短而钝，长 1 ～ 3 毫米，外面被毛；**蕊柱** 白色，长约 3 毫米，腹面被毛；**蕊喙** 小，2 裂，裂片近三角形，先端锐尖；**药帽** 前端不收窄，先端近截形；**花粉块** 狭倒卵形，近等大，长约 0.8 毫米；黏盘小，近圆形。**花期** 5 月。

**产地和分布：** 产于江西、湖北、广东、广西、四川、贵州、云南和西藏（东南部和南部）。分布于尼泊尔、不丹、印度。**模式标本** 采自印度西北部。

**生态：** 地生兰。生于海拔 2000 ～ 2400 米的山坡林下。

**用途：** 宜在阴凉环境下盆栽或地栽供观赏。

# 39　长距虾脊兰（别名：长距根节兰，紫花虾脊兰）

**学名：** *Calanthe sylvatica* (Thou.) Lindl.

[曾用学名：*Centrosis sylvatica* Thou.；*Bletia masuca* D. Don；*Calanthe masuca* (D. Don) Lindl.；*Calanthe textori* Miq.；*Calanthe masuca* Lindl. var. *sinensis* Rendle；*Calanthe longicalcarata* Hayata ex Yamamoto；*Calanthe seikooensis* Yamamoto；*Calanthe kintaroi* Yamamoto]

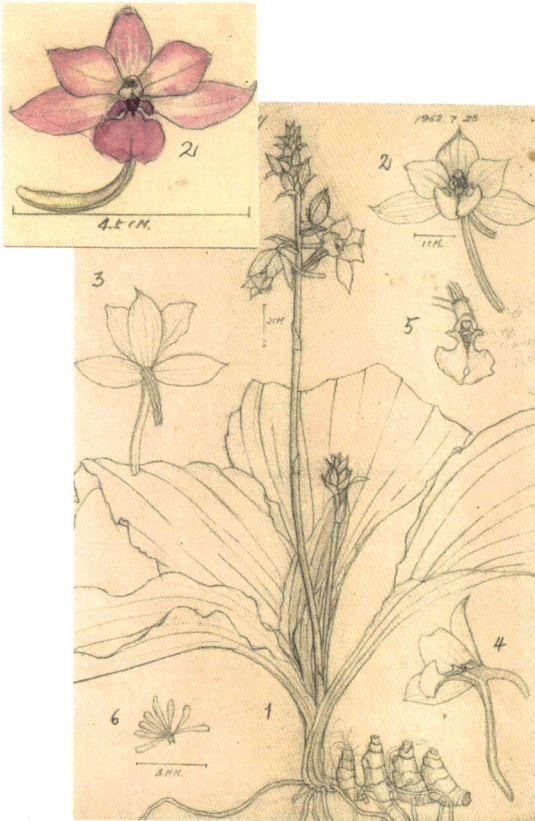

图 39 长距虾脊兰
*Calanthe sylvatica*
(Thou.) Lindl.
1 植株
2 花正面
3 花背面
4 花纵剖面
5 蕊柱及唇瓣
6 花粉块
（1962/07/28 程式君绘）

**形态：** 植株 高达 80 厘米。假鳞茎 狭圆锥形，长 1～2 厘米，径约 1 厘米，具 3～6 枚叶。叶 蓝绿色，椭圆形至倒卵形，长 20～40 厘米、宽达 10.5 厘米，褶皱如折扇状，先端尖，基部收窄为柄，叶背密被短柔毛；叶柄长 11～23 厘米。花葶 直立粗壮，长 30～75 厘米，中部以下具 2 枚紧抱的筒状鞘。花序 总状，花疏生，多达 18 朵，其下具数枚苞片状叶；花苞片 宿存，披针形，长 1～1.8 厘米，先端急尖，密被短毛。花 径约 5 厘米，淡紫色，唇瓣常由淡紫转为橘黄色，花凋萎时转为带粉红的橘黄色；花梗连子房 长达 3.5 厘米，密被短毛；中萼片 椭圆形，长 18～23 毫米、中部宽 6～10 毫米，先端锐尖，具 5～7 脉，背面疏被短柔毛；侧萼片 长圆形，长 20～28 毫米、中部宽 6～9 毫米，先端急尖并呈尾状，具 5～7 脉，背面疏被短柔毛；花瓣 倒卵形或宽长圆形，长 15～20 毫米、中部以上宽 9～12 毫米，具 5 脉；唇瓣 3 裂，基部与整个蕊柱翅合生；侧裂片 小，暗红或紫色，镰状披针形，长约 5 毫米、基部宽 1.5～2 毫米，先端稍钝；中裂片 扇形或肾形，宽 10～15 毫米，先端凹或 2 浅裂，裂隙中央有小凸尖，前端全缘或具缺刻，基部具短爪；唇盘基部具 3 列黄色鸡冠状的小瘤；距 圆筒状，长 2.5～5 厘米，末端钝，外面疏被短毛；蕊柱 长 5 毫米，近无毛；蕊喙 2 裂，裂片斜卵状三角形，端锐尖；药帽 先端截形；花粉块 狭倒卵形，等大；黏盘 小，近长圆形。花期 4～9 月。花在植株上保持 2 周左右。

**产地和分布：** 产于台湾、湖南、广东、香港、广西、云南、西藏（墨脱）。分布于尼泊尔、不丹、印度、日本、泰国、马来西亚、印度尼西亚、斯里兰卡及非洲南部和马达加斯加。模式标本采自非洲。

**生态：** 地生兰。生于海拔 800～2000 米的山坡林下或山谷溪边等阴湿处。

**用途：** 植株高大粗壮，花朵美丽。可盆栽或地栽于绿地的阴凉湿润地段以供观赏及绿化。

# 40　三褶虾脊兰 （别名：白花虾脊兰，白鹤兰）

**学名：** *Calanthe triplicata* (Willem.) Ames

[ 曾用学名： *Orchis triplicata* Willem.； *Limodorum veratrifolium* Willem.； *Calanthe furcata* Batem. ex Lindl.； *Calanthe rubicallosa* Masamune； *Calanthe triplicata* (Willem.) Ames f. *purpureoflora* S. S. Ying； *Calanthe herbacea* auct. non Lindl. ]

**形态：** **植株** 高大粗壮，高 30 ～ 80 厘米。**假鳞茎** 卵状圆柱形，长 1 ～ 3 厘米、径粗 1 ～ 2 厘米，具 2 ～ 3 枚鞘和 3 ～ 4 枚叶片。**叶** 灰绿、蓝绿或银灰绿色；长 30 ～ 40 厘米、宽 8 ～ 10 厘米，长圆状卵形或椭圆形，先端急尖，有明显的纵棱和折扇状皱纹，边缘常波状；基部收窄为长达 14 厘米的叶柄；无毛，或背面疏被短毛。**花葶** 硬挺，圆棍状，高 50 ～ 70 厘米，具数枚筒状鞘和苞片状叶，密被短毛；**总状花序** 呈球状，长 5 ～ 10 厘米，由 20 ～ 30 朵花组成；**花苞片** 宿存，卵状披针形，长 1 ～ 2 厘米。**花** 充分开展，径约 4 厘米 × 3 厘米，纯白色，后转为橘黄色，花蕾及花各部分的尖端绿色；**花梗连子房** 纤细，斜立，长达 4 厘米，被短毛；**萼片和花瓣** 质地较厚，常反折，干后变黑色；**中萼片** 近椭圆形，长 9 ～ 12 毫米、宽 4.5 ～ 5.5 毫米，先端锐尖或具细尖头；**侧萼片** 为稍偏斜的倒卵状披针形，略大于中萼片；各萼片均具 5 脉，背面被短毛；**花瓣** 倒卵状披针形，比萼片短，宽 3 ～ 4.5 毫米，先端圆钝或近截形并具细尖，基部收窄为爪，具 3 脉，背面常被短毛；**唇瓣** 比萼片长，前伸，基部与整个蕊柱翅合生，且具 1 枚黄色或橘红色、由 3 ～ 4 列小瘤状物组成的胼胝体；3 深裂：**侧裂片** 卵状椭圆形至倒卵状楔形，形如伸展的双臂；**中裂片** 深裂成两个长而叉开、与侧裂片近等大的小裂片；两小裂片间的结合处具 1 短尖头；**距** 白色，细圆筒形，直伸，与唇瓣本身等长（长 12 ～ 15 毫米），末端钝，外面疏被短毛；**蕊柱** 长约 5 毫米，疏被短毛；**蕊喙** 2 裂，裂片近长圆形，先端近截形；**药帽** 前端稍收窄，先端稍尖；**花粉块** 棒状，具明显的柄，分 2 组，每组中有 2 枚较小；**黏盘** 小，近椭圆形。**花期** 4 ～ 6 月。

花在植株上可保持将近 2 个月。

**产地和分布：** 产于福建、台湾、广东、香港、广西、云南。分布广泛，从日本、菲律宾、越南、马来西亚、印度尼西亚、印度、澳大利亚及其附近的一些太平洋岛屿，以至非洲的马达加斯加。**模式标本** 采自印度尼西亚爪哇。

**生态：** 地生兰。生于海拔 1000 ～ 1200 米的常绿阔叶林下。

**用途：** 花大而形态奇特，颜色纯白雅洁，观赏期长。不论是单朵或群体花序都非常美丽夺目，是观赏价值很高的兰花。早在 1894 年以来，已经是英国花卉展览会上的宠儿。

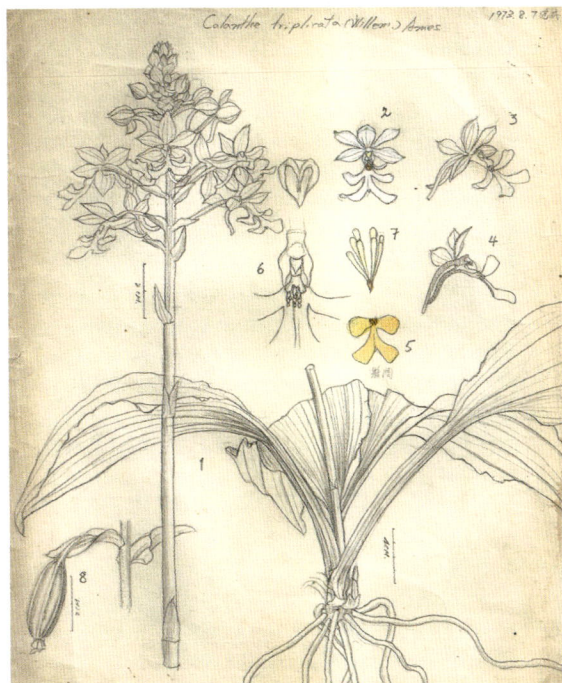

图 40 三褶虾脊兰
*Calanthe triplicata*
(Willem.) Ames

1 植株
2 花正面
3 花正侧面
4 花纵剖面
5 唇瓣
6 蕊柱及唇瓣基部
7 花粉块
8 果
（1973/08/07 程式君绘）

# 3.14 卡特兰属 *Cattleya* Lindl.

**别名：**嘉德利亚兰属

**历史：**本属植物最初是被用作其他植物的包装材料，于 1818 年首次由巴西引入英国。当时英国的珍奇植物采集家和园艺家威廉·卡特雷（William Cattley）发现这些"包装材料"是一些很奇特的植物，就把它们保存下来加以栽培，使之免于被毁弃的命运，其中一株于 1824 年首次开花。这朵大而艳丽的花，使见者人人称奇。经植物学家约翰·林德莱（John Lindley）的进一步研究，确认其属于兰科的一个新属，将之命名为卡特兰属（*Cattleya*），描述并发表于 1824 年的 *Collectanea Botanica*（t. 33）上。创立这个属的形态描述所根据的植物（后来命名为'卡特兰'*Cattleya labiata* Lindl.）属于园艺家卡特雷所有，拉丁属名 *Cattleya* 就是为了纪念他。

**分类和分布：**卡特兰属隶属兰科兰亚科树兰族的蕾丽兰亚族。本属根据每个假鳞茎顶端的叶数目，又分为两个组，即①单叶型卡特兰组（Sect. Unifoliate）：假鳞茎顶端具 1 枚叶片；假鳞茎较粗，近圆筒状，且有凹槽；花大而艳丽，花多为 1～2 朵，最多可达 5 朵。例如，'卡特兰'（*Cattleya labiata* Lindl.）。②双叶型卡特兰组（Sect. Bifoliate）：假鳞茎顶端有 2 枚叶片（偶有 3 枚的）；假鳞茎细长，呈茎秆状，花较小，数量多（每花序有花 2～25 朵），

图 41 卡特兰（单叶型）
***Cattleya* sp.**

1 植株
2 花纵剖面
3 花粉块
（1962/08/24 程式君绘）

质地比前组的花更为肥厚。例如，'卷唇卡特兰'（*Cattleya skinneri* Batem.）。

　　卡特兰属与蕾丽兰属（*Laelia*）非常近似，但卡特兰属只有 4 枚花粉块，而蕾丽兰属则有 8 枚。从植物形态学的角度看，卡特兰属与树兰属（*Epidendrum*）的区别很小，H. G. Reichenbach 和某些植物学家曾把卡特兰属的种类归入树兰属。但卡特兰属的花大而艳丽，而树兰属的花比卡特兰属的小得多，容易区别，没有必要把本属合并到已经过于庞大的树兰属。与卡特兰属亲缘接近的还有柏拉兰属（*Brassavola*），在卡特兰、蕾丽兰、树兰和柏拉兰这 4 个属的种类之间很容易进行属间杂交。

　　卡特兰属约共 30 种，分布于中美洲和南美洲的热带地区。本属通过种间和属间杂交，品种极多，颜色艳丽，形态多种多样，有"兰花之后"的称号，是栽培遍及全世界的著名兰花，爱兰者不可不知。所以虽非中国原产，仍破例收进本书，予以介绍。

**生态类别：**附生兰。

**形态特征：植株** 气生或石生植物。**假鳞茎** 多少增粗，顶部有叶 1 或 2 枚。**叶** 通常较厚，革质或肉质。**花序** 顶生，单花或为总状花序，自叶腋生出，其柄为巨大的佛焰苞状的鞘所包裹。**花** 1 至数朵，通常大而艳丽。**萼片** 分离，彼此基本相等，肉质。**花瓣** 大多阔于萼片，且不如萼片那样肉质。**唇瓣** 无柄，直立，离生或罕与蕊柱基部黏合，全缘至 3 深裂，侧边或侧裂片拥抱蕊柱。**蕊柱** 通常较长，半圆柱状，多少弧曲；**雄蕊** 顶生；**花粉块** 4 枚，蜡质，略压扁。**蒴果** 为椭圆体。

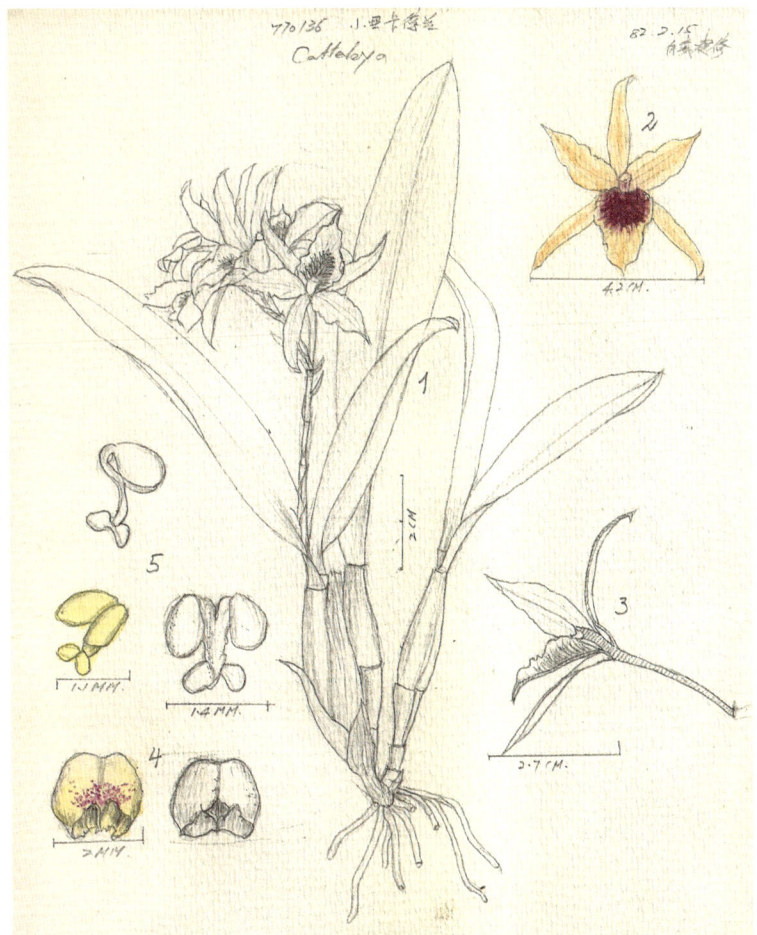

图 42 卡特兰（双叶型）
*Cattleya* sp.

1 植株
2 花正面
3 花纵剖面
4 药帽
5 花粉块及黏盘
（1982/02/15 戴建修采，
程式君绘）

## 3.15 黄兰属 *Cephalantheropsis* Guill.

**历史：** 本属于 1960 年由 A. Guillaumin 发表于《巴黎自然博物馆杂志》第二套、第 32 卷（1960年）188 页。其拉丁属名 *Cephalantheropsis* 是由兰科头蕊兰属的拉丁属名 *Cephalanthera* 加上希腊文字尾 *opsis*（貌似）组成。因黄兰属的花与头蕊兰属相似，只是蕊柱长度及花粉块数目与后者不同。

**分类和分布：** 黄兰属隶属兰科兰亚科树兰族的拟白及亚族。本属形态与鹤顶兰属（*Phaius*）和虾脊兰属（*Calanthe*）最为接近。与鹤顶兰属不同的是没有距或囊；与虾脊兰属的区别是唇瓣基部仅与蕊柱基部相接。全属共约 6 种，主要分布于日本、中国至东南亚。我国有 2 种，产于南部。

**本属模式种：** 侧葶黄兰 *Cephalantheropsis lateriscapa* Guill.

**生态类别：** 地生兰。

**形态特征：** 茎 直立，丛生，圆杆状，多节，基部或下部被筒状鞘，上部着生多片叶。叶 折扇状，基部收窄并下延为抱茎的鞘，叶与鞘相连处具关节；干后靛蓝色。花序 腋生，直立。萼片与花瓣 相似，离生，开展或反折；花瓣比萼片稍阔。唇瓣 分离，仅在基部或近基部处与蕊柱合生，基部略肿胀，3 裂；侧裂片 包裹蕊柱；中裂片 扇形，呈波状皱，表面具多数泡状小颗粒；无距或囊。蕊柱 短，两侧具翅；花粉块 8 枚，每 4 枚为一组，狭倒卵形，等大，无柄，直接附着于小的盾形黏盘上。

## 43 黄兰（别名：长茎虾脊兰，岭南黄兰，绿花肖头蕊兰，长轴鹤顶兰，细茎鹤顶兰，细葶虾脊兰）

**学名：** *Cephalantheropsis gracilis* (Lindl.) S. Y. Hu

[ 曾用学名：*Calanthe gracilis* Lindl.; *Phaius longipes* (Hook. f.) Holttum; *Phaius gracilis* (Lindl.) S. S. Ying; *Gastrorchis gracilis* (Lindl.) Averyanov. ]

**形态：** 植株 高大的地生兰，高度可达 70～100 厘米。茎 圆杆状，粗如手指，多节（节间长 5～10 厘米），紧密丛生于短而匍匐的根状茎上。叶 5～8 枚，着生于茎的上半部；薄纸质，黄绿色，椭圆状披针形，先端渐尖，最大叶长达 35 厘米、宽 4～8 厘米，呈强烈的折扇状皱折。花葶 1～3 枝由茎的上部向斜上方生出，直立硬挺，长达 60 厘米。花序 长 5～20 厘米，由 10~20 朵花组成；花苞片 狭披针形，先端渐尖，长于花梗连子房。花 长约 2.5 厘米，黄绿色，有甜香；萼片与花瓣 大小均相等，且均向后反折，萼片呈披针形，花瓣呈卵状长圆形，背面均被密毛；唇瓣 近长圆

图 43 黄兰

*Cephalantheropsis gracilis*
(Lindl.) S. Y. Hu

1 植株
2 花正侧面
3 花正面
4 花纵剖面
5 唇瓣
6 花粉块
7 药帽
（1973/12/05 程式君绘）

形，短于萼片，中部以上3裂；**中裂片**基部最阔，前端中间有缺刻并具小尖头，边缘皱波状，上面具2条黄色褶片，褶片间（尤其是唇瓣基部）有多数橘红色颗粒；**蕊柱**白色，无蕊柱足；**蕊喙**小，卵状三角形；药帽先端不伸长，呈截形；**花粉块**长约0.8毫米，**黏盘**盾状。**蒴果**圆柱形，长1.5～2厘米、径0.8～1厘米，具棱。**花期**9～12月。**果期**11月至次年3月。

**产地和分布：** 产于福建、台湾、广东、香港和海南等省。分布于印度（东北部）、缅甸、老挝、越南、泰国、马来西亚、菲律宾和琉球。**模式标本**采自印度东北部。

**生态：** 地生兰。常生于海拔约450米的密林下。

**用途：** 植株高大，花朵繁密且有香气。可作为高大的阴生花卉，成丛或成片布置于林下或园林中的湿润阴凉地段。

# 3.16 牛角兰属 *Ceratostylis* Bl.

**历史：** 本属于 1825 年由 C. L. Blume 首次发表于《荷属东印度植物志》（*Bijdragen tot de Flora van Nederlandsch Indië*）。拉丁属名 *Ceratostylis* 源自希腊文 *keras* 或 kerato（牛角）和 *stylis*（花柱），意指它牛角状的肉质蕊柱。

**分类和分布：** 牛角兰属隶属兰科兰亚科树兰族的毛兰亚族。本属与禾叶兰属（*Agrostophyllum*）和肉唇兰属（*Sarcostoma*）相近，但牛角兰属有 8 枚花粉块，而后两属只有 4 枚。本属约 80 种，分布中心在东南亚，向西北至喜马拉雅地区、向东南到达新几内亚和太平洋岛屿均有分布。有 3 种分布在我国。

**本属模式种**（后选模式）：禾叶牛角兰 *Ceratostylis graminea* Bl.

**生态类别：** 附生兰。

**形态特征：茎** 纤细，丛生；被红棕色鳞片状鞘，鞘常为干膜质。**叶** 1 枚，生于茎或分枝的顶端，较小，扁平且狭窄或近圆柱形，基部有关节。**花序** 顶生，数朵花簇生或罕为单花。**花** 较小；**萼片** 相似，离生；**侧萼片** 贴生于蕊柱足上，并延伸而形成种种形状的萼囊，包围唇瓣下部；**花瓣** 比萼片小；**唇瓣** 着生于蕊柱足末端，基部变狭并多少弯曲，稍肥厚或仅部分肥厚，不裂，或不明显 3 裂，无距；**蕊柱** 短，顶端具 2 直立臂状物，基部具较长的蕊柱足。**花药** 顶生且向前倾；**花粉块** 蜡质，8 枚，每 4 枚为 1 群，共同附着于一个小黏盘上。

# 44 牛角兰（别名：集束牛角兰，线叶牛角兰）

**学名：*Ceratostylis hainanensis* Z. H. Tsi**

[ 曾用学名：*Eria caespitosa* Rolfe；*Trichotosia caespitosa* (Rolfe) Kraenzl.；*Ceratostylis caespitosa* (Rolfe) T. Tang et F. T. Wang]

**形态：** 附生兰。**植株** 高 6 ～ 8 厘米；具粗短的根状茎和许多纤维根。**茎** 丛生，长约 1 厘米，不分枝，被多枚鳞片状鞘；**鞘** 长 0.5 ～ 1 厘米，卵状披针形或卵形，红棕色。**叶** 1 枚，生于茎顶，线形或线状倒披针形，长 3 ～ 6 厘米、宽 0.25 ～ 0.5 厘米；先端为不等的 2 圆裂，裂口有时不明显；基部逐渐收窄成短柄，有关节。**花序** 生于茎顶，通常仅 1 朵花；**花苞片** 小，干膜质，宿存。花 白色稍带粉红，近基部具淡紫色斑纹，有香气。**中萼片** 椭圆状长圆形，长 4 ～ 5 毫米、宽约 2 毫米，先端尖；**侧萼片** 宽长圆形，长 6 ～ 7 毫米、宽约 3 毫米，基部着生于蕊柱足上，形成长达 2 毫

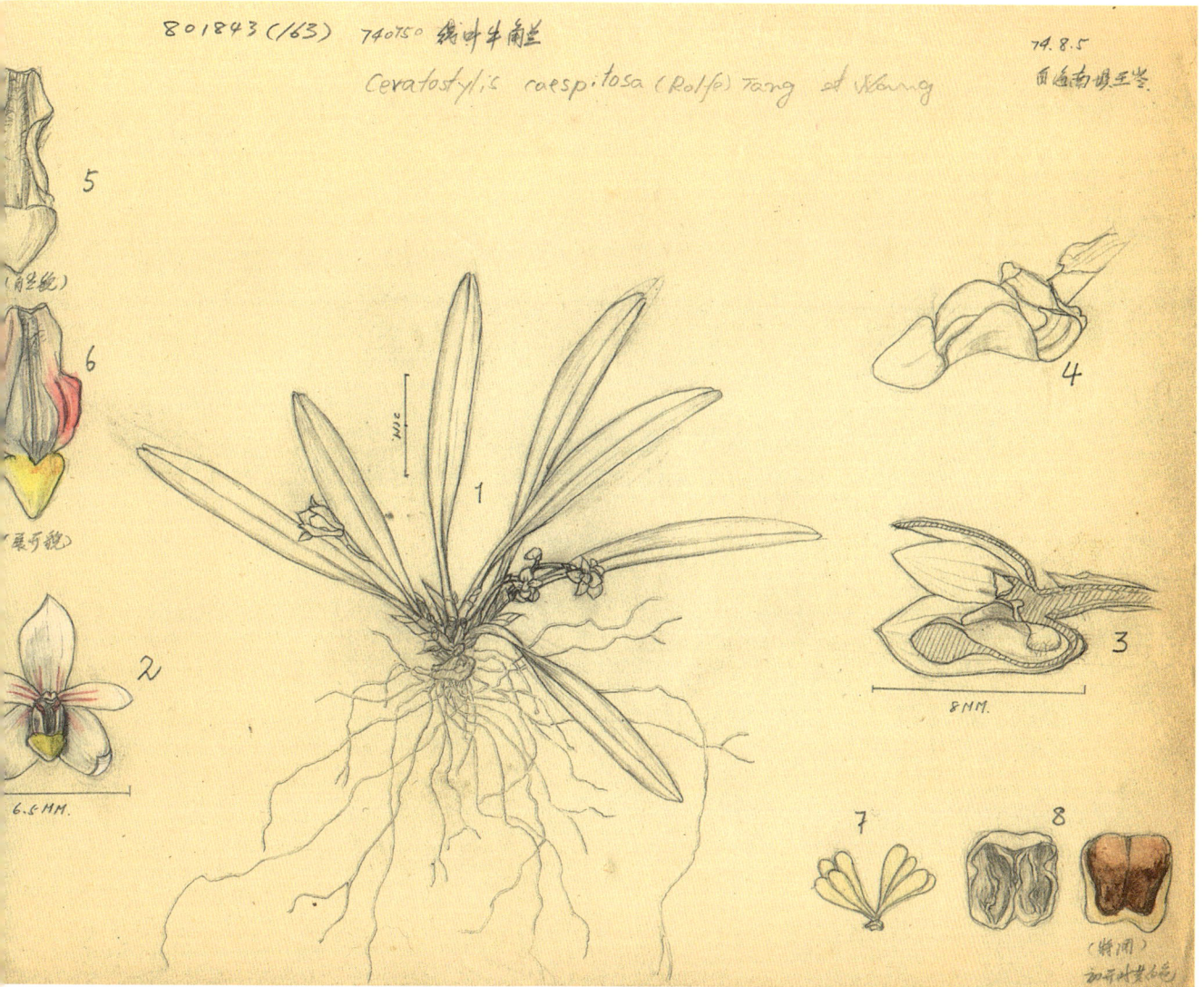

米的萼囊；**花瓣** 倒卵状披针形，长 3.5～4 毫米、宽约 1.5 毫米，端钝；**唇瓣** 生于蕊柱足基部，近椭圆状菱形，长 5～6 毫米、宽 3.5～4 毫米，不明显 3 裂；**侧裂片** 直立，半椭圆形，白色带浅粉，上端边缘玫瑰紫色；**中裂片** 心形，肉质增厚，柠檬黄色；**唇盘** 上有 2 条肉质纵褶片，上面密生柔毛；**蕊柱** 极短，白色稍带粉红，具蕊柱足；**花粉块** 淡黄色，

8 枚分成两组。**蒴果** 近椭圆形，长 5～6 毫米、径 2.5～3.5 毫米。**花果期** 6～10 月。

**产地和分布：** 产于海南。
**模式标本** 采自中国海南（具体地点不详）。

**生态：** 附生于海拔 700～1000 米林中的树上或溪谷边岩石上。

**用途：** 植株和花朵娇小精致，花有杏仁香味，可栽培供观赏。

**图 44 牛角兰**
*Ceratostylis hainanensis* Z. H. Tsi

1 植株
2 花正面
3 花纵剖面
4 蕊柱和唇瓣
5 唇瓣（自然形）
6 唇瓣（展开形）
7 花粉块
8 药帽
（1974/08/05 程式君采自海南霸王岭，并绘图）

# 45 管叶牛角兰

**学名:** *Ceratostylis subulata* Bl.

[ 曾用学名: *Appendicula teres* Griff.; *Ceratostylis teres* (Griff.) Rchb. f. ]

**形态: 根状茎** 粗短且具许多纤维根。**茎** 圆柱形, 近直立, 密集丛生, 长 6 ～ 18 厘米（个别可长达 26 厘米）, 基部具 5 ～ 6 枚鳞片状鞘, 顶端具 1 节, 节上有叶 1 枚和缩短的花序 1 个。**叶** 直立, 近圆柱状, 形似延续的茎, 长 2.3 ～ 5.2 厘米、径约 0.2 厘米, 向先端渐狭, 花后常会脱落。**花序** 生于茎顶, 当叶未脱落前貌似侧生, 近头状, 具花数朵, 基部有卵状披针形的苞片数枚。**花** 黄绿色或黄色, 径约 2.5 毫米、长约 3 毫米。**花梗连子房** 甚短, 被疏毛; **中萼片** 长圆形, 长约 2 毫米、宽约 1 毫米, 先端近急尖, 背面有毛; **侧萼片** 比中萼片略宽, 基部贴生于蕊柱足上, 并形成近棒状的萼囊; **萼囊** 长约 0.5 毫米, 末端略 2 裂, 外被毛; **花瓣** 披针状菱形, 长约 3 毫米、宽约 0.7 毫米, 先端急尖, 无毛; **唇瓣** 近匙形, 生于蕊柱足末端, 长 2 ～ 3 毫米、宽约 1.5 毫米, 基部收窄成爪, 上端增厚为肉质; 爪上有纵褶片 2 条; **蕊柱** 短, 具蕊柱足。**蒴果** 倒卵状椭圆形至椭圆形, 长 5.5 ～ 6.5 毫米, 径 2.5 ～ 3.5 毫米。**花果期** 6 ～ 11 月。

**产地和分布:** 我国产于海南。在印度、老挝、越南、柬埔寨、泰国、马来西亚、印度尼西亚、菲律宾均有分布。**模式标本** 采自印度尼西亚爪哇。

**生态:** 附生兰。喜生于海拔 750 ～ 1100 米的林中树上或岩石上。

**用途:** 形态奇特, 可栽培供观赏。

图 45 管叶牛角兰
*Ceratostylis subulata* Bl.

1 植株　2 花的着生位置
3 花和花苞片　4 花正面
5 花纵剖面　6 花粉块
（1973/11/29 程式君采自海南尖峰岭, 并绘图）

# 3.17 异型兰属 *Chiloschista* Lindl.

**历史：** 本属是由 John Lindley 于 1832 年首次描述并在《植物记录杂志》（*Botanical Register* sub. t. 1522）中发表。拉丁属名 *Chiloschista* 源自希腊文的 *cheilos*（唇）和 *schistos*（缺刻），意指它模式种的唇瓣 2 裂或有缺刻。

**分类和分布：** 异型兰属隶属兰科兰亚科万代兰族的指甲兰亚族。本属与狭唇兰属（*Sarcochilus*）相近，有些分类学家如 George Bentham 和 J. D. Hooker（1883）把这两个属处理为同一个属。然而异型兰属无叶的特点及其唇瓣构造，明显有别于狭唇兰属。本属与带叶兰属（*Taeniophyllum*）形态相似，但带叶兰属的花序很短，且同一时间只有少数花朵开放，而异型兰属则有长而下垂的总状花序，大多数花朵在同一时间开放。本属共有约 16 种，分布于热带亚洲和大洋洲。其中 11 种分布于亚洲大陆，泰国为本属分布中心，约有 9 种，有几种零星分布于东南亚的岛屿，有一种远至澳大利亚。我国有 3 种，均产于南方热带地区。

**本属模式种：** 松萝异型兰 *Chiloschista usneoides* (D. Don) Lindl.

**生态类别：** 附生兰。

**形态特征：** **植株** 小型附生兰。**茎** 极短，几乎无法量度。**根** 长而扁平，如面条状，匍匐，绿色（有叶绿素，可代替叶行光合作用）。**叶** 极少，小而扁平，仅在幼年植株和潮湿季节的较老植株上出现，开花植株则叶落尽。**花序** 通常下垂，细长，有花多数，被毛。**花** 开展，白色至黄色，有时有和红斑，芳香，开放时间长；**蕊柱足** 长于蕊柱本身，约为其 2 倍；**侧萼和花瓣** 相似，均贴生于蕊柱足上；**唇瓣** 3 裂，基部以活动关节与蕊柱相连；**侧裂片** 较大而直立；**中裂片** 小，上面具有密被茸毛的龙骨脊或胼胝体；**花粉块** 4 枚，分为 2 组，每 2 枚不等大的为一组。

# 46 异型兰（别名：异唇兰，云南大蜘蛛兰）

**学名：** *Chiloschista yunnanensis* Schltr.

[曾用学名：*Chiloschista usneoides* (D. Don) auct. non Lindl.; *Chiloschista lunifera* (Rchb. f.) auct. non J. J. Smith]

**形态：** **植株** 5～40 厘米。**根** 簇生状，十数条由茎基一点生出，面条状，暗绿或黄绿色，长 1～15 厘米、径 0.2～0.3 厘米，先端有时较宽，可达 0.4 厘米。**茎** 不明显。**叶** 除幼嫩时有少数叶外（每株 2～3 枚），通常无叶，或至少花期无叶；叶长圆形，端锐尖，长 1～1.2 厘米、宽约 0.5 厘米，草绿色，边缘有细齿，无叶柄，具叶脉 7 条。**花葶** 1～2 枝，不分枝，由植株基部抽出，长 8～26 厘米，有 3 节，下部的节较短，节间为褐色苞片所包被；**花序** 总状，下垂；**花序轴** 密被茸毛，绿色带紫色斑点，疏生 5 至多朵花。**花** 直径 1～1.5 厘米，铬黄色，具咖啡色斑块，质地较厚；**花梗连子房** 长 4 ～ 6 毫米，绿白色，密被细茸毛；**萼片和花瓣** 具脉 5 条，背面密被短毛；**中萼片** 前倾，卵状椭圆形，长 5 ～ 7 毫米、宽 4 ～ 5 毫米，端圆，铬黄色稍带绿，基部至中部有咖啡色斑块；**侧萼片** 与中萼片等大，卵圆形，端圆钝或微凹，颜色同中萼片；**花瓣** 与萼片等长而略窄，近长方形，先端近截形，铬黄色，基部至中部有长约 4 毫

米、宽约 3.5 毫米的咖啡色不规则斑块；**唇瓣** 黄色，有多数咖啡色的不规则小斑块，3 裂，贴生于蕊柱足末端；**侧裂片** 较大，直立，长约 4 毫米，中部扭曲，先端圆，边缘具咖啡色斑点，内侧具红色条纹；**中裂片** 甚短，先端钝且凹入，上面在两侧裂片间凹陷呈浅囊状，中部有 2 条密生半透明刷状毛的棱脊。**蕊柱** 甚短，淡白色，腹面有紫褐色不规则的

斑块；**药帽** 淡白色或黄色，前端收窄呈三角形，两侧各有 1 条淡黄色丝状附属物；**花粉块** 黄色或带橙黄色，球形，4 枚，2 大 2 小，有淡黄色半透明的柄。**蒴果** 圆柱形，稍弧曲，长约 4 厘米、径 0.4 ～ 0.5 厘米。**花期** 3 ～ 5 月。**果期** 7 月。

**产地和分布：** 产于云南和四川。**模式标本** 采自中国云南思茅。

**生态：** 附生兰。附生于分布在海拔 700 ～ 2000 米的山地树林边缘中树干上。

**用途：** 无叶多花，形态奇特。花多而美，花期长（单花花寿 15 ～ 20 天），栽培容易。可盆栽或悬挂栽培以供观赏。

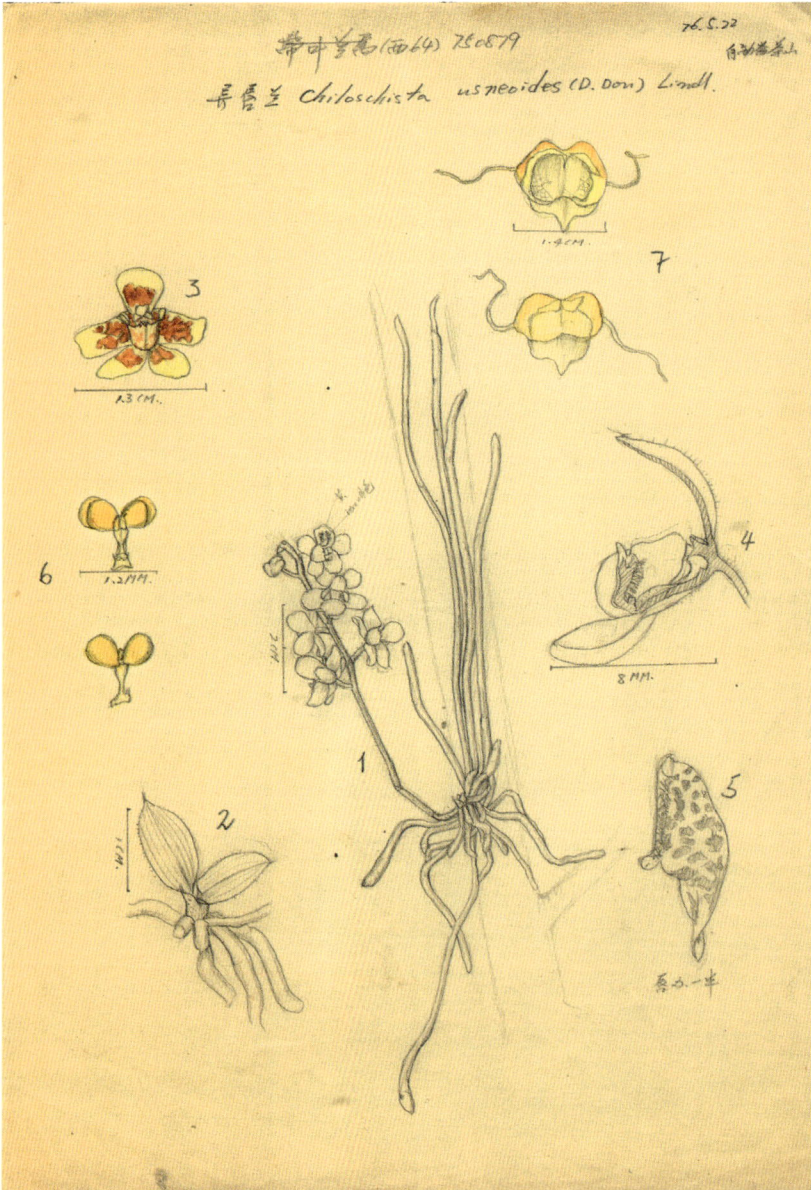

图 46 异型兰
*Chiloschista yunnanensis* Schltr.

1 植株
2 有叶幼株
3 花
4 花纵剖面
5 唇瓣之半
6 花粉块
7 药帽
（1976/05/22 程式君采自云南勐仑茶山，并绘图）

# 3.18 隔距兰属 *Cleisostoma* Bl.

**历史：**C. L. Blume 于 1825 年以箭隔距兰（*Cleisostoma sagittatum* Bl.）为模式，在他的 *Bijdragen* 的日本兰科植物检索表中发表了隔距兰属（*Cleisostoma* Bl.）。本属以前叫做蜂兰属（*Sarcanthus* Lindl.），L. Garay 于 1972 年在文章中指出 *Sarcanthus* 为晚于 *Cleisostoma* 出现的同物异名。混乱造成的原因是由于 John Lindley 把 *Sarcanthus* 属根据不同模式种发表了两次：第一次是在 1824 年以 *Epidendrum praemorsum* Roxb.（现已归入脆兰属 *Acampe*）为模式种发表；而第二次是在 1826 年以 *Sarcanthus rostratus* Lindl. 为模式种再次发表。拉丁属名 *Cleisostoma* 源自两个希腊文 *kleistos*（关闭）和 *stoma*（嘴），意指它唇瓣的距被发达的胼胝体堵塞了入口，中文属名"隔距兰属"也表达了这个意思。

**分类和分布：**隔距兰属隶属兰科兰亚科万代兰族的指甲兰亚族。本属共约有 100 种，广布于印度、东南亚各国、印度尼西亚、新几内亚、菲律宾及太平洋诸岛直至澳大利亚。我国有 17 种和 1 变种，产于南方各省的热带和亚热带地区。国产种类可分为 8 个组，即

1. **匍茎组** Sect. Repentia 1 种，即蜈蚣兰。
2. **隔距兰组** Sect. Cleisostoma 5 种，如**隔距兰**。
3. **尖叶组** Sect. Subulata 3 种，如**尖喙隔距兰**。
4. **尾唇组** Sect. Echioglossum 2 种，如**美花隔距兰**。
5. **大序组** Sect. Paniculata 1 种，即**大序隔距兰**。
6. **齿蕊组** Sect. Mitriformia 1 种，即**红花隔距兰**。
7. **小盘组** Sect. Pilearia 2 种，如**长叶隔距兰**。
8. **大盘组** Sect. Complicata 2 种和 1 变种，如**广东隔距兰**。

**本属模式种：**箭叶隔距兰 *Cleisostoma sagittatum* Bl.

**生态类别：**附生兰。

**形态特征：植株** 小型至中型附生兰。**茎** 短或长，直立、悬垂或匍匐，质硬，具多节。**叶** 质厚，2 列，扁平或圆柱形，先端锐尖或钝，且不等侧 2 裂，基部具关节和抱茎的叶鞘。**花序** 侧生，为总状或圆锥状，多花。**花** 颇小，肉质，开展。**萼片和花瓣** 近相等，通常开展。**唇瓣** 3 裂，有距；侧裂片的背部边缘略与蕊柱足连接，在距的入口处背壁有明显且不同形状的胼胝体，有时在唇瓣中裂片基部也有；**侧裂片** 三角形，多少直立；**中裂片** 直或稍向上弯，多数为三角状戟形，基部具细小、平展的刺毛；**距** 圆锥形、圆筒形或呈囊状，常具纵隔膜。**蕊柱** 粗短，具短的蕊柱足或无；**花粉块** 4 枚，每不等大的 2 枚组成一对；**黏盘** 小或大，具多种形状，有时似马蹄铁状。

## 国产隔距兰属的分组检索表

1.植株匍匐，叶长不及 1 厘米·····················································匍茎组 **Sect. Repentia**
1.植株下垂或上举
  2.叶扁平，长数厘米以上，宽 4 毫米以上
    3.花粉块柄线形或略呈棒状，基部不折叠；黏盘很小，近圆形
      4.叶先端钝且不等侧 2 裂·······································**隔距兰组 Sect. Cleisostoma**
      4.叶先端锐尖，不裂··············································**尖叶组 Sect. Subulata**
    3.花粉块柄不为线形，基部常折叠呈膝状；黏盘大，新月形、马蹄铁形或马鞍形
      5.唇瓣中裂片端尖，并具 2 条刚毛或尾·················**尾唇组 Sect. Echioglossum**
      5.唇瓣中裂片端钝，不裂，翘起成倒生的喙···········**大序组 Sect. Paniculata**
  2.叶圆柱形或半圆柱形，长数厘米以上，径 2 ～ 3 毫米
    6.花粉块柄小，宽卵状三角形或钟形；黏盘小，似新月状；蕊柱上端两侧
      各具 1 枚齿状附属物·········································**齿蕊组 Sect. Mitriformia**
    6.花粉块柄大，蕊柱上端无齿状附属物
      7.花粉块柄楔形，两侧边缘外卷；黏盘小而厚，近圆形；蕊柱基部
        无毛···································································**小盘组 Sect. Pilearia**
      7.花粉块柄近方形，两侧边缘不卷，基部曲膝状折叠；黏盘大，马蹄形或马鞍形；
        蕊柱基部密生髯毛···········································**大盘组 Sect. Complicata**

# 47 美花隔距兰（别名：叉唇隔距兰）

**学名：** *Cleisostoma birmanicum* (Schltr.) Garay

（曾用学名：*Echioglossum birmanicum* Schltr.；*Sarcanthus ophioglossa* Guillaum.）

**组别：** 尾唇组 Sect. Echioglossum

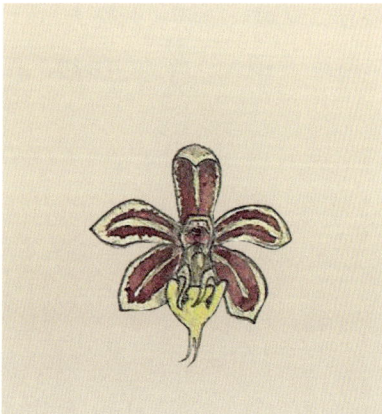

**形态：植株** 高 12 ～ 15 厘米。**茎** 粗壮直立，不分枝；长 8 ～ 10 厘米、直径 0.6 ～ 0.8 厘米，具数枚（8）叶。**根** 粗厚，多数，有时分枝，表面密生疣状凸起。**叶** 厚肉质，扁平，带状披针形，叶尖钝且不等侧 2 裂或具尖齿，基部具关节和叶鞘；叶鞘紧抱茎部，表面具皱纹。**花葶** 侧生，长于叶，约 12.5 厘米；草绿色，具多数紫褐色细点；具节，节间 2 ～ 3 厘米，为褐色膜质鞘所包被。**花序** 总状或圆锥状，长约 5 厘米，有花 5 ～ 6 朵或更多，花间距 0.5 ～ 1 厘米；下部具 2 ～ 3 枚短鞘。**花** 美丽，肉质，开展，直径 1.8 ～ 2 厘米，为本属国产种类中花最大者；**花梗连子房** 长

1～1.5 厘米，紫褐色，较粗壮，基部有褐色苞片 1 枚。**萼片和花瓣** 除中肋及边缘为黄绿色外，余为紫褐色。**中萼片** 倒卵状椭圆形，长 12 毫米、宽约 5 毫米，略内凹，先端稍前倾；**侧萼片** 斜卵形，长约 9 毫米、宽约 6 毫米，先端钝。**花瓣** 近镰状长圆形，长 10 毫米、宽 4.5 毫米，端钝。**唇瓣** 黄绿色至白色，长 10 毫米、宽约 6 毫米，3 裂；**侧裂片** 直立，镰状披针形，向前伸展，先端急尖；**中裂片** 半圆状三角形，宽约 6 毫米，上面中央隆起，先端急尖并呈蛇舌状二分叉。**距** 长圆锥形，与子房近平行，长约 5 毫米、粗 2 毫米，末端钝；距内具发达的隔膜，背壁上的胼胝体中空，近三角形，基部稍 2 裂并密被细乳突。**蕊柱** 粗短，黄白色，腹面带紫褐色晕，无蕊柱足；**蕊喙** 伸出蕊柱翅之外，2 裂，裂片中部以下近半圆形，向先端收窄成狭披针形；**药帽** 淡黄色，中部暗紫红色，边缘染淡紫红晕；前端截形并具不规则缺刻。**花粉块** 球形，柠檬黄色；花粉块柄 短小，三角形；黏盘 大，半月形或马鞍形，黄褐色。**花期** 4～6 月。

**产地和分布：** 产于海南。越南、缅甸均有分布。**模式标本** 采自缅甸。

**生态：** 附生于树上或崖石上。
**用途：** 花奇特美丽，可供观赏。

**图 47 美花隔距兰**
*Cleisostoma birmanicum* (Schltr.) Garay

1 植株
2 花正面
3 花纵剖面
4 蕊柱及唇瓣
5 蕊柱及唇正面
6 药帽
7 花粉块及黏盘
8 叶尖
（1974/06/05 孙达祥采自海南尖峰岭，唐振缙绘）

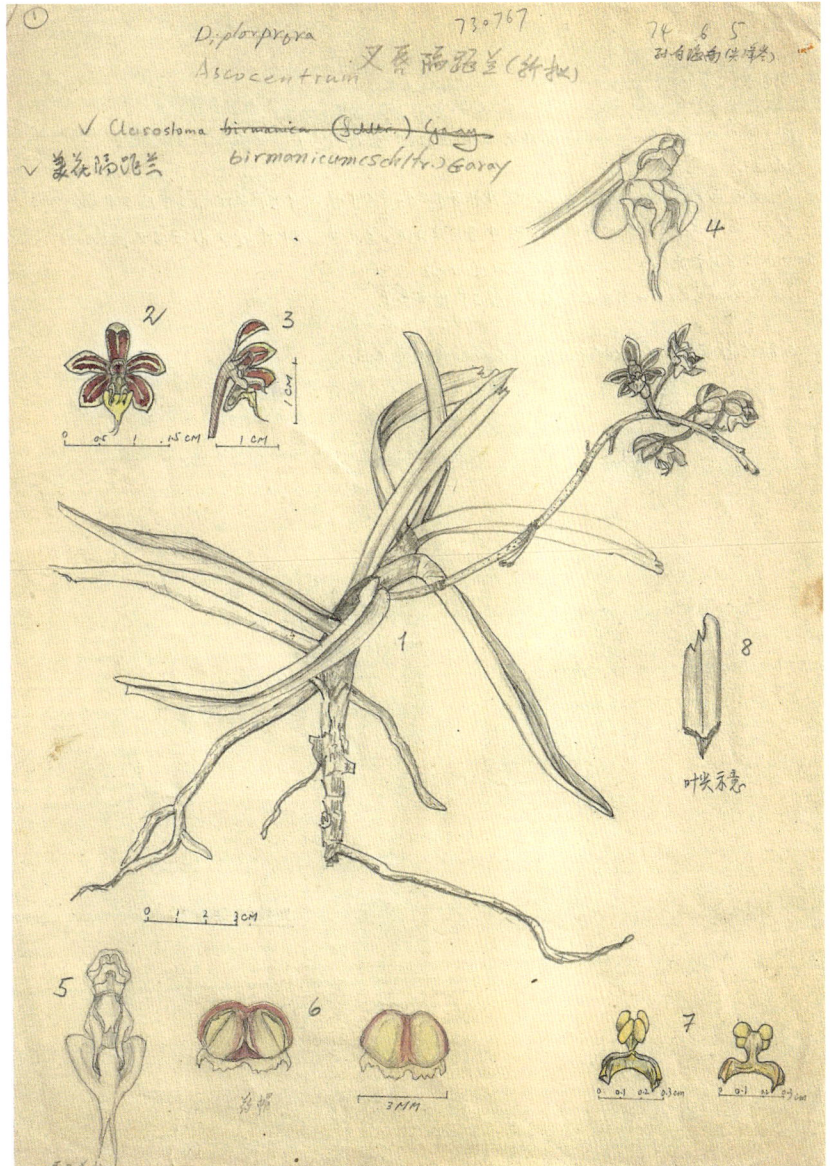

# 48 长叶隔距兰

**学名：** *Cleisostoma fuerstenbergianum* Kraenzl.

[ 曾用学名：*Sarcanthus flagelliformis* Rolfe ex Downie；*Cleisostoma flagelliforme* (Rolfe ex Downie) Garay]

**组别：** 小盘组 Sect. Pilearia

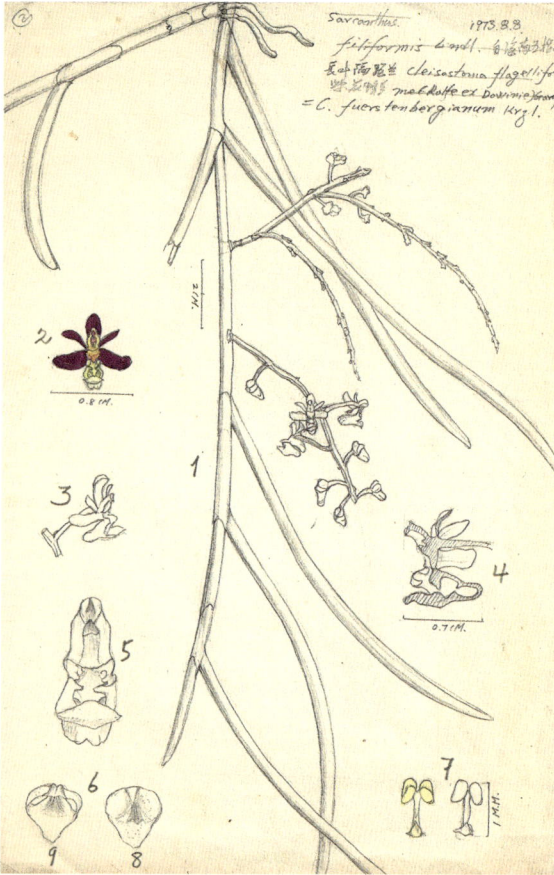

图 48 长叶隔距兰
***Cleisostoma***
***fuerstenbergianum***
Kraenzl.

1 植株
2 花正面
3 花侧面
4 花纵剖面
5 蕊柱及唇瓣正面
6 药帽
7 花粉块
8 药帽上面
9 药帽腹面
(1973/08/08 程式君绘)

**形态：** 中型或大型附生兰。**植株**多数悬垂，可长达150厘米。**茎**细圆柱形，长达50余厘米、直径0.4～0.5厘米，节间长3～4厘米；茎上疏生多数偏于一侧的叶。**叶** 细圆柱形，肉质，前段常外弯呈弧形，长可达25厘米、径0.2～0.5厘米，先端略钝，基部具关节和抱茎的长鞘。**花序**斜出，侧生，多数为总状花序，罕有分枝的；通常比叶短，长5～15厘米，疏生17～20余朵花；**花序轴** 粉绿色。**花** 直径约1厘米；**花梗连子房** 长约1厘米，淡黄绿色略带紫晕；**萼片和花瓣**向后反折，紫红色，基部或有时中脉为黄色；**中萼片** 卵状椭圆形，先端前倾，并内凹呈舟形，长4.5～5毫米、宽约2毫米，具3脉；**侧萼片** 近长圆形，与中

萼片等长而较宽，先端斜截，基部贴生于蕊柱足，具3脉；**花瓣**比萼片短，宽1.5毫米，狭长圆形，端钝，具脉3条。**唇瓣** 白色，3裂；**侧裂片** 先端黄色，直立，三角形，上半部收窄呈镰刀状，先端内折；**中裂片** 近肉质，箭头状三角形，中央具一条纵向脊突；**距** 近球形，粗2～3毫米，淡紫色的末端钝且凹入，距内的隔膜发达，背壁的胼胝体3裂。**蕊柱** 黄色，长约3毫米，具长约2毫米的蕊柱足；**蕊喙** 小，2裂，裂片近半圆形；**药帽** 前端伸长，先端截形；**黏盘** 近圆形，先端略凹入；**花粉块柄** 白色透明，楔形，上部两侧边缘外卷；**花粉块** 乳黄色，4枚分为2组。花期5～8月。

**产地和分布：** 产于贵州西南部、云南南部至西部。在泰国、柬埔寨、老挝、越南均有分布。

**模式标本**采自泰国。

**生态：** 附生植物。常附生于海拔500～2000米山地疏林中的树干上。

**用途：** 可盆栽或附植于树干或岩石上以供观赏，特别是作为园林假山的悬崖装饰，效果更佳。

# 49 勐海隔距兰

**学名：** *Cleisostoma menghaiense* Z. H. Tsi

**组别：** 尖叶组 Sect. Subulata

**形态：** **植株** 高 6～15 厘米。茎直立，不分枝，高 2～3 厘米。**叶** 6～8 枚，在茎上排成 2 列，彼此靠近；叶扁平，肉质，带状披针形，长 4～14 厘米、宽 0.5～0.8 厘米，下部常呈"V"形对折，先端急尖，基部具关节和彼此套叠的鞘。**花葶** 自茎基部的侧面抽出，细柔下垂，长于叶；**花序** 总状或圆锥状，疏生花多朵。**花** 肉质，开展，径约 1.4 厘米，淡黄绿色，仅唇瓣的侧裂片为紫红色；**花梗连子房** 长约 5 毫米。**中萼片** 椭圆形，舟状，长 3.5 毫米、宽约 2 毫米，先端近圆形，具脉 4～5 条。**侧萼片** 与中萼片等大，为稍偏斜的倒卵形，端钝，具 3 条脉。**花瓣** 近长圆形，稍偏斜，长 3 毫米、宽 1.5 毫米，端钝，具 3 条脉。**唇瓣** 3 裂；侧裂片紫红色，直立，三角形，先端急尖且向前上方伸展；**中裂片** 淡黄绿色，三角形，与侧裂片等大，略肉质，先端急尖。**距** 近牛角状，淡黄绿色带淡紫红晕，长 4 毫米，末端钝，具隔膜，内面背壁上方具 3 裂的胼胝体；胼胝体侧扁，长大于宽；**侧裂片** 角状；**中裂片** 长圆形且其背面中央具凹槽，基部 2 裂且略具乳突状毛。**蕊柱** 黄绿色、略带淡紫红晕，无蕊柱足；**蕊喙** 小，近三角形，伸出蕊柱翅之外，先端近截形且微凹；**药帽** 长 2 毫米，淡黄绿色具浅紫红晕，前端伸长、宽而且钝；**花粉块柄** 近棒状，狭而短；黏盘 近圆形，较厚。**花期** 6～10 月。

**产地和分布：** 产于云南南部至东南部。**模式标本** 采自中国云南勐海。

**生态：** 附生兰。常附生于海拔 700～1150 米的山地林缘树干上。

**用途：** 可栽培供观赏。

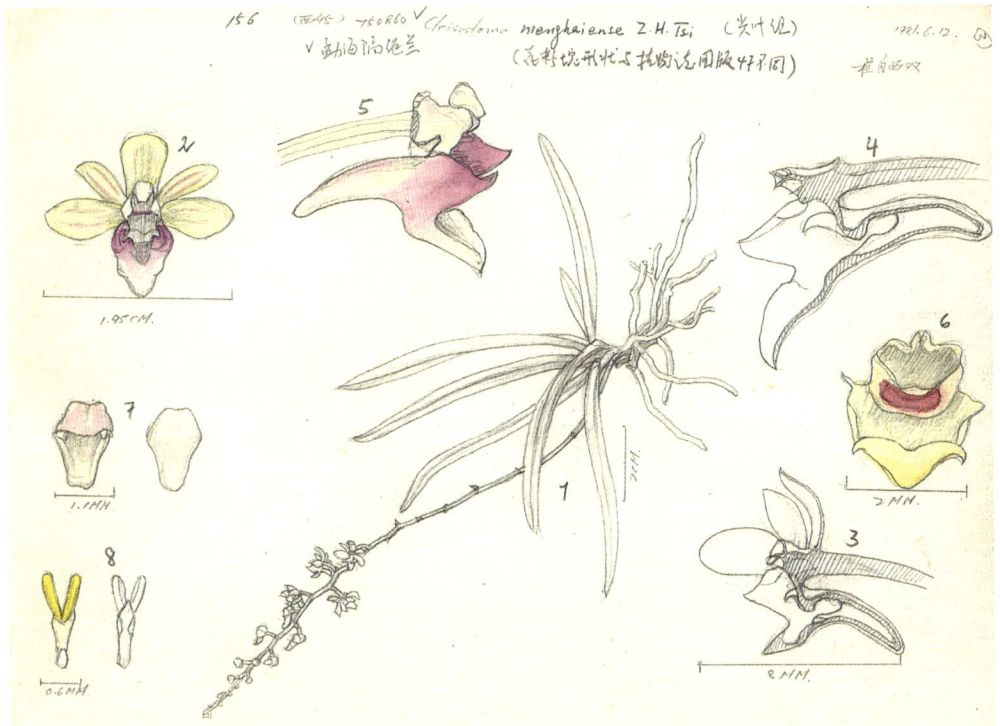

图 49 勐海隔距兰
*Cleisostoma menghaiense*
Z. H. Tsi

1 植株
2 花正面
3 花纵剖面
4 蕊柱及唇瓣纵剖面
5 蕊柱及唇瓣侧面
6 唇瓣
7 药帽
8 花粉块
（1981/06/12 程式君采自云南西双版纳，并绘图）

# 50 南贡隔距兰

**学名：** *Cleisostoma nangongense* Z. H. Tsi
**组别：** 大盘组 Sect. Complicata

**形态：** **植株** 附生，柔软悬垂，长 30 ～ 50 厘米，墨绿色，有多数细白点和紫红晕。**根** 淡灰绿色，粗索状，径 0.2 ～ 0.5 厘米，扭曲，不分枝，多着生于叶腋上方的茎上，与其下方的叶方向相反。**茎** 紫色，为细长而柔的圆棍状；长达 40 余厘米、径约 0.3 厘米；节间长约 2 厘米，被褐色有纵纹的叶鞘。**叶** 墨绿色，多数，2 列互生，与茎成 20 ～ 30 度夹角，叶间距 0.8 ～ 2 厘米；肉质肥厚，稍波状扭曲，叶形纤细，呈线状半圆柱形，断面近圆形，近轴面具一深凹槽，先端长渐尖，长 7 ～ 17 厘米、直径 0.1 ～ 0.15 厘米，基部最粗；基部具关节和叶鞘，叶鞘宿存，与节间等长。**花序** 通常总状，花序轴与花序柄均为淡紫色，纤细，长 6 ～ 10 厘米，具花多朵；**花序柄** 基部有 2 枚短筒状鞘，长约 3 毫米；**花苞片** 膜质，卵形，端钝，长约 1 毫米。**花** 径约 1 厘米，开展，多少肉质。**花梗连子房** 黄绿色带紫晕，长 6 ～ 7 毫米。**萼片和花瓣** 黄绿色，具多数沿叶脉排列成断续纵纹的不规则紫褐斑；**中萼片** 倒卵形，端钝，内凹，长 3.5 ～ 5 毫米、宽 2.5 ～ 3.5 毫米，边缘具不整齐细齿，有脉 3 条；**侧萼片** 为偏斜的披针形，端钝，长约 5 毫米、宽约 1.5 毫米，远比中萼片窄，边缘常疏生细齿，具 3 脉；**花瓣** 为偏斜的窄长圆形，长 4 ～ 4.5 毫米、宽 1.5 ～ 2 毫米，边缘具不整齐细齿，具脉 3

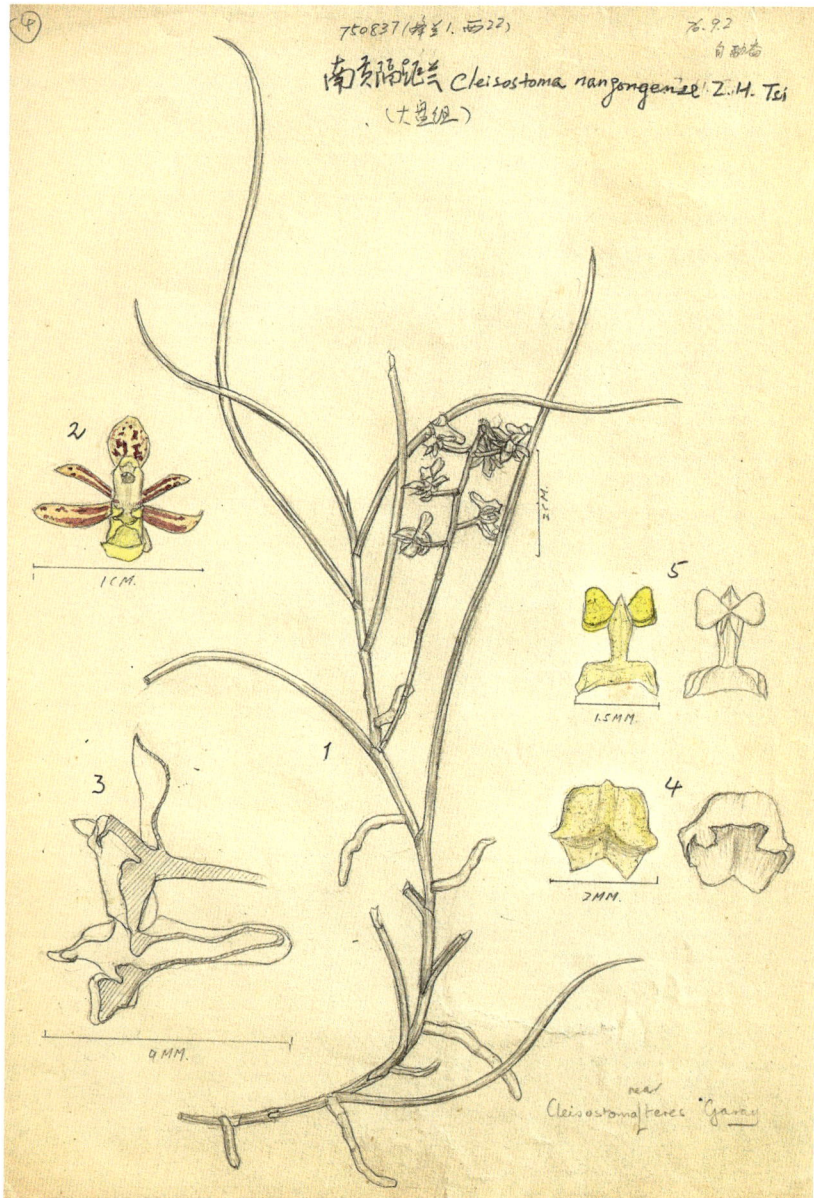

图 50 南贡隔距兰（1）
*Cleisostoma nangongense* Z. H. Tsi

1 植株　2 花正面　3 花纵断面
4 药帽　5 花粉块
（1976/09/02 程式君采自云南勐仑，并绘图）

**图 50a** 南贡隔距兰（2）
*Cleisostoma nangongense* Z. H. Tsi

1 植株　2 花正面　3 花纵剖面
4 唇瓣纵剖面　5 蕊柱及唇瓣侧面
6 药帽　7 花粉块
（1981/07/09 李秀芳、陈永强采自云
南西双版纳勐醒，程式君绘）

条。**唇瓣** 淡黄白色，3 裂；**侧裂片** 斜三角形，先端尖齿状，向内弯如牛角，近蕊柱边缘内折而成 2 个方形褶片；**中裂片** 箭头状三角形，厚肉质，比侧裂片短而宽，端钝，基部具 1 枚与距内隔膜相连的圆形胼胝体；**距** 淡黄白色，下部有淡紫红点，长圆筒形，背腹压扁，长约 4 毫米、粗约 3 毫米，末端近截形，腹面中央具纵向凹槽，距内隔膜发达，背壁上方具"T"形的胼胝体。**蕊柱** 淡黄白色，具短的蕊柱足；**蕊喙** 短，先端 2 裂；**药帽** 淡黄白色，先端截形；**花粉块柄** 短而宽；**黏盘** 大，马鞍形。**花期** 6～9 月。

**产地和分布：** 产于云南南部。

**生态：** 附生兰。生于海拔约 1700 米的常绿阔叶林中树干上。

**用途：** 可栽培供观赏。

南贡隔距兰（*Cleisostoma nangongense*）与红花隔距兰（*Cleisostoma williamsonii*）在无花时较易混淆，为便于鉴定区别其无花标本，现将此 2 种营养体的区别列表比较如右。

| 南贡隔距兰 | 红花隔距兰 |
|---|---|
| 植株色较深，墨绿色，有多数细白点并带有紫晕 | 植株色较淡，呈草绿色 |
| 叶身纤细，略呈波状扭曲，先端尾状长尖 | 叶身较粗，呈简单的弧形弯曲，前端和基部粗细近相等，先端急尖而稍钝 |
| 叶质较软。向轴面具一条深凹槽 | 叶质较硬。具多数（4～6）细纵纹 |
| 叶与枝之间夹角为：20～30 度 | 叶与枝之间夹角为：40～70 度 |
| 包于鞘内的茎为紫色 | 包于鞘内的茎为草绿色 |

# 51 大序隔距兰 （别名：锥花蜂兰，虎皮隔距兰，虎纹兰）

**学名：** *Cleisostoma paniculatum* (Ker-Gawl.) Garay

[ 曾用学名：*Aerides paniculata* Ker-Gawl.；*Sarcanthus paniculatus* (Ker-Gawl.) Lindl.；*Cleisostoma cerinum* Hance；*Cleisostoma formosanum* Hance；*Sarcanthus formosanum* (Hance) Rolfe；*Sarcanthus cerinus* (Hance) Rolfe；*Sarcanthus fuscomaculatus* Hayata；*Sarcanthus unciferus* Schltr.；*Vandopsis osmantha* Fukuyama ex Masamune]

**组别：** 大序组 Sect. Paniculata

**形态：植株** 中型或大型附生兰，高 20 ～ 50 厘米。**茎** 直立，黄绿色有紫点，扁圆柱形，长达 20 厘米有余，为叶鞘所包被，罕有分枝。**叶** 多枚，紧靠，在茎上排成 2 列；叶扁平，革质，狭长圆形或呈带状，长 10 ～ 25 厘米、宽 0.8 ～ 2 厘米；叶端呈不等 2 圆裂，裂隙中央有时具一短尖；叶基部多少对折呈 "V" 形，与叶鞘相接处具关节。**花序** 自茎中、上部的叶腋生出，远比叶长，为多分枝的圆锥花序，具多数花；**花序柄** 粗壮，近直立。**花** 开展，径约 1 厘米；**萼片和花瓣** 正面紫褐色，中肋、先端和边缘黄色，背面则全为黄绿色；**中萼片** 近长圆形，内凹，长 4.5 毫米、宽 2 毫米，端圆钝；**侧萼片** 斜长圆形，略大于中萼片，基部贴生于

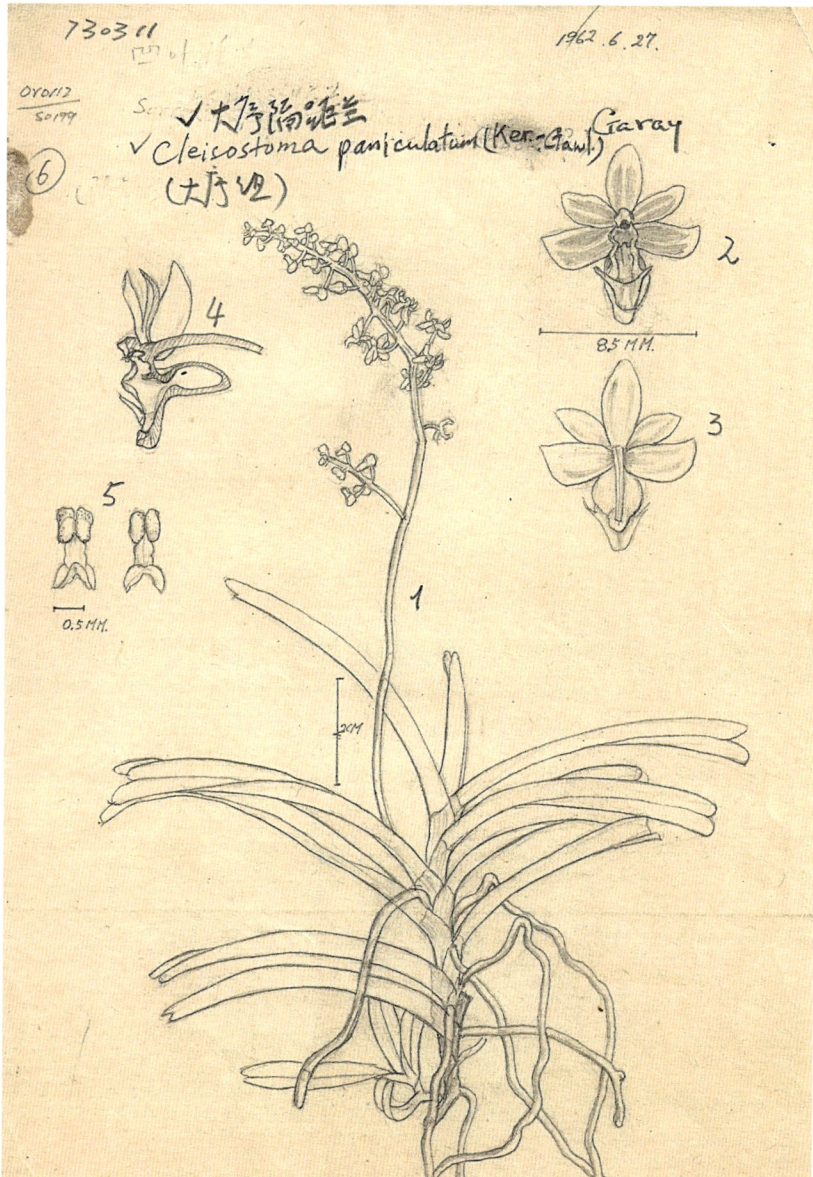

图 51 大序隔距兰 （1）
*Cleisostoma paniculatum*
(Ker.-Gawl.) Garay

1 植株
2 花正面
3 花背面
4 花纵剖面
5 花粉块
（1962/06/27 程式君绘）

图 51a 大序隔距兰（2）
*Cleisostoma paniculatum*
(Ker.-Gawl.) Garay

1 植株
2 花正面
3 花纵剖面
4 药帽
5 花粉块
（1962/08/24 程式君绘）

蕊柱足；**花瓣** 略小于萼片。**唇瓣** 黄色，略带绿，3 裂；**侧裂片** 较小，直立，三角形，端钝，前缘内侧有时增厚如胼胝体；**中裂片** 肉质，先端翘起呈倒喙状，基部两侧向后伸长成钻状裂片，上面中央具纵脊，其前端向上隆起。**距** 与唇瓣同色，圆筒状，末端钝，劲直，长约 4.5 毫米，内具隔膜，内面背壁具长方形胼胝体。**蕊柱** 粗短；**药帽** 前端截形，并具 3 个缺刻；**花粉块柄** 宽而短，近基部折叠呈曲膝状；**黏盘** 大，新月形或马鞍状。**花期** 5～9 月。

**产地和分布：** 产于江西、福建、台湾、广东、香港、海南、广西、四川、贵州、云南等省区。在泰国、越南、印度均有分布。

**模式标本** 采自中国。

**生态：** 附生或石生植物，喜湿热环境。多附生于海拔 240～1300 米的常绿阔叶林中的树干上、溪旁大树的高枝上或沟谷林下的岩石上。

**用途：** 花美丽繁多，栽培容易，可用作观赏植物。

# 52 短茎隔距兰

**学名:** *Cleisostoma parishii* (Hook. f.) Garay

(曾用学名: *Sarcanthus parishii* Hook. f. )

**组别:** 隔距兰组 Sect. Cleisostoma

**形态: 植株** 小型,高 8 ～ 15 厘米,附生。**茎** 粗短,长 1 ～ 6 厘米,为叶鞘所包被。**叶** 扁平,肉质或厚革质,彼此紧靠,在茎上排成 2 列,带状,长 6 ～ 20 厘米、宽 0.6 ～ 2.4 厘米;先端不等侧 2 裂,基部具互抱的叶鞘,叶与叶鞘间以关节相连。**花序** 由茎中部或下部的叶腋抽出;**花序柄** 细圆柱形,下垂,呈紫褐色,上部常分枝;**花序** 总状或圆锥状,疏生多数小花。**花** 直径 6 ～ 8 毫米,开展;**花梗连子房** 紫褐色,长约 1 厘米;**萼片和花瓣** 浅黄白色,在中肋两侧具褐色带;**中萼片** 近长圆形,长约 4 毫米、宽 1.5 ～ 2 毫米,先端钝且前倾;**侧萼片** 卵圆形,稍偏斜,与中萼片等长,基部黏着于蕊柱足上;**花瓣** 似中萼片而较小,先端钝。**唇瓣** 3 裂;**侧裂片** 近圆形,直立,短于中裂片,上端边缘具浅凹缺;**中裂片** 玫瑰红色,三角形,向上翘起,与距交成钝角,先端急尖,基部两侧向后伸长成端钝的线形裂片;**距** 长约 3 毫米,角状,向末端逐渐收窄,末端钝,距内的隔膜发达,背壁的胼胝体呈 "T" 形 3 裂:**侧裂片** 短粗;**中裂片** 向基部变窄,上面中央具一纵向凹槽,基部稍 2 裂并密被乳突状毛。**蕊柱** 淡紫色,长约 2 毫米;**蕊柱足** 长度为蕊柱之半;**药帽** 前端圆形,不收窄;**花粉块柄** 细长如线;**黏盘** 很小,近圆形。**花期** 4 ～ 5 月。

**产地和分布:** 产于广东、广西、海南等省区。也分布于缅甸。

**模式标本**采自缅甸。

**生态:** 附生兰。多生于海拔 1000 米以下的常绿阔叶林中的大树干上。

**用途:** 可栽培供观赏。

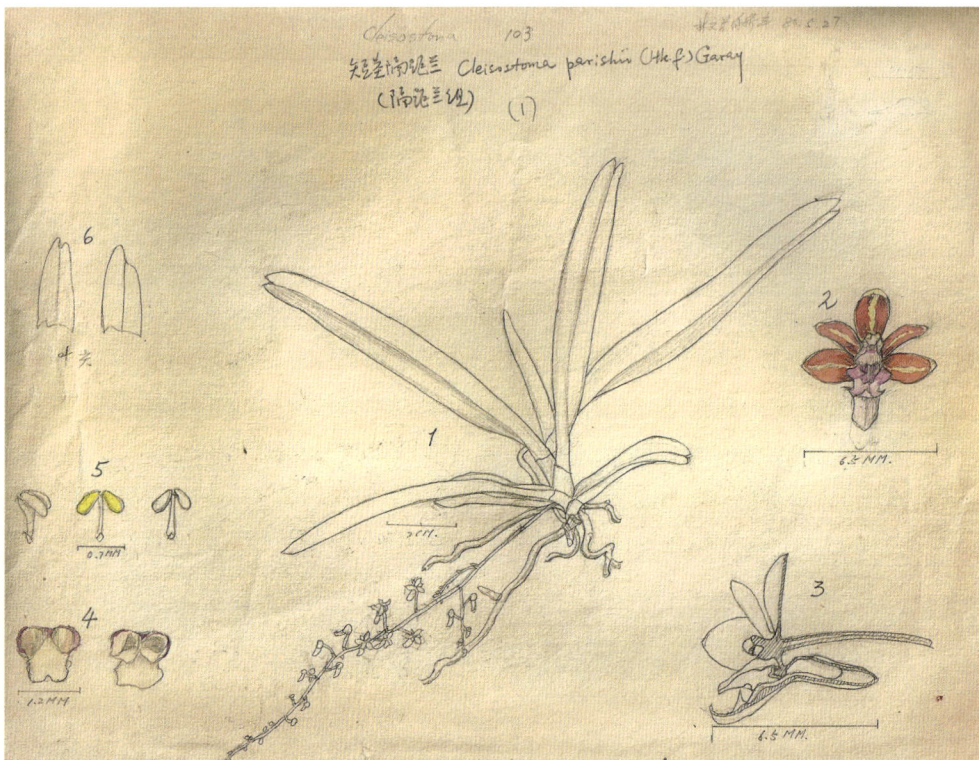

图 52 短茎隔距兰
*Cleisostoma parishii*
(Hook. f.) Garay

1 植株
2 花正面
3 花纵剖面
4 药帽
5 花粉块
6 叶尖
(1980/05/27 林文学采自广东新丰,程式君绘)

# 53 大叶隔距兰

**学名：** *Cleisostoma racemiferum* (Lindl.) Garay

[ 曾用学名： *Saccolabium racemiferum* Lindl.; *Sarcanthus pallidus* Lindl.; *Sarcanthus racemiferum* (Lindl.) Rchb. f.; *Sarcanthus yunnanensis* Schltr. ]

**组别：** 隔距兰组 Sect. Cleisostoma

**形态：** **植株** 高20～30厘米，为中型的附生兰。**茎** 直立，粗壮，长5～20厘米，连同包被的叶鞘共粗2～2.5厘米。**根** 长而粗，具分枝。**叶** 厚革质，扁平，阔带状，长可达30厘米、宽3～4厘米，端钝，且为不等侧的2圆裂，基部具关节和抱茎的叶鞘。**花序** 自叶腋抽出，多分枝，长于叶；**花序柄** 粗壮，与花序轴均为草绿色；圆锥花序疏生小花多数。**花梗连子房** 长4毫米，近白色；**萼片和花瓣** 黄色，中肋两旁各有一栗褐色长形斑；**中萼片** 近长圆形、凹入呈舟状，长约3.5毫米、宽约2.5毫米，端钝；**侧萼片** 与中萼片近等大，呈稍斜的长圆形，基部贴生于蕊柱足；**花瓣** 长圆形，长3毫米、宽2毫米，先端钝。**唇瓣** 淡黄色，3裂 **侧裂片** 直立，三角形，中部向先端突然收窄呈钻状、有时稍向内弯；**中裂片** 伸展，三角形，端钝，上面在两侧裂片之间具一条脊突，与距内隔膜相连接。**距** 淡白色，阔筒状，略短于侧萼片，稍上下压扁，端钝，中间略凹，内壁上方的胼胝体近卵状三角形，基部稍2裂，下部具乳突状毛。

**蕊柱** 白色，长约2.5毫米，具翅；**蕊喙** 三角形，伸出蕊柱翅之外；**药帽** 前端收窄为喙状；**花粉块柄** 狭带状，边缘内折；**黏盘** 小而厚，圆盘状。**花期** 6～8月。

**产地和分布：** 我国产于云南南部至西部。分布于尼泊尔、印度（东北部）、不丹、缅甸、泰国、老挝、越南。**模式标本** 采自印度。

**生态：** 附生兰。多附生于海拔1350～1800米的山坡疏林中的树干上。

**用途：** 花繁多而细小精致，叶大而厚，可作为奇花栽培供观赏。

图 53 大叶隔距兰
*Cleisostoma racemiferum*
(Lindl.) Garay

1 植株
2 花正面
3 花纵剖面
4 蕊柱及唇瓣
5 药帽
6 花粉块
7 叶尖
（1974/06/25 邵应韶等采自云南西双版纳，程式君绘）

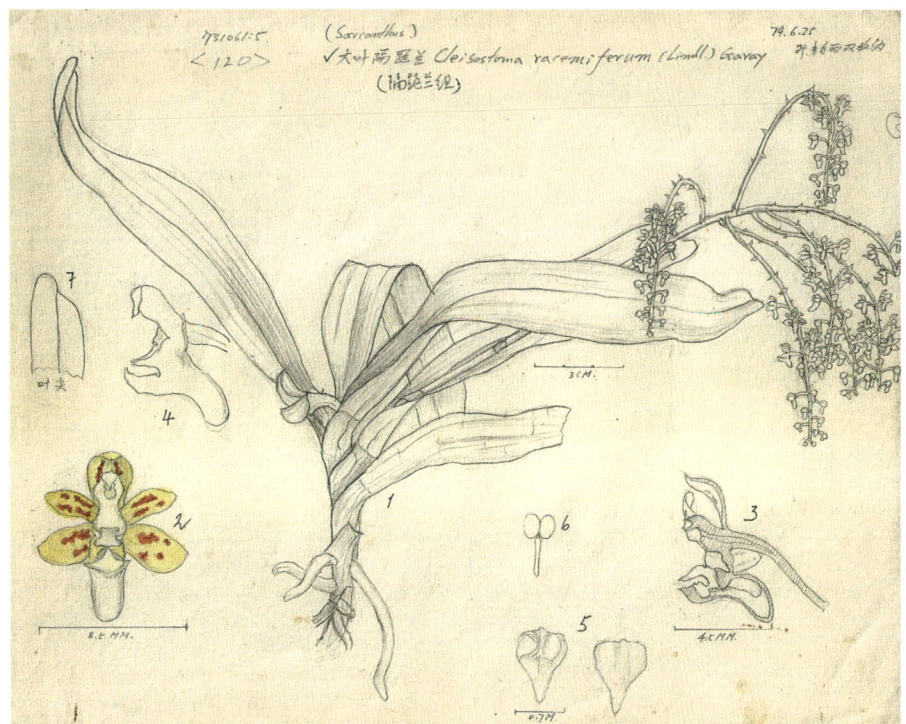

# 54 尖喙隔距兰（别名：福氏隔距兰）

**学名：** *Cleisostoma rostratum* (Lodd.) Seidenf. ex Averyanov

[ 曾用学名：*Vanda rostrata* Lodd.；*Sarcanthus rostratus* Lindl.；*Cleisostoma fordii* Hance；*Sarcanthus fordii* (Hance) Rolfe；*Cleisostoma rostratum*(Lindl.) Garay]

**组别：** 尖叶组 Sect. Subulata

**形态：植株** 为中型附生兰，有时为半悬垂状，长可达50厘米。**茎** 圆柱形，略扁，绿色有暗紫色晕，表面略具皱纹，长 20～45 厘米、径约 5 毫米，有时上部分枝；具多节，节间长 2～3 厘米。**叶** 在茎上排成2列，扁平，革质，深绿有光泽，狭披针形，长 9～15 厘米、宽 0.7～1.5 厘米，先端渐尖，近先端处骤然缢缩而向先端收窄，基部略收窄并扭转，具一个关节并扩大成鞘；叶鞘革质，紧抱茎。**花序** 自茎上部的节上斜出，与叶对生，不分枝，短于叶；**花序轴** 粉绿色，纤细，疏生花多朵。**花** 小而开展，径约 6.5 毫米；**花柄连子房** 长约 0.5 厘米，污白有粉红晕。**萼片和花瓣** 略透明，淡黄绿色，正面中脉两侧各为一大型褐红色长斑，仅余边缘和中脉为淡黄绿色；**中萼片** 近椭圆形，舟状，长约 5 毫米、宽约 2

**图 54 尖喙隔距兰（1）**
*Cleisostoma rostratum*
　　(Lodd.) Seidenf. ex Averyanov

1 植株
2 花正面
3 花背面
4 花纵剖面
5 药帽
6 花粉块
（1962/07/26 程式君绘）

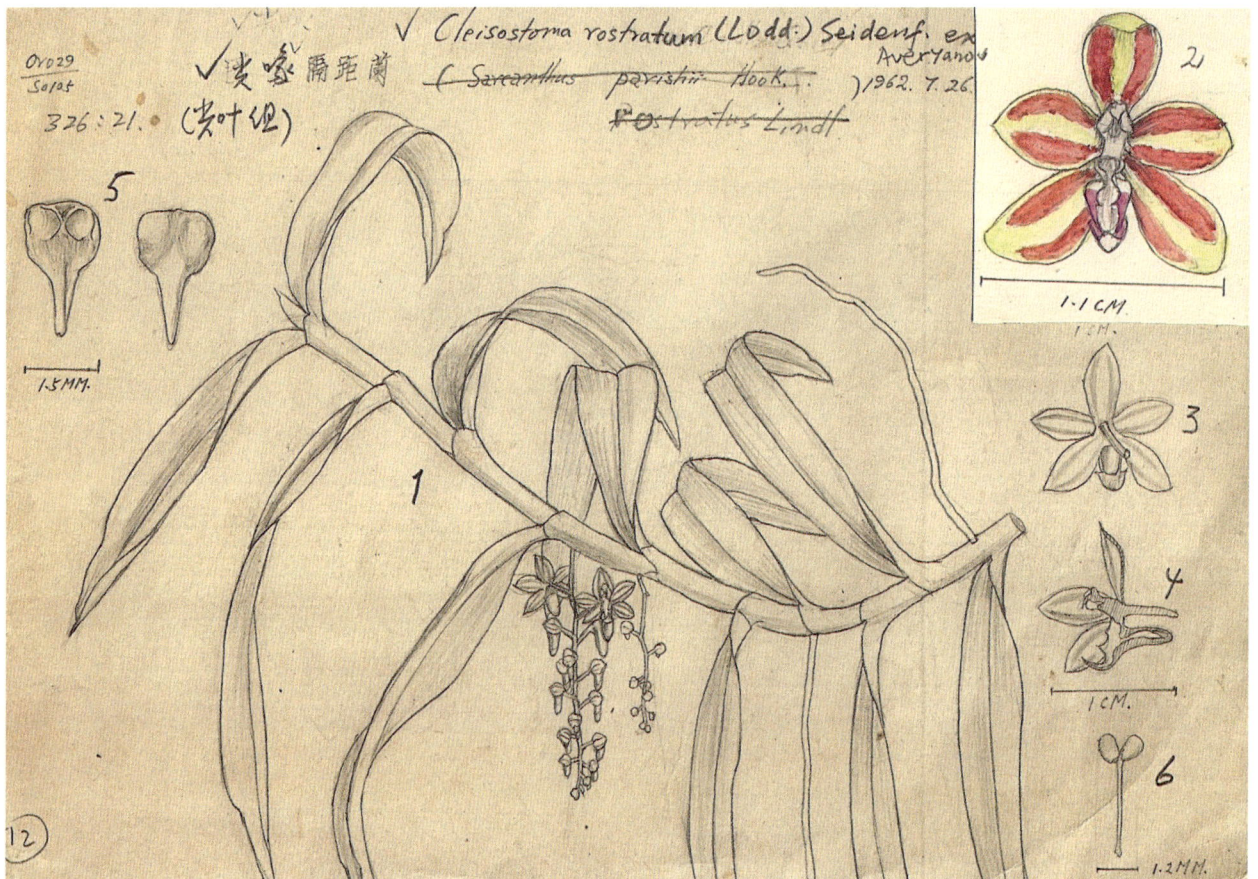

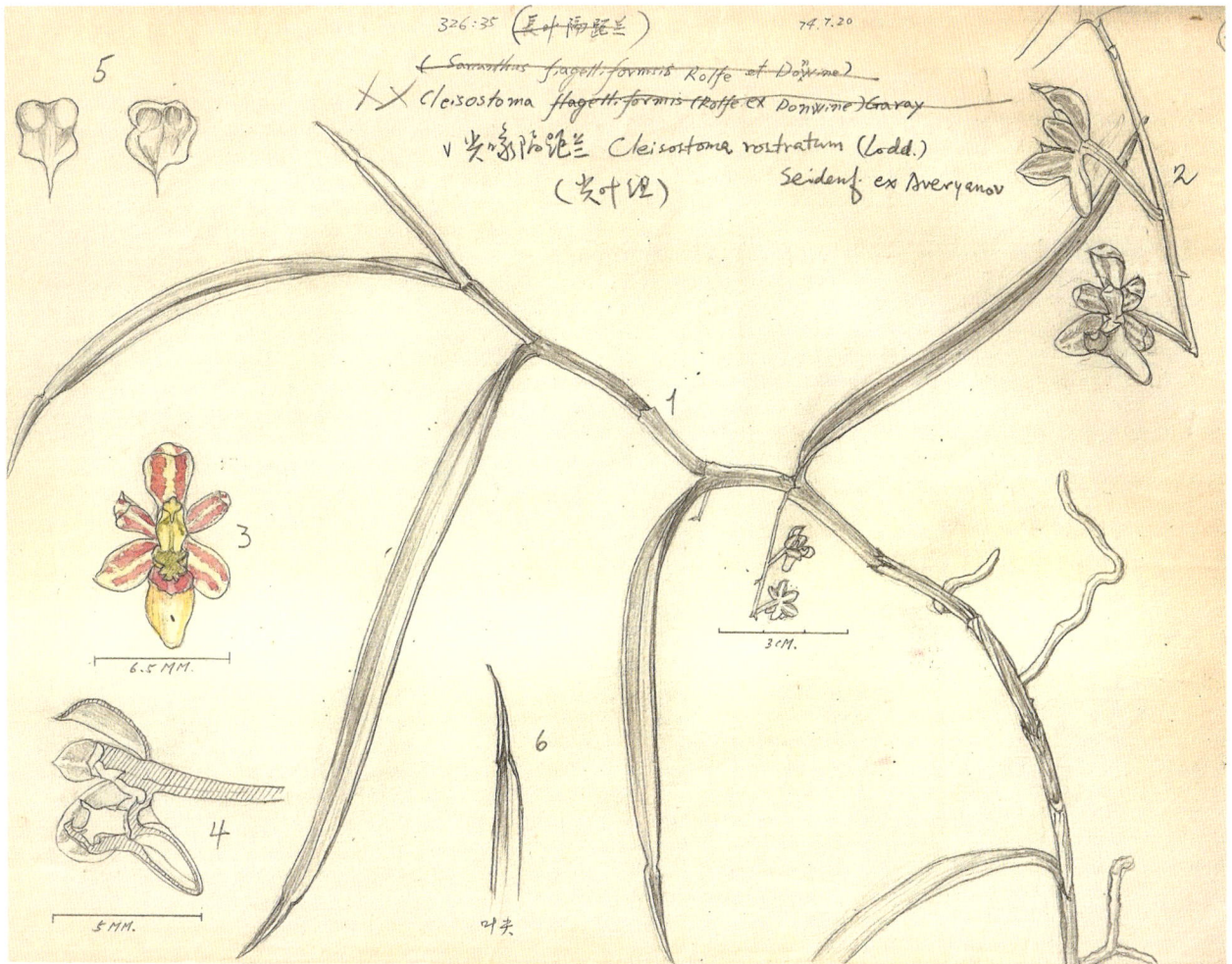

毫米，先端锐尖，具 3 脉；**侧萼片** 倒卵形，略斜，与中萼片等长而略宽，端钝，具 3 脉；**花瓣** 近长圆形，长约 4 毫米、宽约 2 毫米，端钝，具 3 脉。**唇瓣** 玫瑰红色，3 裂：**侧裂片** 直立，近三角形，先端钻状；**中裂片** 稍肉质，狭卵状披针形，先端渐尖且翘起。**距** 玫瑰红色，近漏斗状，末端钝，与萼片等长；距内隔膜不发达，背壁具长圆形胼胝体；胼胝体两侧具短的角状物，中央纵向凹下，基部 2 浅裂，无毛。**蕊柱** 白色，长约 2 毫米；**蕊柱足** 短；**蕊柱翅** 在蕊柱上端稍扩展；**蕊喙** 狭三角形，长约 1.3 毫米，先端尖；**药帽** 前端伸长为 1.5 毫米的喙。**花粉块柄** 纤细，上部稍阔大；**黏盘** 很小，近圆形。**花期** 7 ～ 8 月。

**产地和分布：** 产于广东、香港、广西、贵州、云南等地。泰国、老挝、越南均有分布。**模式标本** 采自中国。

**生态：** 附生或石生植物。喜生于海拔 350 ～ 500 米的常绿阔叶林中的树干上和阴湿岩石上。

**用途：** 花、叶奇特美丽，可栽培供观赏。

**图** 54a 尖喙隔距兰（2）

***Cleisostoma rostratum***
　　(Lodd.) Seidenf. ex Averyanov

1 植株
2 花序
3 花正面
4 花纵剖面
5 药帽
6 叶尖
（1974/07/20 唐振缉绘）

# 55 隔距兰

**学名**：*Cleisostoma sagittiforme* Garay
**组别**：隔距兰组 Sect. Cleisostoma

**形态**：**植株** 高 6～12 厘米，属于小型的附生兰。**根** 线形，扭曲，有分枝；老根淡灰褐色、新根淡绿或绿白色，先端红褐；长 2～13 厘米、径 1.5～2 毫米。**茎** 直立，长 2～4 厘米，为左右互相套叠的叶鞘所包被。**叶** 5～8 枚，在茎上紧密排成 2 列；硬革质，扁平，短阔带状，近先端处最宽，长 5～18 厘米（多 11 厘米）、宽 1～2.2 厘米（多 2 厘米），先端阔而钝，并呈不等侧 2 圆裂；叶表面深绿，中肋凹陷，叶背色稍淡，中肋隆起；叶基部具关节与叶鞘连接，有明显的侧脉 3～4 条。**花序** 由近茎基部的叶腋抽出，下垂，比叶长，为圆锥花序或总状花序，有花 6～7 朵；**花序柄和轴** 深紫褐色，径约 1.5 毫米。**花** 较小，径约 1 厘米，淡黄色；**花萼及花瓣** 边缘常染淡红晕，在近基部有少数褐红斑块；**中萼片** 长圆形，舟状，长 3 毫米、宽 1.5 毫米，端钝，具 3 脉；**侧萼片** 呈

**图 55** 隔距兰（1）
*Cleisostoma sagittiforme* Garay

1 植株
2 花正面
3 花侧正面
4 花纵剖面
5 蕊柱及唇瓣正面
6 药帽
7 花粉块

（1974/05/10 程式君采自海南，并绘图）

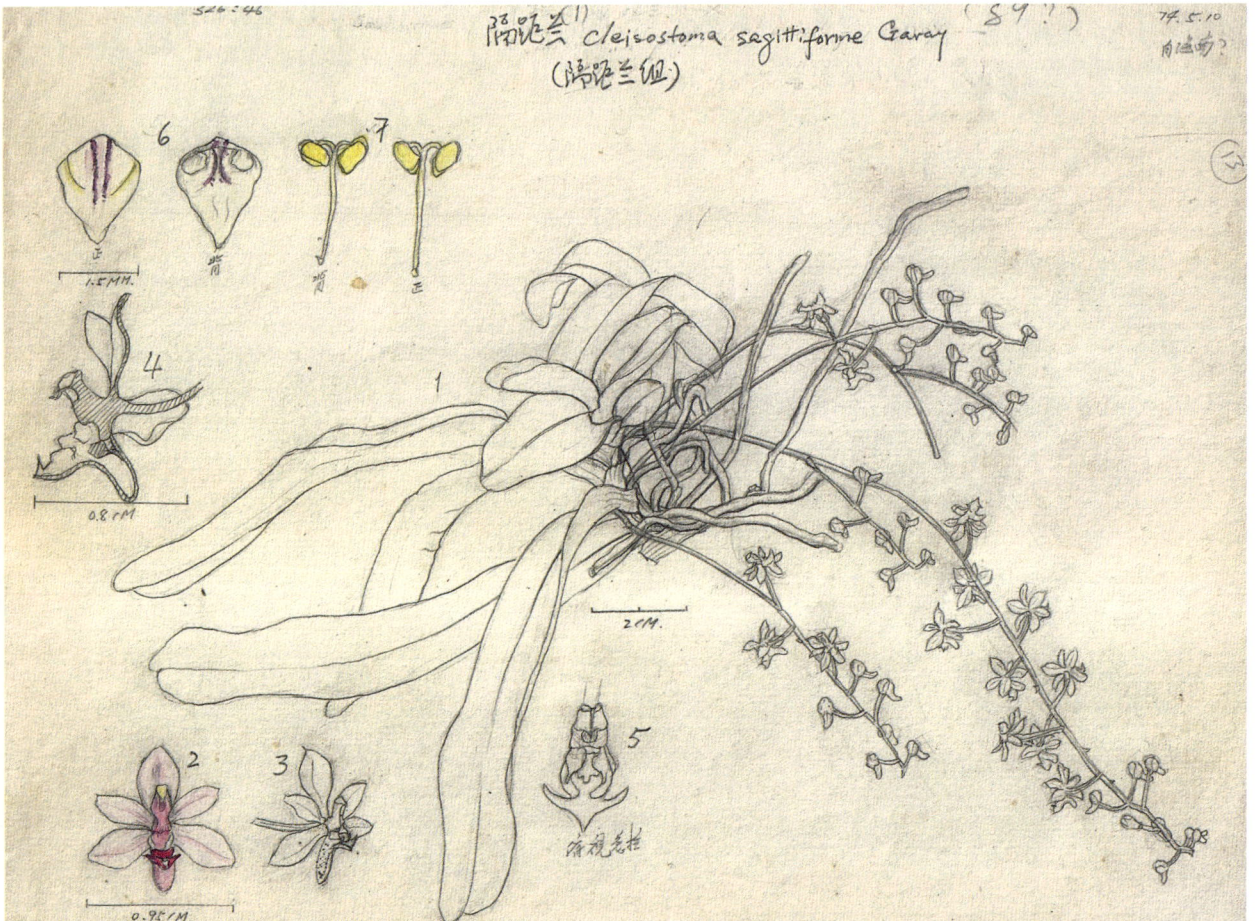

稍斜的卵圆形，与中萼片等大，端钝，具脉 3 条；**花瓣** 明显窄于萼片，呈多少镰刀状的长条形，长 2.5 毫米、宽 1.5 毫米，端钝，仅具 1 条脉。**唇瓣** 玫瑰红色，3 裂；**侧裂片** 直立，三角形，先端急尖而前伸；**中裂片** 箭头状三角形（拉丁种名 *sagittiforme* 即指此特点），基部两侧向后延伸为三角状突片；在两侧裂片间有纵向的脊突 1 条。**距** 白色有淡玫瑰红晕，阔圆锥状，长约 5 毫米，端钝，稍下弯；距内面隔膜发达，背壁上的胼胝体，远离隔膜，长远大于宽，3 裂：**侧裂片** 很小，呈短耳状并紧贴中裂片；**中裂片** 长圆形，侧扁，上面中央有纵沟，基部稍 2 裂，无毛。**蕊柱** 白色，下部有玫瑰红晕，长约 2 毫米；**蕊喙** 2 裂，裂片近镰刀状三角形；**药帽** 前端稍向前伸长，先端截形且具宽的凹缺；**花粉块** 柄 狭楔形，纵向对折；**黏盘** 近圆形。**蒴果** 圆柱形，长约 2 厘米、中部最粗处直径约 0.7 厘米。**花期** 5～9 月。

**产地和分布：**产于云南南部。印度（东北部）及泰国也有分布。**模式标本**采自印度东北部。

**生态：**附生兰。喜附生于海拔 980～1500 米的山地常绿阔叶林中树干上或河谷疏林中的树干上。

**用途：**可栽培供观赏。

**图 55a** 隔距兰 （2）
*Cleisostoma sagittiforme* Garay

1 植株
2 花正面
3 花纵剖面
4 药帽
5 花粉块
6 果
7 叶尖

（1976/06/04 张永锦采自云南西双版纳，程式君绘）

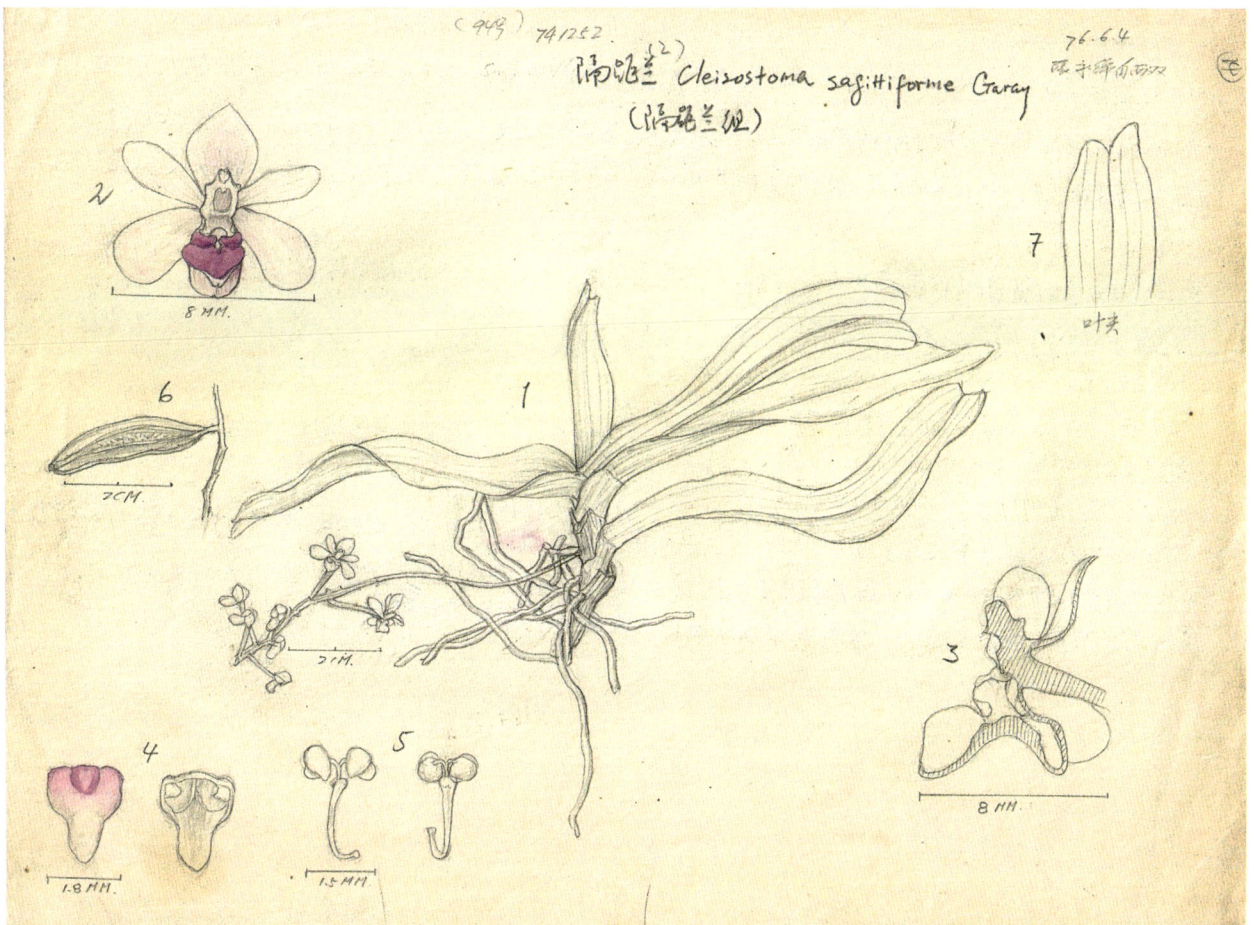

隔距兰(2) *Cleisostoma sagittiforme* Garay
（隔距兰组）

# 56 毛柱隔距兰（别名：蜜蜂兰，圆柱叶隔距兰，柱叶隔距兰）

**学名：** *Cleisostoma simondii* (Gagnep.) Seidenf.

[ 曾用学名：*Vanda teretifolia* Lindl.；*Sarcanthus teretifolius* (Lindl.) Lindl.；*Vanda simondii* Gagnep.；*Cleisostoma teres* Garay]

**组别：** 大盘组 Sect. Complicata

**形态：** **植株** 直立向上，为中型的附生兰。**茎** 圆柱形，有分枝；绿色，有时有暗红晕或为暗红色，长可达50厘米、径约4毫米，具多数叶和气生根。**根** 肉质，白色或绿白色，于节间生出。**叶** 排成2列，肉质，细圆柱形，斜立；绿色，在强光下生长的则为暗红或褐红色；长7～11厘米、径约3毫米，端钝，基部具关节和抱茎的长鞘。**花序** 比叶长，自茎横出，总状或圆锥状，有花十余朵。

**花** 近肉质，小而开展，直径约1.4厘米，有类似梅花的香气；**花梗连子房** 通常粗壮，绿色有褐红色晕，或全为褐红色，长7～10毫米；**萼片和花瓣** 稍反折，黄绿色，各具3条清晰的褐红色纵向脉纹；中萼片 长圆状卵形，长6～7毫米、宽3～4毫米，端钝；**侧萼片** 斜长圆形，与中萼片近等大，端钝，基部约1/2贴生于蕊柱足；**花瓣** 斜倒卵形，比萼片略小。**唇瓣** 3裂：**侧裂片** 直立，三角形，

先端急尖且向上弯曲；**中裂片** 淡紫色，肉质，卵状三角形，前伸，先端急尖，基部中央具三角形隆起的突片。**距** 长约6毫米；黄绿色有纵向褐红色条纹，两侧压扁，端部近球形且凹入，距内有发达的隔膜。**蕊柱** 长约3毫米，基部前方密生白色髯毛；**蕊柱足** 短；**蕊喙** 宽三角形，伸出蕊柱翅之外；**药帽** 先端近截形；**花粉块柄** 近半月形，基部折叠；**黏盘** 颇大，马鞍形。**花期** 9～11月。

**产地和分布：** 产于云南、福建、广东、香港、海南。分布于印度（锡金）、泰国、老挝、越南。**模式标本** 采自越南。

**生态：** 附生或石生植物，喜阳光。常生于海拔500～600米的常绿阔叶林中树干上或林下岩石上。

**用途：** 株型奇特；花娇小玲珑，形状有如飞舞的蜜蜂。栽培容易，可供观赏。

注：本描述及附图所根据的活植物采自海南，唇瓣淡紫色，其特点介于'毛柱隔距兰'与'广东隔距兰'[*C. simondii* (Gagnep.) Seidenf. var. *guangdongense* Z. H. Tsi] 之间，实际上二者的区别特点并不稳定，而'广东隔距兰'只是'毛柱隔距兰'的变异类型而非变种。

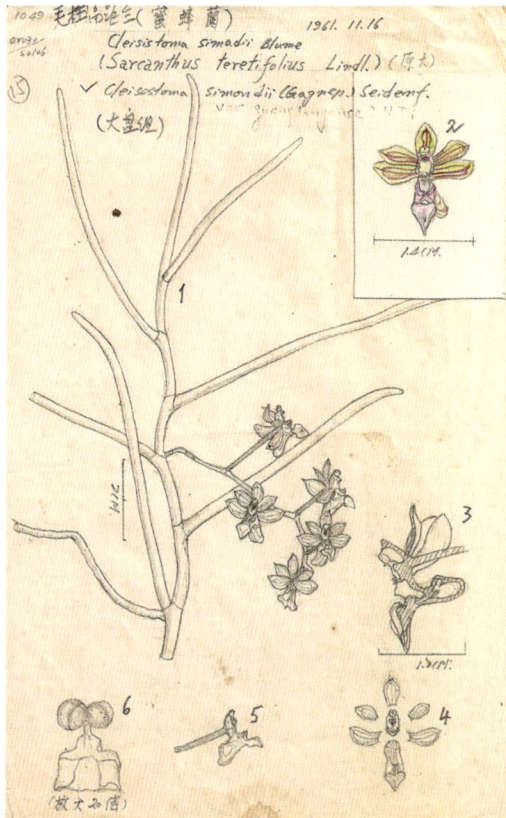

图 56 毛柱隔距兰
*Cleisostoma simondii*
　　(Gagnep. ) Seidenf.

1 植株
2 花正面
3 花纵剖面
4 花部解剖
5 蕊柱及唇瓣
6 花粉块
（1961/11/16 程式君绘）

# 57 短序隔距兰

**学名:** *Cleisostoma striatum* (Rchb. f.) Garay

[ 曾用学名: *Echioglossum striatum* Rchb. f.; *Cleisostoma brevipes* Hook. f.; *Sarcanthus brevipes* (Hook. f.) J. J. Smith]

**组别:** 尾唇组 Sect. Echioglossum

**形态:** 植株 蔓生。茎 长达30厘米,直径约0.7厘米,圆柱形。叶 肉质,长圆状披针形,长7～11厘米、宽约1.5厘米,中肋在叶面凹陷,而在叶背隆起呈龙骨状,先端锐尖,基部具关节和抱茎的叶鞘,叶鞘表面具许多不规则的皱纹。花序 自茎的中部或上部的叶腋抽出,长2～6厘米,下垂,不分枝;花序柄及花序轴 肉质,绿色,具多数红褐斑;着生多朵花。花 肉质,开展,径约1.3厘米;花梗连子房 红褐色;萼片及花瓣 蜡黄色,在中肋两旁各有1条褐红色纵带,侧萼片 则蜡黄色具褐红晕,无明显褐红斑;中萼片 长圆形,舟状,长6毫米、宽约3毫米,端略钝,具脉5条;侧萼片 为略斜的卵形,与中萼片等长而略宽;花瓣 近长圆形,比萼片窄,端钝,具5脉。唇瓣 3裂,除中裂片为白色外,全为淡黄色;侧裂片 镰状三角形,先端锐尖;中裂片 厚肉质,箭头状三角形,先端收窄并呈尾状2裂,基部两侧向后伸长为三角形的裂片,上面中央具一纵向的肉质褶片。距 短而钝,与子房近直角相交,内具发达隔膜,其背壁上方具肥厚的胼胝体;胼胝体长大于宽,不裂,侧扁,下端扩大成三角形并被乳突状毛。蕊柱 长3毫米,具短的蕊柱足;蕊柱翅 在上部稍扩大。蕊喙 肉质,舌状,伸出蕊柱翅之外;药帽 前端伸长,先端截形且具宽凹缺;花粉块柄 倒披针形,基部曲膝状折叠,两侧边缘外卷;黏盘 大,半月形。花期6～7月。

**产地和分布:** 产于海南、广西、云南等省区。分布于印度(东北部)、越南、马来西亚。

**模式标本** 采自印度。

**生态:** 附生兰。多生于海拔500～1600米的常绿阔叶林中的树干上。

图 57 短序隔距兰
*Cleisostoma striatum*
(Rchb. f.) Garay

1 植株
2 花正面
3 花背面
4 花纵剖面
5 药帽
6 花粉块
(1962/07/02 程式君绘)

## 58 红花隔距兰 （别名：香港隔距兰，香港蜂兰）

**学名**： *Cleisostoma williamsonii* (Rchb. f.) Garay

[曾用学名：*Sarcanthus williamsonii* Rchb. f.；*Sarcanthus hongkongensis* Rolfe；*Sarcanthus elongates* Rolfe；*Sarcanthus flagellaris* Schltr.；*Cleisostoma elongatum* (Rolfe) Garay；*Cleisostoma hongkongense* (Rolfe) Garay]

**组别**：齿蕊组 Sect. Mitriformia

图 58 红花隔距兰（1）
*Cleisostoma williamsonii*
(Rchb. f.) Garay

1 植株　2 花正面　3 花背面
4 花纵剖面　5 唇瓣及蕊柱　6 花粉块
（1962/05/16 程式君绘）

和抱茎的叶鞘。**花序** 侧生，长于叶，柔软下垂，通常分枝；**花序轴** 纤细柔软，绿色有褐斑或晕，常具纵纹多条；花序总状或圆锥状，密生多数小花。**花** 粉红色，开展，有微香，径约 7 毫米 ×10 毫米；**花梗连子房** 纤细，长 5 毫米，绿色；**萼片和花瓣** 向后反折，白色具粉红晕，近边缘处半透明；**中萼片** 舟状椭圆形，长 2.2 厘米、宽 1.5 厘米，端圆，具 3 脉；**侧萼片** 为偏斜的长圆形，长 2.5 毫米、宽 1.5 毫米，基部贴生于蕊柱足上，先端钝，具 3 脉；**花瓣** 倒卵状长圆形，长 2.2 毫米、宽 1 毫米，先端钝，具 1 脉。**唇瓣** 深玫瑰红色，3 裂：**侧裂片** 直立，舌状长圆形，前伸，端钝，两侧边缘多少内折；**中裂片** 肉质，狭卵状三角形，上面中央具一条纵脊，此纵脊在距口前方隆起呈三角形。**距** 浅玫瑰红色，近球形，略侧扁，末端凹入，隔膜不明显，背壁上方的胼胝体

**形态**：**植株** 通常悬垂，为中型至大型附生兰。气生根 簇生于植株基部。**茎** 圆柱形，细而长，长可达 70 厘米、径 3～4 毫米，节间 长 1～2.5 厘米。**叶** 多数，互生于茎上；圆柱形，稍弧曲，肉质，绿色光洁，长 6～10 厘米、直径 2～3 毫米，端钝，基部具关节

**图 58a 红花隔距兰（2）**
*Cleisostoma williamsonii*
(Rchb. f.) Garay

1 植株
2 花正面
3 花纵剖面
4 药帽
5 花粉块
6 果序
（1974/05/23 程式君采自广东怀集，
并绘图）

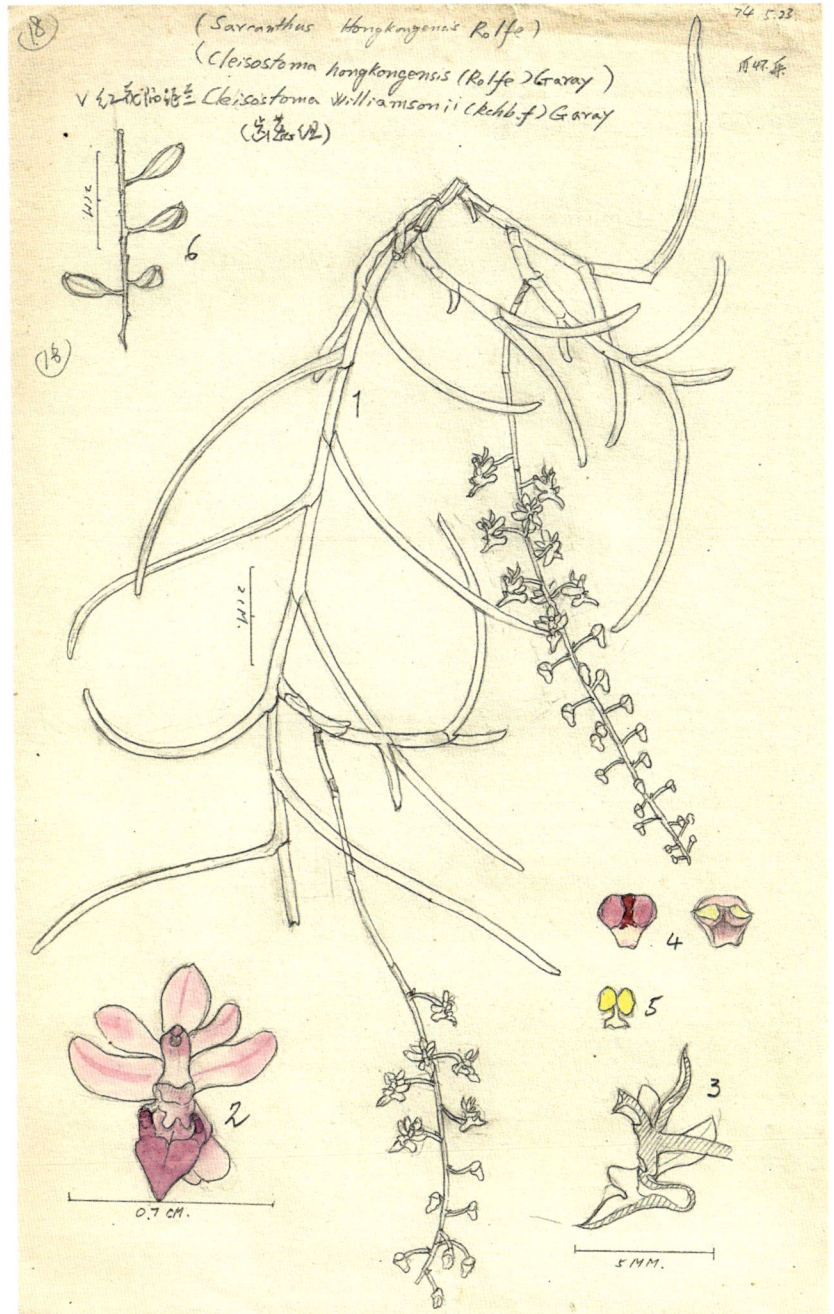

呈"T"形3裂：**侧裂片** 近角状，稍下弯；**中裂片** 较粗壮，基部2浅裂并密布乳突状毛。**蕊柱及蕊柱足** 均长2毫米；蕊柱的上部（包括药帽）呈深玫瑰红色，其下部及蕊柱足则为白色；**蕊柱翅** 在蕊柱上端两侧各具1枚齿状附属物。**药帽** 先端截形并具宽的凹缺。花粉块柄 宽卵状三角形或钟形。**黏盘** 近新月形。**蒴果** 短小，倒卵状棒槌形，长约10毫米、径约5毫米；柄细，长约4毫米、径约1毫米。**花期** 4～6月。

**产地和分布：** 产于广东、海南、广西、贵州、云南等省区。分布于不丹、印度、越南、泰国、马来西亚、印度尼西亚。**模式标本** 采自印度东北部。

**生态：** 附生或石生兰。多生于海拔300～2000米的山地林中树干上或山谷林下岩石上。

**用途：** 花多且玲珑娇小、晶莹美丽；茎叶光洁如碧玉，宜栽培供观赏。

# 3.19 贝母兰属 *Coelogyne* Lindley

**历史:** 约翰·林德莱(John Lindley)于1822年根据Wallich博士采自尼泊尔的贝母兰(*Coelogyne cristata*)为模式,描述并创立了贝母兰属,发表于他的 *Collectanea Botanica*(《植物学采集》)。1902年,E. Pfitzer和F. Kraenzlin在恩格勒的著作 Das Pflanzenreich 中,发表了他们对本属的修订,将当时本属的103个种划分为两个种系,14个组。到1975年,G. Seidenfaden在 *Dansk Botanisk Arkiv* 中又对本属重新做了修订,增加了许多1902年以后发现的种类,并对一些不确定的分类群做了说明。F. Butzin于1974年在 *Willdenowia* 杂志中发表了贝母兰属栽培种类的检索表,此表共包括80个种,分为5个亚属14个组。拉丁属名 *Coelogyne* 源自希腊文 *koilos*(洞穴)和 *gyne*(女性),形容本属花的柱头部分深陷如穴的形状。

**分类和分布:** 贝母兰属隶属兰科兰亚科树兰族的贝母兰亚族。本书按照《中国植物志》的做法,以Pfitzer和Kraenzlin划分14个组的方法为蓝本,将国产种类划分为8个组,即

1. **顶苞组** Sect. Fuliginosae
2. **紫鞘组** Sect. Flaccidae
3. **裸葶组** Sect. Filiferae
4. **贝母兰组** Sect. Coelogyne
5. **眼斑组** Sect. Erectae
6. **美花组** Sect. Venustae
7. **基颖组** Sect. Elatae
8. **顶颖组** Sect. Proliferae

本属共约有200种,分布于东南亚及印度、印度尼西亚、中国和太平洋岛屿。我国的26个种主要产于西南和华南的亚热带和热带地区。

**本属模式种:** 贝母兰 *Coelogyne cristata* Lindl.

**生态类别:** 附生兰。

**形态特征: 植株** 高数厘米至50厘米,为小型至大型的附生或石生兰。**根状茎** 匍匐或多少悬垂,节密生。**假鳞茎** 卵形、圆锥形或圆柱形,疏生或密生,顶生1~2叶(罕有多至4叶者)。**叶** 较厚,宽阔,卵形,稍呈折扇状,具柄。**花葶** 自假鳞茎顶端生出;**花序** 直立或悬垂,有花1至多朵。**花** 美丽,较大。**萼片** 分离,通常舟状。**花瓣** 分离,通常比萼片窄,常为线形。**唇瓣** 3裂,基部狭窄且略凹;**侧裂片** 直立于蕊柱两侧;**中裂片** 平展;**唇盘** 有2~5条龙骨状褶片,常延伸至唇瓣的中裂片。**蕊柱** 长,上端两侧常具翅,齿可围绕蕊柱顶端;花药位于蕊柱顶端的腹侧;**柱头** 凹陷;**蕊喙** 大;**花粉块** 4枚,成2对,蜡质。**蒴果** 中等大,常有棱或狭翅。

# 国产贝母兰属的分组检索表

1. 花序上的花在同一时间只开 1 朵（罕 2 朵）；花序轴顶端长期为白色苞片所覆盖⋯⋯⋯⋯⋯
⋯⋯⋯⋯⋯⋯⋯⋯⋯⋯⋯⋯⋯⋯⋯⋯⋯⋯⋯⋯⋯⋯⋯⋯⋯⋯**顶苞组 Sect. Fuliginosae**

1. 花序上的花在同一时间开放多朵

  2. 花葶在总状花序基部的下方不具 2 列套叠的革质鳞片

    3. 唇瓣上的褶片撕裂成流苏状毛⋯⋯⋯⋯⋯⋯⋯⋯⋯⋯⋯ **贝母兰组 Sect. Coelogyne**

    3. 唇瓣上的褶片或脊不如上述

      4. 唇瓣上具眼状彩色斑块⋯⋯⋯⋯⋯⋯⋯⋯⋯⋯⋯⋯⋯ **眼斑组 Sect. Erectae**

      4. 唇瓣上不具眼状彩色斑块

        5. 总状花序具花 20 朵以上⋯⋯⋯⋯⋯⋯⋯⋯⋯⋯⋯ **美花组 Sect. Venustae**

        5. 总状花序只具数朵花

          6. 根状茎上的鳞片和假鳞茎基部的鞘有明显的紫色斑块⋯⋯**紫鞘组 Sect. Flaccidae**

          6. 上述鳞片和鞘无紫色斑块⋯⋯⋯⋯⋯⋯⋯⋯⋯⋯⋯ **裸葶组 Sect. Filiferae**

  2. 花葶在总状花序基部的下方具多枚 2 列套叠的宿存革质鳞片

    7. 花序轴顶端具多枚 2 列套叠的、宿存的革质鳞片⋯⋯⋯⋯⋯⋯ **顶颖组 Sect. Proliferae**

    7. 花序轴顶端不具 2 列套叠的革质颖片⋯⋯⋯⋯⋯⋯⋯⋯⋯⋯ **基颖组 Sect. Elatae**

# 59 流苏贝母兰（别名：棕石兰）

**学名：** *Coelogyne fimbriata* Lindl.

[ 曾用学名：*Pleione fimbriata* (Lindl.) Kuntze；*Pleione chinensis* Kuntze；*Coelogyne laotica* Gagnep. ]

**组别：** 顶苞组 Sect. Fuliginosae

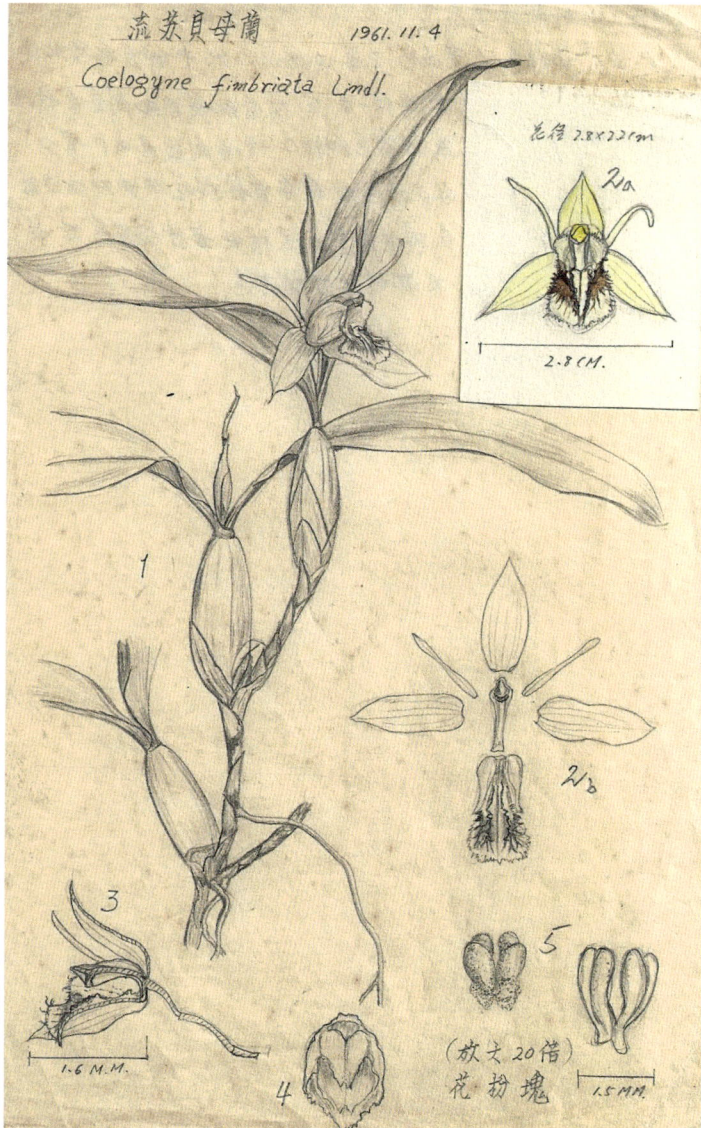

**图 59　流苏贝母兰** *Coelogyne fimbriata* Lindl.

1 植株　2a 花正面　2b 花部解剖　3 花纵剖面　4 药帽　5 花粉块
（1964/11/04 程式君绘）

**形态：** **植株** 小型的附生或石生兰，高 6 ～ 10 厘米。**根状茎** 长而匍匐，径约 3 毫米，节间长 1 ～ 2.5 厘米。**假鳞茎** 间距 8 ～ 13 厘米，翠绿如玉；近圆柱形，高 2.5 ～ 4.5 厘米、径 0.6 ～ 0.8 厘米，顶生 2 枚叶片，基部具 2 ～ 3 枚鞘，老时脱落。**叶** 纸质，长圆形或长圆状披针形，长 4 ～ 10 厘米、宽 1 ～ 2 厘米，先端急尖；叶柄长 1 ～ 2 厘米。**花葶** 自成长的假鳞茎顶端抽出，长约 3 厘米，基部有数枚圆筒形、互相套叠、紧抱花葶的鞘；**总状花序** 有花 1 ～ 2 朵，但同一时间只有 1 朵开放；**花序轴** 顶端覆以数枚白色苞片。**花** 淡黄色或近白色，仅唇瓣中脉两侧有大型褐色斑块和深褐色毛**花梗连子房** 长 1 ～ 1.2 厘米；**萼片** 长圆状披针形，长 1.6 ～ 2 厘米、宽 0.4 ～ 0.7 厘米；**花瓣** 狭线形，宽 0.7 ～ 1 毫米，与萼片近等长。**唇瓣** 卵形，长 1.3 ～ 1.8 厘米，3 裂：**侧裂片** 近卵形，直立且拥抱蕊柱，顶端或具流苏；**中裂片** 近椭圆形，先端钝，边缘具流苏；**唇盘** 上有具波状圆齿的纵褶片数条。**蕊柱** 长 1 ～ 1.3 厘米，稍前倾，两侧具翅。**蒴果** 倒卵形，长 1.8 ～ 2 厘米、径约 1 厘米；果梗长 6 ～ 7 毫米。**花期** 9 ～ 11 月，单花花寿 6 天。**果期** 次年 4 ～ 8 月。

**产地和分布：** 产于江西、广东、海南、广西、云南、西藏（东南部）。广布于越南、老挝、柬埔寨、泰国、马来西亚和印度（东北部）。**模式标本** 采自中国。

**生态：** 附生于海拔 500 ～ 1200 米的树林的树干上或溪边岩石上。

**用途：** 可栽培供观赏。

# 60 栗鳞贝母兰

**学名：** *Coelogyne flaccida* Lindl.

( 曾用学名： *Coelogyne esquirolei* Schltr.)

**组别：** 紫鞘组 Sect. Flaccidae

**形态：** **植株** 中型或大型，高 20～30 厘米。**根状茎** 粗壮坚硬，径 5～8 毫米，密被紫褐色革质鞘。**假鳞茎** 较密集，间距 2～3 厘米；橄榄绿色，干后亮黄色；卵圆形、长圆锥形或长圆状圆柱形，向顶端渐狭，常具纵棱数条，长 5～12.5 厘米、径 1.5～3.2 厘米；顶端具 2 枚叶，基部具数枚鞘；**鞘** 长 3～6 厘米、宽 2～3 厘米，宿存，干后呈竹箨状，鞘背面除上端及边缘外满布紫褐色斑块，老假鳞茎基部的残鞘则为淡褐色纤维状。**叶** 硬革质，稍直立；阔披针形至倒卵状披针形，长 13～25 厘米、宽 3～5 厘米，先端渐尖或略呈短尾状，基部收窄为长 3.5～8 厘米的叶柄；叶柄硬，内面具凹槽。**花葶** 由靠近老假鳞茎基部的根状茎抽出，长 16～32 厘米，下半部为鞘所包；**总状花序** 长 11～21 厘米；**花序轴** 淡褐绿色，向下呈弧弯或下垂，疏生花 5～10 朵。**花** 径 3.5～5 厘米，浅黄色至乳白色，唇瓣上有黄色和浅褐色斑；**花梗连子房** 长 1.7～2 厘米，橄榄绿

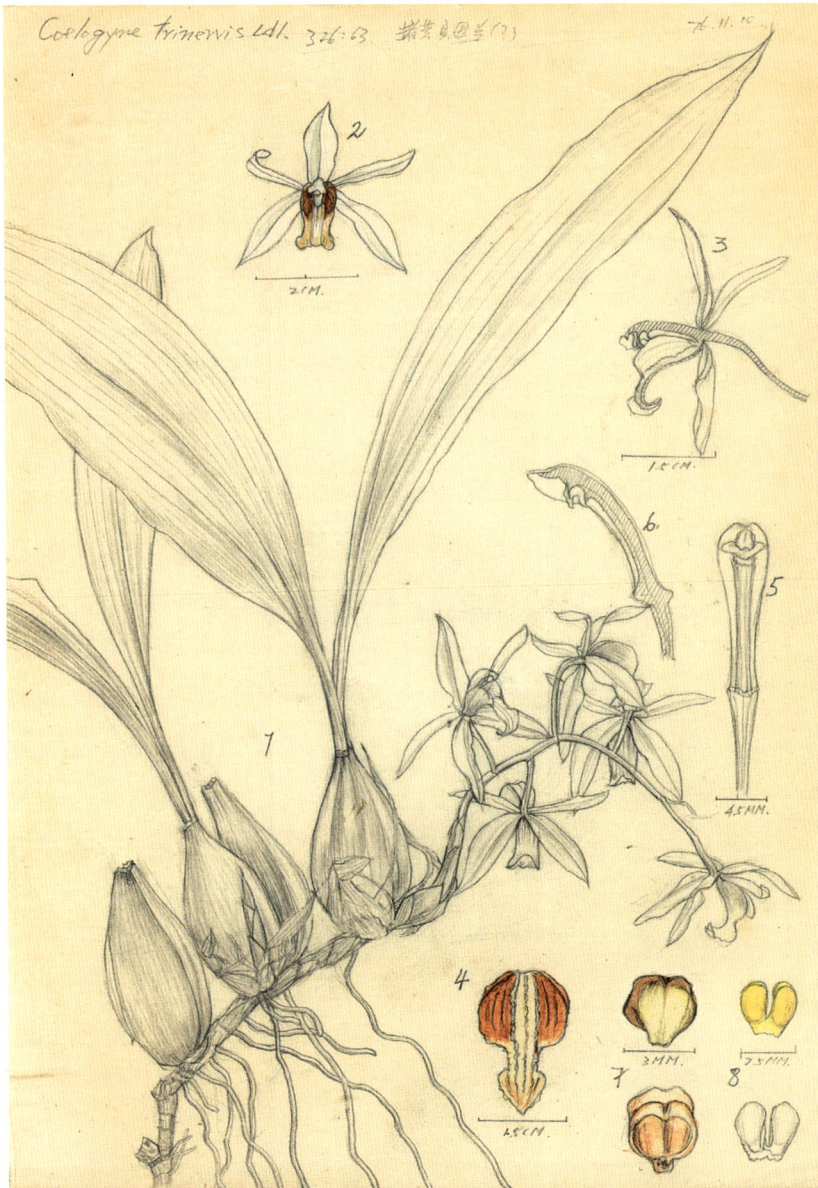

图 60 栗鳞贝母兰 （1）
*Coelogyne flaccida* Lindl.

1 植株
2 花正面
3 花纵断面
4 唇瓣
5 蕊柱
6 蕊柱剖面
7 药帽
8 花粉块
（1976/11/10 程式君绘）

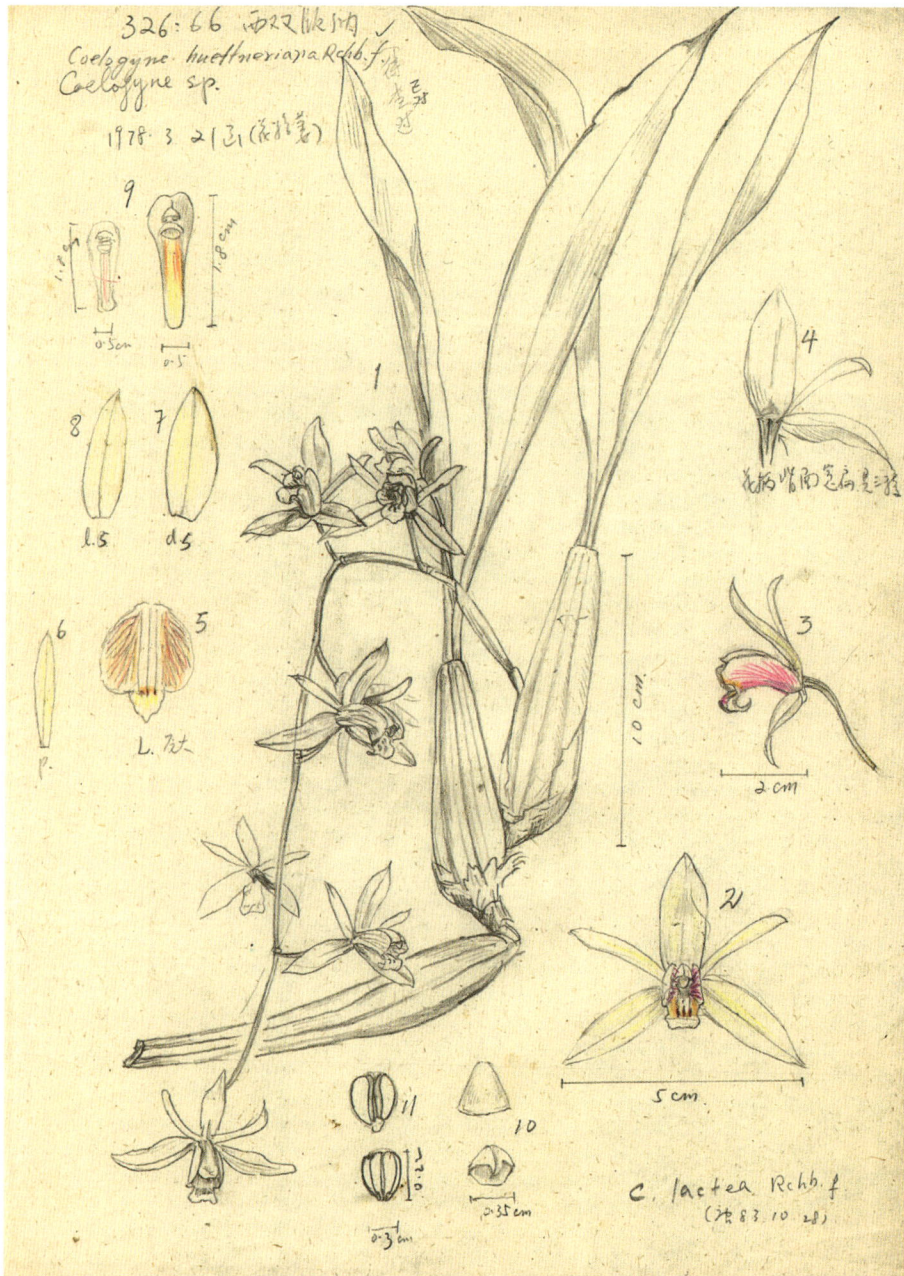

图 60a 栗鳞贝母兰 (2)
***Coelogyne flaccida***
Lindl.

1 植株
2 花正面
3 花侧面（去掉一侧
　花瓣及侧萼片）
4 花背面之半
5 唇瓣
6 花瓣
7 中萼片
8 侧萼片
9 蕊柱
10 药帽
11 花粉块
（1966 程式君采自
云南西双版纳。
1978/03/21 唐振缉绘）

色，背扁阔有 3 棱；**中萼片** 长圆形或长圆状披针形，长 2.1～2.4 厘米、宽 6～8 毫米；**侧萼片** 卵状披针形，略偏斜，稍窄，背面略有龙骨状脊；**花瓣** 线状披针形，宽 2～3 毫米，略短于萼片。**唇瓣** 近卵形，长 1.6～2 厘米、宽约 1.5 厘米，3 裂：**侧裂片** 黄色，具多数紫红色细脉，直立，半卵形；**中裂片** 基部橙色，三角形至近长圆形，长 6～7 毫米、宽约 4 毫米，边缘略呈波状皱；**唇盘** 上有纵褶片 3 条，末端紫红色，由唇瓣基部延伸至中裂片的近端部，具皱波状缺刻。**蕊柱** 背面白色、腹面黄色具两条橙红色纵带；略向前弓曲，长 1.3～1.8 厘米；两侧具宽翅，向前延伸如风帽状。

**花期** 3 月。

**产地和分布：**产于贵州、广西、云南。分布于印度、尼泊尔、缅甸和老挝。**模式标本**采自尼泊尔。

**生态：**附生兰。喜生于海拔约 1600 米的林中树上。

**用途：**花大而鲜明，可供观赏。

# 61 白花贝母兰

**学名：** *Coelogyne leucantha* W. W. Smith

（曾用学名：*Coelogyne leucantha* W. W. Smith var. *heterophylla* T. Tang et F. T. Wang）

**组别：** 基颖组 Sect. Elatae

**形态：植株** 中型，高 18～25 厘米。**根状茎** 直径 5～7 毫米，坚硬，节间短，密被有光泽的鳞片状鞘。**假鳞茎** 密集，彼此间隔少于 1 或 2 厘米；卵状长圆形，长 1.5～3 厘米、径 0.8～1.5 厘米；顶端生 2 枚叶，基部具数枚鞘；鞘卵形至披针形，长 2.5～6.5 厘米，有光泽。**叶** 倒卵状披针形至长圆状披针形，长 10～15 厘米、宽 1～3 厘米，先端渐尖，基部楔形收窄成 4～9 厘米长的叶柄。**花葶** 自成长假鳞茎顶端的两叶中间抽出，长 15～20 厘米；在花序下方有数枚至十余枚 2 列套叠的褐色革质颖片；套叠颖片 包裹的部分长 1.5～3 厘米，最上的一片颖片特大；**总状花序** 由 3～11 朵花组成；**花序轴** 下部常略增粗。花 较大，横径达 3.8 厘米，较不开展且略低垂；白色，仅唇瓣中裂片基部具有黄斑，两侧裂片各有 3 条褐色纵脉纹；**萼片** 窄长圆形，长 1.3～1.8 厘米、宽 3.5～4.5 毫米，端渐尖，5 脉；**花瓣** 丝状，与萼片近等长，宽约 0.7 毫米。**唇瓣** 长圆形，长 1.3～2.4 厘米、宽 7～11 毫米，3 裂：**侧裂片** 直立，钝；**中裂片** 近椭圆形，长 6～10 毫米、宽 4～7 毫米，边缘不规则波状或齿裂；**唇盘** 上有 3 条纵行褶片、从基部延伸至中裂片，其中左右两条到达中裂片中部，中央的一条较短，只到中裂片基部；褶片前部较宽，整条均具皱波状圆齿。**蕊柱** 近直立，长 1～1.5 厘米，两侧具翅，翅下狭上宽。**蒴果** 倒卵状长圆形，具 3 棱，长 1.6～1.8 厘米、径 7～9 毫米。**花期** 4～7 月。**果期** 9～12 月。

**产地和分布：** 产于四川、云南。缅甸北部有分布。**模式标本** 采自缅甸与中国云南交界处。

**生态：** 附生或石生兰。喜生于海拔 1500～2600 米的林中树干上或河谷旁岩石上。

**用途：** 花朵密集，大而美丽。可栽培供观赏。

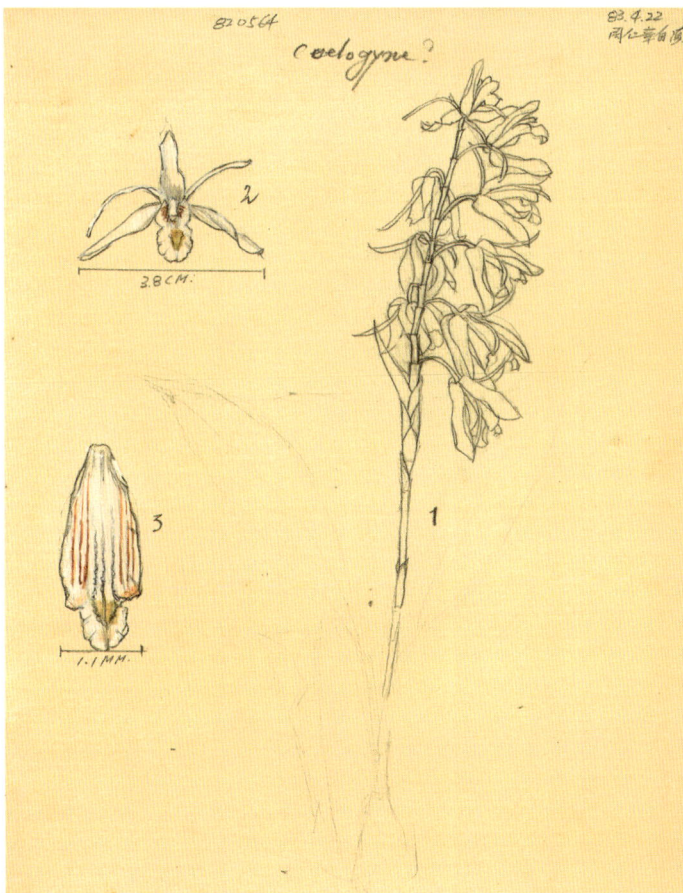

图 61 白花贝母兰 *Coelogyne leucantha* W. W. Smith
1 花　2 花正面　3 唇瓣（1983/04/22 周仁章采自云南，程式君绘）

# 62 纯黄长鳞贝母兰

**学名:** *Coelogyne ovalis* Lindl. var. *concolor* C. Z. Tang et S. J. Cheng

**组别:** 顶苞组 Sect. Fuliginosae

**形态:** **植株** 中型附生兰,高约18厘米。**根状茎** 较长,匍匐,径约3毫米。**假鳞茎** 彼此间距8～13厘米;近圆柱形,长3～6厘米、径6～8毫米;顶端具2叶,基部具2枚鞘;鞘膜质,长约3厘米,老时脱落。**叶** 纸质,长圆状披针形或卵状披针形,长6～12厘米、宽2～3.7厘米,先端渐尖,基部阔楔形,收窄成长度为5～10毫米的短叶柄。**花葶** 由成熟的假鳞茎顶端抽出,长5～8厘米,基部有数枚紧抱花葶、互相套叠的筒状鞘;**总状花序** 通常具花1～2朵,但同一时间仅一朵开放;**花序轴** 顶端为白色苞片所覆盖。**花** 较大,径3.5厘米×3.0厘米,纯为淡铬黄色,无任何杂色斑纹;**萼片** 卵状披针形,长约2厘米、宽5～6毫米,端渐尖;**花瓣** 丝状或狭线形,宽约1毫米,与萼片等长。**唇瓣** 近长圆状卵形,长约2厘米、下部宽约1.5厘米,3裂:**侧裂片** 直立,半卵形,前半部边缘有流苏;**中裂片** 阔椭圆形,长约1厘米、宽约0.9厘米,边缘具流苏;**唇盘** 上有2条纵行褶片,从基部延伸至中裂片中部,铬黄色。**蕊柱** 略前倾,长约1.5厘米,两侧具翅;**药帽** 阔心形,宽3毫米,黄色;**花粉块** 4枚,每一大一小为一组,内面有凹陷。**蒴果** 近倒卵形,长约2.5厘米、径约1.2厘米,果梗长约0.5厘米。**花期** 8～11月。**果期** 次年9月。

本变种尚待正式发表。其唇瓣纯为淡铬黄色,无紫红色斑纹;唇瓣上的2条褶片也为铬黄色而非紫色。与长鳞贝母兰的原变种(*Coelogyne ovalis* Lindl. var. *ovalis*)有明显区别。

**产地:** 产于云南西双版纳(程式君 731081:25)。

**生态:** 附生或石生兰。喜生于1200米左右的河谷林下树干上或岩石上。

**用途:** 花大而美丽,有作为珍贵观赏花卉的潜质。

图 62 纯黄长鳞贝母兰 *Coelogyne ovalis* Lindl. var. *concolor* C. Z. Tang et S. J. Cheng
1 植株　2 花正面　3 花纵剖面　4 唇瓣　5 药帽　6 花粉块(1974/09/30 程式君采自云南西双版纳,并绘图)

# 63 疣鞘贝母兰

**学名：** *Coelogyne schultesii* Jain et Das
（曾用学名：*Coelogyne longipes* Lindl. var. *verruculata* S. C. Chen；*Coelogyne prolifera* auct. non Lindl.；*Coelogyne flavida* auct. non Wall ex Lindl.）
**组别：** 顶颖组 Sect. Proliferae

**形态：** 植株 高约 12 厘米，为中型附生兰。**根状茎** 直径 5～7 毫米，密被鳞片状的革质鞘。**假鳞茎** 互相靠近；狭卵形至卵形，长 2.5～6 厘米、径 1.5～2 厘米；干后具细皱纹；基部有鞘，幼嫩假鳞茎在鞘的背面常有小疣状凸起；顶端生叶 2 枚。**叶** 革质，卵状披针形或长圆状披针形，长 10～16 厘米、宽 1.3～2.7 厘米，先端渐尖，基部收窄与 3～7.5 厘米长的叶柄相连。**花葶** 自成熟假鳞茎顶端两叶之间抽出，长 12～45 厘米；**总状花序** 有花 3～6 朵；**花苞片** 早落；**花序轴** 略微左右折曲，在花序基部下方、花序轴顶端，以及有时在花序中部，均具 2 列多枚套叠的革质颖片。**花** 横径 2.5 厘米；黄色，唇瓣的侧裂片褐色；**花梗连子房** 长 1～1.2 厘米；**萼片** 卵状长圆形，长 1.3～1.5 厘米、宽约 5 毫米，先端急尖；**花瓣** 线形或线状披针形，长 1～1.1 厘米、宽约 1 毫米，从基部向先端渐狭。**唇瓣** 近卵状长圆形，长 1～1.3 厘米，在近中部处 3 裂：**侧裂片** 半卵形，直立；**中裂片** 近宽长圆形，先端波状并凹入，上面有 2 条长 2～2.5 厘米的纵行褶片。**蕊柱** 长约 1.1 厘米，前弯，上部有半圆形的翅。**花期** 4～7 月。

**产地和分布：** 产于云南。分布于尼泊尔、不丹、印度、缅甸、泰国。**模式标本** 采自印度东北部。
**生态：** 附生于海拔约 1700 米的林中树上。
**用途：** 花大色鲜，株形紧凑，宜栽植供观赏。

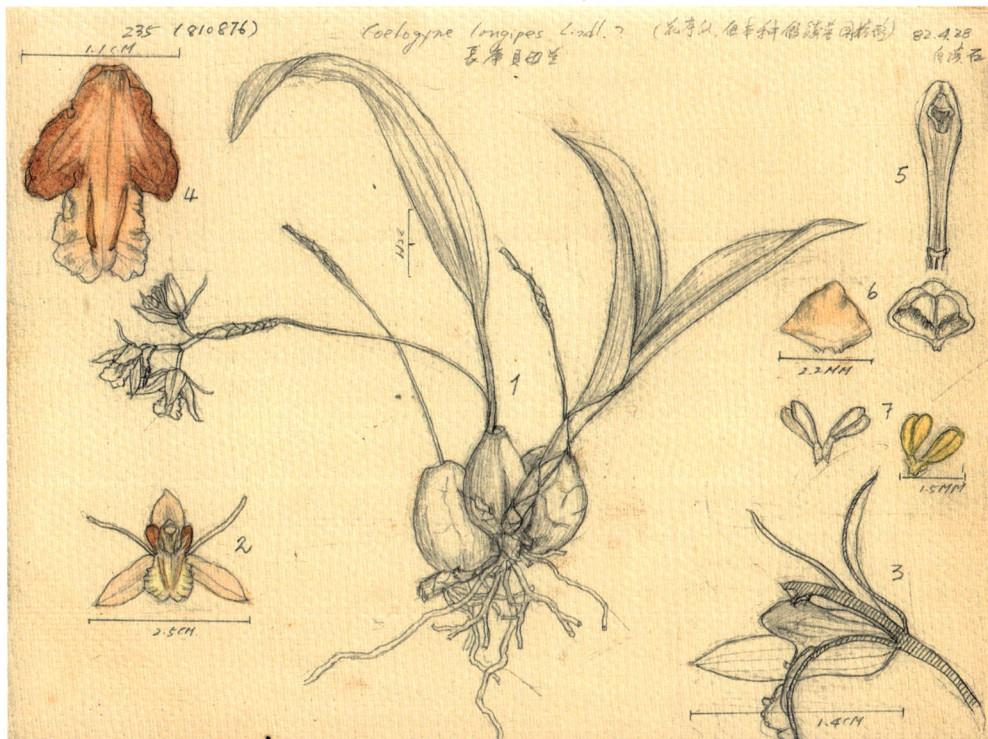

图 63 疣鞘贝母兰
*Coelogyne schultesii* Jain et Das

1 植株
2 花正面
3 花纵剖面
4 唇瓣
5 蕊柱
6 药帽
7 花粉块
（1982/04/28 程式君采自云南石林，并绘图）

# 64 禾叶贝母兰

**学名**：*Coelogyne viscosa* Rchb. f.

（曾用学名：*Coelogyne graminifolia* Par. et Rchb. f.）

**组别**：紫鞘组 Sect. Flaccidae

**形态**：**植株** 中型，高可达 38 厘米，为丛生状附生兰。**根状茎** 粗壮，密被有光泽的革质鞘。**假鳞茎** 密集，间距 1～1.5 厘米；卵形或圆柱状卵形，有纵沟，高 5～6 厘米、径 1～3.5 厘米；浅橄榄绿色，光亮，干后为亮黄色；顶生 2 枚叶，基部有数枚长 4～7 厘米的鞘，鞘背面有紫褐色斑块。**叶** 线形，革质，状似禾叶，长 30～40 厘米、宽 0.8～1.2 厘米；无明显的叶柄。**花葶** 自成熟假鳞茎基部附近的根状茎上抽出，较短，扁圆柱状，光滑，橄榄绿色，下部约有 2/3 为鞘所包被；**总状花序** 有花 2～4 朵；**花苞片** 红褐色，早落。**花** 较大，花径 3.3 厘米 × 4.8 厘米；象牙白色，仅唇瓣具褐色及黄色斑；**花梗连子房** 长约 1.5 厘米，褐绿色，有纵沟；**中萼片** 长圆形，长约 2.3 厘米、宽约 0.7 厘米，先端钝；**侧萼** 片 略狭，宽约 0.5 厘米，背面稍呈龙骨状；**花瓣** 与侧萼片相似。**唇瓣** 卵形，长约 2 厘米、宽约 1.5 厘米，3 裂：**侧裂片** 直立，近半卵形，端钝，象牙白色上具黄褐色脉；**中裂片** 近卵形，长 7～8 毫米、宽约 5 毫米，反曲，铬黄色，中部有两粒黑褐色疣状物，先端渐尖；**唇盘** 上有 3 条鸡冠状纵褶片，污白色，端部褐色，从基部延伸至中裂片下部，中央的一条较短。**蕊柱** 长约 1.2 厘米，略向前屈；背面白色略染橙黄晕，腹面黄褐色；两侧有由下向上渐宽的翅，至顶部扩大成风帽状。**花粉块** 片状，柠檬黄色，4 枚分为 2 组，每组大小各一。**蒴果** 倒披针状长圆形或狭倒卵状长圆形，长 3.2～3.8 厘米、径 0.7～1.1 厘米；果柄长 0.9～1.2 厘米。**花期** 12 月至次年 1 月。**果期** 9～11 月。

**产地和分布**：产于云南西南部。越南、老挝、缅甸、泰国、马来西亚、印度（东北部）均有分布。**模式标本** 采自印度东北部。

**生态**：附生或石生兰。喜附生于海拔 700～2000 米冷凉温和的常绿林下岩石上或树上。

**用途**：花大而美丽，栽培较易，可供观赏。

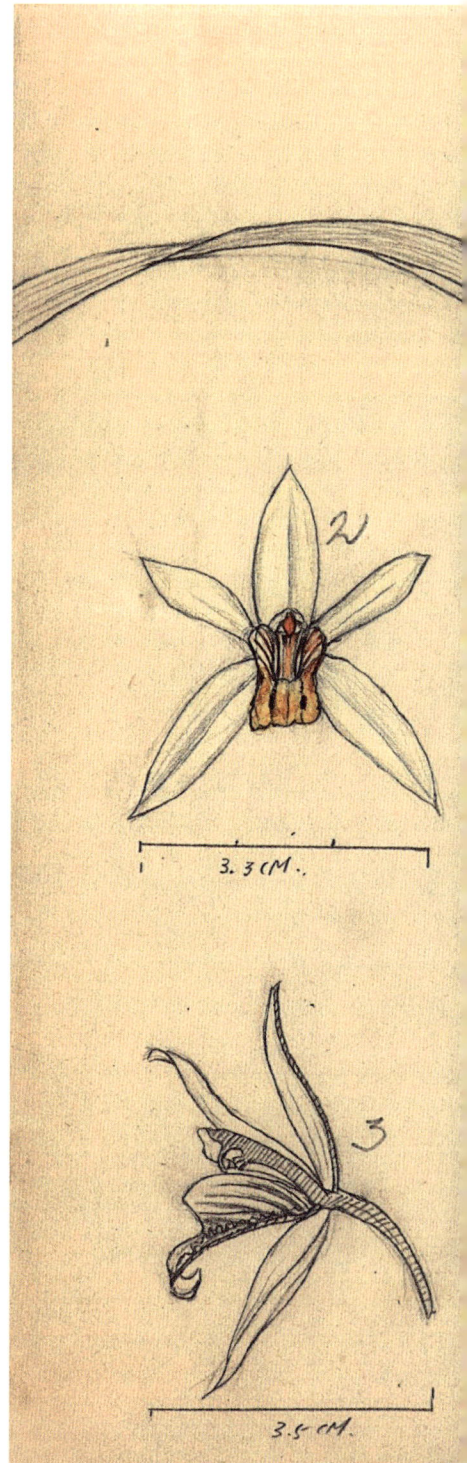

3.3 CM.

3.5 CM.

图 64 禾叶贝母兰 *Coelogyne viscosa* Rchb. f.

1 植株　2 花正面　3 花纵剖面　4 唇瓣　5 唇瓣纵剖面　6 蕊柱　7 药帽　8 花粉块
（1974/02/12 程式君采自云南西双版纳，并绘图）

# 65 芒果果上叶 <sub>（当地土名）</sub>

**学名：** *Coelogyne* sp.
**组别：** 顶苞组 Sect. Fuliginosae

**形态：** 植株 小型或中型，高 11 ～ 13 厘米，附生。**根** 扭曲索状，坚硬，多条簇生于假鳞茎基部，呈灰黄色。**根状茎** 匍匐生长，圆柱形，坚硬木质，径约 3 毫米，被红褐色苞片。**假鳞茎** 长圆形，疏离，长约 3.6 厘米、中部最粗处径约 1 厘米，顶生 2 枚叶片；老假鳞茎多皱缩呈卵状梭形，有纵沟纹。新假鳞茎基部有鞘 4 枚，**鞘** 呈阔卵圆形，长 1 ～ 2 厘米，纸质，红褐色。**叶** 革质，橄榄绿色；长椭圆形，长约 10 厘米、宽约 3.5 厘米，先端阔渐尖，顶端微凹，基部收窄成叶柄；中脉在叶面明显下陷。**花葶** 直立，长约 7 厘米，自新假鳞茎顶端抽出。**花序** 长 5 ～ 6 厘米，有花 1 ～ 2 朵；**花序轴** 圆柱形，淡绿色。**花** 肉质，径 5.5 厘米 × 5.3 厘米，花色除唇瓣的中裂片为紫褐色外，全为土黄色；**萼片及花瓣** 前部 2/3 染红褐色；**子房连花梗** 长约 3 厘米，径 2.5 毫米，淡草绿色；**中萼片** 卵状披针形，长渐尖，长约 3.3 厘米、宽 1.1 厘米，两侧后卷，端部稍后屈；**侧萼片** 为偏斜的阔卵状披针形，长 3.2 厘米、宽 1.4 厘米，边缘向后反卷，尖端后屈；**花瓣** 窄披针形或条状，长 3.1 厘米、宽 0.6 厘米，先端及边缘后卷。**唇瓣** 外轮廓长圆形，3 裂：**侧裂片** 直立，半圆形，长 1.5 厘米、高 0.6 厘米，淡黄白色，有均匀分布的紫红色细点；**中裂片** 卵状菱形，长 1.6 厘米、宽 1.5 厘米，端渐尖，边缘稍呈波状，除中部有黄色条带外，余全为黑褐色；**唇盘** 自基部至中裂片与侧裂片交界处有纵行褶片 3 条，乳黄色；中央的一条最长且较宽，中部略凹，端尖；侧边两条稍短而直立，基部具须状凸起。**蕊柱** 宽扁，长 1.5 厘米、宽 0.9 厘米，两侧具翅；背面乳黄色、腹面乳黄具紫色均匀细点；**蕊柱足** 宽而长；药帽近三角形，端钝，长 5 毫米、宽 4 毫米，乳黄色；**蕊喙** 截平，淡绿色。**花粉块** 球形，蜡质，柠檬黄色，4 枚分为 2 组，每组大小各一。**花期** 10 月。

**产地：** 云南省文山州（沈永直、刘永和采集。1984/10/16 程式君登记描述并绘图）。

**生态：** 附生于杧果树上。

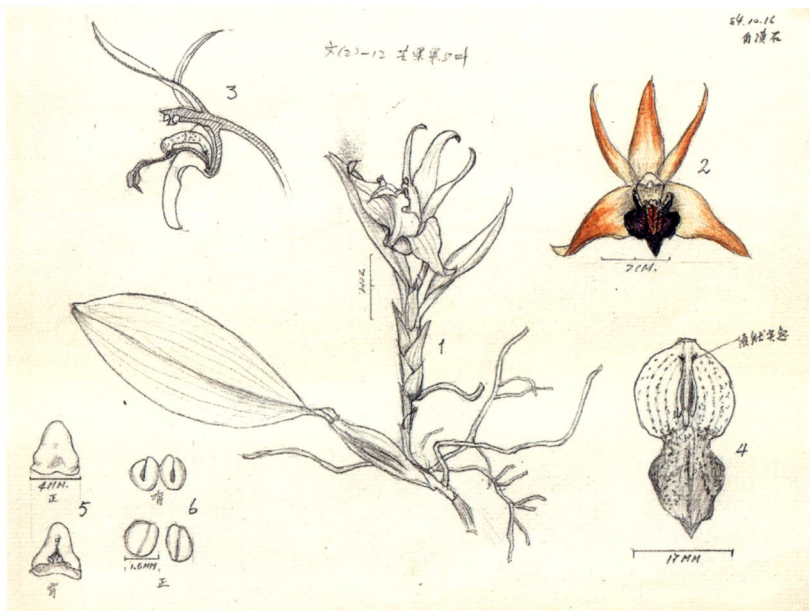

图 65 芒果果上叶 *Coelogyne* sp.

1 植株
2 花正面
3 花纵剖面
4 唇瓣
5 药帽
6 花粉块
（1984 沈永直、刘永和采自云南文山州，1984/10/16 程式君绘）

# 3.20　吻兰属　*Collabium* Bl.

**别名**：颈唇兰属

**历史**：1825 年，当时的爪哇皇家茂物植物园主任 C. L. Blume 在他的巨著《荷属东印度植物志》（*Bijdragen tot de Flora van Nederlandsch Indië*）一书中创立并发表了吻兰属。拉丁属名 *Collabium* 源自拉丁文 *collum*（颈）和 *labium*（唇），形容它的唇瓣基部紧抱蕊柱、缩窄如颈的样子。

**分类和分布**：吻兰属隶属兰科兰亚科树兰族的吻兰亚族。全属共有 10 种，分布于热带亚洲和新几内亚岛。我国有 3 种，产于南方多个省区。

**本属模式种**：宽叶吻兰 *Collabium nebulosum* Bl.，产于爪哇（其模式标本由 C. L. Blume 采自爪哇的 Salak）

**形态特征**：**植株** 地生兰。**根状茎** 匍匐。**假鳞茎** 细圆柱形，或形似叶柄，具 1 节，被筒状鞘，顶生 1 枚叶。**叶** 卵形、椭圆形或长圆状披针形，纸质，先端锐尖，基部渐狭成叶柄，具关节。**花葶** 自根状茎先端近假鳞茎基部处抽出，直立；**总状花序** 有花数朵，疏生；**花序柄** 纤细，基部被膜质鞘。**花** 中型；**中萼片**与侧萼片相似；**侧萼片** 基部彼此相连，并与蕊柱足合生成狭长的萼囊或距；**花瓣** 常较萼片窄。**唇瓣** 贴生于蕊柱足末端，具爪，3 裂；**侧裂片** 直立；**中裂片** 较大，近圆形；**唇盘** 上具褶片。**蕊柱** 细长，稍前弯，两侧具翅，翅在蕊柱上部常扩大成耳状或角状，向蕊柱基部的萼囊内延伸；**蕊柱足** 较长；**蕊喙** 短，先端平截。**花粉块** 2 枚，蜡质，近圆锥形，附着于松散的黏质物上。

## 66　吻兰 （别名：颈唇兰，中国颈唇兰，中国吻兰，柯丽白兰，乌来假吻兰）

**学名**：*Collabium chinense* (Rolfe) T. Tang et F. T. Wang

[曾用学名：*Nephelaphyllum chinense* Rolfe；*Chrysoglossum robinsonii* Ridl.；*Collabium uraiense* Fukuyama；*Collabiopsis uraiensis* (Fukuyama) S. S. Ying]

**形态**：**植株** 地生，匍匐，高约 15 厘米。**假鳞茎** 细圆柱形，形状和粗细均与叶柄相近，长约 4 厘米，基部稍扩大并贴生于匍匐的根状茎上，被鞘。**叶** 暗绿色、散布有多数暗紫色斑点，纸质，卵形或卵状长圆形，先端渐尖，基部阔圆，长 7～15 厘米、宽 4~7 厘米，具多数弧形脉；**叶柄** 长 1～2 厘米。**花葶** 长 14～18 厘米，被 2～4 枚膜质筒状鞘；**总状花序** 长 4～7 厘米，疏生 4～7 朵花；**花序轴** 绿色，有时染紫褐色晕；**花苞片** 膜质，卵状披针形，淡绿色，先端渐尖，长 1.1～1.6 厘米。**花** 中型，径约 2.2 厘米；花梗连子房 绿色有紫褐晕，具明显的翅状棱；**萼片和**

**花瓣** 形状和大小相似，且均为草绿色，有时背面有紫褐晕；**中萼片** 长圆状披针形，长约1厘米、宽约2.5毫米，先端渐尖，具5脉；**侧萼片** 等长于中萼片而较宽，略偏斜而呈镰状长圆形，先端渐尖，基部贴生于蕊柱足上，具5脉；**花瓣** 比萼片略窄，先端渐尖。**唇瓣** 白色，基部及侧裂片上有不规则的暗紫色碎斑，中央纵行褶片及其附近则为淡黄绿色；外轮廓倒卵形，长约0.9厘米，基部具爪，3裂：**侧裂片** 小，卵形，端钝，稍直立，两侧裂片间距6毫米；**中裂片** 近扁圆形，宽9毫米，先端近圆形且其边缘略具细齿；**唇盘** 中央在两侧裂片之间具2条褶片，并延伸到基部的爪上。**距** 圆筒形，长6毫米、径约2.5毫米。**蕊柱** 上部淡黄白色、中部以下淡绿至淡黄白色，略透明，长约1厘米，基部具蕊柱足；**蕊柱翅** 在蕊柱上端向两侧扩大为前伸的三角形齿。

**花期** 7～11月。

**产地和分布：** 产于福建、台湾、广东、广西、海南、云南和西藏（墨脱及其附近）。越南、泰国也有分布。**模式标本** 采自中国广东肇庆鼎湖山。

**生态：** 地生兰。喜生于海拔600～1000米的山谷密林下阴湿处或沟谷溪旁的阴湿岩石上。

**用途：** 形态奇特，可盆栽供观赏。

**图66** 吻兰 *Collabium chinense* (Rolfe) T. Tang et F. T. Wang
1 植株　2 花正面　3 花侧面　4 花纵剖面　5 唇瓣　6 蕊柱　7 药帽　8 花粉块
（1973/07/16聂群练采自海南五指山，程式君绘）

# 67 台湾吻兰（别名：台湾柯丽白兰，金唇兰，台湾吻唇兰，台湾假吻兰）

**学名**：*Collabium formosanum* Hayata

[ 曾用学名：*Tainia chapaense* Gagnep.；*Tainia delavayi* Gagnep.；*Chrysoglossum chapaense* (Gagnep.) T. Tang et F. T. Wang；*Chrysoglossum delavayi* (Gagnep.) T. Tang et F. T. Wang；*Collabiopsis formosanum* (Hayata) S. S. Ying；*Collabiopsis delavayi* (Gagnep.) Seidenf. ]

**形态**：**植株** 地生，高 15 ～ 38 厘米。**根状茎** 匍匐，纤细。**假鳞茎** 圆柱形，疏生于根状茎上，高 1.5 ～ 3.5 厘米、径 2 ～ 4 毫米，被鞘。**叶** 厚纸质，绿色，具黑绿色斑块，卵状披针形或长圆状披针形，长 7 ～ 22 厘米、宽 3 ～ 8 厘米，先端渐尖，基部近圆形或楔形，边缘波状，具多条弧形脉；叶柄长 1 ～ 2 厘米。**花葶** 长达 38 厘米，绿色，或仅上部为绿色而其余大部分为绿褐色；**总状花序** 疏生 4 ～ 9 朵花；**花序柄** 被鞘 3 枚；**花苞片** 约与花梗连子房等长，狭披针形，端渐尖。**花** 径约 2.5 厘米 × 2.3 厘米，较不开展；**花梗连子房** 绿色，基部有紫晕；**萼片和花瓣** 均为带状倒披针形，扭曲，草绿色有紫色斑、先端暗紫色；**中萼片** 长 15 ～ 17 毫米、宽 2.2 ～ 2.5 毫米，端部渐尖，具 3 脉；**侧萼片** 比中萼片略短而宽，且稍偏斜呈镰状倒披针形，端部渐尖，具 3 脉；**花瓣** 与侧萼片相似。**唇瓣** 白色，密布暗紫红色斑点和条纹，近圆形，长 10 ～ 14 毫米，基部具爪，3 裂：**侧裂片** 斜卵形，先端锐尖，前沿具不整齐的齿，两侧裂片之间摊平后相距约 8 毫米；**中裂片** 阔倒卵形，宽约 5 毫米，先端近阔圆形而且略凹，边缘具不整齐齿；**唇盘** 在两侧裂片之间具 2 条褶片，褶片下延至爪。**距** 圆筒状，末端钝，长约 4 毫米，草绿色染紫红晕。**蕊柱** 长约 1 厘米，黄白色，密布暗紫色斑，基部扩大，具蕊柱足；**蕊柱翅** 在蕊柱上端扩大成圆耳状。**花期** 4 ～ 9 月。

**产地和分布**：产于台湾、湖北、湖南、广东、广西、贵州、云南。越南也有分布。**模式标本**采自中国台湾。

**生态**：地生兰。喜生于海拔 450 ～ 1600 米的山坡密林下或沟谷林下岩石上。

**用途**：可盆栽供观赏。但在平原地区栽培较不易成活。

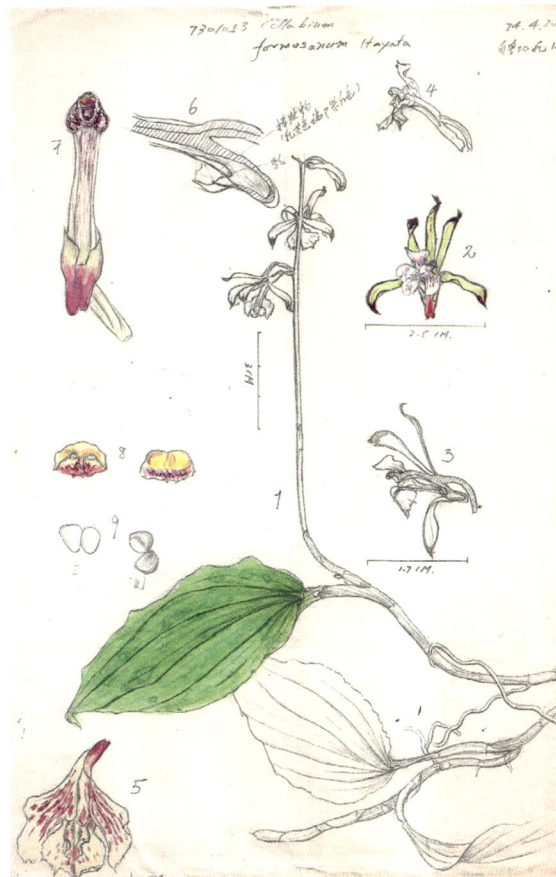

图 67 台湾吻兰
*Collabium formosanum*
Hayata
1 植株　2 花正面
3 花纵剖面　4 花侧面
（去除一边花瓣）
5 唇瓣　6 距纵剖面
7 蕊柱　8 药帽　9 花粉块（1974/04/20 程式君采自广东乳源，并绘图）

# 3.21 杜鹃兰属 *Cremastra* Lindl.

**历史：** 英国植物学家和园艺学家 John Lindley 于 1833 年在他的巨著《兰科植物的属和种》（*The Genera and Species of Orchidaceous Plants*）一书中创立并发表了杜鹃兰属（*Cremastra*）。拉丁属名 *Cremastra* 源自希腊文 *kremastra*（花梗），意指本属植物明显的子房柄。

**分类和分布：** 杜鹃兰属隶属兰科兰亚科树兰族的布袋兰亚族。全属仅有 2 种，分布于尼泊尔、印度（北部）、不丹、泰国、越南、日本和中国。我国两种均有，产于秦岭以南地区。

**本属模式种：** 杜鹃兰 *Cremastra appendiculata* (D. Don) Makino

（*Cymbidium appendiculatum* D. Don）

**生态类别：** 地生兰。

**形态特征：** **根状茎及假鳞茎** 均处于地下。**假鳞茎** 球茎状或近块茎状，节上具纤维状残鞘，基部密生多数纤维根。**叶** 1～2 枚，生于假鳞茎顶端；多为狭椭圆形，基部收窄成长叶柄；绿色，有时有紫色粗斑点。**花葶** 由假鳞茎上部的节上生出，较长，直立或略外弯，中部以下具 2～3 枚筒状鞘；**花序** 总状，由多数花组成；**花苞片** 小，宿存。花 大小中等，多为淡玫瑰红色；**萼片与花瓣** 相似，离生，开展或多少靠合。**唇瓣** 3 裂，基部有爪并具浅囊；**侧裂片** 较狭，呈线形或狭长圆形；**中裂片** 基部有一枚肉质凸起。**蕊柱** 较长，上大下小，无蕊柱足。**花粉块** 4 枚，分成 2 对，蜡质，侧扁，共同附着于黏盘上。

# 68 杜鹃兰（别名：马鞭兰，采配兰，毛慈菇，山慈菇）

**学名：** *Cremastra appendiculata* (D. Don) Makino

[ 曾用学名：*Cymbidium appendiculatum* D. Don；*Cremastra wallichiana* Lindl.；*Hyacinthorchis variabilis* Bl.；*Cremastra mitrata* A. Gray；*Pogonia lanceolata* Kraenzl.；*Cremastra triloba* Hayata；*Cremastra lanceolata* (Kraenzl.) Schltr.；*Cremastra variabilis* (Bl.) Nakai；*Cremastra bifolia* C. L. Tso；*Aplectrum appendiculata* (D. Don) F. Maekawa；*Cremastra appendiculata* (D. Don) Makino var. *variabilis* (Bl.) I. D. Lund]

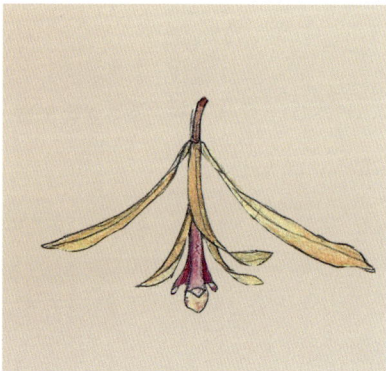

**形态：** 中型至大型地生兰。**植株** 直立，高 25～70 厘米。**假鳞茎** 藏于地下，卵状球形或近球形，状略似慈菇，故又名'山慈菇'或'毛慈菇'；高 1.5～3 厘米、直径 1～3 厘米，有 2～3 节，具纤维状残鞘。**叶** 由假鳞茎顶端生出，通常 1 枚，狭椭圆形、倒披针状下椭圆形或近椭圆形，长 18～34 厘米、宽 5～8 厘米，先端渐尖，基部收窄呈楔形；**叶柄** 长 7～17 厘米，下半部常包裹有残存的鞘。**花葶** 近直立，褐绿色，自假鳞茎上部的节上抽出，长 27～70 厘米；**总状花序** 长 10～25 厘米，有花 5～22 朵。

花 狭钟形，半开放，横径约 5.6 厘米、长约 3 厘米，芳香；萼片 淡红褐色、淡玫瑰红色或土黄色 染淡粉晕；中萼片 与侧萼片 形、色相似，狭倒披针形，由中部起 向基部渐狭成线形，长 2～3 厘米、前部宽 3.5～5 毫米，先端 急尖或渐尖，侧萼片略偏斜；花瓣 倒披针形或狭披针形，向基部 渐狭成狭线形，长 1.8～2.6 厘米、前部宽 3～3.5 毫米，端渐尖。唇瓣 与花瓣近等长，狭倒卵状披针形，在距先端约 1/4 处 3 裂：侧裂片 近线形，长 4～5 毫米、宽约 1 毫米，较厚，内卷，呈玫瑰红色；中裂片 椭圆至狭长圆形，长 6～8 毫米、宽 3～5 毫米，端尖，黄白色有玫瑰红晕或斑点，基部介于两侧裂片之间有 1 枚肉质凸起，凸起表面有时有疣状小凸起。蕊柱 细长，长 1.8～2.5 厘米，顶端扩大如蛇头状，腹面 或有狭翅。蒴果 近椭圆形，下垂，长 2.5～3 厘米、径 1～1.3 厘米。

图 68 杜鹃兰
***Cremastra appendiculata***
(D. Don) Makino

1 植株
2 花
3 花侧面
4 蕊柱及唇瓣侧面
5 唇瓣
6 蕊柱
7 药帽
8 花粉块
（1973/11 程式君采自广东乳源，1974/04/06 程式君绘）

花期 4～6 月。果期 8～12 月。
**产地和分布：** 产于山西、陕西、甘肃、江苏、安徽、浙江、江西、台湾、河南、湖北、湖南、广东、四川、贵州、云南、西藏。尼泊尔、不丹、印度、越南、泰国和日本也有分布。**模式标本**采自印度。
**生态：** 地生兰。喜冷凉及阴暗潮湿环境。多生于海拔 500～2900 米的树林或竹林下，以及沟谷溪边湿地上。
**用途：** 花朵芬芳美丽而且繁密，宜栽培供观赏。假鳞茎供药用，味辛性寒，有清热、解毒、消肿之功。

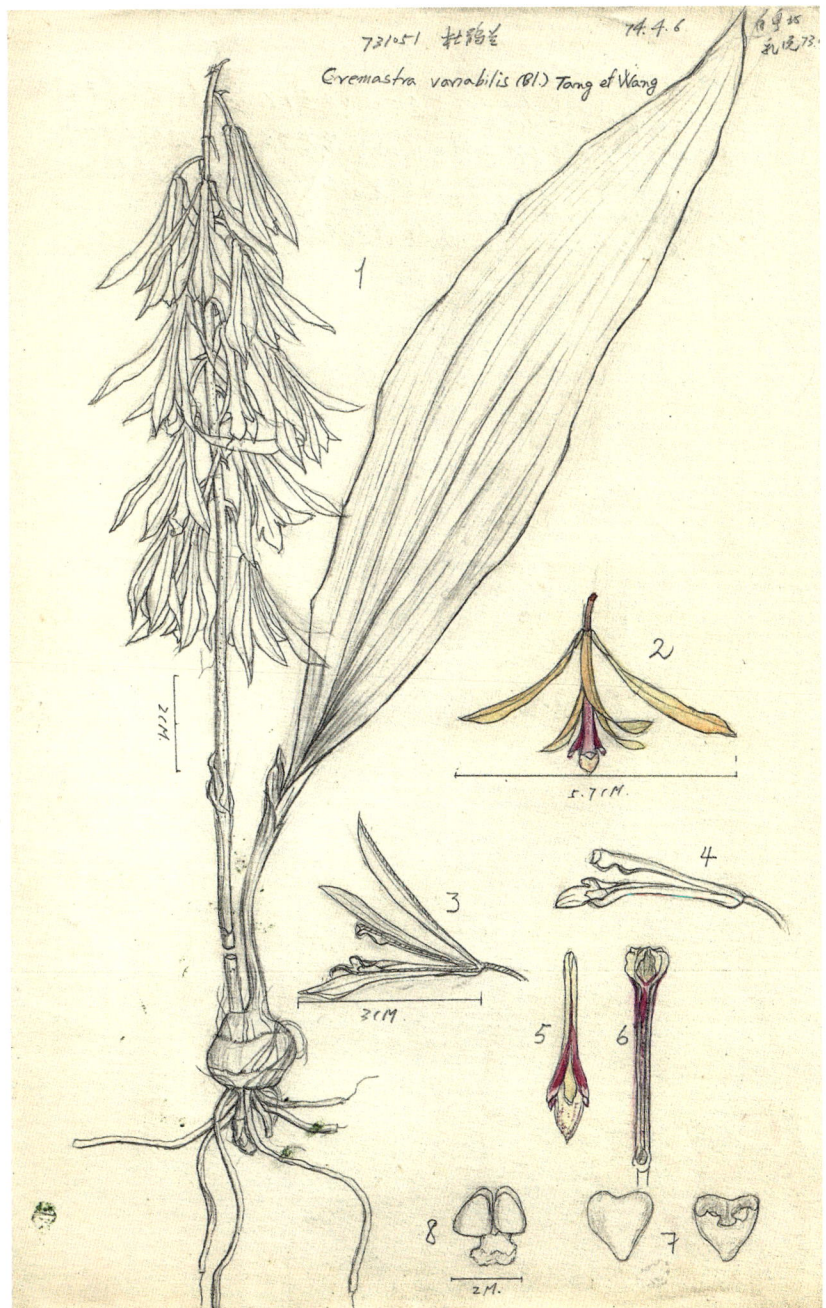

# 3.22 兰属 *Cymbidium* Sw.

**曾用属名：** *Jensoa* Rafin.；*Cyperorchis* Bl.；*Iridorchis* Bl.

**历史：** 瑞典植物学家 Olof Swartz 于 1799 年以纹瓣兰 *Epidendrum aloifolium* L. [*Cymbidium aloifolium* (L.) Sw. ] 为模式，首先描述并创立了兰属（*Cymbidium*），并发表于 *Acta Regiae Societatis Scientiarum Upsaliensis*。他对此属的界定非常广泛，如今除纹瓣兰（*Cymbidium aloifolium*）和建兰（*Cymbidium ensifolium*）外，当时包括的其他许多种已经不再属于本属。Lindley（1833）对兰属做了进一步的修正，将东南亚产的种类归入真兰亚属，使兰属初步具有类似于现今的形式。此后，兰属经历了许多植物学家的修订。例如，Blume（1848，1849，1858）；Reichenbach. f.（1852）；Hooker（1890）；P. F. Hunt（1970）；Seth 和 Cribb（1984）；Puy 和 Cribb（1988）等。使得兰属的内容和分类越来越趋于丰富完善。拉丁属名 *Cymbidium* 源自希腊文 *kymbes*（舟状杯），指本属有些种类船形的唇瓣。

**兰属的分类：** 兰属隶属兰科兰亚科树兰族的蕙足兰亚族。兰属共约 47 种（我国有 29 种），分成 3 个亚属，其下又分为 14 个组（我国有 10 组），现将其亚属及国产组的名称列举如下。

1. **兰亚属** Subgen. Cymbidium：共有 6 组 16 种，我国产 3 组 4 种。国产组为：

　i）硬叶组 Sect. Cymbidium：共 5 种，我国 1 种及 1 变种。如纹瓣兰等。

　ii）带叶组 Sect. Himantophyllum：共 1 种。即东凤兰。

　iii）多花组 Sect. Floribunda：共 2 种，我国全有。如多花兰等。

2. **大花亚属** Subgen. Cyperorchis：共有 5 组 20 种，我国产 4 组 13 种。国产组为：

　iv）斑舌兰组 Sect. Parishiella：共 1 种。即斑舌兰。

　v）莎草兰组 Sect. Cyperorchis：共 4 种，我国 2 种。如莎草兰等。

　vi）腋花组 Sect. Eburnea：共 4 种，我国 2 种。如独占春等。

　vii）大花组 Sect. Iridorchis：共 10 种，我国 8 种。如西藏虎头兰等。

3. **建兰亚属** Subgen. Jensoa：共有 3 组 11 种，我国全有。本亚属的组名如下：

　viii）腐生组 Sect. Pachyrhizanthe：共 1 种。即大根兰。

　ix）兔耳兰组 Sect. Geocymbidium：共 1 种。即兔耳兰。

　x）建兰组 Sect. Jensoa：共 9 种。如建兰等。

## 兰属 3 个亚属及 10 个国产组的检索表

1. 花粉块 2 枚，有深裂隙

　2. 唇瓣基部不与蕊柱基部合生 ·········································（Ⅰ）兰亚属 Subgen. Cymbidium

　　3. 叶厚革质，先端为不等 2 裂或微缺 ·································（1）硬叶组 Sect. Cymbidium

　　3. 叶纸质，先端不裂

　　　4. 叶背 2 条侧脉比中脉更隆起；花葶下弯或下垂，疏生 5 ～ 9 朵花；蕊柱长 9 ～ 10 毫

米·······························（2）带叶组 Sect. Himantophyllum

　　4.叶背中脉比 2 条侧脉更凸起；花葶近直立或稍外弯，密生 10 ～ 50 朵花；蕊柱长

　　　　12 ～ 15 毫米·····························（3）多花组 Sect. Floribunda

　2.唇瓣基部与蕊柱基部合生·····················**（Ⅱ）大花亚属 Subgen. Cyperorchis**

　　5.叶狭椭圆形，长 17 ～ 22 厘米，基部骤然收窄成柄；假鳞茎裸露···················

　　　·······································（4）斑舌兰组 Sect. Parishiella

　　5.叶带形，长 30 厘米以上，基部略狭，无明显叶柄；假鳞茎多少为叶基的鞘所包被

　　　6.花序下垂；花下垂，近钟形，花被片不开展···（5）莎草兰组 Sect. Cyperorchis

　　　6.花序近直立或略弯，较少下垂；花非钟形，平展，花被片展开

　　　　7.叶先端细微的不等 2 裂；花葶发自叶腋；花粉块近四方形···············

　　　　　·································（6）腋花组 Sect. Eburnea

　　　　7.叶先端不分裂；花葶发自假鳞茎近基部处；花粉块不为四方形···········

　　　　　·································（7）大花组 Sect. Iridorchis

1.花粉块 4 枚，分成 2 对··························**（Ⅲ）建兰亚属 Subgen. Jensoa**

　8.腐生植物，无绿叶·····················（8）腐生组 Sect. Pachyrhizanthe

　8.自养植物，有绿叶

　　9.叶倒披针状长圆形至狭椭圆形·············（9）兔耳兰组 Sect. Geocymbidium

　　9.叶带形·····························（10）建兰组 Sect. Jensoa

**兰属的分布：** 本属分布于亚洲的热带和亚热带地区，南至新几内亚和澳大利亚。我国的兰属植物则广布于秦岭山脉以南的广大地区。

**本属模式种：** 纹瓣兰 Cymbidium aloifolium (L.) Sw.（*Epidendrum aloifolium* L.）

**生态类别：** 大多数为地生兰，也有附生或石生的，仅一种（大根兰）为腐生兰。

**形态特征：植株** 中型或大型。**假鳞茎** 椭圆形或梭形，有时延伸成茎状，或无假鳞茎，通常为叶基部的鞘所包被。**叶** 多枚，常生于假鳞茎下部的节上，排成 2 列；带状，或罕有倒披针形至狭椭圆形；基部有关节，并常有宽阔的鞘并围抱假鳞茎。**花葶** 侧生，或由假鳞茎基部抽出，直立，外弯或下垂；**总状花序** 具数花至多花，罕有为单花的；**花苞片** 在花期不落；**花** 大型或中型；**萼片与花瓣** 略相似，离生；**唇瓣** 3 裂，基部有时与蕊柱合生达 3 ～ 6 毫米；**侧裂片** 直立，多少围抱蕊柱；**中裂片** 通常前端下弯；**唇盘** 有 2 条纵行褶片，常有基部延伸至中裂片基部，有时末端膨大或中部断开；**蕊柱** 较长，略向前弯，两侧有翅，腹面凹陷，或有时具短毛；**花粉块** 蜡质；2 枚，有深裂隙，或为 4 枚而形成不等大的 2 对；**花粉块柄** 短而富弹性，固着于近三角形的黏盘上。

# 69 纹瓣兰（别名：硬叶吊兰）

**学名：** *Cymbidium aloifolium* (L.) Sw.

[ 曾用学名：*Epidendrum aloifolium* L.；*Epidendrum pendulum* Roxb.；*Cymbidium pendulum* (Roxb.) Sw.；*Cymbidium simulans* Rolfe；*Cymbidium atropurpureum* auct. non (Lindl.) Rolfe]

**亚属及组别：** 兰亚属 Subgen. Cymbidium；硬叶组 Sect. Cymbidium

**形态：植株** 附生植物，高约 60 厘米。**假鳞茎** 椭圆形，高 3 ~ 6 厘米、径 2.5 ~ 4 厘米，常包被于叶基内。**叶** 4 ~ 5 枚，厚革质，坚硬，略外弯，呈带状，长 40 ~ 90 厘米、宽 1.5 ~ 4 厘米，先端不等 2 圆裂，关节位于基部之上 8 ~ 16 厘米处。**花葶** 自假鳞茎基部穿鞘而出，下垂，长 20 ~ 60 厘米；**总状花序** 具花 20 ~ 35 朵；**花苞片** 长 2 ~ 5 毫米。**花** 横径约 4 厘米，略有香气；**花梗连子房** 长 1.2 ~ 2 厘米；**萼片与花瓣** 底色乳黄，中央有一条紫褐色宽带和若干条纹；

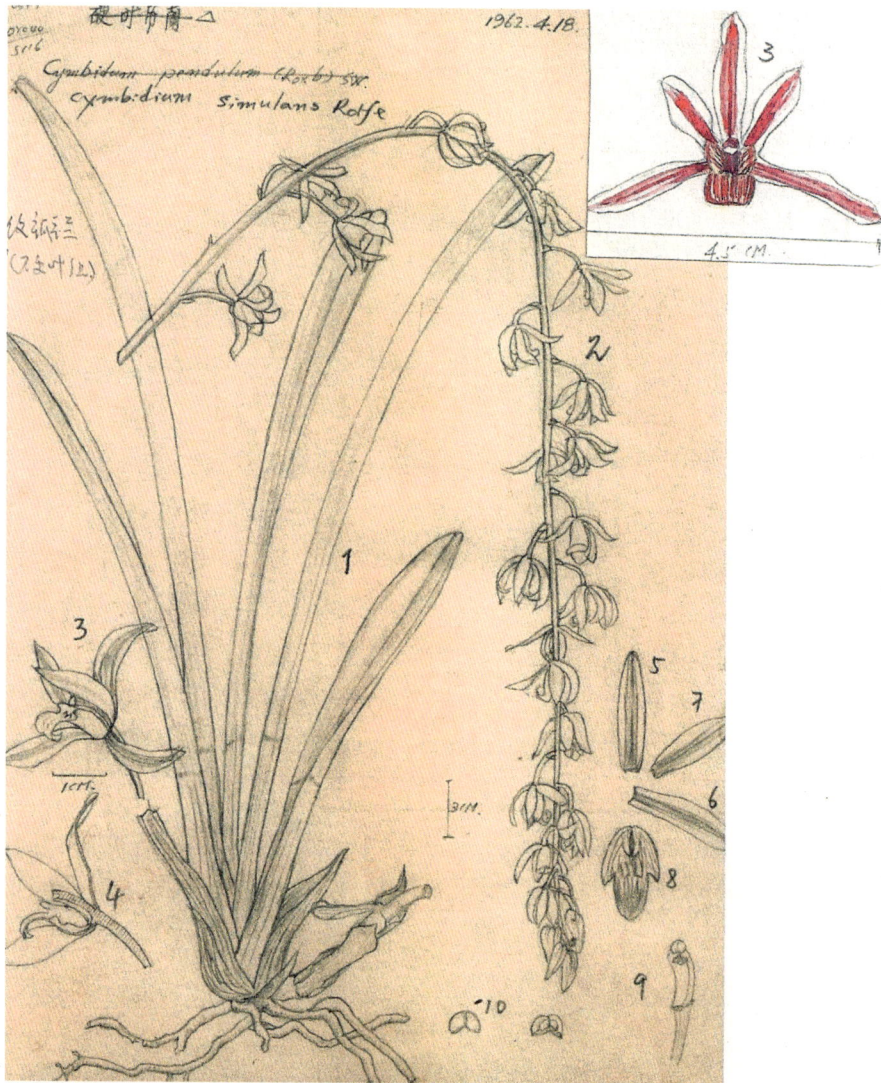

图 69 纹瓣兰 *Cymbidium aloifolium* (L.) Sw.

1 植株　2 花序　3 花　4 花纵剖面　5 中萼片　6 侧萼片　7 花瓣　8 唇瓣　9 蕊柱　10 花粉块（1962/04/18 程式君绘）

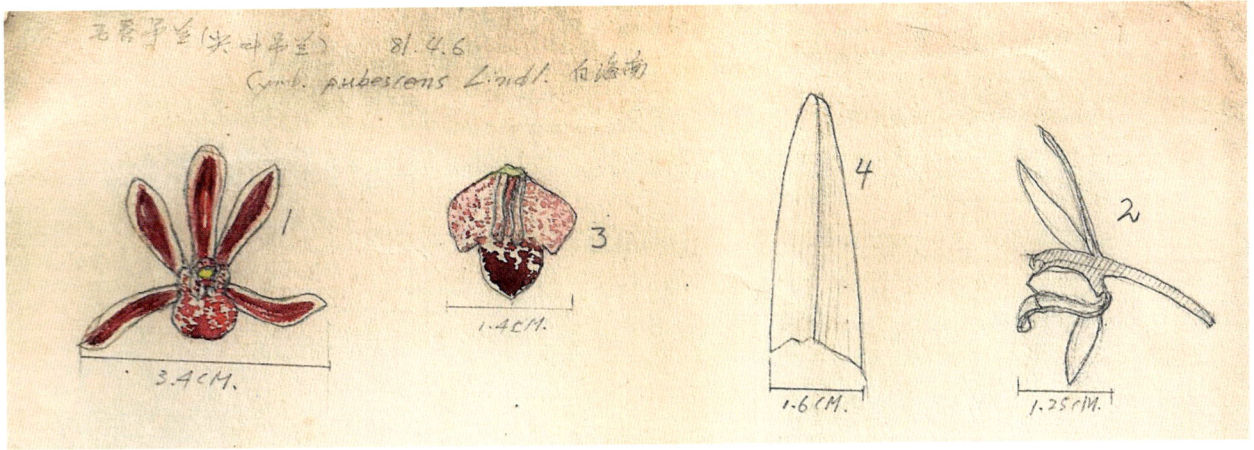

1）毛唇吊兰（尖叶吊兰）**Cymbidium pubescens** Lindl.

1 花正面　2 花纵剖面　3 唇瓣　4 叶尖　（1981/04/06 程式君采自海南，并绘图）

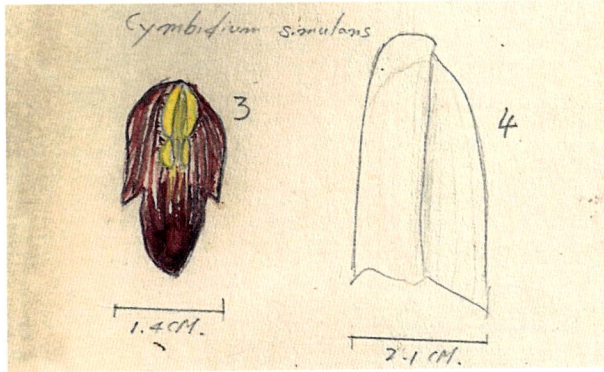

2）硬叶吊兰

**Cymbidium simulans** Rolfe

3 唇瓣

4 叶尖

（1981/04/06 程式君绘）

图 69a　两种不同的"纹瓣兰 **Cymbidium aloifolium** (L.) Sw."

（以上两种兰在形态上与纹瓣兰有明显区别。但目前在不少著作中，均将这两种兰作为纹瓣兰的同物异名处理）

**唇瓣** 底色乳黄，除端部紫褐色外，密布紫褐色细纵纹；**萼片** 狭长圆形或带状长圆形，长 1.5～2 厘米、宽 4～6 毫米；**花瓣** 略短于萼片且较宽，呈狭椭圆形。**唇瓣** 近卵形，长 1.3～2 厘米，3 裂，表面具小乳突或微柔毛，基部略呈囊状；**侧裂片** 超出蕊柱与药帽之上；**中裂片** 下弯；**唇盘** 上有 2 条黄色纵褶片，略弯曲，中部变窄或断开，末端和基部膨大。**蕊柱** 紫红色，长 1～1.2 厘米，略前屈；**花粉块** 2 枚。**蒴果** 长圆状椭圆形，长 3.5～6.5 厘米、径 2～3 厘米。**花期** 4～5 月。

**产地和分布：** 产于广东、海南、广西、贵州、云南。由斯里兰卡往北至尼泊尔，东至印度尼西亚爪哇，均有分布。

**生态：** 附生或石生兰。喜附生于海拔 100～1100 米的疏林或灌木丛中树干上或溪谷旁的岩壁上。

**用途：** 植株及花序姿态优美，花朵繁多，栽培容易。可盆栽供观赏，或用于绿化点缀园林假山石景。全草或种子供药用，可治肺热咳嗽、肺结核、吐血、咽喉炎、月经不调、白带、外伤出血等。

# 70 椰香兰（别名：硬叶兰，暗紫吊兰，紫寒兰）

**学名：** *Cymbidium atropurpureum* (Lindl.) Rolfe

[曾用学名：*Cymbidium pendulum* (Roxb.) Sw. var. *aropurpureum* Lindl.；*Cymbidium pendulum* (Roxb.) Sw. var. *purpureum* W. Watson；*Cymbidium finlaysonianum* Wallich ex Lindl. var. *atropurpureum* (Lindl.) Veitch；*Cymbidium atropurpureum* (Lindl.) Rolfe var. *olivaceum* J. J. Sm.]

**亚属及组别：** 兰亚属 Subgen. Cymbidium；硬叶组 Sect. Cymbidium

**形态：植株** 高大附生兰，罕石生。**假鳞茎** 卵圆形，高可达 10 厘米、宽约 6 厘米；侧扁，包藏在宿存的叶基和干膜质的芽苞叶内。**叶** 每假鳞茎有叶 7～9 枚；带状，长达 50～90（125）厘米、宽 1.5～4 厘米，先端为极不等的钝 2 裂；硬革质，略呈弓状弯曲；关节以下的叶基部分长 15～20 厘米，被宽阔的鞘；最短的退化为芽苞叶，顶端具离层区和 1 枚短叶片。**花葶** 自芽苞叶丛中生出，长 28～75 厘米，弓状或下垂，具花 10～33 朵；**花序梗** 短，长 5～16 厘米，基部覆被 6～8 枚覆瓦状的舟状鞘，鞘长达 7 厘米，端尖；**花序轴** 下垂，长 20～55 厘米，淡绿色有紫晕；**花苞片** 长 1～4 毫米，三角形。**花** 较大，径 3.5～4.5 厘米；有浓烈的椰子香气（因此兰科专家程式君拟定其中名为"椰香兰"）；**花梗连子房** 均淡绿色，常染有紫晕；**萼片** 深红紫色，或暗黄绿色染深紫红晕；**唇瓣** 初时白色，随时间逐渐转为黄色；**侧裂片** 染紫红色；**中裂片** 在纵脊前为黄色，且具紫红斑块；纵脊前部亮黄色，后部染紫红色；**蕊柱** 深紫红色，有时前面较淡；**药帽** 白色或淡黄色。**花梗连子房** 长 15～26 毫米。**中萼片** 长 28～33 毫米、宽 7～10 毫米，狭舌状椭圆形，端钝，近直立，边缘强烈反卷；**侧萼片** 相似，稍歪斜而呈镰状，稍下垂且前伸；**花瓣** 长 25～30 毫米、宽 7.5～11 毫米，狭椭圆形，半尖锐，稍前伸，边缘有时反卷。**唇瓣** 展平后长 21～25 毫米、宽 13～15 毫米，3 裂；**中裂片** 处最宽，具细乳突或茸毛，位于侧裂片尖端的毛最长；**侧裂片** 直立，远比蕊柱为短，端钝且为截平状；**中裂片** 大，长 11～13 毫米、宽 13～14 毫米，阔卵形至菱形，端钝或微缺，稍反卷，全缘；**纵褶片** 2 条，略呈"S"形，略微隆起如脊，先端圆形且逐渐消失而与中裂片基部融为一体。**蕊柱** 长 16～18 毫米、宽约 3.5 毫米，弓形，具窄翅；**花粉块** 长 2～2.5 毫米，三角形，具深缺刻，着生于阔三角形的黏盘上。

**产地和分布：** 据现有文献记载，

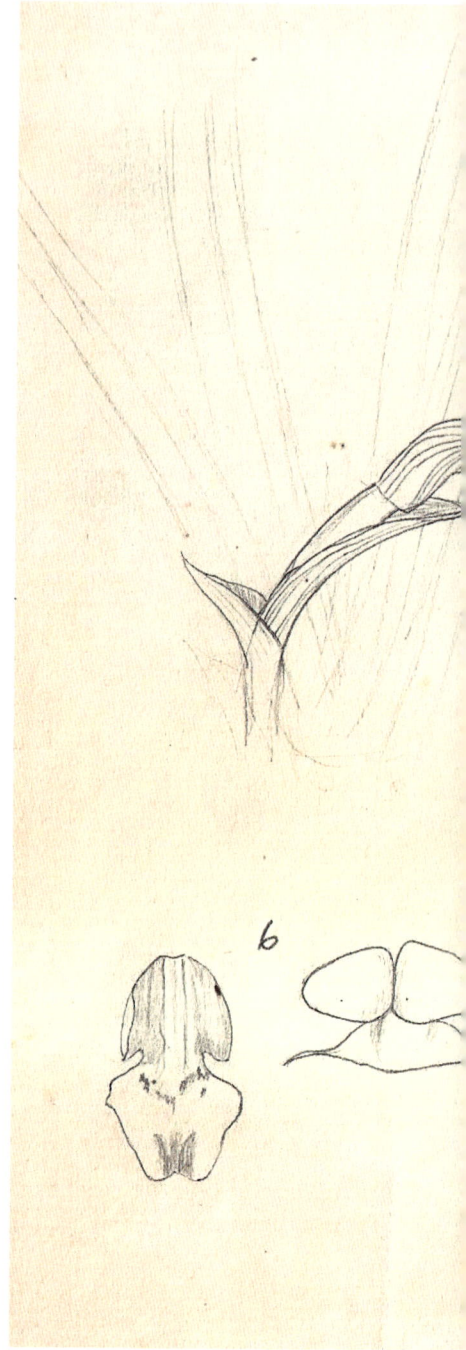

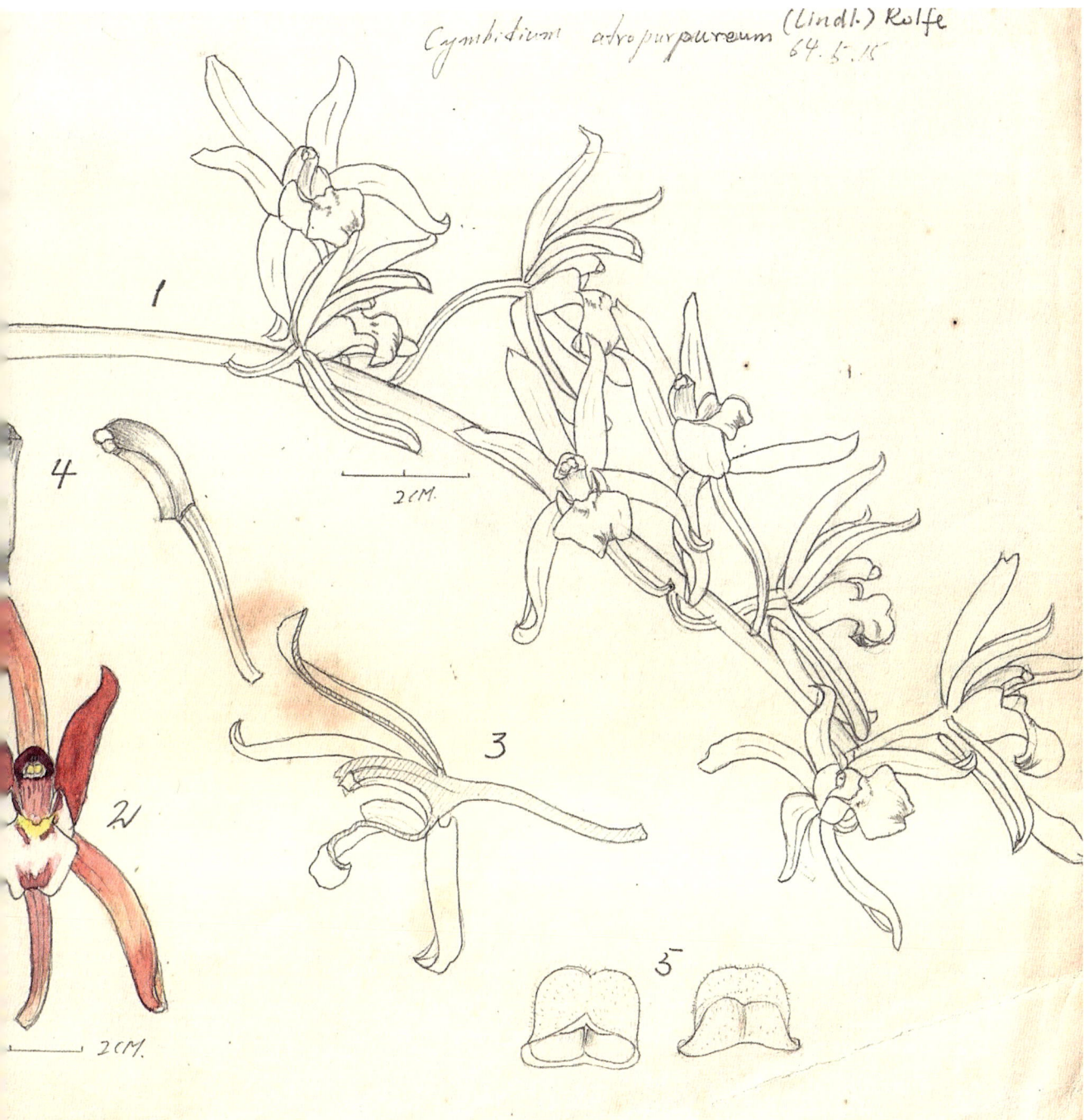

*Cymbidium atropurpureum* (Lindl.) Rolfe
64.5.15

2CM.

2CM.

我国不产（本节附图为程式君于 1964/05/15 根据当时中国科学院华南植物园兰圃栽培的活植物绘制，来源不详）。本种分布于泰国（南部）、马来西亚（西部）及印度尼西亚（苏门答腊、爪哇、婆罗洲）和菲律宾群岛。

**生态：** 附生于海拔 0 ～ 2200 米的树上或石上。

**用途：** 植株伟岸壮观，花色高贵，姿态优美，栽培容易，为观赏价值颇高的稀有花卉。

图 70 椰香兰（硬叶兰）
*Cymbidium atropurpureum*
  (Lindl.) Rolfe

1 花序　2 花正面　3 花纵剖面
4 蕊柱　5 药帽　6 花粉块
（1964/05/15 程式君绘）

# 71　冬凤兰

**学名：** *Cymbidium dayanum* Rchb. f.

[ 曾用学名： *Cymbidium leachianum* Rchb. f.； *Cymbidium simonsianum* King et Pantl.； *Cymbidium dayanum* Rchb. f. var. *austro-japonicum* Tuyama； *Cymbidium sutepense* Rolfe ex Downie； *Cymbidium poilanei* Gagnep.； *Cymbidium eburneum* Lindl. var. *austro-japonicum* (Tuyama) Hiroe； *Cymbidium dayanum* Rchb. f. subsp. *leachianum* (Rchb. f.) S. S. Ying； *Cymbidium dayanum* Rchb. f. var. *leachianum* (Rchb. f.) S. S. Ying； *Cymbidium dayanum* Rchb. f. var. *albiflorum* S. S. Ying]

**亚属及组别：** 兰亚属 Subgen. Cymbidium； 带叶组 Sect. Himantophyllum

**形态：** **植株** 中型至大型附生兰，高 30～80 厘米。**假鳞茎** 为极压扁的卵形或梭形，长 2～5 厘米、宽 1.5～2.5 厘米，包被于宿存叶基和芽胞叶中。**叶** 暗绿色，4～9 枚，排成 2 列；窄带形，先端渐尖、不裂，硬纸质或略呈革质，无柄，叶脉在叶背凸起，侧脉更凸于中脉；关节下距基部 5～12 厘米。**花葶** 淡黄绿色，长 18～35 厘米，下弯或下垂；**总状花序** 有花 5～15 朵；**花苞片** 淡紫色，三角形，长 4～5 毫米。**花** 直径 4～5 厘米，香气不明显；**花梗连子房** 淡黄绿色，长 1～2 厘米；**萼片及花瓣** 白色，中央有 1 条紫红色纵带，由基部延伸至距尖端 1/4 处。**唇瓣** 除基部和中裂片中央为白色或乳黄色外，其余部分均为紫红色；**侧裂片** 更密具紫红色脉。**萼片** 狭长圆形，长 2.2～2.7 厘米、宽 3～7 毫米；**花瓣** 狭卵状长圆形，长 1.7～2.3 厘米、宽 4～6 毫米。**唇瓣** 近卵形，长 1.5～1.9 厘米，3 裂：**侧裂片** 与蕊柱近等长；**中裂片** 下弯；**唇盘** 具 2 条纵褶片，白色或乳黄色，自基部延伸至中裂片基部，上有密集的腺毛，褶片前端有两条具腺毛的线延伸至中裂片中部。**蕊柱** 紫红色，稍前屈，长 9～10 毫米，为萼片长度的 1/2～3/5；**药帽** 乳白或淡黄色；**花粉块** 2 枚，近三角形。**蒴果** 椭圆形，长 4～5 厘米、径 2～2.8 厘米。**花期** 8～12 月。

**产地和分布：** 我国产于福建、台湾、海南、广东、广西、云南。分布于印度、缅甸、越南、老挝、柬埔寨、泰国、马来西亚、印度尼西亚、菲律宾、日本。**模式标本** 采自印度（阿萨姆邦）。

**生态：** 喜附生于海拔 300～1800 米的常绿低地林的树干中、下部或溪谷岩壁上。

**用途：** 为美丽的大花兰。可栽培供观赏，为大花蕙兰栽培品种的育种母本之一。

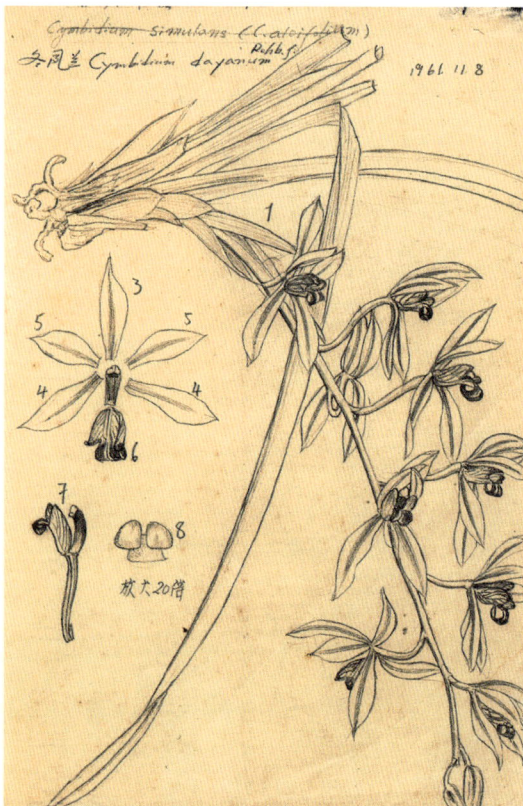

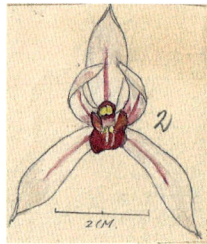

图 71　冬凤兰
***Cymbidium dayanum***
Rchb. f.

1 植株
2 花正面
3 中萼片
4 侧萼片
5 花瓣
6 唇瓣
7 蕊柱、唇瓣、花梗连子房
8 花粉块

（1961/11/08 程式君绘）

# 72 多花兰（别名：朱砂兰，金棱边，金龙边）

**学名：** *Cymbidium floribundum* Lindl.

[曾用学名：*Cymbidium pumilum* Rolfe；*Cymbidium illiberale* Hayata；*Cymbidium floribundum* Lindl. var. *pumilum* (Rolfe) Y. S. Wu et S. C. Chen]

**亚属及组别：** 兰亚属 Subgen. Cymbidium；多花组 Sect. Floribunda

**形态：植株** 中型，高 30～60 厘米，附生。**假鳞茎** 卵形，稍扁，长 2.5～3.5 厘米、宽 2～3 厘米，为叶基所包被。**叶** 5～6 枚，薄革质，带状，长 22～50 厘米、宽 8～18 毫米，先端钝或急尖，叶脉在叶背凸起，关节距离基部 2～6 厘米。**花葶** 由假鳞茎基部穿鞘而出，近直立或外弯，长 16～28 厘米；**总状花序** 密生 10～40 朵花；**花** 直径 3～4 厘米；**萼片与花瓣** 茶褐色，近先端或近基部有红晕，**唇瓣** 白色，但在侧裂片与中裂片上有紫红斑，花凋萎时白色部分转为玫瑰红色；**萼片** 狭长圆形，长 1.6～1.8 厘米、宽 4～7 毫米；**花瓣** 狭椭圆形，长 1.4～1.6 厘米，宽度与萼片近相等。**唇瓣** 近卵形，长 1.6～1.8 厘米，3 裂：**侧裂片** 直立；**中裂片** 稍下弯，二者均具小乳突；**唇盘** 上具 2 条黄色纵行褶片，其末端靠合。**蕊柱** 绿白色有紫红晕，长 1.1～1.4

厘米，略前屈；**花粉块** 2 枚，三角形。**蒴果** 近长圆形，长 3～4 厘米、径 1.3～2 厘米。**花期** 4～8 月。

**产地和分布：** 产于浙江、江西、福建、台湾、湖北、湖南、广东、广西、四川、贵州、云南等省区。

**生态：** 附生或石生兰。喜生于海拔 100～3300 米林中或林缘的树干上或半阴溪谷的岩石上或岩壁上。

**用途：** 花繁叶茂，适应性强，可栽培供观赏。

图 72 多花兰（1）
*Cymbidium floribundum* Lindl.

1 叶丛及花序 2 花正面 3 花纵剖面
4 子房及蕊柱 5 唇瓣正面观
6 唇瓣俯视 7 花粉块
（1962/06/19 程式君绘）

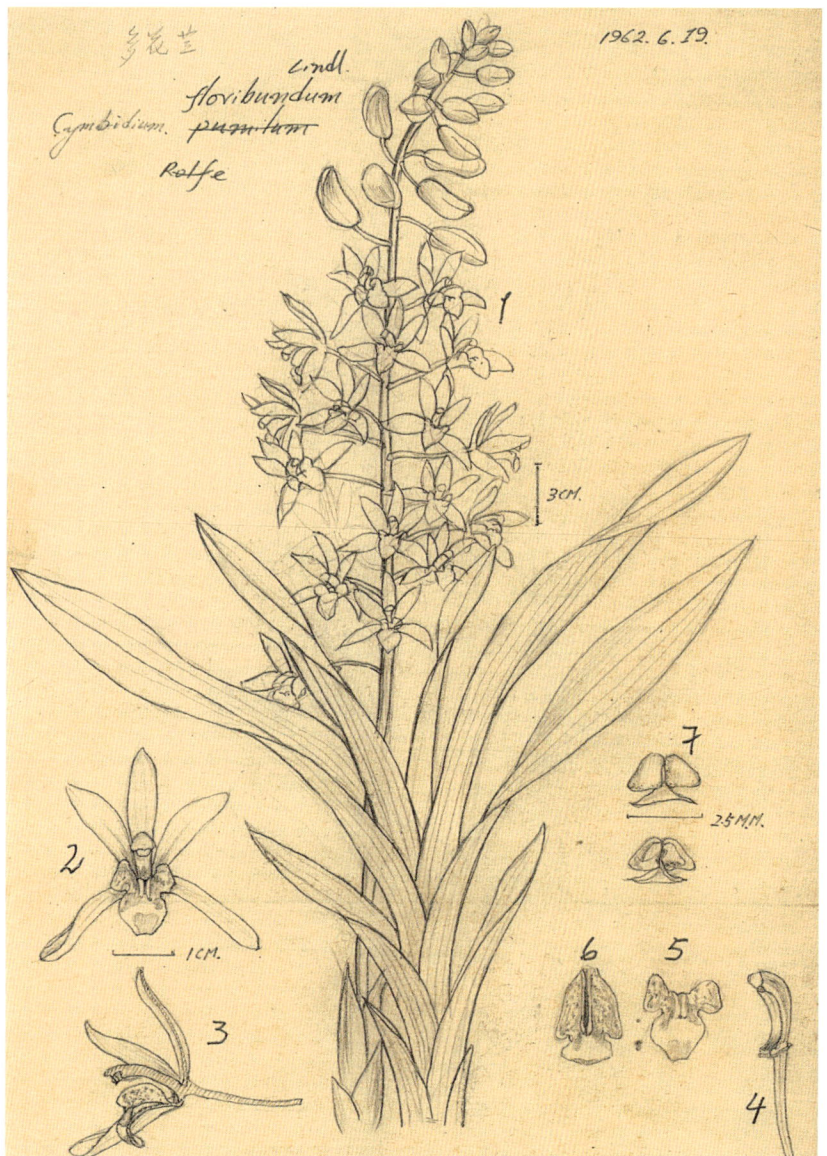

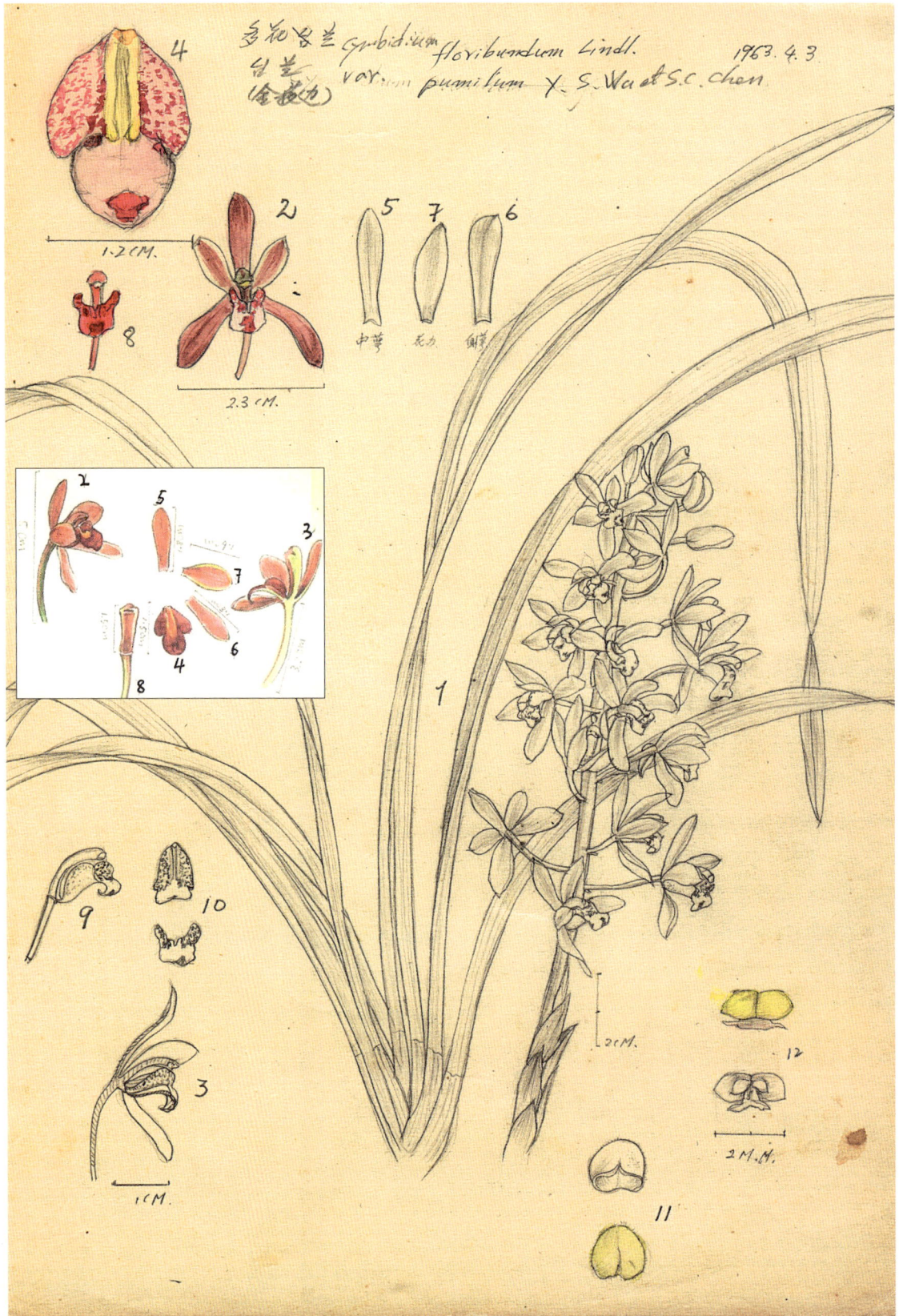

多花名兰 Cymbidium floribundum Lindl.
匀兰 var. pumilum Y. S. Wu et S. C. chen
（金菱兰） 1963. 4. 3

**图 72a 多花兰（2）*Cymbidium floribundum* Lindl.**
1 植株及花葶　2 花　3 花纵剖面　4 唇瓣　5 中萼片　6 侧萼片　7 花瓣　8 蕊柱　9 唇瓣
10 唇瓣俯视（上）、唇瓣正面（下）　11 药帽　12 花粉块　　（1963/04/03 程式君绘）

# 73 独占春（别名：象牙兰）

**学名：** *Cymbidium eburneum* Lindl.

[ 曾用学名：*Cymbidium syringodorum* Griffith；*Cymbidium eburneum* Lindl. var. *dayi* Jennings；*Cymbidium eburneum* Lindl. var. *williamsianum* Rchb. f.；*Cymbidium eburneum* Lindl. var. *philbrickianum* Rchb. f.；*Cyperorchis eburnea* (Lindl.) Schltr. ]

**亚属及组别：** 兰亚属 Subgen. Cymbidium；腋花组 Sect. Eburnea

**形态：植株** 高约 50 厘米，石生或附生，常数株丛生。**假鳞茎** 高约 10 厘米、径约 3 厘米，卵形至梭形，两侧压扁，为叶基所包，基部常有纤维状残鞘。**叶** 6～17 枚，较薄；长 55～65 厘米、宽 1.4～2.1 厘米，带形，先端尖，或不等 2 尖裂，基部呈 2 列套叠，且有褐色膜质边缘，边缘宽 1～1.5 厘米，关节距基部 4～8 厘米。**花葶** 自假鳞茎下部的叶腋抽出，长 25～40 厘米，直立或近直立；**总状花序** 具花 1～2 朵（罕 3 朵）；**花苞片** 卵状三角形，长 6～7 毫米。**花** 径约 10 厘米，不全开，蜡质而持久，有香气；**花梗连子房** 长 2.5～3.5 厘米；**萼片与花瓣** 白色，有时略染粉红晕，**唇瓣** 也为白色，中裂中央至基部有一黄斑，与黄色的褶片末端相连，偶有粉红色斑点；**蕊柱** 白色或稍染淡粉红，基部有时有黄斑；**萼片** 狭长圆状倒卵形，长 5.5～7 厘米，宽 1.5～2 厘米，先端略钝；**花瓣** 狭倒卵形，宽 1.3～1.8 厘米，与萼片等长。**唇瓣** 宽椭圆形，略短于萼片，基部与蕊柱合生部分长达 3～5 毫米，3 裂：**侧裂片** 直立，略围抱蕊柱，有小乳突或短毛；**中裂**片 稍外弯，由中部至基部密被短毛，其余部分有细毛，边缘波状；**唇盘** 上 2 条纵行褶片汇合为一，由唇盘基部延伸至中裂片基部，上长有小乳突和细毛。**蕊柱** 长 3.5～4.5 厘米，两侧有狭翅；**花粉块** 2 枚，四方形；**黏盘** 基部两侧有丝状附属物。**蒴果** 近椭圆形，长 5～7 厘米、宽 3～4 厘米。

**花期** 2～5 月。

**产地和分布：** 产于海南、广西、云南。尼泊尔、印度、缅甸也有分布。**模式标本** 采自印度东北部。

**生态：** 附生及石生兰。喜生于溪谷边岩石上。

**用途：** 花大而美，有香气；株形潇洒。宜栽培供观赏，或作为育种亲本。

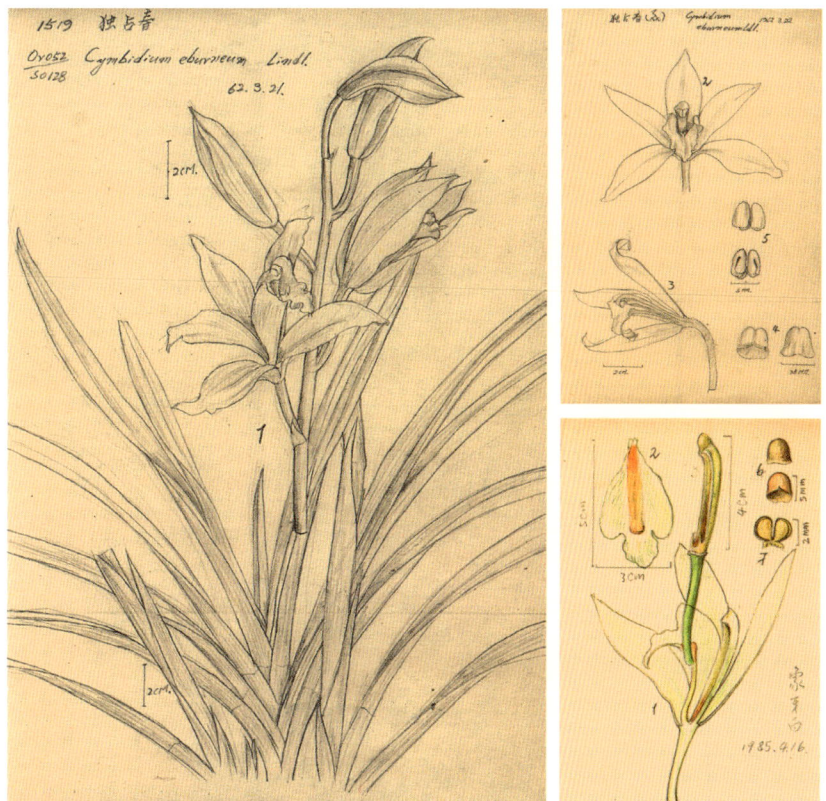

图 73 独占春 *Cymbidium eburneum* Lindl.
黑白图：1 叶丛及花序 2 花正面 3 花纵剖面 4 药帽 5 花粉块（1962/03/21 程式君绘）
彩色图：1 花 2 唇瓣 6 药帽 7 花粉块 （1985/04/16 程式君重绘）

# 74 碧玉兰

**学名：** *Cymbidium lowianum* (Rchb. f.) Rchb. f.

[ 曾用学名：*Cymbidium giganteum* Wall. ex Lindl. var. *lowianum* Rchb. f.；*Cyperorchis lowiana* (Rchb. f.) Schltr.；*Cymbidium hookerianum* Rchb. f. var. *lowianum* (Rchb. f.) Y. S. Wu et S. C. Chen]

**亚属及组别：** 大花亚属 Subgen. Cyperorchis；大花组 Sect. Iridorchis

图 74 碧玉兰 *Cymbidium lowianum* (Rchb. f.) Rchb. f.
1 花正面　2 花纵剖面　3 唇瓣　4 药帽　5 花粉块　6 植株（1962/04/23 程式君绘）

**形态：** 植株 大型附生或石生兰，高约 80 厘米。**假鳞茎** 高 13 厘米、直径约 5 厘米，两侧压扁，具 9～10 枚叶。**叶** 黄绿色，带状，长可达 90 厘米、宽约 3.5 厘米，端尖，在距假鳞茎 6～10 厘米处有关节。**花葶** 深绿色，长约 70 厘米或可达 100 厘米以上，近直立或水平状弓曲；**总状花序** 有花 12～30 朵；**花苞片** 卵状三角形，长约 3 毫米。**花** 大型，直径 7～10 毫米，无香气，寿命长；**花梗连子房** 深绿色，长 3～4 厘米；**萼片及花瓣** 橄榄绿色至黄绿色，有红褐色纵脉，有时近基部略染红褐色晕；**唇瓣** 乳白至淡黄色；中裂片近端部有一大型红褐色"V"形斑及中线；**中萼片**

狭倒卵形，内凹，端尖，前伸，长 4.8～5.7 厘米、宽 1.6～1.8 厘米；**侧萼片** 与中萼片相似，开展；**花瓣** 舌形至倒卵形，端尖，略弯，开展，长 4.8～5.3 厘米、宽 1.1～1.3 厘米。**唇瓣** 近宽卵形，长 3.5～4 厘米，基部与蕊柱合生达 3～4 毫米，3 裂：**侧裂片** 被毛，尤其在其前部密生短毛；**中裂片** 在其"V"形斑区密生短毛，边缘啮蚀状并略呈波状；**唇盘** 具 2 条肥厚的纵行褶片，延伸至中裂片基部，上生细毛。**蕊柱** 绿色或黄绿色，腹面具少数红褐色斑点，长 2.7～3 厘米，前弯，两侧具翅，腹面基部有乳突或短毛；**花粉块** 2 枚，三角形。**蒴果** 梭形至椭圆形，长 6～8 厘米、直径 3～4 厘米，具柄，前端有长 1.5～2 厘米的喙。**花期** 1～5 月。

**产地和分布：** 产于云南南部。缅甸和泰国也有分布。**模式标本**采自缅甸。

**生态：** 喜生于海拔 1300～1900 米的林中树上或溪谷边的岩壁上。

**用途：** 花大型、美丽而繁多，栽培容易，为栽培历史颇长的著名花卉。在欧美广泛栽培并已育成多数观赏价值很高的栽培品种。且为多种大花杂种兰的亲本。

# 75 长叶兰（别名：小虎头兰）

**学名：** *Cymbidium erythraeum* Lindl.

[ 曾用学名：*Cymbidium longifolium* auct. non D. Don；*Cyperorchis longifolia* (D. Don) Schltr.]

**亚属及组别：** 大花亚属 Subgen. Cyperorchis；大花组 Sect. Iridorchis

**形态：植株** 附生，高约 60 厘米。**假鳞茎** 卵形，长 2 ～ 5 厘米、宽 1.5 ～ 3 厘米，为叶基所包被。**叶** 5 ～ 11 枚，排成 2 列；带状，长 60 ～ 90 厘米、宽 0.7 ～ 1.5 厘米，由中部起向左先端渐狭；色深绿，基部紫色；关节位于距基部 3 ～ 6.5 厘米处。**花葶** 近直立或呈弓状下弯，长 25 ～ 75 厘米；**总状花序** 具 3 ～ 7 朵花；**花苞片** 近三角形，长 2 ～ 4 毫米。**花** 有香气，直径 7 ～ 8 厘米；**花梗连子房** 长 2.5 ～ 4.3 厘米，草绿色；**萼片与花瓣** 底色黄绿，布满红褐色脉纹和不规则斑点，**唇瓣** 淡黄色至白色；**侧裂片** 上具红褐色脉；**中裂片** 上有少量红褐色斑点和 1 条中央纵线；**萼片** 狭长圆状倒披针形，长 3.4 ～ 5.2 厘米、宽 0.7 ～ 1.4 厘米；**花瓣** 呈镰刀状，长 3.5 ～ 5.3 厘米、宽 0.3 ～ 0.7 厘米，斜出。**唇瓣** 近椭圆状卵形，长 3 ～ 4.3 厘米，3 裂，基部与蕊柱合生处长 2 ～ 3 毫米；**侧裂片** 直立，被短毛，边缘偶有短缘毛；**中裂片** 心形至肾形，表面有小乳突，并散生短毛；**唇盘** 有纵行褶片 2 条延伸至中裂片基部，褶片密生短毛，顶端肥厚。**蕊柱** 长 2.3 ～ 3.2 厘米，略前弯，两侧具翅，下部有疏毛；

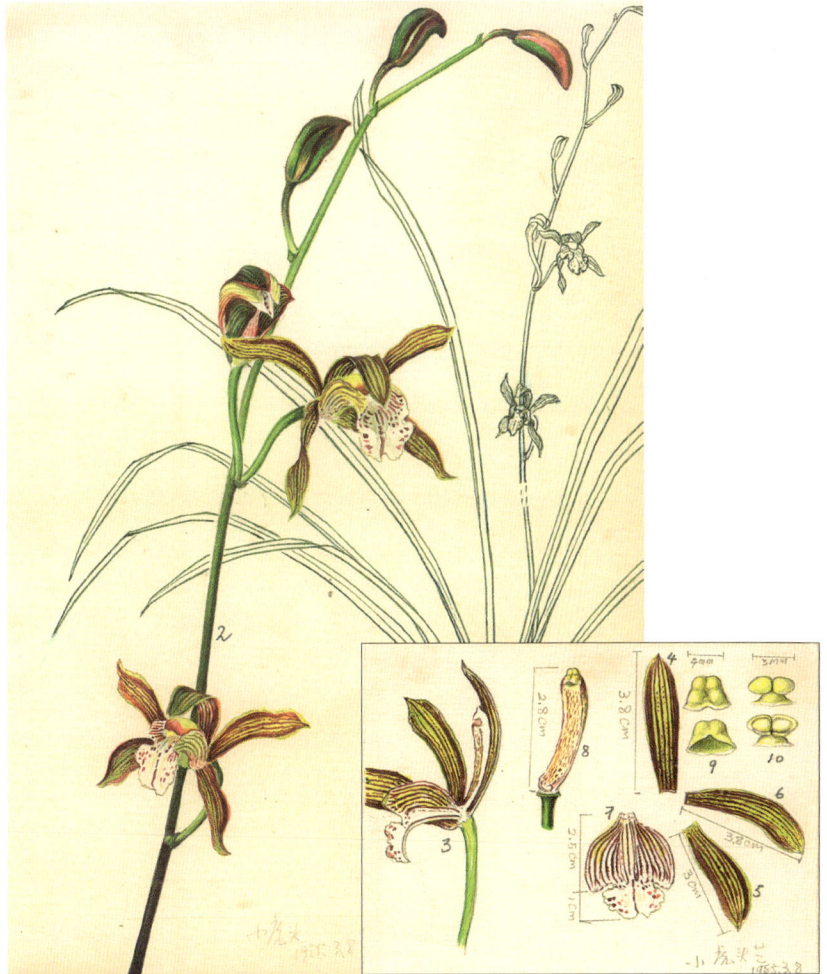

图 75 长叶兰 *Cymbidium erythraeum* Lindl.
1 植株 2 花序 3 花纵剖面 4 中萼片 5 侧萼片 6 花瓣 7 唇瓣 8 蕊柱 9 药帽 10 花粉块 （1985/03/08 程式君、邓盈丰绘）

**花粉块** 2 枚，近三角形。**蒴果** 梭状至椭圆形，长 4 ～ 5 厘米、径 2 ～ 3 厘米。**花期** 10 月至次年 1 月。

**产地和分布：** 产于四川、云南、西藏。尼泊尔、不丹、印度、缅甸均有分布。**模式标本** 采自印度。

**生态：** 附生或石生兰，喜冷凉环境。多生于海拔 1400 ～ 2800 的林中或林缘树上或岩石上。

**用途：** 盆栽赏花，或用作育种亲本。

# 76　西藏虎头兰（别名：软虎头兰）

**学名：** *Cymbidium tracyanum* L.

[ 曾用学名： *Cyperorchis tracyana* (L. Castle) Schltr. ]

**亚属及组别：** 大花亚属 Subgen. Cyperorchis；大花组 Sect. Iridorchis

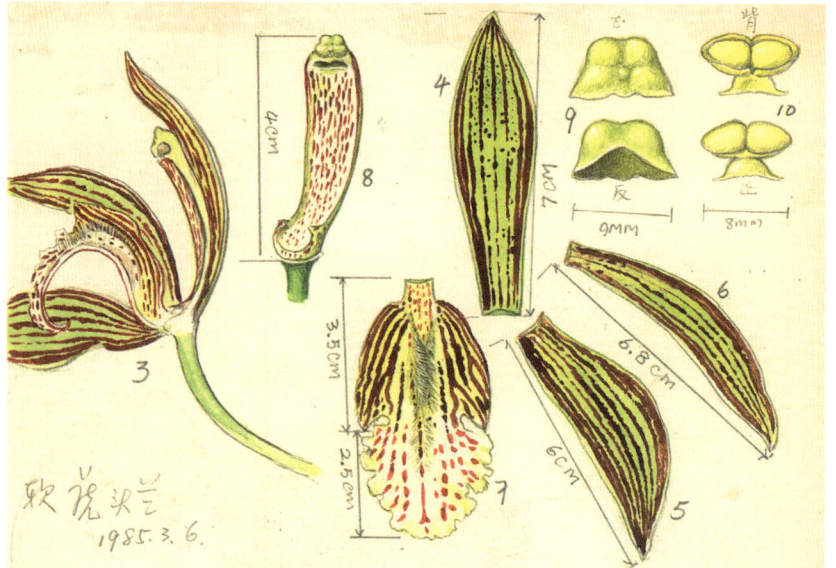

图 76 西藏虎头兰
*Cymbidium tracyanum* L.

1 植株
2 花序
3 花纵剖面
4 中萼片
5 侧萼片
6 花瓣
7 唇瓣
8 蕊柱
9 药帽
10 花粉块

（1985/03/05 程式君、邓盈丰绘）

**形态：** 植株 高大，附生或石生，高 60 ～ 80 厘米。**假鳞茎** 长卵形，两侧压扁，长 5 ～ 11 厘米、宽 2 ～ 5 厘米，基部包被于数枚叶鞘中。叶 5 ～ 8 枚，带形，长 50 ～ 80 厘米、宽 1.5 ～ 3.5 厘米，叶背呈明显龙骨状，叶端急尖，关节位于距基部 7 ～ 14 厘米处。**花葶** 自假鳞茎基部穿鞘而出，初直立，继而弯垂如弓，绿色，长 65 ～ 130 厘米；**总状花序** 具花 10 ～ 20 朵；**花苞片** 卵状三角形，长 3 ～ 5 毫米。花 大型，直径达 13 ～ 14 厘米，有浓香；**花梗连子房** 绿色染淡褐晕，长 3 ～ 5.5 厘米；**萼片与花瓣** 底色黄绿或橄榄绿，上有多条红褐色脉纹，沿边的脉纹长汇合成宽带状；**唇瓣** 淡黄色；**侧裂片** 具多数红褐色平行斜脉；**中裂片** 当中具 3 条由褐红色点组成的纵虚线，外侧分布多数褐红点，褶片淡黄色并有褐红点；**萼片** 狭椭圆形，长 5 ～ 7 厘米、宽 1.5 ～ 2 厘米；**侧萼片** 稍歪斜并扭曲；**花瓣** 狭镰形，下弯并扭曲，长 4.5 ～ 6.5 厘米、宽 0.7 ～ 1.2 厘米。**唇瓣** 卵状椭圆形，长 4.5 ～ 6 厘米，3 裂，基部与蕊柱合生部分长达 4 ～ 5 毫米；**侧裂片** 直立，边缘有缘毛，表面脉上有红褐色毛；**中裂片** 明显下弯，上有 3 行长毛于褶片顶端连接，并具散生短毛；**唇盘** 上 2 条纵褶片上密生长毛，在两褶片间也有 1 行长毛，但明显短于褶片。**蕊柱** 长 3.5 ～ 4.5 厘米，背面黄绿，腹面淡黄色密布红褐色细长点，稍前屈，两侧具翅，腹面下部有短毛；**花粉块** 2 枚，三角形，长 3 ～ 4 毫米。**蒴果** 椭圆形，长 8 ～ 9 厘米、径 4.5 ～ 5 厘米。**花期** 9 ～ 12 月。

**产地和分布：** 产于贵州、云南和西藏（东南部）。缅甸、泰国也有分布。

**生态：** 附生或石生兰。性喜凉爽和雨水终年均匀的气候。多生于海拔 1200 ～ 1900 米的林中大树干上或树杈上，或生于溪谷边的湿润岩石上。

**用途：** 为华丽壮观而芳香的观赏兰花。花序长且花朵繁密，多条自附生的树上垂下、有如彩色瀑布。

# 77 虎头兰

**学名：** *Cymbidium hookerianum* Rchb. f.

[ 曾用学名：*Cymbidium grandiflorum* Griff.；*Cymbidium giganteum* Wall. ex Lindl. var. *hookerianum* (Rchb. f.) Bois.；*Cyperorchis grandiflora* (Griff.) Schltr. ]

**亚属及组别：** 大花亚属 Subgen. Cyperorchis；大花组 Sect. Iridorchis

**形态：植株** 大型附生或石生兰，株高可达 70 厘米，略侧扁。**假鳞茎** 狭椭圆形至卵形，长 3 ～ 8 厘米、宽 1.5 ～ 3.5 厘米，为叶基所包。**叶** 4 ～ 8 枚，绿色至深绿色，近基部黄白色有绿条纹；带状，长 35 ～ 80 厘米、宽 1.4 ～ 2.4 厘米，先端急尖，关节距基部 6 ～ 10 厘米。**花葶** 自假鳞茎下部抽出，绿色，直立或外弯下垂，长 45 ～ 70 厘米；**总状花序** 具 6 ～ 15 朵花；**花苞片** 卵状三角形，长 3 ～ 4 毫米。**花** 大型，直径 11 ～ 14 厘米，香气浓郁；**花梗连子房** 长 3 ～ 5 厘米，黄绿色，端部近萼片处染褐红晕；**萼片与花瓣** 苹果绿或黄绿色，近基部有少数暗红斑点，或有时染褐红晕；**唇瓣** 乳白色，边缘略呈绿色，授粉后染紫红晕；**侧裂片** 黄绿具褐红点；**中裂片** 近边缘有一圈红褐色斑点，中间有由红褐色点组成的断续纵线，唇瓣基部亮黄色具褐红点；**萼片** 近长圆形，长 5 ～ 5.5 厘米、宽 1.5 ～ 1.7 厘米；**花瓣** 狭长圆状倒披针形，与萼片近等长，宽 1 ～ 1.3 厘米。**唇瓣** 近椭圆形，长 4.5 ～ 5 厘米，3 裂，基部与蕊柱合生处长 4 ～ 4.5 毫米；**侧裂片** 直立，多少有小乳突或短毛，近顶端及边缘有缘毛；**中裂片** 下弯，也具小乳突及散生短毛，边缘啮蚀状并呈波状；**唇盘** 上具 2 条淡黄绿色纵褶片，上具少数红褐点，沿褶片生有短毛。**蕊柱** 黄绿色，有时有红晕，前端近边缘处紫褐色。**药帽** 白色。花粉块 2 枚，近三角形。**蒴果** 狭椭圆形，长 9 ～ 11 厘米、径约 4 厘米。**花期** 1 ～ 4 月。

**产地和分布：** 产于广西、四川、贵州、云南和西藏东南部（察隅）。尼泊尔、不丹、印度（东北部）也有分布。

**生态：** 附生或石生兰。喜生于海拔 1500 ～ 2600 米的潮湿荫蔽树林中的树上，或溪谷旁生满苔藓的潮湿岩石上或峭壁上。

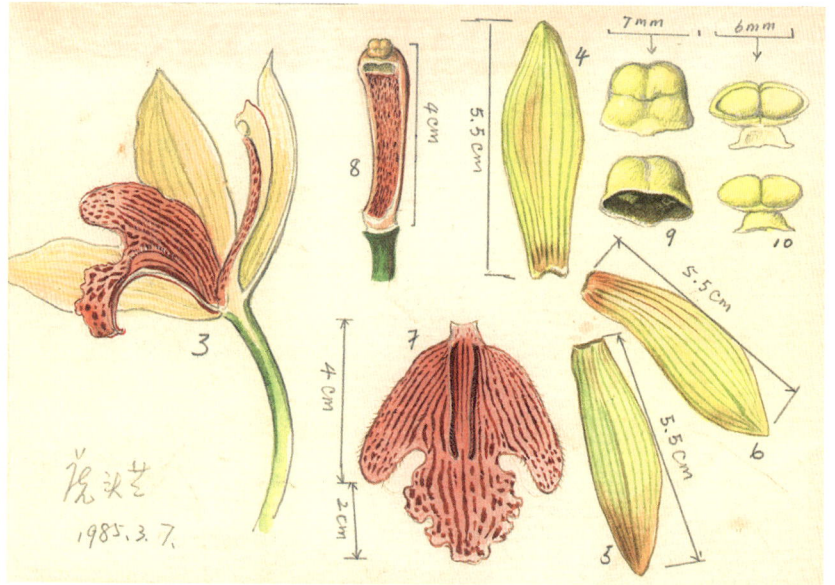

图 77 虎头兰

*Cymbidium hookerianum* Rchb. f.

1 植株
2 花序
3 花纵剖面
4 中萼片
5 侧萼片
6 花瓣
7 唇瓣
8 蕊柱
9 药帽
10 花粉块
（1985/03/07 程式君、邓盈丰绘）

**用途：** 花美丽芳香，为重要的观赏兰。并为现代大花兰栽培品种的主要育种亲本。不丹人将其芽用作咖喱原料之一，印度用其种子作为外伤止血剂。

# 78 春兰（别名：朵朵香，双飞燕，草兰，草素，山花，兰花）

**学名：** *Cymbidium goeringii* (Rchb. f.) Rchb. f.

[曾用学名： *Maxillaria goeringii* Rchb. f.； *Cymbidium virescens* Lindl.； *Cymbidium virens* Rchb. f.； *Cymbidium formosanum* Hayata； *Cymbidium forrestii* Rolfe； *Cymbidium yunnanense* Schltr.； *Cymbidium pseudovirens* Schltr.； *Cymbidium tentyozanense* Masamune； *Cymbidium uniflorum* T. K. Yen； *Cymbidium chuan-lan* C. Chow； *Cymbidium goeringii* (Rchb. f.) Rchb. f. var. *formosanum* (Hayata)S. S. Yin； *Cymbidium goeringii* var. *formosanum* f. *albiflorum* S. S. Ying； *Cymbidium goeringii* var. *papyliflorum* Y. S. Wu]

**亚属及组别：** 建兰亚属 Subgen. Jensoa； 建兰组 Sect. Jensoa

**形态：** **植株** 小型至中型地生兰。**假鳞茎** 较小，卵球形；长 1～2.5 厘米、宽 1～1.5 厘米，为叶基所包被。**叶** 质地刚韧，4～7 枚丛生；狭带形，端尖，较短，长 20～40 厘米、宽 0.5～0.9 厘米，下部多少对折呈"V"形，边全缘或具细齿。**花葶** 由假鳞茎基部外侧叶腋抽出，直立，长 3～15 厘米，极罕更高者，明显短于叶；**花序** 具单花，罕 2 朵；**花苞片** 长而宽，通常长 4～5 厘米，多少围抱子房。**花** 直径 4～5 厘米，芳香；颜色变化较大，通常为绿色或淡褐黄色而具紫褐色脉纹；**花梗连子房** 长 2～4 厘米；**萼片** 长圆形至长圆状倒卵形，长 2.5～4 厘米、宽 0.8～1.2 厘米；**花瓣** 倒卵状椭圆形至长圆状卵形，长 1.7～3 厘米，与萼片近等宽，开展或多少拥抱蕊柱。**唇瓣** 近卵形，长 1.4～2.8 厘米，不明显 3 裂：**侧裂片** 直立，具小乳突，其内侧靠近纵褶片处有一

图 78 春兰（1）*Cymbidium goeringii* (Rchb. f.) Rchb. f.

1 植株 2 花 3 花纵剖面 4 唇瓣 5 唇瓣上部放大 6 蕊柱上部 （1974/02/28 程式君采自广东乳源，并绘图）

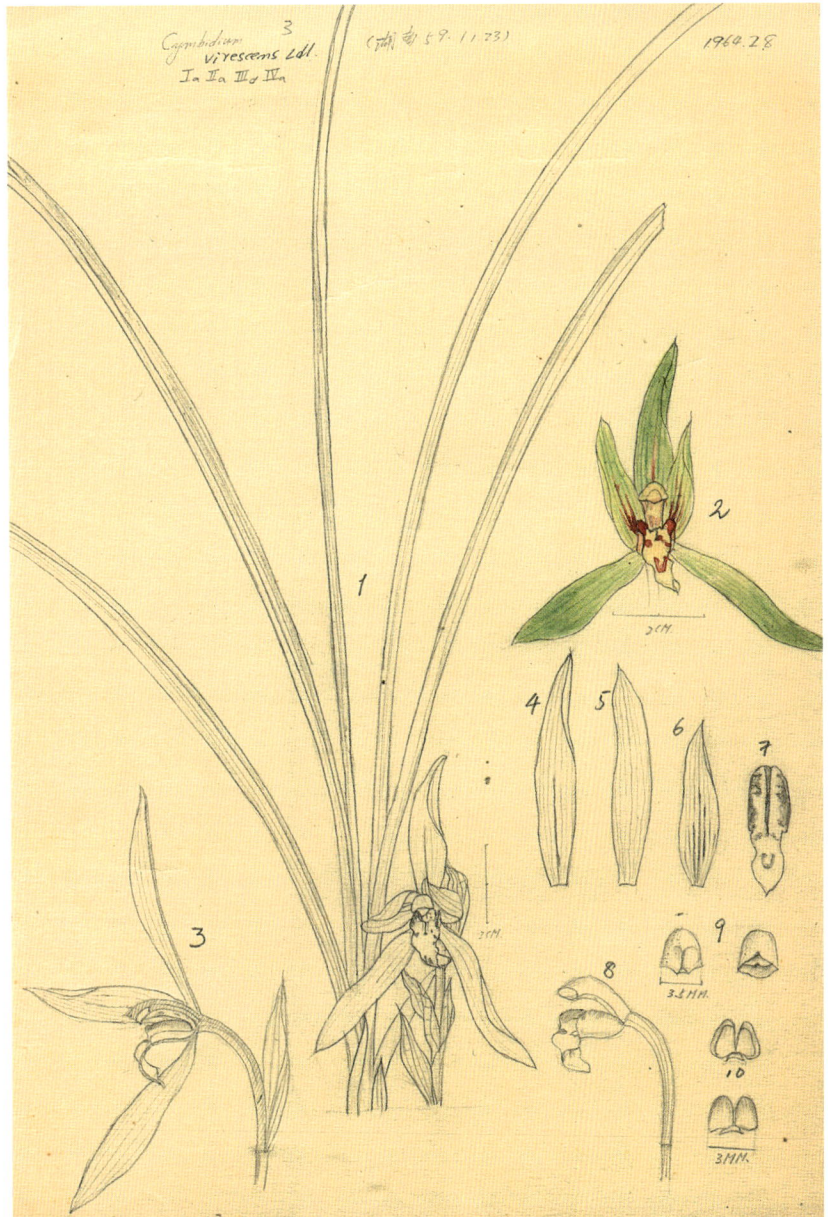

图 78a 春兰（2）

*Cymbidium goeringii*
(Rchb. f.) Rchb. f.

1 植株
2 花
3 花纵剖面
4 中萼片
5 侧萼片
6 花瓣
7 唇瓣
8 蕊柱、唇瓣及子房侧面
9 药帽
10 花粉块
（1959/11/23 何椿年采自湖南，
1964/02/08 程式君绘）

枚肥厚皱折状物；**中裂片** 较大，强烈下弯，表面具乳突，边缘略呈波状；**唇盘** 上有 2 条纵褶片，从基部上方延伸至中裂片基部以上，上部内倾并靠合，略呈短管状。**蕊柱** 长 1.2～1.8 厘米，两侧有较宽的翅；**花粉块** 4 枚，分成 2 对。**蒴果** 狭椭圆形，长 6～8 厘米、径 2～3 厘米。**花**期 1～3 月。

**产地和分布：** 产于陕西、甘肃、江苏、安徽、浙江、江西、福建、台湾、河南、湖北、湖南、广东、广西、四川、贵州、云南等省区。日本及朝鲜也有分布。**模式标本**采自日本。

**生态：** 地生兰。喜生于海拔 300～3000 米的多石山坡、林缘和林中透光处。

**用途：** 本种姿态优美而多变，花优雅而芬芳，为我国名花，有逾千年的栽培历史，育成品种无数，为"国兰"的主要种类。最适宜盆栽观赏，也可在园林中用于山石配植。本种的根、叶、花均入药，用治神经衰弱、肺痨咳血、久咳不愈、血尿、白带等。

海会寺白蔥岡(江西庐山) 1983. 7. 20
*Cymbidium virescens Ldl.*
DY168
5254

图 78b 春兰（3）
***Cymbidium goeringii*** (Rchb. f.) Rchb. f.

1 植株
2 花
3 花纵剖面
4 中萼片
5 侧萼片
6 花瓣
7 蕊柱、花瓣及子房侧面
（1983/02/20 程式君绘于江西庐山海会寺白鹿洞）

**春兰的主要变种：**

• **线叶春兰** var. ***serratum*** (Schltr.) Y. S. Wu et S. C. Chen

叶窄而硬（宽 2～4 毫米），边缘具细齿。花单朵，罕 2 朵，无香气。产于贵州等省，基本同原变种。

• **菅草兰** var. ***tortisepalum*** (Fukuyama) Y. S. Wu et S. C. Chen

叶质柔而弯曲，长 30～65 厘米、宽 0.4～1.2 厘米。花 2～5 朵；花苞片披针形；萼片与花瓣有时扭曲。花期 12 月至次年 3 月。产于台湾、云南。

• **春剑** var. ***longibracteatum*** Y. S. Wu et S. C. Chen

叶坚挺直立，长 50～70 厘米、宽 1.2～1.5 厘米。花 3～7 朵；花苞片宽大，长于花梗连子房且常包围子房；萼片与花瓣不扭曲。花期 1～3 月。产于云南、贵州、四川。

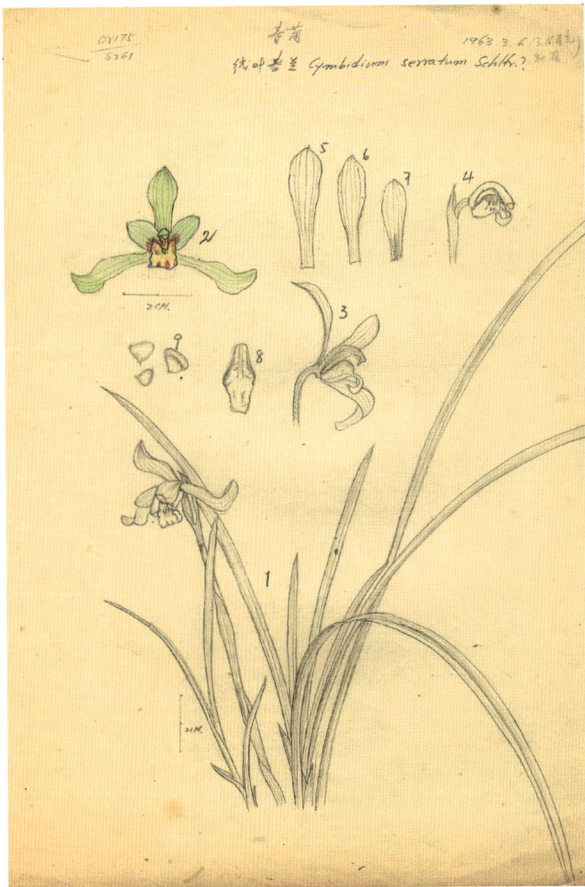

c

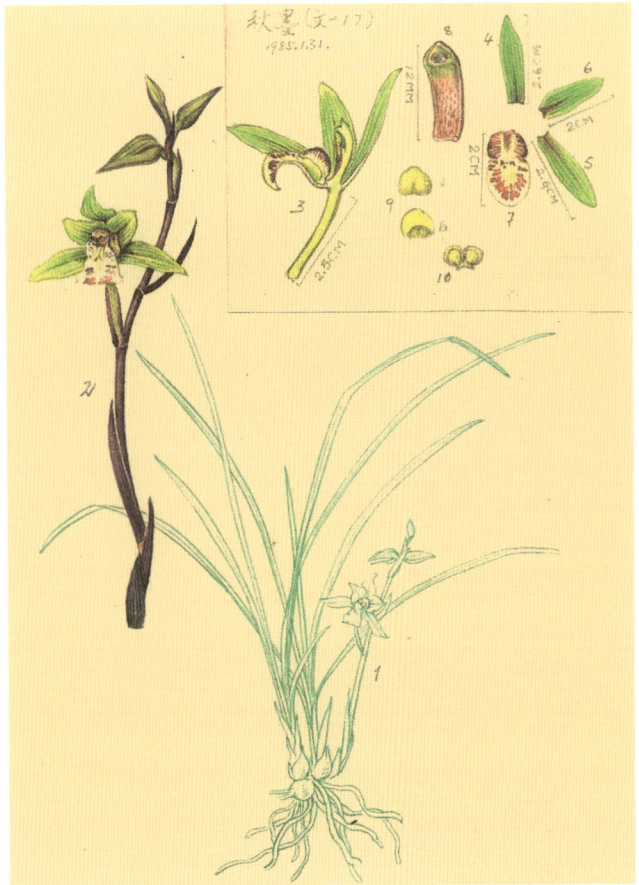

d

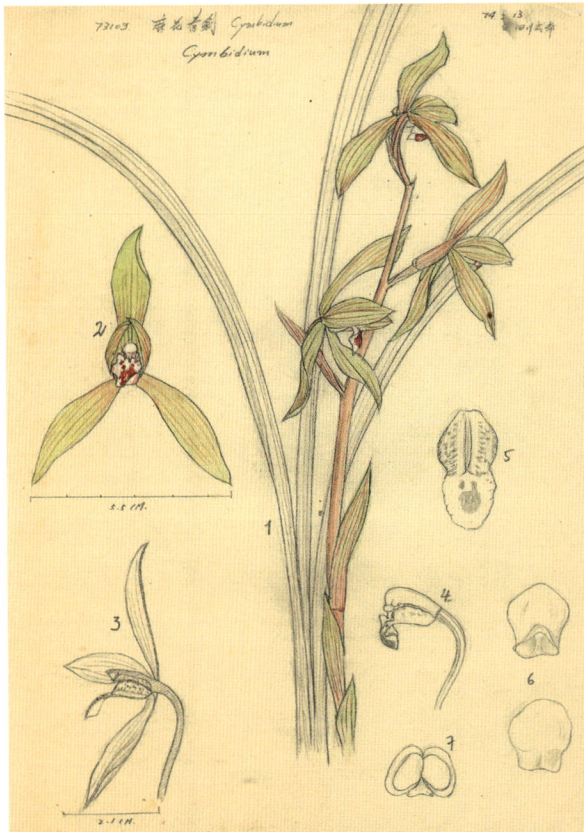

e

图 78c 线叶春兰

***Cymbidium goeringii*** (Rchb. f.) Rchb. f. var. ***serratum***
(Schltr.) Y. S. Wu et S. C. Chen

1 叶丛及花葶　2 花正面　3 花纵剖面　4 蕊柱及唇瓣　5 中萼片
6 侧萼片　7 花瓣　8 唇瓣　9 花粉块　(1963/03/06 程式君绘)

图 78d 菅草兰 (秋墨)

***Cymbidium goeringii*** (Rchb. f.) Rchb. f. var. ***tortisepalum***
(Fukuyama) Y. S. Wu et S. C. Chen

1 植株　2 花葶　3 花纵剖面　4 中萼片　5 侧萼片　6 花瓣
7 唇瓣　8 蕊柱　9 药帽　10 花粉块　(1985/01/31 程式君采自云
南文山，并绘图)

图 78e 麻花春剑

***Cymbidium goeringii*** (Rchb. f.) Rchb. f. var. ***longibracteatum***
Y. S. Wu et S. C. Chen
cv. Mahua-chunjian

1 叶丛及花葶　2 花正面　3 花纵剖面　4 蕊柱、唇瓣和子房
5 唇瓣　6 药帽　7 花粉块 (1974/02/13 程式君绘于四川成都)

## 春兰的主要品种：

春兰经过长期栽培选育，其品种已超过200种，自古以来分为"梅瓣"、"荷瓣"与"水仙瓣"3类，今每类分别举数例如下．

- **梅瓣**：'宋梅'、'西神梅'、'玉梅素'、'元吉梅'、'翠筠'等。

- **荷瓣**：'郑同荷'、'绿云'、'张荷素'、'文艳素'、'如意素'等。

- **水仙瓣**：'汪字'、'龙字'、'馥字'、'洛仙'、'奇峰'等。

图 78f 春兰品种"朵朵香"
*Cymbidium goeringii*
　　(Rchb. f.) Rchb. f. cv. Duo-duo-xiang

1 植株
2 花葶
3 花纵剖面
4 中萼片
5 侧萼片
6 花瓣
7 唇瓣
8 蕊柱
9 药帽
10 花粉块 (1985/01/23 程式君、邓盈丰绘)

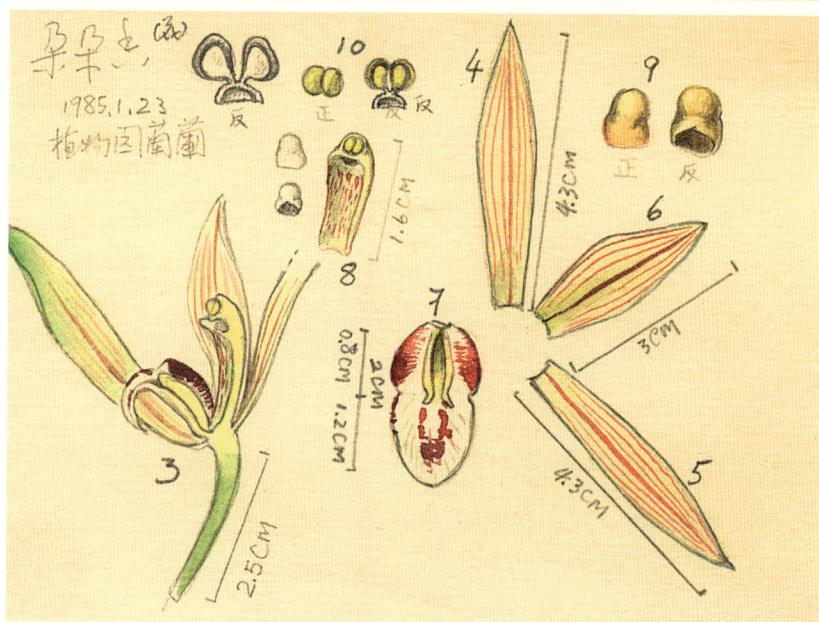

g

h

hh

图 78g 春兰品种"粉红朱砂"
***Cymbidium goeringii*** (Rchb. f.) Rchb. f. cv. Fenhong-zhusha
1 植株　2 花　3 中萼片　4 侧萼片　5 花瓣　6 蕊柱
（1963/02/16 程式君绘于四川）

图 78h 春兰品种"雪兰"（1）
***Cymbidium goeringii*** (Rchb. f.) Rchb. f. cv. Xue-lan (1)
1 植株　2 花　3 花纵剖面　4 唇瓣　5 药帽　6 花粉块
（1974/03/04 程式君绘于四川成都）

图 78hh 春兰品种"雪兰"（2）
***Cymbidium goeringii*** (Rchb. f.) Rchb. f. cv. Xue-lan (2)
1 植株　2 花　3 花纵剖面　4 唇瓣及蕊柱　5 中萼片
6 侧萼片　7 花瓣　8 唇瓣　9 花粉块　（1963/02/28 程式君绘于四
川）（注：1963/02/28 花始谢，1963/04/03 花全谢）

# 79　莎叶兰（别名：套叶兰）

**学名：** *Cymbidium cyperifolium* Wall. ex Lindl.
（曾用学名：*Cymbidium viridiflorum* Griff.；*Cymbidium carnosum* Griff.；*Cyperorchis wallichii* Bl.）
**亚属及组别：** 建兰亚属 Subgen. Jensoa；建兰组 Sect. Jensoa

**形态：植株** 中等或较矮，高30～70厘米，地生或半附生。**假鳞茎** 较小，不明显，长1～2厘米，为基部叶鞘所包被。**叶** 带状，5～12枚，排成整齐2列且多少呈扇形；长30～120厘米，宽0.6～1.5厘米，最下部的叶短；直立，全缘，先端急尖；基部叶鞘2列套叠且有宽达2～3毫米的膜质边缘；关节位于距基部4～6厘米处。**花葶** 自假鳞茎基部抽出，直立，长20～43厘米；**花序** 总状，有花3～7朵；**花苞片** 近披针形，长1.5～4厘米。**花** 径4～5厘米，有柠檬香气；**花序轴、花梗连子房** 淡绿色，常染紫晕；**萼片及花瓣** 苹果绿色，逐渐凋萎而呈黄绿色，偶有暗黄色或为麦秆色且具5～7条红褐色纵纹的；**唇瓣** 淡绿色或绿白色，有时为淡黄色；**侧裂片** 具紫红色条纹，在边缘处融合；**中裂片** 具紫红色斑点；**蕊柱** 绿色或黄色，腹面有紫色点；**药帽** 乳白色。**花梗连子**

图79 莎叶兰（1）（四川菖蒲兰）
*Cymbidium cyperifolium* Wall. ex Lindl.
1 植株　2 花葶　3 花纵剖面　4 中萼片
5 侧萼片　6 花瓣　7 唇瓣　8 蕊柱
9 药帽　10 花粉块
（1985/01/17 程式君、邓盈丰绘于四川）

房 长 1.3～3.5 厘米。**中萼片** 长 2.5～3.5 厘米、宽 0.5～0.8 厘米，狭长圆状椭圆形，端尖，直立；**侧萼片** 形状相似，平展。**花瓣** 长 1.9～2.9 厘米、宽 0.6～0.9 厘米，卵形至椭圆形，端尖，宽于萼片，前伸且常遮蔽蕊柱。**唇瓣** 长 1.7～2.2 厘米；**侧裂片** 直立，圆形，先端常略起角，被微柔毛或细乳突；**中裂片** 长 9～13 毫米、宽 8～11 毫米，长圆形至阔卵形，端钝或略尖，极下弯，被细乳突、但多限于先端范围，边全缘；纵褶片前半部常会合形成位于中裂片基部的短管。**蕊柱** 长 1～1.5 厘米，弓屈，两侧具窄翅；花粉块 4 枚，分成 2 对，阔卵形，着生于阔新月形的黏盘上。**蒴果** 长 5～7 厘米，纺锤形，直立而与序轴平行，宿存蕊柱呈喙状。**花期** 10 月至次年 2 月。

**产地和分布：** 产于广东、海南、广西、贵州、云南。尼泊尔、不丹、印度、缅甸、泰国、越南、柬埔寨、菲律宾均有分布。**模式标本**采自不丹。

**生态：** 地生或半附生兰。喜生于海拔 900～1600 米林下排水良好而多石的地或岩石缝中。

**用途：** 可栽培供观赏。

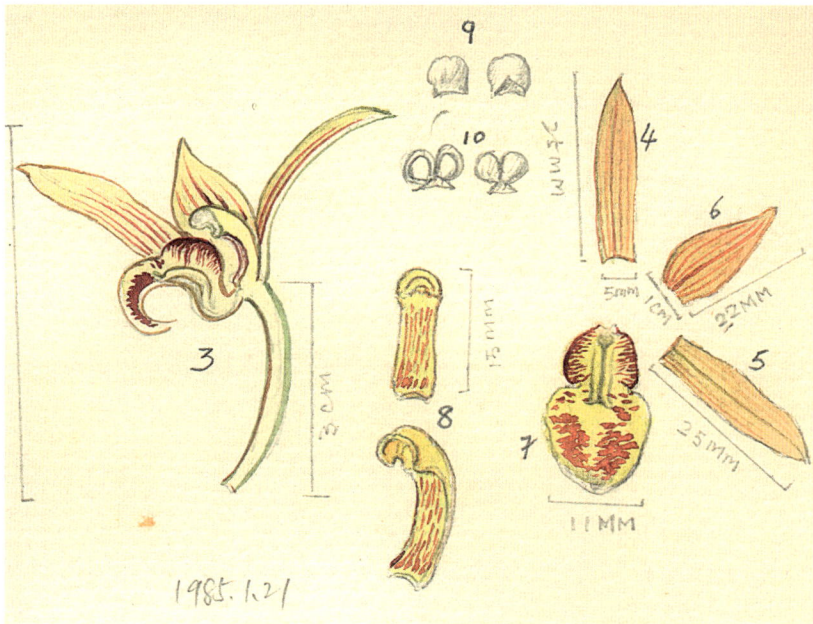

**图 79a 莎叶兰（2）（秋枝）**
*Cymbidium cyperifolium* Wall. ex Lindl.
1 植株  2 花葶  3 花纵剖面  4 中萼片
5 侧萼片  6 花瓣  7 唇瓣  8 蕊柱
9 药帽  10 花粉块
（1985/01/21 程式君、邓盈丰绘于云南文山）

# 80　蕙兰（别名：九子兰，夏兰，九华兰，九节兰，一茎九华，中国兰）

**学名：** *Cymbidium faberi* Rolfe

（曾用学名：*Cymbidium scabroserrulatum* Makino；*Cymbidium oiwakensis* Hayata；*Cymbidium crinum* Schltr.；*Cymbidium fukienense* T. K. Yen；*Cymbidium faberi* Rolfe f. *viridiflorum* S. S. Ying）

**亚属及组别：** 建兰亚属 Subgen. Jensoa；建兰组 Sect. Jensoa

**形态：** **植株** 高 30～70 厘米，地生。**假鳞茎** 不明显。**叶** 带状，较挺直，长 25～80 厘米、宽 0.7～1.2 厘米，基部常呈 "V" 形对折，叶脉透明，叶缘常有粗锯齿。**花葶** 由叶丛基部最外面的叶腋抽出，长 35～50 厘米，被长鞘多枚；**总状花序** 有花 4～12 朵或更多；**花苞片** 线状披针形，最下一枚长于子房，中、上部的为花梗连子房长度的 1/3～1/2，长 1～2 厘米。**花** 直径 5～6 厘米，香气浓郁；**萼片与花瓣** 黄绿色或淡橄榄绿色，**唇瓣** 淡黄色有紫红色斑；**花梗** 连子房 绿色染紫红晕，或为紫红色，长 2～2.6 厘米；**萼片** 披针状长圆形或狭倒卵形，长 2.5～3.5 厘米、宽 0.6～0.8 厘米；**花瓣** 与萼片相似，但较短而宽。**唇瓣** 长圆状卵形，长 2～2.5 厘米，3 裂：**侧裂片** 直立，具小乳突或细毛；**中裂片** 较长，强烈下弯，具明显而发亮的乳突；边缘常皱波状；**唇盘** 上有 2 条由基部延伸至中裂片基部的纵褶片，上端内倾并汇合，多少形成短管。**蕊柱** 浅黄色，腹面有多数紫红点，长 1.2～1.6 厘米，稍前屈，两侧有狭翅；**花粉块** 宽卵形，4 枚，分成 2 对。

**蒴果** 近椭圆形，长 5～5.5 厘米、径约 2 厘米。**花期** 3～5 月。

**产地和分布：** 产于陕西、甘肃、安徽、浙江、江西、福建、台湾、河南、湖北、湖南、广东、广西、四川、贵州、云南、西藏（东部）。分布于尼泊尔和印度（北部）。**模式标本** 采自中国浙江。

**生态：** 地生兰。较耐寒。生于海拔 700～3000 米，湿润但排水良好的半阳处。

**用途：** 植株姿态优美，花香清幽，为我国传统的著名观赏兰花之一。与春兰、建兰、墨兰、寒兰统称 "国兰"，在悠久的栽培历史中已育成大量多姿多彩的品种。

**主要品种举例：**

1) **江浙蕙兰老 8 种：** '程梅'、'染字'、'元字'、'关顶'、'上海梅'、'大一品'、'荡字'、'潘绿梅'。

2) **江浙蕙兰新 8 种：** '楼梅'、'翠萼'、'极品'、'庆华梅'、'端梅'、'江南新极品'、'崔梅'、'荣梅'。

3) **其他蕙兰优良品种：** '南阳梅'、'郑孝荷'、'浙顶'、'留春'、'四喜牡丹'、'天娇牡丹'、'繁花珍珠塔'、'陆壹奇蝶'、'千禧良缘'、'老蜂巧'、'狮蝶'、'岭南白鹤'。

4) **蕙兰送春：** '送春中透缟'、'绿花送春素'、'国香牡丹'、'金狮'。

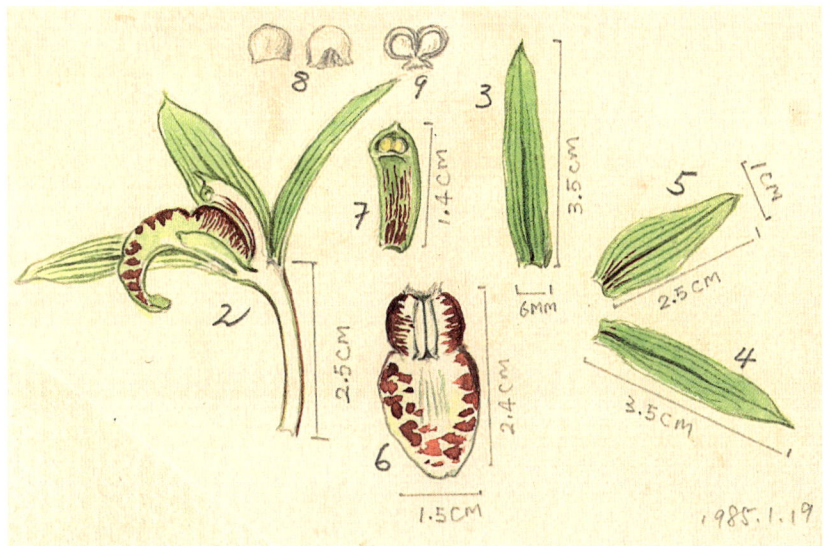

图 80 蕙兰（"信阳春兰"） *Cymbidium faberi* Rolfe

1 植株　2 花纵剖面　3 中萼片　4 侧萼片　5 花瓣　6 唇瓣　7 蕊柱　8 药帽　9 花粉块
（程式君采自河南信阳，1985/01/19 程式君、邓盈丰绘）

河南信阳
春兰 830496
1985.1.18

1

# 81 建兰（别名：四季兰，夏兰，秋兰，骏河兰）

**学名：** *Cymbidium ensifolium* (L.) Sw.

[曾用学名：*Epidendrum ensifolium* L.；*Limodorum ensatum* Thunb.；*Cymbidium xiphiifolium* Lindl.；*Cymbidium ensifolium* (L.) Sw. var. *striatum* Lindl.；*Jensoa ensata* (Thunb.) Rafin.；*Cymbidium micans* Schauer；*Cymbidium yakibaran* Makino；*Cymbidium arrogans* Hayata；*Cymbidium misericors* Hayata；*Cymbidium rubrigemmum* Hayata；*Cymbidium ensifolium* (L.) Sw. var. *susin* T. K. Yen；*Cymbidium ensifolium* (L.) Sw. var. *susin* T. K. Yen f. *falcatum* T. K. Yen；*Cymbidium ensifolium* (L.) Sw. var. *susin* T. K. Yen f. *arcuatum* T. K. Yen；*Cymbidium ensifolium* (L.) Sw. var. *yakibaran* (Makino) Y. S. Wu et S. C. Chen；*Cymbidium gyokuchin* Makino var. *arrogans* (Hayata) S. S. Ying；*Cymbidium kanran* Makino var. *misericors* (Hayata) S. S. Ying；*Cymbidium ensifolium* (L.) Sw. var. *misericors* (Hayata) T. P. Lin；*Cymbidium ensifolium* (L.) Sw. var. *rubrigemmum* (Hayata) T. S. Liu et H. J. Su；*Cymbidium ensifolium* (L.) Sw. var. *xiphiifolium* (Lindl.) S. S. Ying]

**亚属及组别：** 建兰亚属 Subgen. Jensoa；建兰组 Sect. Jensoa

**形态：** **植株** 高20～40厘米，地生。**假鳞茎** 包被于叶基内，呈卵球形，长1.5～2.5厘米、径1～1.5厘米。**叶** 2～6枚，较薄，有光泽，带状而端尖，长20～60厘米、宽1～1.5厘米，近端部边缘有时有细齿，关节位于距基部2～4厘米处。**花葶** 由假鳞茎基部抽出，直立，长20～35厘米，通常短于叶；**总状花序** 具3～9朵花，罕有多达13朵的；**花苞片** 长0.5～0.8厘米、最下一枚可长达1.5～2厘米，一般短于花梗连子房长度的1/3～1/2。**花** 直径4～6厘米，芳香（香气多于深夜至凌晨散发），花色及花形变化较多，通常花萼及花瓣为黄绿色具紫红纹，唇瓣则具紫红斑；**花梗连子房** 长2～3厘米；**萼片** 近狭长圆形或狭椭圆形，长2.3～2.8厘米、宽0.5～0.8厘米，**侧萼片** 常向下斜展；**花瓣** 椭圆形至狭卵状椭圆形，长1.5～2.4厘米、宽0.5～0.8厘米。**唇瓣** 近卵形，长1.5～2.3厘米，不明显3裂：**侧裂片** 直立，上面具小乳突，多少围抱蕊柱；**中裂片** 卵形，较大，也具乳突，前端下弯，边缘波状；**唇盘** 上有2条纵褶片，由基部延至中裂片基部，上半部内倾，并靠合形成短管。**蕊柱** 长1～1.4厘米，稍前屈，两侧具狭翅；**花粉块** 宽卵形，共4枚，两两成对。**蒴果** 狭椭圆形，长5～6厘米、径约2厘米。**花期** 不定，通常为6～10月，单**花花寿** 15～20天。

**产地和分布：** 建兰为兰属中分布最广的种类之一。产于安徽、浙江、江西、福建、台湾、湖南、广东、海南、广西、四川、贵州和云南等省区。广泛分布于东南亚和南亚各国，北至日本。

**模式标本** 采自中国广东。

**生态：** 喜生于海拔600～1800米具中等光照的疏林下、灌丛或草丛中、山谷旁等。

**用途：** 本种姿态优美，花香清幽，色彩及形态变化多样，加之栽培容易，因此为我国传统栽培"国兰"中最普遍的种类，观赏价值极高。全草可供药用，有祛风理气之效；用治：白浊、白带、妇女干血痨等。

**主要品种：** 建兰在我国栽培历史悠久，育成品种当在百种以上。今择要举例如下。

1. **建兰素心花**：'鱼魫大贡'、'千禧如意素'、'七仙女'、'铁骨水晶花'、'龙岩十八开'、'七仙女'。

2. **建兰色花**：'满堂红'、'红霞'、'水晶红花'、'名山淑女'。

3. **建兰瓣型花**：'红梅'、'龙荷'、'宫灯'、'金荷'、'荷王'。

4. **建兰蝶花、奇花**：'玉山奇蝶'、'岭南奇蝶'、'龙蝶'、'翠玉牡丹'、'四季文汉'、'复兴奇蝶'。

5. **建兰叶艺、矮种、水晶**：'银缟四季'、'银边大贡'、'四季水晶梅'、'铁骨素中斑艺'、'旋晶凤冠'、'福隆'。

**图 81 建兰（1）** *Cymbidium ensifolium* (L.) Sw.

1 植株　2 花正面　3 花纵剖面　4 唇瓣　5 花粉块　（1962/03/24 程式君绘）

a

图81a 建兰（2） ***Cymbidium ensifolium*** (L.) Sw.
1 植株 2 花正面 3 花纵剖面 4 中萼片 5 侧萼片
6 花瓣 7 唇瓣 8 蕊柱 9 花粉块（1965(?)/04/17 程式君绘）

图81b 建蕙（1） ***Cymbidium ensifolium*** (L.) Sw. cv. Jianhui
1 花葶 2 花正面 3 中萼片 4 侧萼片 5 花瓣 6 唇瓣
7 花纵剖面 8 蕊柱、唇瓣和子房（1964/06/12 程式君绘）

图81bb 建蕙（2） ***Cymbidium ensifolium*** (L.) Sw. cv. Jianhui
1 花葶 2 花正面 3 花纵剖面 4 中萼片 5 侧萼片 6 花瓣
7 唇瓣 8 蕊柱 9 花粉块（1964/05/23 程式君绘于四川）

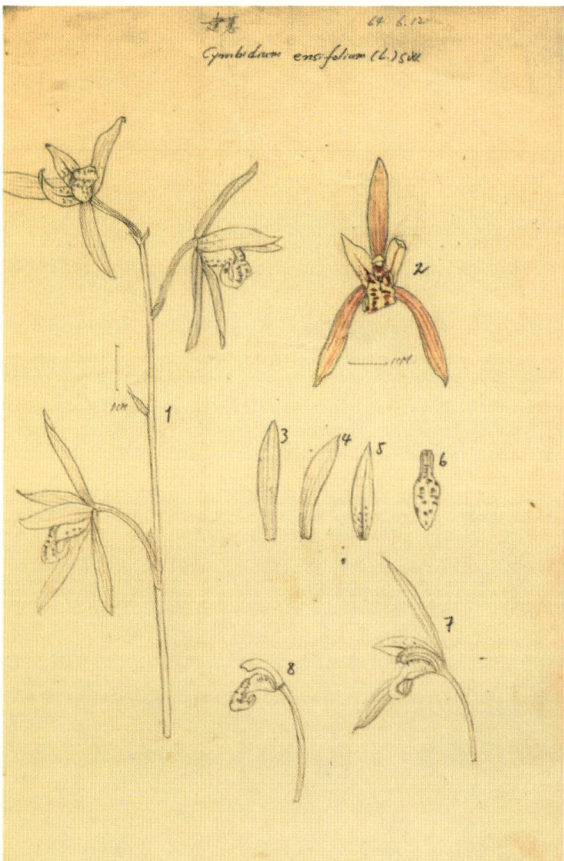

b

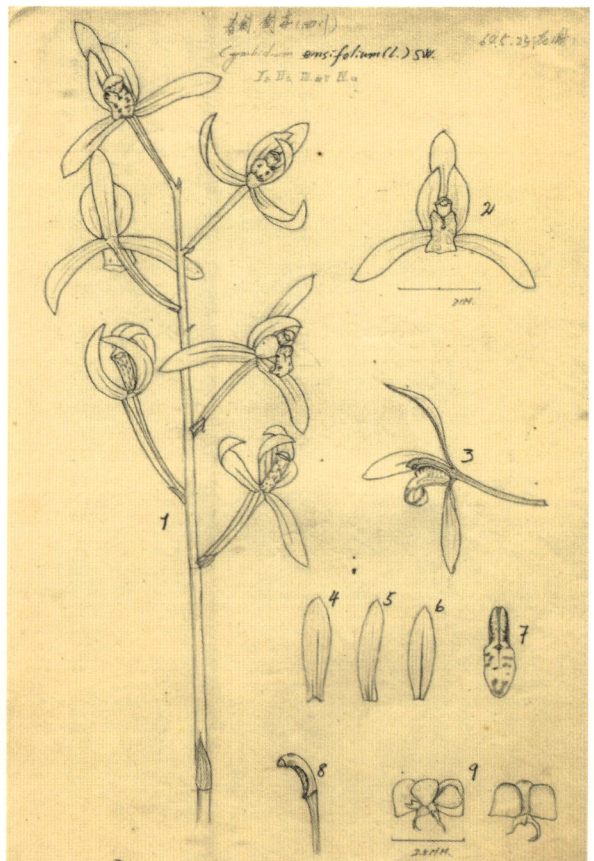

bb

图 81c 摺叶二色兰 *Cymbidium ensifolium* (L.) Sw. cv. Bicolor
1叶及花葶 2花正面 3花纵剖面 4中萼片 5侧萼片
6花瓣 7唇瓣 8蕊柱、唇瓣及子房 9花粉块 10花粉块及黏盘
(?/06/14～24程式君绘)

图 81d 罗浮建兰 *Cymbidium ensifolium* (L.) Sw. cv. Luo-fu
1花葶 2花正面 3花纵剖面 4唇瓣 5花瓣 6花粉块
7药帽 （1982/03/11程式君采自广东佛山，并绘图）

图 81e 大叶白兰花 *Cymbidium ensifolium*
(L.) Sw.cv. Daye-bailanhua
1花葶 2花 3花纵剖面 4蕊柱、唇瓣和子房 5中萼片
6侧萼片 7花瓣 8唇瓣 9药帽 10花粉块 (1964/06/05程式君绘)

c

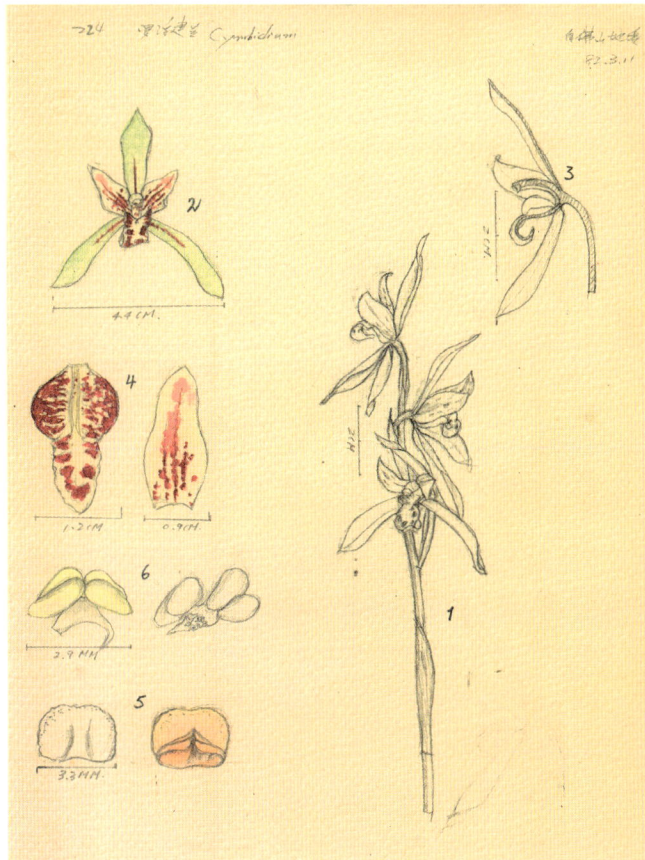

d

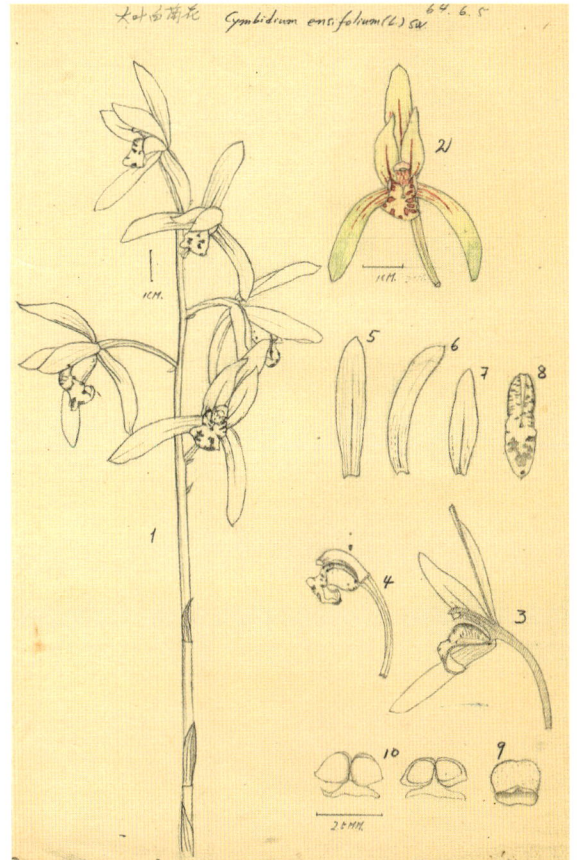

e

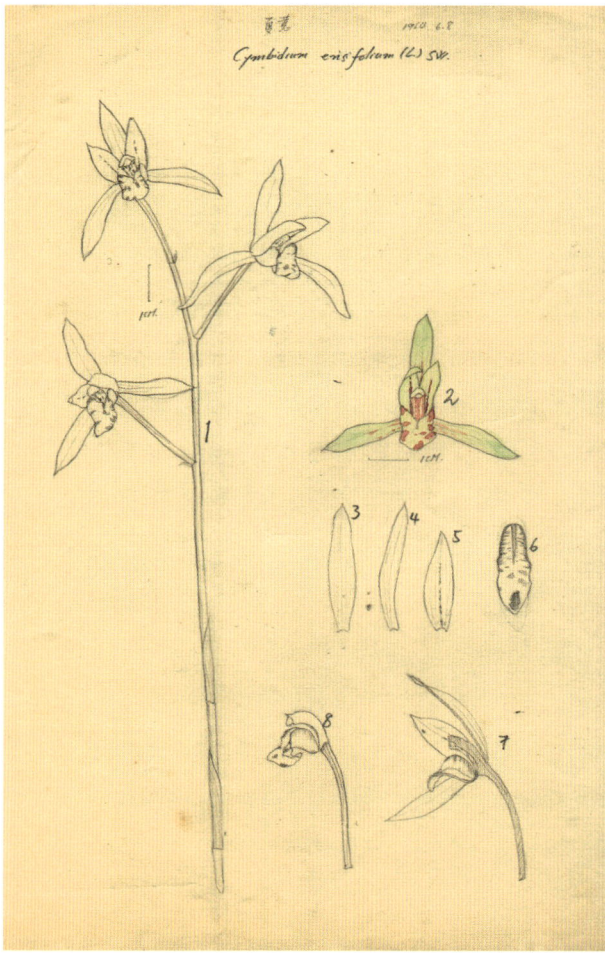

f

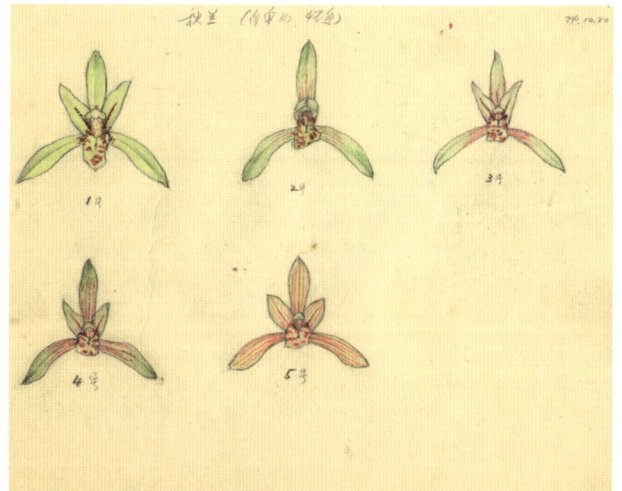

g

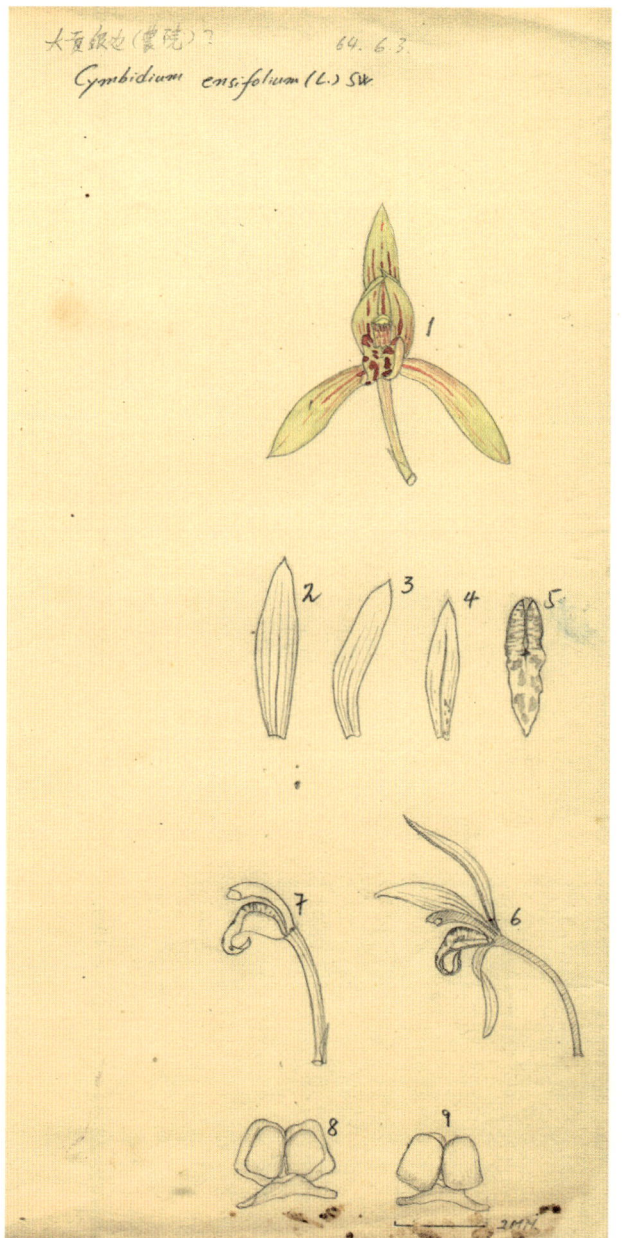

h

图 81f 夏蕙 **Cymbidium ensifolium** (L.) Sw. cv. Xiahui

1花葶 2花正面 3中萼片 4侧萼片 5花瓣 6唇瓣 7花纵剖面 8蕊柱、花瓣和子房（1964/06/08 程式君绘）

图 81g 怀集秋兰 **Cymbidium ensifolium**

(L.) Sw. cv. Huaiji-qiulan 之花

（1974/10/30 程式君采自广东怀集，并绘图）

图 81h 大贡银边 **Cymbidium ensifolium**

(L.) Sw. cv. Dagong-yinbian 之花

1花正面 2中萼片 3侧萼片 4花瓣 5唇瓣 6花纵剖面 7蕊柱、唇瓣和子房 8、9花粉块 （1964/06/03 程式君采自华南农学院，并绘图）

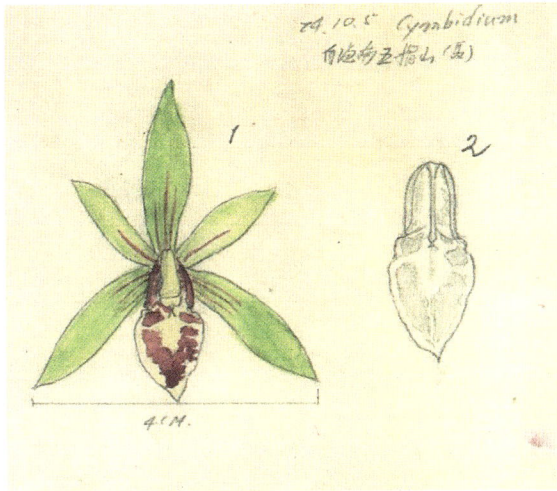

i

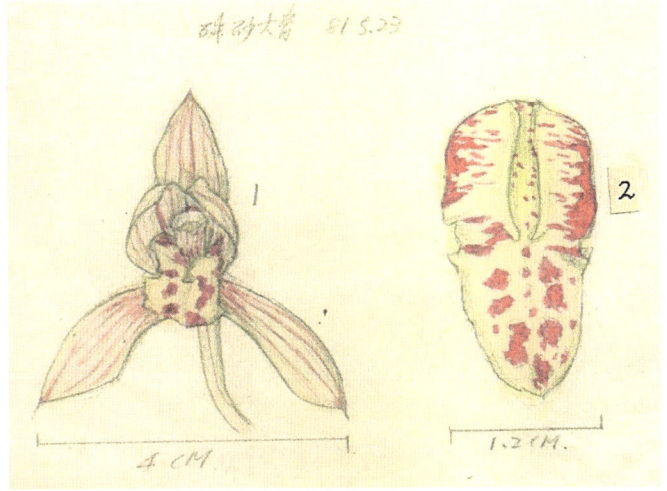

j

**图 81i 五指山建兰**

***Cymbidium ensifolium***

　　(L.) Sw. f. ***wu-zhi shan*** 之花

1 花正面　2 唇瓣　（1974/10/05 聂群练采
自海南五指山，程式君绘）

**图 81j 建兰"朱砂大青"**

***Cymbidium ensifolium***

　　(L.) Sw. cv. Zhusha-daqing 之花

1 花正面　2 唇瓣
（1981/05/23 程式君绘）

**图 81k 建兰"窄叶墨兰"**

***Cymbidium ensifolium***

　　(L.) Sw. cv. Zhaiye-molan

1 叶丛及花葶　2 花正面　3 花侧面
4 蕊柱、花瓣和子房，5 中萼片
6 侧萼片　7 花瓣　8 唇瓣　9 药帽
10 花粉块　（1962/12/21 程式君绘）

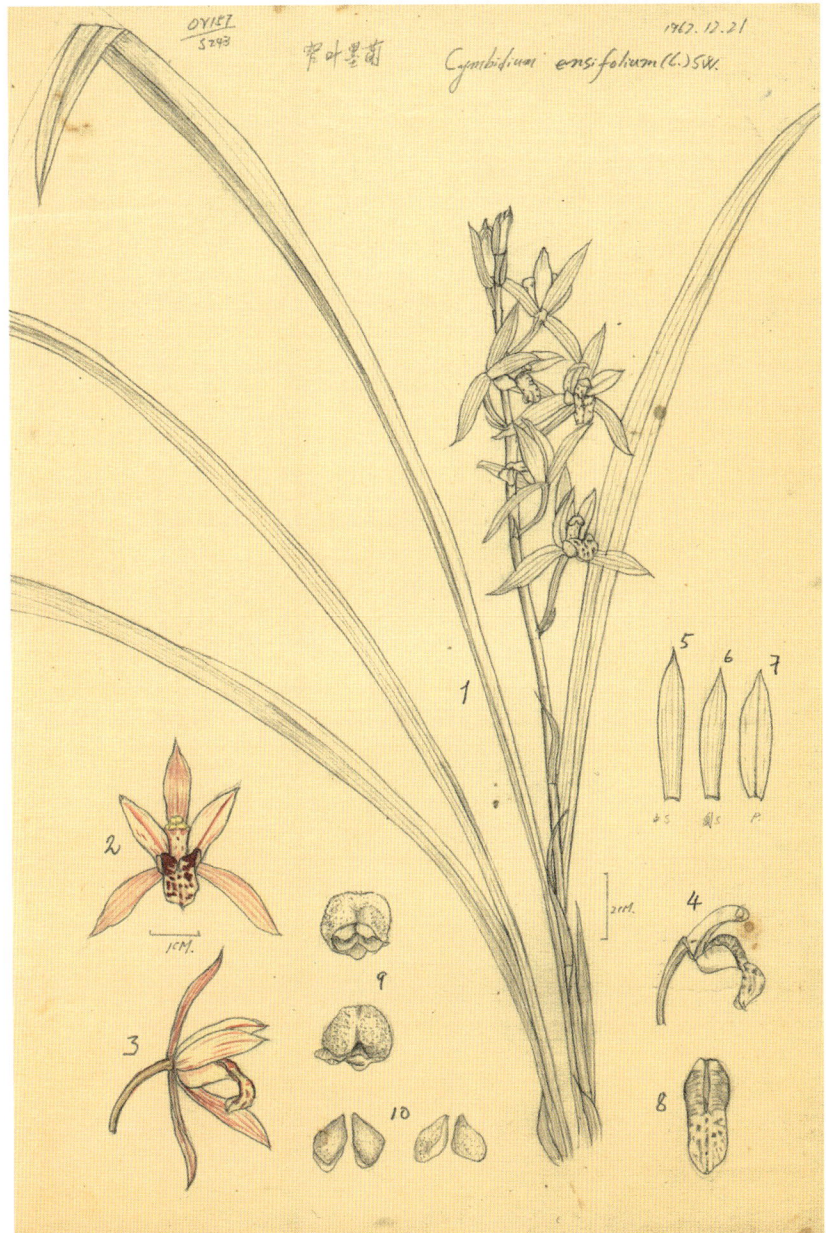

k

# 82　寒兰（别名：草兰，番兰，长叶素心兰）

**学名：*Cymbidium kanran* Makino**

[ 曾用学名：*Cymbidium oreophyllum* Hayata；*Cymbidium misericors* Hayata var. *oreophyllum* (Hayata) Hayata；*Cymbidium purpureo-hiemale* Hayata；*Cymbidium linearisepalum* Yamamoto；*Cymbidium linearisepalum* Yamamoto f. *atropurpureum* Yamamoto；*Cymbidium linearisepalum* Yamamoto f. *atrovirens* Yamamoto；*Cymbidium linearisepalum* Yamamoto var. *atropurpureum* (Yamamoto) Masamune；*Cymbidium linearisepalum* Yamamoto var. *atrovirens* (Yamamoto) Masamune；*Cymbidium tosyaense* Masamune；*Cymbidium kanran* Makino var. *aestivale* Y. S. Wu；*Cymbidium sinokanran* T. K. Yen；*Cymbidium sinokanran* T. K. Yen var. *atropurpureum* T. K. Yen]

**亚属及组别：**建兰亚属 Subgen. Jensoa；建兰组 Sect. Jensoa

**形态：植株** 地生，高约 60 厘米。**假鳞茎** 狭卵形，高 2～4 厘米、径 1～1.5 厘米，为叶基所包被。**叶** 3～7 枚，薄革质，略有光泽；长带形，长 40～70 厘米、宽 9～17 厘米，先端长渐尖，前部边缘常有细齿，关节距基部 4～5 厘米。**花葶** 自假鳞茎基部抽出，绿色或紫红色，长 25～60 厘米，直立；**总状花序** 具花 5～12 朵，疏生；**花苞片** 狭披针形，约与花梗连子房等长，长 1.5～2.6 厘米、最下一枚长可达 4 厘米。**花** 径约 6 厘米，瘦削，多为淡黄绿色，也有紫红色或其他颜色的，香气浓烈；**花梗连子房** 长 2～2.5 厘米，绿色或紫红色；**萼片** 淡绿色至白色，或为紫红色，线状长披针形，长 3～6 厘米、宽 0.4～0.7 厘米，具 9 脉，先端长渐尖；**花瓣** 淡绿色、中脉近基部暗紫褐色，或黄白色而基部及中肋紫红色，卵形至卵状披针形，长度约为萼片之半，长 2～3 厘米、宽 0.5～1 厘米，边缘白色近透明。**唇瓣** 乳白色略染淡绿，近卵形，

**图 82 寒兰 *Cymbidium kanran* Makino**
1 叶丛及花葶　2 花正面　3 花纵剖面　4 蕊柱、唇瓣和子房　5 中萼片　6 侧萼片　7 花瓣　8 唇瓣　9 花粉块　（1963/12/02 程式君绘）

图 82a 寒兰 "窄瓣银边"
***Cymbidium kanran***
Makino cv. Zhaiban-yinbian

1 叶丛及花葶
2 花
3 花纵剖面
4 蕊柱、唇瓣和子房
5 蕊柱
6 中萼片
7 侧萼片
8 花瓣
9 唇瓣
（1963/12/30 程式君绘）

被乳突状短柔毛，不明显 3 裂：**侧裂片** 有紫红色纹、边缘紫红色，直立，略围抱蕊柱；**中裂片** 乳白有紫红斑，稍大，下弯，边缘具少数缺刻；**唇盘** 上有 2 条纵褶片有基部延伸至中裂片基部，上部靠合形成短管。**蕊柱** 绿色，腹面有不规则紫红斑，长 1～1.7 厘米，稍前屈，两侧有狭翅；**花粉块** 宽卵形，4 枚分成 2 对。**蒴果** 椭圆形，长约 4.5 厘米、径约 1.8 厘米。花期 8～12 月（夏寒兰花期夏季）。

**产地和分布：** 产于安徽、浙江、江西、福建、台湾、湖南、广东、海南、广西、四川、贵州、云南等省区。日本和朝鲜半岛也有分布。**模式标本** 采自日本。

**生态：** 多生于海拔 400～2400 米的陡坡茂密阔叶林下、溪谷旁或荫蔽湿润而多石的坡地上。

**用途：** 株形修长俊秀，叶姿优雅，花朵美丽芬芳，作为高尚观赏兰花 "国兰" 的一类广为栽培，特别在日本和韩国更加被崇尚。

**主要品种：** 寒兰的形态和颜色变化多样，在长期的栽培选育过程中形成许多品种。其品种数量虽然远不如春兰、蕙兰、建兰、墨兰众多，但仍相当丰富多彩。现将其主要者举例如下。

1. **寒兰素心花和色花类：** 如'夷寒素'、'应钦素'、'金玉满堂'。

2. **寒兰蝶花、奇花、叶艺、矮种、水晶：** 如'寒兰子母花'、'寒三友'、'雪景'、'银边寒兰'。

3. **夏寒兰：** 如'绿鹦鹉'、'黑神'、'黄鹤'、'紫妃'。

**图 82b** 两个寒兰品种 *Cymbidium kanran* Makino 之花

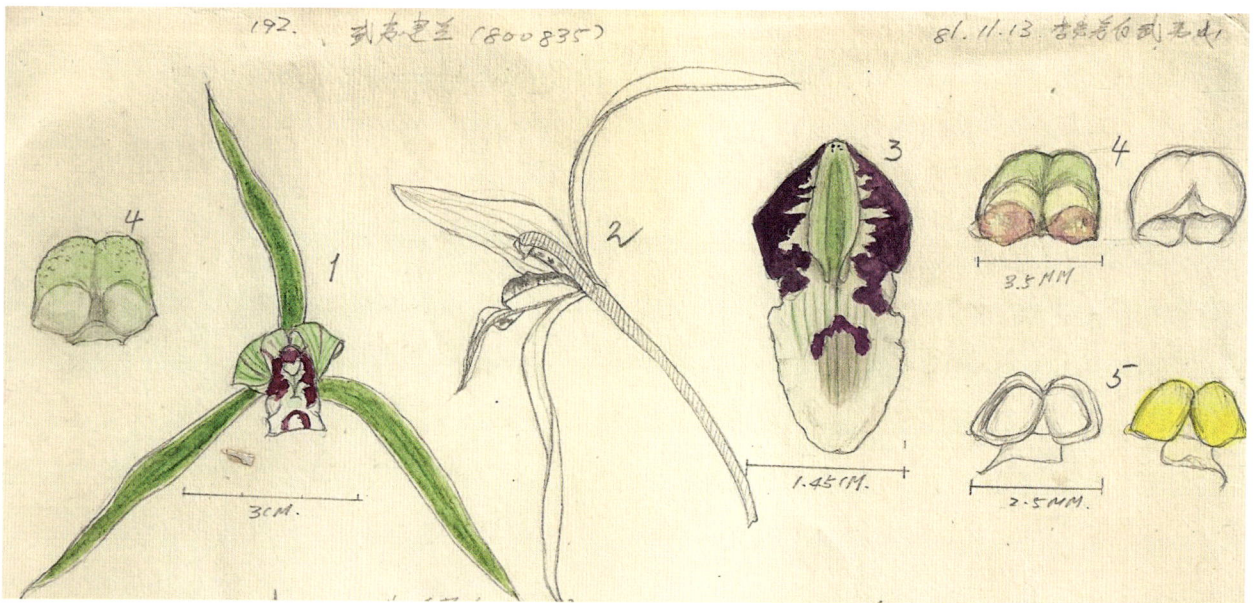

1）武夷寒兰 *C. kanran* Makino cv. Wuyi shan

1 花正面　2 花纵剖面　3 唇瓣　4 药帽　5 花粉块（1981/11/13 李秀芳采自福建武夷山，程式君绘）

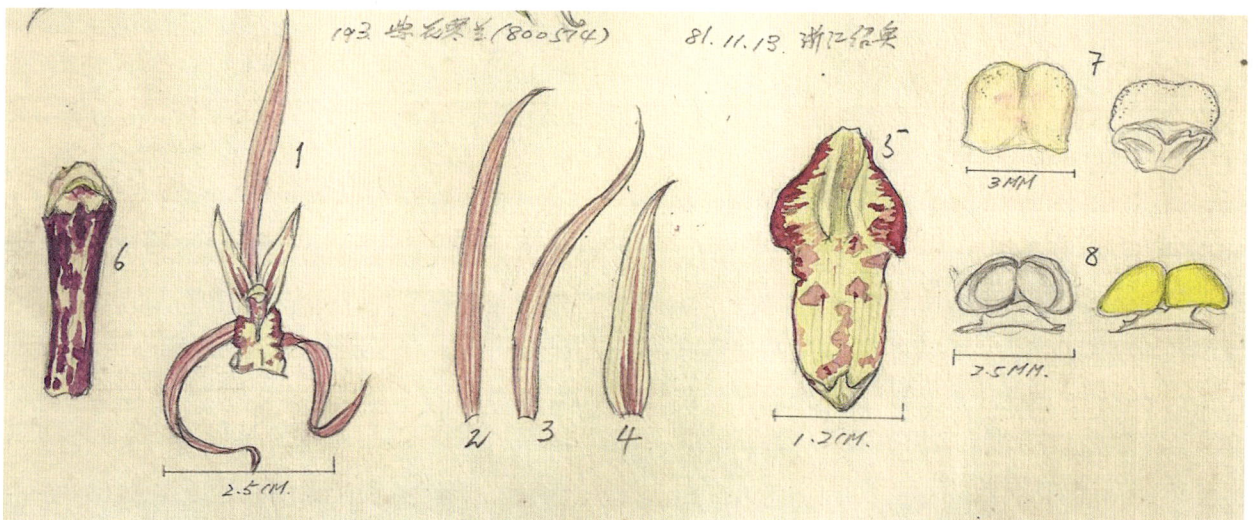

2）紫花寒兰 *C. kanran* Makino cv. Purpureum

1 花正面　2 中萼片　3 侧萼片　4 花瓣　5 唇瓣　6 蕊柱　7 药帽　8 花粉块（1981/11/13 程式君采自浙江绍兴，并绘图）

# 83 墨兰（别名：报岁兰，拜岁兰，丰岁兰，细叶报岁兰，报喜兰）

**学名：** *Cymbidium sinense* (Jackson ex Andr.) Willd.

[ 曾用学名：*Epidendrum sinense* Jackson ex Andr.；*Cymbidium fragrans* Salisb.；*Cymbidium chinense* Heynh.；*Cymbidium hoosai* Makino；*Cymbidium albo-jucundissimum* Hayata；*Cymbidium sinense* (Jackson et Andr.) Willd. var. *bellum* T. K. Yen；*Cymbidium sinense* (Jackson ex Andr.) Willd. f. *aureomarginatum* T. K. Yen；*Cymbidium sinense* (Jackson ex Andr.) Willd. var. *album* T. K. Yen；*Cymbidium sinense* (Jackson ex Andr.) Willd. var. *album* T. K. Yen f. *viridiflorum* T. K. Yen；*Cymbidium sinense* (Jackson ex Andr.) Willd. f. *pallidiflorum* S. S. Ying；*Cymbidium sinense* (Jackson ex Andr.) Willd. f. *taiwanianum* S. S. Ying；*Cymbidium sinense* (Jackson ex Andr.) Willd. var. *autumnale* Y. S. Wu；*Cymbidium ensifolium* (L.) Sw. var. *munronianum* auct non King et Pantl. ]

**亚属及组别：** 建兰亚属 Subgen. Jensoa；建兰组 Sect. Jensoa

**形态：** **植株** 壮硕，高 30～80 厘米，地生。**假鳞茎** 较大，卵圆形、慈菇形至纺锤形，长 2.5～6 厘米、径 1.5～2.5 厘米，包被于叶基中。**叶** 剑形，深绿色，革质有光泽，长 25～100 厘米、宽 2～4.2 厘米，关节位于距基部 3.5～7 厘米处。**花葶** 自假鳞茎基部抽出，直立，粗壮，一般高出叶面，长 50～100 厘米；**总状花序** 有花 5～20 朵；**花苞片** 较小，除最下一枚长于 1 厘米外，其余长 0.4～0.8 厘米。**花** 直径 2.5～5 厘米，有浓香，包含 56 种芳香成分，主要散发时间为 10 时及 19 时；**花梗连子房** 与花部色，长 2～2.5 厘米；**萼片及花瓣** 多为紫红色或淡褐色，具暗紫红脉，也有纯为黄绿色、桃色或白色的；**唇瓣** 近乳白色，

图 83 墨兰 *Cymbidium sinense*
(Jackson ex Andr.) Willd.

1 植株　2 花葶
(1985/01/24 程式君、邓盈丰绘)

在侧裂片上及中裂片近边缘处分布多数暗红色点，并染有淡紫红晕，或为纯白而无斑点。**萼片** 狭长圆形或椭狭圆形，长 2.2 ～ 3.5 厘米、宽 0.5 ～ 0.7 厘米；**花瓣** 近狭卵形，长 2 ～ 2.7 厘米、宽 0.6 ～ 1 厘米。**唇瓣** 近卵状长圆形，长 1.7 ～ 3 厘米，不明显 3 裂：**裂片** 直立，略围抱蕊柱，具乳突状短柔毛；**中裂片** 较大，下弯并反卷，也被侧乳突状柔毛，边缘略呈波状；**唇盘** 具 2 条有基部延伸至中裂片基部的纵行褶片，其上半部向内靠合形成短管。**蕊柱** 背面粉红色，腹面白色具多数紫红色小点，长 1.2 ～ 1.5 厘米，稍向前屈，两侧有狭翅；**药帽** 白色。**花粉块** 4 枚，宽卵形，分成 2 对。**蒴果** 狭椭圆形，长 6 ～ 7 厘米、径 1.5 ～ 2 厘米。**花期** 10 月至次年 3 月。

**产地和分布：**产于安徽、江西、福建、台湾、广东、海南、广西、四川、贵州、云南。分布于印度、缅甸、越南、泰国、琉球。

**生态：** 地生兰。喜生于海拔 300 ～ 2000 米的林下、灌木林中或溪谷旁湿润但排水良好的隐蔽处。

**用途：** 本种姿态优美，花有浓香，是我国传统供盆栽观赏的兰花——"国兰"的种类之一。形态和花色变化丰富，已被育成数以百计的观赏栽培品种。

**主要品种如下：**

图 83a 白墨 *Cymbidium sinense* (Jackson ex Andr.) Willd. f. *albo-jucundissimum* (Hayata) Fukuyama
1 植株　2 花葶（1985/02/14 程式君、邓盈丰绘）

1. **报岁墨类：**
- 广东报岁：'金嘴墨'、'银边墨'、'企黑墨'、'白墨'。
- 素心及色花：'绿墨素'、'黄金塔'、'红花素心'、'红玉'。
- 瓣型花：'南海梅'、'岭南大梅'、'金鹤梅'、'闽荷'。
- 蝶花及奇花：'大屯麒麟'、'玉狮子'、'国香牡丹'、'红菊'。
- 报岁叶艺：'福源'、'旭晃锦'、'瑞玉'、'文山佳龙'。
2. 榜墨类：'秋榜素水晶花'、'白玫瑰'、'春榜奇花素'、'百狮'。

图 83aa  3 个白墨品种 *Cymbidium sinense* (Jackson ex Andr.) Willd.
f. *albo-jucundissimum* (Hayata) Fukuyama cvs. 之花
图 I～Ⅲ 中：1 花　2 花纵剖面　3 唇瓣　4 药帽　5 花粉块

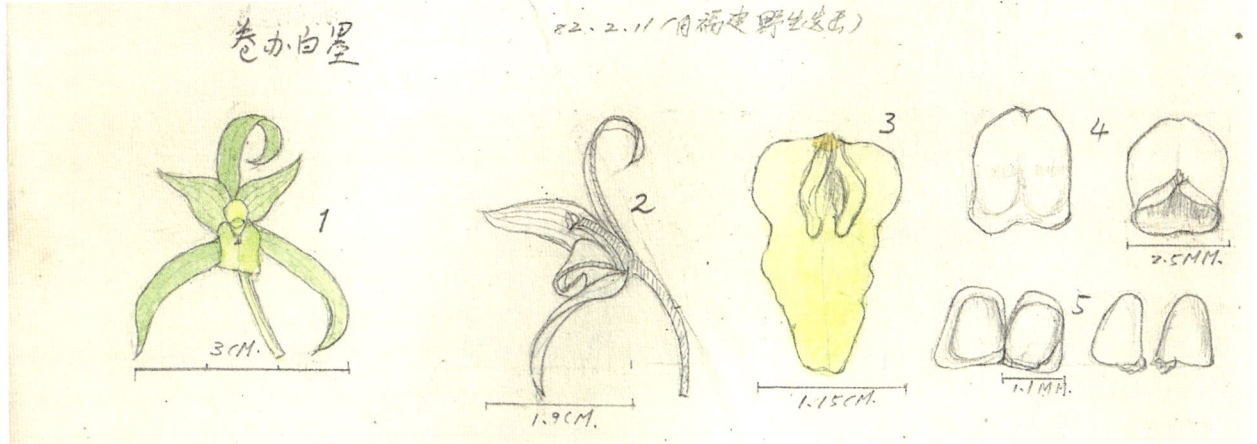

I 卷瓣白墨 cv. Juanban-baimo
（来自福建，1982/02/11 程式君绘）

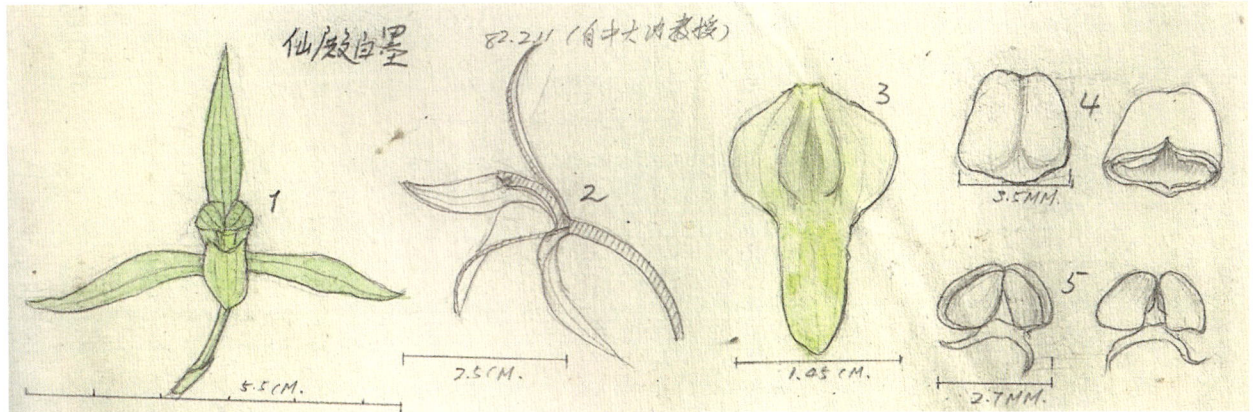

Ⅱ 仙殿白墨 cv. Xiandian-baimo
（来自中山大学沈教授，1982/02/11 程式君绘）

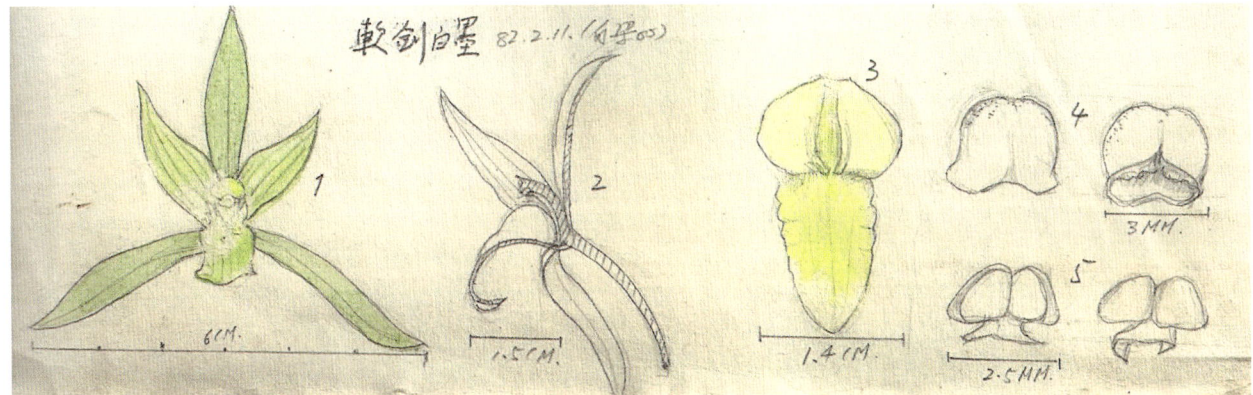

Ⅲ 软剑白墨 cv. Ruanjian-baimo
（来自广州人民医院梁比，1982/02/11 程式君绘）

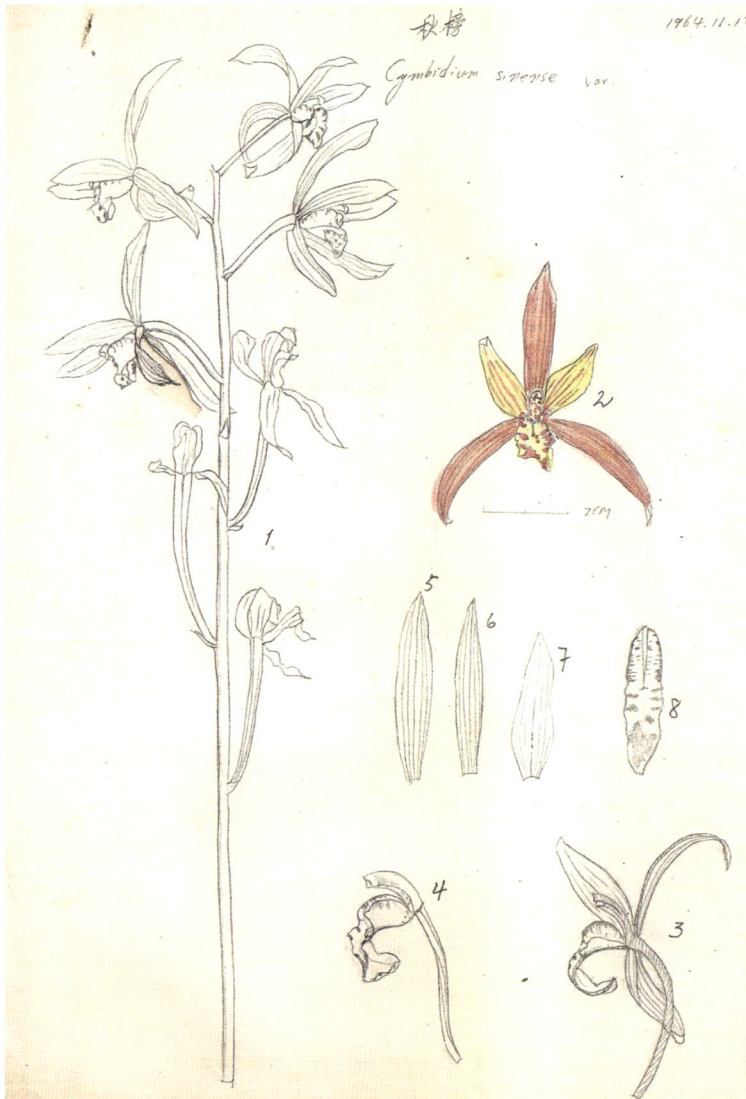

图 83b 秋榜

***Cymbidium sinense***

(Jackson ex Andr.) Willd.

**f. *qiu-bang***

1 花葶　2 花葶　3 花纵剖面　4 蕊柱、
唇瓣和子房　5 中萼片　6 侧萼片
7 花瓣　8 唇瓣　（1964/11/12 程式君绘）

图 83c 秋榜（朱砂）

***Cymbidium sinense***

(Jackson ex Andr.) Willd.

**f. *qiu-bang*** cv. Rubra 之花

1 花正面　2 花纵剖面　3 唇瓣　4 药
帽　5 花粉块　（1981/11/17 程式君绘）

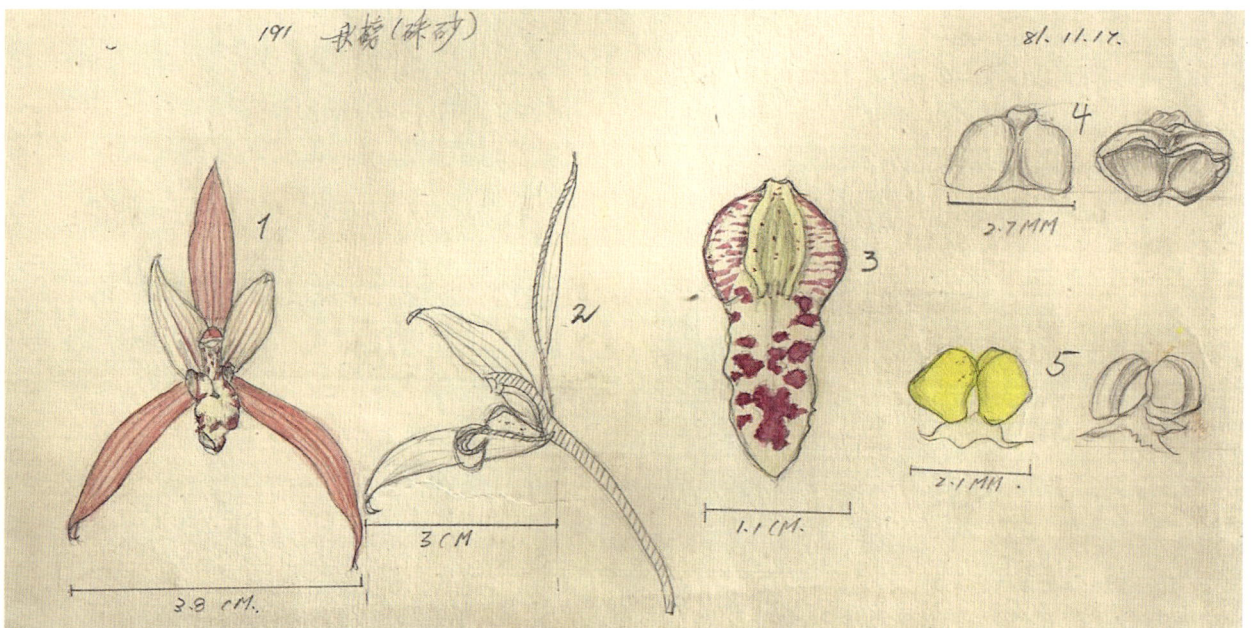

b

c

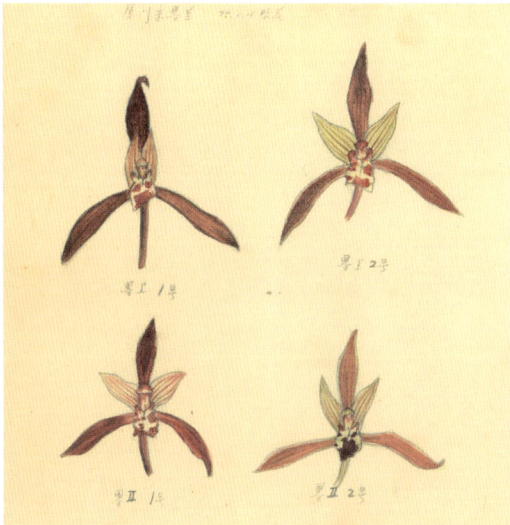

d

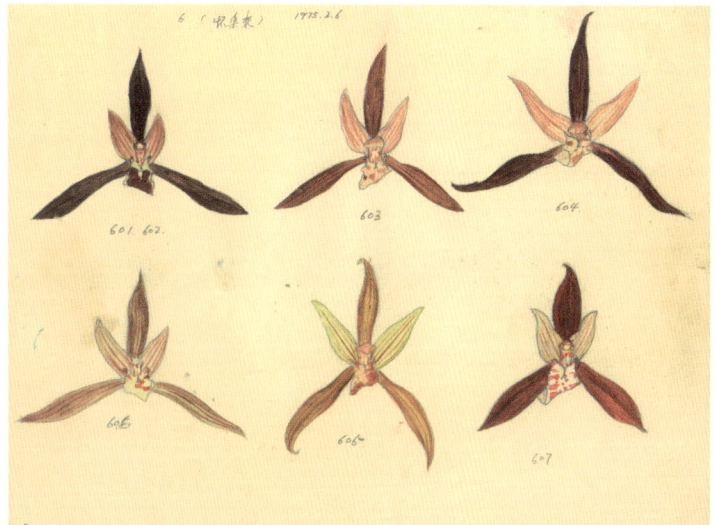

dd

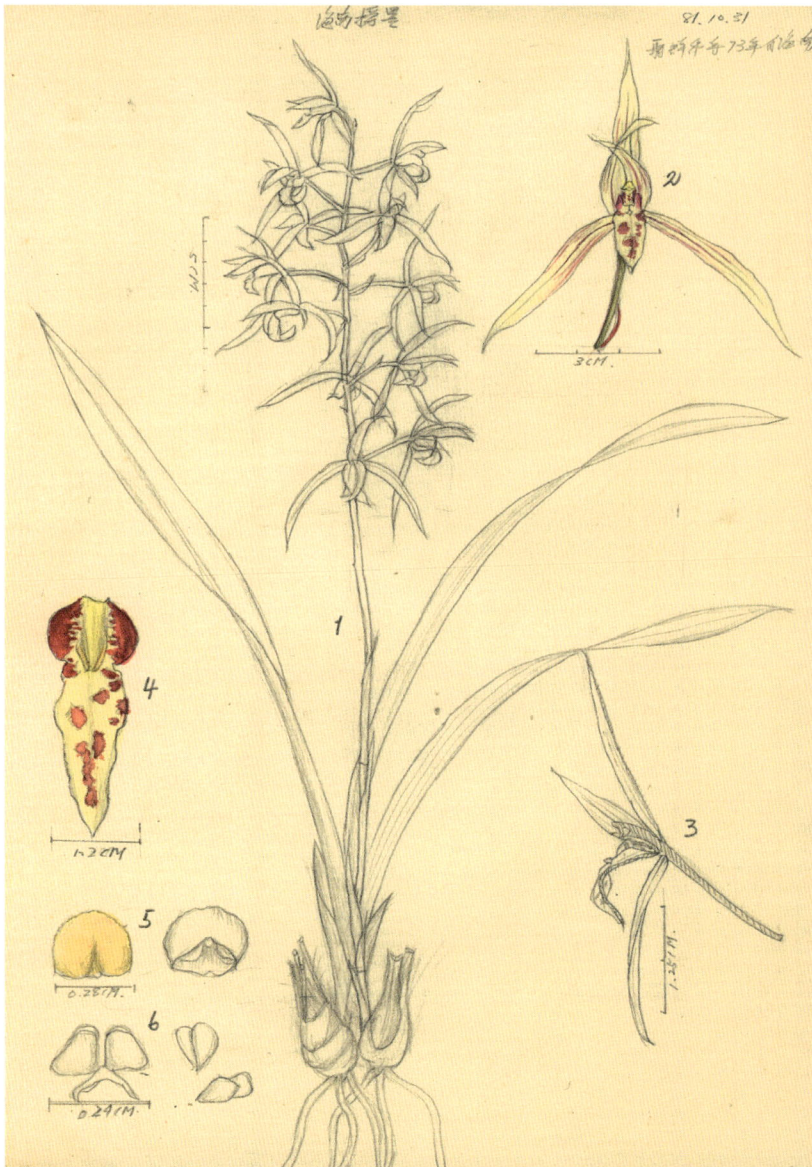

e

图 83d 墨兰

*Cymbidium sinense*

(Jackson ex Andr.) Willd. 之花 (1)

1 墨兰Ⅰ-1 号　2 墨兰Ⅰ-2 号　3 墨兰Ⅱ-1 号　4 墨兰Ⅱ-2 号

（来自厦门，1975/01/11 程式君绘）

图 83dd 墨兰

*Cymbidium sinense*

(Jackson ex Andr.) Willd. 之花 (2)

（来自广东怀集，1975/02/06 程式君绘）

图 83e 海南榜兰

*Cymbidium sinense*

(Jackson ex Andr.) Willd.

f. *hainan bang-lan*

1 植株　2 花　3 花纵剖面　4 唇瓣　5 药帽　6 花粉块

（1973 聂群练等采自海南，1981/10/31 程式君绘）

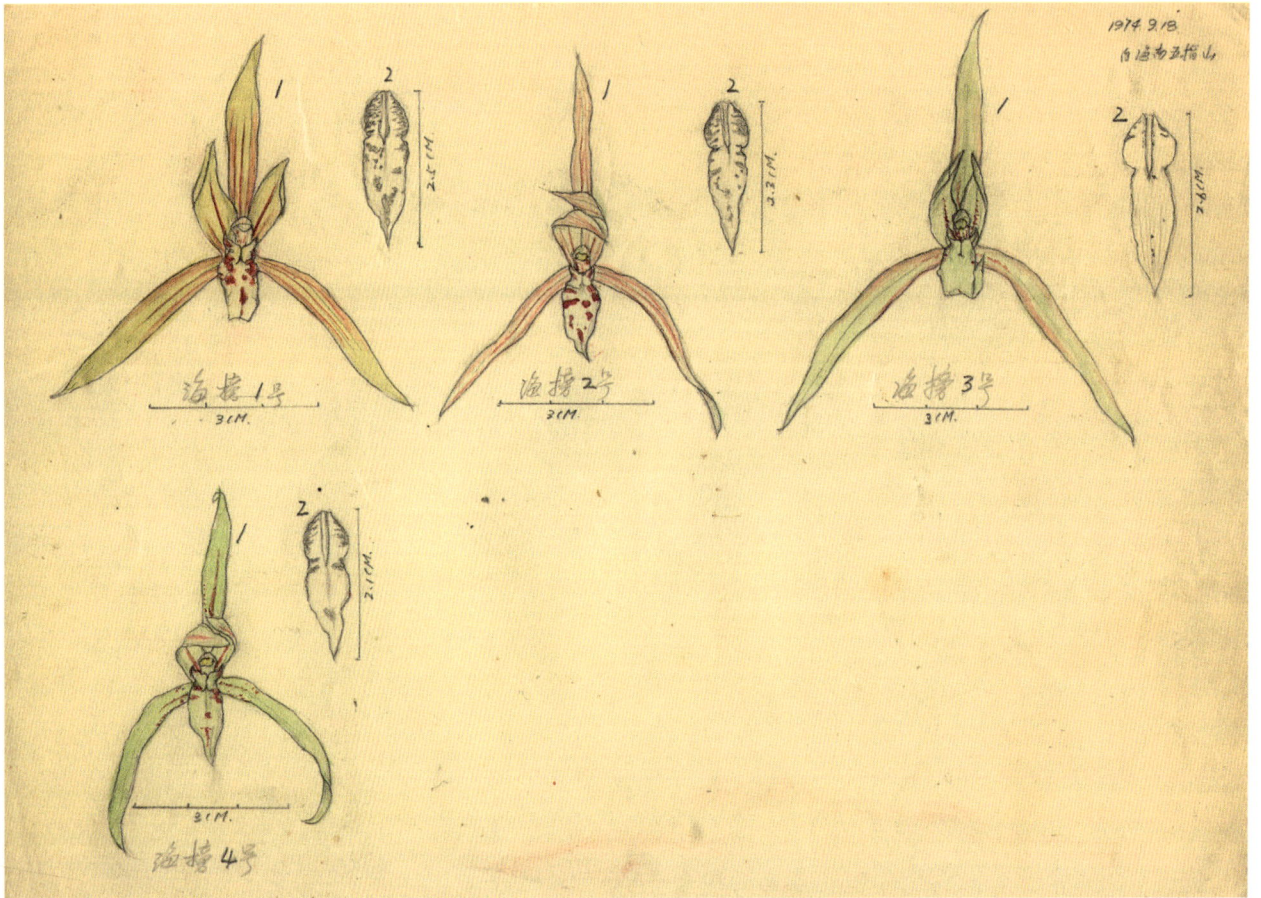

**图 83ee** 4 种海南榜兰 *Cymbidium sinense* (Jackson ex Andr.) Willd. f. ***hainan bang-lan*** 之花

1 花正面　2 唇瓣（1974/09/18 程式君采自海南五指山，并绘图）

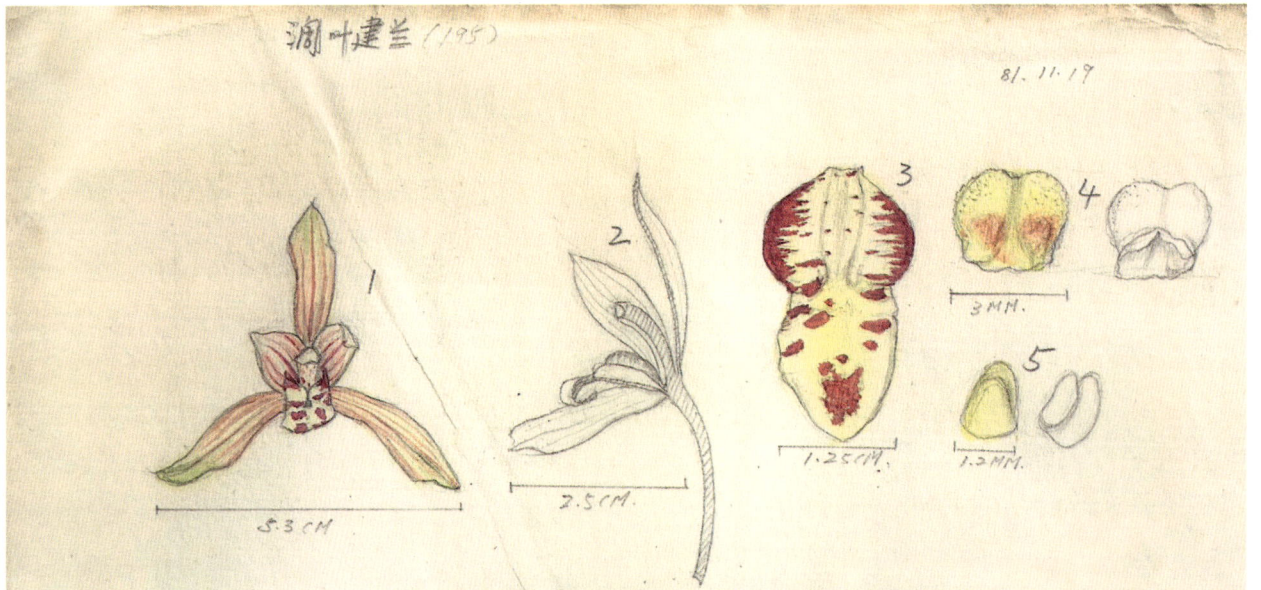

**图 83f** 墨兰 "阔叶建兰" *Cymbidium sinense* (Jackson ex Andr.) Willd. cv. Kuoye-jianlan 之花

1 花正面　2 花纵剖面　3 唇瓣　4 药帽　5 花粉块（1981/11/19 程式君绘）

# 84 兔耳兰（别名：宽叶兰）

**学名：** *Cymbidium lancifolium* Hook.

[曾用学名：*Cymbidium javanicum* Bl.；*Cymbidium papuanum* Schltr.；*Cymbidium aspidistrifolium* Fukuyama；*Cymbidium syunitianum* Fukuyama；*Cymbidium javanicum* Bl. var. *aspidistrifolium* (Fukuyama) F. Maekawa；*Cymbidium maclehoseae* S. Y. Hu；*Cymbidium lancifolium* Hook. var. *aspidistrifolium* (Fukuyama) S. S. Ying；*Cymbidium lancifolium* Hook. var. *syunitianum* (Fukuyama) S. S. Ying；*Cymbidium bambusifolium* Fowlie；*Cymbidium lancifolium* Hook. var. *papuanum* (Schltr.) S. S. Ying]

**亚属及组别：** 建兰亚属 Subgen. Jensoa；兔耳兰组 Sect. Geocymbidium

**形态：植株** 小型至中型，高 20～30 厘米，地生或半附生。**假鳞茎** 扁圆柱形或狭梭形，长 2～7 厘米、宽 5～10 厘米，有 1～3 节，顶端聚生 2～4 枚叶。**叶** 革质，光亮，浓绿或黄绿色；阔倒披针状至狭椭圆形，长 6～17 厘米以上、宽 1.9～6 厘米，先端渐尖，上部边缘有细齿，基部收窄为柄；**叶柄** 细枝状，长 3～18 厘米，与叶近相等。**花葶** 从假鳞茎下部侧面节上抽出，直立，长 8～20 厘米或更长；**花序** 一般具 2～6 朵花，少数为单花，或具更多朵花；**花苞片** 披针形，长 1～1.5 厘米。**花** 芳香；白色、淡绿色或淡粉红色，**花瓣** 具紫红色中脉，唇瓣上有紫红色斑点；**萼片** 倒披针状长圆形，长 2.2～2.7 厘米、宽 0.5～0.7 厘米；**花瓣** 近长圆形，长 1.5～2.3 厘米、宽 0.5～0.7 厘米。**唇瓣** 近卵状长圆形，长 1.5～2 厘米，稍 3 裂：**侧裂片** 直立，多少拥抱

图 84 兔耳兰 *Cymbidium lancifolium* Hook.(1)
1 植株　2 花葶　3 花　4 中萼片　5 侧萼片　6 唇瓣　7 蕊柱　8 花粉块

（程式君采自云南文山，1985/01/19 程式君、邓盈丰绘）

蕊柱；**中裂片** 下弯；**唇盘** 具 2 条纵行褶片，由基部延伸至中裂片基部，上端内倾并互相靠合，多少形成短管。**蕊柱** 长约 1.5 厘米；**花粉块** 4 枚，分成 2 对。**蒴果** 窄椭圆形，长约 5 厘米、径约 1.5 厘米。**花期** 5 ～ 8 月。

　　兔耳兰的形态变异较大，常被区分为：无齿兔耳兰、竹叶兔耳兰、高脚兔耳兰、矮脚兔耳兰、旋叶兔耳兰、香花兔耳兰等。

**产地和分布**：广泛出产于浙江、福建、台湾、湖南、广东、海南、广西、四川、贵州、云南和西藏（东南部）各省区。自喜马拉雅地区至东南亚以及日本南部和新几内亚岛均有分布。**模式标本**采自尼泊尔。

**生态**：附生树上或地生于海拔 300 ～ 2200 米的疏林、竹林、阔叶林的林下或溪谷边的岩石上。

**用途**：形态雅致，花香清幽，可盆栽供观赏。

图 84a 兔耳兰
*Cymbidium lancifolium* Hook.（2）
1 植株　2 花纵剖面　3 中萼片　4 侧萼片
5 花瓣　6 蕊柱及子房　7 苞片　8 药帽
9 花粉块　10 唇瓣　11 花正面
（图 1 ～ 9：1962/04/24 程式君绘）
（图 10 ～ 11：1981/05/23 程式君绘）

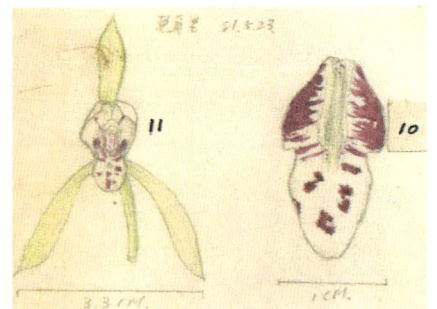

## 3.23 石斛属 *Dendrobium* Swartz

**历史：** 本属于 1799 年由 O. Swartz 建立，发表于 *Nova Acta Societatis Scientiarum Upsaliensis*。本属植物多附生于树上或石上。拉丁属名 *Dendrobium* 源自希腊文 *dendros*（树木）和 *bios*（生命），即 "树生" 之意。中文属名 "石斛" 即 "石活"，即在石上生活；其别名 "木斛（木活）" 也是意指它的 "树生" 生态。石斛属的很多种类都是美丽的花卉，大部分种类自古以来就是我国贵重中药的原材料。

**分类和分布：** 石斛属是兰科中的一个大属，隶属兰科树兰亚科石斛族的石斛亚族。全世界有近千种，分布于中国、印度、日本、马来西亚、菲律宾、新几内亚、澳洲、新西兰及其附近的太平洋岛屿。我国约有 80 种，分布于秦岭以南各省，其中以华南、西南各省的亚热带、热带地区最为集中。国产种类共分 12 个组，即

1. **禾叶组** Sect. Grastidium 共 4 种，如**竹枝石斛**。
2. **顶叶组** Sect. Chrysotoxae 共 6 种，如**聚石斛**。
3. **石斛组** Sect. Dendrobium 共 36 种及 2 变种，如**曲轴石斛**。
4. **心叶组** Sect. Distichophyllum 仅 1 种，即**反瓣石斛**。
5. **瘦轴组** Sect. Breviflores 共 2 种，如**钩状石斛**。
6. **叉唇组** Sect. Stuposa 仅 1 种，即**叉唇石斛**。
7. **距囊组** Sect. Pedilonum 共 3 种，如**西畴石斛**。
8. **黑毛组** Sect. Formosae 共 7 种，如**黑毛石斛**。
9. **草叶组** Sect. Stachyobium 共 5 种，如**梳唇石斛**。
10. **基肿组** Sect. Crumenata 共 4 种，如**景洪石斛**。
11. **剑叶组** Sect. Aporum 共 3 种，如**剑叶石斛**。
12. **圆柱叶组** Sect. Strongyle 共 2 种，如**海南石斛**。

**本属模式种：** 细茎石斛 *Dendrobium moniliforme* (L.) Sw.

**生态类别：** 附生兰，也有石生者。

**形态特征：** **茎**（或称 "假鳞茎"）丛生，肉质，圆柱状或鞭状，偶有分枝；节间有时膨胀，常为叶鞘所覆盖，且时有不定根。**叶** 革质或肉质。互生。多数扁平，长圆形或线形；有些种类的叶为圆柱状，或两侧压扁。基部有关节并呈鞘状而抱茎。**花** 为总状花序，具 1 至多朵花，顶生或侧生于茎的中、上部。花大多鲜艳。**花萼** 萼片离生，顶萼与侧萼近于相似。侧萼基部与延长的蕊柱足形成萼囊；**萼囊** 底部常呈距状。**花瓣** 与萼片的宽度不同。**唇瓣** 着生于蕊柱足末端；全缘或 3 裂，形状因种类而不同；基部与侧萼合生成距；**唇盘** 具 1 ～ 7 条纵脊。**蕊柱** 一般较短，棒状或接近棒状；**蕊柱足** 明显且与侧萼片基部合生；蕊柱顶部两侧有直立的齿；**花粉块** 4 枚，成 2 对，无柄，偶有黏盘。

# 国产石斛属的分组检索表

1.叶和叶鞘被黑毛·····················································8.**黑毛组 Sect. Formosae**

1.叶和叶鞘无毛

  2.叶生于茎顶，基部不下延为抱茎的鞘·····················2.**顶叶组 Sect. Chrysotoxae**

  2.叶基部下延为抱茎的鞘

    3.茎多少肉质，呈圆柱形或纺锤形，干后常具纵棱

      4.萼囊狭长，唇瓣具狭长的爪·························7.**距囊组 Sect. Pedilonum**

      4.萼囊宽而短，唇瓣无爪或爪很短小

        5.唇瓣舟状，显然小于萼片和花瓣·················5.**瘦轴组 Sect. Breviflores**

        5.唇瓣不如上述

          6.植株矮小，抱茎的叶鞘为歪鼓状·············9.**草叶组 Sect. Stachyobium**

          6.植株较大，抱茎的叶鞘不为歪鼓状

            7.叶排列紧密，叶基心形且抱茎··········4.**心叶组 Sect. Distichophyllum**

            7.叶排列疏离，叶基不为心形

              8.花序轴和花序柄纤细柔弱；花小，萼片短于1厘米，唇瓣明显3裂，仅先端边缘密生长绵毛···········6.**叉唇组 Sect. Stuposa**

              8.花序轴和花序柄不如上述；花大，萼片长于1厘米，唇瓣不裂或仅不明显3裂，全缘，不整齐或具流苏···········3.**石斛组 Sect. Dendrobium**

    3.茎质地坚硬，细圆柱形或扁圆柱形，光滑，干后有光泽

      9.茎基部上方数节肿大，使茎呈纺锤形·············10.**基肿组 Sect. Crumenatae**

      9.茎上下粗细一致，呈圆柱形或扁圆柱形

        10.叶正常，上下表面有别，革质或薄革质，呈禾草状····1.**禾叶组 Sect. Grastidium**

        10.叶非正常，无上下表面之别，厚肉质

          11.叶两侧压扁呈短剑状，基部较宽，互相套叠··········11.**剑叶组 Sect. Aporum**

          11.叶圆柱形或半圆柱形·····················12.**圆柱叶组 Sect. Strongyle**

# 85 剑叶石斛

**学名：** *Dendrobium acinaciforme* Roxb.

[ 曾用学名：*Aporum acinaciforme* (Roxb.) Griff.；*Dendrobium scalpelliforme* Teijsm. et Binn.；*Callista acinaciformis* (Roxb.) Ktze.；*Dendrobium acinaciforme* Roxb. var. *minus* T. Tang et F. T. Wang；*Aporum acinaciforme* (Roxb.) Brieger；*Aporum scalpelliforme* (Teijsm. et Binn.) Rauschert]

**组别：** 剑叶组 Sect. Aporum

**形态：** **植株** 附生，直立，高 20～40 厘米。**茎** 丛生，有时 20 余茎组成共生群；扁三棱形，近木质，长达 60 厘米、径约 0.4 厘米，仅下半部具叶；多节，节间长约 1 厘米。**叶** 2 列，疏松套叠或互生，厚革质或肉质，两侧压扁，呈短剑或匕首状，长 2.5～4 厘米、宽 0.4～0.6 厘米，先端急尖，基部扩大成紧抱于茎的鞘，上部的叶逐渐退化而成鞘状。**花序** 侧生于茎的上部无叶部分，每序具花 1～2 朵；花苞片 长约 1 毫米。**花** 很小，径约 10 毫米 ×8 毫米，乳白或极淡的黄绿色，半透明；**花梗连子房** 长约 6

图 85 剑叶石斛 （1）

***Dendrobium acinaciforme***
        Roxb.

1 植株　2 花正面　3 花正面（去除唇瓣）　4 花纵剖面　5 唇瓣　6 花粉块（广州兰圃采自云南西双版纳？，1973/08/10 程式君绘）

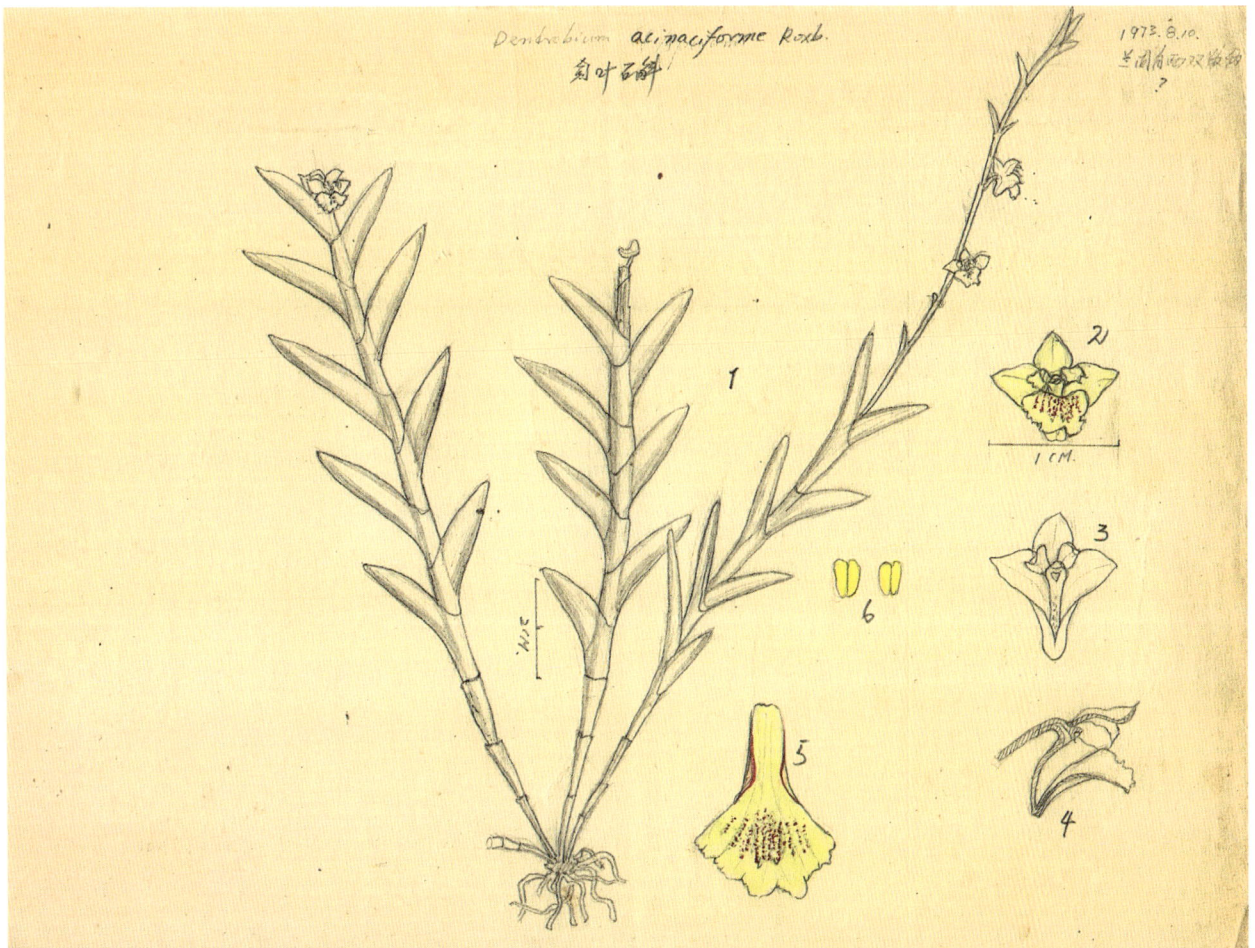

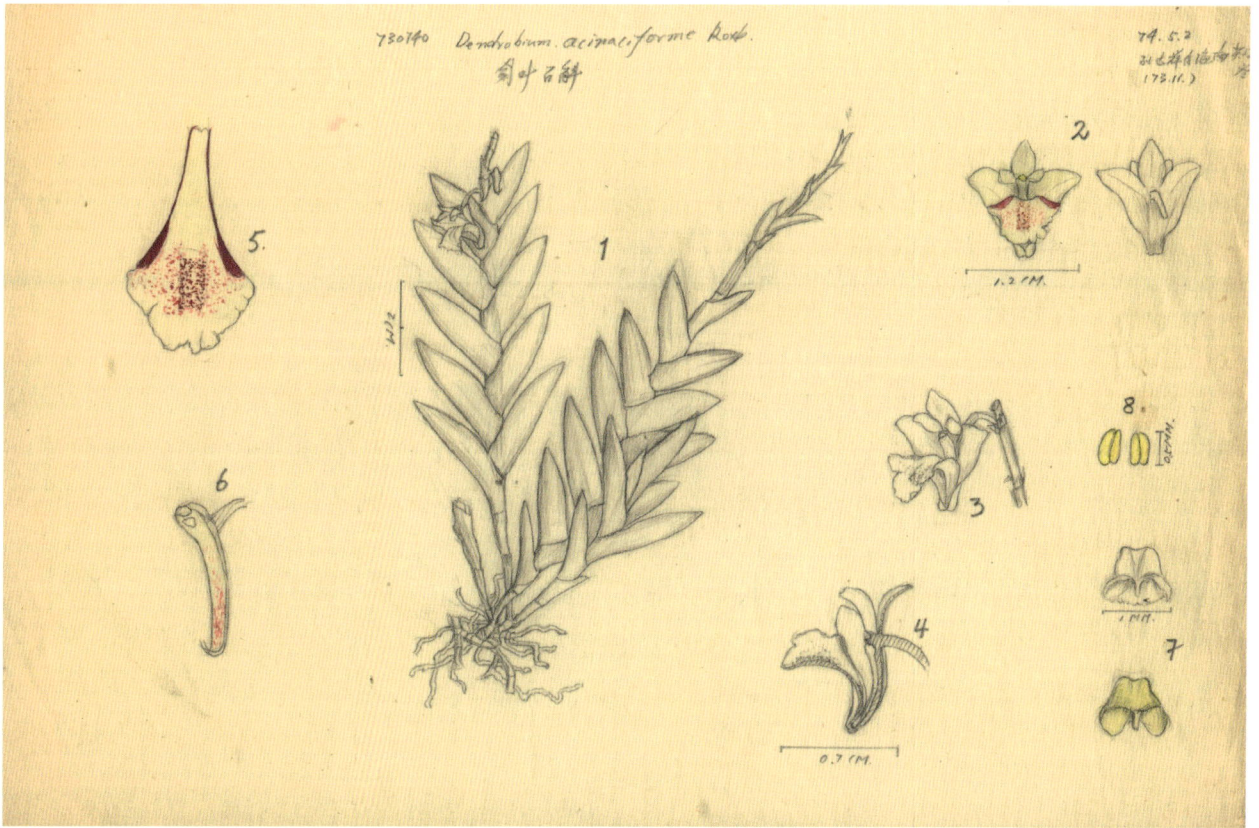

毫米；**中萼片** 近卵形，长 3～5 毫米、宽 1.6～2 毫米，先端钝，具 3 脉；**侧萼片** 斜卵状三角形，远大于中萼片和花瓣，近蕊柱一侧长 3.5～6 毫米，先端急尖，基部甚歪斜，具 5 脉；**萼囊** 狭窄，长 5～7 毫米；**花瓣** 长圆形，与中萼片等长但较窄，端圆钝，边缘有波状皱折。**唇瓣** 近匙形，不分裂，从基部到先端逐渐扩宽，长 8～10 毫米、宽 4～6 毫米，先端圆形，前端边缘具裙边状皱折；唇瓣后部两侧的边缘有狭窄如线的紫红色镶边；**唇盘** 中央具 3～5 条纵脊，其上散布紫红色小点。**蕊柱** 短，有较长的蕊柱足，黄绿色，基部密布细小的紫红点；

**药帽** 乳黄色，前端边缘具微齿。
**蒴果** 椭圆形，长 4～7 毫米。
**花期** 较长，3～9 月，但单花花寿仅有数日。

**产地和分布：** 产于福建、香港、海南、广西、云南。分布于印度（东北部）、缅甸、老挝、越南、柬埔寨、泰国。**模式标本** 采自印度东北部。

**生态：** 附生兰。多附生于海拔 260～270 米的山地林缘树干上和林下岩石上。

**用途：** 一般不作"石斛"或"黄草"入药，但广西商品石斛中常混有本种。植株叶形很有特点，花细小精致，有"蚂蚁观赏的兰花"之称，可栽培供观赏。

图 85a 剑叶石斛（2）
***Dendrobium acinaciforme* Roxb.**

1 植株
2 花正面（左）及背面（右）
3 花着生状态
4 花纵剖面
5 花瓣
6 蕊柱
7 药帽
8 花粉块
（1973/11 孙达祥采自海南尖峰岭，1974/05/02 程式君绘）

# 86 钩状石斛

**学名：** *Dendrobium aduncum* Lindl.

[ 曾用学名：*Dendrobium faulhaberianum* Schltr.；*Dendrobium aduncum* Lindl. var. *faulhaberianum* (Schltr.) T. Tang et F. T. Wang；*Dendrobium hercoglossum* auct. non Rchb. f. ]

**组别：** 瘦轴组 Sect. Breviflores

**形态：** **植株** 附生，下垂，高 40～60 厘米。**茎** 丛生，圆柱形，上部略折曲，长 50～70 厘米、径 0.2～0.5 厘米，不分枝；具多节，节间长 3～3.5 厘米。**叶** 每茎 4～10 枚，呈 2 列生于茎的上部；嫩叶近边缘常染淡粉红晕；长圆状披针形或狭椭圆状披针形，长 7～10 厘米、宽 1～3.5 厘米，先端急尖并钩转，基部具抱茎的鞘；鞘膜质，污白色，具数条白色纵脉及多数紫色细点。

**总状花序** 自茎上部的节上抽出，每茎有花序数个，每序有花 1～6 朵；**花序轴** 纤细，略呈 "之" 字形折曲；**花苞片** 膜质，卵状披针形，长 5～7 毫米，端急尖。**花** 开展，直径 2～2.5 厘米，有香气；**花梗连子房** 淡粉红色，长约 1.5 厘米；**花萼和花瓣** 淡粉红色，先端急尖且略后反，各具脉 5 条；**中萼片** 长圆状披针形，长 1.6～2 厘米、宽 0.7 厘米；**侧萼片** 斜卵状三角形，与中萼片等长但宽得多，基部偏斜；**萼囊** 坛状，明显，长约 1 厘米；**花瓣** 长圆形，长 1.4～1.8 厘米、宽 7 毫米。**唇瓣** 乳白色，下凹呈舟状，展平时为宽卵形，长 1.5～1.7 厘米，前部骤然收窄，其先端呈尾状三角形且反卷呈钩状，基部具长约 5 毫米的爪；上面除爪和唇盘两侧外、密布白色短毛，近基部具一绿色的方形胼胝体。**蕊柱** 白色，长约 4 毫米，顶端的两侧具耳状齿，正面密布紫色长毛；**蕊柱足** 长约 1 厘米，较宽，向前弯曲，末端与唇瓣连接处具关节，腹面具疏毛；**药帽** 深紫色，近半球形，密布乳突状毛，顶端稍凹，前端边缘啮蚀状。**花期** 5～6 月，**单花花寿** 15～20 天。

本种与重唇石斛较易混淆，但本种萼囊明显、茎密布紫色细点、叶端尖、蕊柱足较长，而重唇石斛的萼囊极不明显、茎无紫点或紫晕、叶端钝圆不等 2 裂、蕊柱足较短，可以区别。

**产地和分布：** 产于湖南、广东、香港、广西、海南、贵州、云南。分布于不丹、印度、缅甸、泰国、越南。**模式标本** 采自印度。

**生态：** 附生兰，喜光。多生于海拔 700～1000 米的山地林中树干上。

**用途：** 药用，为传统中药石斛 "黄草石斛" 的主要原植物之一。花美丽、芳香而繁密，观赏价值甚高，栽培较易，可用作观赏植物。

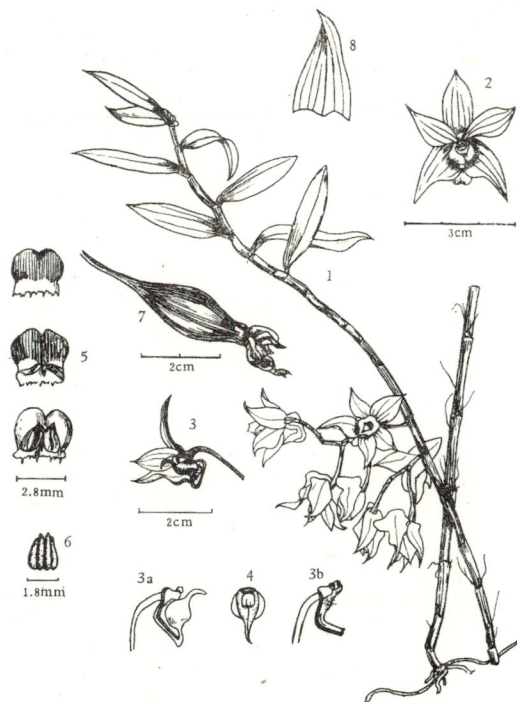

图 86 钩状石斛
*Dendrobium aduncum*
Lindl.
1 植株
2 花正面
3 花纵剖面
3a 花纵剖面（示唇瓣）
3b 花纵剖面（示蕊柱）
4 药帽、蕊喙和
蕊柱俯视
5 药帽
6 花粉块
7 果
8 叶尖
（1986/02 唐振缉绘）

# 87 兜唇石斛（别名：兜石斛，天弓石斛，倒垂春石斛）

**学名：*Dendrobium aphyllum* (Roxb.) C. E. Fischer**

（曾用学名：*Limodorum aphyllum* Roxb.；*Dendrobium cucullatum* R. Br. ex Lindl.；*Dendrobium pierardii* Roxb. ex Hook.；*Dendrobium macrostachyum* Lindl.）

**组别：** 石斛组 Sect. Dendrobium

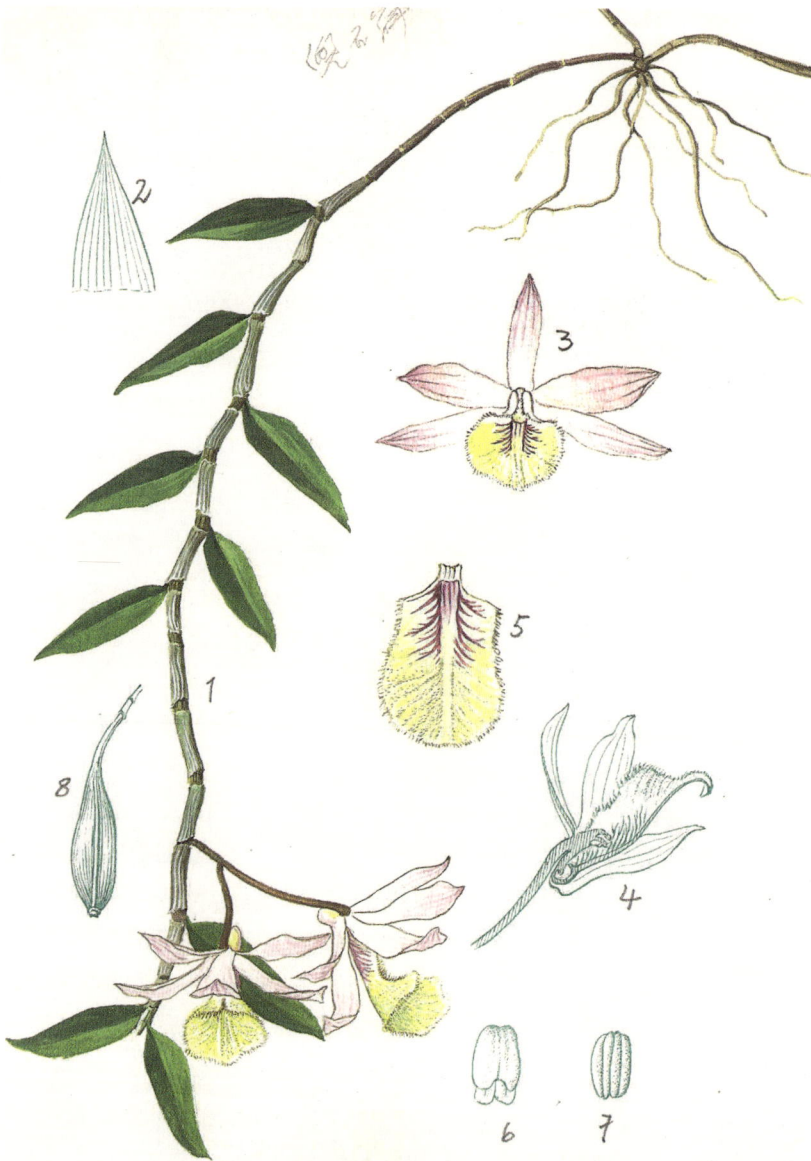

图 87 兜唇石斛（1）*Dendrobium aphyllum* (Roxb.) C. E. Fischer
1 植株　2 叶尖　3 花正面　4 花纵剖面　5 唇瓣　6 药帽　7 花粉块　8 果
（1975 采自云南西双版纳，程式君、邓盈丰绘）

**形态：植株** 常 5～6 茎成丛附生，悬垂，高（长）20～100 厘米。**茎** 肉质，细圆柱形，上粗下细，稍呈"之"字形曲折；长 30～60 厘米，最长达 100 厘米，粗 0.4～0.8 厘米，不分枝，具多达 13 节；节间长 2～3.5 厘米，黄绿色，为灰白色，具多数细红点的纸质鞘所包被；老茎无叶。**叶** 略呈肉质，由茎基第 2、3 节起成 2 列分布于整条茎上，黄绿色，披针形或卵状披针形，长 6～8 厘米、宽 2～3 厘米，先端渐尖，基部具鞘，鞘口开裂如杯状。**花序** 总状，几无花序轴，每序有 1～3 朵花，于老茎的节上抽出，每茎可多至 30 朵花以上；**花序柄** 长 2～5 毫米，基部被 3～4 枚膜质鞘；**花苞片** 近白色，膜质，卵形，长约 3 毫米，端急尖。**花** 开展，直径 4.5～6.5 厘米，略下垂，芳香；**花梗连子房** 淡绿色染淡粉红晕，长 2～2.5 厘米；**萼片和花瓣** 浅黄白色染粉红晕或全为粉红色，边缘及先端色较深；**中萼片** 近披针形，长 2.3 厘米、宽 0.5～0.6 厘米，先端尖，具 5 脉；**侧萼片** 与中萼片近等大，同形、但基部略偏斜；**萼囊** 狭圆锥形，长约 6 毫米、宽约 3 毫米，

图 87a 兜唇石斛（2）

*Dendrobium aphyllum*

(Roxb.) C. E. Fischer

1 植株
2 叶尖
3 花正面
4 花纵剖面
5 花基部纵剖面
6 唇瓣
7 药帽
8 花粉块
9 果 （1976 唐振缀绘）

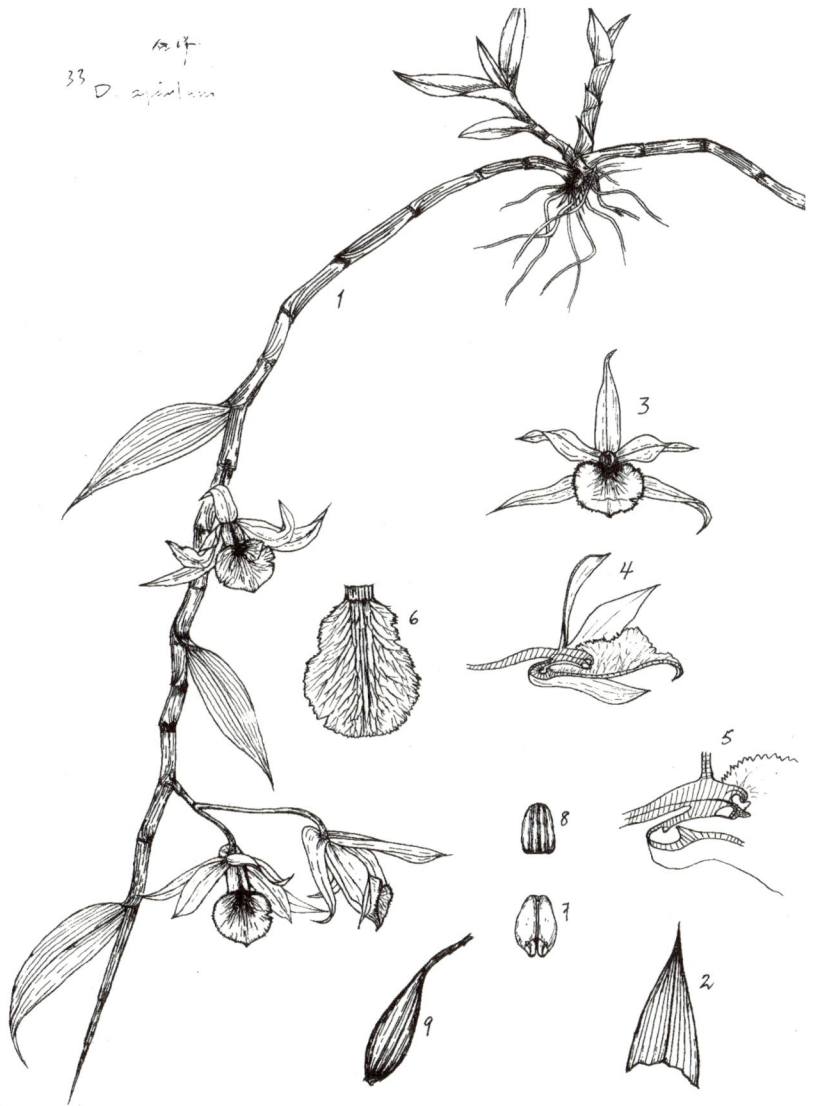

端钝；**花瓣** 阔披针形至椭圆形，长 2.3 厘米、宽 0.8～1 厘米，端钝，全缘，具 5 脉。**唇瓣** 展平后长圆形，长、宽约 2.5 厘米，上面前部淡黄白色，后部中央具 5 条纵向红色条纹，两侧各具约 10 条红色放射脉纹，背面染粉红晕；前部略凹呈漏斗状，后部两侧内卷，围抱蕊柱而成筒状，边缘具不整齐细齿，两面密布短柔毛。**蕊柱** 白色，腹面两侧具红纹；**药帽** 白色。**果** 为长圆形蒴果，褐绿色，具 3 条稍凸起的棱，果长约 4 厘米（其中果柄长约 1.5 厘米），径 0.7 厘米。**花期** 3～4 月，单花花寿 10～15 天。**果期** 6 月至次年 2 月。本种的花色和大小常有变异。

**产地和分布：** 产于广西、贵州、云南。分布于印度、尼泊尔、不丹、缅甸、老挝、越南、马来西亚。**模式标本** 采自印度（德干高原）。

**生态：** 附生兰，喜光。多生于海拔 400～1500 米的树林中树干上或山谷岩石上。

**用途：** 全株供药用，为石斛药材"黄草石斛"的原植物之一。株形优雅悬垂，花时无叶，满布美丽、芳香而繁密的花，具极高的观赏价值，易栽培。

# 88 金草石斛（别名：线叶石斛，细叶石斛，金草兰，金草）

**学名：** *Dendrobium aurantiacum* Rchb. f.

[ 曾用学名：*Dendrobium flaviflorum* Hayata；*Dendrobium tibeticum* Schltr.；*Dendrobium clavatum* Lindl. var. *aurantiacum* (Rchb. f.) T. Tang et F. T. Wang；*Dendrobium chryseum* Rolfe var. *bulangense* G. X. Ma et J. Xu]

**组别：** 石斛组 Sect. Dendrobium

**形态：** **植株** 直立，丛生，高 30 ～ 80 厘米，可形成重量超过 30 千克的大丛。**茎** 圆柱形，纤细，通常长 25 ～ 35 厘米、径 0.2 ～ 0.4 厘米，节间长 2.5 ～ 4 厘米，干后黄色至黄褐色。**叶** 革质，线形或狭长圆形，长 8 ～ 10 厘米、宽 0.4 ～ 1.4 厘米，先端钝而微凹，或近锐尖而钩转，基部具紧紧抱茎的鞘。**花序** 总状，侧生于无叶的去年生茎的上端，长约 1 厘米，具 1 ～ 2（偶有 3）朵花；**花序柄** 直立，基部具 3 ～ 4 枚淡白色、纸质、杯状或筒状的套叠鞘，基部的鞘最短，向上逐渐加长；**花苞片** 舟状，膜质，淡白色，长约 1.2 厘米、宽约 0.5 厘米，端钝。花 开展，径 4 ～ 5 厘米，橘黄色，有香气；**花梗连子房** 长约 3 厘米；**中萼片** 长圆状椭圆形，长 2.3 ～ 2.5 厘米、宽 1.1 ～ 1.4 厘米，端钝，全缘，具 5 脉；**侧萼片** 长椭圆形，与中萼片等长而略窄，基部稍偏斜，具 5 脉；**萼囊** 圆锥形，长约 6 毫米；**花瓣** 椭圆形或椭圆状倒卵形，长 2.4 ～ 2.6 厘米、宽 1.4 ～ 1.7 厘米，端钝，全缘，具 3 脉，侧边主脉具分枝。**唇瓣** 近圆形，长 2.5 厘米、宽约 2.2 厘米，橘黄色，内面具红色脉纹，无斑块；基部具长约 3 毫米的爪，中部以下两侧围抱蕊柱，上面密被绒毛，边缘具不整齐细齿。**蕊柱** 长约 4 毫米；**蕊柱足** 长约 3 毫米。**药帽** 狭圆锥形，光滑，长约 4 毫米，前端近截形。**花期** 5 ～ 6 月，单花花寿 5 ～ 8 天。

**产地和分布：** 产于台湾、四川、云南。分布于印度、缅甸。

**模式标本** 采自印度阿萨姆邦。

**生态：** 附生兰，喜光。生于海拔达 2600 米的高山阔叶林中树干上。

**用途：** 为药用"石斛"原植物之一。花美丽且容易栽培，可供观赏。

图 88 金草石斛 *Dendrobium aurantiacum* Rchb. f.

1 植株　2 叶尖　3 花正面　4 花纵剖面　5 蕊柱及萼囊纵剖面　6 唇瓣

（广州兰圃采自云南，1983/06/04 程式君绘）

# 89　叠鞘石斛（别名：迭鞘石斛，紫斑石斛，马鞭石斛，黄草）

**学名：** *Dendrobium aurantiacum* Rchb. f. var. *denneanum* (Kerr.) Z. H. Tsi

（曾用学名：*Dendrobium denneanum* Kerr.；*Dendrobium clavatum* Lindl.；*Dendrobium chryseum* auct. non Rolfe）

**组别：** 石斛组 Sect. Dendrobium

**形态：** **植株** 比原种金草石斛粗壮，直立，一般 5～6 条丛生，高 30～50 厘米。**根** 多数（30 余条）簇生于茎的基部，线形，近端部有多数分枝，分枝可达 15 条，偶有 2 次分枝。**茎** 圆柱形，略扁，直径 4 毫米以上，向基部渐细，长 12～50 厘米，上部多少弯曲；有 8～16 节，节间长 1.5～4 厘米，具纵槽，最基部节间缩短膨大成直径 0.5～1 厘米的葶荸形；老茎黄绿色，中部以下秃裸，中部以上为叶鞘所包被；嫩茎淡绿至黄绿色，无叶节的节间为紫色，为有多数绿色小圆点的闭合鞘所包被。**叶** 革质，3～12 枚，排成 2 列；狭矩圆形或矩圆状披针形，长 6～11 厘米、宽 1.3～2.5 厘米，先端略不等 2 裂或圆钝具小凸尖；叶面仅凹陷的中脉较明显，叶背粉绿色，有绿色脉 7 条。**花序** 总状，生于无叶茎的上端，长 5～14 厘米，疏生 2～7 花；**花序柄** 基部具数枚漏斗状、套叠的鞘状苞片，苞片淡褐绿色，具褐色和黄绿色点；**花苞片** 卵状三角形，长 1.8～3 厘米，内弯呈舟状，黄色略有紫褐点。**花** 直径 5～6 厘米，芳香；橙黄色，**唇瓣** 上有一大型紫色斑块，此为与金草石

斛的最明显区别特点；**子房连花梗** 长 3.2 厘米、径 0.15 厘米，淡绿色，有数条细纵纹；**中萼片** 阔披针形，最宽处（近基部 1/4 处）1 厘米，先端渐尖，基部截形，有脉 5 条；**侧萼片** 阔披针形，略偏斜，长 3 厘米、最宽处 1 厘米，具 5 脉；两侧萼基部合生成距，长 6 毫米、宽 3 毫米；**花瓣** 菱状倒卵形，长 2.7 厘米、最宽处 1.2 厘米，有脉 7 条。**唇瓣** 扁圆形，长约 2.5 厘米、宽 2.8 厘米，边缘为不整齐锯齿；唇瓣正中下凹成

宽 2 毫米的纵向凹槽，在唇瓣背面凸起 1.5 毫米而呈龙骨状。**蕊柱** 长 5 毫米、宽约 2 毫米，与花被同色。花期 4～6 月。

**产地和分布：** 产于海南、广西、贵州、云南。分布于印度、尼泊尔、不丹、缅甸、泰国、老挝、越南。**模式标本** 采自老挝。

**生态：** 附生于海拔 600～2500 米的山地疏林中树干上。喜光。

**用途：** 为中药材"马鞭石斛"的原植物之一。花朵美丽，栽培容易，可供观赏。

图 89 叠鞘石斛

*Dendrobium aurantiacum* Rchb. f. var. *denneanum* (Kerr.) Z. H. Tsi

1 植株
2 花正面
3 唇瓣
4 花纵剖面
5 叶尖
6 药帽
7 花粉块
（1977/06/23 程式君采自海南五指山，并绘图）

# 90 长苏石斛（别名：纯唇石斛）

**学名：** *Dendrobium brymerianum* Rchb. f.
**组别：** 石斛组 Sect. Dendrobium

**形态：** **植株** 高 20～30 厘米，成丛附生。**根** 粗壮，条形，扭曲，有分枝，每丛有根十余条，老根黄褐色、新根绿白色，长 10～15 厘米、径 2～2.5 毫米。**茎** 直立或斜举，黄绿色（新茎草绿色），干后淡黄色带污黑；具 7～9 节，节间长 1～3.5 厘米，中部常有 2 个节间最长（3～3.5 厘米）并膨大成纺锤形，粗达 11 毫米，而基部和上部的节粗仅 3～5 毫米，具纵凹槽；老茎上部节间常部分被淡灰褐色的残鞘包被，而下部的节间则秃裸。**叶** 3～5 枚着生于 2～3 年生茎的上部节上；薄革质，表面深绿、背面色较淡；披针形，长 7～11 厘米、宽 1.8～2 厘米，端尖；中脉在叶面凹陷，而在叶背凸起，两旁为多数细而不明显的平行脉；叶鞘长 0.8～1.2 厘米，抱茎。**总状花序** 侧生于去年生无叶茎的上端，具 1～3 朵花；**花序柄** 基部具 4～5 枚短筒状套叠鞘，基部的最短（约长 2 毫米），向上逐渐变长；**花苞片** 膜质，卵状披针形，长 7～12 毫米、宽约 4 毫米，先端略钝。**花** 有淡香，鲜金黄色，具光泽，开展，径 4 厘米 × 2 厘米，质地较厚硬；**花梗连子房** 长 3.5～5 厘米，黄绿色；**中萼片** 长圆状披针形，长 2.5 厘米、宽 0.8 厘米，端钝，具 7 脉；**侧萼片** 近披针形，长 2.5 厘米、宽 0.8 厘米，基部偏斜，端稍尖；**萼囊** 端钝，长 3～5 毫米；**花瓣** 窄长圆形，长 2.5 厘米、宽 0.6 厘米，端钝尖，具 7 脉。**唇瓣** 卵状三角形，长 2 厘米、宽 1.5 厘米，周边颜色较萼、瓣略浅，但中部为较深的橙黄色，近基部有近朱红色的细纹；先端稍钝，基部具短爪，上面密布短绒毛，由中部至基部边缘具短流苏，中部至先端边缘具长而分枝的流苏，在先端的流苏最长。**蕊柱** 黄色，其上端两侧白色，长约 3 毫米；**药帽** 浅黄白色，长圆锥形，长约 5 毫米，密布细乳突，前端边缘稍不整齐。**蒴果** 长圆柱形，长 1.7 厘米、粗 1 厘米，具 6 纵棱。**花期** 6～7 月，**单花花寿** 15～20 天。**果期** 9～10 月。

**产地和分布：** 产于云南南部。分布于泰国、缅甸、老挝。

**模式标本** 采自缅甸。

**生态：** 喜半阴。附生于海拔 1100～1900 米的山地林缘树干上。

**用途：** 花鲜丽奇特，可供观赏。但栽培较困难。

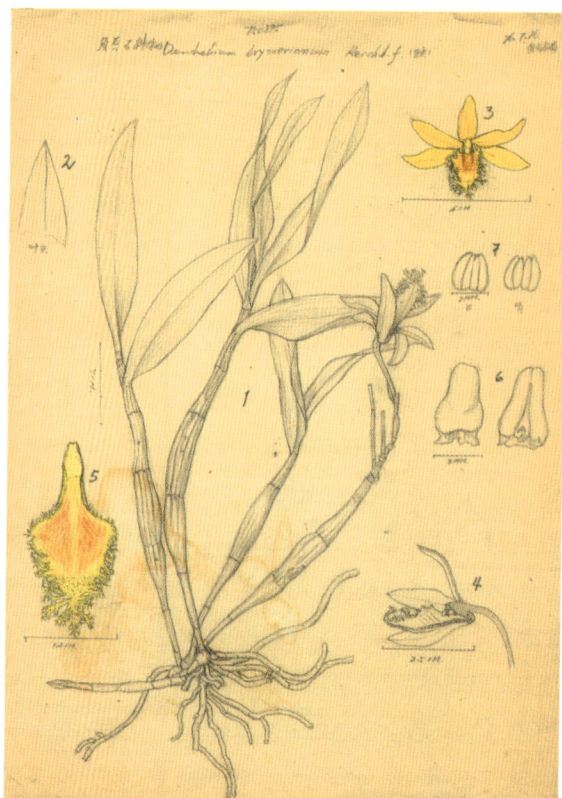

图 90 长苏石斛
*Dendrobium brymerianum*
Rchb. f.

1 植株
2 叶尖
3 花正面
4 花纵剖面
5 唇瓣
6 药帽
7 花粉块
（1976/07/16 程式君采自云南勐仑，并绘图）

# 91 短棒石斛

**学名**：*Dendrobium capillipes* Rchb. f.

[曾用学名：*Dendrobium acrobaticum* Rchb. f.；*Callista capillipes* (Rchb. f.) Kuntze；*Callista acrobatica* (Rchb. f.) Kuntze]

**组别**：石斛组 Sect. Dendrobium

**形态**：**植株** 中、小型附生兰，高 8～20 厘米，常 5～7 茎密集丛生。**根** 多数（约 30 余条），有分枝，条形扭曲，灰褐色（幼时绿白色），长 9～15 厘米、径约 1.5 毫米。**假鳞茎** 黄绿色至草绿色，肉质，近纺锤形，略扁；长 8～17 厘米、中部粗 1～1.5 厘米；具 5～8（通常 6）节，节上有褐色节纹；节间长 2.2～2.5 厘米，老茎节间几整个为灰白色膜质残鞘所包被，具多条钝纵棱。**叶** 每茎 2～4 枚，着生于假鳞茎上部的节上；上面草绿色、背面色较淡，革质有光泽；披针形，先端不等 2 裂，长 6.5～12（一般 8）厘米、宽 1.5～2.5（一般 2）厘米；叶表中脉凹陷，有多条不明显平行侧脉，叶背中脉凸出，共有明显平行脉 7 条；叶鞘膜质，黄绿色，有脉 7 条，完全包茎。**花序** 总状，长 7～10 厘米，着生于假鳞茎上部的节上（多由无叶老茎抽出），有花 3～4 朵；花序柄 长 5～5.5 厘米，具 4～5 节，绿色，节上具黄褐色卵形苞片；**花苞片** 长卵形，端锐尖，长 4.5 毫米，黄褐色。**花** 形态和质地似聚石斛；径约 3 厘米，柠檬黄色，有光泽，芳香，蝶形，有特大的唇瓣；**花梗连子房** 长 2.5 厘米、

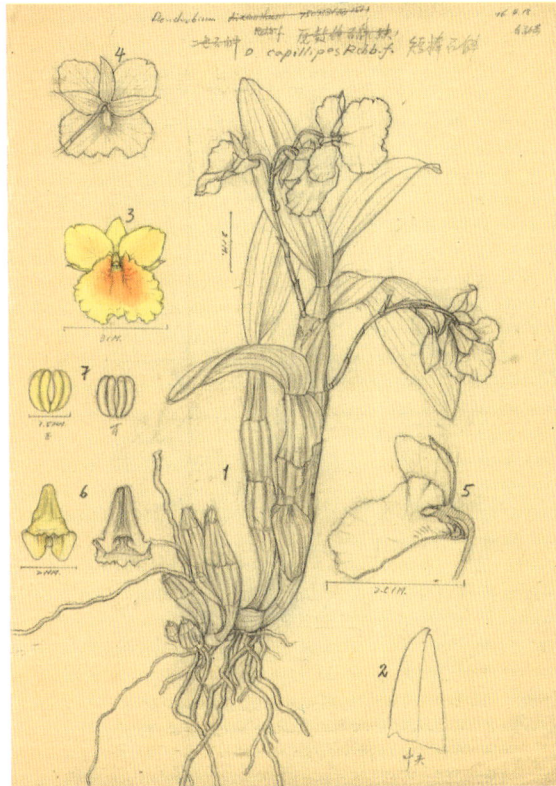

**图 91 短棒石斛**
***Dendrobium capillipes*** Rchb. f.

1 植株
2 叶尖
3 花正面
4 花背面
5 花纵剖面
6 药帽
7 花粉块
（1976/04/18 程式君采自云南勐仑，并绘图）

径 1.5 毫米，黄绿色；**中萼片** 披针形，端渐尖，长 1.3 厘米、宽 0.5 厘米，有脉 5 条；**侧萼片** 披针形，端渐尖，长 1.9 厘米、宽 0.6 厘米，有脉 5 条；**萼囊** 由侧萼基部合成，长约 5 毫米、径约 4 毫米；**花瓣** 宽卵圆形，长 1.7 厘米、宽 1.4 厘米，先端略钝，边缘具啮蚀状细齿。**唇瓣** 阔圆形，明显大于萼片和花瓣，长 2.8 厘米、宽 3 厘米，先端凹陷，两面密被短柔毛，边缘呈不规则波状皱折且具细锯齿；柠檬黄色，但中部较深而呈橙黄色，近基部的中央棱脊两侧有放射的红色细纹。**蕊柱** 黄色，长约 4 毫米。**药帽** 窄三角状圆锥形，浅污黄色，前端边缘撕裂状。**花期** 3～5 月。

**产地和分布**：产于云南南部。分布于印度、缅甸、泰国、老挝、越南。**模式标本**采自缅甸。

**生态**：附生于海拔 900～1450 米的常绿阔叶林中的树干上。

**用途**：花色鲜明，形态美丽，可栽培供观赏。

# 92 昌江石斛

**学名：** *Dendrobium changjiangense* S. J. Cheng et C. Z. Tang
（本种为本书作者程式君和唐振缙于 1980 年发表的新种。新种描述及附图刊登于 1980 年出版的《植物分类学报》第 18 卷第 1 期的第 98 页和图 1）

**拉丁文原始描述：** *Dendrobium changjiangense* S. J. Cheng et C. Z. Tang, sp. nov.

Species *D. concinno* Miq. Affinis, sed racemo terminali; floribus atro-purpureis; foliis brevioribus latioribusque differt. Herba epiphytica; rhizomatibus repentibus fuligineis, 1.5-2mm diam.; caulibus erectis 3-8 foliis, 5-8 cm altis, e nodis rhizomatium nascentibus; radicibus fuligineis tortuosis, tenuibus. Folia carnosa equitantia amplexicaulia compressa recta breve ensiformia, 2-5cm longa, prope basin 0.7-1cm lata. Inflorescentia brevissima, 1-3 flora, apice caulis enata, basi pedunculi bracteis cinnamomeis membranaceis triangulo-ovatis apice acutissimis, 4-6mm longis, basi 3mm latis. Flos atropurpureus, ca. 7-8mm diam.; sepalo dorsali lineari apice mucronato, ca. 4mm longo, infra medium ca. 2mm lato, purpureo basin versus pallidiore; sepalis lateralibus late ovatis purpureis, ca. 6.5mm longis, ca. 3.5mm latis, basi margine anteriore dilatatis, cum pede columnae mentum formatibus; petalis ovatis, ca. 3mm longis, infra medium ca. 1.5mm latis, purpureis basin versus pallidioribus; labello glabro carnoso oblongo leviter concavo, atro-purpureo ad apicem atrato, apice mucronato et reflexo, ca. 6mm longo, ca. 2.5mm lato; columna brevissima ca. 1.5mm lata, purpurea, basi in pedem ca. 5mm longum et ca. 2mm latum cum labello articulatum producta; operculo cucullato ca. 0.8mm longo et 0.8mm lato; polliniis 4, citrinis; ovario cum pedicello ca. 2.5mm longo.

Hainan: Changjiang, 31, V. 1974, S. J. Cheng 740721 (**Typus!** In Herb. Inst. Bot. Austro-sinensi servatus).

**组别：** 剑叶组 Sect. Aporum

图 92 昌江石斛（1）
*Dendrobium*
*changjiangense*
　　　S. J. Cheng et
　　　C. Z. Tang

A 植株
B 花枝
C 花正面
D 花纵剖面
Ea 药帽正面
Eb 药帽背面
F 花粉块
G 唇瓣
H 花瓣
I 中萼片
J 侧萼片
K 苞片
（唐振缙绘）

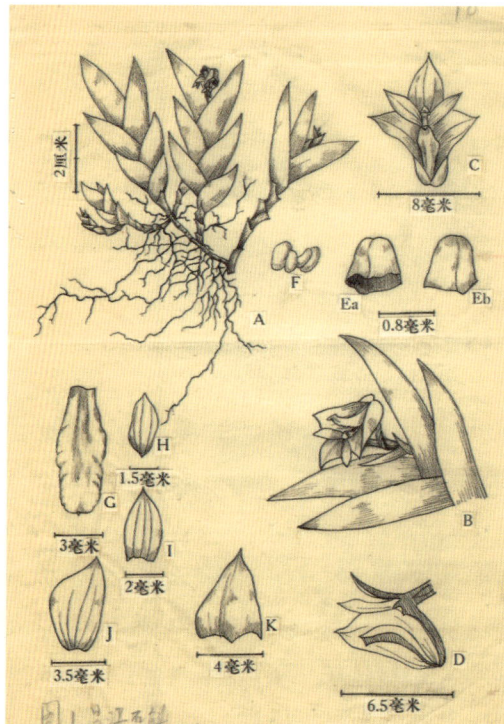

**形态：** **植株** 附生，矮小，高 4～6 厘米。根 细而扭曲，黑褐色。**根状茎** 匍匐，黑褐色，直径 1.5～2 毫米。**茎** 直立，高 5～8 厘米，着生于根状茎的节上，具叶 3～8 枚。**叶** 肉质，互相套叠抱茎，两侧压扁而呈直立的短剑形，长 2～5 厘米、近基部宽 0.7～1 厘米。**花序** 顶生，极短，具 1～3 朵花；**花序柄** 基部覆以数枚覆瓦状排列的苞片，苞片淡黄褐色，膜质，三角状卵形，先端锐尖，长 4～6 毫米、基部宽 3 毫米。**花** 暗紫色，径 7～8 毫米；**子房连花柄** 长约 2.5 毫米；**中萼片** 条

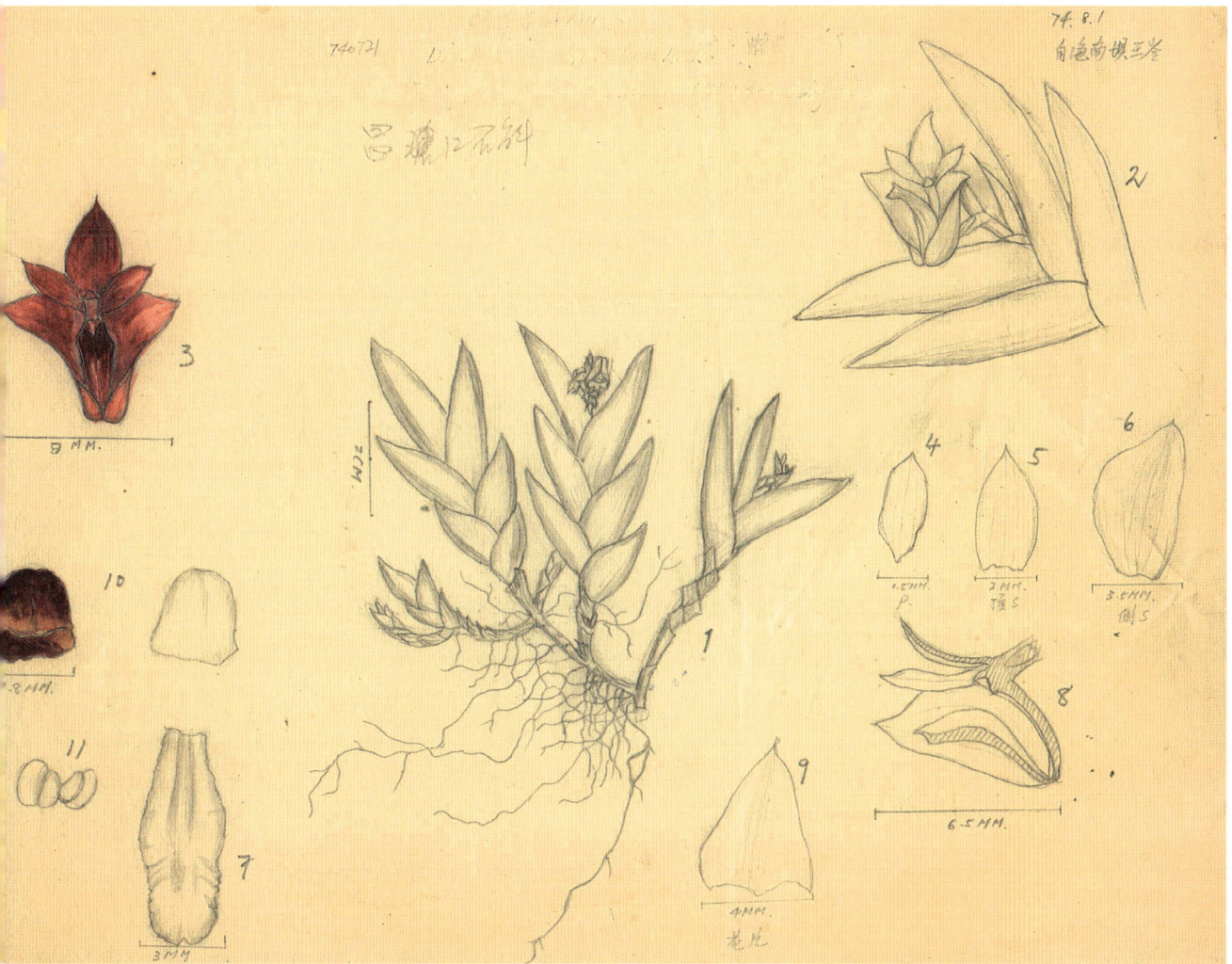

形，先端具短尖，长约 4 毫米、中部以下宽 2 毫米，紫红色，近基部处色较淡；**侧萼片** 阔卵形，紫红色，长约 6.5 毫米、宽约 3.5 毫米，基部前缘宽大，与蕊柱足连接且与后者合成萼囊；**花瓣** 卵形，长约 3 毫米、中部以下宽约 1.5 毫米，紫红色，近基部处色较淡。**唇瓣** 长约 6 毫米、宽约 2.5 毫米，暗紫色，先端近于黑色，秃净，肉质，长圆形，表面略凹，先端加厚且向背面反卷下延成喙状短尖。**蕊柱** 极短，宽约 1.5 毫米，紫红色，基部延伸成长约 5 毫米、

宽约 2 毫米的蕊柱足；**蕊柱足** 与唇瓣间有关节；**药帽** 盔形，长宽均约为 0.8 毫米；**花粉块** 4 枚，柠檬黄色。**花期** 4 月下旬至 8 月。

本种与肉质花石斛（*D. concinnum* Miq.）近似，但总状花序顶生，花暗紫色，叶较短而宽，可与后者区别。

**产地和分布：** 产于海南。**模式标本** 程式君采自中国海南昌江县。

**生态：** 附生于海拔达 1000 米处的山地树林中树干上或山谷岩石上。

**用途：** 为我国海南的特有种，属于兰科植物中特别珍稀的种类。

**图 92a　昌江石斛（2）**

*Dendrobium changjiangense*
　　S. J. Cheng et C. Z. Tang

1 植株
2 花及其着生位置
3 花正面
4 花瓣
5 中萼片
6 侧萼片
7 唇瓣
8 花纵剖面
9 苞片
10 药帽
11 花粉块

（1974/08/01 程式君采自海南霸王岭，并绘图）

# 93 鼓槌石斛（别名：金弓石斛，傣兰）

**学名：** *Dendrobium chrysotoxum* Lindl.

[ 曾用学名：*Dendrobium suavissimum* Rchb. f.；*Dendrobium chrysotoxum* Lindl. var. *suavissimum* (Rchb. f.) Hook. f. ]

**组别：** 顶叶组 Sect. Chrysotoxae

**形态：植株** 中型丛生附生兰，高 15～35 厘米。**假鳞茎** 直立，肉质，为短而粗的纺锤形；长 6～30 厘米、中部径 1.5～5 厘米，具 2～5 节，有多数钝纵棱；黄绿色或橄榄绿色，干后金黄色，近顶端具叶 2～5 枚。**叶** 长圆形，革质，长达 19 厘米、宽 2～3.5 厘米或更宽，先端急尖而钩转，基部收窄。**总状花序** 自近顶部生出，斜出或下垂，长可达 20 厘米，疏生花多朵；**花苞片** 膜质，卵状披针形，长 2～3 毫米。**花** 金黄色，直径 3.5～4 厘米，质地厚，光滑有光泽，具蜜香；**花梗连子房** 黄色，长约 5 厘米；**萼片及花瓣** 均为铬黄色，脉纹明显；**中萼片** 长圆形，长 1.2～2 厘米、宽 5～9 毫米，先端略钝，具 7 脉；**侧萼片** 与中萼片近等大；**萼囊** 宽约 4 毫米，近球形；**花瓣** 倒卵形，与中萼片等长，宽度约为萼片的 2 倍，先端近圆形，约具 10 脉。**唇瓣** 色深黄，中央有一褐黄色圆斑，基部两侧有少数橙红细纹；唇瓣的外轮廓为圆的肾形，由于两侧略上翘而呈阔漏斗状，长约 2 厘米、宽 2.3 厘米，先端 2 浅裂，边缘波状褶皱并撕裂呈缬状，表面密被绒毛。**蕊柱** 淡黄色，腹面有紫红色细纹，长约 5 毫米；**蕊柱足** 下延，末端近钩状上弯。**药帽** 淡黄色，乳头状。**果** 长卵形，黄绿色，表面凹凸不平，具 6 棱，长 3.5 厘米（连柄长约 6 厘米），径 1.2 厘米。**花期** 3～5 月。**果熟期** 8～10 月（5 月初开花者，10 月中果已开裂）。

**产地和分布：** 我国产于云南。分布于印度、缅甸、泰国、老挝、越南。**模式标本** 采自印度东北部。

**生态：** 附生兰。喜生于海拔 500～1620 米阳光充足的常绿阔叶疏林中的树干上或林下岩石上。

**用途：** 为美丽芳香、容易栽培的观花植物。花期恰好是傣族人的泼水节，花色橙黄，又恰是傣族人所信仰的佛教的常用色，故为傣族最喜爱的兰花，常栽于自家屋顶作为装饰。故又有"傣兰"的别名。

图 93 鼓槌石斛
*Dendrobium chrysotoxum* Lindl.

1 植株
2 叶尖
3 花正面
4 花纵剖面
5 蕊柱及子房纵剖面
6 药帽
7 花粉块
（广州兰圃采自云南西双版纳，1973/04/21 程式君绘）

# 94 草石斛（别名：小密石斛）

**学名：** *Dendrobium compactum* Rolfe ex W. Hackett
（曾用学名：*Dendrobium wilmsianum* Schltr.）
**组别：** 草叶组 Sect. Stachyobium

**形态：植株** 矮小，高 3～5 厘米，附生。**根** 多数，常 30～40 条簇生于假鳞茎基部，线状扭曲，长 3.5～5 厘米，灰白稍带绿色。**假鳞茎** 密集丛生，卵形或纺锤形，长 1.5～3 厘米、粗 0.4～0.5 厘米，具 2～3 节；新鳞茎翠绿色，具 2～5 枚排成 2 列的叶，节间被膜质、半透明的叶鞘；**叶鞘** 偏鼓状，抱茎松弛，鞘口斜截，有明显的灰白色纵脉数条；老鳞茎黄绿色，无叶，具膜质或纤维状残鞘，叶鞘脱落后留下黑褐色鞘痕。**叶** 黄绿色，质薄，披针形或狭披针形，长 1～2.5 厘米、宽 0.4～0.6 厘米，茎下部的叶较小，先端钝且不等侧 2 裂；中脉在叶表凹陷、在叶背凸起，两侧各有平行脉 8～9 条。**总状花序** 每茎 1～5 个，直立，顶生或侧生于当年生茎的上部，长 2.8～3.5 厘米，不高出叶外，每花序具花 3～7 朵；**花序梗** 纤细，基部有苞片；**花苞片** 卵状披针形，长 2～3 毫米、宽约 1 毫米，端急尖，具 1 脉。**花** 淡绿白色，径 0.7～1 厘米；**花梗连子房** 长 4～5 毫米；**中萼片** 淡黄绿色，卵状披针形，长 4～6 毫米、宽 1.8～2 毫米，先端急尖，具脉 3 条；**侧萼片** 淡黄绿色，阔卵状三角形，长 8 毫米、宽 4 毫

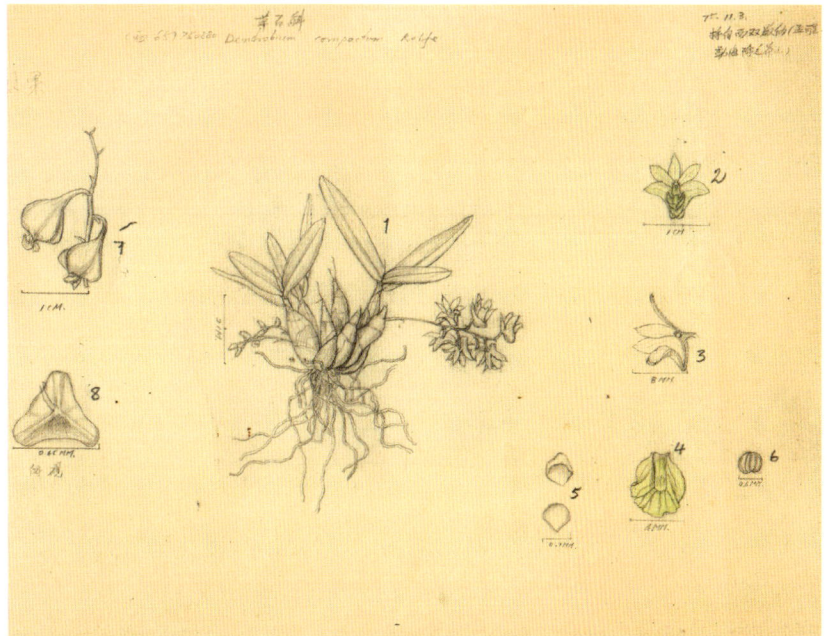

图 94 草石斛 *Dendrobium compactum* Rolfe ex W. Hackett
1 植株 2 花正面 3 花纵剖面 4 唇瓣 5 药帽 6 花粉块 7 果序 8 果俯视图
（1975/11/03 程式君采自云南西双版纳勐醒、勐海附近的茶山，并绘图）

米，端偏斜下弯、急尖，具脉 3 条；**萼囊** 圆锥形；**花瓣** 长圆形，长 5 毫米、宽 2 毫米，端急尖。**唇瓣** 草绿色，近圆形，长约 5 毫米、宽约 4 毫米，不明显 3 裂：**侧裂片** 半圆形，中部以上边缘具细齿；**中裂片** 阔卵状三角形，边缘呈波状皱折，先端凹陷；**唇盘** 具 2 或 3 条褶片，组成宽约 1.5 毫米的肉质脊，脊附近有数条较深绿的放射脉。**蕊柱** 草绿色，长约 2 毫米，上端扩大；**药帽** 黄绿色，阔圆锥形，前方边缘微缺。

**蒴果** 扁锥状球形，径约 5 毫米，3 棱，具黑褐色宿存蕊柱。**花期** 9～11 月。

**产地和分布：** 产于云南南部。缅甸及泰国均有分布。**模式标本采** 自中国云南思茅。

**生态：** 附生于海拔 1600～1900 米的阔叶林中树干上或茶山开阳地的老茶树树杈上。

**用途：** 精致小巧，为珍奇观赏植物。

# 95 玫瑰石斛 [别名：大黄草，水打棒（黔）]

**学名：** *Dendrobium crepidatum* Lindl. ex Paxt.
**组别：** 石斛组 Sect. Dendrobium

**形态：植株** 中型附生兰，株高 15～30 厘米。**根** 多数（每株有 15 条以上），条形，黄褐色，长约 7 厘米、径约 1.5 毫米。**茎** 丛生，直立，橄榄绿色（干后紫铜色）；粗壮肉质，为上粗下细的垒球棒状，收窄至基部再略膨大；长 4～30 厘米，粗可达 1.3 厘米；具 4～12 节，节膨大而节间稍缢缩，节间长 1.5～2 厘米，被灰白色半透明膜质残鞘，鞘有灰白色明显纵脉数条；老茎无叶，新茎具叶 4 片。**叶** 近革质，橄榄绿色或草绿色，背面色较淡；披针形，长 2～8.5 厘米、宽 1～1.7

厘米，先端钝尖且两侧不等，具平行脉 5 条；叶基具长 2 厘米包茎的鞘。**总状花序** 自无叶老茎近上端的节上抽出；较短，具 1～3 朵（多为 2 朵）花；**花序柄** 长约 3 毫米，基部被 3～4 枚干膜质的鞘；**花苞片** 卵形，端尖，长约 4 毫米。花 径 2.5～4.5 厘米，形开展，质较厚，有淡香；全花淡玫瑰红色，近花被先端部分、背面及花梗近基部色较深，或全花近白色，而仅在花被靠近端部染玫瑰红晕，唇瓣有一大型黄斑；**中萼片** 近椭圆状披针形，短圆钝具凸尖，长 2.5 厘米、宽 0.7 厘米，具 5 脉；**侧萼片** 与中萼片近同形，长约 2.5 厘米、宽约 0.7 厘米，具 5 脉，基部与蕊柱足合生成萼囊；**萼囊** 呈圆柱形，长约 4 毫米、宽约 3.5 毫米；**花瓣** 卵圆形，端钝具凸尖，基部收窄，长约 2.5 厘米、宽约 1.25 厘米，具脉 9 条。**唇瓣** 近圆形，长约 2.8 厘米、宽约 2.5 厘米，先端微凹，中部以

下收窄并抱蕊柱，中央有一长圆形疣状凸起，其前方两侧各有紫红色条纹 4 条，唇瓣前部边缘略呈波状，并具细锯齿，唇面密被短柔毛。**蕊柱** 白色，长约 3 毫米，前面具 2 条紫红色纹；**药帽** 钝圆锥形，前端边缘具细齿。**花期** 3～4 月，**单花花寿** 12～17 天。

**产地和分布：** 产于云南、贵州。分布于印度、尼泊尔、不丹、缅甸、泰国、老挝、越南。

**模式标本** 采自印度东北部。

**生态：** 附生兰，喜光。多附生于海拔 1000～1800 米山地疏林中的树干上或山谷岩石上。

**用途：** 为石斛药材"黄草石斛"的原植物之一，含玫瑰石斛啶碱（crepidine）、玫瑰石斛胺（crepidamine）等多种药用成分，有养胃生津、滋阴除热之效。花美丽芳香，栽培较易，具甚高的观赏价值。

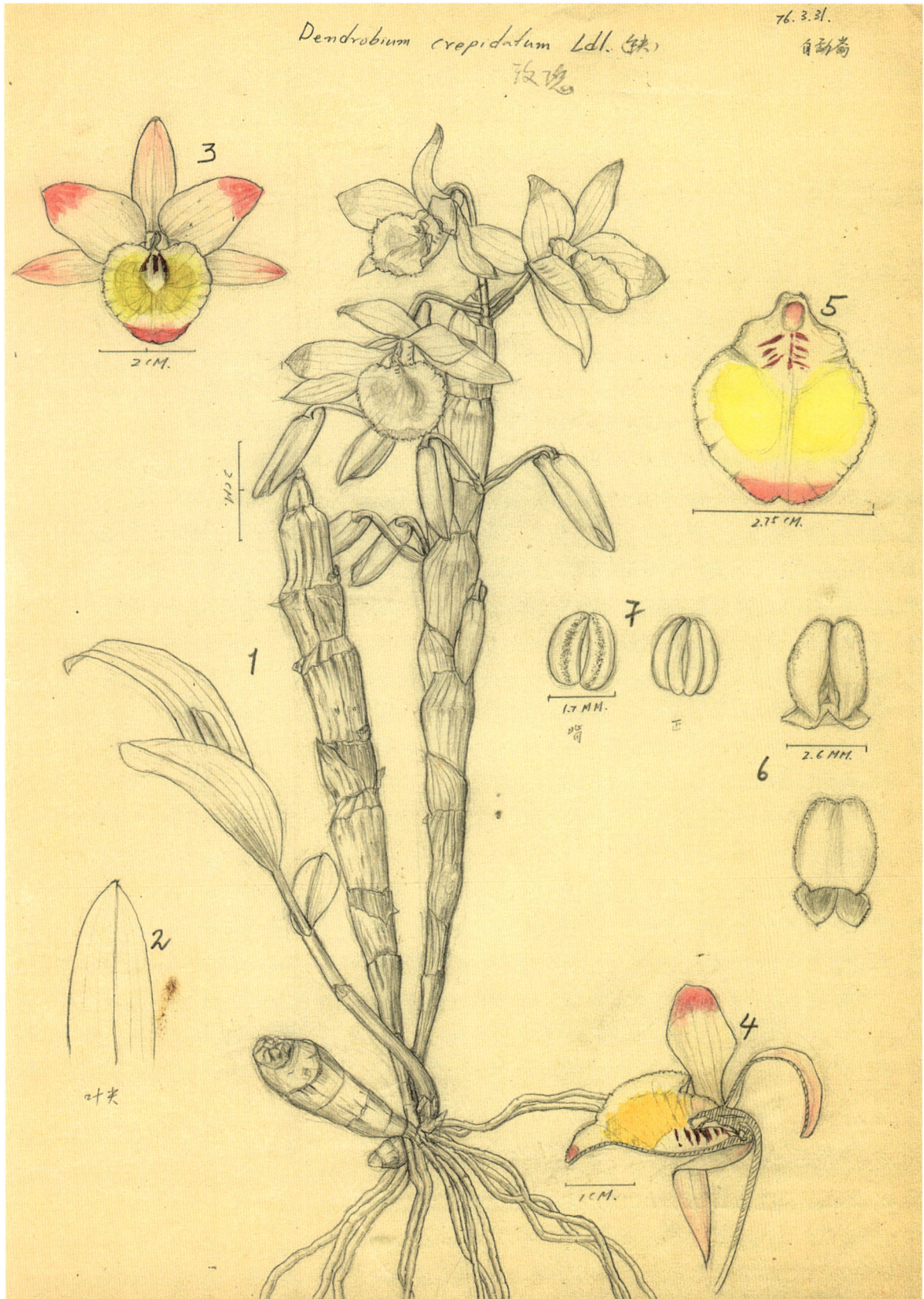

**图 95** 玫瑰石斛 *Dendrobium crepidatum* Lindl. ex Paxt.

1 植株　2 叶尖　3 花正面　4 花纵剖面　5 唇瓣　6 药帽　7 花粉块（1976/03/31 程式君采自云南西双版纳勐仑，并绘图）

# 96 晶帽石斛

**学名:** *Dendrobium crystallinum* Rchb. f.
[ 曾用学名: *Callista crystalline* (Rchb. f.) Kuntze; *Dendrobium crystallinum* Rchb. f. var. *hainanense* S. J. Cheng & C. Z. Tang]
**组别:** 石斛组 Sect. Dendrobium

**形态:** **植株** 中型附生兰,高 30～40 厘米,直立或下垂。**根** 丛生于茎基;长约 10 厘米、粗约 0.1 厘米,呈扭曲的线形;幼根绿白色,老根灰褐色。**茎** 丛生,棒状圆柱形,略呈"之"字形曲折,中部粗而两端细,至基部稍膨大;长 24～35(多为 30)厘米、径 0.6～0.7 厘米,具 9～13 节,每节长约 2.5 厘米;老茎黄绿色,节膨大明显,上有金黄色叶痕,无叶鞘,节间具多数浅纵纹,二年生茎橄榄绿色,常被灰褐色宿存叶鞘或纤维状残鞘,当年生假鳞茎嫩绿色,有灰绿色鞘,基部膨大。**叶** 8～10 枚,鲜绿色,背面色较淡;长披针形,端渐尖,歪斜;长 8～15(一般 13)厘米、宽 1.6～2.2 厘米;中脉在叶表下凹、在叶背凸出,两侧各有平行脉 4 条。**花序** 总状,着生于去年生、无叶的老茎上部,每茎 2 至多个花序,每序 1～2 朵花;**花序柄** 短,长 5～8 毫米,基部具 3～4 枚长 3～5 毫米的鞘;**花苞片** 淡白色,膜质,长圆形,长 1～1.5 厘米,先端锐尖。**花** 大而开展,径约 4.5 厘米 × 5.5 厘米;芳香;花色有 3

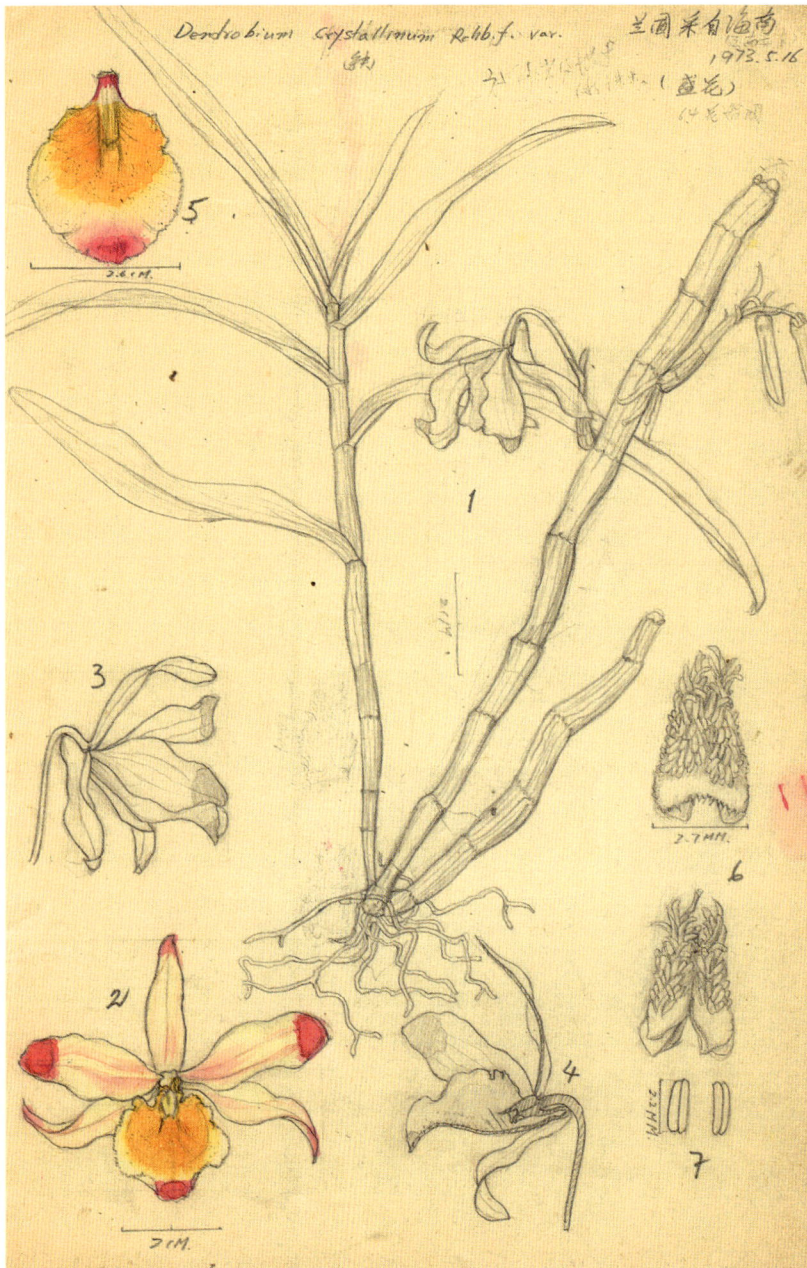

**图 96** 晶帽石斛 (1)
*Dendrobium crystallinum* Rchb. f.

1 植株  2 花正面  3 花侧面  4 花纵剖面
5 唇瓣  6 药帽  7 花粉块
(广州兰圃采自海南,1973/05/16 程式君绘)

图 96a 晶帽石斛（2）
*Dendrobium crystallinum* Rchb. f.

1 植株
2 叶尖
3 花正面
4 花纵剖面
5 唇瓣
6 药帽
7 花粉块
8 果侧面
9 果正面
（广州兰圃采自云南西双版纳，
1976/06/07 程式君绘）

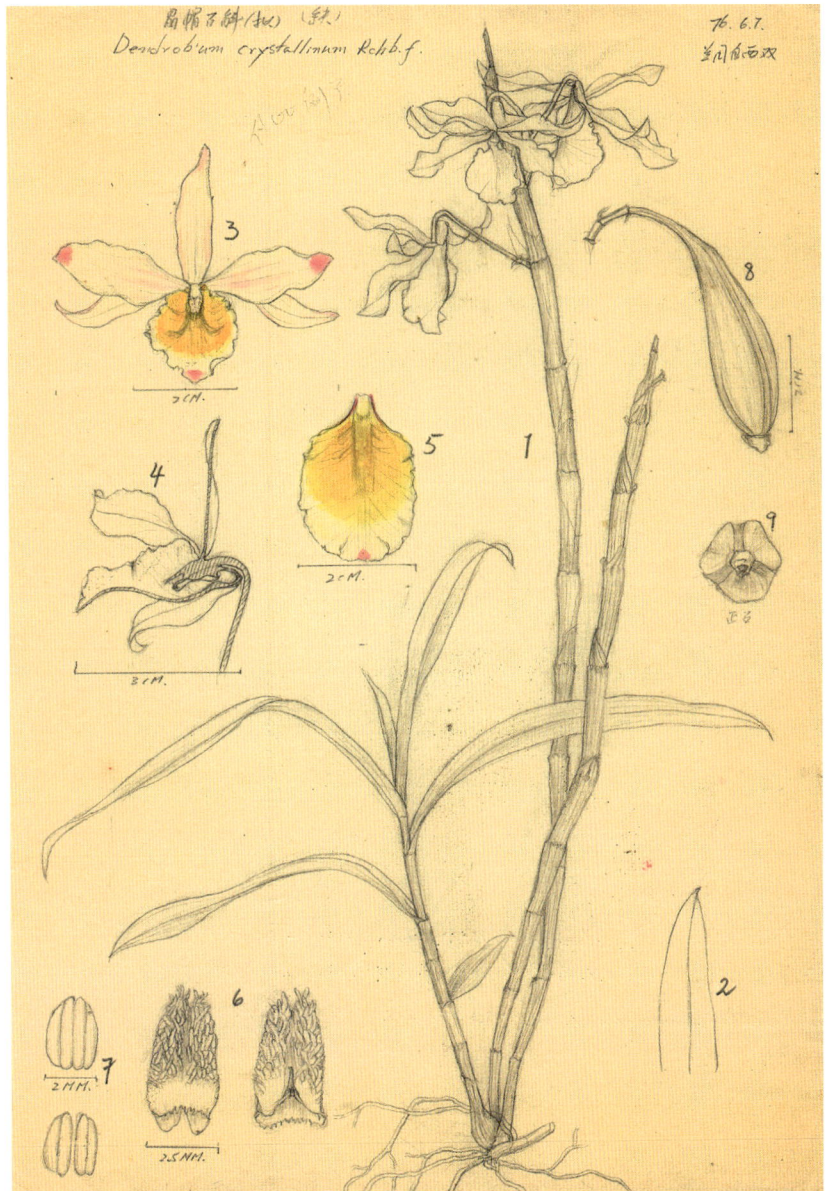

种类型：①花白色或染淡玫瑰红晕，花萼、花瓣和唇瓣端部为深玫瑰红色，唇瓣有大型黄斑，②花全为白色，唇瓣具大型黄斑，③花全为白色，唇瓣具大型草绿斑；**花梗连子房** 长 3～4 厘米，淡绿色或玫瑰红色；**中萼片** 狭长圆状披针形，端钝圆，长 2.6 厘米、宽 0.8 厘米，前端稍扭转，边缘呈波状；**侧萼片** 与中萼片近同形同色，但先端尖，连萼囊长 3 厘米、宽 0.7 厘米，基部合生成萼囊；**萼囊** 基部绿色，长 4～6 毫米、径约 3.5 毫米；**花瓣** 长圆状披针形，端急尖，边缘具不规则的波状齿和皱折，长 2.8～3.2 厘米、最宽处 1.2 厘米。**唇瓣** 近圆形，

端钝、有时具凸尖头，边缘具细锯齿，并呈波状皱折（海南产者仅具疏齿，且无皱折），唇长近 3 厘米、宽约 2 厘米。**蕊柱** 淡粉绿色，长 0.5 厘米；**药帽** 象牙白色，长圆锥形，表面密布细长的透明晶状乳突。**蒴果** 黄绿色，长圆形，光滑，具 3 条宽约 2.5 毫米的纵凹槽，长 6.2 厘米（连柄，其中果身长 4.8 厘米）、径约 1.5

厘米。**花期** 5～7 月，**单花花寿** 15～20 天。**果期** 7～11 月下旬。
**产地和分布：** 产于云南南部。分布于缅甸、泰国、老挝、柬埔寨、越南。**模式标本** 采自缅甸。
**生态：** 附生植物，喜光。多生于海拔 540～1700 米的山地林缘或树林中的树干上。
**用途：** 全草供药用。花美丽芳香，栽培较易，有很高的观赏价值。

# 97 密花石斛

**学名：** *Dendrobium densiflorum* Lindl.
[ 曾用学名：*Dendrobium amabile* auct. non (Lour.) O'Brien]
**组别：** 顶叶组 Sect. Chrysotoxae

**形态：植株** 中型，高 30 ～ 40 厘米，直立，成丛附生。**假鳞茎** 棒状或纺锤形，上部 4 棱，下部收窄成细圆柱，长 20 ～ 40 厘米、径可达 2 厘米；深绿色，干后淡褐色且具光泽。**叶** 通常 3 ～ 4 枚，近顶生，革质，卵形，长 8 ～ 17 厘米、宽 2.5 ～ 6 厘米，端急尖，深绿色有光泽。**花序** 总状，自具叶的茎上端抽出，由多数密生的花组成，下垂，外轮廓长圆形；**花序轴** 黄绿色；**花苞片** 倒卵形，长 1.2 ～ 1.5 厘米，端钝。**花** 中等大，径 2.5 ～ 3.5 厘米，开展，淡黄色、具橙黄色唇瓣；**花梗连子房** 白色，长 2 ～ 2.5 厘米；**中萼片** 长卵形，长 1.7 ～ 2.1 厘米、宽 0.8 ～ 1.2 厘米，端钝，具脉 5 条；**侧萼片** 卵状、略偏斜，与中萼片近等大，先端近急尖，具 5 或 6 条脉；**萼囊** 近球形；**花瓣** 呈圆卵形，长 1.5 ～ 2 厘米、宽 1.1 ～ 1.5 厘米，基部收窄成短爪，中部以上边缘具啮齿，具 3 条主脉和多条侧脉。**唇瓣** 橙黄色，呈半圆状菱形，长 1.7 ～ 2.2 厘米、宽达 2.3 厘米，先端半圆形、边缘啮蚀状，基部具短爪，中部以下两侧围抱蕊柱，上下表面均密被短绒毛。**蕊柱** 橘黄色，长约 4 毫米；**药帽** 乳黄色，为前后压扁的半球形，前端边缘截形，并具细缺刻。**蒴果** 深绿色，长椭圆形，肥大，长约 5 厘米、径约 1.7 厘米，具 3 条纵棱，具宿存的蕊柱。**花期** 3 ～ 5 月。**果期** 9 ～ 11 月。

本种的假鳞茎具明显的 4 棱，萼片和花瓣浅黄色，是区别于它的近似种球花石斛的主要形态特征。

**产地和分布：** 产于广东、海南、广西、西藏（墨脱）。分布于尼泊尔、印度（东北部）、不丹、缅甸、泰国。**模式标本** 采自尼泊尔。

**生态：** 附生兰。生于海拔 420 ～ 1000 米的常绿阔叶林中树干上或山谷岩石上。

**用途：** 本种花朵繁密，花色鲜艳夺目，适应性较强，常栽培供观赏。

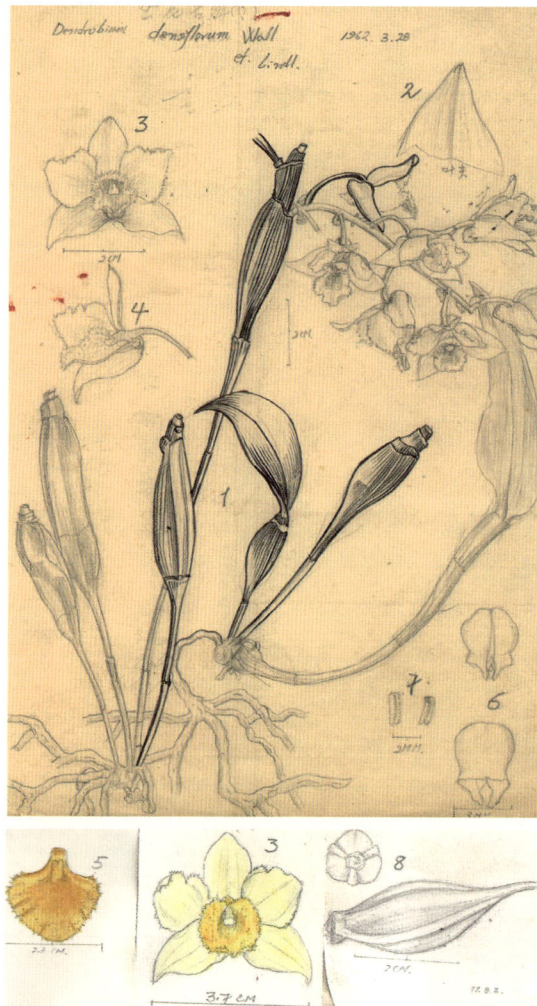

图 97 密花石斛
*Dendrobium densiflorum* Lindl.

1 植株
2 叶尖
3 花正面
4 花纵剖面
5 唇瓣
6 药帽
7 花粉块
8 果
（1962/03/28 及 1977/09/02 程式君绘）

# 98 齿瓣石斛

**学名：** *Dendrobium devonianum* Paxt.

[曾用学名：*Dendrobium pictum* Griff. ex Lindl.；*Dendrobium pulchellum* var. *devonianum* (Paxton) Rchb. f.；*Dendrobium devonianum* var. *rhodoneurum* Rchb. f.；*Dendrobium moulmeinense* C. S. P. Parish ex Hook. f.；*Callista devoniana* (Paxton) Kuntze；*Callista moulmeinensis* (C. S. P. Parish ex Hook. f.) Kuntze]

**组别：** 石斛组 Sect. Dendrobium

**形态：** **植株** 中型，丛生，高 30～50 厘米。**茎** 细圆柱状，两端较细，常下垂、弧弯或横出，长 50～70 厘米、粗 0.3～0.5 厘米，不分枝，具多节；节间长 2.5～4 厘米，鲜时橄榄绿色并具红晕，干后常带淡褐色或污黑，为鞘所包被。**叶** 排成 2 列，互生于整个茎上，纸质，狭卵状披针形，长 8～13 厘米、宽 1.2～2.5 厘米，先端长渐尖，基部具鞘；叶鞘常具紫红色斑点，干后纸质。**花序** 总状，常数个（可达 7 个）自无叶的老茎上抽出，每序有花 1～2 朵；**花序柄** 绿色，甚短，基部具 2～3 枚膜质鞘；**花苞片** 卵形，长约 4 毫米，端近锐尖。**花** 直径 3.0～5.5 厘米，开展，质薄，有香气；**花梗连子房** 长 2～2.5 厘米，颜色有 3 种类型：①橄榄绿色、基部紫红色，②紫褐色，③淡粉色；**萼片与花瓣** 略斜向前伸；**萼片** 淡粉色或白色，长约 2.5 厘米、宽约 0.9 厘米，卵状披针形（侧萼片基部略偏斜），具红色脉 5 条；**萼囊** 近球形，长约 4 毫米，淡粉色；**花瓣** 与萼片同，但前端玫瑰红色，卵形，长 2.6 厘米、宽 1.3 厘米，先端

图 98 齿瓣石斛
*Dendrobium devonianum* Paxt.

1 植株
2 叶尖
3 花正面
4 花纵剖面
5 唇瓣
6 药帽
7 花粉块
（1976/05/17 程式君采自云南勐仑，并绘图）

近急尖，基部收窄成爪，边缘具短流苏，具红色脉 3 条，其位于侧边的脉多分枝。**唇瓣** 白色，前端玫瑰红色，中部以下两侧具红色条纹；**唇盘** 两侧各具一大型黄色斑块，形近圆形，长 3 厘米，基部收窄为爪，边缘具分枝的长流苏，上面密布短毛。**蕊柱** 白色，长约 3 毫米，腹面两侧具玫瑰红色条纹；**药帽** 白色，近圆球形，顶端下凹，密布细乳突，前面边缘具不整齐齿。**花期** 4～5 月，单花花寿 7～10 天。

**产地和分布：** 产于广西、贵州、云南和西藏（墨脱）等省区。分布于不丹、印度、缅甸、泰国、越南。**模式标本**采自印度东北部。

**生态：** 附生兰，喜光。多生于海拔达 1850 米的山地林中树干上。

**用途：** 全草供药用，为药材石斛"黄草石斛"的原植物之一。花朵较大而美丽，可供观赏，但栽培较难。

# 99 景洪石斛

**学名：** *Dendrobium exile* Schltr.
[ 曾用学名：*Dendrobium heterocaulon* Guillaumin；*Aporum heterocaulon* (Guillaumin) Rauschert ]
**组别：** 基肿组 Sect. Crumenata

**形态：植株** 直立，附生，高 25 ~ 50 厘米。**假鳞茎** 每株 5 ~ 6 个，丛生；基部第 1 节收窄成管状，径约 2 毫米，黄绿色；第 2 和第 3 节肿大呈纺锤状，4 棱，稍内凹，红褐色，节间长 3.2 ~ 3.5 厘米、径约 0.6 厘米，被灰色宿存膜质鞘；第 3 节以上再收窄为细管状，共 5 至十余节，每节长 1.5 ~ 1.8 厘米、径约 1.5 毫米；嫩茎暗红色，老茎藤黄色，为灰色的宿存叶鞘所包，常有分枝。**叶** 互生于假鳞茎上部细管状部分的节上，每茎有叶 5 ~ 6 枚，暗草绿色，松针状，直立，端渐尖，基部具革质鞘，长 3.2 ~ 3.5 厘米、径约 1.5 毫米。**花** 单朵，着生于茎顶部的节上；乳白色，仅唇盘上有橙一黄色斑；**花梗连子房** 细柔，长约 1.3 厘米；**萼片和花瓣** 近披针形，先端长渐尖；**中萼片** 长 1.1 厘米、宽 0.25 厘米，乳白色；**侧萼片** 1.3 厘米、宽 0.2 厘米，两侧萼基部合生成尖锥形的萼囊；**萼囊** 长约 8 毫米、径约 2.2 毫米，乳白色，劲直向上；**花瓣** 的形状、大小和颜色均与中萼片相同。**唇瓣** 戟形，长 1.1 厘米，基部楔形，中部以上 3 裂：**侧裂片** 直立，呈直角三角形，内面有少数淡紫斑，前端边缘具不整齐锯齿；**中裂片** 长圆状等腰三角形，先端急尖，边缘具不整齐齿状皱折，基部中央具有多数排成 3 列的长毛。**蕊柱** 长 2 毫米；**蕊柱足** 近基部具一胼胝体；**药帽** 倒圆锥形，顶凹缺，前方边缘具齿。**蒴果** 纺锤形，长 4 厘米、径 0.6 厘米。**花期** 10 ~ 11 月，**单花花寿** 7 ~ 10 天。**果期** 11 ~ 12 月。

**产地和分布：** 产于云南南部。越南、泰国也有分布。**模式标本**采自泰国。

**生态：** 附生兰，喜中等光照。多生于海拔 600 ~ 800 米的疏林中树干上。

**用途：** 稀有奇特，栽培较易，可供观赏。

**图 99 景洪石斛 *Dendrobium exile* Schltr.**
1 植株　2 花枝　3 花正面　4 花纵剖面　5 唇瓣唇盘放大　6 唇瓣
7 药帽　8 花粉块 （张永锦采自云南西双版纳，1974/12/20 程式君绘）

# 100 串珠石斛（别名：红鹏石斛，新竹石斛，水兰）

**学名：** *Dendrobium falconeri* Hook.
[ 曾用学名：*Callista falconeri* (Hook.) Kuntze；*Dendrobium erythroglossum* Hayata]
**组别：** 石斛组 Sect. Dendrobium

**形态：** **植株** 成丛附生，悬垂如细藤状，长 30 ～ 60 厘米。**茎** 褐绿色，干后褐黄色，有时带污黑；肉质，纤细圆柱形，常下垂如枯藤，长 30 厘米或以上、径 2 ～ 3 毫米，有分枝，具多节；主茎节间长可达 3.5 厘米，分枝节间长约 1 厘米，为淡红灰色的纸质鞘所包被；近中部或以上的节间常膨大呈倒长圆锥状，令整条茎的形状有如串珠，因而得名。**叶** 狭披针形，薄革质，常 2 ～ 5 枚互生于分枝的前部，长 5 ～ 7 厘米、宽 0.3 ～ 0.7 厘米，先端钝或锐尖而稍钩转，基部具鞘；鞘水红色，筒状。**花序** 总状，但常为单朵；**花序柄** 纤细，长 0.5 ～ 1.5 厘米，基部具 1 ～ 2 枚膜质筒状鞘；**花苞片** 膜质，白色，卵形，长 3 ～ 4 毫米。**花** 大而开展，径 4 ～ 6 厘米，质薄，芳香，花色艳丽、有 "一花五色" 之誉（即萼片水红色具深紫红色先端；**花瓣** 白色具紫红色先端；**唇瓣** 白色具紫红色先端，基部两侧黄色，唇盘具一深紫色斑块），且有浓香；**花梗** 绿色，**子房** 淡白色染粉红晕或带紫红点，纤细，长约 1.5 厘米；**中萼片** 卵状披针形，长 3 ～ 3.6 厘米、宽 0.7 ～ 0.8 厘米，先端渐尖，具 8 ～ 9 脉；**侧萼片** 斜卵状披针形，与中萼片等大，前半段常略反卷，具 8 ～ 9 脉；**萼囊** 近球形，长约 6 毫米；**花瓣** 卵状菱形，长 2.9 ～ 3.3 厘米、宽 1.4 ～ 1.6 厘米，边缘有疏钝锯齿，先端近锐尖且常略扭转，基部楔形，具 5 ～ 6 条主脉和多条支脉。**唇瓣** 卵状菱形，与花瓣等长但宽得多，先端钝或稍锐尖，边缘具细锯齿，表面密布短毛。**蕊柱** 长约 2 毫米；蕊柱足 长约 6 毫米，均淡红色有紫红斑；**药帽** 与蕊柱同色，近方形，端凹，密布棘刺状毛，前端边缘撕裂状。**花期** 5 ～ 6 月。

图 100 串珠石斛
*Dendrobium falconeri*
Hook.

1 植株
2 叶及叶尖
3 花正面
4 花纵剖面
5 唇瓣
6 蕊柱
7 药帽
8 花粉块
（1982/04/26 程式君采自云南石林，并绘图）

**产地和分布：** 湖南、广西、台湾、云南等省区均有出产。分布于不丹、印度、泰国、缅甸。
**模式标本** 采自不丹。
**生态：** 附生兰。喜悬垂附生于海拔 800 ～ 1900 米的山谷岩石上和山地密林中树干上。宜中等光照。
**用途：** 为石斛药材 "环草石斛" 的原植物之一，有养胃生津、滋阴除热之效。花色艳形美，悬垂于纤枝上在微风中摇曳、很有观赏价值，花寿可长达 20 天，宜作为珍奇花卉栽培。

# 101 流苏石斛（别名：单斑石斛）

**学名：** *Dendrobium fimbriatum* Hook.
（曾用学名：*Dendrobium fimbriatum* Hook. var. *oculatum* Hook. f.）
**组别：** 石斛组 Sect. Dendrobium

**形态：** **植株** 高大，丛生，高 40～100 厘米。**茎** 粗壮，质硬，斜立或下垂，圆柱形或基部收窄而呈纺锤形，长 50～140 厘米、径 0.8～1.2 厘米；多节，不分枝，节间长 3.5～4.8 厘米，具多数纵凹槽；茎深绿色（干后淡黄色或淡黄褐色），节间大部分为黄绿色的叶鞘所包被；从距离基部 30 厘米处起开始长叶（老茎无叶）。**叶** 革质，2 列，长圆形至长圆状披针形，长 8～15.5 厘米、宽 2～3.6 厘米，先端急尖，有时稍 2 裂，基部具紧抱于茎的革质鞘。**花序** 总状，着生于具叶茎的上部，长 5～15 厘米，疏生 6～12 朵花；**花序轴** 较细且多少弯曲；**花序柄** 长 2～4 厘米，基部具数枚膜质、筒状、互相套叠的鞘，基部的鞘最短，约仅长 3 毫米，最上一枚最长，可达 1 厘米；**花苞片** 膜质，卵状三角形，长 3～5 毫米，端锐尖。**花** 金黄色，径 4～6 厘米，质薄，开展，稍有香气；**花梗连子房** 浅绿色，长 2.5～4 厘米；**中萼片** 长圆形，长 1.3～2.2 厘米、宽 0.6～1.2 厘米，端渐尖而内凹，全缘，有脉 5 条；**侧萼片** 卵状披针形，与**中萼片** 等长而略窄，基部偏斜，端渐尖而内凹，全缘，具 5 脉；**萼囊** 近圆形，长约 3 毫米；**花瓣** 卵形或长圆状椭圆形，长 1.2～2.3 厘米、宽 0.7～1.4 厘米，端钝，边缘具细啮蚀状缺，有脉 5 条，边缘脉呈放射状。**唇瓣** 近圆形，

图 101 流苏石斛（1）
*Dendrobium fimbriatum* Hook.

1 带叶茎及花序　2 叶尖　3 花正面
4 花纵剖面　5 唇瓣　6 唇瓣边缘放大
7 蕊柱足基部　8 药帽　9 花粉块　10 果
（1974/04/24 程式君绘）

**图 101a 流苏石斛（2）**

***Dendrobium fimbriatum* Hook.**

1 带叶和花序的枝
2 叶尖
3 花正面
4 花纵剖面
5 唇瓣
6 药帽
7 花粉块
8 果
（1985 程式君、邓盈丰绘）

长 1.5 ～ 2.3 厘米、宽 1.4 ～ 2 厘米；基部收窄成长约 3 毫米的爪，中部近基部处有增厚凸起的脊，边缘具分枝的流苏；颜色同萼片、花瓣而略深：基部橙红色、向边缘渐变为柠檬黄色，与蕊柱两旁相对处有多数玫瑰红色细纹；**唇盘** 具一大型横生的紫褐色斑块，上面密生短绒毛。**蕊柱** 短粗，长约 2 毫米，淡黄色；**蕊柱足** 长约 4 毫米，腹面两旁有朱红色边缘，上方与唇瓣连接处有一凹陷的洞。**药帽** 黄色，圆锥形，光滑，前端边缘具细齿。**花期** 4 ～ 6 月，单花花寿 7 ～ 10 天。

**产地和分布：** 产于广西、贵州、云南等省区。分布于印度、尼泊尔、不丹、缅甸、泰国、越南。**模式标本** 采自尼泊尔。

**生态：** 较喜光。常附生于海拔 600 ～ 1700 米的林中树干上或山谷潮湿岩石上。

**用途：** 为药用石斛原植物之一。花艳丽可供观赏，易栽培。

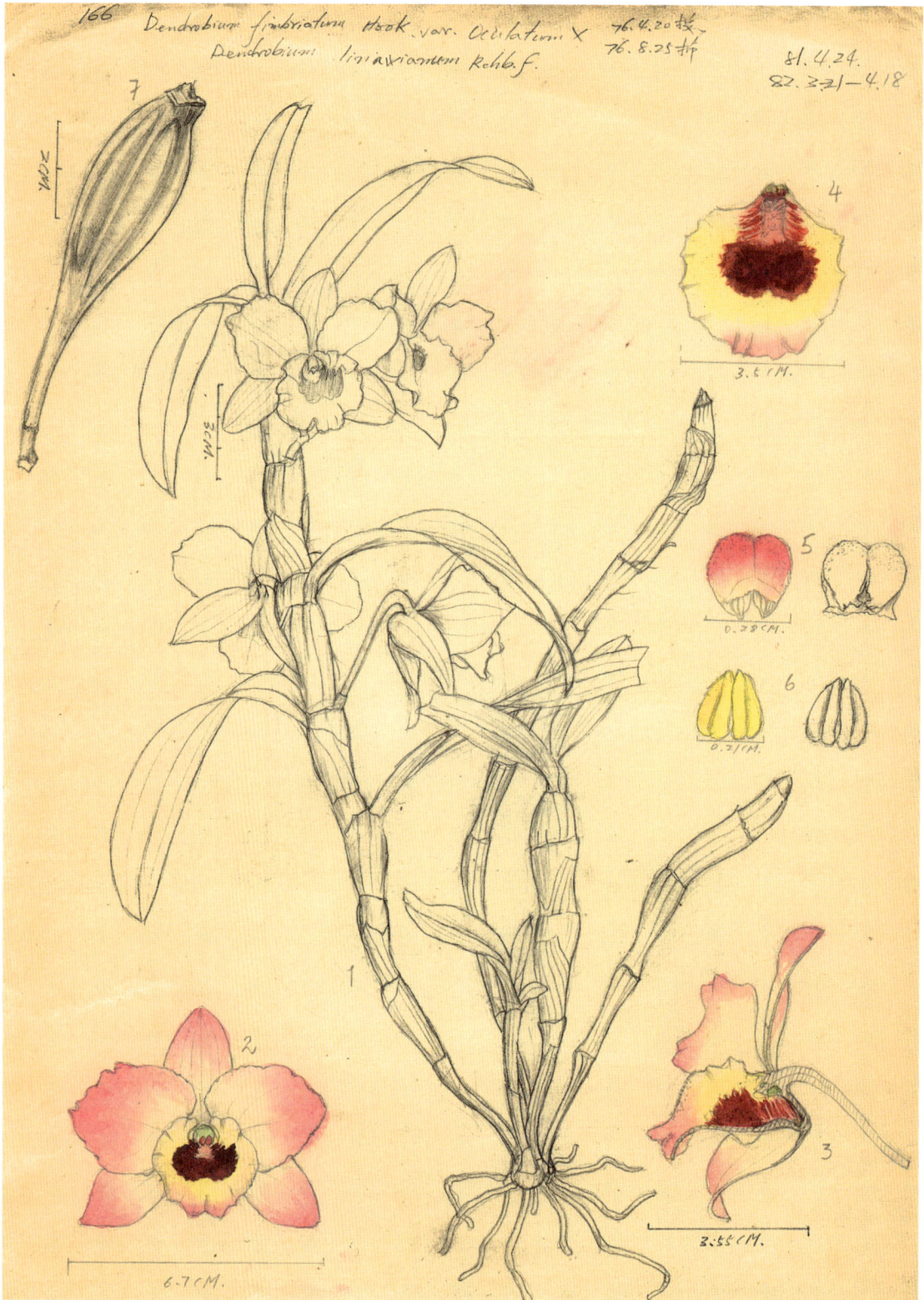

图 101b 流苏石斛与矩唇石斛的杂交种

***Dendrobium fimbriatum*** Hook. × ***Dendrobium linawianum*** Rchb. f.

1 植株　2 花正面　3 花纵剖鉴　4 唇瓣　5 药帽　6 花粉块　7 果

(1976/04/20 由程式君授粉杂交，1976/08/25 播种，1981/04/24 首次开花。1982/03/21 至 1982/04/18，由程式君绘 )

# 102 曲轴石斛（别名：紫斑石斛）

**学名：** *Dendrobium gibsonii* Lindl.

[曾用学名：*Dendrobium fuscatum* Lindl.；*Callista gibsonii* (Lindl.) Kuntze]

**组别：** 石斛组 Sect. Dendrobium

**形态：** 茎 4～5 条丛生，斜立或悬垂；质地坚硬，长圆柱形，上部有时稍弯曲，长 35～100 厘米，直径 0.5～0.8 厘米，上下基本等粗，不分枝；具 20～25 节，节间长 2.5～4 厘米，有时稍膨大，有纵棱，橄榄绿色（新茎草绿色，无纵棱），干时淡黄色，常为浅灰褐色的残存叶鞘所包围。**叶** 薄革质，互生，在茎上排成 2 列，每茎有叶 10～14 枚，从茎基向上第 4～5 节起直达茎顶；叶矩圆形、卵状披针形或近披针形，长 6～15 厘米（多为 9 厘米），宽达 3.5 厘米，先端急尖，有脉 7 条；叶面草绿色，背面色较淡；叶鞘纸质，橄榄绿色，具紫褐色晕，抱茎。**花** 多朵组成下垂的总状花序，**花序** 长 10～15 厘米，自老茎近顶的节上抽出，具 7～13 朵花（常为 9 朵）；**花序轴** 常呈"之"字形折曲，基部为 3～5 枚淡褐色、膜质、套叠的筒状或杯状鞘所包围。**花朵** 橙黄色，质地较厚而硬，花径 2.5～2.7 厘米 × 3.2～3.5 厘米；每朵花基部有暗绿色、带紫晕的膜质苞片 1 枚，苞片长圆形，呈舟状，先端急尖，长 0.5～1.2 厘米，具多数平行脉；**中萼片** 宽卵形、端钝尖，长约 1.4 厘米、最宽处 1 厘米，有脉 7 条，于中萼片的表面凸起、背面凹陷；**侧萼片** 卵形、偏斜、端急尖，长 2 厘米、宽 1 厘米，有脉 7 条，两侧萼片的基部合生成短的萼筒，筒长宽均为 0.5 厘米；**花瓣** 卵圆形、端锐尖，长 1.2 厘米、宽 1 厘米，有脉 5 条；**唇瓣** 扁圆形，不分裂，先端略凹、基部收窄，长 1.5～1.8 厘米、宽 .2～2.5 厘米，橙黄色；**唇盘** 两侧各具一暗红褐色斑块，前部上面密布多数乳突状毛，边缘褶皱并具短流苏；**蕊柱** 淡黄白色，比蕊柱足短，长 0.4 厘米、宽约 0.3 厘米；**蕊柱足** 橙黄色，长 0.5 厘米、宽 0.3 厘米；**药帽** 乳黄色，近半球形，前方边沿稍呈啮蚀状；**花粉块** 4 枚，每 2 枚为一组；**花梗连子房** 长 2 厘米，直径 0.1～0.2 厘米，淡黄绿色。**花期** 6～7 月。

**产地和分布：** 产于广西、云南（东南部和南部）。分布于尼泊尔、印度（东北部）、不丹、缅甸、泰国。**模式标本**采自缅甸。

**生态：** 附生于海拔 800～1000 米的山地疏林中树干上。

**用途：** 中药"石斛"的原植物之一。可栽培作为花卉观赏。

图 102 曲轴石斛
*Dendrobium gibsonii*
Lindl.

1 带叶茎及花序
2 花正面
3 唇瓣
4 药帽
5 花粉块
6 花纵剖面
7 蕊柱
8 叶尖
（1976/07/01 程式君采自云南勐仑，并绘图）

# 103 广西石斛（别名：滇桂石斛）

**学名：** *Dendrobium guangxiense* S. J. Cheng et C. Z. Tang

（本种为本书作者程式君和唐振缁于 1986 年 5 月发表的新种，其新种描述、附图和照片刊登于美国 *The Orchid Digest* 杂志第 50 卷，第 3 期，第 95-97 页，1986 年 5-6 月）

**拉丁文原始描述：** *Dendrobium guangxiense* S. J. Cheng et C. Z. Tang, sp. nov.

Species *D. monilliforme* (L.) Sw. similis, sed labello late ovato, obscure trilobato, lobo intermedio atropurpureo magni-maculato; pede columnae ad margines laterales fimbriatis; operculo atropurpureo apice acute bilobo differt.

Herba epiphytica; caulis caespitosus, pendulus vel suberectus, leviter flexuosus, 24-60 cm longus. Folia 6-8, oblongo-lanceolata, 4-6 cm longa et 1-1.5 cm lata, atroviridia, nitidia, apice inaequaliter bilobulata. Racemi (1)-2-floris; bracteae ovatae, obtusae, c. 0.5 cm longae et 0.4 cm latae, membranaceae, spadiceae, glaberae. Flores c. 2.5 cm diam., eburnei, non odorati. Sepalum intermedium oblongo-ovatus, acutus, c. 1.5 cm longus et 0.6 cm latus, 5-nervis, eburneus, basi pallide flavovirens; sepala lateralia late triangulo-ovata, acuta, parum decurvata, c. 1.6 cm longa et 1.3 cm lata; mentum latum, breve, eburneum, intra basi flavum. Petala ovata, c. 1.6 cm longa et 0.6 cm lata, alba, basi viridi-alba, venis obscuris. Labellum late ovatum, obscure trilobatum; lobus intermedius depresse triangulo-ovatus, obtusus cum acumine, margine minute erosus, eburneus, ad centrum macula magna sanguinea; lobi laterals semi-orbiculati, eburnei; discus labelli flavidus, ad centrum callo ephippioideo citrino. Columna brevis, crassa, c. 0.5 cm longa et 0.4 cm lata, leviter alata, viridi-alba; pes columnae longus, flavovirens, prope basim labelli purpureo-maculatis, margine fimbriatis; operculum ovale, purpureum, basi flavidum; rostellum longi-caudatum, decurvatum, album. Ovarium cum pedicello c. 2.5 cm longum, gracile, flavovirens. Fl. mensis Maius.

**Guangxi:** Purchased from the Shanghai Medicine Co., V. 4, 1978, Cheng Shi-jun 780116 (**Type!** SCBI).

**组别：** 石斛组 Sect. Dendrobium

**形态：植株** 附生兰，高 30 ～ 60 厘米。**茎** 丛生，细圆柱形，长 24 ～ 60 厘米，径约 4 毫米，下垂或半直立，略呈"之"字形曲折；多节，节间长 2 ～ 2.5 厘米，暗绿色，除节下一小段外，几乎全为淡灰褐色的宿存鞘所包被。**叶** 每茎有 6 ～ 8 枚，成 2 列互生于茎的上部，长圆状披针形，长 4 ～ 6 厘米、宽 1 ～ 1.5 厘米，革质，深绿色有光泽，先端不等 2 裂，基部收窄，再扩大为抱茎的鞘。

**总状花序** 生于老茎的上部，具花 1 ～ 2 朵；花序柄长 3 ～ 5 毫米，基部具 2 枚膜质鞘；**花苞片** 膜质，淡褐色，长宽为 4 ～ 5 毫米。**花** 开展，直径 2.5 ～ 3 厘米，乳白色，无香气；**花梗连子房** 长 2.5 厘米，纤细，黄绿色；**中萼片** 长圆状卵形，端尖，长 1.5 厘米、宽 0.6 厘米，乳白色、基部略染黄绿色晕，5 脉；**侧萼片** 阔三角状卵形，端尖且略钩曲外翻，长约 1.6 厘米、宽约 1.3 厘米，与蕊柱足合成浅而宽的萼囊；**萼囊** 乳白色，其基部里面黄色；**花瓣** 卵形，端尖，长 1.6 厘米、宽 0.6 厘米，白色，基部染淡绿晕，脉不明显。**唇瓣** 宽卵形，长 1.4 厘米、宽 1.1 厘米，不明显 3 裂：侧裂片 半圆形，乳白色；**中裂片** 阔三角形，端尖，边缘具不整齐的细锯齿，中部有 1 枚大型紫红色斑；**唇盘** 黄色，具 1 枚柠檬黄色的马鞍状胼胝体。**蕊柱** 粗短，长约 5 毫米、宽约 4 毫米，绿白色，边上有翼；**蕊柱足** 长，在其近唇

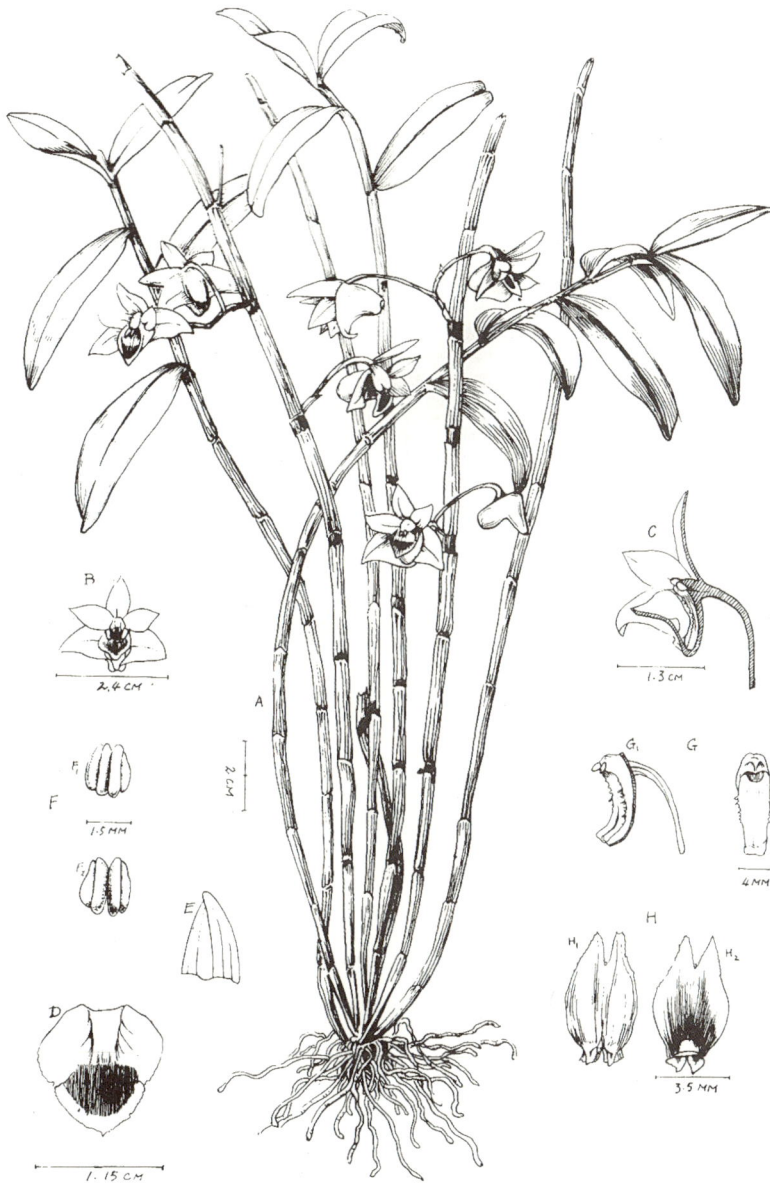

**图 103 广西石斛 _Dendrobium guangxiense_ S. J. Cheng et C. Z. Tang**

A 植株　B 花正面　C 花纵剖面　D 唇瓣　E 叶尖　F 花粉块　F₁ 正面　F₂ 背面　G 蕊柱
G₁ 侧面　G₂ 正面　H 药帽　H₁ 背面　H₂ 腹面 (1986 新种发表图, 1985 唐振缁绘)

瓣部分具紫红色点，边缘睫毛状。**药帽** 椭圆形，顶端尖齿状 2 深裂，紫红色，近基部淡黄色；**蕊喙** 白色，具下弯的长喙。**花期** 4～5 月，**单花花寿** 15～20 天。

**产地和分布：** 产于广西、贵州、云南。**模式标本** 采自中国广西。

**生态：** 喜中等强度的阳光。多附生于海拔约 1200 米的石灰山岩石上或树干上。

**用途：** 全草供药用，为中药材"环草石斛"的原植物之一。花珍奇秀丽，可栽培供观赏。

# 104　海南石斛

**学名：** *Dendrobium hainanense* Rolfe
**组别：** 圆柱叶组 Sect. Strongyle

**形态：** **植株** 附生，直立，高 15～30 厘米。**茎** 较细，质硬，丛生，扁圆柱形，长 10～30 厘米、径 0.2～0.3 厘米，不分枝，具多节；节间稍呈棒状，长约 1 厘米，染紫红晕。**叶** 肉质，有时有紫红晕，在茎上呈 2 列互生；细半圆柱形，中部以上外弯，长 2.5 厘米、宽 0.1～0.3 厘米，端钝，基部扩大成抱茎的鞘。**花** 小，径约 9 毫米，白色，单生于无叶的茎上部。**花苞片** 膜质，卵形，长约 1 毫米；**花梗连子房** 纤细，长约 6 毫米；**中萼片** 卵形，先端略钝，长 3.3～4 毫米、宽 2.5 毫米，具脉 3 条；**侧萼片** 卵状三角形，先端锐尖，基部歪斜，长 3.3～4 毫米、宽 3.5 毫米，具 3 脉；**萼囊** 长约 1 厘米，向前弯曲；**花瓣** 狭长圆形，先端急尖，长 3.3～4 毫米、宽约 1 毫米，具 1 条脉。**唇瓣** 倒卵状三角形，长约 1.5 厘米、近先端处宽约 0.7 厘米，先端凹缺，前端边缘波状，基部具爪；**唇盘** 中央由基部到中部具 3 条较粗的绿白色脉纹。**蕊柱** 长 1～1.5 毫米；**蕊柱足** 长约 10 毫米。**花期** 8～10 月。

**产地和分布：** 产于香港、海南。分布于越南、泰国。**模式标本** 采自中国海南。

**生态：** 附生兰。生于海拔 1000～1700 米的山地阔叶林中树干上。

**用途：** 花小巧精致，珍稀奇特，可供观赏。

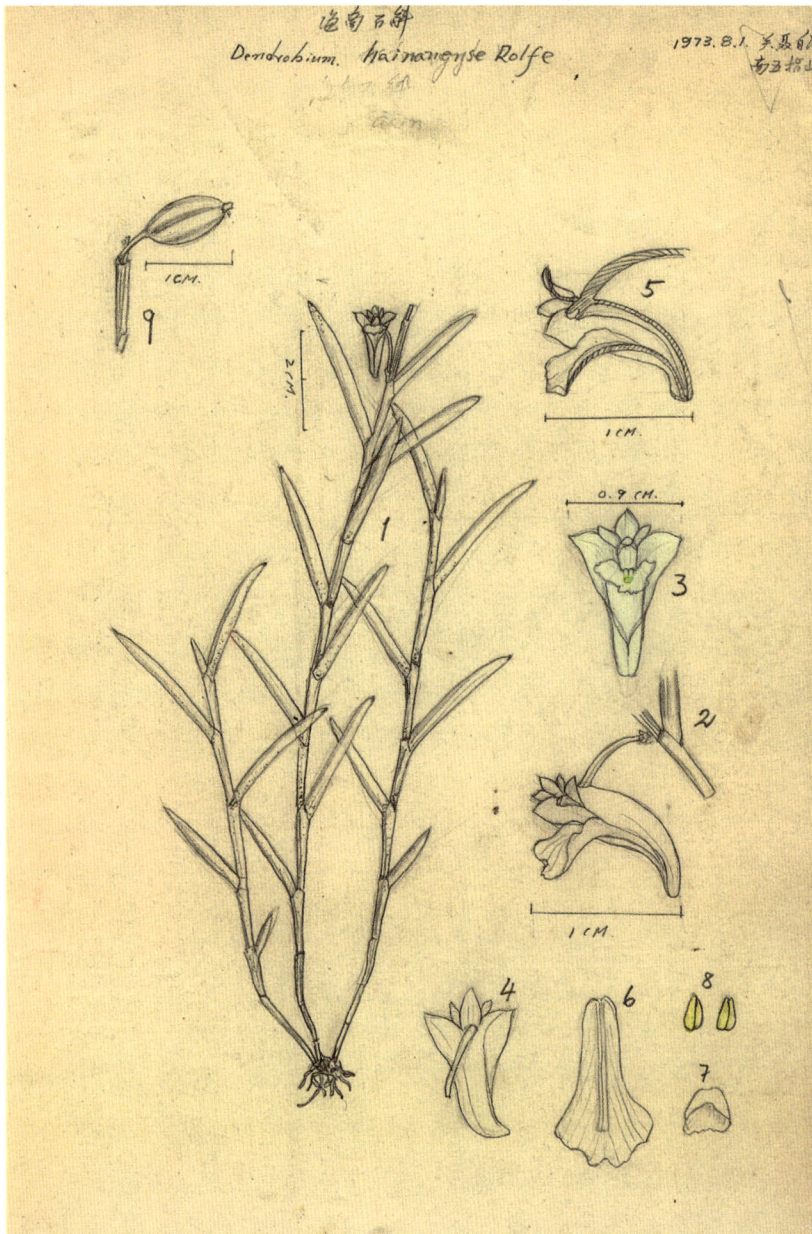

图 104　海南石斛
*Dendrobium hainanense* Rolfe
1 植株　2 花着生状态　3 花正面
4 花背面　5 花纵剖面　6 唇瓣
7 药帽　8 花粉块　9 果（聂群练等采自海南五指山，1973/08/01 程式君绘）

# 105 细叶石斛

**学名:** *Dendrobium hancockii* Rolfe
(曾用学名: *Dendrobium odiosum* Finet)
**组别:** 石斛组 Sect. Dendrobium

**形态:** **植株** 25～70 厘米, 直立, 丛生, 有时多株聚生成竹丛状。**茎** 长可达 80 厘米, 粗 0.2～2 厘米, 节间长可达 5 厘米; 具纵槽或棱, 质硬, 多分枝, 略似竹枝状, 干茎黄色有光泽, 上部的茎为细圆柱形, 似细竹, 而近基部上方数节的节间则增粗, 有时呈纺锤形。**叶** 3～6 枚, 互生于主茎和分枝的上部; 狭矩圆形至线形, 长 3～10 厘米、宽 0.3～0.6 厘米, 先端不等 2 裂。**花序** 总状, 具花 1～2 朵; **花序柄** 长 0.5～1 厘米。**花** 金黄色, 质厚, 中等大小, 直径 3～4 厘米, 略有香气; **花梗连子房** 淡黄绿色, 长 1.2～1.5 厘米; **中萼片** 卵状椭圆形, 先端锐尖, 长 1.8～2.4 厘米、宽 5～8 毫米; **侧萼片** 卵状披针形, 先端急尖, 与中萼片等长而略狭; **花瓣** 斜倒卵形或近椭圆形, 先端急尖, 与萼片近等长但较宽。**唇瓣** 长宽径 1～2 厘米, 基部具一胼胝体, 3 裂: **侧裂片** 近半圆形, 拥抱蕊柱, 内侧具少数红色条纹; **中裂片** 近扁圆形, 先端突尖; **唇盘** 常为黄绿色, 密布乳突状毛; **药帽** 圆锥形, 光滑。花期 5～6 月。

**产地和分布:** 产于陕西西秦岭以南及甘肃(南部)、河南、广西、云南、贵州、四川、湖北和湖南。

**模式标本** 采自中国云南蒙自。

**生态:** 附生兰。生于海拔 700～1500 米山林中的树干上或山谷岩石上。

**用途:** 供药用, 为中药"石斛"的原材料之一。

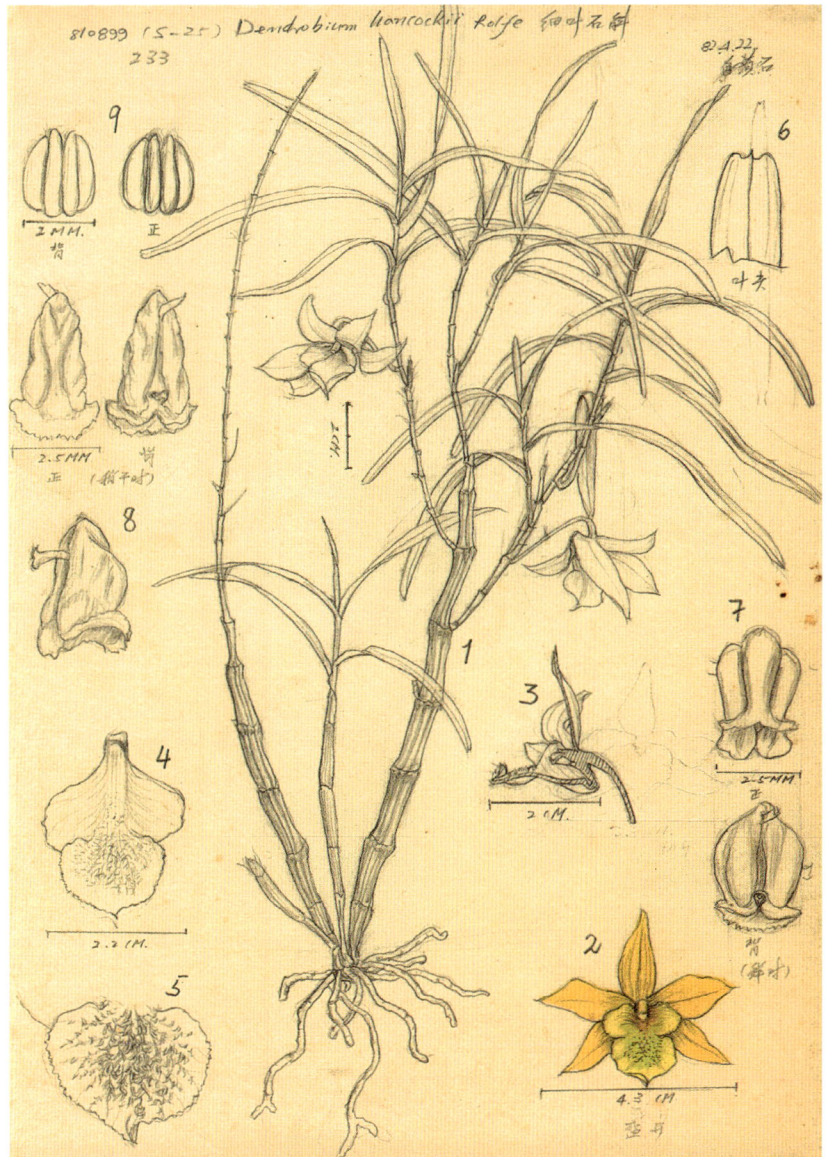

图 105 细叶石斛
*Dendrobium hancockii* Rolfe
1 植株　2 花正面　3 花纵剖面　4 唇瓣
5 唇瓣中裂片　6 叶尖　7 药帽 (新鲜)
8 药帽 (略干)　9 花粉块 (1982/04/22 程式君采自云南石林, 并绘图)

# 106 疏花石斛

**学名：** *Dendrobium henryi* Schltr.
（曾用学名：*Dendrobium evaginatum* Gagnep.）
**组别：** 石斛组 Sect. Dendrobium

**形态：植株** 中型或大型，成丛附生。**茎** 斜立或下垂，不分枝，圆柱形，长30～80厘米、径0.5～0.8厘米；多节，节间长3～4.5厘米，几乎全为浅灰绿色的鞘所包被；黄绿色，干后淡黄色。**叶** 在茎上排成2列，纸质，长圆形或长圆状披针形，长8.5～11厘米、宽1.7～3厘米，近先端两侧不对称，先端尖，基部收窄再扩大为紧抱茎的鞘。**花序** 总状，由具叶老茎的中部抽出，有花1～3朵；**花序柄** 长1.5～2.5厘米，与茎成近直角伸出；基部具筒状膜质鞘3～4枚，长2～3毫米；**花苞片** 长6～9毫米，卵状三角形，端钝。**花** 直径5～6厘米，质薄，金黄色，有光泽，有淡香；**花梗连子房** 长约2厘米，浅黄绿色；**中萼片** 卵状长圆形，长2.3～3厘米、宽1～1.2厘米，先端内弯，具7脉；**侧萼片** 卵状披针形，与中萼片近等大，先端渐尖，基部偏斜；**花瓣** 为略斜的宽卵形，比萼片略短，但较宽，先端尖、且略扭转，基部具短爪，边缘具不规则皱折，有7脉。**唇瓣** 近圆形，长2～3厘米，基部具长约3毫米的爪，两侧内卷，且互掩成筒状，围抱蕊柱，具多数红色脉纹；边缘具不整齐细齿及波状褶皱；**唇盘** 密被细乳突。**蕊柱** 长约3毫米；**药帽** 圆锥形，紫红色，长约2毫米，密被细乳突，前端边缘具不整齐细齿。**花期** 6～9月，**单花花寿** 7～10天。

**产地和分布：** 产于湖南、贵州、云南。分布于泰国、越南。**模式标本** 采自中国云南思茅。

**生态：** 附生于海拔600～1700米的山地林中树干上或山谷阴湿岩石上。

**用途：** 药用，为药材"黄草石斛"的原植物之一。花美丽，易栽培，为较稀有的观赏花卉。

图 106 疏花石斛 *Dendrobium henryi* Schltr.
1 茎及花序　2 花纵剖面　3 唇瓣　4 唇瓣上的乳突　5 药帽
（1983/06 上旬 程式君绘）

# 107 重唇石斛（别名：网脉唇石斛，王氏石斛，无距石斛，鸡爪兰）

**学名：** *Dendrobium hercoglossum* Rchb. f.

（曾用学名：*Dendrobium wangii* C. L. Tso）

**组别：** 瘦轴组 Sect. Breviflores

**形态：** **植株** 附生，高 10～60 厘米。根 多条，簇生茎基部，有分枝，呈黄褐色。**茎** 4～8 条丛生，粗壮，下垂；呈圆柱状棒形，两头较细、中部较粗，略呈"之"字形曲折；每茎有 12～20 节，节部略增粗，节间长 1.2～2.5 厘米、径 0.7～0.8 厘米，黄绿色，有纵槽，常为灰白色的宿存叶鞘所包被。**叶** 每茎有 17～19 枚，呈 2 列互生，开展斜立（或叶片前段下垂）；草绿色，薄革质，有光泽；披针形至长圆状披针形，近基部较阔，向先端渐窄，先端钝，为不等 2 圆裂，基部下延成紧抱于茎的鞘，长 8～11 厘米、宽 1.6～1.9 厘米；中脉明显，在叶表下陷、叶背隆起。**总状花序** 着生于二年生茎的中部，斜出，每茎常有数个，每序 2～3 朵花；**花序轴** 细弱，常呈"之"字形折曲；**花序柄** 绿色，基部被 3～4 枚短筒状鞘；**花苞片** 三角状卵形，长约 5 毫米。**花** 直径 2.5～3.5 厘米，略俯垂，淡粉红色，有淡香；**花梗连子房** 长 1.2～1.5 厘米，粉红色；**萼片和花瓣** 略向前倾，均为淡粉红色；**中萼片** 直立，长圆形，先端短尖，长 1.5 厘米、宽约 0.8 厘米，边缘稍后卷；**侧萼片** 长卵形，端渐尖，长 1.6 厘米、宽约 1 厘米，基部与蕊柱足合生成平而扁的萼囊；**花瓣** 椭圆形，先端渐尖，长 1.7 厘米、宽 1 厘米。**唇瓣** 乳白色，呈囊状球形，3 裂：**侧裂片** 直立，半圆形，长 0.8 厘米、高约 0.5 厘米；**中裂片** 近等边三角形，端渐尖，在与侧裂片交界处有一条肉质加厚的脊，其上被肉刺状毛；唇囊内部也具肉刺状毛。**蕊柱** 短而宽，近四方形，长宽均约为 4 毫米，白色、但基部及腹面带绿色；**蕊柱足** 与蕊柱同形同大，腹面白地带鲜草绿色。**药帽** 除下缘乳白色外，整个均为玫瑰紫色；半球形，表面密被细乳突，下缘具不规则锯齿。**蕊喙** 半圆形，前伸呈尾状，与蕊柱同色。**花期** 5～6 月。

**产地和分布：** 产于安徽、江西、湖南、广东、广西、海南、贵州、云南。分布于泰国、越南、老挝、马来西亚。

**模式标本** 采自马来西亚。

**生态：** 多附生于海拔 590～1260 米的山地密林中树干上和山谷湿润岩石上。

**用途：** 全株供药用，为传统石斛药材"环草石斛"的原植物之一。花多而美丽，可栽培供观赏。

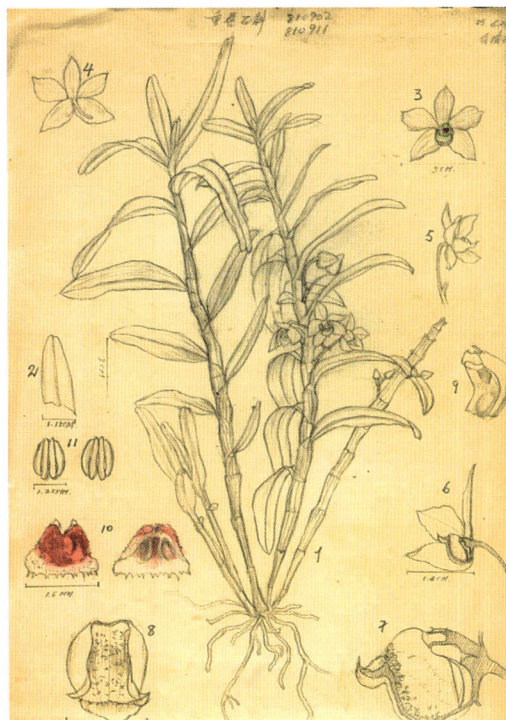

图 107 重唇石斛
*Dendrobium hercoglossum* Rchb. f.
1 植株
2 叶尖
3 花正面
4 花背面
5 花侧面
6 花纵剖面
7 唇瓣纵剖面
8 唇瓣俯视
9 蕊柱
10 药帽
11 花粉块
（1983/06/27 程式君采自云南石林，并绘图）

# 107a 白花重唇石斛

**学名：** *Dendrobium hercoglossum* Rchb. f. var. *album* S. J. Cheng et C. Z. Tang
（本变种为本书作者程式君和唐振缁于 1984 年发表的新变种，原描述刊载于《云南植物研究》杂志第 6 卷，第 3 期，第 281-282 页）

**拉丁文原始描述：** *Dendrobium hercoglossum* Rchb. f. var. *album* S. J. Cheng et C. Z. Tang, var. nov.

A var. *hercoglossum* recedit floribus albis, mento destituto.

**Yunnan:** Wenshan-zhou, 27 VI 1983, S. J. Cheng 810902 (**Typus!** SCBI).

**组别：** 瘦轴组 Sect. Breviflores

**形态：** 与重唇石斛相似，但花色纯白；花梗连子房白色，近花萼处绿色；花序柄绿色。无萼囊。

**产地：** 产于云南文山州。

图 107 重唇石斛
*Dendrobium hercoglossum* Rchb. f.

1 植株
2 叶尖
3 花正面
4 花背面
5 花侧面
6 花纵剖面
7 唇瓣纵剖面
8 唇瓣俯视
9 蕊柱
10 药帽
11 花粉块
（1983/06/27 程式君采自云南石林，并绘图）

# 108 霍山石斛（别名：米斛，龙头凤尾草，皇帝草）

**学名：** *Dendrobium huoshanense* C. Z. Tang et S. J. Cheng

（曾用学名：*Dendrobium funiushanense* T. B. Chao, Z. X. Chen et Z. K. Chen）

（本种为本书作者唐振缁和程式君于1984年7月发表的新种，新种描述及附图刊登于1987年7月《植物研究》杂志第4卷、第3期、141-146页）

**拉丁文原始描述：** *Dendrobium huoshanense* C. Z. Tang et S. J. Cheng, sp. nov.

Species *D. tosaensi* Makino affinis, sed pseudobulbis prominenter brevioribus, tepalis latioribus, labello quadrato-rhombico, disco pilis complanatis, forma et granis operculi diddimilibus differt.

Herba epiphytica, pseudobulbis 4-5 caespitosi, c. 3-7cm longi, c. 2.5-3mm diam. Folia 2, terminalia, tenuiter coriacea, oblongo-lanceolata vel lanceolata, c. 2-3cm longa, 0.5-0.7cm lata. Inflorescentiae terminals, c. 2.9cm longae, uniflorae, erectae, bracteis involucri ovatis, 3mm longis, membranaceis, brunneolis. Flores 1.9cm × 1.5cm, pallide galbani, carnosi, odorati, bracteola late ovata, c. 1.5mm longa, c. 2mm lata, 4-5 nervosa, brunneola. Tepala palide galbana. Sepalum intermedium oblongo-ovatum, c. 1.35cm longum, c. 0.48cm latum; sepala lateralia falcato-ovata, obtuse, c. 1cm longa, c. 0.6cm lata; mento brevi, lato, 0.6cm × 0.5cm, apice leviter incurve. Labellum quadrato-rhombicum, c. 1.1cm longum et latum, pallide galbanum, obscure trilobatum, lobis semiorbiculatis, inter lobum intermedium et lobos laterals macula magna brunneola pilosa, basi disci et lobis lateralibus leviter pilosis. Columna brevis, lata, c. 2mm longa, c. 3mm lata, eburnea, pauci purpureo-punctata. Operculum latesphaericum, fimbriatum, pallide galbanum, papulosum. Ovarium cum pedicello c. 1.5cm longum, c. 0.1cm diam., flavovirens. Fl.: in vere.

**Anhui:** Huoshan, Changchong, alt. c. 500m, in petra in sylva, 24, V, 1982, Wang Li-zhi 001 (**Typus**, SCBI).

**组别：** 石斛组 Sect. Dendrobium

**形态：** **植株** 附生，矮小，高3～7厘米，直立。**根** 黄褐色，线状稍扭曲，长4～5厘米、径约1毫米，每4～5条簇生于茎的基部。**茎** 肉质，每株4～5条丛生，不分枝，稍扭曲；在基部上方肿胀、然后向上逐渐变细，长3～9厘米、最粗处径0.25～0.5厘米，具3～7节；节间长3～8毫米，橄榄绿色，有时具淡紫红色斑点，干后淡黄色，常为灰褐色的宿存膜质鞘所包被。**叶** 2～3枚生于茎的上部，常绿，薄革质，长圆状披针形至披针形，长2.2～3厘米、宽0.5～0.7厘米，全缘，先端不等2裂且稍扭转，基部渐收窄成鞘；叶脉1条，在页面凹陷、在叶背凸起；叶柄痕呈环状。**花序** 自无叶老茎上部的节上抽出，直立，单花；**花序柄** 长2～3毫米，基部被1～2枚先端锐尖的鞘；**花苞片** 浅白略带褐色；花序轴 淡绿色。**花** 淡黄色略带绿，开展，肉质，横径1.9厘米、竖径1.5厘米，初开时有梅花香气；**花梗** 连子房 淡黄绿色，长1.5～2.5厘米、径约1毫米；**中萼片** 卵状披针形，直立稍前倾，长1.2～1.4厘米、宽0.4～0.5厘米，端钝，具5脉；**侧萼片** 伸展，镰状卵形，长1.0～1.4厘米、宽0.5～0.7厘米，先端钝，基部歪斜；**萼囊** 近矩形，长5～7毫米，末端近圆形，草绿色；**花瓣** 开展，卵圆形，先端略内卷，长1.2～1.5厘米、宽0.6～0.7厘米，端圆钝，具5脉。**唇瓣** 菱状四方形，长、宽近相等，1～1.5厘米，不明显3裂，基部楔形且具一胼胝体，抱蕊柱；**侧裂片** 半圆形，两侧裂片间密生短毛，近基部则密生窄片状长白毛；**中裂**

片 半圆状三角形，先端近钝尖，基部密生窄片状长白毛，并具 1 枚浅黄褐色、椭圆形的斑块。**蕊柱** 淡黄白色，为短而粗的变方形，长约 2 毫米、宽约 3 毫米；**蕊柱足** 长 7 毫米，有细紫色点，基部黄色，密生长白毛，两侧偶具齿凸；**药帽** 近半球形，前缘有流苏状撕裂，淡黄绿色，长 1.5 毫米，表面有多数毛状凸起，顶端微凹。**花期** 4～5 月。

本种与黄石斛（*D. tosaense* Makino）近似，但区别为植株比黄石斛矮小得多，花被片较宽，唇瓣阔菱形，唇盘被扁毛，药帽被多数毛状凸起。

**产地和分布：**产于河南西南部、安徽西南部。**模式标本**采自中国安徽霍山。

**生态：**附生兰。多生于云雾缭绕的山地林中参天古树树干上或悬岩峭壁的岩石缝隙间。

**用途：**为珍贵中药，属于药用石斛的上品。由于极为珍稀贵重、而有"软黄金"之称。有补五脏虚劳、调和阴阳、壮阳补肾、保健益寿、抗肿瘤、降血糖、明目、消除疲劳、恢复嗓音等功效。

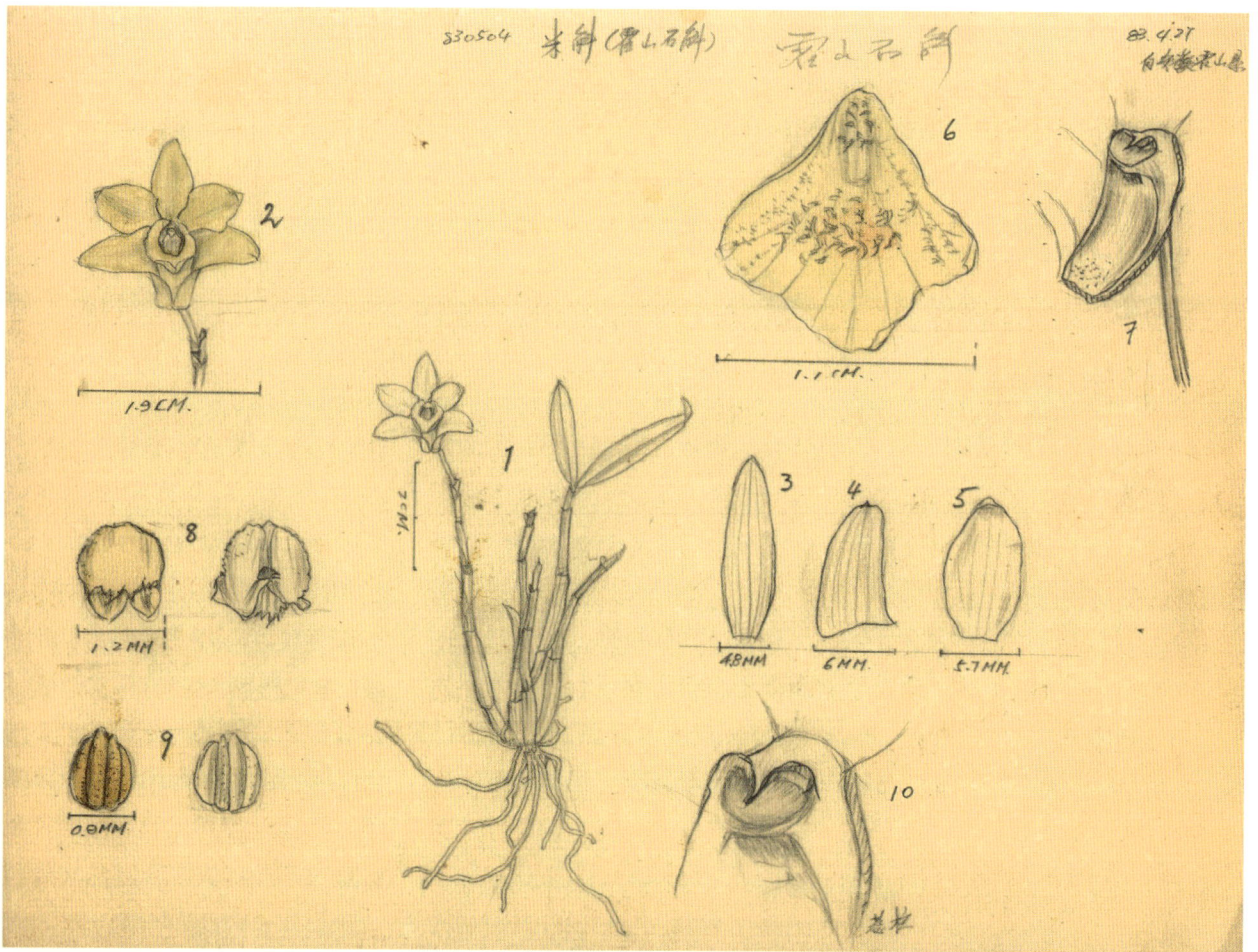

**图 108 霍山石斛**

*Dendrobium huoshanense* C. Z. Tang et S. J. Cheng

1 植株　2 花　3 中萼片　4 侧萼片　5 花瓣　6 唇瓣　7 蕊柱　8 药帽　9 花粉块　10 蕊柱顶端
（采自安徽霍山，1983/04/27 程式君绘）

# 109 矩唇石斛（别名：樱石斛）

**学名：** *Dendrobium linawianum* Rchb. f.

（曾用学名：*Dendrobium moniliforme* auct. non Sw.；*Dendrobium alboviride* Hayata）

**组别：** 石斛组 Sect. Dendrobium

**形态：植株** 中型附生兰，高25～40厘米。**根** 着生于茎基膨大部分，条形，每株6～8条，老根灰白色，新根白色，根尖黄绿色，长8～10厘米、粗约1毫米。**茎** 丛生，黄绿色，干后黄褐色，直立，粗壮，扁圆柱形，呈"之"字形折曲，高24～30厘米；具多节，节间长2～2.5厘米，膨大增粗而侧扁，倒圆锥形，宽面径约1厘米、窄面0.6～0.7厘米；茎下部渐窄而呈圆柱形，基部膨大；新鳞茎均由基部抽出。**叶** 3～4枚生于新茎上端的节上，无柄，长圆形，长3.5～6（通常4）厘米、宽1～1.5厘米，先端钝，有偏斜不等侧凹缺，具脉5条；叶鞘紧密抱茎，长约1厘米，膜质半透明，有脉7条。**总状花序** 自老茎上端的节上抽出，通常具花2朵（罕3朵），每茎可着花4～8朵；花序梗长0.7～1.5厘米，基部被2～3枚短筒状鞘；**花苞片** 卵形，长3～4毫米，端急尖。**花** 大，径3.5～6厘米，有淡香；**花梗连子房** 玫瑰红色，长4～4.5厘米、径1.5毫米；**中萼片** 淡玫瑰红色，端部较深，披针形，长2.5厘米、宽0.8厘米，具5脉；**侧萼片** 与中萼片同形同色，长2.2厘米、

宽0.8厘米，稍偏斜，且向后反卷，具5脉，基部与蕊柱足相连成萼囊；**萼囊** 长8毫米、中部宽4毫米；**花瓣** 长圆形，端钝尖，长2.3厘米、宽1.3厘米，玫瑰红色，基部色较淡，边缘有细齿，近玫

**图 109** 矩唇石斛（1）

*Dendrobium linawianum* Rchb. f.

1 植株　2 花正面　3 花纵剖面
4 花后部纵剖面　5 唇瓣
6 叶尖　7 药帽　8 花粉块　9 果
（程式君1975采自广东乳源，1976/03/23 绘）

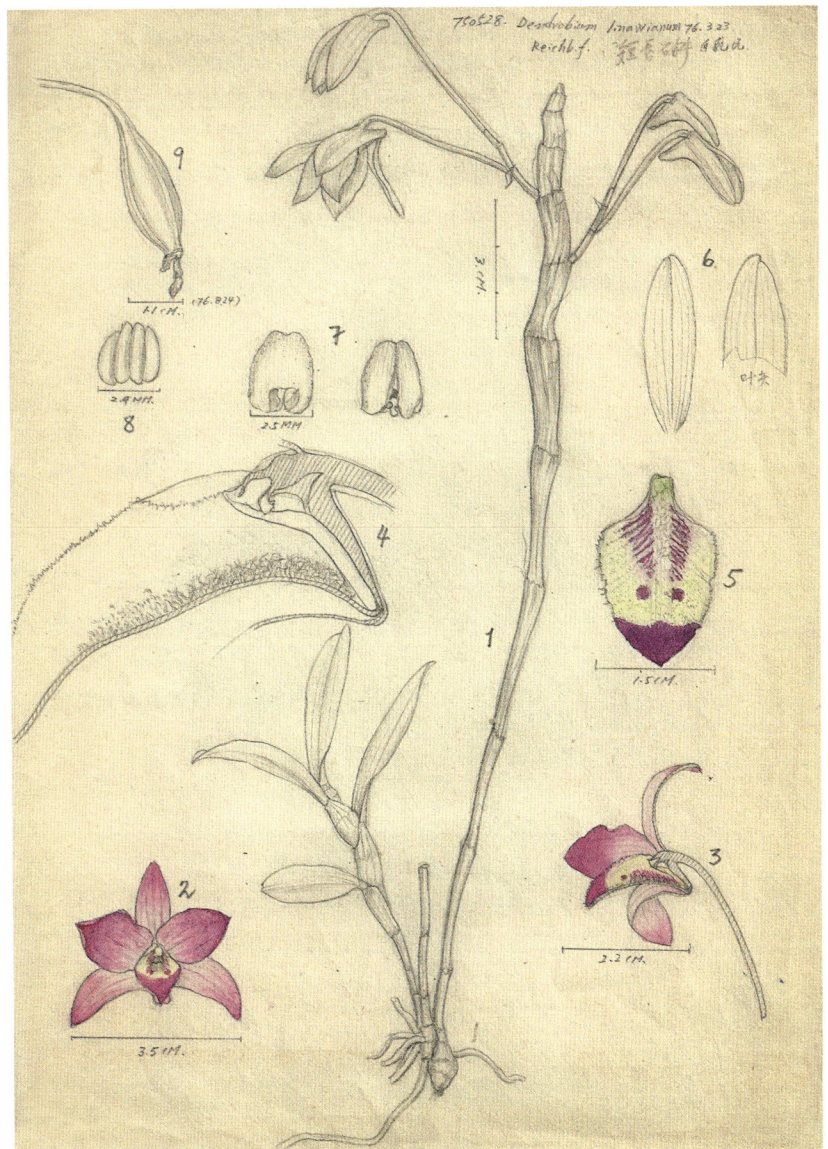

瑰红区域的齿较细而疏，具 7 脉。**唇瓣** 卵圆形，不分裂，基部渐收窄成短爪，端钝，长 2.4 厘米、宽 1.5 厘米；淡乳黄色，中部有白色的脊，脊基部黄绿色，表面密生白色绒毛，在脊两侧有与脊等宽的区域染淡玫瑰红晕，其上有多数近平行的玫瑰紫条纹，在此区域以下有 1 对对称的紫红色圆点；唇瓣近端部 1/3 处为玫瑰紫色；唇瓣除玫瑰红区域外均被

黄白色绒毛，以脊上的毛最密而长，唇瓣背面被毛较稀疏。**蕊柱** 短，长约 4 毫米，黄白色；**蕊柱足** 较长，长 8 毫米、宽 3 毫米，淡黄绿色，基部草绿色；**药帽** 白色、染淡玫瑰红晕。**花期** 4～5 月，**单花花寿** 25～30 天。

本种与石斛形态接近，其区别点为：植株直立；叶较小而质厚；花不下垂，小而较多，色较深；唇瓣无紫红色大型斑，

而有 2 枚对称的玫瑰紫色小圆点，唇瓣边缘具细齿，中央脊上具多数白色长绒毛。

**产地和分布：** 产于台湾、广西、广东。**模式标本** 采自中国台湾。

**生态：** 附生兰，喜光。常生于海拔 400～1500 米的山地林中树干上。

**用途：** 全草供药用，为药材"金钗石斛"原植物之一。花美丽芳香，栽培较易，可供观赏。

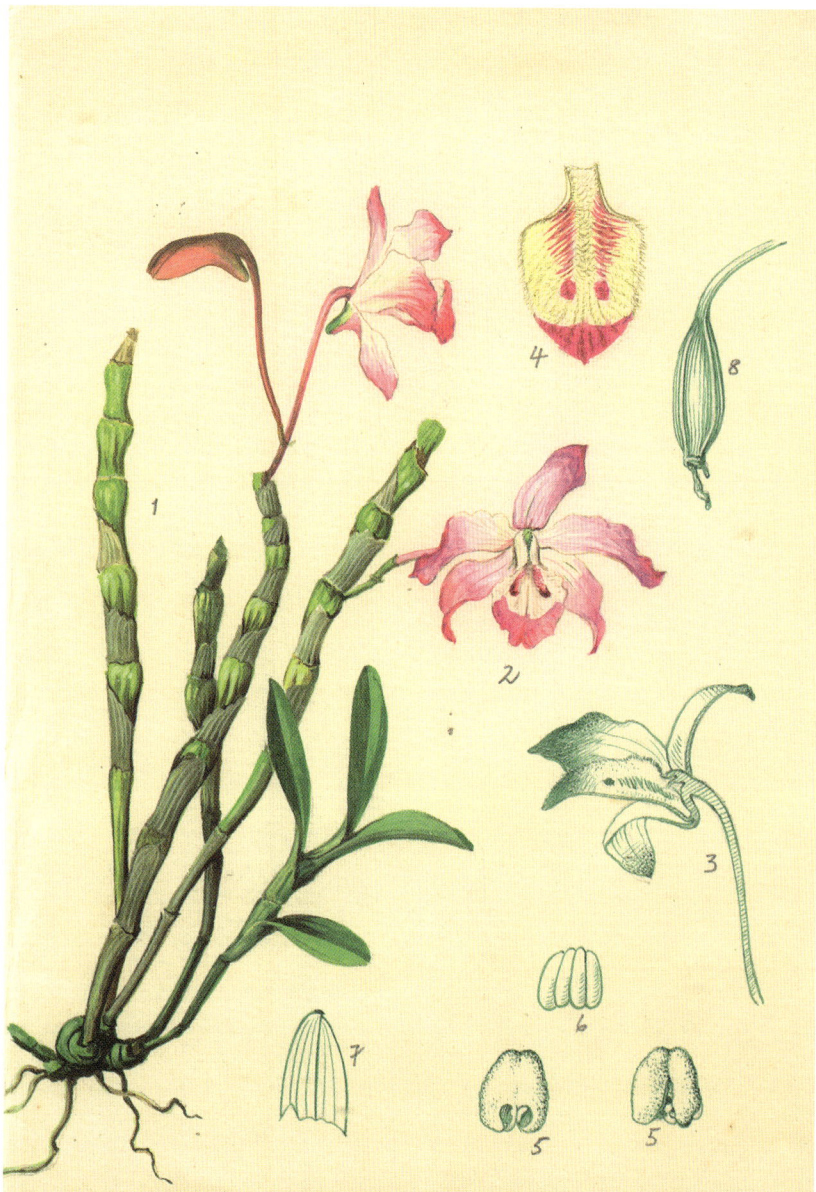

图 109a 矩唇石斛（2）

***Dendrobium linawianum*** Rchb. f.

1 植株
2 花
3 花纵剖面
4 唇瓣
5 药帽
6 花粉块
7 叶尖
8 果
（1985 程式君、邓盈丰绘）

# 110 美花石斛 (别名: 粉花石斛, 小金钗)

**学名:** *Dendrobium loddigessi* RolfeZ

[曾用学名: *Callista loddigessi* (Rolfe) Kuntze; *Dendrobium pulchellum* auct. non Roxb. ex Lindl.; *Dendrobium loddigessi* Rolfe var. *album* T. Tang et F. T. Wang]

**组别:** 石斛组 Sect. Dendrobium

**形态:** **植株** 小型、悬垂附生兰，丛生或有时大量成片生长。**根** 灰白色，线形，不分枝，多条簇生于茎中下部的节上。**茎** 细圆柱形，常柔弱下垂，长 10 ～ 45 厘米、径约 0.5 厘米，向两端收窄，多节，偶有分枝；节间长 1.5 ～ 2 厘米，黄绿色，老时金黄色，为灰白色的鞘所包被。**叶** 黄绿色，肉质，成 2 列互生于整条嫩茎上（老茎无叶），舌形、长圆状披针形或略偏斜的长圆形，扭转朝天，长 2 ～ 4 厘米、宽 1 ～ 1.3 厘米，先端锐尖而略钩转，干后叶表的脉隆起呈网格状；基部具膜质鞘，干后鞘口常张开。**花序** 着生于无叶老茎的上部节上，每序有花 1 ～ 2 朵，每茎有多数花序；**花序柄** 短，长 2 ～ 3 毫米，基部有 1 ～ 2 枚膜质短杯状鞘；**花苞片** 膜质，卵形，端钝，长约 2 毫米。**花** 径约 5 厘米，开展，白色或粉红色，唇瓣上具大型橙黄色斑，一直延伸至基部，芳香；**花梗连子房** 淡绿色，长 2 ～ 3 厘米；**中萼片** 卵状长圆形，长 1.7 ～ 2 厘米、宽约 0.7 厘米，端锐尖，具 5 脉；**侧萼片** 披针形，端急尖，基部偏斜，与中萼片等大或略窄，具 5 脉；**萼囊** 近球形，

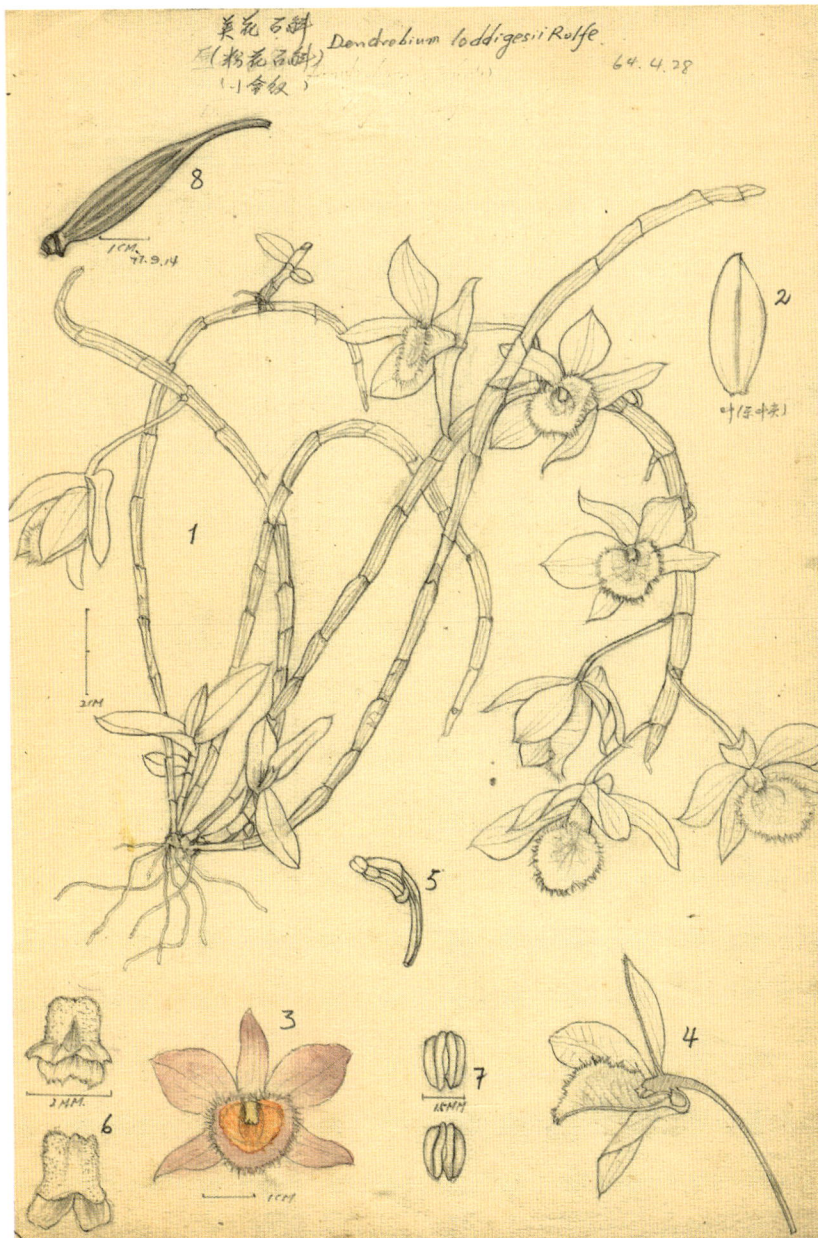

**图 110 美花石斛 (1)**
*Dendrobium loddigessi* Rolfe

1 植株　2 叶　3 花正面　4 花纵剖面
5 蕊柱及子房　6 药帽　7 花粉块　8 果
(1964/04/28 程式君绘)

图 110a 美花石斛 （2）

***Dendrobium loddigessi*** Rolfe

1 植株

2 花正面

3 花纵剖面

4 花粉块

(1962/05/10 程式君绘)

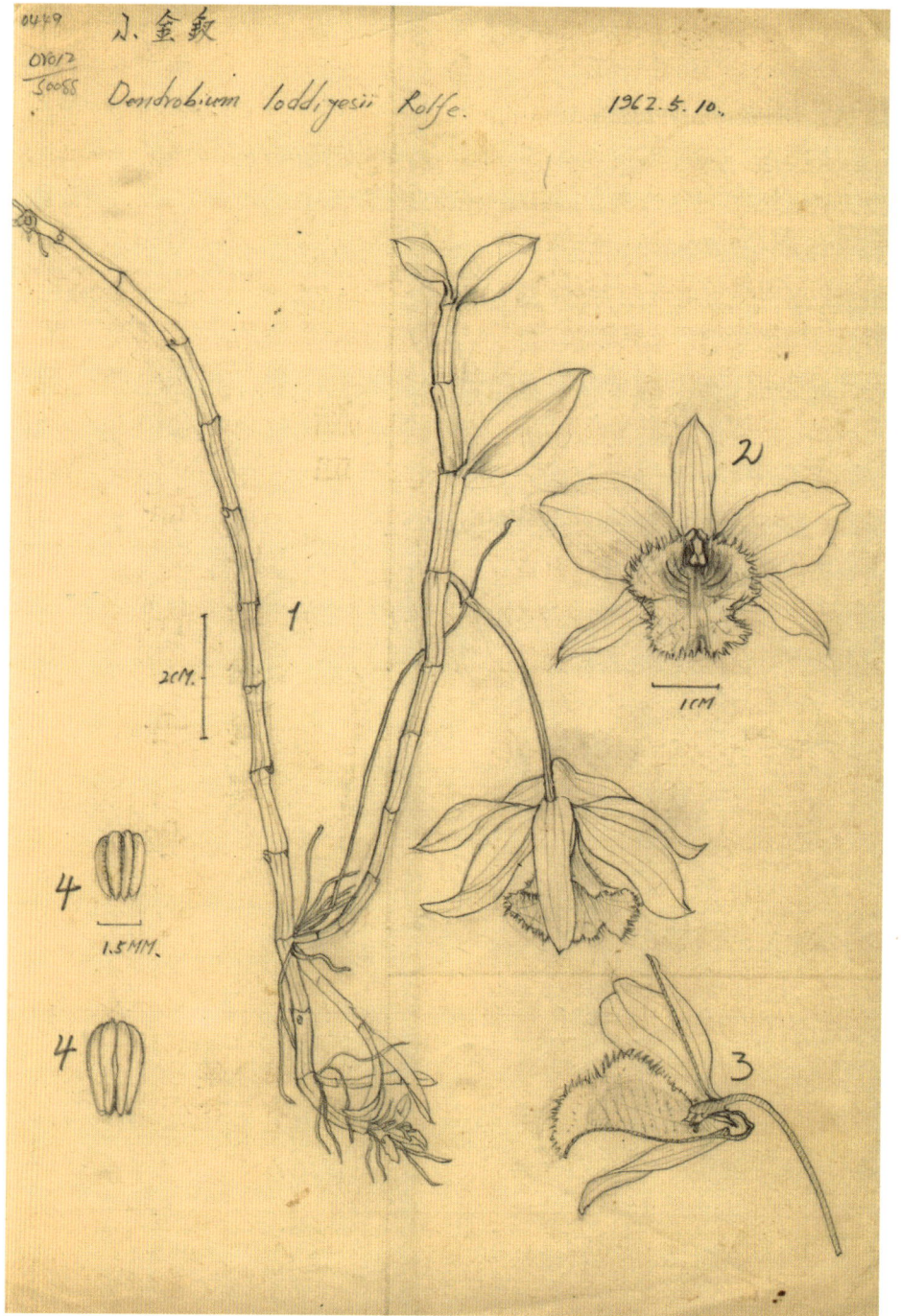

长约 5 毫米；**花瓣** 椭圆形，与中萼片等长，宽 0.8～0.9 厘米，端略钝，全缘，具 3～5 脉。**唇瓣** 近圆形，径 1.7～2 厘米，略凹，边缘具短流苏，两面密布短柔毛。**蕊柱** 白色，腹面两侧具红纹，长约 4 毫米；**药帽** 白色，近圆锥形，密布细乳突状毛，前端边缘具不整齐齿。花期 4～5 月。

**产地和分布：** 产于广东、广西、海南、贵州、云南。分布于老挝、越南。**模式标本** 采自中国广东罗浮山。

**生态：** 附生于海拔 400～1500 米潮湿而多苔藓的山地林中树干上或林下岩石上。

**用途：** 花繁多而艳丽芳香，盛开时成丛成片悬垂有如彩色瀑布，极为壮观，为观赏价值极高的花卉。植株甚具药用价值，为名贵中药"环草石斛"的原植物之一。

# 111 长距石斛 （别名：长角石斛）

**学名：** *Dendrobium longicornu* Lindl.

[ 曾用学名： *Callista longicornu* (Lindl.) Kuntze； *Dendrobium bulleyi* Rolfe； *Dendrobium flexuosum* Griff.； *Dendrobium hirsutum* Griff.； *Dendrobium longicornu* var. *hirsutum* (Griff.) J. D. Hooker]

**组别：** 黑毛组 Sect. Formosae

**形态：** **植株** 半常绿，附生，高 20～30 厘米。**茎** 丛生，略下垂，细圆柱形，长 7～35 厘米、径 2～4 毫米，较硬，不分枝，具多节；节间长 2～4 厘米。**叶** 数枚，革质，披针形至卵状披针形，长 3～7 厘米、宽 0.5～1.4 厘米，端渐尖，并呈不等侧 2 裂，叶基下延成抱茎的鞘；叶面、叶背及叶鞘均被棕黑色硬毛。**花序** 近顶生，每序具 1～3 花；**花序柄** 长约 5 毫米；基部有鞘 3～4 枚，长 2～5 毫米；**花苞片** 卵状披针形，长 5～8 毫米，端急尖，背面具棕黑色毛。**花** 蜡质，径约 3.7 厘米、长约 5 厘米，半开，略下垂，白色，仅唇盘中央为橘黄色，距端有绿晕；**花梗连子房** 近圆柱状，长 2.5～3.5 厘米，白色略染绿晕；**中萼片** 卵形，长 1.5～2 厘米、宽约 0.7 厘米，端尖，具 7 脉，中脉在背面略呈龙骨状；**侧萼片** 卵状三角形，歪斜，近蕊柱的侧边与中萼片近等长，中部宽约 9 毫米，先端尖，具 7 脉，中脉在背面略呈龙骨状；**萼囊** 窄而长，形成劲直、角状的距，略短于花梗连子房；**花瓣** 长圆形或披针形，长 1.5～2 厘米、宽 0.4～0.7 厘米，具 5 脉，

端尖，边缘具不整齐锯齿。**唇瓣** 近倒卵形或为菱形，先端不明显 3 裂；**侧裂片** 近倒卵形，覆被蕊柱，两侧裂片之间的宽度远大于中裂片；**中裂片** 先端 2 浅裂，边缘呈波状皱，具不整齐锯齿，或为流苏状；**唇盘** 沿纵脉密被短而宽的流苏，中央具 3 至 4 条龙骨状纵脊。**蕊柱** 长约 5 毫米，具三角状柱齿；**药帽** 扁圆锥形，顶端近截形，前方边缘密生髯毛。**花期** 2～5 月及 9～11 月，**单花花寿** 18～25 天。

**产地和分布：** 产于广西、云南、西藏（墨脱）。分布于尼泊尔、不丹、印度、越南。**模式标本** 采自尼泊尔。

**生态：** 附生兰，喜半阴。多生于海拔 1200～2500 米范围内的密林中低树干上、山谷湿润岩壁上和溪流边苔石上。

**用途：** 花朵较大、花色鲜明、花形奇特，可栽培供观赏。

注：台湾有时称属于距囊组的"长爪石斛（D. chameleon）"为"长距石斛"（又名峦大石斛），二者形态和颜色均不相同，应注意区分，以免混淆。

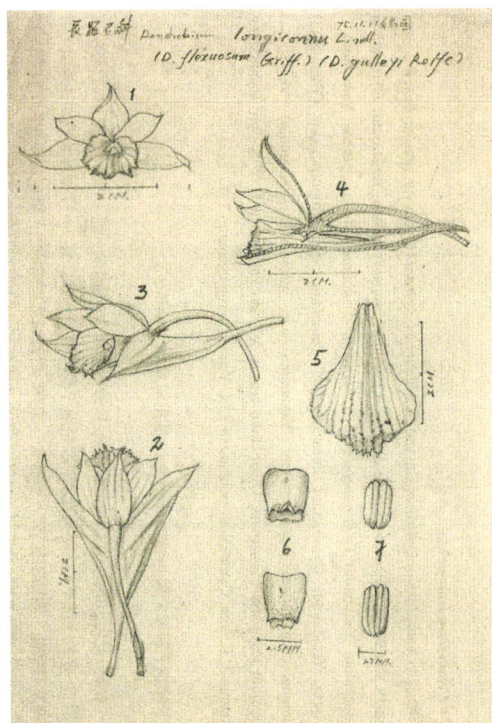

图 111 长距石斛
*Dendrobium longicornu* Lindl.

1 花正面
2 花俯视图
3 花侧面
4 花纵剖面
5 唇瓣
6 药帽
7 花粉块
（1975/11/11 程式君采自云南昆明植物园，并绘图）

# 112 细茎石斛（别名：小黄草，铜皮石斛，清水山石斛，台湾石斛）

**学名：** *Dendrobium moniliforme* (L.) Sw.

[曾用学名：*Epidendrum moniliforme* L.；*Epidendrum monile* Thunb. ex A. Murray；*Dendrobium catenatum* Lindl.；*Dendrobium castum* Baten ex Rchb. f.；*Dendrobium yunnanense* Finet；*Callista moniliforme* (Lindl.) Kuntze；*Dendrobium zonatum* Rolfe；*Dendrobium monile* (Thunb. ex A. Murray) Kraenzl.；*Dendrobium nienkui* C. L. Tso；*Dendrobium heishanense* Hayata；*Dendrobium kosepangii* C. L. Tso；*Dendrobium crispulum* Kimura et Migo；*Dendrobium tosaense* Makino var. *chingshuishanianum* S. S. Ying；*Dendrobium moniliforme* (L.) Sw. var. *taiwanianum* S. S. Ying]

**组别：** 石斛组 Sect. Dendrobium

**形态：植株** 附生，矮小至中型，高 12～28（一般 18）厘米。**根** 约 25 条丛生于茎基部，不分枝，呈扭曲的线状，长 1～8 厘米、径约 1 毫米，新根灰白色，老根灰褐色，质硬。**茎** 直立，较细而硬，丛生（6～8 条为一丛），长 5～25（一般 15）厘米，径 2～5 毫米，茎中部最粗，向下渐细，最基部一节则短而膨大；具 5～12 节，节间长 1～3 厘米；老茎黑褐色，具多数细纵纹，上部呈"之"字形折曲；节黄色，稍膨大，有 7～10 条灰白色纤维状残鞘，其上具灰白色绵毛；新茎褐绿色，节间下部为半透明的灰褐色宿存叶鞘所包被。**叶** 成 2 列互生于茎的 4～5 节以上，每茎具叶 4～9 枚，薄革质，长圆状披针形，长 2.2～5.0 厘米、宽 0.6～1.1 厘米，先端钝，且呈不等 2 裂，叶基与褐绿色的包茎叶鞘连接，叶鞘具约 10 条淡绿色的细纵脉；叶表面深绿色有光泽，具多数排列不整齐的细凹点，叶背面则为黄绿色；中脉在叶表为深绿色，两旁各有 6～8 条细而不明显的平行脉，各脉在叶背略凸起。**总状花序** 自老茎上部（通常自茎顶 5 节以内）的节上抽出，每序具 1～3 朵（多为 1 朵）花；**花序柄** 长 3～5 毫米；**花苞片** 干膜质，淡白色具褐色斑块，卵形，长 3～4 毫米，端钝。**花** 直径约 3.5 厘米，乳白色、黄绿色或白色染淡粉红晕，有的有香气；**花梗连子房** 纤细，长 1～2.5 厘米、径约 1.5 毫米，白色，在接近萼囊处为绿白色；**花萼** 开展，**中萼片** 长圆状披针形，端钝，具小凸尖，长约 2 厘米、宽约 0.7 厘米；**侧萼片** 斜三角状卵形，端渐尖，长约 2 厘米、

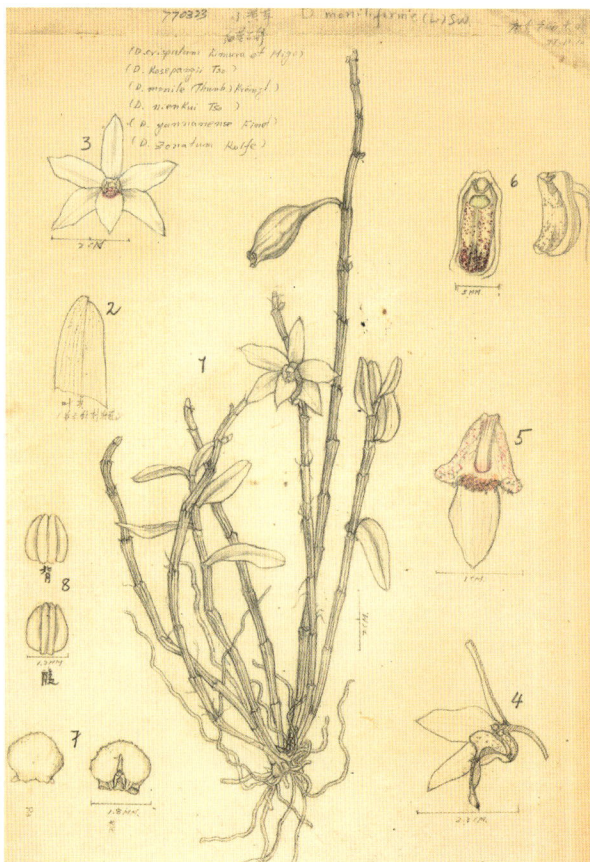

图 112 细茎石斛（1）
*Dendrobium moniliforme* (L.) Sw.

1 植株
2 叶尖
3 花正面
4 花纵剖面
5 唇瓣
6 蕊柱
7 药帽
8 花粉块
（1977/11/10 唐振缦采自广西大明山，并绘图）

最宽处约 0.7 厘米，基部合生成萼囊；**萼囊** 圆锥形，长 4 ～ 5 毫米、宽约 5 毫米，末端钝，背后略染紫红晕；**花瓣** 长圆状卵形，端尖，长 2 厘米、宽 0.8 厘米；萼片及花瓣均具 5 脉。**唇瓣** 外轮廓为卵状披针形，略短于萼片，平展后最宽处约 1 厘米，基部楔形；前半部 3 裂：**侧裂片** 直立，钝三角形；**中裂片** 卵状披针形，端尖或略钝；**中裂片** 基部有密集的紫色细点和白色丝状毛组成的环带；**侧裂片** 内侧及唇瓣基部均有稀疏的细紫点；**唇盘** 基部具 1 枚白色扁平的圆形胼胝体，直径约 2.5 毫米。**蕊柱** 白色，短，长约 3 毫米；**蕊柱足** 长，腹面密被紫色细点；**药帽** 白或淡黄色，扁球形，顶端不裂，长 1.7 毫米、宽 1.8 毫米，密被针状细乳突。**蒴果** 黄绿色，卵状纺锤形，具 3 纵棱，因每棱中间有凹槽而似六棱状，果身长 2 ～ 3.5 厘米、径 1.1 厘米，果柄长 2 厘米、径 1.5 毫米，果先端具黑褐色的宿存蕊柱。**花期** 3 ～ 5 月。

**产地和分布：** 本种为广布种，产于陕西、甘肃、安徽、浙江、江西、福建、台湾、河南、湖南、广东、广西、贵州、四川、云南等省区。印度、朝鲜、日本均有分布。

**模式标本**采自日本。

**生态：** 常附生于海拔 590 ～ 3000 米的山地阔叶林中树干上或山谷岩壁上。

**用途：** 全草供药用。为石斛药材"环草石斛"的原植物之一。

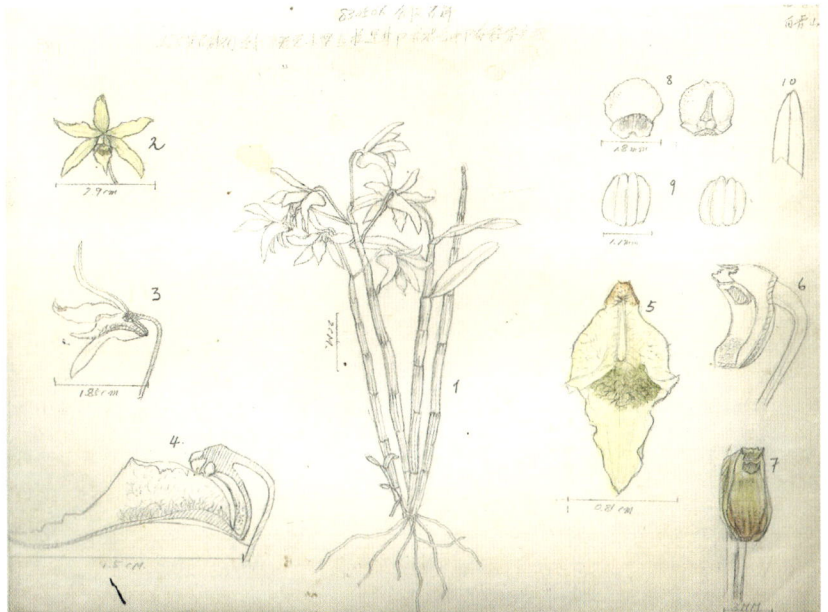

图 112a 细茎石斛（2）*Dendrobium moniliforme* (L.) Sw.
1 植株　2 花正面　3 花纵剖面　4 蕊柱及唇瓣纵剖面　5 唇瓣　6 蕊柱　7 蕊柱正面
8 药帽　9 花粉块　10 叶尖　（1983/06/06 采自安徽霍山，程式君绘）

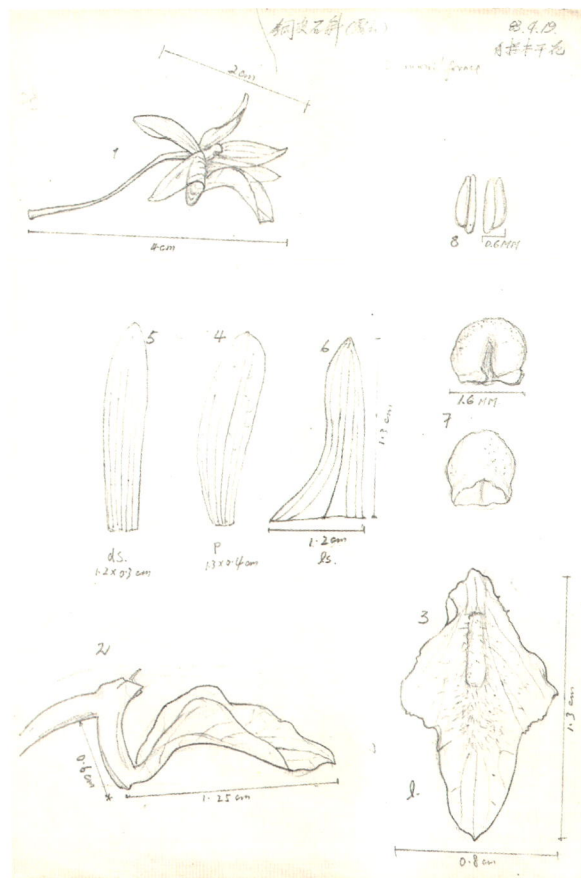

图 112b 细茎石斛
*Dendrobium moniliforme* (L.) Sw.
之花

1 花
2 唇瓣及蕊柱侧面
3 唇瓣
4 花瓣
5 中萼片
6 侧萼片
7 药帽
8 花粉块
（1983/04/19 程式君绘自干标本）

# 113 杓唇石斛

**学名：** *Dendrobium moschatum* (Buch.-Ham.) Sw.
**组别：** 石斛组 Sect. Dendrobium

**形态：** **植株** 附生，高 60～200 厘米。**茎** 圆柱形，长可达 1 米、径 6～8 毫米；具多节，节间长约 3 厘米，为灰白色的纸质叶鞘所包被。**叶** 互生于茎的上部，呈 2 列疏生，革质有光泽，长圆形至卵状披针形，长 10～15 厘米、宽 1.5～3 厘米，先端渐尖或不等侧 2 裂，基部具叶鞘抱茎。**总状花序** 自近茎端处抽出，下垂，长约 20 厘米，疏生花 10 余朵；**花序柄** 基部具 4 枚套叠的被状鞘；**花苞片** 革质，长圆形，长 1.2～2 厘米，端钝。**花** 直径 5～8.5 厘米，质薄，有淡香，淡黄色至淡橘黄色，有时萼片及花瓣的前半部染淡红晕，唇瓣基部两侧具 2 枚对称红褐斑；**花梗连子房** 淡绿色，纤长，长约 5 厘米；**中萼片** 长圆形，长 2.4～3.5 厘米、宽 1～1.4 厘米，先端略钝；**侧萼片** 长圆形，与中萼片略等长但较窄，基部略歪斜，先端尖；**萼囊** 圆锥形，短而宽，长约 6 毫米；**花瓣** 斜宽卵形，长 2.6～3.5 厘米、宽 1.7～2.3 厘米，端钝。**唇瓣** 圆形，边缘内卷呈杓状，长 2.4 厘米、宽约 2.2 厘米，上面密被短柔毛、下面无毛。**蕊柱** 黄色，长约 4 毫米，具与其等长的蕊柱足；**药帽** 阔圆锥形，紫色，光滑，前缘有不整齐细齿。**花期** 4～6 月，**单花花寿** 7～10 天。

**产地和分布：** 产于云南南部至西部。分布于印度、尼泊尔、不丹、缅甸、泰国、老挝、越南。**模式标本** 采自缅甸。

**生态：** 附生兰，喜光。常生于海拔达 1300 米的疏林中树干上。

**用途：** 花美丽奇特，更具芳香；栽培容易，可供观赏。

图 113 杓唇石斛
*Dendrobium moschatum* (Buch.-Ham.) Sw.
1 带叶枝条和花枝
2 花纵剖面
3 唇瓣
4 药帽
5 花粉块
（1985 程式君、邓盈丰绘）

# 114 石斛（别名：金钗石斛，扁金钗，扁黄草，原种春石斛）

**学名：** *Dendrobium nobile* Lindl.

[曾用学名：*Dendrobium coerulescens* Wallich；*Dendrobium lindleyanum* Griff.；*Callista nobilis* (Lindl.) Ktze.；*Dendrobium nobile* Lindl. var. *formosanum* Rchb. f.；*Dendrobium nobile* Lindl. var. *nobilus* Burbidge；*Dendrobium formosanum* (Rchb. f.) Masamune]

**组别：** 石斛组 Sect. Dendrobium

**形态：** **植株** 直立附生兰，高25～60（最高可达90）厘米。**根** 多数（可达30～40条），密集生于茎基，长8～10厘米、径1.5～2毫米，幼时绿白色、老时黄褐色。**茎** 黄绿色（新茎粉绿色），干后金黄色，通常4～5条丛生，肥厚肉质，棒状略扁，上部略呈"之"字形折曲，茎的上、中部最粗，向下逐渐明显收细，至基部则突然膨大呈球状，长10～60厘米、最粗处宽1.1～1.5厘米，有7～8节，节上具橙红色纹；节间长2～2.7厘米，略呈倒圆锥形，较上部的节间常被灰褐色的宿存叶鞘所包被。**叶** 革质，长圆状披针形，端钝且呈不等2裂，长6～11厘米、宽1～3厘米；具叶脉7条，中脉在叶面凹陷、在叶背隆起；叶基部具半圆形抱茎的鞘，鞘黄绿色，膜质，具多条纵纹。**总状花序** 自老茎中部以上的节上抽出，长2～4厘米，具1～4朵花，每茎有花序1至多个；**花序柄** 长0.5～1.5厘米，基部被数枚筒状鞘；**花苞片** 膜质，卵状披针形，先端渐尖，长0.6～1.3厘米。**花** 大而美，径5～8厘米，有淡香；**萼片及花瓣** 白色染玫瑰红晕，前端深玫瑰红色，背面玫瑰红色，唇瓣白色，先端深玫瑰红色，唇盘上有大型深紫红色斑（白花变种全花为纯白色，无紫红斑）；**花梗连子房** 白色染玫瑰红晕，或全为白

**图 114 石斛（1）**
*Dendrobium nobile* Lindl.
1 植株　2 叶尖　3 花正面　4 花纵剖面
5 唇瓣　6 药帽　7 花粉块
（1976/04/20 程式君采自云南西双版纳，并绘图）

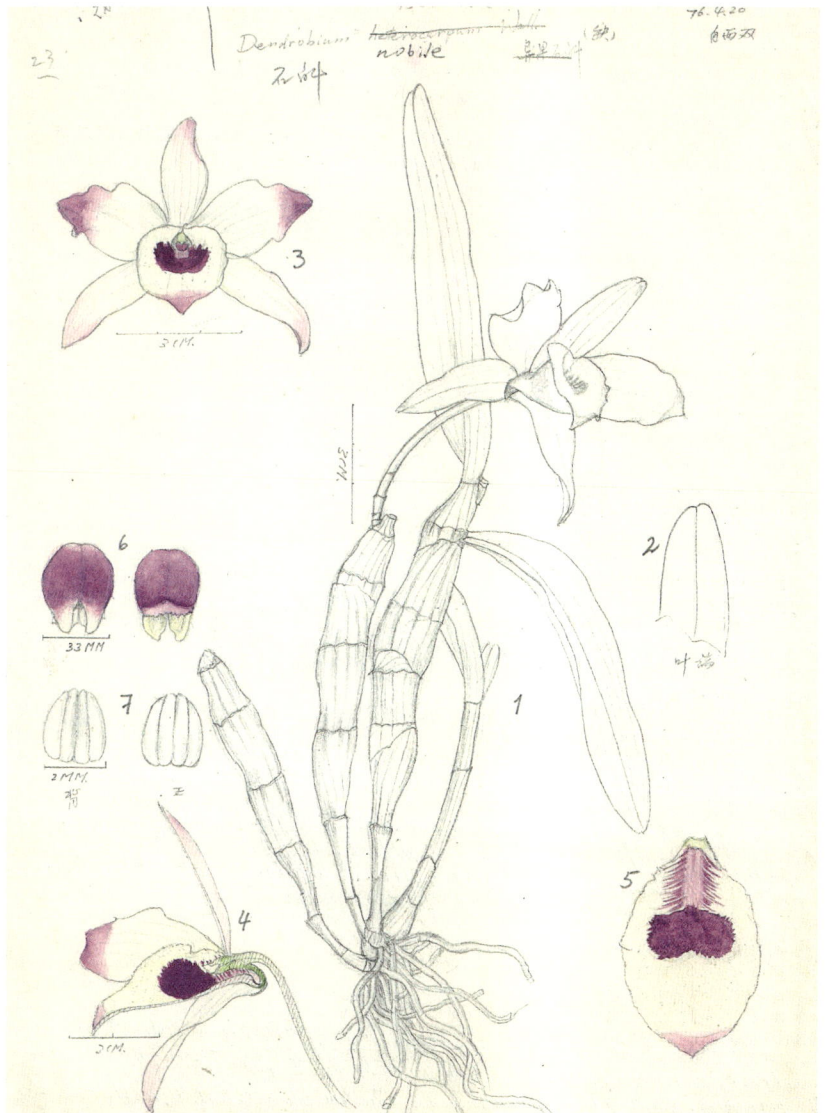

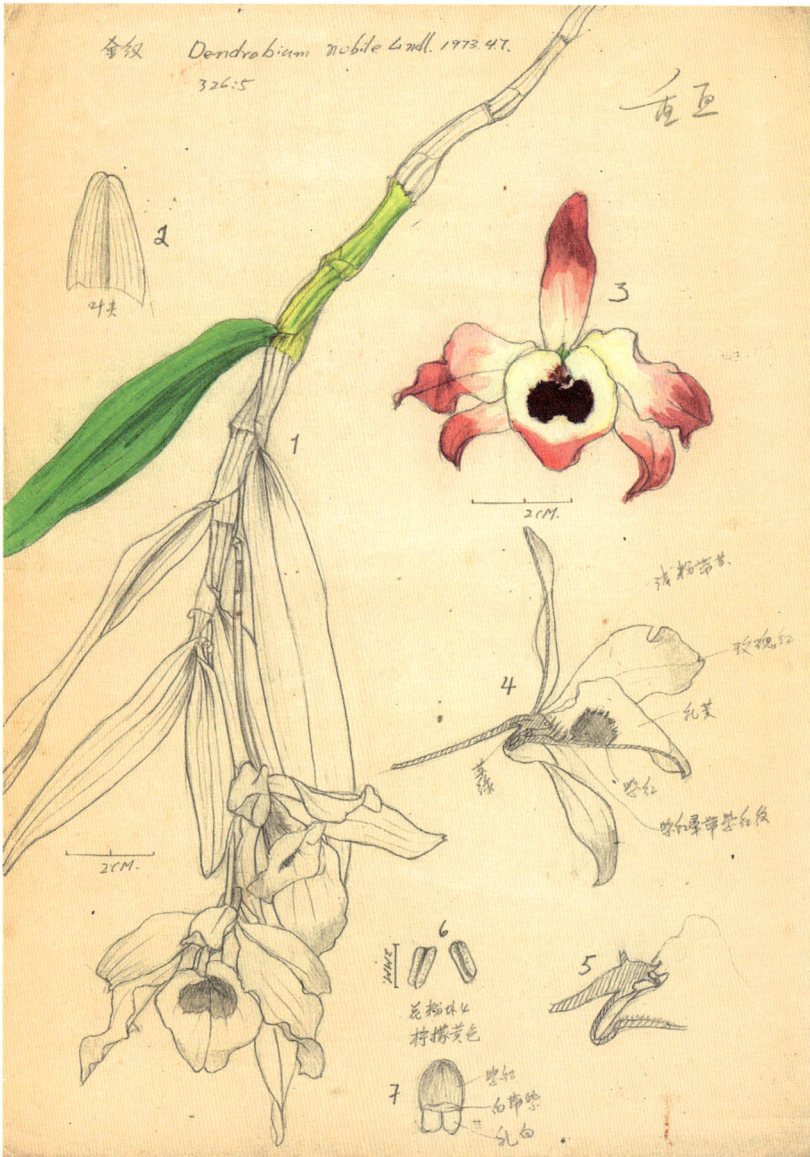

图 114a 石斛（2）
***Dendrobium nobile*** Lindl.

1 具叶和花序的茎
2 叶尖
3 花正面
4 花纵剖面
5 花基部纵剖面
6 花粉块
7 药帽
（1973/04/07 程式君绘）

海南、广东、广西、四川、贵州、云南、西藏（墨脱）。分布于印度、尼泊尔、不丹、缅甸、泰国、老挝、越南。**模式标本**采自中国云南西北部。

**生态：**附生兰，喜光。多生于海拔 480 ～ 1700 米的山地疏林中树干上或山谷岩石上。

**用途：**全草供药用，为著名石斛药材"金钗石斛"的原植物，含石斛碱（dendrobine）、石斛次碱（nobilonine）等多种生物碱，有滋阴清热、生津止渴之功。花大而美丽，且有香气，可栽培供观赏；为许多观赏春石斛品种的重要杂交亲本。

色；**中萼片** 长圆状披针形，端钝微凹，长 2.5 ～ 3.9 厘米、宽 1 ～ 1.4 厘米，具 5 脉；**侧萼片** 与中萼片相似，但先端锐尖、基部歪斜，具 5 脉；**萼囊** 圆锥形，长 6 毫米；**花瓣** 斜宽卵形，长 2.5 ～ 4 厘米、宽 1.8 ～ 2.5 厘米，先端钝，基部有短爪，边全缘，呈大波状，具 3 条主脉和多条支脉。**唇瓣** 卵形，长 2.5 ～ 3.5 厘米、宽 2.2 ～ 3.2 厘米，端钝，基部两侧具多数外

伸的紫红色平行条纹，并收窄为短爪，中部以下两侧合抱蕊柱，边缘具短睫毛，两面密布短绒毛。**蕊柱** 淡翠绿色，长、宽约为 5 毫米，基部略扩大；**蕊柱足** 长约 8 毫米，与蕊柱等宽，且同色；**药帽** 玫瑰红色，基部黄白色，半球形，密布细乳突，前端边缘具不整齐尖齿。**花期** 4 ～ 5 月，**单花花寿** 20 ～ 25 天。

**产地和分布：**产于台湾、湖北、

# 115 铁皮石斛（别名：铁皮兰，黑节草，云南铁皮）

**学名：** *Dendrobium officinale* Kimura et Migo
[ 曾用学名：*Dendrobium candidum* auct. non Lindl.]
**组别：** 石斛组 Sect. Dendrobium

**形态：** **植株** 附生，直立，高 10～35 厘米。**根** 簇生茎基，每茎有根 6～15 条，呈稍扭曲的线形，长 3.5～6.5 厘米、径约 1 毫米。**茎** 圆柱形，中段较粗而两端略细，长 9～35 厘米、径 0.2～0.4 厘米，不分枝，具 8～16 节；节间长 1.8～4 厘米，大部分为灰白色的鞘所包被，仅上端与茎松离而张开，露出节下一段紫褐色的环状间隙，故名"黑节草"。**叶** 常 3～6（偶可多达 12）枚，呈 2 列互生于茎的中部以上；薄革质，深绿色有光泽，中肋和边缘常染淡紫色；长圆状披针形，长 3～5.5 厘米、宽 0.9～1.4 厘米；先端渐尖且常略钩转，基部为抱茎的鞘；嫩茎叶鞘膜质，黄绿色，常有紫红脉纹及斑点。**总状花序** 自无叶老茎的上部抽出，略低垂，每序具花 2～3 朵；**花序柄** 长 0.5～1 厘米，基部具短鞘 2 或 3 枚；**花序轴** 纤细，长 2～4 厘米，呈"之"字形折曲，淡黄绿带紫晕；**花苞片** 卵形，稍钝，长 5～7 毫米。花横径 3～3.5 厘米、高约 2.1 厘米，立面呈矮而宽的等腰三角形，初时淡黄绿色，将凋萎前转为浅土黄色；**花梗连子房** 长 2～2.5 厘米，淡绿色；**萼片及花瓣** 均为黄绿色，近相似；**中萼片** 卵状披针

**图 115 铁皮石斛（1）**

*Dendrobium officinale* Kimura et Migo

1 植株　2 叶尖　3 花正面　4 花背面
5 花纵剖面　6 唇瓣　7 蕊柱　8 药帽
9 花粉块 (1973/06/22 始花，程式君绘)

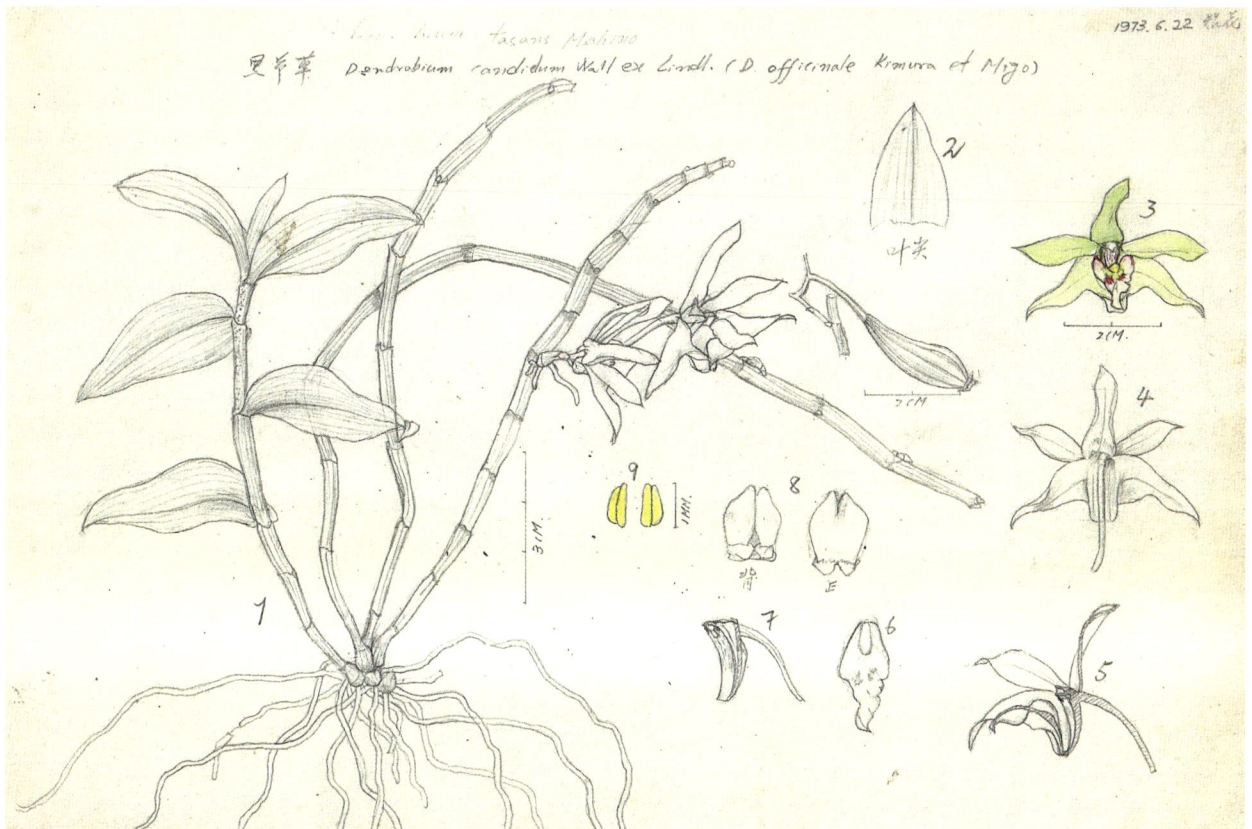

形，长约 1.8 厘米、宽约 0.3 厘米，先端尖，稍向后卷；**侧萼片** 三角状卵形，近"一"字形平展，端尖，长 1.8 厘米、宽约 0.5 厘米，基部与蕊柱足合生成萼囊；萼囊浅而宽，长约 10 毫米、宽约 4.5 毫米、深约 4 毫米，末端圆钝；**花瓣** 开展，形似中萼片但略宽而短，长 1.5 厘米、宽约 0.4 厘米。

**唇瓣** 淡绿白色；**唇盘** 有一大紫红斑；**侧裂片** 染紫红晕；匙状倒卵形，长 1.5 厘米、宽 0.9 厘米，不明显分裂，两侧边缘稍内卷，并呈波状浅裂，先端渐尖，基部有长 1.5 厘米、宽 0.9 厘米的爪，唇盘中央有一长圆形的疣状铬黄色胼胝体。**蕊柱** 梯形，长约 3 毫米，两侧各有一尖齿状突出物；乳黄色，先端两侧各具一紫色点；**蕊柱足** 黄绿色带细而密的紫红色条纹，被疏毛；**药帽** 乳白色，卵状三角形，顶端尖且 2 裂。**花期** 3～6 月。

**产地和分布**：产于安徽、浙江、福建、广西、四川、云南。

**模式标本**采自中国。

**生态**：附生兰。常附生于海拔达 1600 米的山地半阴湿的岩石上。

**用途**：全草为名贵中药，其茎的制成品"铁皮枫斗"为药用石斛中的极品，曾为历代皇帝的贡品，为传说中的"救命仙草"，我国民间将其列为"九大仙草"之首（"九大仙草"为：铁皮枫斗、天山雪莲、三两人参、百二十年首乌、花甲之茯苓、苁蓉、深山灵芝、海底珍珠、冬虫夏草）。

铁皮石斛含有石斛多醣、石斛碱、石斛胺、石斛酚等多种有效成分，有提高人体免疫力、增强记忆力、补五脏虚劳、抗衰老、抑制肿瘤、改善糖尿病症状和抗缺氧等功效。

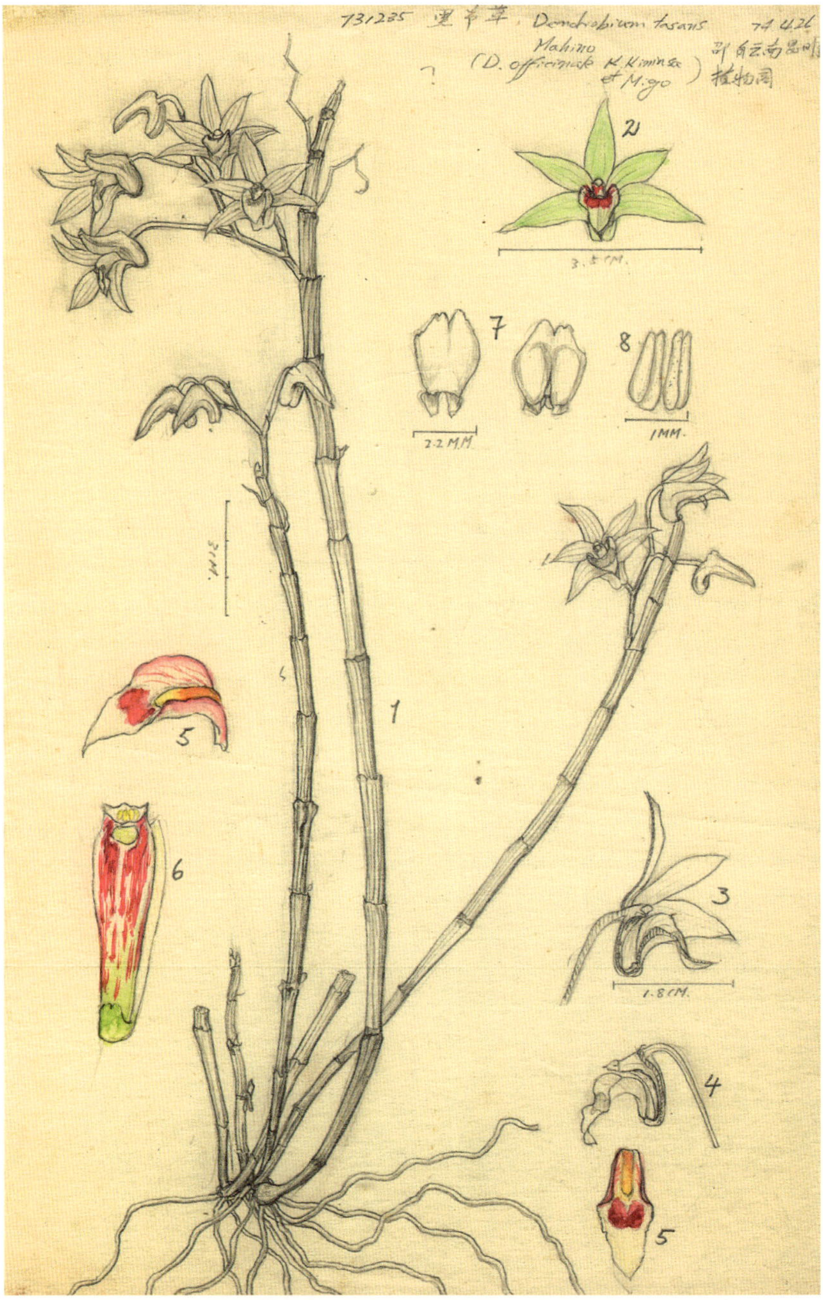

**图 115a 铁皮石斛（2）**
***Dendrobium officinale*** Kimura et Migo
1 植株
2 花正面
3 花纵剖面
4 唇瓣侧面及蕊柱
5 唇瓣
6 蕊柱
7 药帽
8 花粉块
（1973 邵应韶采自云南昆明植物园，1974/04/26 程式君绘）

# 116 肿节石斛（别名：粗节石斛，关节草）

**学名：** *Dendrobium pendulum* Roxb.

[ 曾用学名 : *Dendrobium crassinode* Benson et Rchb. f.； *Dendrobium melanophthalmum* Rchb. f.； *Callista crassinodis* (Benson et Rchb. f.) Ktze.； *Callista pendula* (Roxb.) Ktze. ]

**组别：** 石斛组 Sect. Dendrobium

**形态：** **植株** 中型附生兰，高 25～35 厘米。**茎** 斜立或下垂，肥厚肉质，具多节，节明显肿大，节间长 2～2.5 厘米，上粗下细，使整个茎呈粗细不等的柱状；老茎黄绿色，无叶，为灰白色，具明显凸脉的纸质鞘所包被，有时裸露而仅有残存的纤维状鞘脉。**叶** 纸质，长圆状披针形至披针形，长 9～12 厘米、宽 1.7～2.7 厘米，先端急尖，基部具抱茎的鞘。**花序** 总状，由无叶老茎上部的节上抽出，具 1～3（多为 2）朵花；**花序柄** 短粗，基部具 1～2 枚筒状鞘；**花苞片** 淡白色，纸质，宽卵形，长约 8 毫米，端钝。**花** 大而开展，径 4～6 厘米，蜡质，芳香；花萼、花瓣和唇瓣均为白色，先端玫瑰红色；**唇盘** 有大型橙黄斑，且延续至唇瓣基部；**花梗** 黄绿色，**子房** 淡紫红色，二者总长 3～4 厘米；**中萼片及侧萼片** 同为长圆状披针形（侧萼片基部略偏斜），等大，两侧略背卷，长约 3 厘米、宽约 1 厘米，先端锐尖，具 5 脉；**萼囊** 玫瑰红色，近圆锥形，长约 5 毫米；**花瓣** 阔长圆形，长 3 厘米、宽约 1.5 厘米，端钝，基部近楔形收窄，边缘具细齿及波状皱折，有 6 条

脉和多数支脉。**唇瓣** 近圆形，下凹呈碗状，长约 2.5 厘米，中部以下两侧围抱蕊柱，基部具短爪，边缘具睫毛及波状皱折，两面被短绒毛。**蕊柱** 长约 4 毫米，背面稍被细乳突，白色；**蕊柱足** 浅玫瑰红色；**药帽** 近方形，被细乳突状毛，前端啮蚀状。**蒴果** 草绿色，长卵形，具明显 6 棱，如杨桃状，长 3.3 厘米（不计果柄）、径 1.5 厘米。**花期** 3～4 月，**单花花寿** 25～30 天。

**产地和分布：** 产于云南南部。印度（东北部）、缅甸、泰国、越南、老挝均有分布。**模式标本** 采自缅甸。

**生态：** 附生兰，喜中等强度光线。生于海拔 1000～1600 米的山地疏林中树干上。

**用途：** 花朵美丽，茎形奇特，可栽培供观赏。也有用作药用石斛原材料的。

图 116 肿节石斛
*Dendrobium pendulum* Roxb.

1 植株
2 花正面
3 花背面
4 花纵剖面
5 蕊柱及萼囊纵剖面
6 药帽
7 花粉块
8 果
9 果的基部俯视
（1973/11 邵应韶等采自云南西双版纳，1974/04/06 程式君绘）

# 117 报春石斛（别名：贝壳石斛）

**学名：** *Dendrobium primulinum* Lindl.
[ 曾用学名：*Dendrobium nobile* Lindl. var. *pallidiflorum* Hook.；*Callista primulina* (Lindl.) Kuntze]
**组别：** 石斛组 Sect. Dendrobium

**形态：植株** 落叶性中型附生兰，高 20～50 厘米。**根** 十余条，自茎基膨大处生出，线形，灰白带绿，长 7～8 厘米、径约 1 毫米。**茎** 5～7 条丛生，直立或斜出，肉质，为粗壮的圆柱形，中部粗而向两端渐细，基部膨大；长 15～30 厘米、径 0.7～0.8 厘米；新茎草绿色或橄榄绿色，常呈肥短的垒球棒状，老茎黄绿色至土黄色，稍肥大，常呈弓形或呈"之"字形曲折；每茎一般具 10～26 节，节间长 2～3 厘米，有纵棱，被灰白色半透明宿存叶鞘，老时叶鞘残存呈撕裂的纤维状。**叶** 每茎有 4～7 枚，由离茎基第 2 或 3 节起每节 1 叶，排成 2 列互生至茎顶；肥厚肉质，披针形至卵圆形，长 4～7 厘米、宽 1.5～2 厘米，先端呈不等 2 裂，基部为草绿色抱茎的叶鞘。**花** 生于无叶茎的节上，每节 1～2 朵花，花直径 5～6.3 厘米，有香气；**花梗连子房** 长 2.4 厘米、径约 0.25 厘米，紫红初时带暗绿色，后转为带褐色；**花萼及花瓣** 均为淡玫瑰红色，基部色较淡，形状及大小近相等；**中萼片** 披针形，端钝，长 2.3 厘米、宽 0.9 厘米；**侧萼片** 披针形而略歪斜，长 2.3 厘米、宽 0.8 厘米，基部与蕊柱足合成萼囊；**花瓣** 倒卵状披针形，长 2.4 厘米、宽 0.8 厘米。**唇瓣** 近圆形，基部有爪，长（连爪）

图 117 报春石斛
*Dendrobium primulinum* Lindl.
1 植株
2 花纵剖面
3 唇瓣
4 药帽
5 花粉块
（1986 程式君、邓盈丰绘）

3 厘米、宽约 2.4 厘米；前部阔漏斗状，边缘乳白色，中部色较深且具多数紫红纹，后部两侧内卷呈管状、染淡玫瑰红晕，具紫红纹；中央有乳白色、稍隆起的脊，其上有纵棱 3 条；唇瓣后部的边缘具流苏状齿，前部边缘具细锯齿；表面及背面均被黄白色毛。**蕊柱** 长约 4 毫米、宽约 3 毫米，为极淡的玫瑰红色，腹面边缘玫瑰红色；**蕊柱足** 长 7 毫米、宽 2.5 毫米；**药帽** 短阔的圆柱形，白色，表面密布细乳突。**蒴果** 黄绿色，坌球棒状，有 6 条突出的纵棱，果长（连柄）6 厘米，径约 1 厘米。**花期** 3～4 月，**单花花寿** 10～14 天。**果期** 11 月（11月下旬种子成熟）。

**产地和分布：** 产于云南南部。分布于印度、尼泊尔、缅甸、泰国、老挝、越南。**模式标本** 采自印度东北部。

**生态：** 附生兰，喜光。生于海拔 700～1800 米的山地疏林中的树干上。

**用途：** 全草供药用，为中药材"黄草石斛"的原植物之一。花美丽而芳香，花期长，易栽培，有甚高的观赏价值。

本种的形态与兜唇石斛相近，两者的区别点如下表。

| 中名 | 植株形态 | 叶 | 每节着花数 | 花瓣萼片比较 |
|---|---|---|---|---|
| 兜唇石斛 | 细柔下垂 | 披针形，较小 | 每节 2 朵 | 花瓣较宽 |
| 报春石斛 | 粗壮直或斜立 | 卵形，较大 | 每节多为 1 朵 | 两者宽窄相似 |

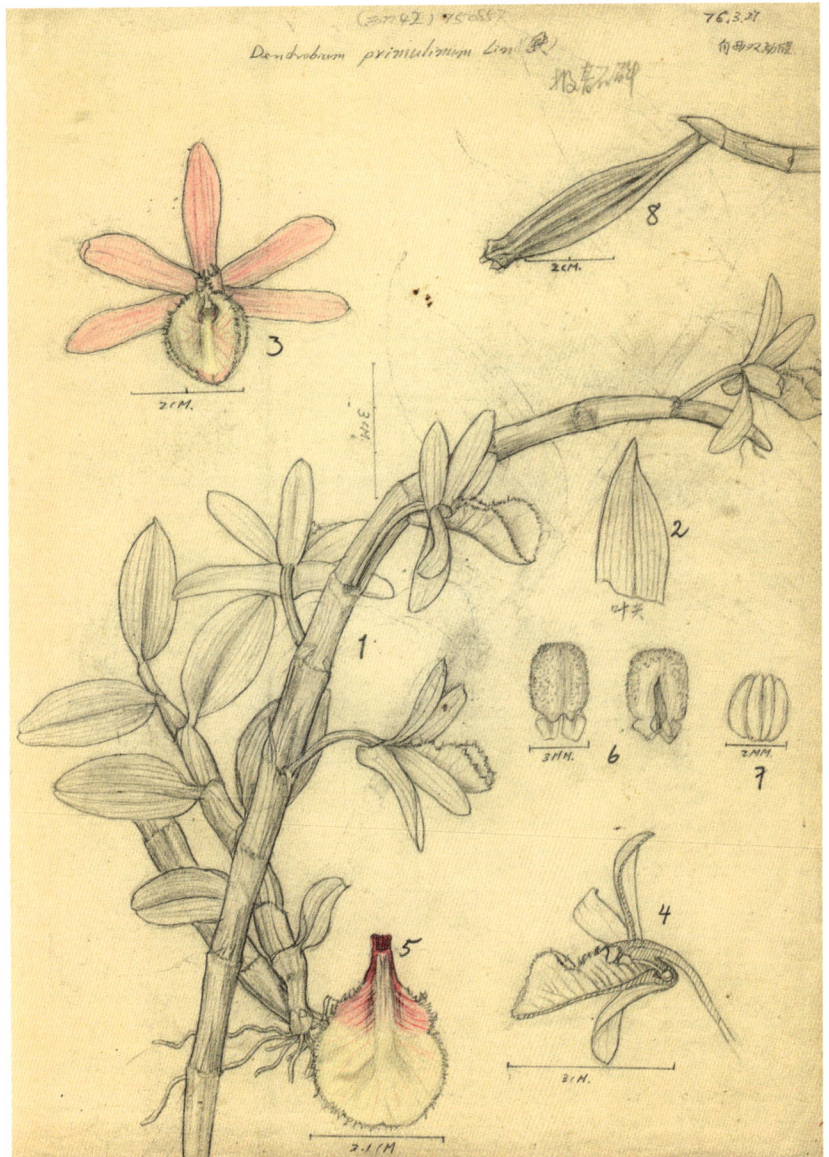

图 117a 报春石斛（2）*Dendrobium primulinum* Lindl.
1 植株 2 叶尖 3 花正面 4 花纵剖面 5 唇瓣 6 药帽 7 花粉块 8 果
（1976/03/27 程式君采自云南西双版纳，并绘图）

# 118 美丽石斛

**学名：** *Dendrobium pulchellum* Roxb. ex Lindl.
[ 曾用学名：*Dendrobium dalhousieanum* Wall.；*Callista pulchella* (Roxb. ex Lindl.) Kuntze]
**组别：** 石斛组 Sect. Dendrobium

**形态：植株** 高大附生兰，株高 50 ~ 120 厘米。**茎** 直立，丛生，每丛约 6 条，为较细长的圆柱形，长 70 ~ 120 厘米、粗可达 1.3 厘米；每茎具 18 ~ 26 节，节略膨大，节间几全为灰白色的宿存叶鞘所包被（新鲜的嫩叶鞘为橄榄绿色，有紫褐色的纵脉纹），老茎略带紫色。**叶** 着生于近茎顶的几个节上，宿存，呈线状长圆形，长 9 ~ 15 厘米、宽 2.5 ~ 3 厘米，基部心形，先端钝或尖，下凹或歪斜。**总状花序** 由无叶茎或有叶茎上部的节上抽出（有叶时常与叶相对），下垂，具 2 ~ 15 朵花，基部为 3 枚灰白色膜质鞘片所包围；**花苞片** 细小，三角形。花 大而美丽，有光泽，直径 7 ~ 13 厘米，略有麝香香气；**花梗连子房** 长约 5.5 厘米，白色染淡绿晕；花萼及花瓣淡乳黄色，在近边缘处染淡粉红晕，或纯为淡乳黄

**图 118 美丽石斛（1）**
*Dendrobium pulchellum* Roxb. ex Lindl.

1 具叶及花序的茎
2 叶尖
3 茎基部
4 花正面
5 花纵剖面
6 唇瓣
7 药帽
8 花粉块

（广州兰圃采自云南西双版纳，1975/05/14 首次开花，1976/05/29 程式君绘）

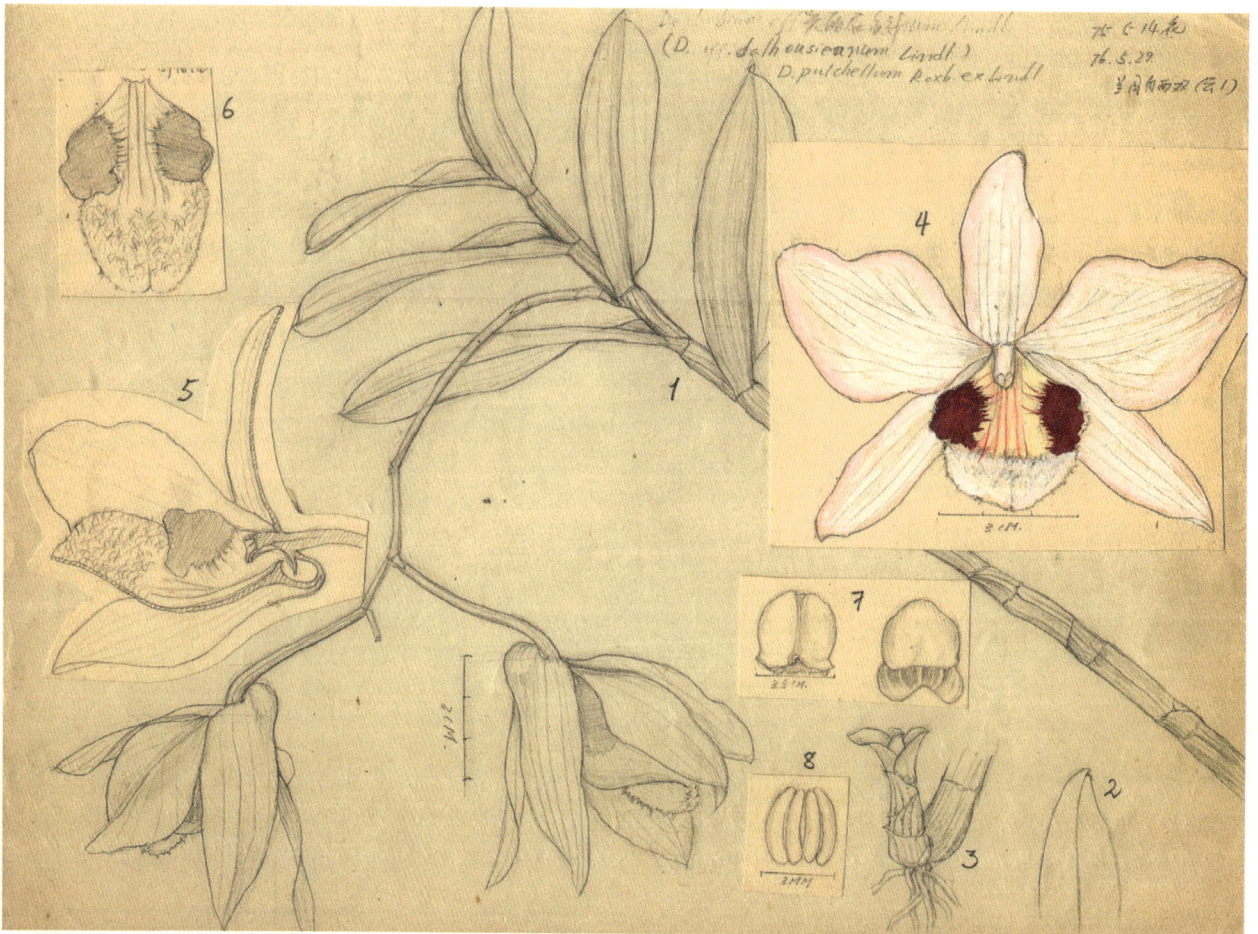

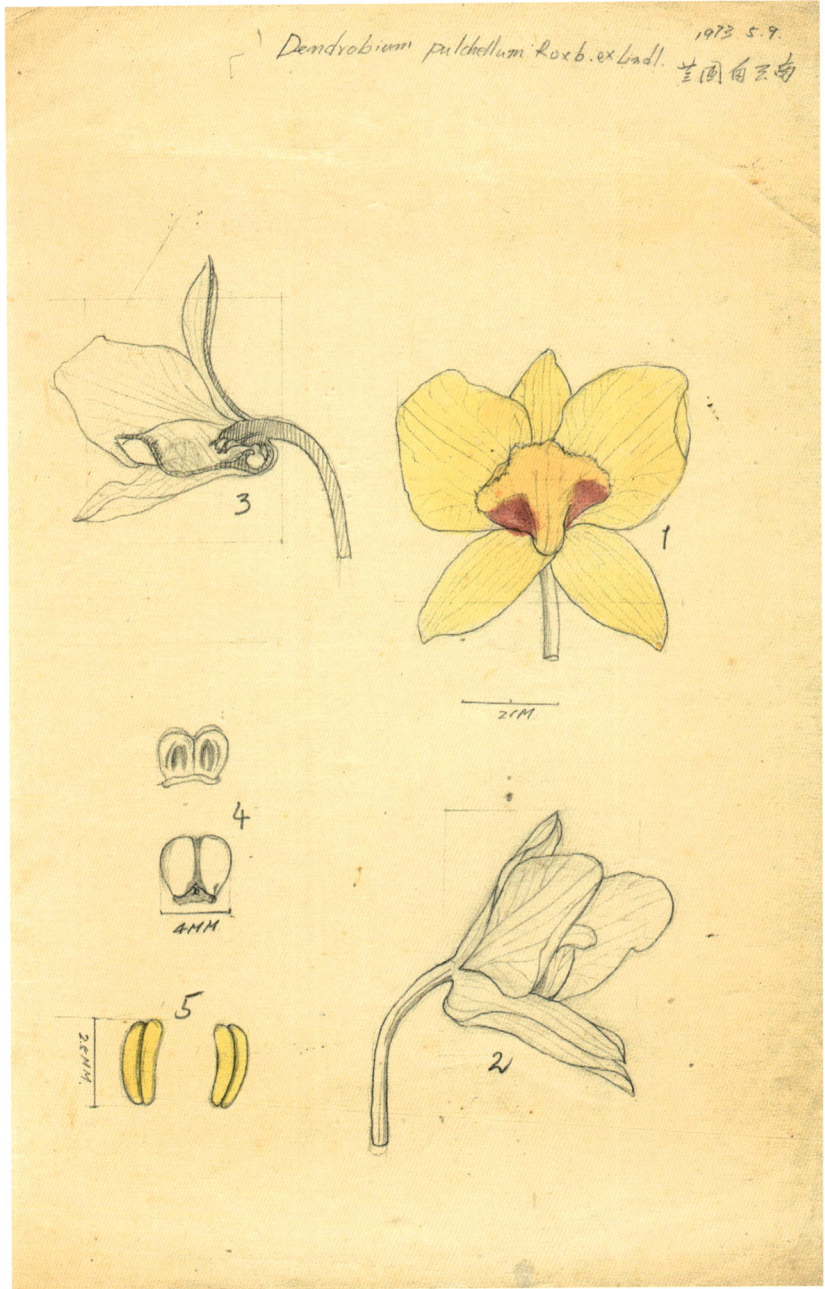

图 118a 美丽石斛（2）

***Dendrobium pulchellum*** Roxb. ex Lindl.

1 花正面
2 花侧面
3 花纵剖面
4 药帽
5 花粉块
（广州兰圃采自云南西双版纳，
1973/05/09 程式君绘）

色，也或全为淡粉红色；**唇瓣** 白色，向基部略染微黄；**唇盘** 两侧具 1 对大型紫红斑（变种黄花美丽石斛 *D. pulchellum* var. *luteum* O'Brien 没有紫红斑）；**中萼片** 卵状长圆形，端尖，长 4 ～ 4.7 厘米、宽 2 厘米，具 7 脉；**侧萼片** 与中萼片相似，但为卵形；**萼囊** 不太明显；**花瓣** 菱状阔卵形，长 4 ～ 6 厘米、最宽处 2.5 ～ 3.5 厘米，具 9 脉。**唇瓣** 阔卵形或阔卵状长圆形，下凹呈贝壳状，端圆、且多少有凹缺，长约 5 厘米、宽约 3 厘米，基部半抱蕊柱；唇盘前部具多数乳白色长绒毛，中、后部两枚紫红斑之间的部分有 7 条紫红色平行纵纹，中央 3 条最

长并隆起而成边缘具梳状裂的褶片。**蕊柱** 乳白色，有光泽，长 1 厘米、宽 0.5 厘米；**药帽** 为短而宽的钝圆锥形，宽度 3.5 ～ 4 毫米，乳白色。**花期** 5 ～ 6 月，单花花寿 8 ～ 12 天。

**产地和分布：** 产于云南。分布于印度、尼泊尔、缅甸、泰国、老挝、越南、马来西亚。

**生态：** 附生，喜中等强度的阳光。多附生于海拔 70 ～ 2200 米的稀疏落叶林中的树干上。

**用途：** 花大型（为石斛属中花朵最大者）而美丽，引人注目，加之栽培不难，为较著名且栽培历史较长的观赏石斛种类。

# 119 竹枝石斛

**学名：** *Dendrobium salaccense* (Bl.) Lindl.
（曾用学名：*Grastidium salaccense* Bl.）
**组别：** 禾叶组 Sect. Grastidium

**形态：植株** 高约 1 米，附生于大树上，常多数集聚成大丛。**茎** 黄绿色，不分枝，坚硬直立，状如细竹枝；多节，节间长 2～2.5 厘米，被灰白色的叶鞘包裹。**叶** 排成 2 列，薄革质，有光泽；狭披针形或带状披针形，常拱状弯垂，长 10～15 厘米、宽 7～11 厘米，端渐尖；先端两侧不等且多向一侧扭转，基部收窄成叶鞘；叶鞘与叶片之间有关节。**花序** 与叶对生，穿鞘而出，具 1～4 多花（多为 2 朵）；**花序柄** 甚短；**花苞片** 淡褐色，蚌壳状，长约 3 毫米。**花** 径约 1.2 厘米，开展，淡黄色；**花梗连子房** 淡黄绿色，纤细，长约 1.7 厘米；**中萼片** 近长圆形，端锐尖，长 8～9 毫米、宽 3.5～4 毫米，先端锐尖；**侧萼片** 斜卵状披针形，与中萼片近等大，先端锐尖，基部贴生于蕊柱足上；**萼囊** 长约 6 毫米；**花瓣** 近长圆形，与中萼片等长但较窄，先端锐尖。**唇瓣** 紫褐色，狭倒卵状椭圆形，长 12 毫米、宽约 5 毫米，先端圆形并具短尖；唇面中央具 1 条黄色纵脊，近先端处有一长条形胼胝体。**蕊柱** 黄色染褐红晕，长约 4 毫米；**药帽** 褐黄色，圆锥形。**花期** 2～7 月。

**产地和分布：** 产于海南、云南、西藏。分布于缅甸、泰国、老挝、越南、马来西亚、印度尼西亚。**模式标本** 采自印度尼西亚爪哇。

**生态：** 常附生于海拔 650～1000 米的疏林中树干上或林下岩石上。

**图 119 竹枝石斛**
*Dendrobium salaccense* (Bl.) Lindl.
1 植株　2 花序　3 花　4 花纵剖面
5 唇瓣　6 药帽　7 花药　8 叶尖
（1973/07/19 采自海南五指山，程式君绘）

# 120 具槽石斛 （别名：黄球石斛）

**学名：** *Dendrobium sulcatum* Lindl.

[ 曾用学名： *Callista sulcata* (Lindl.) Kuntze]

**组别：** 顶叶组 Sect. Chrysotoxae

**形态：** **植株** 中型，高 20 ～ 38 厘米，附生。**假鳞茎** 丛生，直立不分枝，每株 6 ～ 8 条；绿褐色，扁棒槌状，具多条纵凹槽，肉质；长 24 ～ 35 厘米，上粗下细：上部最粗处径约 1.5 厘米，下部细圆柱形，径 3 ～ 4 毫米；具数节，节间长 2 ～ 5 厘米，干后黄褐色有光泽，被膜质鞘。**叶** 每茎 3 ～ 4 枚，生于近茎顶 3 ～ 4 节处，每节一叶互生，通常斜举，厚纸质，深绿色或绿色；叶长圆形，长 7 ～ 20 厘米、宽 3 ～ 6 厘米，先端急尖或等侧 2 尖裂，基部略收窄，但不下延为鞘；叶脉 5 ～ 9 条，除中脉外仅在叶背明显，中脉在叶面凹陷、在叶背凸出。**总状花序** 自茎顶生出，处于叶的下方；下垂，长 8 ～ 15 厘米，花多朵密生，形成椭圆形的花球；花序基部有覆瓦状鞘 3 ～ 4 枚；花苞片 狭卵状披针形，长约 5 毫米。**花** 直径 3 ～ 3.7 厘米，质薄，奶黄色，有淡香，昼开夜合；**花梗**连**子房** 长 1.8 ～ 2.5 厘米，绿白色；**中萼片** 长圆形，长约 2.5 厘米、宽 9 毫米，先端尖，具脉 5 条，不明显；**侧萼片** 与中萼片近等大，稍偏斜；**萼囊** 圆锥形，长约 5 毫米，宽而钝；**花瓣** 近倒卵形，长 2.4 厘米、宽 1.1 厘米，

先端急尖，基部收窄为短爪，具脉 5 条。**唇瓣** 橘黄色，近基部左右各具 1 枚褐色斑块，其外侧呈撕裂网脉状；唇瓣近圆形，长、宽各约 2 厘米，两侧围抱蕊柱，使整个唇瓣呈兜状，先端微凹，基部具短爪；**唇盘** 前半部上表面密被橙黄色短柔毛，边缘具睫毛。**蕊柱** 长约 3 毫米，淡黄色，侧边紫红色；**蕊柱足** 长 6 毫米，黄色；**药帽** 淡黄色，为前后压扁的半球形或圆锥形，顶端略凹，

光滑；**花粉块** 柠檬黄色，4 枚。**花期** 6 月，单花花寿 7 ～ 10 天。**蒴果** 长 2 厘米、径 1.2 厘米。**果熟期** 9 月底。

**产地和分布：** 产于云南南部。印度（东北部）、缅甸、泰国、老挝均有分布。**模式标本** 采自印度东北部。

**生态：** 附生于海拔 500 ～ 1000 米的林中树干上。

**用途：** 花美丽芳香，花期长，适应性较强，常栽培供观赏。

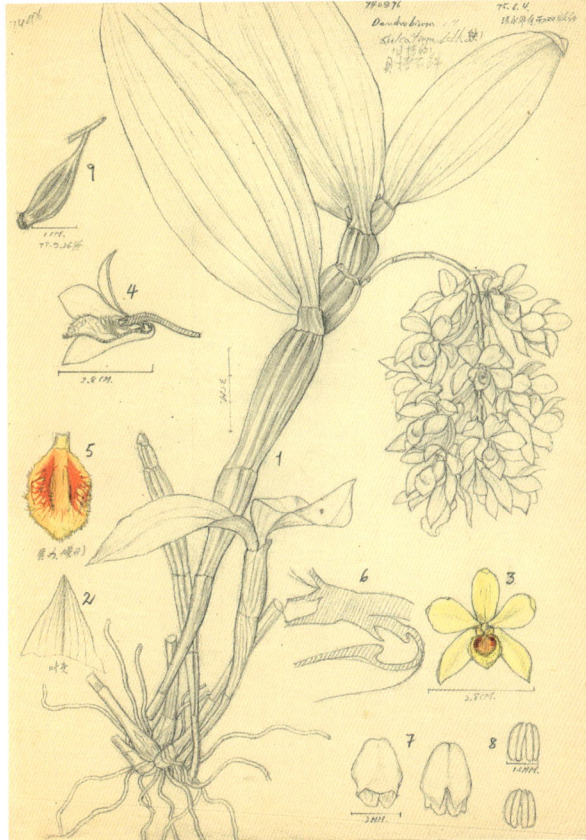

图 120 具槽石斛
*Dendrobium sulcatum* Lindl.

1 植株
2 叶尖
3 花正面
4 花纵剖面
5 唇瓣
6 蕊柱及萼囊剖面
7 药帽
8 花粉块
9 果
（1975/06/04 张永锦采自云南西双版纳，程式君绘）

# 121 刀叶石斛

**学名：** *Dendrobium terminale* Par. et Rchb. f.

[曾用学名：*Callista terminalis* (C. S. Parish & Rchb. f.) Kuntze；*Dendrobium verlaquii* Constantin；*Aporum verlaquii* (Constantin) Rauschert；*Aporum terminale* (E. C. Parish & Rchb. f.) M. A. Clem]

**组别：** 剑叶组 Sect. Aporum

**形态：植株** 高 20～30 厘米，附生。**根** 每株有数十条簇生于茎的基部，稍扭曲，绿白色，老时黄褐色。**茎** 直立，丛生，每株有茎 4～5 条；近木质，扁平，具多节（有 18～20 节）；老茎呈鞭状，无叶及叶鞘，节间长三角形，长 1 厘米、最宽处 0.5～0.6 厘米，黄绿色渐变为黄褐色，有时具灰褐色宿存鞘，老茎节上常萌生小植株；新茎绿色，为叶鞘所包被，基部增大，下部的茎圆柱状，向上逐渐增粗而呈扁平状。**叶** 绿色，呈左右 2 列互生，肥厚肉质，刀状，端渐尖，长 3～4 厘米、宽约 0.9 厘米，基部为包茎的叶鞘。**总状花序** 大多生于具叶茎的茎顶，具花 1～3 朵；**花序柄** 基部具数枚膜质鞘；**花苞片** 短小。**花** 径约 1 厘米×1.35 厘米，乳白色；**花梗连子房** 细柔，长约 1.5 厘米，淡黄绿色；**中萼片** 乳白色，卵形，端渐尖，长 4.5 毫米、宽 2.5 毫米，有 5 条极淡的玫瑰紫色脉；**侧萼片** 乳白色，宽卵形，稍歪斜，端钝尖，长约 10 毫米、宽约 4 毫米，具 3 条淡玫瑰紫色脉，基部与蕊柱足合生成短萼囊；**花瓣** 比萼片小得多，条形，端钝，长 3.5 毫米、宽约 1 毫米，乳白色。**唇瓣** 淡黄白色，呈楔状菱形，由基部向前端逐渐扩宽，长约 1.25 厘米、宽约 0.75 厘米，边缘略呈波状，前端内凹而成 2 裂，近凹陷处有一淡黄绿色小斑块，由基部至端部有不明显平行脉 3 条，两旁有数条放射脉。**蕊柱** 短，长约 1 毫米，黄绿色；**蕊柱足** 颇长，也为黄绿色；**药帽** 乳黄色，顶端凹陷，前端边缘截形并具细齿。**花期** 9～11 月，**单花花寿** 5～7 天，比剑叶石斛长。

**产地和分布：** 我国仅产于云南南部的勐腊、勐仑等地。分布于印度、缅甸、泰国、越南、马来西亚。**模式标本** 采自缅甸。

**生态：** 附生兰。多生于海拔 850～1080 米的山地林缘树干上或山谷岩石上。

**用途：** 为珍稀奇特的观赏植物。可植于山石盆景或悬篮中以供观赏。

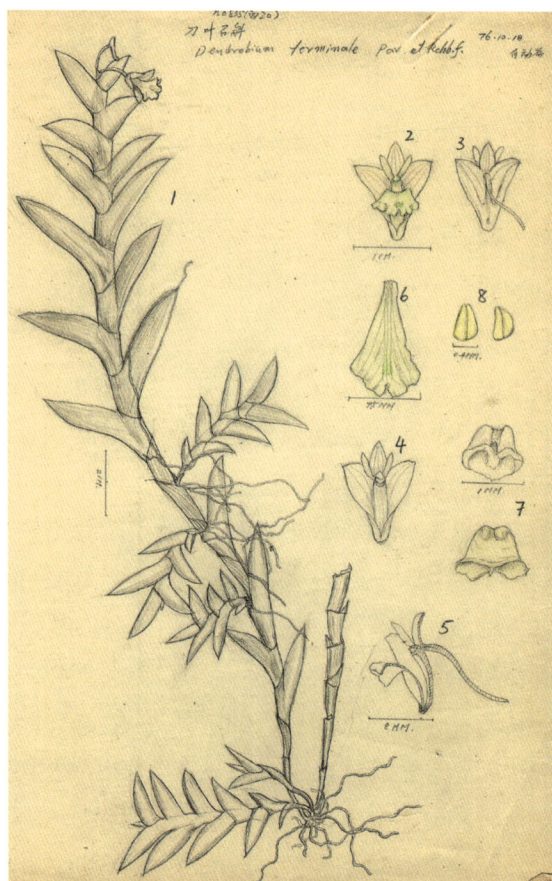

图 121 刀叶石斛
*Dendrobium terminale*
Par. et Rchb. f.

1 植株
2 花正面
3 花背面
4 花正面（去除唇瓣）
5 花纵剖面
6 唇瓣
7 药帽
8 花粉块
（1976/10/18 程式君采自云南勐仑，并绘图）

# 122 球花石斛

**学名：** *Dendrobium thyrsiflorum* Rchb. f.
**组别：** 顶叶组 Sect. Chrysotoxae

**形态：植株** 附生植物，直立，高 30～40 厘米。**假鳞茎** 约 5 枝丛生；棒状，长 12～48 厘米，中部最粗，直径达 1.3 厘米，向基部逐渐收窄成细圆柱状；橄榄绿色，干后黄褐色，具光泽，有纵棱 4～8 条；多节，节橙黄色，上有丝状残鞘，节间被灰白色鞘，中部的节间长 5～7 厘米，先端的节间短，约仅 1 厘米，最基部一节呈球形，径约 0.7 厘米。**叶** 3～4 枚，2 列，互生于假鳞茎近顶端处；阔披针形至长圆形，端尖，略钩曲，长 10～17.5 厘米、宽 2.7～7 厘米；革质，表面暗绿色、背面色稍淡，有透明边缘；中脉在叶面凹陷、在叶背凸起，每侧有明显的侧脉 2～3 条。**总状花序** 着生于有叶的节上，下垂，由繁密的多数（22～34 朵）花朵组成，外轮廓为球形至卵状球形，长 10～16 厘米、径 8～9 厘米；**花序柄** 黄绿色，长 10～15 厘米、直径约 4 毫米，基部有淡褐色膜质鞘 2 枚，锥形、端尖，长约 1.2 厘米、宽约 6 毫米；**花苞片** 阔线形、端钝尖，长约 1.3 厘米，黄白色，近先端有褐色网脉。**花** 开展，径 4.5 厘米 × 2.5 厘米；**花梗** 连子房 长 3.4 厘米，细长，白色，近萼筒处带黄色；**萼片及花瓣** 均为象牙

白色，侧萼片基部联合成橙黄色的萼囊；唇瓣 为鲜明的橙黄色，喉部色较深，表面及背面均被橙黄色绒毛。**中萼片** 长圆形，稍背卷，长 1.8 厘米，宽约 1 厘米，端钝尖；**侧萼片** 卵形，端渐尖，长 1.7 厘米、宽 1 厘米；**萼囊** 长 5 毫米、径约 4 毫米；**花瓣** 近圆形，有淡黄色爪，长 1.7 厘米、宽约 1.3 厘米，稍内凹，边缘略反卷、微黄。**唇瓣** 近圆形，内凹，边缘流苏状，基部成距；长约 2.5 厘米（其中距长 0.8 厘米）、宽 1.8～2.2 厘米；唇瓣中央近基部隆起成脊，

两侧各有 2 条橙黄色凸脊。**蕊柱** 短，长约 3 毫米、径 3 毫米，淡柠檬黄色；**蕊柱足** 橙黄色，长 7 毫米、宽 3.5 毫米，基部与唇瓣相连处有一凹洞；**药帽** 半圆形，黄白色；花粉块 4 枚，柠檬黄色。**花期** 4～5 月。

**产地和分布：** 产于云南南部至西部。分布于印度、缅甸、泰国、老挝、越南。**模式标本** 采自缅甸。
**生态：** 多附生于海拔 1100～1800 米的山地林中树干上。
**用途：** 为非常美丽的观赏兰花。

图 122 球花石斛
*Dendrobium thyrsiflorum* Rchb. f.

1 植株
2 叶尖
3 花正面
4 花背面
5 花纵剖面
6 唇瓣
7 药帽
8 花粉块
（1976/04/16 程式君采自云南勐仑大渡岗孟思公路，并绘图）

# 123 黑毛石斛

**学名：** *Dendrobium williamsonii* Day et Rchb. f.
**组别：** 黑毛组 Sect. Formosae

**形态：** **植株** 较粗壮，高 15～20 厘米。**茎** 圆柱形，或有时为纺锤形，长达 20 厘米、粗 0.4～0.6 厘米，不分枝，具数节；节间长 2～3 厘米，黄绿色，干后金黄色。**叶** 革质，数枚互生于茎的上部，长圆形，长 7～10 厘米、宽 1～2 厘米，先端钝，且呈不等侧 2 裂，基部下延成抱茎的鞘；叶基部及鞘均密被黑色粗毛。**总状花序** 由具叶的茎端抽出，具花 1～2 朵；**花序柄** 长 0.5～1 厘米，基部具短鞘 3～4 枚；**花苞片** 长约 5 毫米，卵形，端急尖，纸质。**花** 开展，径 4～5 厘米，有香气；**花萼和花瓣** 均为淡黄色或白色，形状及大小相似，呈狭卵状长圆形，长 2.5～3.5 厘米、宽 0.6～0.9 厘米，端渐尖，具 5 脉；**中萼片** 背面中肋具低矮狭翅；**侧萼片** 与中萼片近等大，但基部歪斜，具脉 5 条，背面中肋也具矮狭翅；萼囊 角状，劲直，长 1.5～2 厘米；**花瓣** 比萼片略宽，颜色较淡，先端略向后反。**唇瓣** 淡黄色或白色，长约 2.5 厘米，3 裂：**侧裂片** 围抱蕊柱，近倒卵形，前端边缘略波状，橘红色；**中裂片** 近圆形或阔椭圆形，端锐尖，边缘波状；**唇盘** 橘红色，与橘红色的侧裂片连成一片，沿脉纹疏生粗短的流苏。**蕊柱** 长约 6 毫米，腹面橘红色；**药帽** 短圆锥形，前端边缘密生短髯毛。**花期** 4～5 月。

本种与相似种翅萼石斛（*Dendrobium cariniferum* Rchb. f.）的区别为：本种萼片背面的中肋不明显隆起，萼片与花瓣近等宽，子房断面不为三棱形。

**产地和分布：** 产于海南、广西、云南。分布于印度（东北部）、缅甸、越南。**模式标本** 采自印度东北部。

**生态：** 附生于海拔约 1000 米的林中树干上。

**用途：** 全株可供药用，为传统石斛中药材"圆石斛"的原植物之一。花大而美，且有芳香，可栽培供观赏。

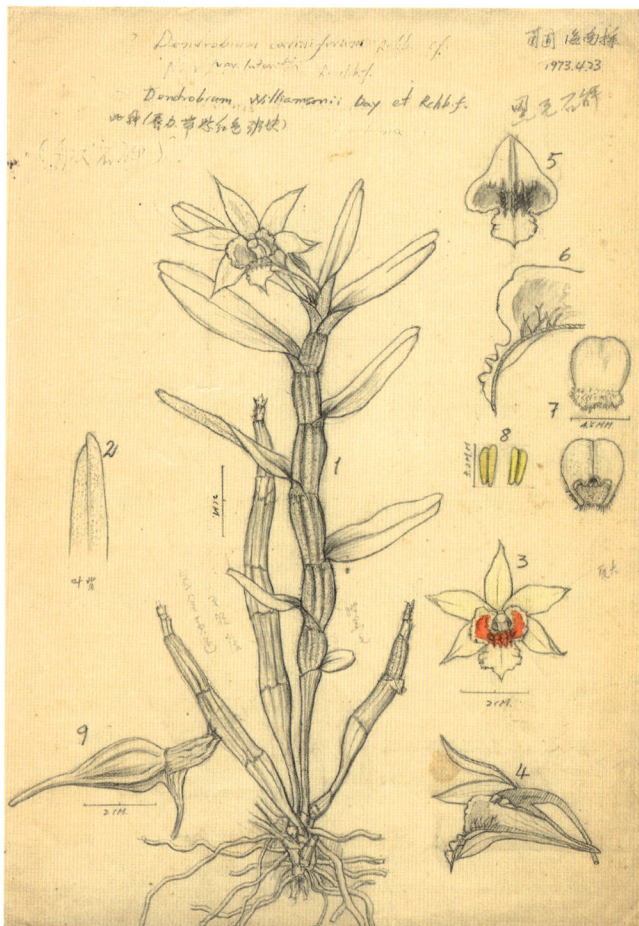

**图 123** 黑毛石斛 *Dendrobium williamsonii* Day et Rchb. f.
1 植株　2 叶尖　3 花正面　4 花纵剖面　5 唇瓣　6 唇瓣剖面
7 药帽　8 花粉块　9 果（广州兰圃采自海南，1973/04/23 程式君绘）

# 124 广东石斛

**学名:** *Dendrobium wilsonii* Rolfe
（曾用学名: *Dendrobium kwangtungense* C. L. Tso; *Dendrobium kosepangii* C. L. Tso）
**组别:** 石斛组 Sect. Dendrobium

**形态: 植株** 直立, 附生, 高度中等, 15～30 厘米。**茎** 细圆柱形, 5～7 条丛生, 长 10～30 厘米, 粗 0.4～0.6 厘米, 具多节; 节间长 1.5～3 厘米, 褐绿色, 干后淡黄色带污黑, 为宿存叶鞘所包被。**叶** 每茎数枚, 革质, 成 2 列互生于茎的上部, 卵状披针形至狭长圆状披针形, 长 3～5 厘米, 宽 0.6～1.2 厘米, 先端钝、且稍呈不等侧 2 裂, 基部具包茎的叶鞘; 叶鞘 淡褐绿色, 有多条绿白色纵纹, 老的宿存叶鞘灰白色, 具多条白色纵纹或染污黑色, 干后鞘的上端常呈杯状张开。**总状花序** 自无叶老茎上部的节上抽出, 每茎有花序 1～4 个, 每序 1～2 朵花; **花序柄** 长 3～5 毫米, 基部有 3～4 枚宽卵形膜质鞘; **花苞片** 淡白色, 中部或先端褐色, 长 4～7 毫米, 端渐尖。**花** 大而开展, 直径 7.5～9.0 厘米, 全花白色略带黄绿晕, 也有为极淡的玫瑰红色的, 香气略似姜花而淡; **花梗连子房** 长 2～3 厘米, 白色有绿晕; **中萼片** 带状长圆形, 长 2.5～4.0 厘米, 宽 0.7～1.0 厘米, 两侧边稍背卷, 端渐尖, 稍扭转并常向后弯卷, 具 5～6 主脉及多数支脉; **侧萼片** 长圆状披针形, 但基部歪斜而较宽, 因而呈三角状, 先端渐尖, 长、宽与中萼片近相等, 具 5～6

条主脉及多数支脉; **萼囊** 半球形, 长 1～1.5 厘米, 苹果绿色; **花瓣** 长椭圆形, 先端尖而后卷, 两侧略呈波状扭转或部分侧边后卷, 长 2.5～4.0 厘米、宽 1～1.5 厘米, 具 5～6 条主脉和多条侧脉; **唇瓣** 卵状长圆形, 略短于萼片但宽得多, 不明显 3 裂, 基部楔形, 中央具一胼胝体; **侧裂片** 直立, 半圆形; **中裂片** 卵形, 先端急尖; **唇盘** 中央两侧裂片间与蕊柱相对处具一黄绿色斑块, 密布短毛; 唇瓣基部与蕊柱足相对处具多数腺毛。**蕊柱** 白色, 长约 4 毫米; **蕊柱足** 长约 1.5 厘米, 草绿色, 腹面常具淡紫色斑点; **药帽** 近半球形, 密布

细乳突。**蒴果** 为略斜的长卵形, 黄绿色, 长 3.2 厘米（连柄长 5.2 厘米）、径 1 厘米, 有 3 条扁平的、宽约 1.5 毫米的纵棱, 果先端常留有残存花冠。**花期** 4～5 月。

**产地和分布:** 为我国特有种。产于福建、湖北、湖南、广东、广西、四川、贵州、云南。**模式标本**采自中国四川。

**生态:** 附生植物。常生于海拔 1000～1300 米的山地阔叶林中树干上或林下岩石上。

**用途:** 全草供药用, 为传统石斛药材"环草石斛"的原植物之一。花大而美丽, 略有芳香, 可栽培供观赏。

**图 124 广东石斛**
*Dendrobium wilsonii* Rolfe

1 植株
2 叶尖
3 花正面
4 花纵剖面
5 唇瓣侧面
6 萼囊内腺毛
7 药帽
8 花粉块
9 果
（1979/04/18 程式君绘）

# 125 西畴石斛

**学名：** *Dendrobium xichouense* S. J. Cheng et C. Z. Tang

（本种为本书作者程式君和唐振缃于 1984 年发表的新种。其新种描述及附图载于 1984 年《云南植物研究》杂志第 6 卷第 3 期，程式君、唐振缃著《中国石斛属新发现》一文中的第 280-281 页）

**拉丁文原始描述：** *Dendrobium xichouense* S. J. Cheng et C. Z. Tang, sp. nov.

Species a *D. calicopi* Ridl. similis, sed labello villoso, mento breviore, foliis minoribus differt.

Herba epiphytica. Caules 3-6 in fasciculis, carnosi, graciles, ex parte superior paulo flexuosi, 10-30 cm alti et 0.3-0.4 cm diam. , 8-20 nodes, internodiis 1-2 cm longis, flavovirenti; caules veterni vaginis persistentibus cinereis obtecti. Folia dichotoma, 7-10, plus minusve coriacea, smaragdina, oblonga vel oblongo-lanceolata, c. 1.8-4 cm longa, c. 0.9-1.2 cm lata, apice inaequaliter obtusiuscule bilobata, costa manifesta. Racemi ex nodis superioribus caulium aphyllorum 1-2-flori; floribus fere non expansis, c. 1.4 cm diam. , dilute roseo-albis, odoratis; sepalo intermedio fere late oblongo, c. 1.2 cm longo et 0.4 cm lato, obtuso; sepalis lateralibus oblique ovatis, c. 1.3 cm longis et 0.4 cm latis; petalis rhombico-obovatis, c. 1.1 cm longis et 0.4 cm latis; labello subovato, unguiculato, obscure trilobato, c. 1.6 cm longo et 0.9 cm lato, infra medium involuto et tubulato, sordido-eburneo, disco flavor et dilute flavor-villoso, lobis lateralibus obscuris semiorbiculatis incurvis, fimbriatis, lobo intermedio subquadrato obtuso margine undulato incurvo; mento c. 0.9 cm longo; ovario cum pedicello 0.6 cm longo gracili flavovirenti.

**Yunnan:** Xichou, Fadou Commune, Donzuncao, alt. c. 1900 m, on trees in the forest on lime-stone mountain, 20 VII 1982, R. Z. Zhou 821192 (**Typus!** in Herb. Inst. Bot. Austrosin. Conserve).

**组别：** 距囊组 Sect. Pedilonum

**形态：** 植株 高 15 ～ 30 厘米，附生。茎 3 ～ 6 条丛生，肉质，细长，上部呈 "之" 字形曲折，长 10 ～ 30 厘米、径 0.3 ～ 0.4 厘米，每茎具 8 ～ 20 节；节间长 1 ～ 2 厘米，黄绿色，老茎被灰白色宿存叶鞘。叶 7 ～ 10 枚在茎上部排成 2 列，薄革质，草绿色；长圆形至长圆状披针形，长 1.8 ～ 4 厘米、宽 0.9 ～ 1.2 厘米，中脉明显，叶端不等 2 圆裂。**总状花序** 着生于无叶的二年生茎上部的节上，长约 2 厘米，每序有花 1 ～ 2 朵。花 不甚开展，径约 1.4 厘米，色白，稍带淡粉红色，有香气；**花梗连子房** 长 0.6 厘米，纤细，黄绿色；**中萼片** 近阔长圆形，长 1.2 厘米、宽 0.4 厘米，端急尖；**侧萼片** 斜卵形，长 1.3 厘米、宽 0.4 厘米，基部与蕊柱足合生成萼囊；**萼囊** 长圆筒形，长约 0.9 厘米，淡黄绿色；**花瓣** 菱状倒卵形，长约 1.1 厘米、宽约 0.4 厘米。**唇瓣** 近卵形，不明显 3 裂，长 1.6 厘米、宽 0.9 厘米，中部以下内卷呈窄漏斗状，基部有爪，唇瓣本身污白色；**唇盘** 黄色并密被淡黄色长卷毛；**侧裂片** 不明显，半圆形，内卷、且互相覆盖，边缘流苏状；**中裂片** 近方形，端钝，边缘呈波状皱折并内卷。

**产地：** 产于云南东南部。

**模式标本** 采自中国云南文山西畴法斗公社檵棕槽（周仁章 821192）。

**生态：** 附生于海拔约 1900 米的石灰岩山林下的树干上。

**用途：** 药用。

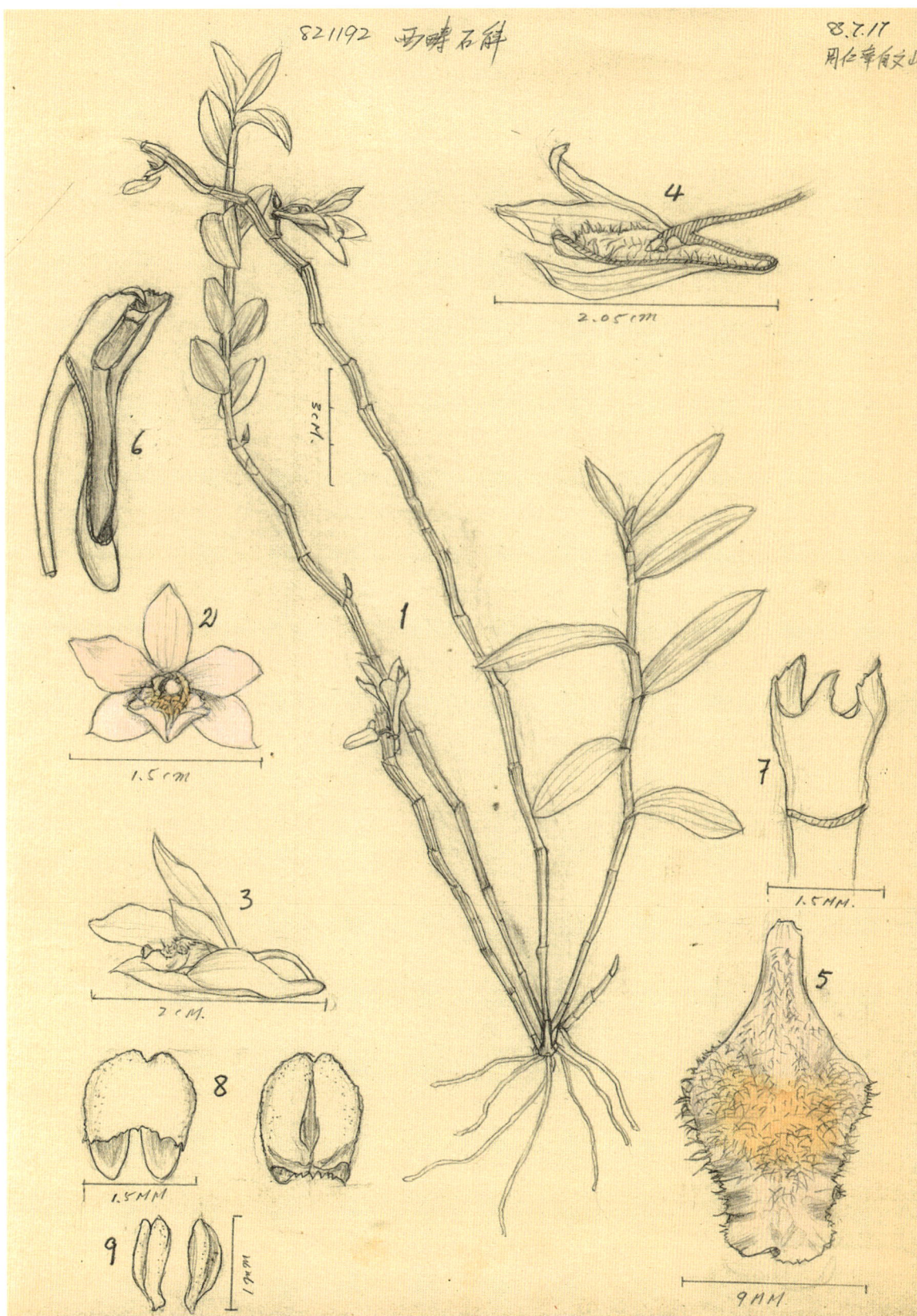

图 125 西畴石斛 *Dendrobium xichouense* S. J. Cheng et C. Z. Tang

1 植株　2 花正面　3 花侧面　4 花纵剖面　5 唇瓣　6 蕊柱及距的剖面　7 蕊柱　8 药帽　9 花粉块

（1983/07/17 周仁章采自云南文山，程式君绘）

# 3.24 足柱兰属 *Dendrochilum* Blume

**历史：** 德国出生的荷兰植物学家、马来西亚植物学的先驱、历克斯标本馆（荷兰雷登 Rijksherbarium）首届主任和前茂物植物园（爪哇）主任卡尔·布鲁姆（C. L. Blume）于 1825 年首次发表本属的描述于《荷属东印度植物志》（*Bijdragen tot de Flora van Nederlandsch Indië*）。拉丁属名 *Dendrochilum* 源自希腊文 *dendron*（树）和 *cheilos*（唇），表示它的树生习性和具有明显的唇瓣。它的蕊柱具臂状物、基部具短的蕊柱足，故中文属名为"足柱兰属"。1907 年，E. Pfitzer 和 F. Kraenzlin 在恩格勒的《植物界》（*Das Pflanzenreich*）一书中对本属进行了校订，将本属分为 5 个亚属共 72 种。后来有的作者将其中的 *Platyclinis* 亚属和 *Acoridium* 亚属分别当作独立的"属"对待。1908 年，Oakes Ames 在其《兰科》（卷 2）（*Orchidaceae, vol. 2.*）一书中，对本属中产于菲律宾的种类做了校订。R. Holttum 在其 1964 年出版的《马来亚的兰科植物》（*Orchids of Malaya*）一书中描写了本属马来亚原产的种类。J. J. Smith 在 1933 年的《费德：植物新种资料集》（*Fedde, Repertorium*）中列举了本属在苏门答腊的种类。

**分类和分布：** 足柱兰属隶属兰科兰亚科树兰族的贝母兰亚族。它与石仙桃属（*Pholidota*）和贝母兰属（*Coelogyne*）相近，但花较小，蕊柱先端有包围雄蕊的翅，是其区别点。全属共有 120 余种，分布于印度尼西亚、菲律宾和新几内亚。我国不产，但因其中特别美丽而奇特的一种，由唐振缢于 1982 年自英国引种，并由程式君在华南植物园栽植驯化成功，故仍收入本书供兰花爱好者参考。

**本属模式种：** 黄花足柱兰 *Dendrochilum aurantiacum* Blume

**生态类别：** 附生植物。

**形态特征：** **植株** 小型或中型的附生兰，具覆被鳞片的匍匐根状茎。**假鳞茎** 丛生，狭窄，纺锤形或卵形，具叶 1 枚。**叶** 革质，扁平而狭窄。**花序** 侧生，细柔，近直立或下垂，穗状或总状，密生多数小花。**花** 小而质薄。**萼片** 近相等，开展；侧萼片贴生于蕊柱基部。**花瓣** 比萼片小。**唇瓣** 与蕊柱基部连接，近无柄，直立而开展，长圆形，基部肉质。**蕊柱** 短，先端和侧面有翅，翅在顶端形成盔状，边缘具齿；雄蕊 2 室；**花粉块** 4 枚，卵形，蜡质，着生于小的黏盘上。

# 126 线序足柱兰 （别名：金链兰，线序兰）

**学名：** *Dendrochilum filiforme* Lindl.

[曾用学名：*Platiclinis filiformis* (Lindl.) Benth. ex Hemsl.；*Acoridium filiforme* (Lindl.) Rolfe；*Dendrochilum ramosii* Ames；*Dendrochilum filiforme* var. *ramosii* (Ames) L. O. Williams]

**组别：** 丛生组 Sect. Platyclinis

**形态：** **植株** 小型或中型，一般高约 15 厘米；直立，丛生。**假鳞茎** 高 1.5 ~ 3.7 厘米、最粗处直径 0.3 ~ 0.9 厘米；圆锥形或椭圆状纺锤形，为 3 ~ 6 枚纸质的叶状鞘所包被，此鞘老时变成纤维状。**叶** 1 ~ 2 枚生于假鳞茎顶端；具柄，柄长 1.2 ~ 4.2 厘米；叶质薄，线形或窄披针形，长 6.7 ～ 17.2 厘米、宽 0.6 ～ 1.3 厘米，具 3 ～ 5 明显叶脉；叶先端钝或稍钝，有时具细齿。**花序** 自新的假鳞茎顶部抽出，细柔下垂，长可达 60 厘米，具花多数（可达百朵以上），排成 2 列。**花** 直径约 5 毫米，黄绿色，唇常为金黄色，极香。**中萼片** 椭圆状长圆形，端尖，长 2.5 ～ 3 毫米、宽约 1 毫米；**侧萼片** 椭圆形，长 2.5 ～ 3 毫米、宽约 1 毫米；**花瓣** 倒卵状椭圆形，多少偏斜，长 2.5 毫米、宽约 1.2 毫米。**唇瓣** 3 裂，长 2 毫米、宽 1.8 毫米；小，全缘；**中裂片** 阔倒心形；**唇盘** 具 2 条线形胼胝体。**蕊柱** 小，两侧有 2 枚前伸的尖臂。**花期** 2 ～ 9 月。

**产地和分布：** 产于菲律宾。我国于 1982 年首次由唐振缉和程式君自英国皇家植物园（邱园）引种，并在华南植物园驯化栽培成功。

**生态：** 附生兰。多生于海拔 660 ～ 2250 米的山地林中树上。

**用途：** 花序形态奇特优雅，花朵芳香。可盆栽欣赏。为本属中栽培最广的种类。

**图 126 线序足柱兰**
*Dendrochilum filiforme* Lindl.

1 植株
2 花序
3 花序放大
4 花正面
5 花纵剖面
6 唇瓣
7 花苞片
8 蕊柱侧面
9 蕊柱正面
10 药帽
11 花粉块

（1982/07/10 唐振缉引自英国，程式君绘）

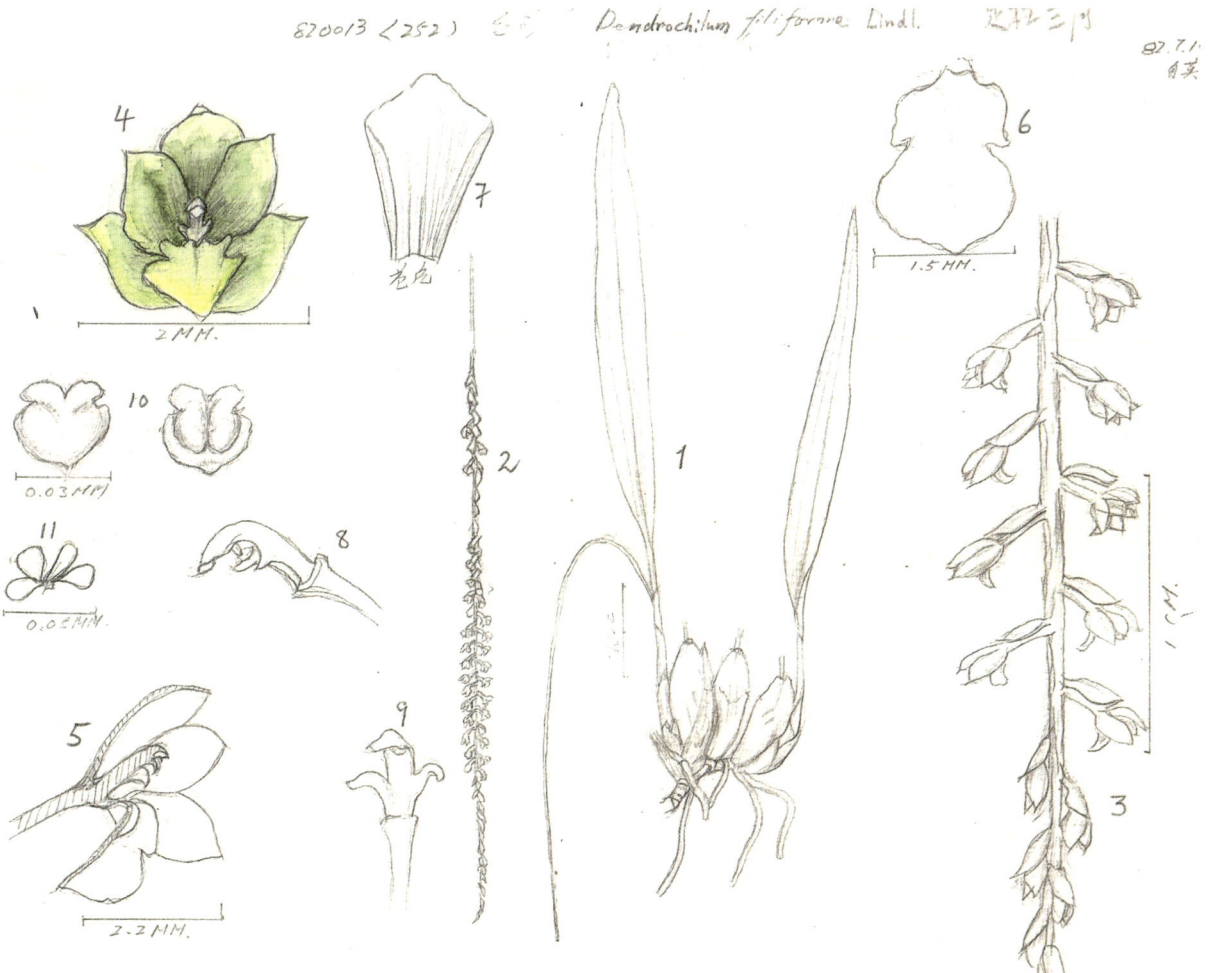

820013〈252〉 老兰 Dendrochilum filiforme Lindl. 足序三月 82.7.1 自英

# 3.25 蛇舌兰属 *Diploprora* Hook. f.

**历史：** 本属于 1890 年由英国植物学家约瑟夫·虎克爵士发表于《英属印度植物志》（*Flora of British India*）。拉丁属名 *Diploprora* 源自希腊文 *diplous*（双）和 *prora*（船头）。意指本属模式种明显 2 裂的唇瓣先端。

**分类和分布：** 蛇舌兰属隶属兰科兰亚科万代兰族的指甲兰亚族。本属与钗子股属（*Luisia*）近缘，但蛇舌兰属的叶扁平而非棍状，唇瓣先端为极具特点的二叉状（极罕为截形），很容易与钗子股属区别。本属共约有 4 种，分布于印度、斯里兰卡等亚洲热带和亚热带地区。我国产 1 种，分布于华南、西南和台湾。

**本属模式种：** 蛇舌兰 *Diploprora championii* (Lindl.) Hook. f.
（*Cottonia championii* Lindl.）

**生态类别：** 附生兰。

**形态特征：** **植株** 为单轴型附生兰，大小中等。**茎** 圆柱形或略扁的圆柱形，稍木质，具多节及多数排成 2 列的叶。**叶** 略厚而呈肉质；狭卵形至镰状披针形，先端急尖或略钝并具 2～3 尖裂，基部具关节和抱茎的鞘。**花序** 总状，短，侧生，下垂，具少数花，每次只开 1 朵。**花** 中等偏小，开展，稍肉质。**萼片** 互相类似，伸展，中肋在背面隆起呈龙骨状。**花瓣** 比萼片略窄，开展。**唇瓣** 贴附于蕊柱基部，凹陷，3 裂；**侧裂片** 钝而直立；**中裂片** 较窄，先端 2 裂，裂片呈须状；**唇盘** 平坦，肉质。**蕊柱** 短，长圆形，无蕊柱足；**蕊喙** 卵形，钝；**花粉块** 4 枚，分为 2 对，不等大；**柱头** 大，遮蔽整个蕊柱的前面；**子房** 圆柱形。**蒴果** 长圆形，顶端有宿存的残留萼片。

# 127 蛇舌兰（别名：倒吊兰，黄吊兰）

**学名：*Diploprora championii* (Lindl.) Hook. f.**

[ 曾用学名：*Cottonia championii* Lindl.；*Diploprora kusukuensis* Hayata；*Diploprora uraiensis* Hayata；*Diploprora bicaudata* (Thw.) Schltr；*Stauropsis championii* (Lindl.) T. Tang et F. T. Wang；*Stauropsis kusukuensis* (Hayata) T. Tang et F. T. Wang)]

**形态：** **植株** 为体形中等的单轴型附生兰。**茎** 略呈木质，质硬，斜举；圆柱形或稍扁的圆柱形，通常不分枝，常下垂；长 3～15 厘米、径约 4 毫米，节间长 1～1.5 厘米。**叶** 亮绿色，在茎上排成 2 列；叶面扭转向上，厚而肉质；长 6 厘米、宽 2.5 厘米。**花序** 总状，较短，与叶对生；下垂，具 3～8 朵花，常被叶遮蔽；**花序轴** 扁圆柱形，多少呈回折状弯曲；**花序柄** 被 2～3 枚膜质鞘。**花** 有香气，稍肉质，开展，径约 1.8 厘米；黄色或黄白色，有时有淡紫色晕；

**图 127 蛇舌兰**

*Diploprora championii* (Lindl.) Hook. f.

1 植株
2 花正面
3 唇瓣
4 花纵剖面
5 药帽
6 花粉块
7 叶尖
（1962/05/25 程式君绘）

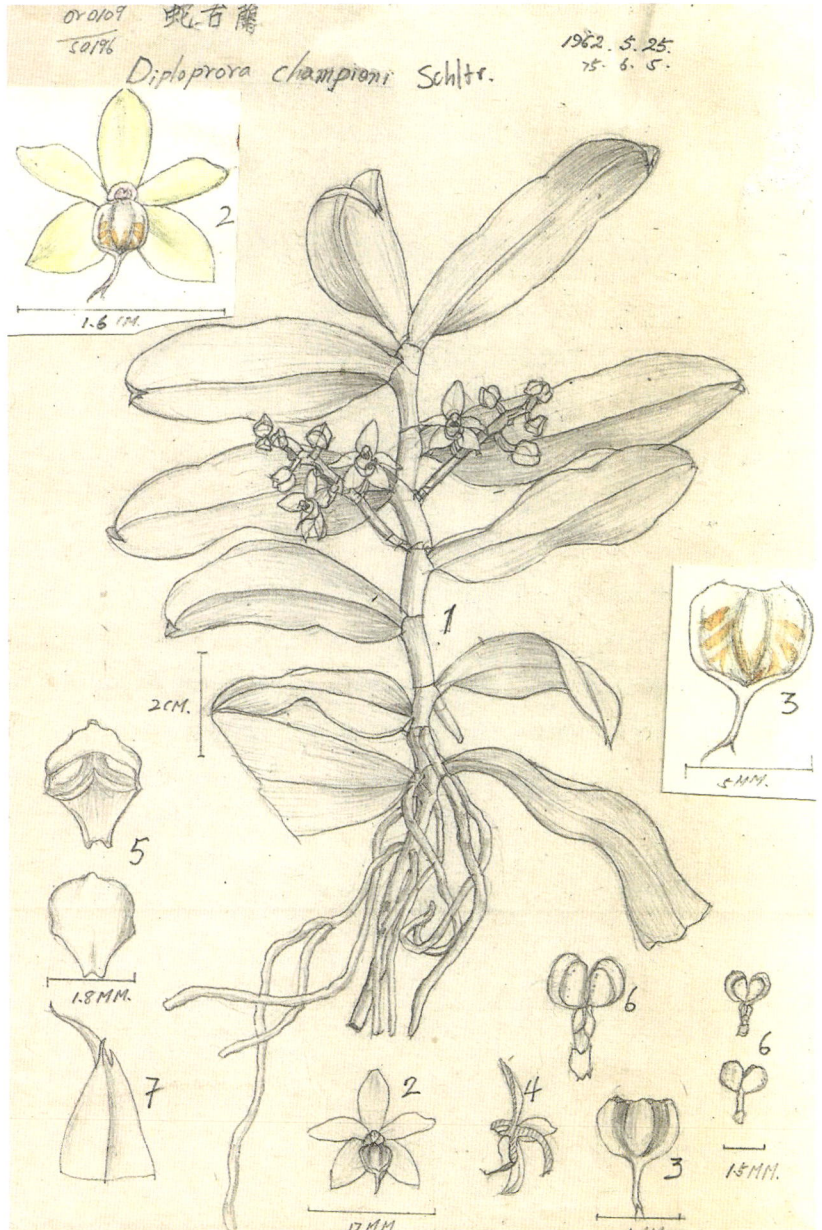

**花梗连子房** 长约 8 毫米；**萼片** 相似，长圆或椭圆形，长约 9 毫米、宽约 4 毫米，先端钝，背面中肋呈龙骨状凸起；**花瓣** 略小于萼片；**唇瓣** 凹陷呈舟形，长约 10 毫米、宽约 4 毫米，略呈 3 裂：**侧裂片** 近方形，直立；**中裂片** 较长，上面中央具 1 条肥厚的凸脊，前端急狭并呈叉状 2 裂，裂片尾状似蛇舌。**蕊柱** 长约 3 毫米，无蕊柱足。**蒴果** 圆柱形，长约 4 厘米、径 8～10 毫米。**花期** 2～8 月。**果期** 3～9 月。

**产地和分布：** 产于台湾、福建、香港、海南、云南。分布于斯里兰卡、印度、缅甸、泰国、越南。

**模式标本** 采自中国香港。

**生态：** 附生于海拔 250～1450 米的山地林中树干上或沟谷岩石上。

**用途：** 可盆栽供观赏，或附着种植于园林老树干上或假山石缝隙中，令其自然悬垂生长以供美化点缀。

# 3.26　五唇兰属　*Doritis* Lindl.

**历史：** 本属于 1833 年由英国植物学家 John Lindley 发表于他的著作《兰科植物的属和种》一书中。拉丁属名 *Doritis* 可能源自希腊文 *dory*（矛），意指它唇瓣的形状；也可能是女神 Aphrodite 的名字之一：Doritis。

**分类和分布：** 五唇兰属隶属兰科兰亚科万代兰族的指甲兰亚族。本属形态与蝴蝶兰属（*Phalaenopsis*）相似，但其圆锥形的距状萼囊易于区别。本属共 2 种，分布于亚洲热带的斯里兰卡、印度、尼泊尔、缅甸、泰国、越南、马来西亚和苏门答腊等地。我国产 1 种。

**本属模式种：** 五唇兰 *Doritis pulcherrima* Lindl.

**生态类别：** 地生或附生兰。

**形态特征：** **植株** 小型或中型草本，地生或附生。**茎** 直立，短，具叶，无假鳞茎。**叶** 革质，排成 2 列。**花序** 侧生，为松散的总状花序或圆锥花序。**花** 鲜艳，中型。**萼片** 开展，侧萼片与蕊柱足形成圆锥形的距状萼囊。**唇瓣** 5 裂，黏着于蕊柱基部或蕊柱足；**侧裂片** 较大，直立；**中裂片** 较狭而厚，上具褶片。**蕊柱** 短，具狭翅；**蕊柱足** 较长；**柱头** 位于蕊柱中部；**蕊喙** 狭长，前伸；**药帽** 半球形，先端急尖；**花粉块** 4 枚，离生；**黏盘柄** 狭长而扁；**黏盘** 卵形。

# 128　五唇兰（别名：美丽五唇兰）

**学名：** *Doritis pulcherrima* Lindl.

[ 曾用学名：*Phalaenopsis esmeralda* Rchb. f.；*Phalaenopsis pulcherrima* (Lindl.) J. J. Smith]

**形态：** **植株** 地生，小型或中型。**茎** 极短，具 3 ～ 6 枚近基生的叶。**叶** 肉质，上面绿色、背面淡绿或淡紫色；长圆形，长 5 ～ 7.5 厘米、宽 1.5 ～ 2 厘米，基部具互相套叠的鞘。**花序** 直立，总状，具长 30 厘米以上的花葶，序长 10 ～ 13 厘米，疏生数朵花。**花** 开展，艳丽而芳香，多为紫红色。花梗连子房 长 1.3 ～ 2 厘米。**萼片与花瓣** 同色；**中萼片** 长圆形，长约 8 毫米、宽约 5 毫米，端钝；**侧萼片** 略呈斜卵状三角形，长 8 毫米，基部偏斜、宽 7 毫米，贴

**图 128** 五唇兰
*Doritis pulcherrima* Lindl.

1 植株
2 花正面
3 花纵剖面
4 唇瓣俯视
5 唇瓣侧面
6 花粉块
（1962/09/28 程式君绘）

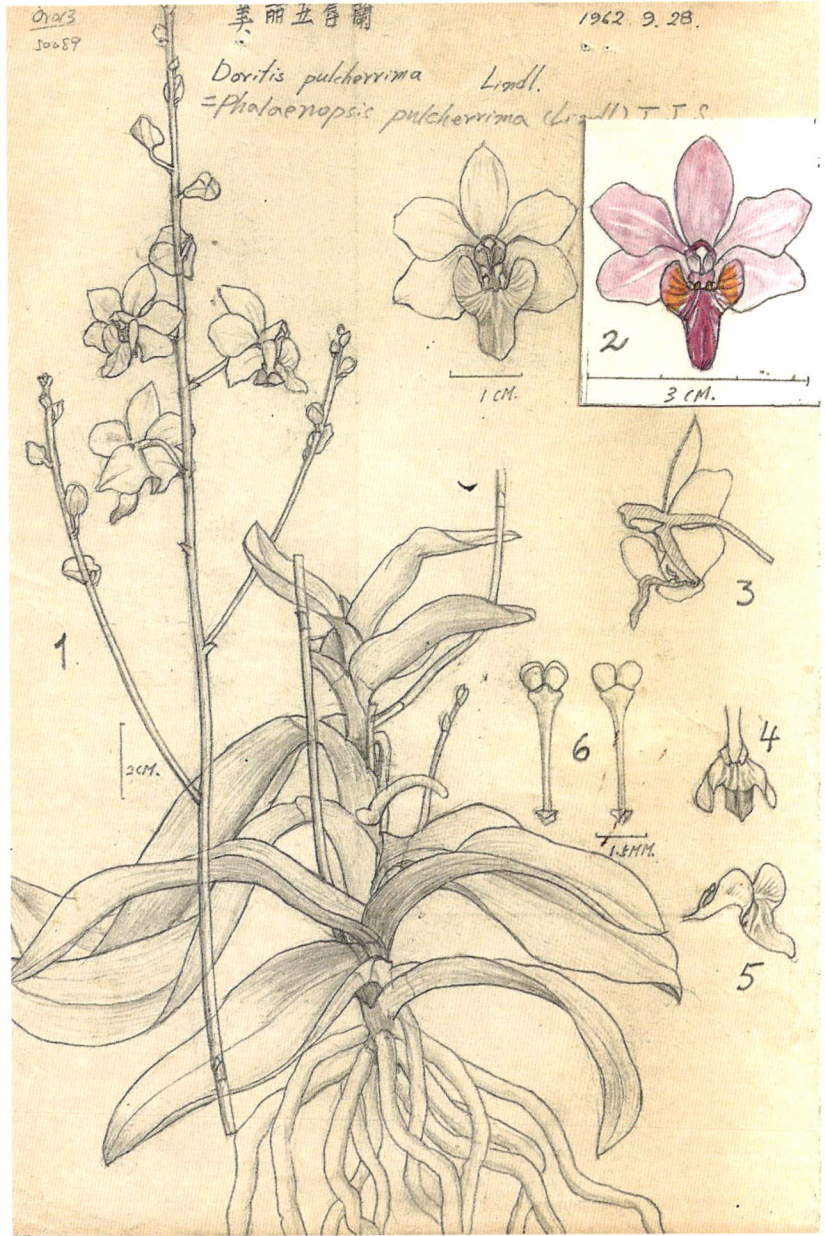

生于蕊柱足；**萼囊** 短而宽，呈圆锥形；**花瓣** 略小于中萼片，近倒卵形。**唇瓣** 5 裂（五唇兰之名由此而来），基部具长约 4 毫米、尖而上弯与蕊柱平行的爪；爪的两侧具 2 枚直立、极窄、长 3～4 毫米的棕色侧生小裂片，两小裂片间具 1 枚方形的胼胝体；**中裂片** 大，长约 8 毫米，两侧反卷，深紫色，上面具 3～4 条肉质褶片；**侧裂片** 直立，端圆形，3 毫米 × 5 毫米，颜色比中裂片红。**蕊柱** 长 5～7 毫米；**蕊喙** 具长而分叉的喙；**花粉块** 4 枚，球形，具长、线形、上端宽扁的黏盘柄。**花期** 7～8 月。

**产地和分布：**产于海南。分布于印度、缅甸、老挝、柬埔寨、越南、泰国、马来西亚、印度尼西亚。**模式标本**采自越南。

**生态：**多生于密林或灌丛中、表面覆有薄土的岩石上。

**用途：**为美丽花卉，可盆栽供观赏。常用作亲本与蝴蝶兰杂交，以培育小型蝴蝶兰品种。

# 3.27　围柱兰属　*Encyclia* Hook. f.

**历史：** 英国植物学家、英国皇家植物园（邱园）的前主任、达尔文的挚友 J. D. Hooker 在 1828 年的《植物学杂志》（*Botanical Magazine*，1828）中建立此属。后来有些分类学家将本属当作树兰属（*Epidendrum*）的一个组来处理。直到 1961 年分类学家 R. Dressler 在 *Brittonia* 杂志着文阐述围柱兰属应该从树兰属中分离出来的理据（特别是本属具有假鳞茎及其蕊柱的特征），使得"围柱兰属应为独立属"的这一概念成为当今的主流。拉丁属名 *Encyclia* 源自希腊文 *enkylein*（环绕），指其唇瓣的侧裂片围绕蕊柱这一特点。

**分类和分布：** 围柱兰属隶属兰科兰亚科树兰族的蕾丽兰亚族。本属曾被作为树兰属的一部分，两属分类特征有很多共同点。从植物学观点和卡特兰属也很难区分（唯一明显的区别是：卡特兰属花大，本属的花小），但这两个属在园艺上都很重要，因而作为两个不同的属处理。R. Dressler 根据蒴果的断面形状和蕊柱顶端齿的特点，将本属再分为 *Encyclia* 和 *Osmophyta* 两个亚属。本属共有约 150 种，主要分布于中美洲的墨西哥和西印度群岛，有少数在南美热带。我国虽然不产，但因本属是观赏兰花的重要属之一，且其中的围柱兰在我国已经引种驯化成功，可以推广，故仍在本书中收录。

**本属模式种：** 绿花围柱兰 *Encyclia viridiflora* Hook. f.

**生态类别：** 附生兰。

**形态特征：** **植株** 直立，大小中等。**茎** 多少形成梨形的假鳞茎，极罕为细长形。**叶** 生于假鳞茎的近顶部，肉质或革质，舌状或长圆状。**花** 通常艳丽，组成总状花序或圆锥花序。**萼片** 与**花瓣** 相似，分离，多少平展。**唇瓣** 与蕊柱分离或部分贴生，但绝不完全贴生。**蕊柱** 肉质；**蕊喙** 多少呈舌状，极少形成黏盘，从不深裂；**蒴果** 多少呈纺锤形，或有明显的 3 条翅；**花粉块** 4 枚。

# 129　围柱兰（别名：包柱兰）

**学名：** *Encyclia livida* (Lindl.) Dressler

[ 曾用学名：*Epidendrum lividum* Lindl.；*Epidendrum tessellatum* Batem ex Lindl.；*Epidendrum articulatum* Klotzsch；*Epidendrum condylochilum* Lehm. et Kraenzl；*Epidendrum henrici* Schltr.；*Epidendrum deamii* Schltr.；*Epidendrum dasytaenia* Schltr.；*Encyclia deamii* (Schltr.) Hoehne]

**形态：** **植株** 直立，高达 30 厘米。**假鳞茎** 生于根状茎上，间距 3～3.5 厘米；具柄，纺锤状，略扁，长 3.5～8.5 厘米、宽 0.6～2.6 厘米，每假鳞茎顶生 2 叶。**叶** 椭圆形或舌状椭圆形，长 11～22 厘米、宽 0.8～1.8 厘米。**花序** 长 10～15 厘米，具 3～7 朵花。**花** 直径约 1.5 厘米，淡绿色染褐黄色晕，唇瓣的侧裂片则具红棕色线条。**萼片** 长圆形或倒卵状长圆形，长达 1.1 厘米、宽约 0.5

厘米，端尖或内凹。**花瓣** 倒卵形或倒披针形，略呈镰状，长约 1 厘米、宽 0.4 厘米，端钝。**唇瓣** 不明显 3 裂，贴生于蕊柱基部，长达 1.1 厘米、宽 0.6 厘米；**侧裂片** 钝，长、宽均约 0.2 厘米；**中裂片** 圆形，直径 0.6 厘米，边缘皱；**中裂片** 上的胼胝体包含 3 条多疣的脊，被柔毛。**蕊柱** 粗壮，长 0.5 厘米；中齿截形且长于侧齿。**花期** 冬季。

**产地和分布：** 哥伦比亚、委内瑞拉及中美洲北至墨西哥。

**生态：** 附生于海拔 1000 米以下的树林中。

**用途：** 花朵美丽，可栽培供观赏。

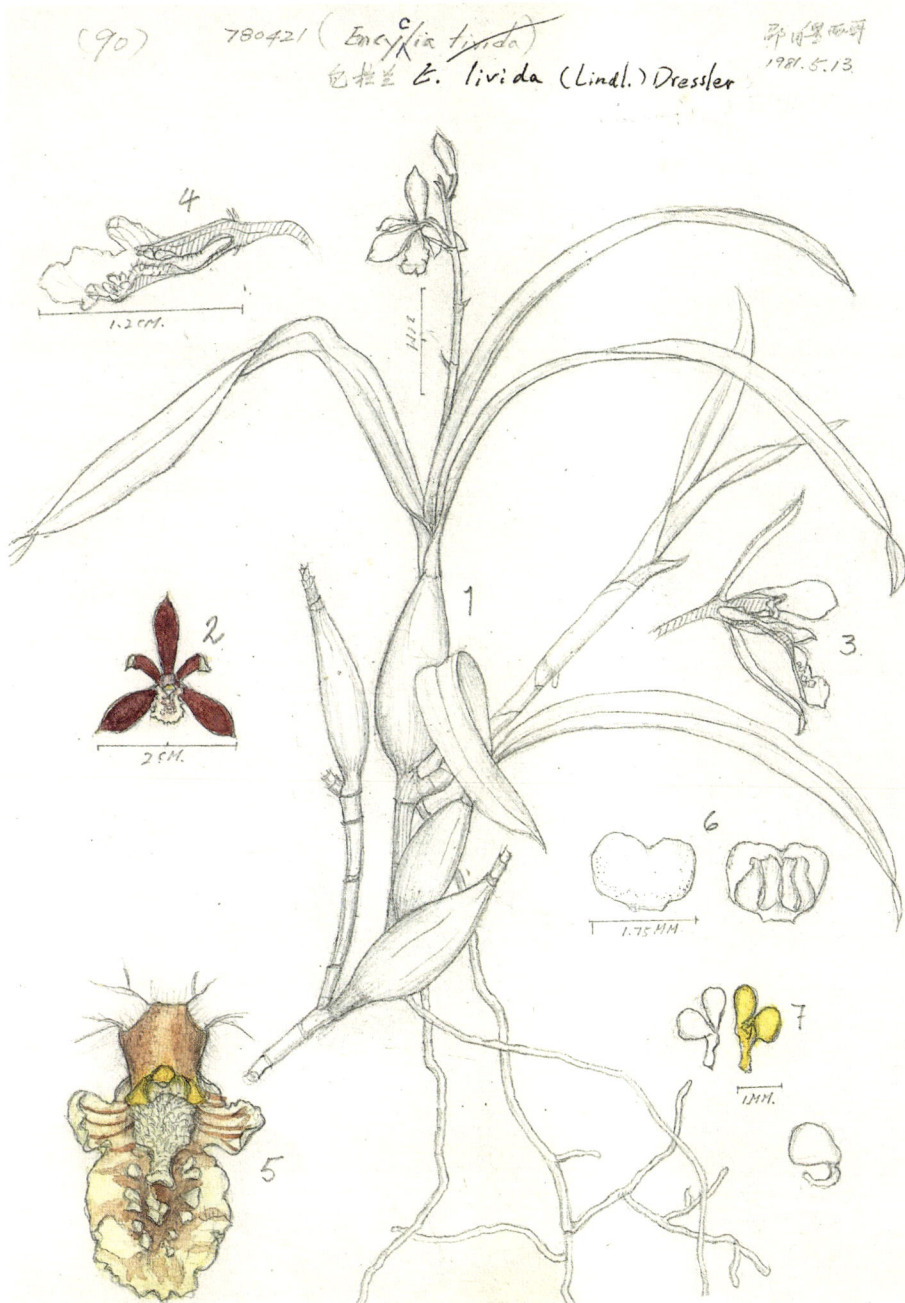

**图 129 围柱兰 *Encyclia livida* (Lindl.) Dressler**
1 植株　2 花正面　3 花纵剖面　4 蕊柱、子房及唇瓣纵剖面　5 唇瓣　6 药帽　7 花粉块
（1981/05/13 邵应韶采自墨西哥，程式君绘）

# 130 扇贝兰

**学名：** *Encyclia cochleata* (L.) Lemée
（曾用学名：*Epidendrum cochleatum* L.）

**形态：植株** 直立，附生，大小中等。**假鳞茎** 稀疏丛生；椭圆形至梨形，略扁，偶有短柄；长5.5～26厘米、宽2～5厘米；顶端具叶3枚。**叶** 椭圆至椭圆状披针形，长20～33厘米、宽3～5厘米。**花序** 长达50厘米以上；多花，在较长时期内次第开放；基部具鞘，长2.5～13厘米。**花、花萼及花瓣** 淡绿色；大致相似，反卷、扭曲，狭披针形，端尖；长3～7.5厘米、宽0.3～0.7厘米。**唇瓣** 位于花的上方，基部贴生于蕊柱；白色，下面具深紫色脉纹、上面深紫色染黄绿色晕；广三角状卵形，甚内凹，基部深心形，端钝或略尖；长1～2厘米、宽1.3～2.6厘米；胼胝体长方至长圆形，中间具沟槽。**蕊柱** 绿色具紫色点，粗壮，中部最宽，长0.7～0.9厘米；顶端的中齿端钝且短于侧齿。**花期** 夏、秋，长期持续开花。

**产地和分布：** 热带美洲，由美国佛罗里达州经西印度群岛、墨西哥往南至哥伦比亚和委内瑞拉。

**生态：** 附生兰。见于分布区内海拔100～2000米的树林中。

**用途：** 为花形奇特的观赏兰科植物。

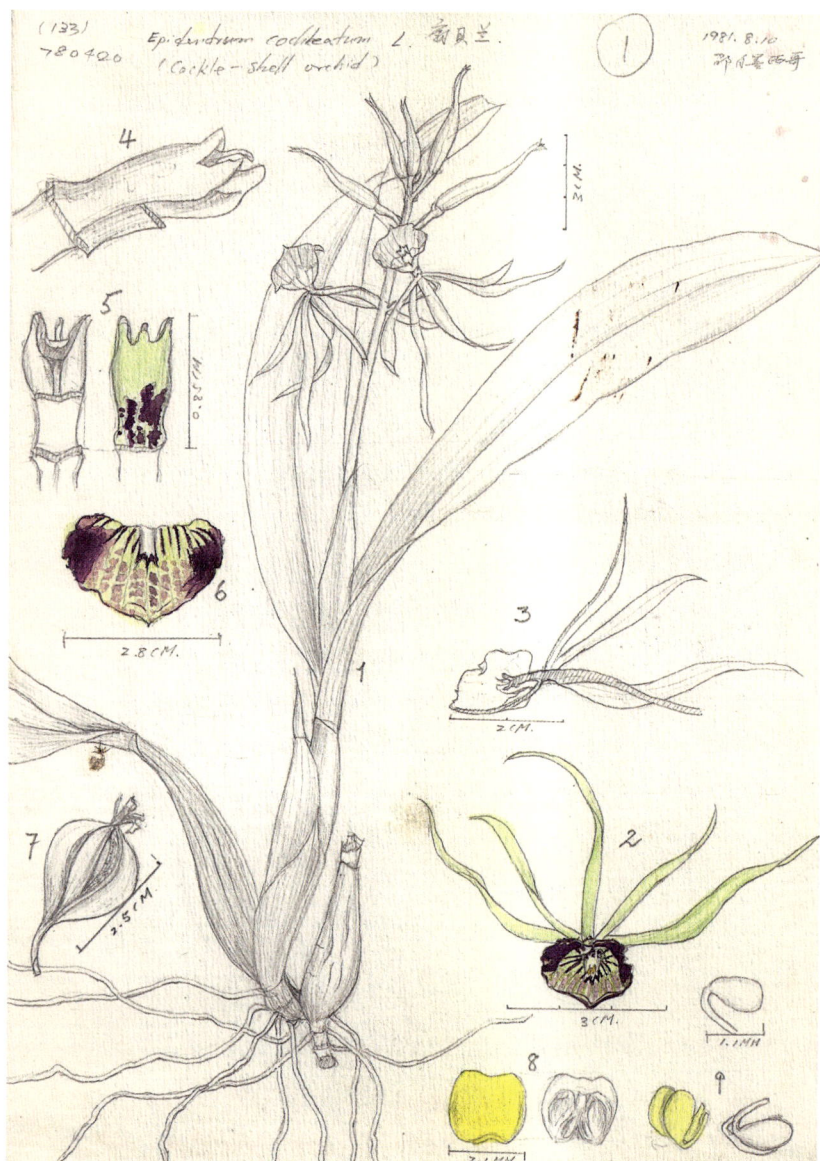

图 130 扇贝兰
*Encyclia cochleata* (L.) Lemée

1 植株
2 花正面
3 花纵剖面
4 蕊柱侧面
5 蕊柱正面及背面
6 唇瓣
7 果
8 药帽
9 花粉块
（1981/08/10 邵应韶采自墨西哥，程式君绘）

# 131 小围柱兰

**学名：** *Encyclia pygmaea* (Hook.) Dressler

[ 曾用学名：*Epidendrum pygmaeum* Hooker； *Epidendrum caespitosum* Poepp. et Endl.； *Epidendrum uniflorum* Lindl.； *Hormidium pygmaeum* (Hooker) Benth. et Hooker； *Hormidium uniflorum* (Lindl.) Heynh.； *Microstylis humilis* Cogn. ]

**形态：植株** 匍匐，具根状茎的附生植物，高可达 6 厘米。**根状茎** 有分枝。**假鳞茎** 生于根状茎上，间距约 3 厘米，卵形或椭圆形，顶部具 2 叶，基部为 2 枚膜质鞘所包围。叶 狭卵形至椭圆形，长达 3.5 厘米、宽 1.3 厘米，端尖。**花序** 顶生，仅具 1 朵花。花 小，长达 0.5 厘米，肉质，淡绿色染褐红晕。**萼片** 披针形，长 0.5 厘米、宽 0.2 厘米，先端渐尖；侧萼基部 1/4 合生。**花瓣** 舌状披针形，长达 0.5 厘米，端急尖。**唇瓣** 基部与蕊柱黏合，分离部分具爪，3 裂，长 0.3～0.5 厘米、宽约 0.5 厘米；**侧裂片** 圆形，直立且围绕蕊柱；**中裂片** 三角形，比侧裂片小得多。**蕊柱** 肉质，短，长约 0.2 厘米。**花期** 春季。

**产地和分布：** 普遍分布于热带美洲，包括美国佛罗里达州。

**生态：** 附生兰。

**用途：** 观赏。

图 131 小围柱兰

*Encyclia pygmaea* (Hook.) Dressler

1 植株
2 花正面
3 花侧面
4 花纵剖面
5 唇瓣轮廓
6 药帽
7 花粉块

（1982/02/13 邵应韶采自墨西哥，程式君绘）

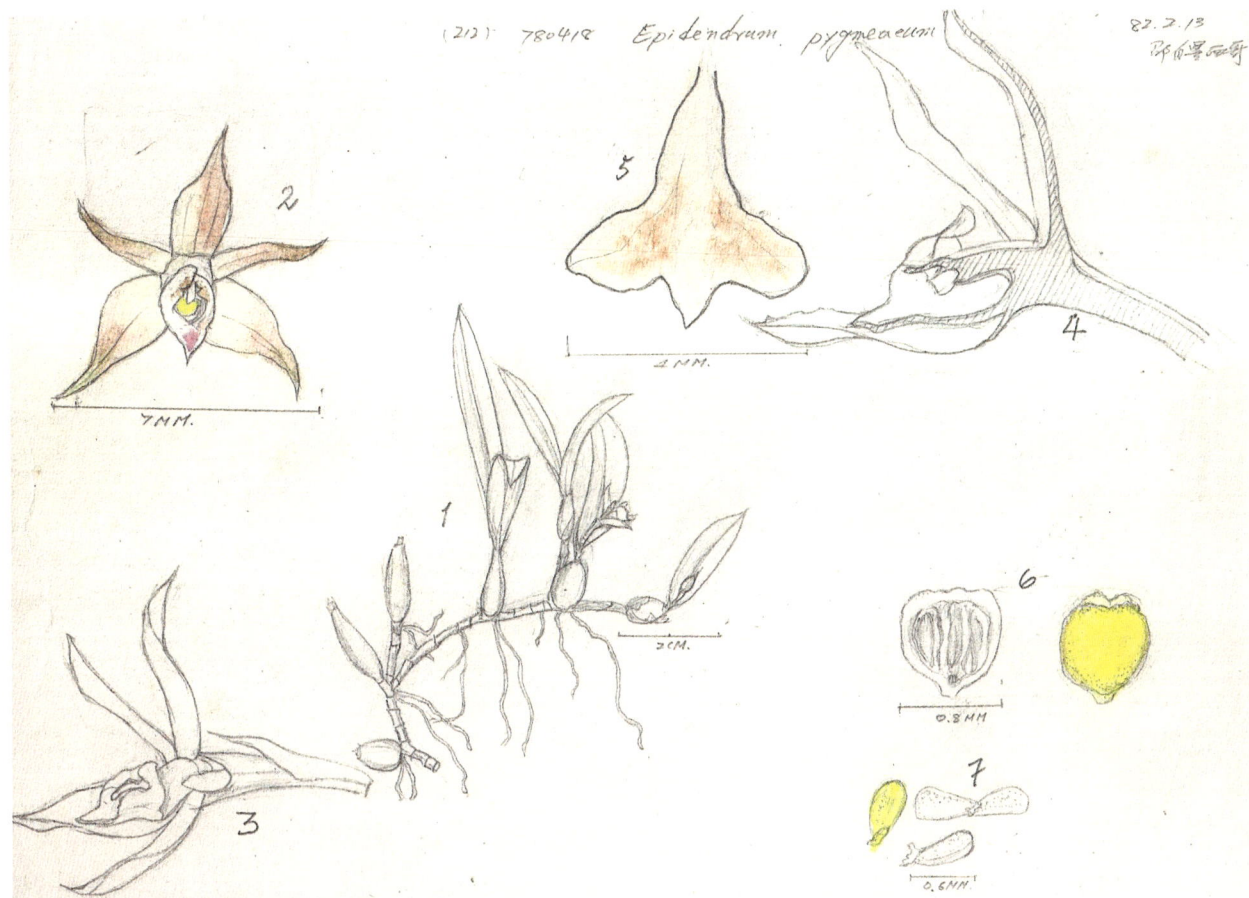

## 132 彩虹兰

**学名：** *Encyclia prismatocarpa* (Rchb. f.) Dressler
[曾用学名：*Epidendrum maculatum* Hort.；*Epidendrum prismatocarpum* Rchb. f.；*Epidendrum uro-skinneri* Hort.；*Prosthechea prismatocarpa* (Rchb. f.) W. E. Higgins；*Pseudencyclia prismatocarpa* (Rchb. f.) V. P. Castro et Chiron]

**形态：植株** 直立的中型附生兰，高 40～60 厘米。**假鳞茎** 生于根状茎上，彼此间距 1 厘米左右；长圆锥形，下部稍偏斜，高度可达 30 厘米，顶生 2～3 枚叶。**叶** 长圆状椭圆形，斜立，质较硬。**花序** 总状，顶生，直立，长达 35 厘米；具 6～35 朵花。**花** 直径 4～5 厘米，蜡质，有香气。**花萼及花瓣** 淡绿色，具暗紫红色豹斑状斑点；两者皆为阔披针形，但花瓣较萼片略窄且稍扭转。**唇瓣** 戟形，3 裂；**中裂片** 特大，卵状菱形，端渐尖，淡绿染粉红色；**侧裂片** 及其余部分淡绿色。**花期** 由春至秋，**单花花寿** 持续可达 3 个月。

**产地和分布：** 原产墨西哥和中美洲。

**生态：** 喜温和至凉爽气候和中等光照。常附生于海拔 1200～2500 米云雾林中的大树干上。

**用途：** 花色鲜丽，花期持久，栽培管理容易，是一种优良的观赏花卉。

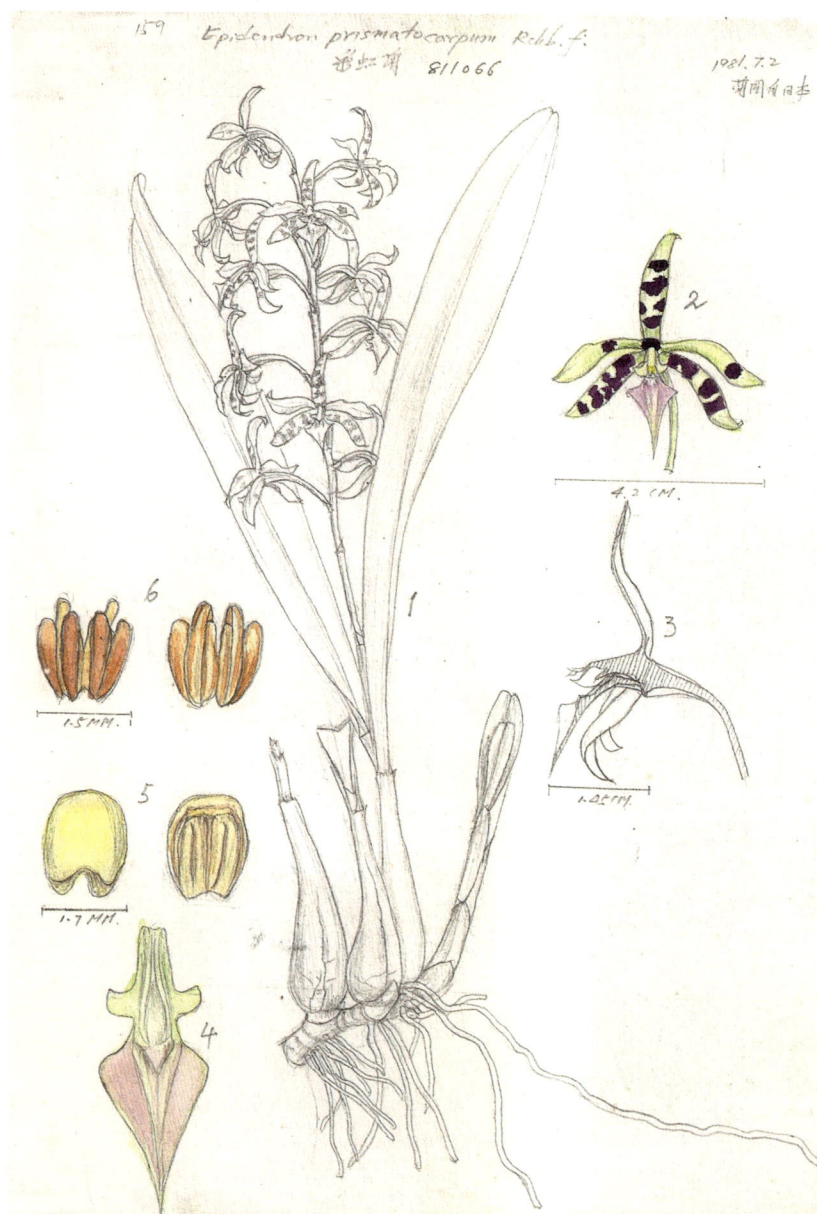

图 132 彩虹兰
*Encyclia prismatocarpa* (Rchb. f.) Dressler

1 植株
2 花正面图
3 画剖面图
4 唇瓣
5 药帽
6 花粉块
（1981/07/02 广州兰圃采自日本，程式君绘）

## 3.28 树兰属 *Epidendrum* L.

**历史：** 林奈（Carl von Linnaeus）于 1753 年在其《植物种志》（*Species Plantarum*）一书中首次发表了本属的描述。后来随着对新大陆兰科植物逐渐深入的研究，原属于这个大属的一些类群被分离出去成立了新属，其中最重要的是围柱兰属（*Encyclia*），其余还有：杰圭兰属（*Jacquiniella*）、巴克兰属（*Barkeria*）、钝口兰属（*Amblostoma*）等等。拉丁属名 *Epidendrum* 源自希腊文 *epi*（上面）和 *dendron*（树），意指本属的大部分种类都是附生于树上的。

**分类和分布：** 树兰属隶属兰科兰亚科树兰族的蕾丽兰亚族。共约有 400 种，是兰科的大属之一。分布遍及热带美洲，由北卡罗来纳州往南至阿根廷都有。本属虽非我国原产，但由于本属是兰科的重要属之一，且树兰这种美丽的兰花已于 1985 年在华南植物园引种成功，现在我国很多地方已有栽培，故仍收录于本书中。

**本属模式种：** 夜树兰 *Epidendrum nocturnum* Jacq.

**生态类别：** 附生或石生兰。

**形态特征：** **植株** 很小或大型，直立或匍匐，有或没有明显的根状茎。**茎** 具茎或偶尔具假鳞茎。**叶** 1 枚至多数，棍状或扁平，线形至卵形，先端圆至长渐尖。**花序** 顶生或罕侧生，总状，近伞形至圆锥形，直立或弧曲。**花** 很小或大而鲜艳。**花萼和花瓣** 开展。**唇瓣** 黏附于蕊柱顶端；全缘或 3 裂；光滑或胼胝质。**蕊柱** 短或长，无翅或具明显的翅；**花粉块** 4 枚，等大，蜡质，略压扁。

## 133 火花树兰 （别名：辐射树兰，红花树兰，竹茎树兰，火星树兰）

**学名：** *Epidendrum radicans* Pav. ex Lindl.

**形态：** **植株** 高约 80 厘米。**茎** 直立，呈竹茎状，具多枚叶。**花序** 总状，顶生，长约 20 厘米，具花 50～60 朵；花由花葶基部陆续向上开放，以致上部开花时下部已形成果实；**花序轴** 具棱；**花苞片** 锥形，红褐色，长约 7 毫米、最宽处 3 毫米。**花** 横径 3.2 厘米、竖径 3.5 厘米，鲜红色。**中萼片** 长圆状披针形，先端渐尖，长 1.6 厘米、宽 0.6 厘米；**侧萼片** 形状和大小与中萼片相似，但略歪斜；**花瓣** 比萼片略小，披针形，长 1.6 厘米、宽 0.5 厘米。**唇瓣** 自前伸蕊柱的基部生出，呈"大"字形，3 裂：**侧裂片** 斜方形，边缘呈撕裂状；**中裂片** 端部呈"人"字形二分叉，先端撕裂状；在唇瓣与蕊柱连接处有两对铬黄色的疣状凸起：前面一对大而长、后面一对较小；在中裂片基部唇盘上两

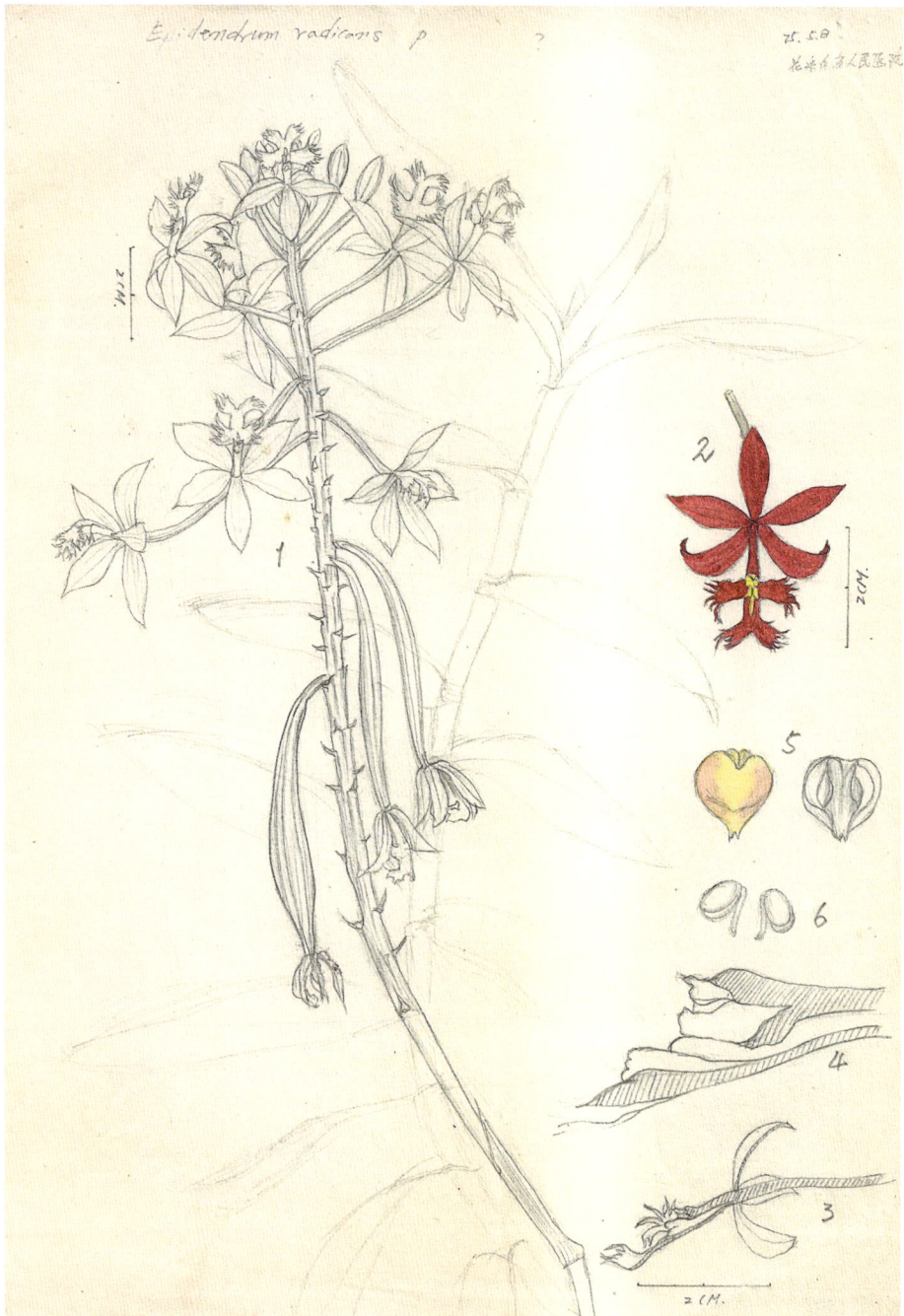

对凸起物之间还伸出一较长的铬黄色凸起物；当花将凋萎时，所有疣状凸起物均由铬黄色转为红色。**蕊柱** 红色，中空，向前伸长。**药帽** 暗铬黄色，有紫晕。**花粉块** 4 枚，分成 2 组，柠檬黄色。**花期** 常年不断。

**产地和分布：** 产于热带美洲。由美国南部的南卡罗来纳州往南经墨西哥和中美洲直至阿根廷。世界热带亚热带广大地区均有种植。

**生态：** 地生或石生兰。适应性强。

**用途：** 花型奇特，花色鲜艳，加之栽培繁殖容易，无病虫害，为省工易管的观赏花卉，特别适于初学养兰者栽培。

**图 133 火花树兰**
*Epidendrum radicans* Pav. ex Lindl.
1 植株
2 花正面
3 花纵剖面
4 蕊柱及唇瓣纵剖面
5 药帽
6 花粉块
（1975/05/08 程式君采自广州人民医院，并绘图）

# 3.29 毛兰属 *Eria* Lindl.

**历史：** 本属于 1825 年由 John Lindley 在《植物学志要》（*Botanical Register*，t. 904）描述发表。1890 年 Joseph Hooker 爵士在《英属印度植物志》（*Flora of British India*）一书中将毛兰属分为 13 个群，并将足茎毛兰（*E. coronaria*）分出归入另属，改名 *Trichosma suavis* Lindl.。1964 年，R. Holttum 在他的《马来亚的兰科植物》（*Orchids of Malaya*）中，将马来亚产的毛兰种类分为 12 个组。国产毛兰属植物应属于 16 个组。拉丁属名 *Eria* 源自希腊文 *erion*，原意为羊毛，指毛兰花萼和花瓣上的羊毛状毛被。

**分类和分布：** 毛兰属隶属兰科兰亚科树兰族的毛兰亚族。毛兰属全世界共有 500 多种，广布于亚洲热带至大洋洲，是兰科中形态最多样化的属之一。我国有 43 种，主产于南方亚热带和热带省区，分属于以下 16 个组。

1. **毛鞘毛兰组** Sect. Trichotosia：无假鳞茎。植物体或包茎的鞘被毛，唇不裂。
   模式种：**少花毛兰** *E. pauciflora* (Bl.) Bl.

2. **毛兰组** Sect. Eria：假鳞茎顶生 2 叶，外包宽大的鞘。叶在芽中席卷。
   模式种：**香花毛兰** *E. javanica* (Sw.) Bl.

3. **山毛兰组** Sect. Conchidium：植株小，短于 1 厘米。假鳞茎球形，仅 1 节间。
   模式种：**对茎毛兰** *E. pusilla* (Griff.) Lindl.

4. **长苞毛兰组** Sect. Xiphosium：假鳞茎密集，无明显的节，1 叶。花苞片长于花梗连子房。
   模式种：**龙骨毛兰** *E. carinata* Lindl.

5. **高脊毛兰组** Sect. Trichosma：假鳞茎圆柱形，无节，具 2 叶。花苞片不明显。
   模式种：**足茎毛兰** *E. coronaria* (Lindl.) Rchb. f.

6. **毛苞毛兰组** Sect. Strongyleria：假鳞茎细小，仅 1 节间。叶 1～3 枚，肉质。花序轴和萼片外面有红棕色或黄棕色毛，或密被白色棉毛。模式种：**指叶毛兰** *E. pannea* Lindl.

7. **基花毛兰组** Sect. Dendrolirium：假鳞茎疏生，短粗，顶生 2～4 叶。花序自假鳞茎基部抽出，被毛。模式种：**橘苞毛兰** *E. ornata* (Bl.) Lindl.

8. **竹枝毛兰组** Sect. Mycaranthes：无假鳞茎。叶着生于整个茎上。花小而密集，外面具棉毛。
   模式种：**鸢尾叶毛兰** *E. iridifolia* Hook. f.

9. **侧花毛兰组** Sect. Secundae：假鳞茎圆筒状，单节，顶生 2 叶。花序位于两叶间，密被白棉毛。花极小，密集，偏向一侧。模式种：**鹅白毛兰** *E. stricta* Lindl.

10. **长囊毛兰组** Sect. Aeridostachya：假鳞茎密接，顶生 1～3 叶。花小，萼囊较长。模式种：**长囊毛兰** *E. robusta* (Bl.) Lindl.

11. **长茎毛兰组** Sect. Cylindrolobus：茎长，圆柱状或棒状。花较大，1～2 朵，花梗基部具较大花苞片，唇瓣具附属物。模式种：**扁毛兰** *E. compressa* (Bl.) Bl.

12. **竹叶毛兰组** Sect. Bambusifoliae：茎长，高 50 厘米以上。叶多枚，沿茎排成 2 列。花序与叶对生，具花 10 余朵。模式种：**竹叶毛兰** *E. bambusifolia* Lindl.

13. **有节毛兰组** Sect. Hymenaria：茎梭状或棒状，具节。花较大，疏生，5～20 朵。蕊柱足与唇瓣基部以锐角相连。模式种：**铃兰状毛兰** *E. convallarioides* Lindl.

14. **密花毛兰组** Sect. Pinalia：花小而密，花序呈棒状或球状。与有节毛兰组很相近，但蕊柱足与唇瓣基部不以锐角相连。模式种：**密花毛兰** *E. spicata* (D. Don) Hand.-Mazz.

15. **大足毛兰属** Sect. Polyura：假鳞茎较长。花序着生，花较小。唇瓣小，不裂，表面具 2 条片状附属物或多数小凸起。模式种：**多尾毛兰** *E. polyura* Lindl.

16. **美丽毛兰组** Sect. Tylostylis：假鳞茎疏生，顶具 2 ～ 6 叶。花序侧生或近顶生，多花，但每次仅开一朵。蕊柱足肉质，与蕊柱成直角，上面有一枚大型垫状物。模式种：**美丽毛兰** *E. pulchella* Lindl.

**本属模式种：** 香花毛兰 *Eria stellata* Lindl.，即今 *E. javanica* (SW.) Bl.

**生态类别：** 草本。大部分为附生，个别为地生。

**形态特征：** 具匍匐**根状茎**。有**茎**或**假鳞茎**自根状茎生出，1 至多节，基部被鞘。**花序** 多为总状，通常侧生，但有时生于茎顶，少或多花。**侧萼片** 多少与蕊柱足合生成萼囊。**唇瓣** 位于花的下部，着生于明显的蕊柱足上，无距，通常 3 裂，但有的无侧裂片。**花粉块** 8 枚，分为 2 组。

# 134 钝叶毛兰

**学名：** *Eria acervata* Lindl.

[ 曾用学名：*Pinalia acervata* (Lindl.) Ktze.；*Eria poilanei* Gagnep. ]

**组别：** 有节毛兰组 Sect. Hymenaria

**形态：** **植株** 直立，高约 12 厘米。**根** 多数，呈纤细的须状，曲折而多分枝，淡棕色，长可达 12 厘米、径约 0.5 毫米。**假鳞茎** 6 ～ 7 枚密集丛生。老假鳞茎无叶，橄榄形，略扁，绿色略带棕褐，长 5 ～ 6 厘米、中部最宽处 1.5 ～ 2 厘米；具 5 ～ 6 节，节间长 0.3 ～ 1.2 厘米，具多数纵向皱纹。新假鳞茎绿色，扁圆柱形，长 1.5 ～ 2.5 厘米、宽 0.4 ～ 0.6 厘米，基部有苞片 3 枚。**苞片** 褐色，膜质，近圆形，端锐尖，长约 6 毫米、宽约 12 毫米，具平行纵脉多条。**叶** 每茎 6 ～ 8 枚，薄革质。上部的叶披针形，稍扭曲，先端歪斜；叶表深绿色，中脉下凹，两侧各有平行脉 3 条；叶背淡绿色，中脉隆起；叶基部内折、互相套叠。下部的叶缩短呈苞片状，近圆卵形。正常叶的叶长为 6 ～ 8 厘米、宽约 0.8 厘米，苞片状叶长 0.8 ～ 1.2 厘米、宽约 0.7 厘米。**花葶** 由叶丛间抽出，具少数花，苞片披针形，淡绿色。**花** 直径 1.3 厘米 ×1.2 厘米；**花梗连子房** 长 1.5 厘米，细长，黄绿色；**花萼及花瓣** 质薄，白色略带黄；**中萼片** 披针形，先端渐尖，长 0.7 厘米、宽 0.25 厘米，具脉 3 条；**侧萼片** 阔镰形，歪斜，先端渐尖，长 0.7 厘米、最宽处 0.5 厘米，具脉 4 条，基部与蕊柱足相连成萼囊；**花瓣** 披针形，端渐尖，长 0.65 厘米、宽 0.2 厘米，有脉 1 条。**唇瓣** 卵形，黄白色，长约 0.7

图 134 钝叶毛兰 *Eria acervata* Lindl.

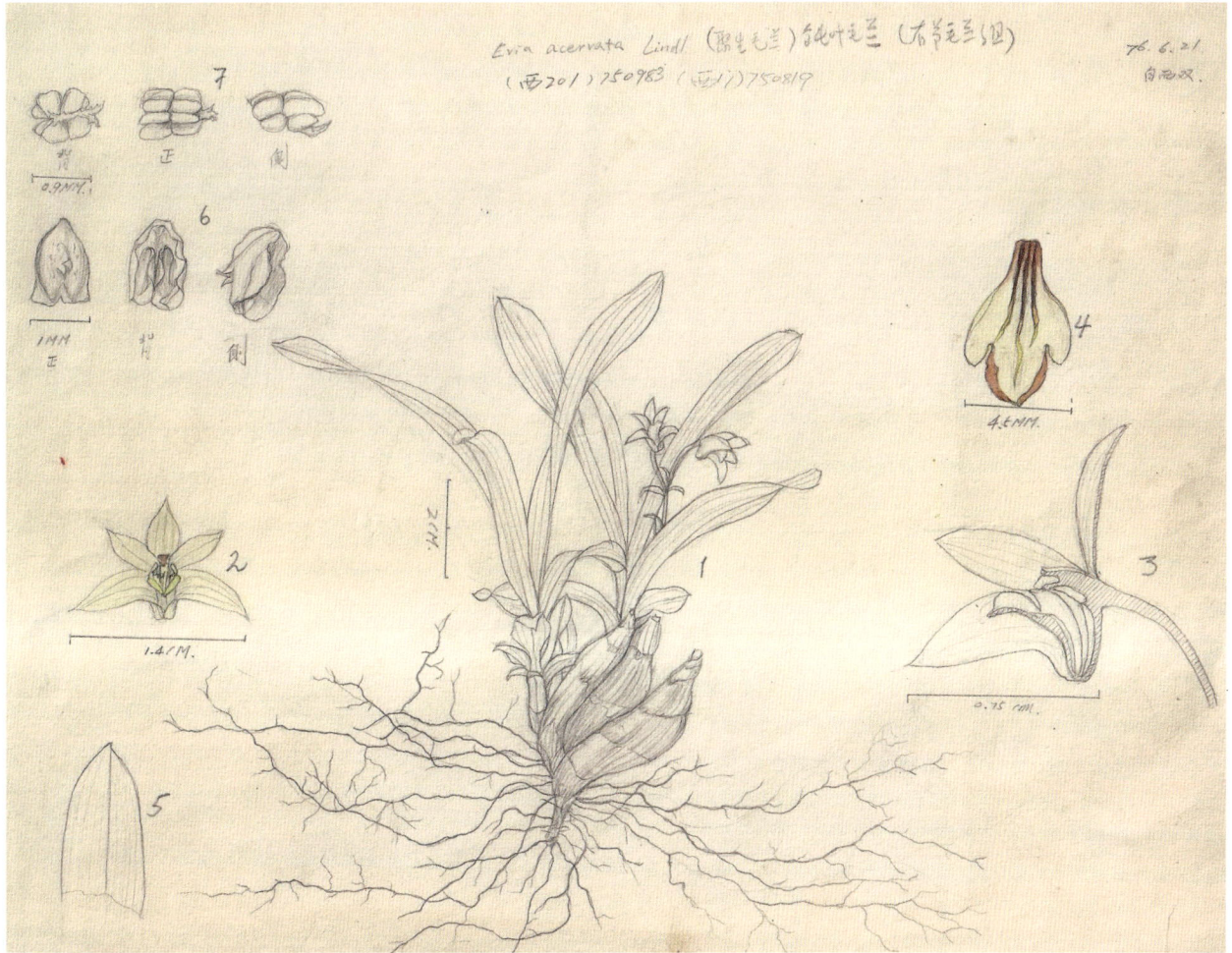

1 植株　2 花正面　3 花纵剖面　4 唇瓣　5 叶尖　6 药帽　7 花粉块
（1976/06/21 程式君采自云南西双版纳，并绘图）

厘米、宽约 0.45 厘米，3 裂：**侧裂片** 半圆形，有褐色边缘；**中裂片** 圆卵形，中部淡黄色，两侧有两枚棕褐色斑块（此斑块在花初开始为黄绿色，后转为黄色，最终变为棕褐色），**唇瓣** 表面自基部起有 3 条凸起的棱脊，中间一条最长，由基部直达唇端，侧边两条稍短，只到中裂片与侧裂片交界处，棱脊由基部至中部为褐色，向唇尖方向颜色渐淡，逐渐由橙黄转为黄色。**蕊柱** 短，开花 3 天后转为淡褐色；**蕊柱足** 长，黄白色，基部褐色；**花粉块** 8 枚，柠檬黄色；**黏盘** 半透明，柠檬黄色。

**药帽** 初时黄绿色，后转为茶褐色、具黄白色边；表面中部有 2 枚锥状薄片。**花期** 6～8 月。

**产地和分布：** 产于云南南部（西双版纳）和西藏（墨脱）。印度（东北部）、缅甸、泰国、老挝、柬埔寨、越南等地也有分布。

**生态：** 附生兰。喜温和至凉爽气候。生于海拔 600～1500 米的疏林树干上。

# 135 粗茎毛兰（别名：小脚筒兰）

**学名：** *Eria amica* Rchb. f.
[ 曾用学名： *Eria andersonii* Hook. f.; *Pinalia amica* (Rchb. f.) Ktze.; *Pinalia confusa* (Hook. f.) Ktze.; *Eria hypomelana* Hayata; *Eria excavata* Lindl. ]
**组别：** 有节毛兰组 Sect. Hymenaria

**形态：植株** 高 8 ～ 18 厘米。**根** 须状线形，幼时淡褐色，密被白色绒毛。**假鳞茎** 密集，纺锤形至扁圆柱形，长 6 ～ 7.5 厘米、直径 0.8 ～ 1.3 厘米，褐绿色，3 节。**苞片** 纸质，棕色具白色纵纹，假鳞茎基部的苞片宿存。**叶** 革质光滑，窄披针形至披针形，2 ～ 3 枚生于假鳞茎顶端，长（连柄）5 ～ 12 厘米、宽 1 ～ 1.8 厘米，表面深绿具主脉 1 条，背面具主脉 1 条，其两侧各有两条不明显的平行侧脉。**花序** 总状，1 ～ 3 个花序侧生于假鳞茎近顶端的节上，花序长 3 ～ 7 厘米、宽 4 ～ 6 厘米，疏生花 5 ～ 6 朵；**花序柄** 淡黄绿色，花梗紫红色，二者均密被白色绒毛。**苞片** 宿存，卵形，长 0.8 ～ 1 厘米、宽 0.6 厘米，黄绿色，有紫红条纹。**花** 直径 1 ～ 1.5 厘米，微带指甲花香气。**中萼片** 披针形，长 1.1 厘米、宽 0.4 厘米，黄绿色，有 3 ～ 5 条紫红色纵纹；**侧萼片** 三角形，长 1.2 厘米、最宽处 0.7 厘米，黄绿色，具 3 条紫红色纵纹，基部与蕊柱足合生成萼囊；**花瓣** 狭披针形，长 1 厘米、最宽处 0.3 厘米，与萼片同色，具 3 条紫红色脉纹。**唇瓣** 外轮廓阔卵形，3 裂：**侧裂片** 半圆形，端尖，黄白色染紫红晕，隐约可见 3 条紫红色脉纹；**中裂片** 扁圆形，前端微凹，长约 0.4 厘米、宽约 0.6 厘米，柠檬黄色；**唇盘** 有 3 条隆起的褶片，褶片边缘棕褐色，长 1 厘米、高约 0.7 厘米。**蕊柱** 白色微黄，长 0.8 厘米、宽 0.25 厘米。**药帽** 浅黄色。**花粉块** 柠檬黄色，8 枚，分为 2 组。本种的花色随开放时间长短而有不同：初开时略带绿色，时间越久则越黄，最后唇瓣的侧裂片几乎全变为紫红色而中裂片则变为铬黄略带橙色。**花期** 2 ～ 4 月。

**产地和分布：** 产于台湾、云南（南部）和海南。分布于尼泊尔、印度（东北部）、不丹、缅甸、老挝、越南、柬埔寨和泰国。**模式标本** 采自印度东北部。

**生态：** 附生兰。喜温和清凉气候。多附生于低地常绿林中和海拔为 600 ～ 2200 米的高山云雾林中的大树上。

**用途：** 可栽培供观赏。

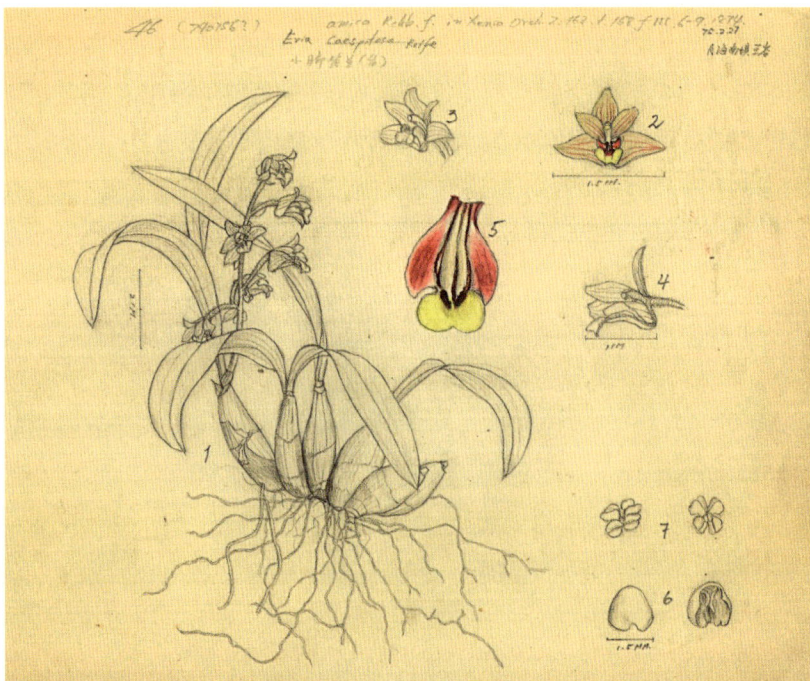

**图 135 粗茎毛兰** *Eria amica* Rchb. f.
1 植株　2 花正面　3 花侧面
4 花纵剖面　5 唇瓣　6 药帽　7 花粉块
（1975/02/27 程式君采自海南霸王岭，并绘图）

# 136 展花毛兰

**学名：** *Eria apertiflora* Summerh.
（曾用学名：*Eria rivesii* Gagnep.）
**组别：** 密花毛兰组 Sect. Pinalia

**形态：** **植株** 紧密丛生，高 10～15 厘米。**根** 多数，须状，有分枝，生于假鳞茎基部。**假鳞茎** 直立，3～5 丛生，互相紧靠；倒卵状圆柱形，略压扁，高 5～8 厘米，粗 0.5～1 厘米，基部收窄，被漏斗状膜质鞘 4～5 枚。**叶** 3～4 枚生于假鳞茎顶端，革质，卵形至长圆状披针形，长 3～10 厘米、宽 1～1.8 厘米，基部收窄对折成短柄。**花序** 自假鳞茎近顶端的叶下面向侧方抽出，具多数小花，花虽密，但彼此不贴近；**花苞片** 卵状披针形，长于子房和花梗，也长于中萼片，土黄色，比萼片和花瓣色深。**花** 开展，径约 8 毫米，极淡的黄色。**子房** 密被棕褐色绒毛。**萼片及花瓣** 均为极淡的土黄色；**萼片** 有脉 5 条，**中萼片** 阔卵形，先端钝尖，**侧萼片** 为略偏斜的阔卵形，端尖，与中萼片大小相似，背面疏被褐柔毛；**花瓣** 有脉 3 条，长圆形，端钝尖。**唇瓣** 卵状菱形，长约 3 毫米、最宽处约 2.5 毫米，淡土黄色，不明显 3 裂；**侧裂片** 边缘和唇盘中央有玫瑰紫晕；**中裂片** 前部为铬黄色。**蕊柱** 淡土黄色。**药帽** 淡土黄色，中部有茶褐色斑。**花粉块** 8 枚，分为 2 组，淡橙黄色。**花期** 10 月至次年 2 月。

**产地和分布：** 产于海南（**新分布！**）。分布于印度（东北部）、尼泊尔、缅甸、泰国和越南。

**生态：** 附生兰。附生于树干上或岩石上。

图 136 展花毛兰
*Eria apertiflora* Summerh.
1 植株　2 花正面　3 花侧面
4 花纵剖面　5 唇瓣　6 药帽　7 花粉块
（1974/10/09 程式君采自海南，并绘图）

# 137 半柱毛兰（别名：康氏毛兰，方头兰）

**学名：** *Eria corneri* Rchb. f.

（曾用学名：*Eria goldschmidtiana* Schltr.；*Eria septemlamellata* Hayata）

**组别：** 高脊毛兰组 Sect. Trichosma

**形态：** 植株密集丛生，高 10～20 厘米。**假鳞茎** 卵状长圆形，横断面近四棱形，高 2～5 厘米、粗 1～2.5 厘米，光滑，淡绿色。**叶** 1～4 枚（多数 2 枚）簇生于假鳞茎顶端，外观粗糙，长 12～30 厘米、阔 1.5～6 厘米。**花序** 总状，由假鳞茎的近顶端处抽出，密生 6～50 朵花；**花苞片** 极小，三角形。**花** 白，略呈淡黄绿色，径约 1.2 厘米，常呈半开状。**花梗连子房** 长 7～8 毫米。**萼片和花瓣** 具白色线状凸起。**中萼片** 卵状三角形，端渐尖；**侧萼片** 镰状三角形，先端钝，且具小尖头，基部与蕊柱足合生成钝的萼囊。**花瓣** 线状披针形，略弯成镰状，与侧萼片近等长。**唇瓣** 白色略带紫红晕，先端紫红色；卵形，长约 1 厘米，3 裂：**侧裂片** 直立；**唇盘** 有棱脊 3 条，中间者黄色、较低，两侧者白色具紫色边，较高，延伸至中裂片前端成为 5 条流苏状皱折片。**花粉块** 8 枚，黄色。**花期** 8～9 月。

**产地和分布：** 产于福建、台湾、广东、广西、海南、香港、贵州、云南。琉球群岛和越南也有分布。**模式标本** 采自中国台湾。

**生态：** 附生兰。喜生于海拔 500～1500 米树林中的枝干上或林荫下的岩石上。

**用途：** 假鳞茎光滑如碧玉，加之花朵繁密，可栽培供观赏。

图 137 半柱毛兰（1）
*Eria corneri* Rchb. f.
1 植株　2 果枝　3 花正面　4 花背面
5 花去除唇瓣　6 花纵剖面
7 唇瓣俯视及前视　8 花粉块
（1962/08/30 程式君绘）

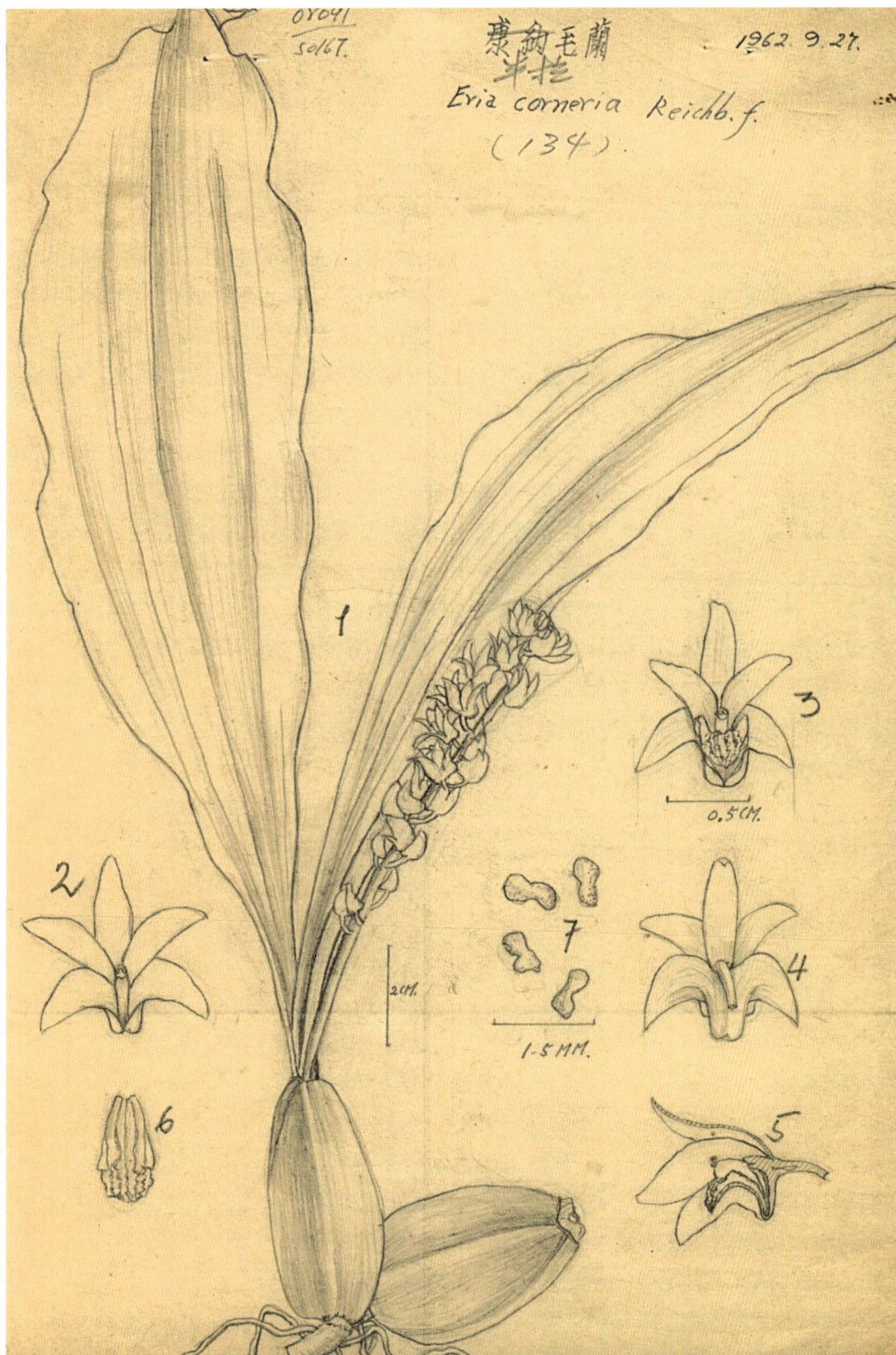

图 137a 半柱毛兰（2）*Eria corneri* Rchb. f.

1 植株　2 花正面（无唇瓣）　3 花正面　4 花背面　5 花纵剖面　6 唇瓣　7 花粉块

（1962/09/27 程式君绘）

# 138 足茎毛兰（别名：康氏毛兰）

**学名：** *Eria coronaria* (Lindl.) Rchb. f.

[曾用学名： *Coelogyne coronaria* Lindl.; *Trichosma suavis* Lindl.; *Eria cylindropoda* Griff.; *Trichosma cylindropoda* Griff.; *Eria suavis* (Lindl.) Lindl.; *Trichosma coronaria* (Lindl.) Kuntze]

**组别：** 高脊毛兰组 Sect. Trichosma

**形态：植株** 高约 15 厘米。**根** 灰褐色，多绒毛，少分枝，呈索状，直径 1～1.5 毫米，6～10 条簇生于假鳞茎基部。匍匐茎 根状，灰褐色，径约 4 毫米。**假鳞茎** 呈茎状，绿色，光滑，高 3～7 厘米、径 0.3～0.4 厘米，基部具褐色的纤维状残鞘，稀疏单生于匍匐茎的节上，间距 1～3 厘米。**叶** 1～2 枚生于假鳞茎茎顶，卵形或长圆形，先端突尖，厚革质，呈深绿色；两叶中的外叶长 9～12 厘米、宽 4～6 厘米，内叶长 6～10 厘米、宽 2～3.5 厘米；中脉在叶面凹下、在叶背隆起，中脉两侧共有不明显的平行侧脉 4～8 条（内叶 4 条，外叶 8 条）；叶缘透明；叶基部下延成包茎的鞘，叶与鞘间具关节。**花序** 总状，于茎顶的两叶间抽出；**花葶** 绿色，罕有紫红晕，

有花 2～4 朵；长 8～11 厘米、直径 2～2.5 毫米，圆柱状稍压扁，基部包于绿色、筒状且稍膨大的苞片中；**花苞片** 绿色，卵状三角形，长约 1 厘米、基部宽 0.45 厘米。**花** 白色，开展，径约 3.5 厘米。**花柄连子房** 污白色，长 1.5～2 厘米、径约 0.3 厘米。**萼片与花瓣** 质较厚；**中萼片** 阔披针形，长 2.3 厘米、宽 0.8 厘米，端尖，有脉 3 条；**侧萼片** 阔镰形，端钝尖，长约 2.6 厘米、宽约 1 厘米，有脉 3 条，基部稍扩展并与蕊柱足合生成浅而钝的萼囊；**花瓣** 长卵形，端钝尖，长 2.6 厘米、宽约 1 厘米，具脉 3 条。**唇瓣** 阔卵形，长 2.1 厘米，3 裂：**侧裂片** 直立，圆钝，白色，内侧有多而密的紫红色条斑，长 5 毫米、宽 9 毫米；**中裂片** 卵形，端尖，下弯反曲，长 1.8 厘米、宽 1.2 厘米，白色，上面中部黄色，黄色区域中间较深，近橙色；唇瓣有鸡冠状褶片 5 条，其中中央褶片与最外褶片之间的两条褶片最长，由唇瓣基部延伸至先端，而其余 3 条则由中裂片基部延伸至唇瓣先端。**蕊柱** 较宽，长宽均为 5 毫米，顶端具 3 齿，背面白色，腹面与蕊柱足相连，

白色，具多数不规则紫红色纵纹，正中有 1 条铬黄色纵带；**蕊柱足** 长约 8 毫米，中部以上宽约 4.5 毫米；**花粉块** 片状，柠

*Trichosma susvis* (Lindl.)
^ 741273
正钝兰（

*Eria coronaria* (Ldl.) Rchb. f.

76.1.28.

1

3

2.25 CM.

5

1MM.

4

1.4 CM.

檬黄色。花期 1 ～ 6 月。

**产地和分布：**产于海南、广西、云南、西藏（墨脱）。尼泊尔、不丹、印度和泰国也有分布。

**模式标本**采自印度。

**生态：**附生兰。生于海拔 1300 ～ 2000 米的林中树干上和岩石上。

图 138 足茎毛兰
*Eria coronaria* (Lindl.) Rchb. f.
1 植株　2 花正面　3 花纵剖面　4 唇瓣
5 蕊柱　6 药帽　7 花粉块
（1976/01/28 来自云南文山，程式君绘）

# 139 香港毛兰

**学名：** *Eria herklotsii* P. J. Cribb
[ 曾用学名：*Trichosma simondii* Gagnep.；*Eria gagnepainii* Hawkes et Heller；*Eria rubropunctata* Seidenf.]
**组别：** 高脊毛兰组 Sect. Trichosma

**形态：** 植株 高约 20 厘米，干后黑色。根状茎 匍匐，径 4～8 毫米。假鳞茎 直立，茎状，呈细圆柱形，疏生于根状茎上，间距 2～5 厘米，具 2 枚筒状包茎的鞘状叶。叶 2 枚，生于假鳞茎顶部，长圆状披针形或椭圆状披针形，长 12～25 厘米、宽 2.5～6

厘米，近无柄。花序 直立，总状，长 14～35 厘米，具花 5～11 朵；花苞片 披针形，短于花柄加子房。花 乳白或略带黄色，径约 2.8 厘米，有香气。萼片 腹面色乳白略黄，背面红褐色密布黄绿色小点。中萼片 椭圆状长圆形，端略尖，长 1.4～1.6 厘米、宽 0.7 厘米；侧萼片 斜卵形，长约 1.6 厘米，基部与蕊柱足合生成萼囊。花瓣 镰状披针形，长 1.1～1.3 厘米，稍短于萼片。唇瓣 外轮廓近于圆形或卵圆形，边缘波状，长约 9 毫米、宽约 8 毫米，3 裂：侧裂片 直立，圆钝，黄绿色染褐色晕；中裂片 三角形，略弯，具断续的鸡冠状脊；唇盘 上具 2 条具小圆齿的褶片。蕊柱 短粗；蕊柱足长且逐渐收窄，近基部腹面具一褐色斑块。花期 2～4 月。

**产地和分布：** 产于海南、广西、香港、云南和西藏（墨脱）。越南也有分布。**模式标本**采自中国云南思茅。

**生态：** 附生兰。多生于海拔 500 米或以上的林下岩石上。

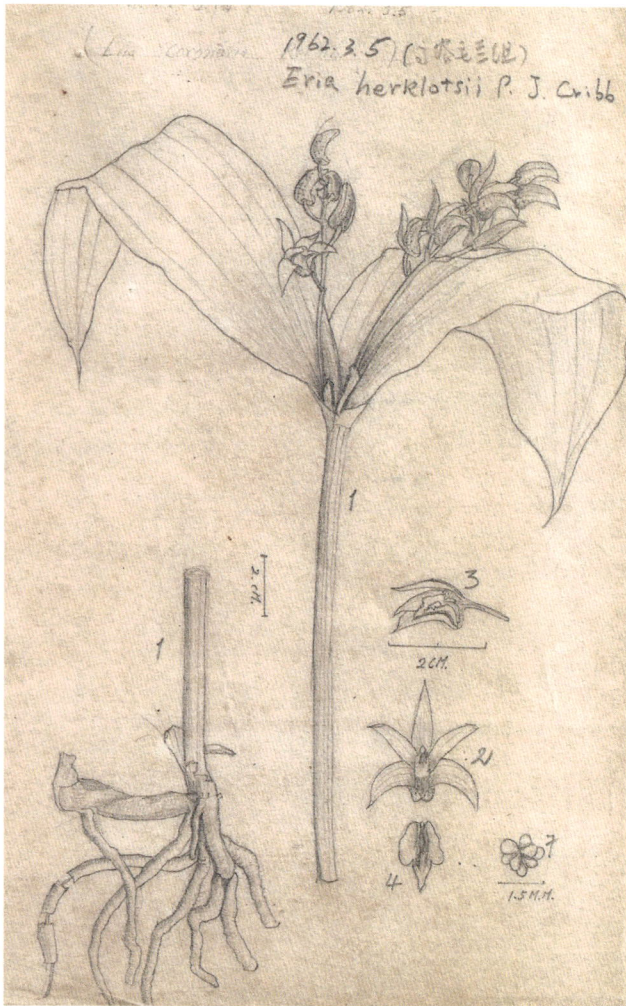

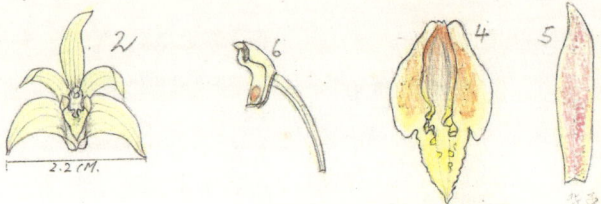

图 139 香港毛兰
*Eria herklotsii* P. J. Cribb
1 植株　2 花正面　3 花纵剖面
4 唇瓣　5 中萼片　6 蕊柱和子房
（1962/03/05 程式君绘）

# 140 长苞毛兰

**学名：** *Eria obvia* W. W. Sm.
**组别：** 有节毛兰组 Sect. Hymenaria

**形态：** **植株** 丛生，高约 15 厘米。**假鳞茎** 密集，长椭圆形或纺锤形，略扁，长 4～8 厘米、粗 1～2.5 厘米，暗绿色，顶生 3～4 枚叶。**叶** 薄革质，卵圆状披针形，长 5～18 厘米、宽 1.5～3 厘米；叶脉明显，主脉两侧各有 5 条与其平行的侧脉。**花序** 总状，腋生，在当年生的假鳞茎顶端抽出 1～3 个，疏生花 14～18 朵；**花苞片** 披针形，长 1～2 厘米，先端渐尖。**花** 有香气，径约 1 厘米，秃净，子房被毛。**萼片及花瓣** 均为乳白色；**中萼片** 披针形，长 0.8～1 厘米、宽约 0.3 厘米，先端钝；**侧萼片** 比中萼片略短，宽 0.3～0.5 厘米，端急尖，基部与蕊柱足合生成萼囊；**花瓣** 短于中萼片，宽约 0.2 厘米。**唇瓣** 外轮廓卵状长圆形，长 5～7 毫米、宽 3～5 毫米，3 裂；基部及侧裂片黄白色、中裂片黄色，唇瓣边缘紫红色，外缘色深，向内渐变浅；**侧裂片** 近卵形，端尖；**中裂片** 长圆形，端圆钝；**唇盘** 上具 3 条略带紫红色的褶片，中央褶片较长、较矮，两侧两条较短，但比中褶片高。**蕊柱** 柠檬黄色，与蕊柱足等长。**花期** 4～5 月。

**产地和分布：** 产于海南、广西、云南。**模式标本** 采自中国云南。

**生态：** 附生兰。常附生于海拔 700～2000 米的林中树干上。

**用途：** 珍奇且花有香气，可栽培供观赏。

图 140 长苞毛兰
*Eria obvia* W. W. Sm.
1 植株 2 花正面 3 花侧面
4 花纵剖面 5 蕊柱及唇瓣侧面
6 唇瓣 7 花粉块
（1973/05/09 广州兰圃采自海南吊罗山，程式君绘）

# 141 指叶毛兰

**学名:** *Eria pannea* Lindl.
[ 曾用学名: *Eria calamifolia* Hook. f.; *Pinalia pannea* (Lindl.) Kuntze; *Pinalia calamifolia* (Hook. f.) Kuntze]
**组别:** 毛苞毛兰组 Sect. Strongyleria

**形态:** 植株 矮小,高5～12厘米,幼时被白绒毛。**假鳞茎** 彼此相距2～5厘米,着生于匍匐状的根状茎上;圆柱形,长1～2厘米、径约0.5厘米,不膨大,基部被2～3枚筒状鞘。**叶** 3～4枚着生于假鳞茎近顶端处,肉质,圆柱形稍压扁,长4～20厘米、径约0.3厘米,腹面具槽,端钝,基部互相套叠。**花序** 长3～5厘米,具1～4花,由假鳞茎顶部叶的内侧抽出,基部具1～2枚卵状三角形的小苞片。**花** 径约1厘米,黄色。**花梗连子房** 长0.7～1厘米。**萼片及花瓣** 均为暗橘黄色;**萼片** 背面覆被长而密的灰白色绒毛;**中萼片** 长圆形,长约6毫米、宽约3毫米;**侧萼片** 斜卵状三角形,长约6毫米、宽约5毫米,基部与蕊柱足合生成萼囊;**花瓣** 长圆形,长约5毫米、宽约2毫米,内外两面均被稀疏白色毛。**唇瓣** 长圆状倒卵形,不裂,长约7毫米、宽约4毫米,暗紫褐色,两面均被疏毛,近基部及前端各有一个乳黄色的肉质增厚部分。**蕊柱** 极短,黄绿色,背面疏被白绒毛。花期4～5月。

**产地和分布:** 产于海南、广西、贵州、云南和西藏(墨脱)。印度(东北部)、不丹、缅甸、泰国、老挝、柬埔寨、越南、新加坡、马来西亚和印度尼西亚均有分布。模式标本采自新加坡。

**生态:** 附生兰。喜温和至凉爽、湿度大的环境。多生于海拔800～2200米的山林中多苔藓的树上或岩石上。

**用途:** 珍奇植物,可栽培供观赏。

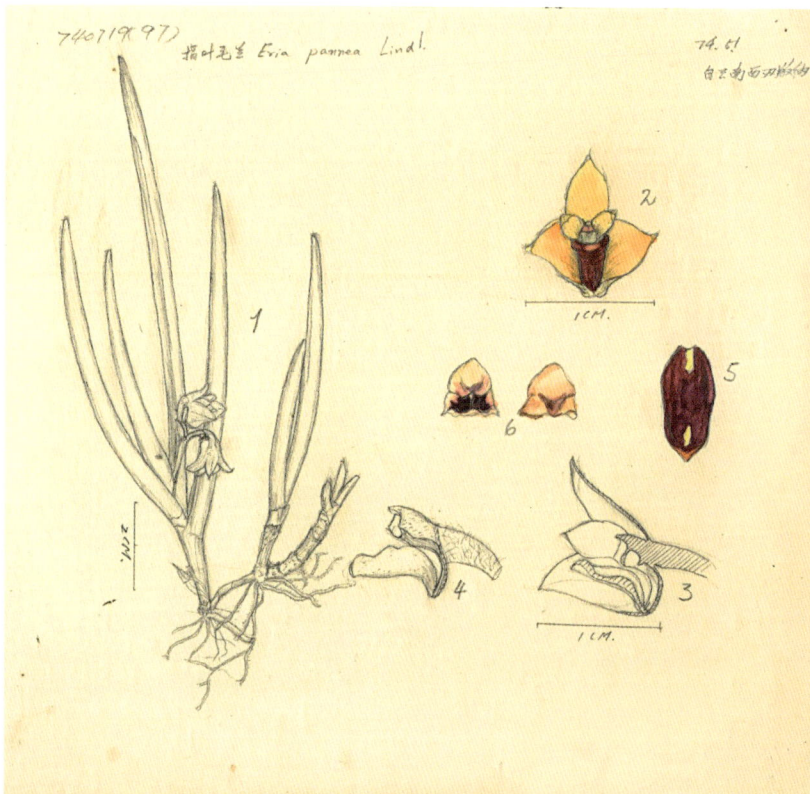

图 141 指叶毛兰 *Eria pannea* Lindl.

1 植株
2 花正面
3 花纵剖面
4 蕊柱、子房和唇瓣侧面
5 唇瓣
6 药帽
(1974/05/01 程式君采自云南西双版纳,并绘图)

# 142 版纳毛兰

**学名**：*Eria pudica* Ridl.
**组别**：有节毛兰组 Sect. Hymenaria

**形态**：**植株** 高约 10 厘米。**根状茎** 匍匐，粗壮，直径约 4 毫米，被膜质鞘。**假鳞茎** 生于根状茎上，间距 1～3 厘米，近笋状，长 3～4 厘米、粗 0.5～1 厘米，具 2～3 节，幼时为膜质鞘所包被，顶生 1 枚叶（罕 2 枚）。**叶** 倒卵状披针形或椭圆状披针形，长 10～15 厘米、宽 1.5～2.5 厘米，端钝，叶柄长约 3 厘米。**花序** 由假鳞茎近顶端处叶的下方抽出，单生，长 3～4 厘米，密被灰白柔毛，有花十余朵；**花苞片** 卵形，长约 3 毫米，锐尖，背面疏被灰白色柔毛。花小，径约 3 毫米，乳白色有粉红晕。**花梗**连子房 长 3～4 毫米，密被灰白色柔毛。**花瓣和萼片** 腹面均有 3 条玫瑰红色脉纹，背面密被黄褐色绒毛，脉纹不明显。**中萼片** 椭圆形，端锐尖；**侧萼片** 斜卵形，端尖，基部与蕊柱足合生成萼囊；**花瓣** 卵状披针形，端锐尖，无毛。**唇瓣** 外轮廓菱形或阔卵形，黄白色，分裂不明显。**唇盘** 微凹，呈暗紫褐色，两旁各有一隆起，其外缘也为褐紫色；**中裂片** 前部稍增厚，有一锚形的褐紫色斑。**蕊柱** 黄白色；**蕊柱足** 黄白色有褐紫色晕，药帽黄白色，中部为黑褐色。**花期** 6～8 月。

**产地和分布**：产于云南西双版纳。新加坡和马来西亚有分布。
**模式标本** 采自新加坡。
**生态**：附生兰。多附生于海拔 1500 米左右的林中树干上。

图 142 版纳毛兰
*Eria pudica* Ridl.
1 植株　2 部分花序　3 花正面
4 花纵剖面　5 唇瓣
6 蕊柱及唇瓣侧面　7 药帽　8 花粉块
（1974/08 程式君采自云南西双版纳，并绘图）

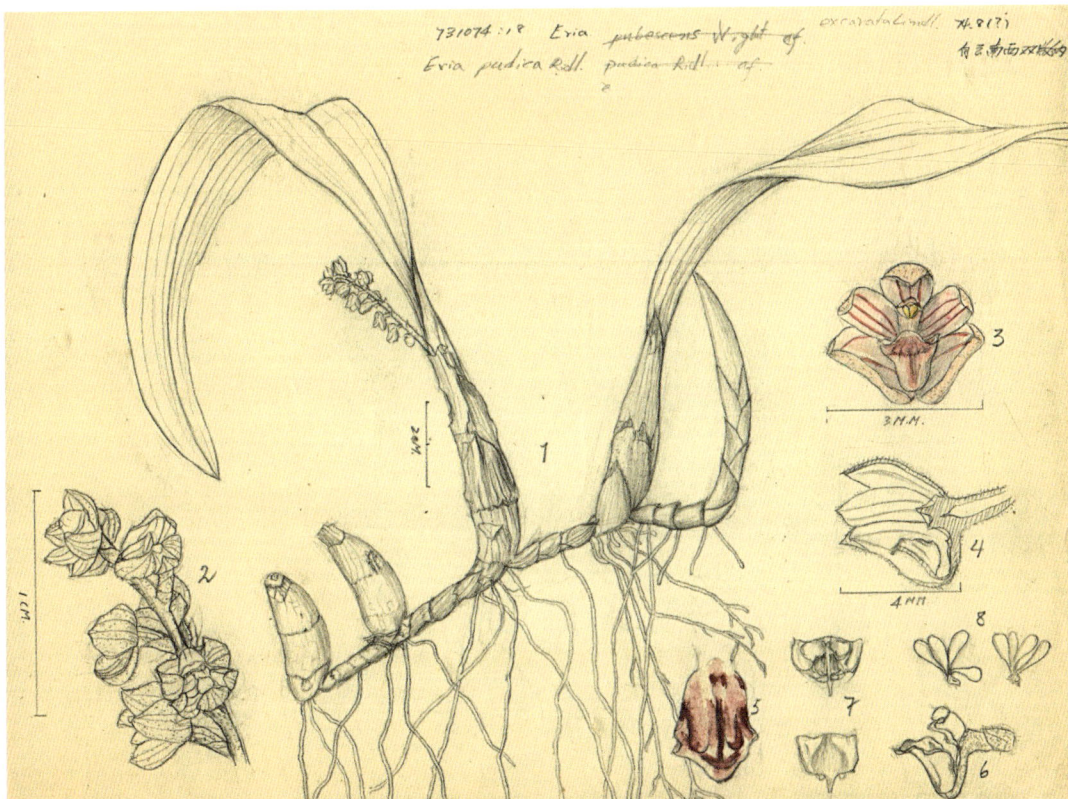

# 143 美丽毛兰

**学名：** *Eria pulchella* Lindl.

[ 曾用学名：*Callostylis pulchella* (Lindl.) S. C. Chen & Tsi；*Pinalia rigida* (Lindl.) Kuntze；*Tylostylis pulchella* (Lindl.) Ridl.；*Tylostylis rigida* sensu Ridl. ]

**组别：** 美丽毛兰组 Sect. Tylostylis

**形态：植株** 藉根状茎攀附生长。**根状茎** 褐色，长而匍匐，木质坚硬，径 5～7 毫米。**假鳞茎** 长卵状菱形，直立，疏生于根状茎上，彼此间距 6～17 厘米（约有 9 节）；高 6～10 厘米、粗约 2 厘米，具 1～4 节；老时黄绿色，具皱纹。**叶** 密生于近茎顶处 2～3 个节上，2～4 枚，阔披针形，长约 12 厘米、宽约 3 厘米，先端不等 2 钝裂，叶基包围茎节，叶脉 5 条，中脉在叶背隆起。**花序** 1～3 个，总状，顶生与叶相对，短于叶，花可多达 15 朵，但同时只开 1 朵，整个花序密被白色柔毛。苞片 长约 4 毫米，反卷。**花** 径约 1.7 厘米 × 2.0 厘米，肉质，为暗淡的橘黄色，将凋时变橙红色，整个密被细毛。**子房连花梗** 长 1.5 厘米，黄褐色密被绒毛。萼片 腹面被白绒毛、背面密被黄褐色短毛；**中萼片** 长圆形，长约 1.2 厘米、宽约 0.5 厘米；侧萼片 长圆形稍歪斜，长 1 厘米、宽 0.5 厘米；**花瓣** 倒卵状长圆形，比萼片略小，长 0.8 厘米、宽 0.3 厘米，两面均被白绒毛。**唇瓣** 阔心形，不裂，基部收窄与蕊柱足相连，长约 0.5 厘米，肉质，亮红褐色，旁边色较淡并被黄色短毛，基部具 3 条矮脊，脊间以黄色线条分界。**蕊柱** 橙黄色，细而弯，长约 7 毫米；**蕊柱足** 长约 3 毫米，与蕊柱垂直，不与侧萼片形成萼囊，具暗棕色胼胝体。**药帽** 铬黄色，中部褐色。**花期** 3 月。

**产地和分布：** 产于云南西双版纳。广泛分布于缅甸、泰国、老挝、马来西亚及印度尼西亚婆罗洲、苏门答腊、爪哇等地。

**生态：** 附生兰。生于低海拔（由海平面至 1000 米）的潮湿森林中（包括老的红树林），常附生于多苔藓的树上或集有腐殖质和苔藓的石灰岩上。

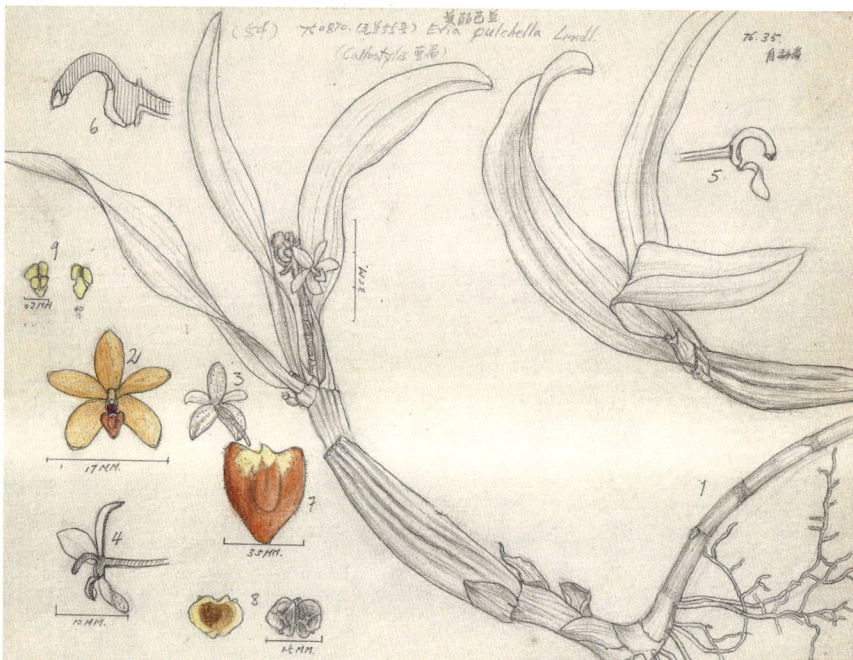

图 143 美丽毛兰
*Eria pulchella* Lindl.

1 植株
2 花正面
3 花背面
4 花纵剖面
5 蕊柱、子房及唇瓣
6 蕊柱纵剖面
7 唇瓣
8 药帽
9 花粉块
（1976/03/05 程式君采自云南勐仑，并绘图）

# 144 玫瑰毛兰（别名：红花毛兰，玫瑰宿苞兰）

**学名：** *Eria rosea* Lindl.

[ 曾用学名：*Octomenia rosea* (Lindl.) Spreng.; *Xiphosium roseum* (Lindl.) Griff.; *Pinalia rosea* (Lindl.) Kuntze; *Cryptochilus roseus* (Lindl.) S. C. Chen & J. J. Wood]

**组别：** 长苞毛兰组 Sect. Xiphosium

**形态：植株** 高 15 ~ 25 厘米。**根状茎** 匍匐，粗壮，节间短而密。**假鳞茎** 丛生，卵形或稍压扁；高 2 ~ 4 厘米、径 2 ~ 4.5 厘米，顶生 1 枚叶；老假鳞茎具皱纹，无叶，顶部具长圆形至圆形、凹陷的叶痕；新假鳞茎下部被 5 ~ 7 枚鞘状的苞状叶，长 1 ~ 8 厘米，最下者最短，第二年完全脱落，仅余纤维状残留物。**叶** 直立，厚革质，披针形至长圆状卵形，先端钝，具短尖头，长 5 ~ 23 厘米、宽 1.5 ~ 4.5 厘米；叶脉不明显，中脉在叶表深凹、在叶背明显凸出；叶基楔形并渐窄成叶柄，花期后的叶柄长 1.5 ~ 7 厘米、径 0.3 ~ 0.8 厘米，圆柱形，具深沟槽。**花序** 与叶近等长，自新假鳞茎顶端、尚未展开的新叶中抽出，上部疏生 2 ~ 5 朵花；**花苞片** 线形，长 2 ~ 5 厘米，绿色。**花** 蜡质，早晨天晴时有芳香，径 1 ~ 2 厘米，白色或淡玫瑰红色。**花梗连子房** 长 1 ~ 2.5 厘米，黄绿色。**萼片** 白色，边缘有粉红色晕及红色脉纹；**中萼片** 卵状长圆形，长约 12 毫米，背面有龙骨状凸起；**侧萼片** 三角状披针形，长约 14 毫米、基部宽约 8 毫米，背面有高约 2 毫米的翅，基部与蕊柱足合生成长约 4 毫米的萼囊；**花瓣** 白色，质较薄，卵状菱形，长约 11 毫米、宽约 6 毫米，中脉粗。**唇瓣** 外轮廓为长圆状卵形，长约 1.3 厘米、宽约 1 厘米，3 裂：**侧裂片** 为浅半圆形，尖端内弯，淡玫瑰红色，有深玫瑰红脉纹；**中裂片** 近方形，先端近圆形，边缘玫瑰红色、前部黄色；**唇盘** 自喉部起有 3 条鸡冠状脊，中央 1 条最长、可达中裂片前端、黄色，其余两条白色。**蕊柱** 长 4 ~ 7 毫米、宽约 2 毫米，顶部淡粉红色；**蕊柱足** 长 8 ~ 9 毫米。**花期** 1 ~ 3 月。

**产地和分布：** 产于广东、海南、香港。**模式标本** 采自中国香港。

**生态：** 附生兰。喜附生于海拔 400 ~ 1300 米的悬崖或溪边密林的树干或潮湿岩石上。

**用途：** 美丽奇特且有芳香，可栽培供观赏。

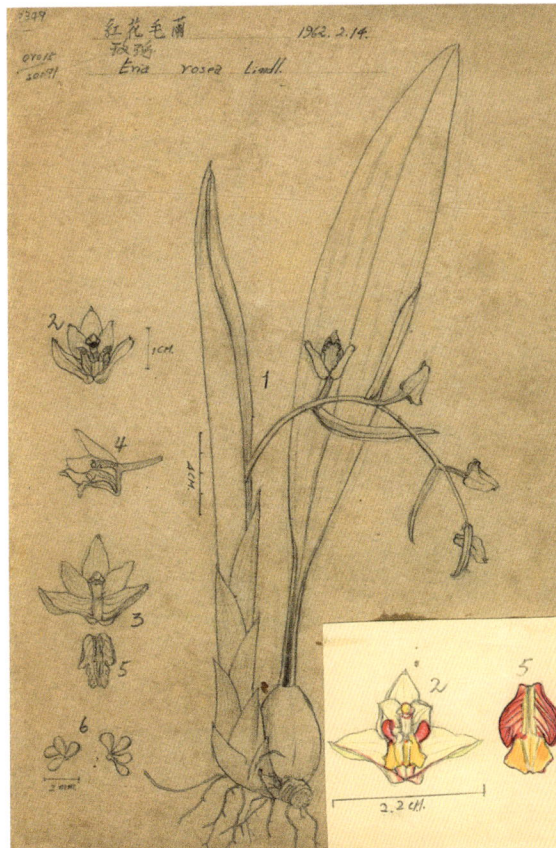

图 144 玫瑰毛兰
*Eria rosea* Lindl.

1 植株
2 花正面
3 花正面无唇瓣
4 花纵剖面
5 唇瓣
6 花粉块
（1962/02/14 程式君绘）

# 145 小毛兰（别名：对茎毛兰，蛤兰）

**学名：** *Eria pusilla* (Griff.) Lindl.

[曾用学名：*Conchidium pusillum* Griff；*Phreatia uniflora* Wight；*Conchidium sinicum* Lindl；*Eria sinica* (Lindl.) Lindl.；*Pinalia pusilla* (Griff.) Kuntze；*Pinalia sinica* (Lindl.) Kuntze]

**组别：** 山毛兰组 Sect. Conchidium

**形态：** 植株 极细小，高 0.8 ～ 2 厘米。**根** 数条，生于假鳞茎基部，丝状，白色，长 1.1 ～ 5 厘米、粗不及 1 毫米，穿织于苔藓和附生蕨类的根群中。**根状茎** 匍匐，丝状，每两假鳞茎之间有 5 ～ 6 节，节间长约 2.4 毫米，节上被鳞片状苞片。**假鳞茎** 通常两两成对，扁球形，密集成片；直径 3 ～ 6 毫米，碧绿色，表面常有细皱纹，并被具网纹的淡棕色膜质鞘。**叶** 1 ～ 3 枚生于假鳞茎顶部，暗绿色，光亮，卵形、倒卵形、披针形、倒卵状披针形或近卵形，长 2 ～ 6 毫米、宽 1 ～ 3 毫米，先端圆钝，具刚毛状细尖头，基部钝或楔形，中脉在叶两面隆起。**花序** 纤细，顶生，长 3 ～ 12 毫米，具 1 朵或偶为 2 朵花。**花** 亮黄绿色，开后逐渐转为乳黄色；**花梗连子房** 长 1.5 毫米，线形；**中萼片** 线状披针形，长 7.5 ～ 9 毫米、基部宽约 2 毫米；**侧萼片** 线状披针形，略呈三角形，长 5 ～ 7 毫米、宽 3 ～ 3.5 毫米，基部合生成较大且歪斜、长约 3 毫米的萼囊；**花瓣** 开展，线状披针形，长 7.5 ～ 9 毫米、宽 2 ～ 3.5 毫米。**唇瓣** 舌状，渐尖，与蕊柱足连接处有活动关节，短于侧萼片和花瓣；近基部 1/3 部位肉质且呈拱弯，然后前弯，渐窄并波状起伏向前至先端，边缘有微齿。**蕊柱** 小，长宽约为 0.5 毫米，上部略具翅；蕊柱足 延长并前弯。**蒴果** 长圆形，长约 4 毫米，具宿存残留花被片。**花期** 10 月至次年 4 月，**单花花寿** 2 ～ 3 天。

**产地和分布：** 产于福建、广东、广西、海南、香港、云南、西藏（墨脱）。印度（东北部）、缅甸、泰国、越南均有分布。**模式标本** 采自中国香港。

**生态：** 附生或石生兰。多生于海拔 300 ～ 1000 米山阴坡的岩面或山谷的溪边树林中。常与苔藓或附生蕨类交织混生。

**用途：** 玲珑小巧、珍奇美丽，适用于点缀山石盆景，为上好的高级盆景观赏植物。

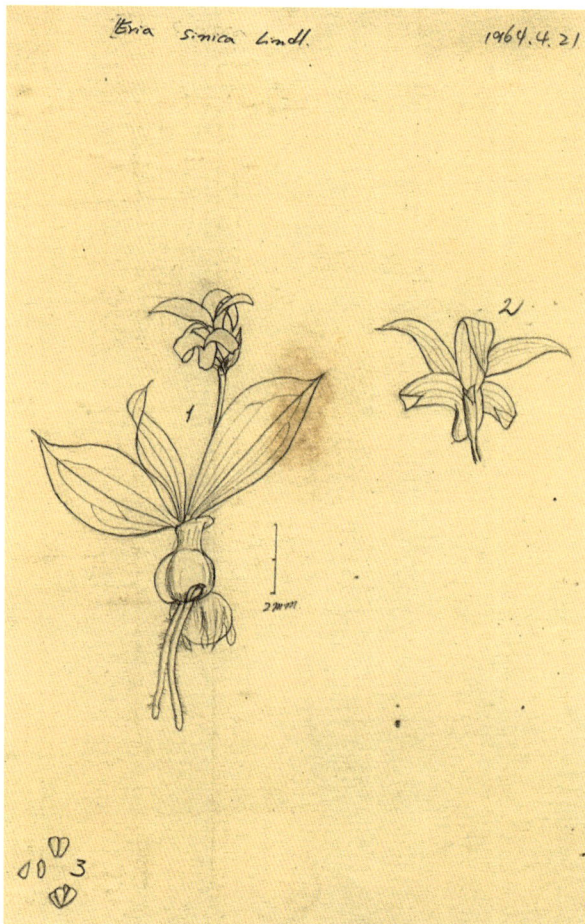

图 145 小毛兰
*Eria pusilla*
　　(Griff.) Lindl.

1 植株
2 花背面
3 花粉块
　（1964/04/21
程式君绘）

# 146 密花毛兰（别名：铃兰毛兰）

**学名：** *Eria spicata* (D. Don) Hand.- Mazz.

（曾用学名：*Octomeria spicata* D. Don; *Eria convallarioides* Lindl.; *Octomeria convallarioides* Wall. ex Lindl.; *Eria salwinensis* Hand.- Mazz.）

**组别：** 密花毛兰组 Sect. Pinalia

**形态：** 植株 高 15～20 厘米，紧密丛生。**假鳞茎** 为上粗下细的圆柱形，略扁，互相紧靠，长 3～16 厘米、径 0.5～1.5 厘米，顶生叶 1 枚。**叶** 纸质，长圆状倒披针形或狭椭圆形，长 10～15 厘米、宽 2.5～3 厘米，先端渐尖，基部收窄成柄。**花序** 于假鳞茎上部的叶丛下抽出，长 2～5 厘米，密生多数小花；花序轴 密生棕褐色绒毛；**花苞片** 披针形，先端渐尖，与花梗连子房近等长。**花** 展开直径约 1 厘米，纯白色，只有唇瓣中裂片先端柠檬黄色。**花梗连子房** 长约 0.8 厘米，被红棕色绒毛。**中萼片** 广椭圆形，长约 7 毫米、宽约 3 毫米，有脉 5 条；**侧萼片** 具棕褐色绒毛，卵状三角形，偏斜，先端尖，长约 7 毫米，具 5 脉，基部与蕊柱足合生成萼囊；**花瓣** 卵状长圆形，长约 6 毫米、宽约 2.5 毫米，具脉 3 条。**唇瓣** 外轮廓近菱形，长约 5 毫米，基部收窄成爪，3 裂：**侧裂片** 卵状三角形，与中裂片成直角；**中裂片** 比侧裂片小，三角形，增厚，基部宽约 1.5 毫米，端尖。**蕊柱** 白色，短；**蕊柱足** 长约 3 毫米，比蕊柱略长。**药帽** 白色，中部稍带棕色；**花粉块** 8 枚，分为 2 组，淡黄色。**花期** 7～10 月。

**产地和分布：** 产于云南（西双版纳）、西藏（南部和东南部）。分布于印度（东北部）、尼泊尔、缅甸和泰国。

**生态：** 附生兰。多附生于海拔 800～2800 米山地或河谷的林中树干上或岩石面上。

**用途：** 可栽培供观赏。

图 146 密花毛兰
*Eria spicata* (D. Don) Hand.-Mazz.
1 植株　2 花正面　3 花侧面　4 花纵剖面
5 蕊柱及唇瓣　6 唇瓣　7 药帽　8 花粉块
（1974/02/11 程式君采自西双版纳，并绘图）

# 147 鹅白毛兰

**学名：** *Eria stricta* Lindl.
[ 曾用学名：*Mycaranthes stricta* (Lindl.) Lindl. ]
**组别：** 侧花毛兰组 Sect. Secundae

**形态：植株** 丛生，高约 20 厘米。**假鳞茎** 棍状圆柱形，直立，高 6～10 厘米、直径 0.4～0.8 厘米，基部被鞘，顶生叶 2 枚，老假鳞茎有少数凹纹。**叶** 革质光滑，长 4～10 厘米、宽 0.5～2 厘米，披针形或卵状披针形，先端常裂为不等的 2 小尖头，基部收窄成短叶柄。**花序** 由假鳞茎顶部两叶之间抽出，直立、略弧弯；花序梗长约 6 厘米，被有黄褐色绒毛；花序与花序梗近等长，密生多数排成 2 列的小花。**花** 甚小，横径约 4 毫米，在花蕾时密被黄白色绒毛。**子房及萼片** 背面密被白色棉毛。**中萼片** 黄白色，染玫瑰紫晕，卵形，长约 2 毫米、宽约 1.5 毫米，先端急尖；**侧萼片** 与中萼片同色，卵状三角形，长宽均约为 2 毫米，端钝，基部与蕊柱足合生成短萼囊；**花瓣** 白色，边缘玫瑰紫色，向中部淡化为玫瑰紫晕，卵形，长约 2 毫米、宽 1.5 毫米，端钝，无毛。**唇瓣** 白色，近圆形，径约 2 毫米，3 浅裂：**侧裂片** 三角形，与中裂片平；**中裂片** 近扁圆形，先端圆钝；**唇盘** 中央自基部至中裂片先端有一条加厚带，上有 3 条褶片，近中裂片先端有一球形胼胝体。**蕊柱** 柠檬黄色，顶部茶褐色，长约 1.5 毫米，两侧具翅；**蕊柱足** 长约 2 毫米。**蒴果** 长约 5 毫米，密被白色棉毛。**花期** 11 月至次年 2 月。

**产地和分布：** 产于云南和西藏(墨脱)。分布于尼泊尔、印度(东北部)和缅甸。**模式标本** 采自尼泊尔。

**生态：** 附生兰。多生于海拔 800～1300 米的山坡岩石上或山谷树干上。

**用途：** 可栽培供观赏。

图 147 鹅白毛兰 *Eria stricta* Lindl.
1 植株 2 花正面 3 花侧面 4 花纵剖面 5 药帽 6 花粉块
(1973/12/05 邵应韶采自昆明植物园，程式君绘)

# 148 石豆毛兰

**学名:** *Eria thao* Gagnep.

[ 曾用学名: *Eria bulbophylloides* T. Tang et F. T. Wang]

**组别:** 毛苞毛兰组 Sect. Strongyleria

**形态:** **植株** 借助发达的匍匐根状茎攀爬。**假鳞茎** 疏生于根状茎上，间距 1～3 厘米，近球形，直径约 1.2 厘米，被 2 枚膜质鞘状叶，顶生 1 枚叶，脱落后留下稍膨大的叶痕。**叶** 革质，具 8～9 条脉，卵状披针形至长圆状椭圆形，长 3～10 厘米、宽 1～2 厘米，先端钝，基部渐狭，形成长约 2 厘米的叶柄。**花序** 自假鳞茎顶端抽出，长约 2 厘米，密被红褐色棉毛，有花 1 朵。**花** 铬黄色，径 2.4 厘米 × 1.8 厘米；**花梗连子房** 长约 5 毫米，与萼片背面均密被红褐色长绒毛；**中萼片** 披针状长圆形，长约 1.5 厘米、宽约 0.6 厘米；**侧萼片** 三角状卵形，长约 2 厘米、宽约 0.8 厘米，基部与蕊柱足合生，形成萼囊；**花瓣** 椭圆形，长约 1.5 厘米、宽约 0.8 厘米。**唇瓣** 暗红略呈棕色，长约 1.5 厘米、宽约 1 厘米，3 裂：**侧裂片** 颜色较淡，直立，近三角形，长约 4 毫米；**中裂片** 近长圆形，长约 1 厘米、宽约 0.6 厘米，边缘增厚；**唇盘** 上具 3 条纵行褶片，中间的褶片较矮且短，黄色，两侧褶片较高而长，黄色较淡。**蕊柱** 白色，略染红晕，长约 6 毫米，两侧有短翅；**蕊柱足** 长约 8 毫米，基部有 1 枚橙红色斑；**花粉块** 茶褐色，柄黄色。**蒴果** 被棕褐色毛。**花期** 8～10 月。

**产地和分布:** 产于海南。越南也有分布。**模式标本** 采自越南。

**生态:** 附生兰。喜生于海拔 600～1200 米的林中乔木上或岩石上。

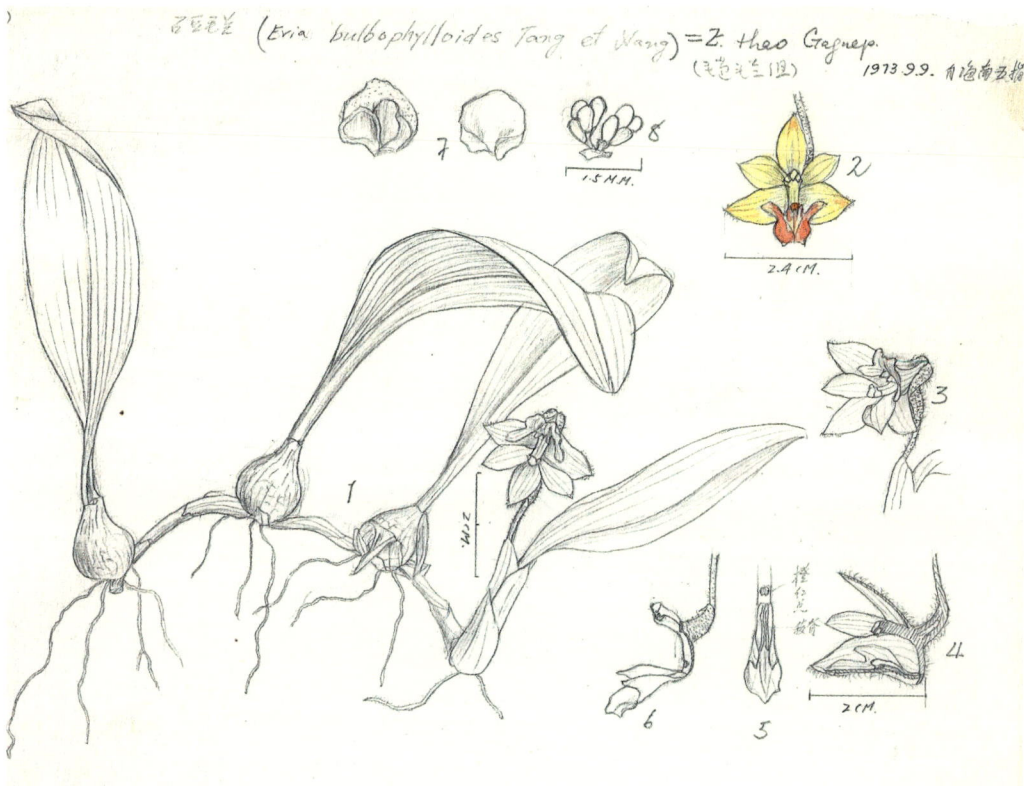

图 148 石豆毛兰
*Eria thao* Gagnep.

1 植株
2 花正面
3 花侧面
4 花纵剖面
5 唇瓣
6 子房、蕊柱和唇瓣
7 药帽
8 花粉块
（1973/09/09 程式君采自海南五指山，并绘图）

# 149 黄绒毛兰（别名：海南毛兰）

**学名：** *Eria tomentosa* (S. D. Koen.) Hook. f.
[ 曾用学名：*Epidendrum tomentosum* K. D. Koen.；*Pinalia tomentosa* (K. D. Koen.) Kuntze；*Eria hainanensis* Rolfe]
**组别：** 基花毛兰组 Sect. Dendrolirium

**形态：** **植株** 高约 10 厘米。**根状茎** 粗壮，径约 5 毫米，在两个假鳞茎之间具 4～5 枚漏斗状膜质鞘，老时脱落。**假鳞茎** 椭圆形，略扁，长 2～7 厘米、粗 1.5～2.5 厘米，通常具 2～3 节，基部具数枚膜质鞘。**叶** 较厚，3～4 枚着生于假鳞茎顶端，椭圆状披针形或倒卵状披针形，长 10～24 厘米、宽 1～5 厘米，先端急尖，基部收窄，具关节，叶柄长 1～1.5 厘米。**花序** 自假鳞茎近基部抽出，粗壮，具花 10 朵以上，长 10～30 厘米，高于叶丛，密被棕黄色绒毛，基部被 6～7 枚漏斗状鞘；**花苞片** 长 1.2～2 厘米，背面密被黄棕色绒毛，腹面疏被短柔毛。**花** 径约 2 厘米。**花梗连子房** 长 3～4 厘米，密被锈黄色绒毛。3 枚萼片连合，腹面绿褐色，背面被锈黄色绒毛；**中萼片** 披针形，长 1.8 厘米、宽 0.5 厘米；**侧萼片** 歪斜，近似直角三角形，长 1.7 厘米、宽约 1 厘米，与中萼片的基部相连，其基部与蕊柱足合生成长约 0.5 厘米、宽 0.45 厘米的萼囊；**花瓣** 线形，长约 1.1 厘米、宽约 0.25 厘米，黄绿色，端部略带紫红色。**唇瓣** 较窄，长约 1.7 厘米、宽约 0.4 厘米；黄绿色，中央有一条由基部贯穿至中部的红褐色条纹，两侧略染淡红褐色晕；稍呈 3 裂：**侧裂片** 较窄，端尖，齿状，直立，长 0.9 厘米、宽 0.15 厘米，黄白色；**中裂片** 长圆形，近端部略扩大，端尖，边缘有波状皱，长 0.65 厘米、宽约 0.45 厘米。**蕊柱** 淡黄白色，长 0.6 厘米、宽 0.35 厘米；**蕊柱足** 与蕊柱等长，宽约 0.25 厘米。**药帽** 黄白色带褐色晕。**蒴果** 圆柱形，长约 3 厘米，果柄长约 2.5 厘米，被毛。**花期** 4～5 月。

**产地和分布：** 产于海南和云南（南部）。印度（东北部）、缅甸、泰国、老挝和越南均有分布。
**模式标本** 采自泰国。

**生态：** 附生兰。附生于海拔 800～1500 米林中树上或岩石上。

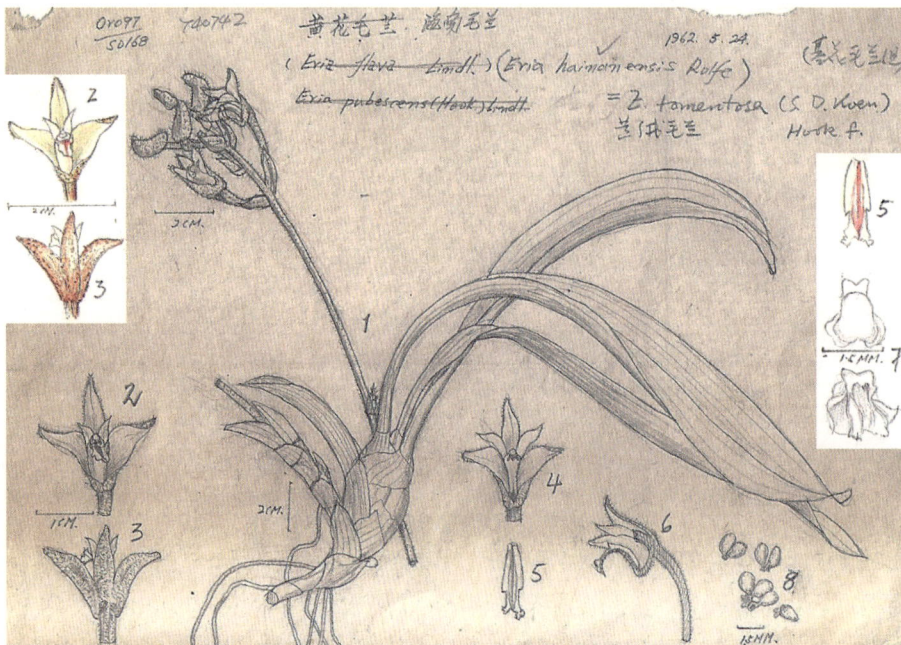

图 149 黄绒毛兰
*Eria tomentosa*
　　(S. D. Koen.) Hook. f.

1 植株
2 花正面
3 花背面
4 花正面（无唇瓣）
5 唇瓣
6 花纵剖面
7 药帽
8 花粉块
（1962/05/24 程式君绘）

# 3.30 花蜘蛛兰属 *Esmeralda* Rchb. f.

**历史：** 本属于 1874 年首先由 H. G. Reichenbach 建立并发表于 *Xenia Orchidacea* 的第二卷。他根据本属的唇瓣虽可活动但没有关节这一特点，而将它从万代兰属独立了出来。拉丁属名 *Esmeralda* 源自希腊文 *smaragdus*（宝石绿），指它的叶色翠绿有如宝石。

**分类和分布：** 花蜘蛛兰属隶属兰科兰亚科万代兰族的指甲兰亚族，和蜘蛛兰属很相似。它与蜘蛛兰属在外形上最明显的分别是：蜘蛛兰属的萼片和花瓣为狭长匙形或狭长圆形，且前段常下弯令花形呈蜘蛛状，其长度为宽度的 4 倍以上；而花蜘蛛兰属的萼片和花瓣为宽卵形或宽匙状椭圆形，长度约为宽的 3 倍。G. Bentham 和 J. Hooker 曾认为花蜘蛛兰属（*Esmeralda*）与蛛花兰属（*Arachnanthe*）是同物异名 [ 后者后来被证明是蜘蛛兰属（*Arachnis*）的同物异名 ]。1975 年，陈伟杰（Kiat Tan）在 *Selbyana*（《塞尔比植物园志》）中详细讨论了花蜘蛛兰属（*Esmeralda*）与其相邻属如蜘蛛兰属（*Arachnis*）、岩隙兰属（*Armodorum*）、拟万代兰属（*Vandopsis*）和异花兰属（*Dimorphorchis*）之间的系统分类关系，以花蜘蛛兰属具有发达的距和隐藏于唇瓣中的蜜腺这个特点，与其他的几个属区别开来。本属约有 3 种，分布于中国南部热带亚热带地区及泰国、缅甸、印度（东北部）、不丹、尼泊尔等地。我国有 2 种，产于华南和西南。

**本属模式种：** 卡氏花蜘蛛兰 *Esmeralda cathcartii* (Lindl.) Rchb. f.

（曾用学名：*Vanda cathcartii* Lindl.）。本种产于喜马拉雅东部（印度东北部、不丹、尼泊尔等地）海拔 600 ～ 2000 米地带。

**形态特征：** **植株** 攀援状附生兰。**茎** 长而粗壮，多节，具多数排成 2 列的叶。**叶** 狭长，厚革质，先端为不等 2 圆裂，叶基部扭转，使 2 列的多数叶处于同一平面，叶基与抱茎的叶鞘之间有关节。**花序** 比叶长，直立，具少数花；苞片宿存，鳞片状，抱茎。**花** 较大而鲜艳，淡黄色具红褐色横纹，质地厚。**花瓣** 基本上与萼片相似而略小，二者均为舌状至卵形，开展，互相覆盖。**唇瓣** 近于琴形，3 裂，基部以活动的关节与蕊柱基部相连；**侧裂片** 小；**中裂片** 具爪，肾形，边缘具钝齿且上卷，基部具 2 胼胝体，上面中央具脊。**蕊柱** 粗厚，无足；**花粉块** 4 枚，分为 2 对；**黏盘** 大，呈马鞍状。

# 150 花蜘蛛兰（别名：大花蜘蛛兰）

**学名：** *Esmeralda clarkei* Rchb. f.

[ 曾用学名： *Vanda clarkei* (Rchb. f.) N. E. Br.; *Arachnanthe clarkei* (Rchb. f.) Rolfe; *Arachnis clarkei* (Rchb. f.) J. J. Sm. ]

**形态：** 茎 粗壮坚实，攀援状，长 70 ～ 100 厘米、直径 0.7 ～ 1 厘米；有时具分枝；多节，节间长 2 ～ 3 厘米。叶 呈 2 列排列于茎上；革质，长圆形；长 13 ～ 25 厘米、宽约 1.7 厘米；叶端为不等侧 2 圆裂；叶基部具有抱茎的鞘。花序 总状，长于叶，可达 33 厘米；具少数花；花序柄 粗壮，具鞘 2 或 3 枚；花序轴上部常呈 "之" 字形折曲；花苞片 宽卵形，端钝，长 1 ～ 1.7 厘米，伸展方向与花序轴几呈直角。花 较大，直径约 5 厘米；质地较厚，芳香；花形伸展，状似蜘蛛。花梗连子房 长约 3 厘米。顶萼片 与侧萼片 大小近相等，颜色也相同，均为底色土黄、上具棕褐色连成断续横纹的斑点；形状均为倒卵状椭圆形，先端钝，长约 3.5 厘米、宽 1 ～ 1.2 厘米。花瓣 比萼片略短，长 2.8 ～ 3.1 厘米、宽 0.9 ～ 1.1 厘米，近端部最宽，端钝，近匙形；颜色与萼片近似而略淡，斑点也较少而连成横带状。唇瓣 着生于蕊柱基部，长约 2.5 厘米，基部具短爪和一个活动的关节；为不明显的 3 裂：侧裂片 直立，近半圆形；中裂片 伸展，卵状菱形，先端稍锐尖，中央隆起两条棱脊；距 肉质肥厚，长约 5 毫米，末端钝并略向后弯，有两枚胼胝体分处距口两侧；唇瓣整体色白、略带玫瑰红晕，上有许多细小的玫瑰红斑点和疣状凸起。蕊柱 粗短，长 1.2 ～ 1.4 厘米，白色，略染玫瑰红晕；蕊柱盖乳黄色，在其与蕊柱相接处有一圈玫瑰红色；花粉块 鲜黄色，4 枚，分成 2 组，每组各有 1 大 1 小。蒴果 橄榄绿色，具暗紫色晕；棒槌形，前部最粗，具 3 条凸棱；长 2.5 ～ 5.5 厘米、径 0.8 ～ 2 厘米。花期 9 ～ 10 月。果期 10 ～ 12 月。

**产地和分布：** 产于海南。尼泊尔、印度（东北部）、不丹、缅甸、泰国等地均有分布。模式标本采自印度。

**生态：** 附生于海拔 500 ～ 1000 米的山谷中岩石上或疏林中的树干上。

**用途：** 可栽培用作观花植物。

图 150 花蜘蛛兰
*Esmeralda clarkei* Rchb. f.

1 植株及花序
2 花正面
3 花纵剖面
4 蕊柱、子房及唇瓣
5 药帽
6 果
7 唇瓣上的疣状凸起
8 花粉块
（1973/09/10 广州兰圃采自海南尖峰岭，程式君绘）

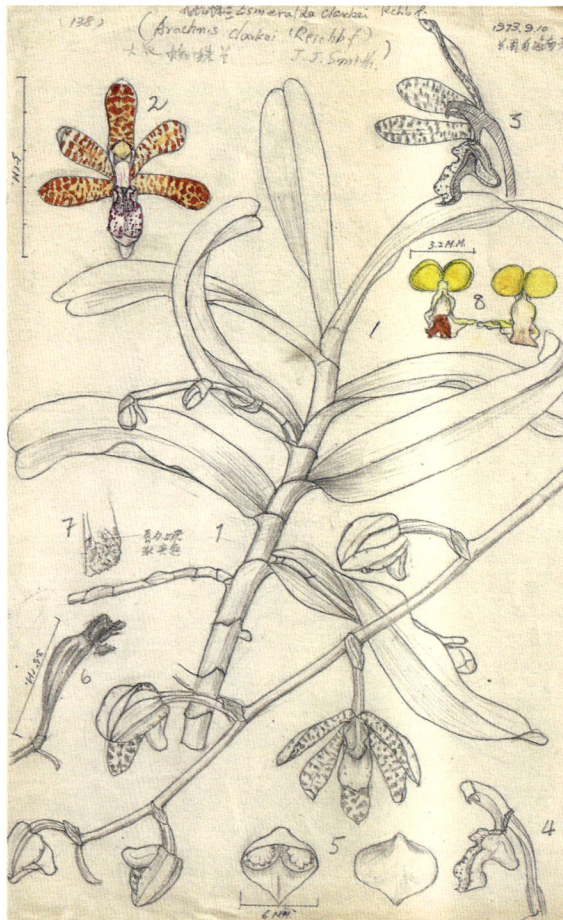

## 3.31 美冠兰属 *Eulophia* R. Br. ex Lindl.

**历史：** 本属属名 *Eulophia* 由 John Lindley 于 1823 年在《植物学志要（第 686 卷）》（*Botanical Register*，t. 686）中发表。拉丁属名 *Eulophia* 源自希腊文 *eu*（好）和 *lophos*（羽饰），意指它唇瓣上的鸡冠状附属物。

**分类和分布：** 美冠兰属隶属兰科兰亚科树兰族的美冠兰亚族。全属共有约 200 种，主要分布于非洲，其次为亚洲，美洲和澳大利亚也有分布。我国有 14 种。

**本属模式种：** 几内亚美冠兰 *Eulophia guineensis* Lindl.

**生态类别：** 地生兰，极少数为腐生。

**形态特征：** **根** 少数，较粗厚。**茎** 位于地下或地上，为粗壮的根状茎、假鳞茎或地下的块根状茎。**叶** 数枚丛生，下部如鞘状包茎。**花序** 直立，侧生，总状或罕为圆锥状。**花** 显着；**萼片与花瓣** 分离，近相似。**唇瓣** 囊状或基部有距，全缘或 3 裂；**侧裂片** 直立并围抱蕊柱；**中裂片** 平展，略反曲；**唇盘** 上有胼胝体、褶片、冠状脊、流苏状毛等附属物。**蕊柱** 多少有翅；**蕊柱足** 短；**花粉块** 2 或 4 枚，蜡质。

## 151 黄花美冠兰（别名：黄花芋兰，黄冠兰，龟背兰）

**学名：** *Eulophia flava* (Lindl.) Hook. f.
[ 曾用学名：*Cyrtopera flava* Lindl.；*Lissochilus flavus* (Lindl.) Schltr. ]

**形态：** **植株** 粗壮，花叶同时出现。**假鳞茎** 块根状，大小如马铃薯，背部有时露出地面，略似龟背状，具数节，疏生根数条。**叶** 2 枚，大小不等，由假鳞茎顶端生出；纸质，长圆状披针形，长约 30 厘米、宽约 5 厘米；叶柄长约 15 厘米，中部以下套叠成假茎。**花葶** 直立，由块根抽出，粗如铅笔，高约 80 厘米，淡灰绿色，具 3 枚暗红色叶状鞘。**花** 10 ～ 30 朵着生于花葶上部，基本同时开放；花朵呈亮丽的金黄色，开展，直径约 5 厘米。**萼片** 大小及形状相似，呈卵状披针形，长约 3 厘米、宽约 1 厘米，端渐尖；**侧萼片** 略偏斜。**花瓣** 近倒卵形，长约 2.5 厘米、宽约 1.2 厘米，边缘波状。**唇瓣** 近宽卵形，长约 2.5 厘米、宽约 2 厘米，基部呈阔囊状；3 裂：**侧裂片** 内弯、围抱蕊柱；**中裂片** 有 3 条具疣突的纵脊；唇瓣喉部金黄色，具暗红色斑点。**花期** 4 ～ 6 月，**单花花寿** 可长达 3 周。

**产地和分布：** 产于香港、海南、广西。尼泊尔、印度、缅甸、越南、泰国也有分布。**模式标本** 采自印度。

**生态：** 地生兰。生于溪边石缝中或开阔的草地上。

**用途：** 花色鲜艳，花期长；生长粗壮；可栽培供观赏。

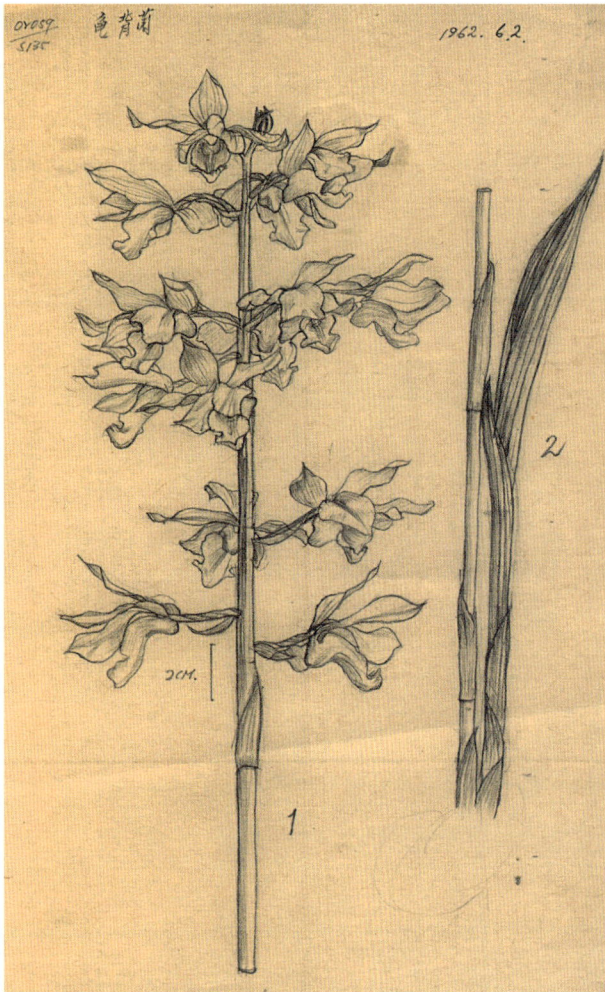

图 151 黄花美冠兰（1）*Eulophia flava* (Lindl.) Hook. f.

1 花葶
2 花葶下段及幼叶
 （1962/06/02 程式君绘）

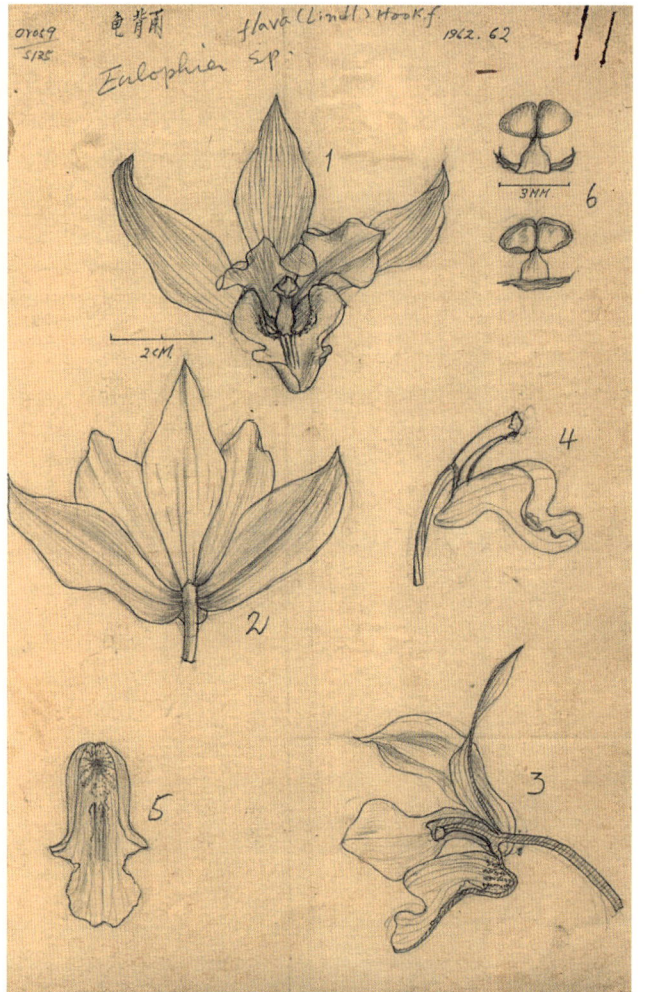

图 151a 黄花美冠兰（2）*Eulophia flava* (Lindl.) Hook. f.

1 花正面
2 花背面
3 花纵剖面
4 蕊柱、子房及唇瓣
5 唇瓣
6 花粉块
 （1962/06/02 程式君绘）

# 152 美冠兰（别名：禾叶美冠兰，洋葱美冠兰）

**学名**：*Eulophia graminea* Lindl.

[ 曾用学名：*Eulophia sinensis* Miq.；*Graphorchis graminea* (Lindl.) Kuntze；*Eulophia ramosa* Hayata；*Eulophia venusta* Schltr.；*Eulophia gusukumai* Masamune；*Eulophia campestris* auct. non Lindl. ]

**形态：植株** 地生，禾草状，高30～80厘米，落叶性，先花后叶、花时无叶。**假鳞茎** 扁圆锥形，状似较大的葱头，下粗，向上渐细；生花的假鳞茎较大，最粗处厚2.8厘米、横径3.5厘米，黄绿色，近上端暗绿色，具4节，节上具深褐色膜质鞘；生叶的假鳞茎较小，最粗处厚1.2厘米、横径1.8厘米，绿白色，节上具黄白色苞片，宽锥形、端渐尖。**根** 簇生于假鳞茎的节上，黄白色，径2～3毫米、长2～3厘米。**叶** 在花完全凋萎后出现，生于假鳞茎顶端，3～6枚，互相套叠，草绿色，呈禾叶状，植株基部的叶最短，向上的长度渐增，长11～35厘米、宽0.7～1.3厘米，有明显的叶脉7条，叶脉在叶面下凹、在叶背隆起。**花葶** 自假鳞茎上节的侧面抽出，可高至70厘米，径3.5～5毫米，草绿色，具3节，节上有阔三角形、黄绿色苞片，渐变为黑褐色。**花序** 总状，有分枝，每序着花30～50朵；花苞片 尖锥形，绿色。**花** 横径2厘米、竖径1.4厘米；**花萼及花瓣** 黄绿色，具紫褐色网状脉纹；**中萼片** 披针形，向后反卷，长1.1厘米、宽0.25厘米，具紫褐色名脉5条（其中3条明显）；**侧萼片** 倒披针形，向后反卷，长1.3厘米、宽1.32厘米，有紫褐色脉5条，并与同色横脉相织成网状；**花瓣** 倒披针形，稍向后反曲，长1.1厘米、宽0.4厘米，具明显的紫褐色脉3条，并与多数横脉织成网状。**唇瓣** 倒卵形，长1.9厘米、宽约0.7厘米，3裂：**侧裂片** 直立，钝三角形，黄绿色，有5条斜出的紫褐色脉；**中裂片** 圆钝，白色，边缘具皱折；**唇盘** 黄绿色，有3条纵向棱脊，自中裂片基部开始，分裂为7条由毛状凸起物组成的凸脊，越向前端的凸起物越长，颜色由白转为玫瑰紫，最前者则为淡玫瑰紫色；**距** 呈棒状，端钝圆，位于唇瓣基部，长约2.5毫米、径约1.5毫米。**蕊柱** 无蕊柱足。**花期** 4～6月。

**产地和分布**：广泛产于安徽、台湾、广东、广西、海南、港澳、贵州和云南。尼泊尔、印度、斯里兰卡、越南、老挝、缅甸、泰国、马来西亚、新加坡、印度尼西亚和琉球群岛均有分布。**模式标本** 采自新加坡。

**生态**：地生兰。多生于疏林草地或土壤贫瘠的山坡草地向阳处，自海拔100～1200米处均可生长。

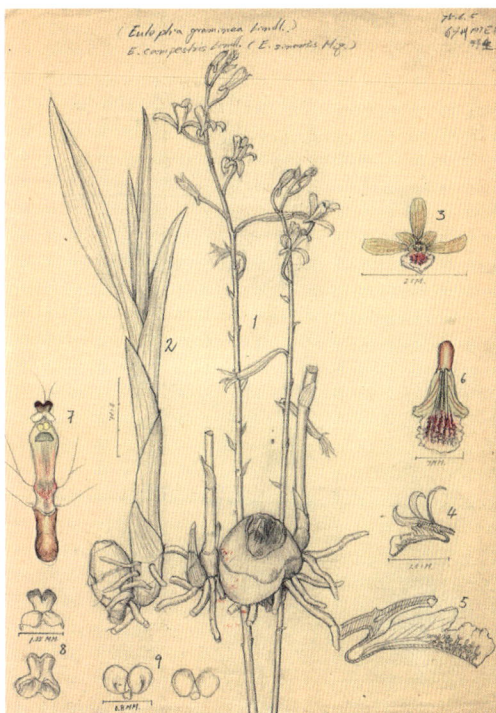

图152 美冠兰
*Eulophia graminea* Lindl.

1 开花植株
2 花后出叶植株
3 花正面
4 花纵剖面
5 蕊柱、子房、唇瓣纵剖面
6 唇瓣
7 蕊柱正面
8 药帽
9 花粉块
（1975/06/05 广州 197 医院内野生，程式君采并绘图）

# 153 紫花美冠兰

**学名：** *Eulophia spectabilis* (Dennst.) Suresh

[ 曾用学名：*Wolfia spectabilis* Dennst.；*Eulophia nuda* Lindl.；*Cyrtopera nuda* (Lindl.) Rchb. f.；*Eulophia holochila* Coll. et Hemsl.；*Eulophia burkei* Rolfe ex Downie；*Phaius steppicolus* Hand.-Mazz.；*Semiphaius chevalieri* Gagnep. ]

**形态：** **植株** 大型地生兰，花叶同时出现。**假鳞茎** 位于地下，近球形，基部有数枚披针形鞘疏生根数条。**根** 线形，无分枝，长 8 ～ 15 厘米。**叶** 2 ～ 4 枚，阔披针形，端渐尖，长 20 ～ 40 厘米、宽 2 ～ 6 厘米，基部收窄成长柄；叶柄长，具槽，互相套叠形成假茎，具数枚圆筒状鞘。**花葶** 直立，高 30 ～ 100 厘米，粗壮肉质。**总状花序** 疏生少数花（2 ～ 20 朵）；**花苞片** 卵形，端尖。**花** 直径 2.5 ～ 3.5 厘米，略有香气，大体上为紫红色，其中，**萼片** 为带褐的紫红色，基部暗黄绿色；**花瓣** 粉红色，具紫红色脉纹；**唇瓣** 在暗黄绿的底色上有多数紫红色条纹，在近前端中央处有一大型土黄色斑；**蕊柱** 淡紫红色具紫红色条纹。中萼片 狭长圆形；**侧萼片** 比中萼片略长而偏斜，与蕊柱足相连；**花瓣** 长圆形，先端钝有凸尖。**唇瓣** 卵状长圆形，先端近截形或微凹，边缘呈波状皱，基部收窄。花期 4 ～ 6 月。

**产地和分布：** 我国江西和云南（南部）均产。尼泊尔、不丹、印度、斯里兰卡、缅甸、老挝、越南、柬埔寨、泰国、马来西亚、印度尼西亚、菲律宾、新几内亚和太平洋岛屿均有分布。**模式标本采自印度。**

**生态：** 地生兰。喜温暖或较热的气候。生于海拔 200 ～ 1500 米的开敞草坡或沼泽或翻动过的土壤中。

**用途：** 可作为观赏植物，点缀于自然式的生态园林中。

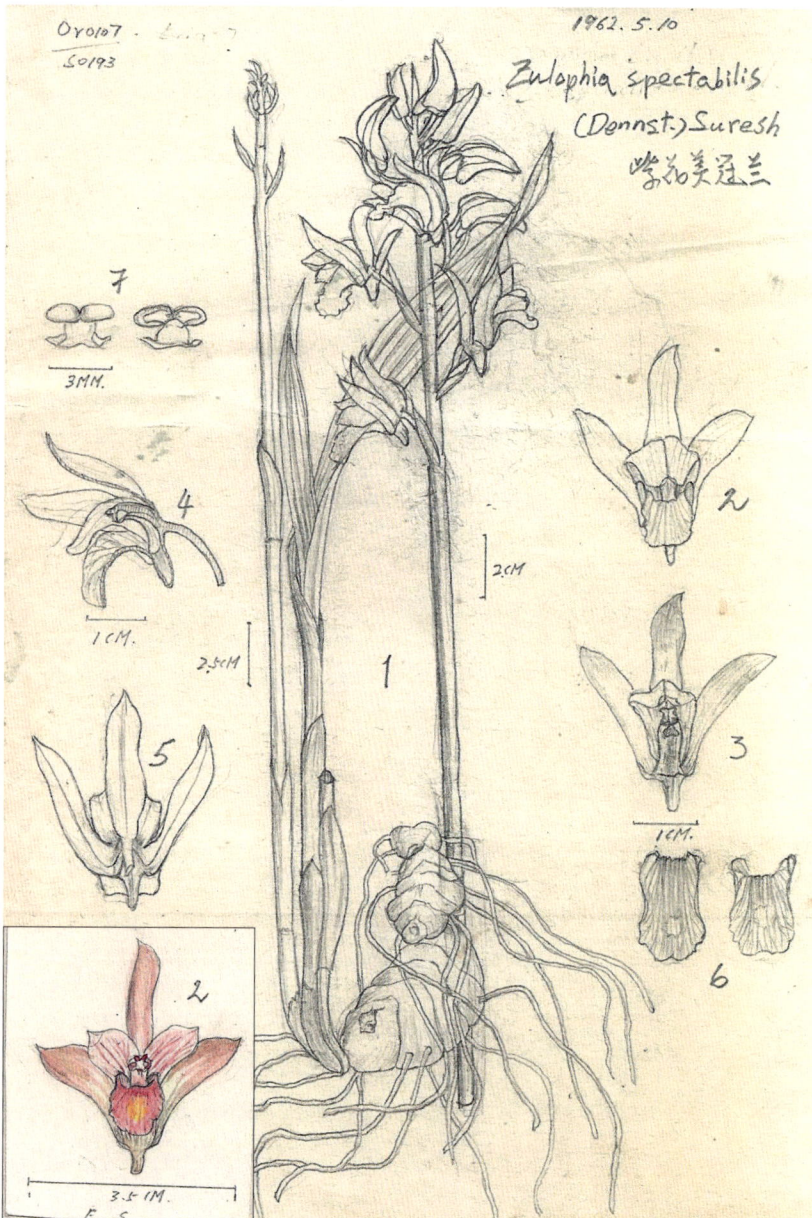

图 153 紫花美冠兰
*Eulophia spectabilis* (Dennst.) Suresh
1 植株　2 花正面　3 花正面（除去唇瓣）
4 花纵剖面　5 花背面　6 唇瓣
（1962/05/10 程式君绘）

## 3.32 厚唇兰属 *Epigeneium* Gagnep.

**历史：** 法国植物学家和植物画家弗朗西斯·伽涅潘（F. Gagnepain）于 1932 年在《巴黎自然博物馆馆刊》（*Bulletin du Muséum d'Histoire Naturelle, Paris*）中描述了厚唇兰属，并以 *Epigeneium* 为属名。这个属的植物也曾先后用过 *Katherina* 和 *Sarcopodium* 这两个名字，但根据学名的优先原则，确定 *Epigeneium* 为正确的属名。拉丁属名 *Epigeneium* 源自希腊文 epi（上面）和 geneion（脸颊），意指其花瓣和侧萼片与蕊柱足的相关位置

**分类和分布：** 厚唇兰属隶属兰科兰亚科树兰族的石斛亚族。全属共约有 35 种，主要分布于印度尼西亚、马来西亚等亚洲热带地区。我国有 7 种，多生长于西南各省区。

**本属模式种：** 单叶厚唇兰 *Epigeneium fargesii* (Finet) Gagnep.

**生态类别：** 附生兰。

**形态特征：** **根状茎** 匍匐，木质，密被褐色鞘。**假鳞茎** 单节，顶生 1～3 枚叶。**叶** 革质，椭圆形至卵形，具短柄或无柄，有关节。**花** 自假鳞茎顶端抽出，单生或为总状花序；**花苞片** 远短于花梗连子房，膜质，栗色。**萼片** 相似；**侧萼片** 歪斜，与唇瓣形成明显的萼囊；**花瓣** 与萼片等长但较窄。**唇瓣** 自蕊柱足末端生出，中部收窄成前唇与后唇两部分，或为 3 裂；**侧裂片** 直立；**中裂片** 前伸；**唇盘** 上常有纵脊。**蕊柱** 短，具蕊柱足，两侧具翅；**花粉块** 蜡质，4 枚分成 2 组；无黏盘和黏盘柄。

## 154 单叶厚唇兰（别名：石榄）

**学名：** *Epigeneium fargesii* (Finet) Gagnep.

[曾用学名：*Dendrobium fargesii* Finet; *Demostrichum fargesii* (Finet) Kraenzl.; *Sarcopodium fargesii* (Finet) T. Tang et F. T. Wang]

**形态：** **植株** 附生，低矮，匍匐呈链状。**根状茎** 线形，匍匐，密被褐色筒状鞘。**假鳞茎** 着生于根状茎上，多数，长 1～2.5 厘米、宽 0.7～1.1 厘米，排成 1 列，彼此相距约 1 厘米；斜立，互相紧靠，下半部与根状茎密接；卵形，长约 1 厘米、宽 0.3～0.5 厘米，顶生叶 1 枚，基部具褐色膜质鞘。**叶** 厚革质，卵状长圆形或长圆状披针形，长 1～2.5 厘米、宽 0.7～1.1 厘米，先端钝圆内凹，基部收窄成短柄或无柄。**花序** 为单花，生于假鳞茎顶端；**花苞片** 膜质，卵形。**花** 横径约 1.4 厘米、竖径 2.1 厘米，不开展。**萼片及花瓣** 表面均蜡黄色，基部至中部有褐紫色晕，中萼片与

花瓣背部也为蜡黄色，但基部暗红具蜡黄条纹，侧萼片背面暗红色，具蜡黄色条纹；**唇瓣**为淡黄色，在前后唇相接处有紫色晕。**中萼片**卵形，长约1厘米、宽约0.6厘米，端急尖，具5脉；**侧萼片**斜卵状披针形，长约1.5厘米、宽约0.6厘米，基部与蕊柱足合生成长约0.5厘米的萼囊；

**花瓣**长圆状披针形，与中萼片近等长，但远比萼片窄。**唇瓣**提琴状，长约2厘米、宽约1厘米，中部收窄形成前后唇；后唇两侧直立，前唇平展、先端深内凹，边缘略呈波状皱；**唇盘**由唇瓣基部至前唇基部有2条乳白色纵脊，末端增粗呈乳头状。**蕊柱**长约5毫米，淡黄色，基部有2条

紫褐色带。**花期**4～11月。

**产地和分布：**产地广泛，安徽、浙江、江西、湖北、湖南、台湾、福建、广东、广西、四川、云南等省区均产。印度和泰国也有分布。

**生态：**附生兰。喜附生于海拔400～2400米的山地林中树干上或沟谷岩石上。

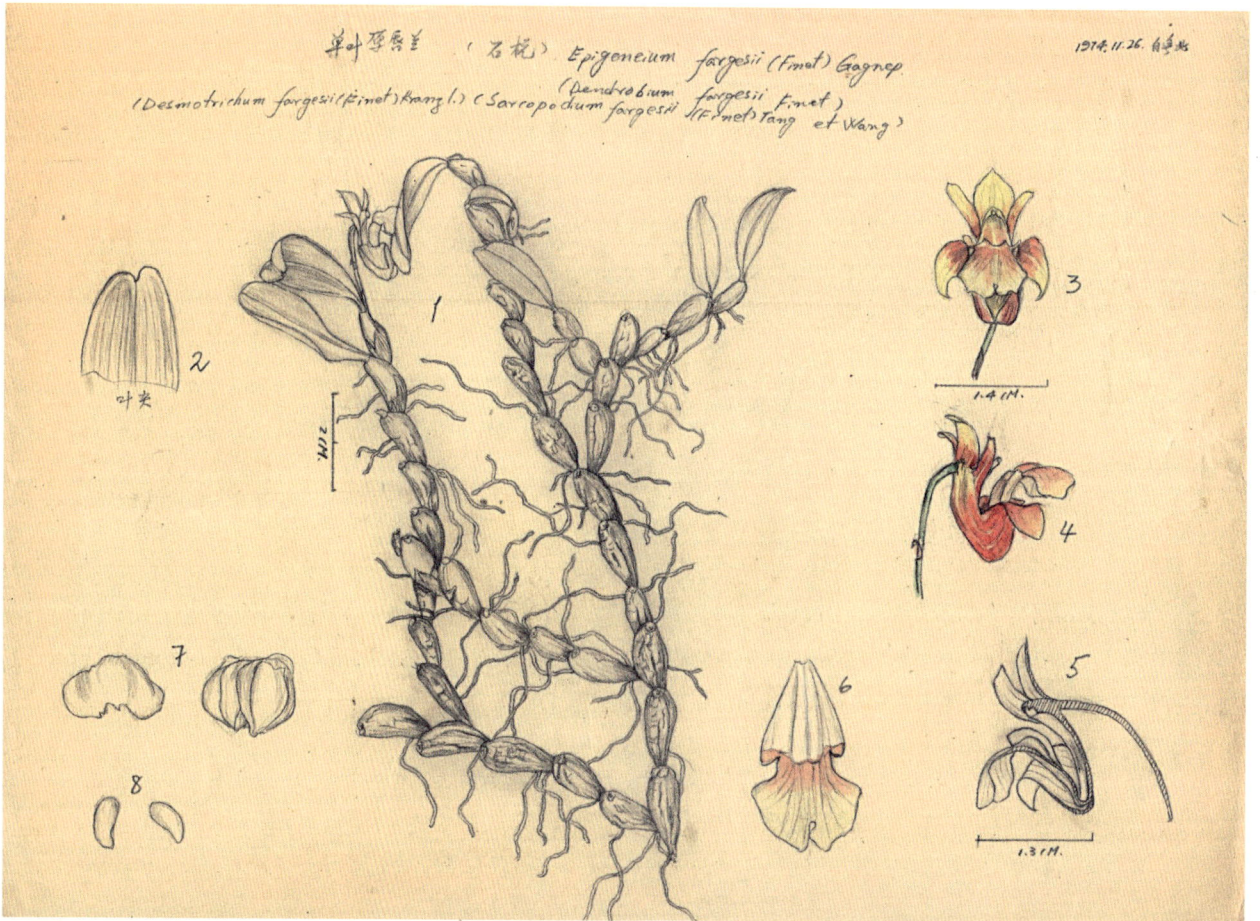

图 154 单叶厚唇兰 *Epigeneium fargesii* (Finet) Gagnep.
1植株　2叶尖　3花正面　4花侧面　5花纵剖面　6唇瓣　7药帽　8花粉块
（1974/11/26程式君采自粤北，并绘图）

# 3.33 金石斛属（暂花兰属）*Flickingeria* Hawkes

**曾用属名：** *Desmotrichum* Bl.； *Ephemerantha* P. E. Hunt et Summerh.

**历 史：** 1825 年 Blume 在其 *Bijdragen* 一书中首次发表了金石斛属的最初拉丁属名 *Desmotrichum*，下分"假鳞茎具一叶"和"假鳞茎具二叶"两个组，共包括 12 个爪哇产的种。1830 年，Lindley 将上述的 12 个种完全归并到石斛属。1910 年 Kranzlin 在 *Planzenreich* 一书中恢复了 *Desmotrichum* 这个属名，共有 27 种，但只包括 Blume 原来 *Desmotrichum* 属中"假鳞茎具一叶"组的 7 个种，其余的种类则原属于其他的属。后来，*Desmotrichum* 这个名称由于以前已被用作另外一个科的属名而被废弃。同时在 1961 年，英国邱园的 P. F. Hunt 和 V. S. Summerhayes 把本属命名为 *Ephemerantha*，而美国的 A. D. Hawkes 把本属命名为 *Flickingeria*。由于后者比前者大概早一个月发表，故采用 *Flickingeria* 作为金石斛属的正式拉丁属名。

**分类和分布：** 金石斛属隶属兰科兰亚科树兰族的石斛亚族。本属共约有 70 种，主要分布于热带东南亚、新几内亚岛和大洋洲的一些岛屿。我国有约 9 种和 1 个变种，主要产于云南南部，其次为海南、广西、台湾和贵州（南部）。

**本属模式种：** 棱茎金石斛 *Flickingeria angulata* (Bl.) Hawkes
（ *Desmotrichum angulatum* Bl. ）

**生态类别：** 附生兰。

**形态特征：** **植株** 附生，中型。**根状茎** 匍匐，通常分枝，沿整条根状茎长根。**茎** 由根状茎的节上生出，延伸数节后节间增粗或成为假鳞茎；主茎由假鳞茎基部继续向前生长，再于顶端形成假鳞茎，如此重复进行；在茎的其他部分也会生出较小的茎。**叶** 1 枚，着生于假鳞茎顶端或尚未膨大的茎顶；基部具一簇干的苞片，内藏潜伏的花芽。**花** 1 或 2 朵，寿命只有几天，有的日中已经闭合，故本属又有"暂花兰属"之名。**侧萼** 宽大，与伸长的蕊柱足合生成萼囊。**唇瓣** 通常 3 裂；**侧裂片** 直立；**中裂片** 上面具 2 ～ 3 条褶片状纵脊，前端常扩大并具皱波状或流苏状边缘。**花粉块** 4 枚，成 2 对，无柄。

# 155 滇金石斛

**学名：** *Flickingeria albopurpurea* Seidenf.

**形态：植株** 藉根状茎攀附。**根状茎** 匍匐，每隔 3～6 个节间长处 1 茎。**茎** 多分枝，通常下垂，黄色。**假鳞茎** 金黄色，纺锤形，略压扁，长 3～8 厘米、粗 0.7～2 厘米，具 1 节间，顶生 1 枚叶。**叶** 革质，阔披针形或卵状披针形，长 9～19 厘米、宽 2～3.5 厘米，端钝且稍 2 裂，叶基收窄成短柄。**花序** 具花 1～2 朵；**花序柄** 极短，基部被数枚鳞片状鞘。**花** 质薄，径 1.4 厘米×1.5 厘米，花寿短、半天即凋；**花梗连子房** 长约 5 毫米，黄色；**萼片及花瓣** 白色；**中萼片** 长圆状披针形，端钝尖，向后反卷，长 1.6 厘米、宽 0.55 厘米；**侧萼片** 斜卵状披针形，端钝尖，向后反曲，长 1.6 厘米、宽 0.55 厘米，基部与蕊柱足相连形成短的萼囊；**萼囊** 与子房夹角为直角；**花瓣** 狭长圆形，渐尖，端钝，长

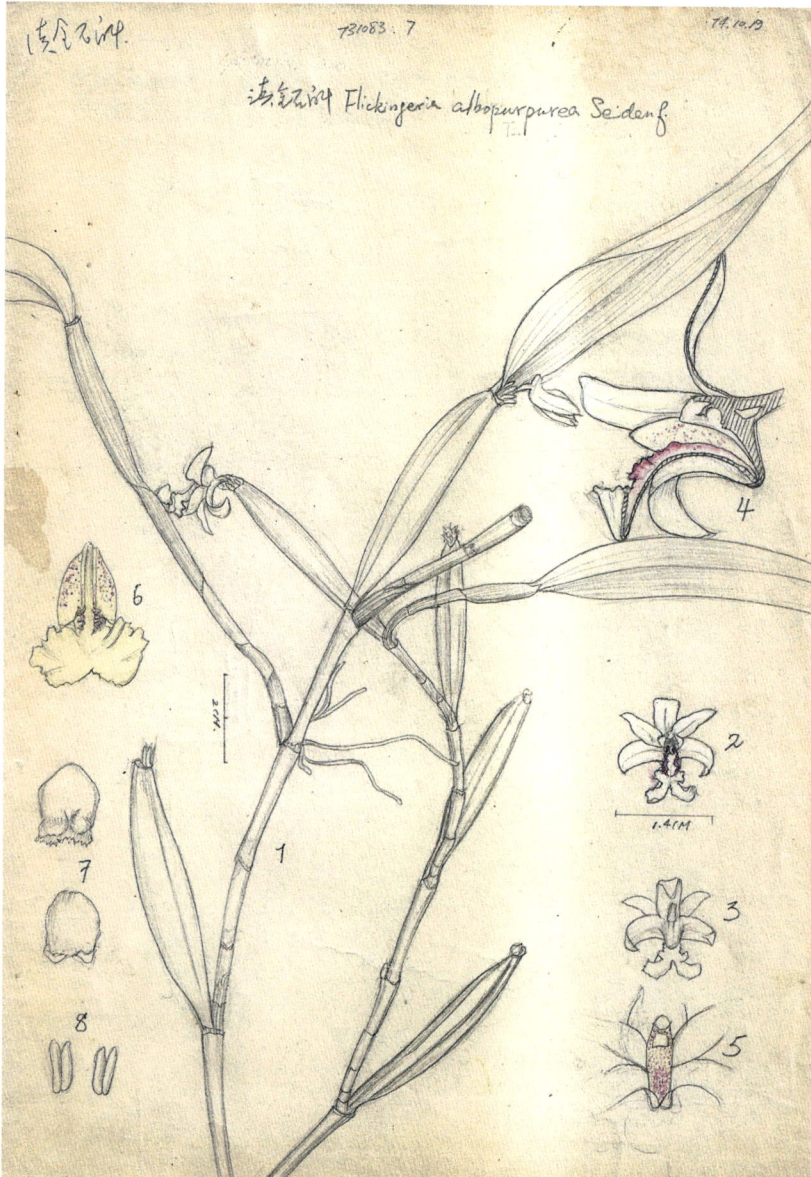

图 155 滇金石斛（1）
*Flickingeria albopurpurea* Seidenf.

1 植株
2 花正面
3 花背面
4 花纵剖面
5 蕊柱正面
6 唇瓣
7 药帽
8 花粉块
（1974/10/19 程式君绘）

图 155a 滇金石斛（2）
*Flickingeria albopurpurea*
　　Seidenf.

1 植株
2 花正面
3 花背面
4 花纵剖面
5 唇瓣
6 药帽
7 花粉块
　（1964/08/25 采集，1973/06/15 开花，程式君采自西双版纳并绘图）

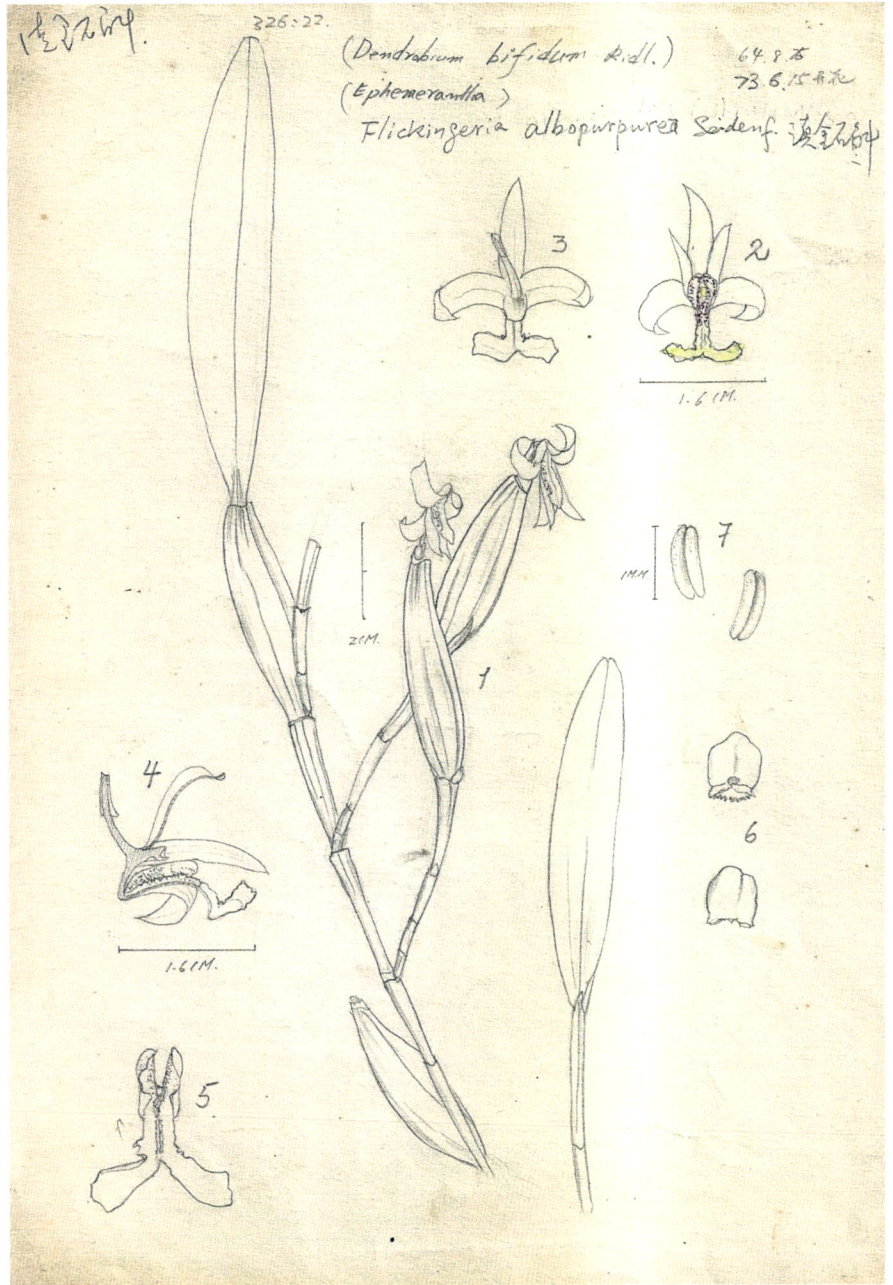

1.35 厘米、宽 0.45 厘米。**唇瓣** 外轮廓三角形，3 裂 **侧裂片** 三角形，直立，黄白色，具多数玫瑰红色小斑点；**中裂片** 白色，基部狭窄，逐渐向前端展宽，至端部分叉成 2 深裂，裂片白色，边缘有皱折；**唇盘** 具 2 条密布紫红色斑点的纵脊，此纵脊在后唇上平直，而在前唇上变宽且呈深紫色皱波状。**蕊柱** 粗短，长约 3 毫米；**蕊柱足** 长约 5 毫米；蕊柱及蕊柱足均为乳白色，腹面密布紫红色细斑点。**花期** 6～7 月。

**产地和分布：** 产于云南西双版纳。分布于泰国、越南、老挝。**模式标本**采自泰国。

**生态：** 附生兰。生于海拔 800～1200 米的山地疏林中的树干上或林荫下的岩石上。

**用途：** 偶尔用作药用石斛的代用品。

# 156 狭叶金石斛

**学名：** *Flickingeria angustifolia* (Bl.) Hawkes

[曾用学名： *Desmotrichum angustifolium* Bl；*Dendrobium angustifolium* (Bl.) Lindl；*Ephemerantha angustifolia* (Bl.) P. F. Hunt et Summerh. ]

**形态：植株** 攀附交织成片。**根状茎** 匍匐，纤细，多分枝。**茎** 在根状茎上相隔4～5节发出，金黄色，下垂，纤细，多分枝。**假鳞茎** 细纺锤形或棍状纺锤形，略扁，金黄色，长2～3厘米、粗0.3～0.6厘米，具1个节间，顶生1枚叶。**叶** 革质，狭披针形，长4～10厘米、宽0.5～1厘米，先端锐尖且微2裂。**花序** 多为单花，生于叶基部的背侧，其基部具2～3枚簇生的鳞片状鞘。**花** 横径约1.4厘米，质薄，只开半天即谢。**萼片、花瓣和距** 均为淡黄绿色，有明显的紫红色脉，距与唇瓣连接处朱红色；**唇瓣** 侧裂片为浅紫红色，端部紫红色；**中裂片** 端部两枚裂片为橙黄色，由中裂片基部至前方分裂处为紫红色，上有两条深紫色高褶片；**蕊柱** 为黄绿色。**中萼片** 卵状椭圆形，端钝，长约5毫米，具3条主脉；**侧萼片** 斜卵状三角形，比中萼片宽而大，具5脉；**萼囊** 大，长约7毫米，与子房夹角为锐角；**花瓣** 卵状披针形，大小不及萼片之半，端急尖，具2～3主脉。**唇瓣** 长约1厘米，基部具爪，3裂：**侧裂片** 先端圆形，直立；**中裂片** 近倒卵形，全缘，前端2深裂，裂片近倒卵形，直立。**蕊柱** 粗短；**药帽** 半球形。**花期** 5～7月。

**产地和分布：** 产于海南和广西。分布于越南、泰国、马来西亚、印度尼西亚（爪哇和苏门答腊）。**模式标本**采自印度尼西亚爪哇。

**生态：** 附生兰。多生于海拔1000米左右的山地疏林中树干上。

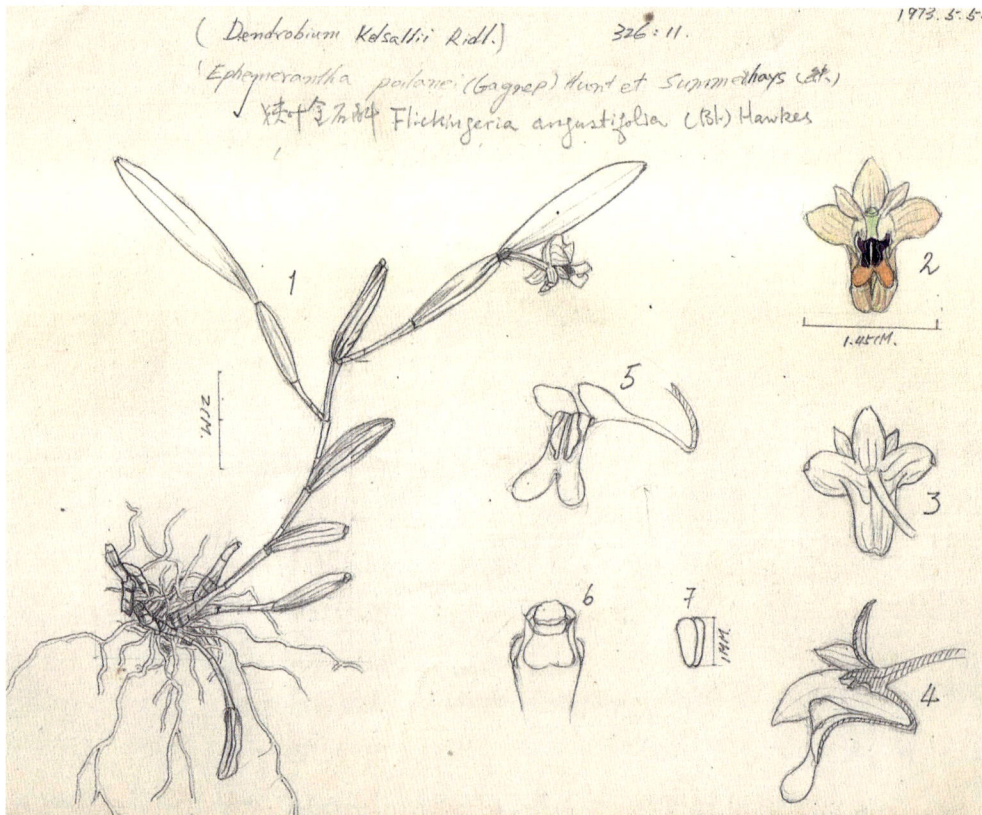

图 156 狭叶金石斛
*Flickingeria angustifolia*
(Bl.) Hawkes

1 植株
2 花正面
3 花背面
4 花纵剖面
5 唇瓣侧面
6 蕊柱
7 花粉块
（1973/05/05程式君绘）

# 157 红头金石斛（别名：朱唇金石斛）

**学名：** *Flickingeria calocephala* Z. H. Tsi et S. C. Chen

**形态：植株** 攀援状附生。**根状茎** 匍匐，具多节，相隔 7～10 节生出 1 茎。**茎** 下垂或斜出，具 3～4 节，干后金黄色。**假鳞茎** 近圆柱形，长 4～6.5 厘米、粗 0.7～0.9 厘米，具 1 个节间，顶生 1 枚叶。**叶** 革质，长圆状披针形，端渐尖，基部收窄成极短的柄或无柄；长 8.5～12.5 厘米、宽 1.4～1.6 厘米。**花序** 自叶基部背面抽出，多为单花，偶有 2 花。**花** 寿命极短，半天即谢；全花为铬黄色，仅唇瓣中裂片前部为橘红色、侧裂片为淡橘红色。**中萼片** 卵状长圆形，长约 10.5 毫米、宽约 3.5 毫米，端急尖；**侧萼片** 卵状三角形，与中萼片等长，中部以上向外反卷，基部较宽且歪斜，先端急尖；**萼囊** 与子房的夹角几成直角；**花瓣** 狭长圆形，中部以上强烈向外反卷，长约 9 毫米、宽约 2 毫米，端急尖，具 5 脉。**唇瓣** 外轮廓倒卵形，基部楔形，长 12 毫米，3 裂：**侧裂片** 直立，倒卵形，先端圆形；**中裂片** 长约 4.5 毫米，平展后呈扇形；**唇盘** 由后唇基部沿前唇基部边缘有 2 条棕红色波状脊，在前唇基部呈波状褶皱或小鸡冠状。花期 6～10 月。

**产地：** 产于云南南部。

**生态：** 附生兰。生于海拔 1200 米左右的山地树林中树干上。

**用途：** 民间偶作药用，充当石斛的代用品。

**图 157** 红头金石斛
*Flickingeria calocephala*
　　Z. H. Tsi et S. C. Chen

1 植株
2 花正面
3 唇瓣
4 药帽
（1974/10/03 程式君绘）

# 158　同色金石斛

**学名：** *Flickingeria concolor* Z. H. Tsi et S. C. Chen

**形态：** **植株** 纠结攀附。**根状茎** 匍匐，节间约长 6 毫米。**茎** 由根状茎的节上抽出，彼此相距 4～6 个节间，金黄色，粗 4～5 毫米，下垂或斜出。**假鳞茎** 狭纺锤形，稍压扁，金黄色，长 5～6 厘米、径 0.8～1.2 厘米，具 1 个节间，顶端具叶 1 枚。**叶** 狭椭圆状披针形，革质有光泽，长 10～12 厘米、宽 1.4～2.2 厘米，端锐尖且微 2 裂。**花** 通常单生，径约 2.2 厘米 × 1.8 厘米，质薄，乳白色，仅开放半天即谢；**花梗连子房** 长 5 毫米；**中萼片** 卵状披针形，长 8～13 毫米、宽 3.5～4 毫米，端急尖，具脉 7 条；**侧萼片** 阔披针形，长与中萼片相似，但较宽而且基部歪斜，与蕊柱足连接形成短的萼囊；**萼囊** 端钝，与子房的夹角几成直角；**花瓣** 狭长圆形，端锐尖，长 11 毫米、宽 2.5 毫米，具主脉 3 条。**唇瓣** 长约 1 厘米，3 裂：**侧裂片** 直立，淡橙黄色，有少数细紫红点，长圆形，端钝；**中裂片** 淡橙黄色，后部窄，两侧具波状皱折，前端扩大且 2 裂，先端略凹缺；**唇盘** 中央由后唇至前唇有 2 条纵脊，纵脊在后唇的部分平直光滑、在前唇部分其边缘呈鸡冠状皱折并止于近唇瓣先端处。**蕊柱** 粗短，乳白色具紫红色细点，基部橙红色。**花期** 6～7 月。

**产地和分布：** 产于云南南部。

**生态：** 附生兰。附生于海拔 1600 米左右的山地疏林中树干上。

**图 158** 同色金石斛 *Flickingeria concolor* Z. H. Tsi et S. C. Chen

1 植株　2 花正面　3 花纵剖面　4 唇瓣（1）　5 唇瓣（2，较小）　6 唇瓣（3）

7 蕊柱　8 药帽　9 花粉块　（1974/08/23 及 1982/07/26 程式君绘）

# 159 流苏金石斛

**学名：** *Flickingeria fimbriata* (Bl.) Hawkes

[ 曾用学名：*Desmotrichum fimbriatum* Bl.；*Ephemerantha fimbriata* (Bl.) P. F. Hunt et Summerh. ]

**形态：根状茎** 匍匐，细而坚硬，粗 5～7 毫米，节间长 7～8 毫米。**茎** 斜出或下垂，多分枝。**假鳞茎** 位于正常茎的上端，金黄色，具一节间，呈扁纺锤形，长 2.5～6.5 厘米、径 0.7～2.5 厘米，顶生 1 枚叶。**叶** 革质，长卵状披针形或狭椭圆形，长 8～20 厘米、宽 2～5 厘米，先端渐尖具微凹，基部收狭具不明显短柄。**花序** 具花 1～3 朵，自叶腋生出，基部具数枚鳞片状鞘。**花** 径约 2 厘米，质薄，芳香。**花梗连子房** 长约 5 毫米。**萼片与花瓣** 均向外反卷，乳黄色，具淡褐或淡紫红色斑点。**萼片** 相同，披针形，长约 9 毫米、宽约 2.5 毫米，**侧萼片** 与蕊柱足合生成萼囊。**花瓣** 与萼片同形但较窄。**唇瓣** 乳白色，3 裂：**侧裂片** 直立，边缘有密集的浅红色斑点；**中裂片** 大，长约 8 毫米、宽 7～8 毫米，边缘呈深的波状皱；**唇盘** 上具 3 条黄白色纵行薄褶脊，中间一条较低，两侧的较高；后段平直，前段呈鸡冠状。**蕊柱** 粗短，长约 4 毫米；**蕊柱足** 长约 7 毫米；**花粉块** 4 枚。**花期** 4～6 月。

**产地和分布：** 产于海南、广西、云南。分布于泰国、越南、菲律宾、马来西亚、印度尼西亚、印度的安达曼群岛和尼科巴群岛。

**模式标本** 采自印度尼西亚爪哇。

**生态：** 附生或石生兰。多生于海拔 760～1700 米的山地林中树干上或林下岩石上。

**用途：** 可供药用，充作石斛的代用品。也可栽培供观赏。

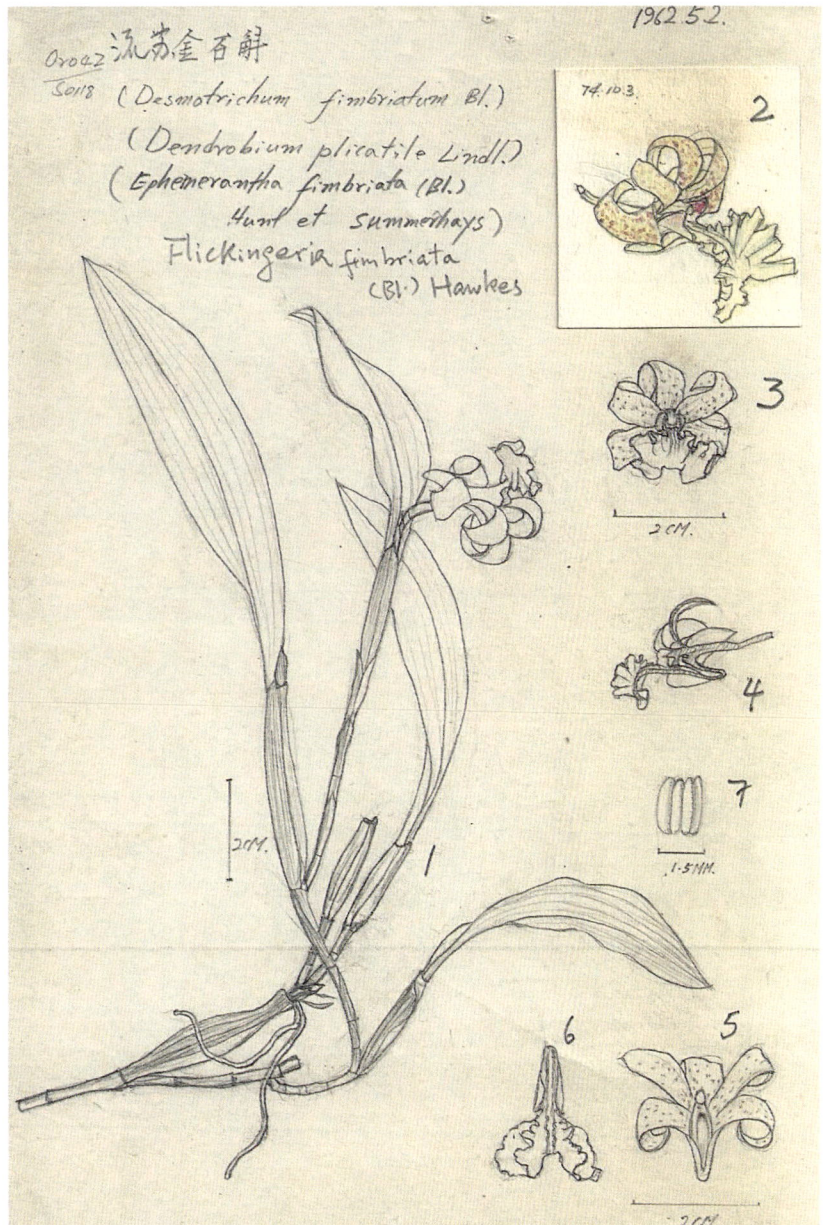

**图 159** 流苏金石斛 *Flickingeria fimbriata* (Bl.) Hawkes

1 植株　2 花　3 花正面　4 花纵剖面　5 花正面去除唇瓣　6 唇瓣　7 花粉块

（1962/05/02 程式君绘）

# 160　暂花金石斛（新拟）

**学名：** *Flickingeria fugax* (Rchb. f.) Seidenf.
（曾用学名：*Dendrobium fugax* Rchb. f.）

**形态：植株** 攀附密集成丛，高15～35厘米。**根** 密生于根状茎的腹面，多数，呈极淡的褐色，细索状，扭曲，密集纠缠，长1～10厘米、径0.1～0.15厘米，有1～2次分枝。**根状茎** 匍匐，黄绿色，光滑，长2～2.5厘米、粗0.5～0.6厘米，略呈扁圆柱状，两端较细；具4～6节，节密生，节间长0.3～0.6厘米。**直立茎** 由匍匐茎先端延伸而出，黄绿色，呈上粗下细的扁圆柱形，一般具2～4节，节部膨大，节间长1～3（1.5）厘米，也为上大下小的倒棒槌形，侧扁，基节的大头宽0.2～0.3厘米、厚约0.2厘米，顶节的大头宽0.6～0.7厘米、厚约0.3厘米，节上有睫毛状或短纤维状的残存苞片；直立茎的顶端为假鳞茎，而新的直立茎又由假鳞茎的基部抽出。幼嫩的直立茎和假鳞茎常包被灰白色的膜质苞片。**假鳞茎** 黄色（或稍带绿），具1节间，长圆形、椭圆形至阔椭圆形，侧扁，表面常皱缩形成纵横交错、窄而深的棕红色扭曲皱纹，构成奇特的花纹；假鳞茎长2～5厘米、宽1.5～2厘米、厚约0.7厘米；顶端有叶1枚，或有一段长约3毫米的残存梗。**叶** 硬革质，直立，表面绿色、背面色较淡，阔披针形，长5～10厘米、宽2～3厘米，叶端呈近相等的2浅裂，裂隙中央有由中脉延伸而成的小凸尖（其长度不超过裂隙）；中脉在叶面凹陷、叶背隆起，叶面中脉两侧各有平行脉3条，而在叶背不显。**花** 着生于假鳞茎顶端，1～2朵，近轴或远轴，花径2.2厘米　×2厘米，花寿极短暂。**花萼及花瓣** 白色；**唇瓣 侧裂片** 白色带玫瑰红晕，并均匀密布多数玫瑰红色细点；**中裂片** 米黄色，端部较深；**中萼片** 长圆状披针形，端渐尖，长1.3厘米、宽约0.4厘米，**侧萼片** 斜长圆状三角形，长1.5厘米、宽约0.5厘米，基部与蕊柱足形成短的萼囊；**花瓣** 披针形，偏斜，长约1.3厘米、宽约0.4厘米，端锐尖。**唇瓣** 3裂；**侧裂片** 直立，三角形，端圆，长0.9厘米、最宽处0.3厘米；**中裂片** 倒"T"形，基部窄长，渐向前端扩大并成2裂，边缘具明显皱折；**唇盘** 具2条薄片状纵脊，黄白色带玫瑰红晕，并具多数玫瑰红细点，纵脊在后唇上平直，至前唇形成细密的花边状皱折。**蕊柱** 短，具长约为其3倍的蕊柱足，二者均为白色，具细而密的小玫瑰红点。

**产地和分布：** 本种由程式君采自云南西双版纳州景洪市大渡岗乡（程式君7501031，**新分布！**）。分布于印度、孟加拉国、缅甸、泰国等地。

**生态：** 附生兰。生于山地疏林中树干上。

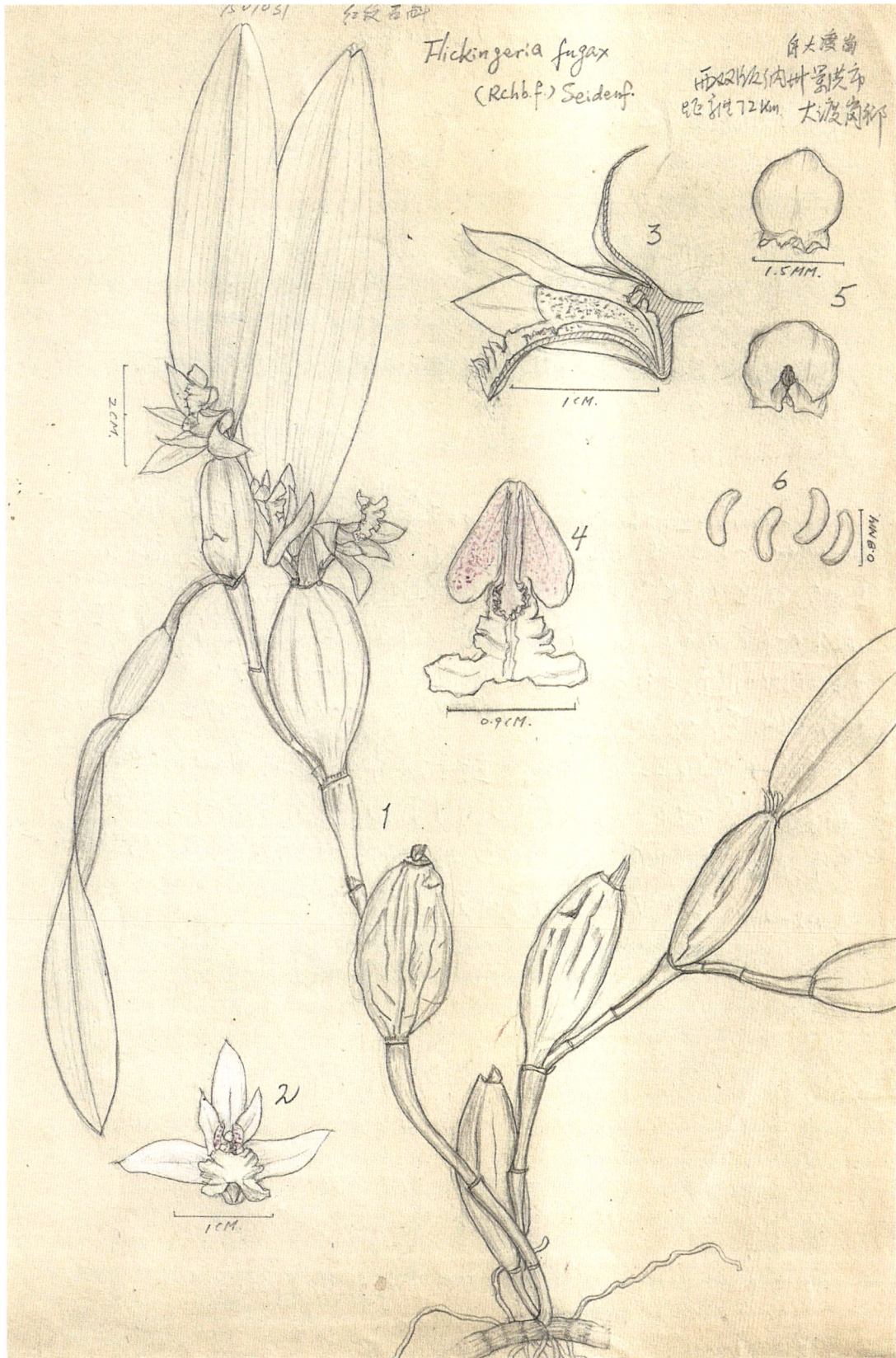

图 160 暂花金石斛（新拟）  *Flickingeria fugax* (Rchb. f.) Seidenf.

1 植株  2 花正面  3 花纵剖面  4 唇瓣  5 药帽  6 花粉块

（1975/01/31 程式君采自云南西双版纳景洪市大渡岗、距景洪 72 公里处，并绘图）

## 3.34 盆距兰属 *Gastrochilus* D. Don

**历史：** 1825 年，大卫·东（David Don）在他的《尼泊尔植物志》（*Prodromus Florae Nepalensis*）一书中，描述发表了盆距兰属（*Gastrochilus*）。后来，虽然曾有学者将此属归入囊唇兰属（*Saccolabium*），但大多数学者，其中包括著名兰科分类专家，如席列特（R. Schlechter）于 1913 年、赫尔顿（R. Holttum）于 1964 年、格雷（L. Garay）于 1972 年、斯威特（H. Sweet）于 1974 年，均先后确认了盆距兰属为独立的属。拉丁属名 *Gastrochilus* 源自希腊文 *gaster*（肚）和 *cheilos*（唇），指其唇的形状膨胀如肚。

**分类和分布：** 盆距兰属隶属兰科兰亚科万代兰族的指甲兰亚族。本属共约有 47 种，分布于亚洲的热带和亚热带地区。我国有 28 种，产于台湾及西南各省，以及长江以南各省区。

**本属模式种：** 盆距兰 *Gastrochilus calceolaris* (Buch.-Ham. ex J. E. Sm)D. Don
（*Aerides calceolaris* Buch.-Ham. ex J. E. Smith）

**生态类别：** 附生兰。

**形态特征：** **茎** 单轴型，具节，上生弯曲的根。**叶** 革质，排成 2 列。**花序** 腋生，短，具花数朵。**花** 肉质，明显。**花萼及花瓣** 相似，开展。**唇瓣** 贴生于蕊柱基部，唇瓣后部多少呈球形或圆形的囊状，囊状部的边缘贴生于蕊柱的翅；**中裂片** 先端向前，阔而圆，近平坦，有时有毛或睫毛。**蕊柱** 短而粗，无蕊柱足；**花粉块** 2 枚，具窄长线状的柄；**蕊喙** 2 裂。

# 161 盆距兰 （别名：囊唇兰，胀唇兰）

**学名：** *Gastrochilus calceolaris* (Buch.-Ham. ex J. E. Sm.) D. Don
[ 曾用学名：*Aerides calceolaris* Buch.-Ham. ex J. E. Sm.; *Epidendrum calceolare* Buch.-Ham. ex D. Don; *Saccolabium calceolare* (Buch.-Ham. ex J. E. Sm.) Lindl. ]

**形态：** **植株** 附生，高约 15 厘米。**茎** 短，粗 5～8 毫米，常弧曲。**叶** 通常 4～6 枚，在茎上排成 2 列，肉质，镰状狭披针形，先端锐尖，并呈不等 2 裂；长 10～25 厘米、宽 0.8～2 厘米；基部叶鞘长约 1 厘米，宿存，抱茎。**花序** 伞形，径 2.5 厘米 × 3.5 厘米，与叶对生，具花 3～4 朵；**花序柄** 粗短，长约 8 毫米、径约 3 毫米，绿色，被细紫点，具 2～3 枚杯状鞘。**花** 开展，径约 1.5 厘米 × 1.2 厘米；**花柄连子房** 长 1 厘米，绿色；**萼片及花瓣** 黄绿色，具紫红色斑点（斑点在背面也清晰可见）；**中萼片** 倒卵状长圆形，长约 6 毫米，最宽处在近先端 1/3 处，宽 3 毫米；**侧萼片** 比中萼片略宽且偏斜,长 6 毫米、宽 3.5 毫米; **花瓣** 倒卵形,长 6 毫米、最宽处 3 毫米。**唇瓣** 后唇囊状,淡黄色有稀疏的大型紫色斑点,囊口 4 毫米 × 5 毫米、深 6 毫米; **前唇** 扁三角形,宽 8 毫米、长 3.5 毫米,先向前平伸再向下弯,边缘流苏状,白色,中间黄色,具细的紫色点,周围表面有多数白色乳突状毛。**蕊柱** 粗短,与唇囊交接处为紫红色; **药帽** 淡柠檬黄色,里面与花粉块相对处有乳白色刺毛。**花期** 3～4 月。

**产地和分布:** 产于海南、云南、西藏(南部)。分布于尼泊尔、印度、缅甸、泰国、越南和马来西亚。**模式标本**采自尼泊尔。

**生 态:** 附 生 兰。 生 于 海 拔 1000～2100 米的山地林中树干上。

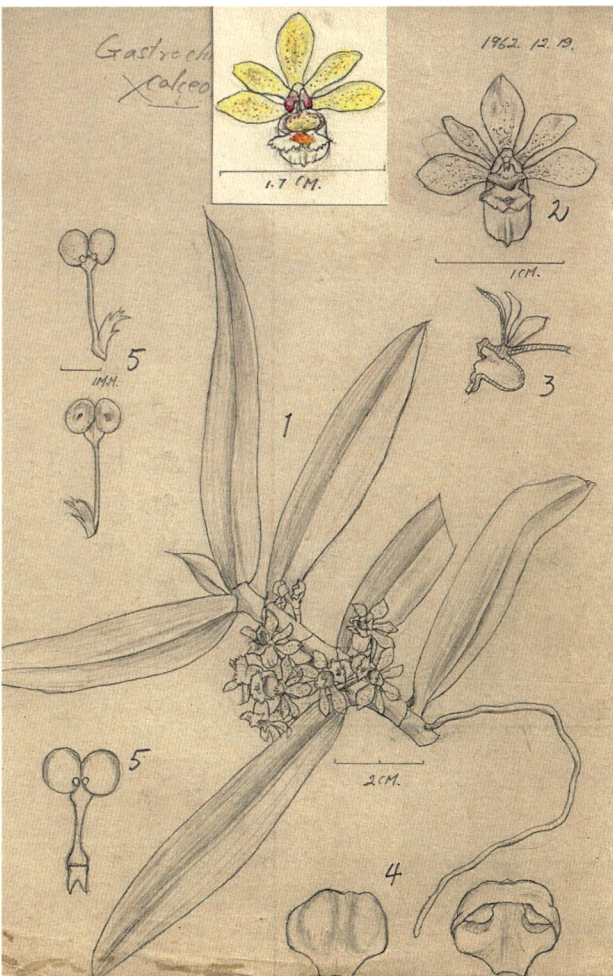

图 161 盆距兰 (1)
*Gastrochilus calceolaris* (Buch.-Ham. ex J. E. Sm.) D. Don
1 植株 2 花正面图 3 花纵剖面 4 药帽 5 花粉块
(1962/12/19 程式君绘)

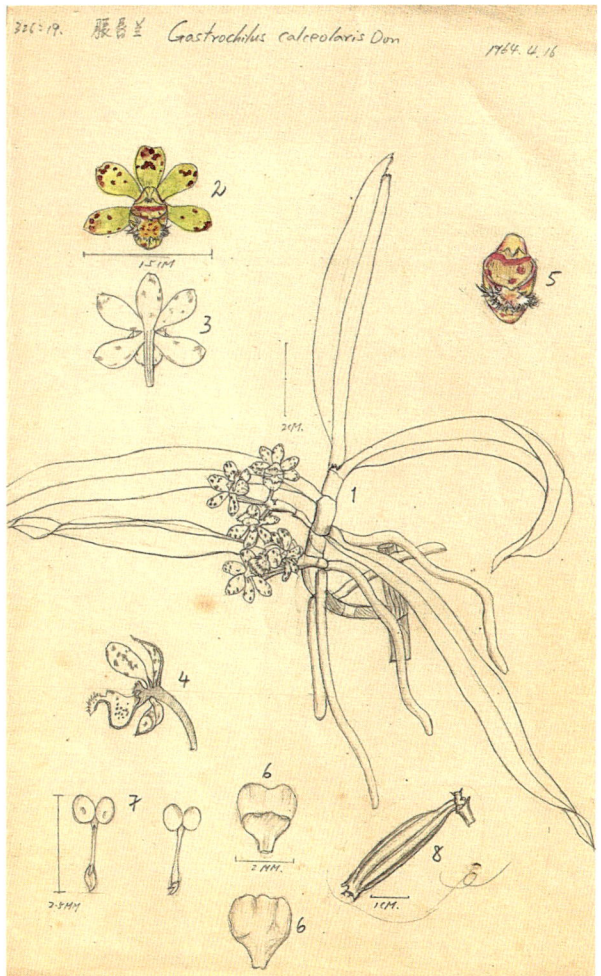

图 161a 盆距兰 (2)
*Gastrochilus calceolaris* (Buch.-Ham. ex J. E. Sm.) D. Don
1 植株 2 花正面 3 花背面 4 花纵剖面 5 唇瓣
6 药帽 7 花粉块 8 果
(1964/04/16 程式君绘)

# 162 细茎盆距兰

**学名：** *Gastrochilus intermedius* (Griff. ex Lindl.) Kuntze
[ 曾用学名：*Saccolabium intermedium* Griff. ex Lindl.]

**形态：** 茎 细长，长约 15 厘米、径 3 ～ 4 毫米，稍扁。叶 7 ～ 8 枚，排成 2 列，狭披针形，长 5 ～ 6 厘米，先端渐尖且 2 ～ 3 裂。花序 伞形，有花 2 ～ 3 朵；花苞片 卵形，端锐尖。花 径约 1.2 厘米，黄色，有多数褐色斑块；萼片 椭圆形，近相似，长 5.5 毫米、宽 2.5 毫米，端稍钝；花瓣 倒卵形，长 5 毫米、宽 2 毫米，端圆形。唇瓣 前唇 半圆，略呈三角状，先端圆形，长 2 毫米、宽 5 毫米，边缘为不整齐的啮蚀状；后唇 半球形或盔形，长宽均约为 4 毫米，外侧具棱脊，末端钝圆，上端口缘高于前唇。花期 10 月。

**产地和分布：** 产于四川东南部（南川）和广东北部（英德，**新分布！**）。分布于印度（阿萨姆邦）、泰国、越南。**模式标本** 采自印度东北部。

**生态：** 附生兰。喜温和至凉爽气候。多生于 1500 米左右的山地林中树干上。

图 162 细茎盆距兰
*Gastrochilus intermedius*
　　　(Griff. ex Lindl.) Kuntze
1 植株　2 花正面　3 花纵剖面　4 叶尖
5 药帽　6 花粉块
（1981/10/12 程式君采自广东英德西牛公社，并绘图）

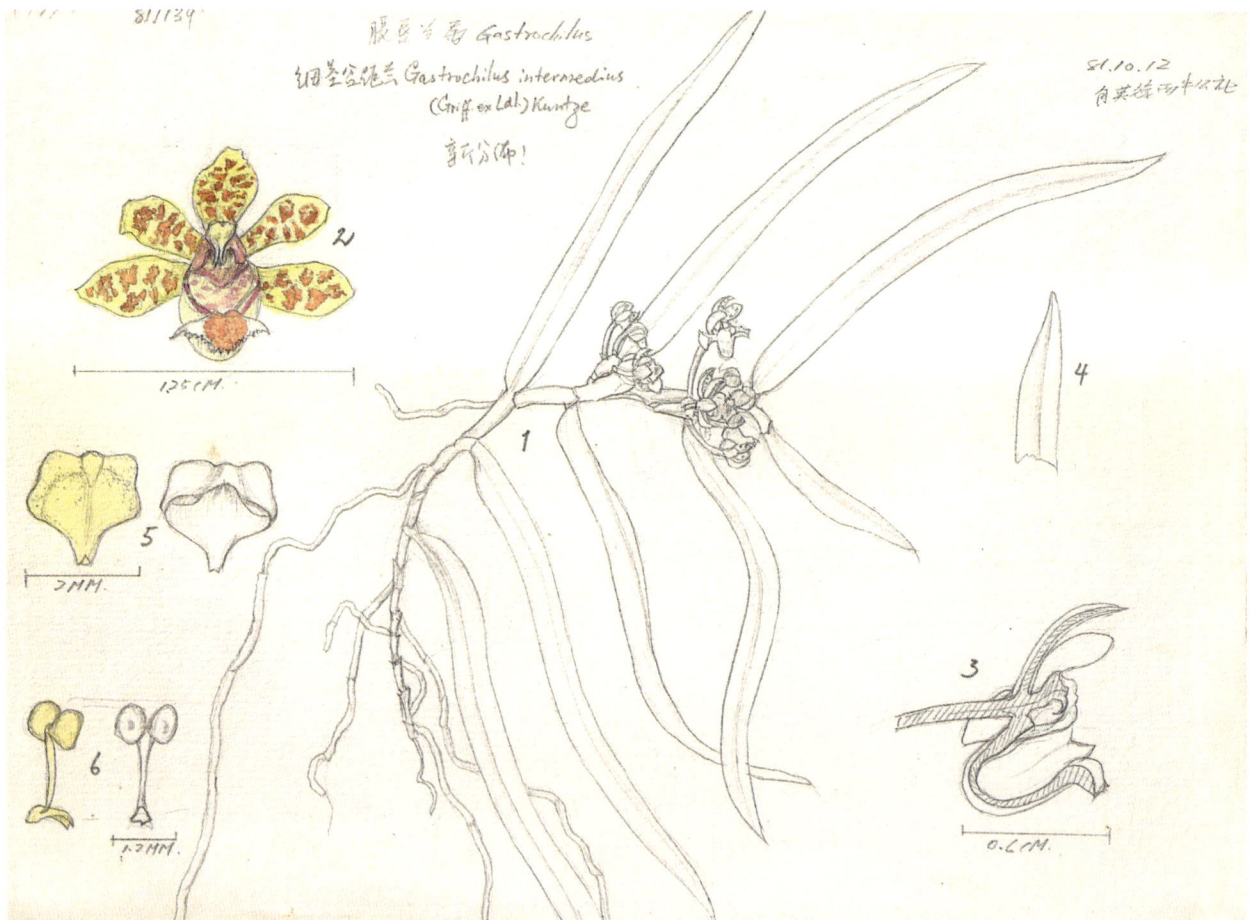

# 163 无茎盆距兰

**学名：** *Gastrochilus obliquus* (Lindl.) Kuntze
[ 曾用学名：*Saccolabium obliquus* Lindl.；*Gastrochilus dasypogon* auct. non (J. E. Sm.) Kuntze]

**形态：植株** 矮壮，高 10～15 厘米。**茎** 较粗，极短，长约 2 厘米，具 3～6 枚叶。**叶** 较厚，革质，排成 2 列，倒卵状长圆形至长圆状披针形，长 8～20 厘米、宽 1.5～6 厘米，先端钝，且为不等侧 2 圆裂，向基部渐收窄并对折。**花序** 近伞形，由茎基部侧面抽出，具花 3～8 朵；**花序柄** 具 2 枚杯状鞘；**花苞片** 宽卵形，端钝。**花** 径约 2 厘米 × 1.5 厘米，芳香。**花梗连子房** 长 1～1.5 厘米；**花萼及花瓣** 均为铬黄色，向基部色渐淡，花瓣正面有少数紫红色小点；**唇瓣的后唇** 兜状，乳白色，兜边及与蕊柱足交界处为玫瑰紫色，兜的底部内外两面均为铬黄色，并具细玫瑰红点；前唇 乳白色，中央有橘黄色斑块，斑块上具多数细小玫瑰紫色点；**蕊柱** 黄白色；**药帽** 淡黄色。**萼片** 近等大，倒卵形，长 6～12 毫米、宽 3.5～6 毫米，先端圆钝、基部收窄；**花瓣** 近匙形，比萼片略小，端钝。**唇瓣的前唇** 近三角形，长约 5 毫米、宽 8～10 毫米，边缘撕裂状；**后唇** 兜状，侧扁，具 3 条凸脊。**花期** 10 月。

**产地和分布：** 产于四川和云南（南部）。广泛分布于尼泊尔、不丹、印度（东北部）、缅甸、老挝、越南、泰国。**模式标本** 采自尼泊尔。

**生态：** 附生兰。喜温。生于海拔 800～1400 米的山地密林的林缘树干上。

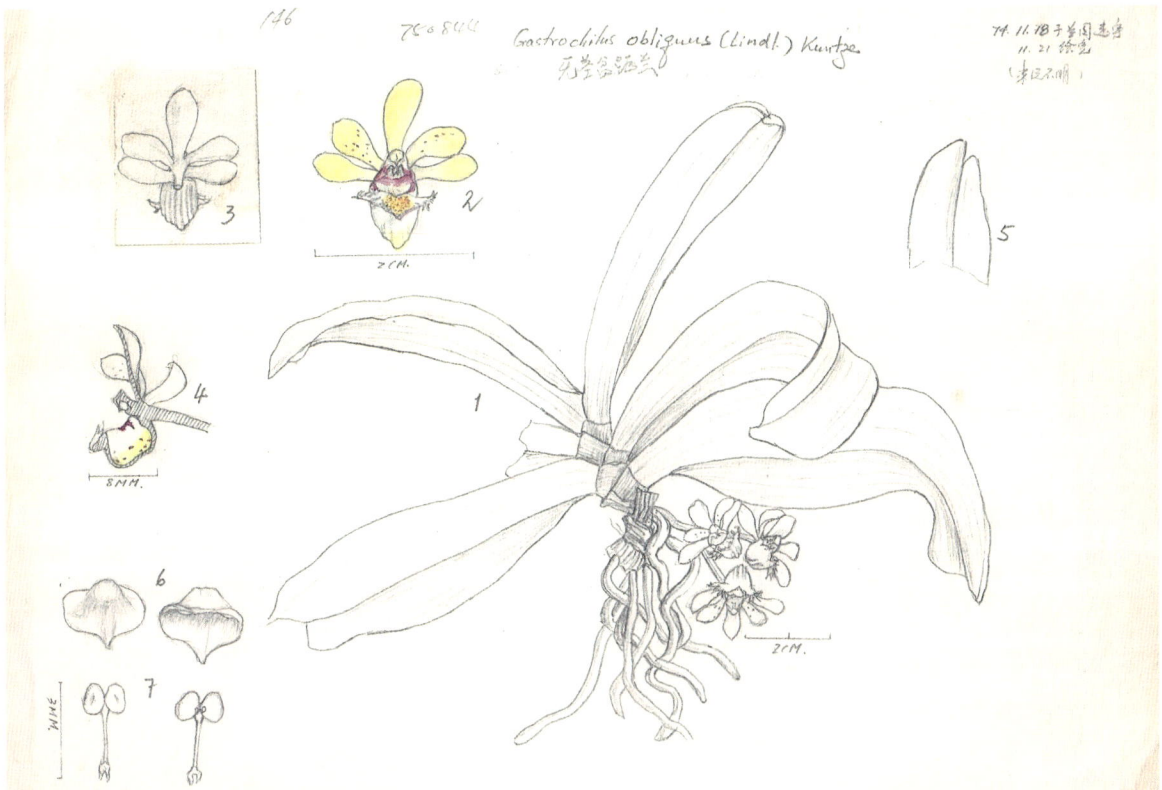

图 163 无茎盆距兰 *Gastrochilus obliquus* (Lindl.) Kuntze
1 植株  2 花正面  3 花背面  4 花纵剖面  5 叶尖  6 药帽  7 花粉块 （1974/11/18～21 程式君绘于广州兰圃）

# 3.35 地宝兰属 *Geodorum* G. Jacks.

**历史：** 本属于 1810 年由 G. Jackson 发表。拉丁属名 *Geodorum* 源自希腊文 *ge*（土地）和 *doron*（礼品），意指它的"地生"习性，形容这种植物有如土地赐予的礼品。

**分类和分布：** 地宝兰属隶属兰科兰亚科树兰族的美冠兰亚族。与美冠兰属（*Eulophia*）非常接近。与后者最明显的区别是俯垂的花序。本属共约有 10 种，分布于亚洲热带地区至澳大利亚和太平洋诸岛；我国有 5 种，产于华南、西南和台湾等热带、亚热带地区。

**本属模式种：** 橙唇地宝兰 *Geodorum citrinum* G. Jacks.

**形态特征：** **植株** 直立，地生。**茎** 为球茎或块茎状的假鳞茎，具数节，处于地下或有时接近地面。**叶** 数枚基生，具长柄；叶柄常互相套叠成假茎，具关节。**花葶** 由假鳞茎侧面的节上抽出，顶部为总状花序。**总状花序** 通常由密集的花组成，俯垂，缩短成头状或球形。**花** 中等大或略小；**萼片与花瓣** 相似或前者较窄而长；**唇瓣** 不裂或为不明显 3 裂；基部与蕊柱足连接并合生成囊；**蕊柱** 短或中等；**蕊柱足** 短；**花药** 顶生；**药帽** 平滑；**花粉块** 2 枚，蜡质，通常具裂隙；**黏盘柄宽阔，黏盘** 较大。

# 164 大花地宝兰 （别名：越南地宝兰）

**学名：** *Geodorum attenuatum* Griff.

（曾用学名： *Geodorum regneri* Gagnep.； *Geodorum cochinchinensis* Gagnep.； *Geodorum laoticum* Guill.）

**形态：** **植株** 直立，地生，高约 25 厘米。**假鳞茎** 块茎状，近椭圆形。**叶** 与花同时出现，3～4 枚，卵状倒披针形，长 9～22 厘米、宽 2.5～4 厘米，先端渐尖，基部收窄成柄；**叶柄** 套叠成假茎，长可达 10 厘米，有关节，被鞘数枚。**花葶** 自植株基部鞘中抽出，短于叶，长 6～12 厘米；**花序** 总状，甚短，俯垂，具花 2～4 朵。**花** 直径 2～3.2 厘米，白色；**唇瓣** 由先端至中部柠檬黄色；**花梗连子房** 长 0.7～0.9 厘米；**萼片** 长圆状披针形或卵状披针形，端渐尖或近急尖，长约 1.5 厘米、宽约 0.5 厘米；**侧萼片** 略歪斜；**花瓣** 较萼片短而宽，宽度约为 0.8 厘米，卵状椭圆形，先端急尖。**唇瓣** 卵形，长 1.2～1.4 厘米，略凹陷呈舟状，基部具圆锥状短囊，囊口具 1 枚褐色的 2 裂胼胝体；**蕊柱** 短而阔，具短的蕊柱足。**花期** 5～6 月。

**产地和分布：** 产于广东（**新分布！** ）、海南和云南（南部）。分布于越南、老挝、泰国和缅甸。**模式标本** 采自缅甸。

**生态：** 生于海拔 800 米以下的林缘和草坡。

**用途：** 可栽培供观赏。

大花地宝兰（越南地宝兰）
810780 *Geodorum attenuatum* Griff.

8.5.19
石国华自火炉山.

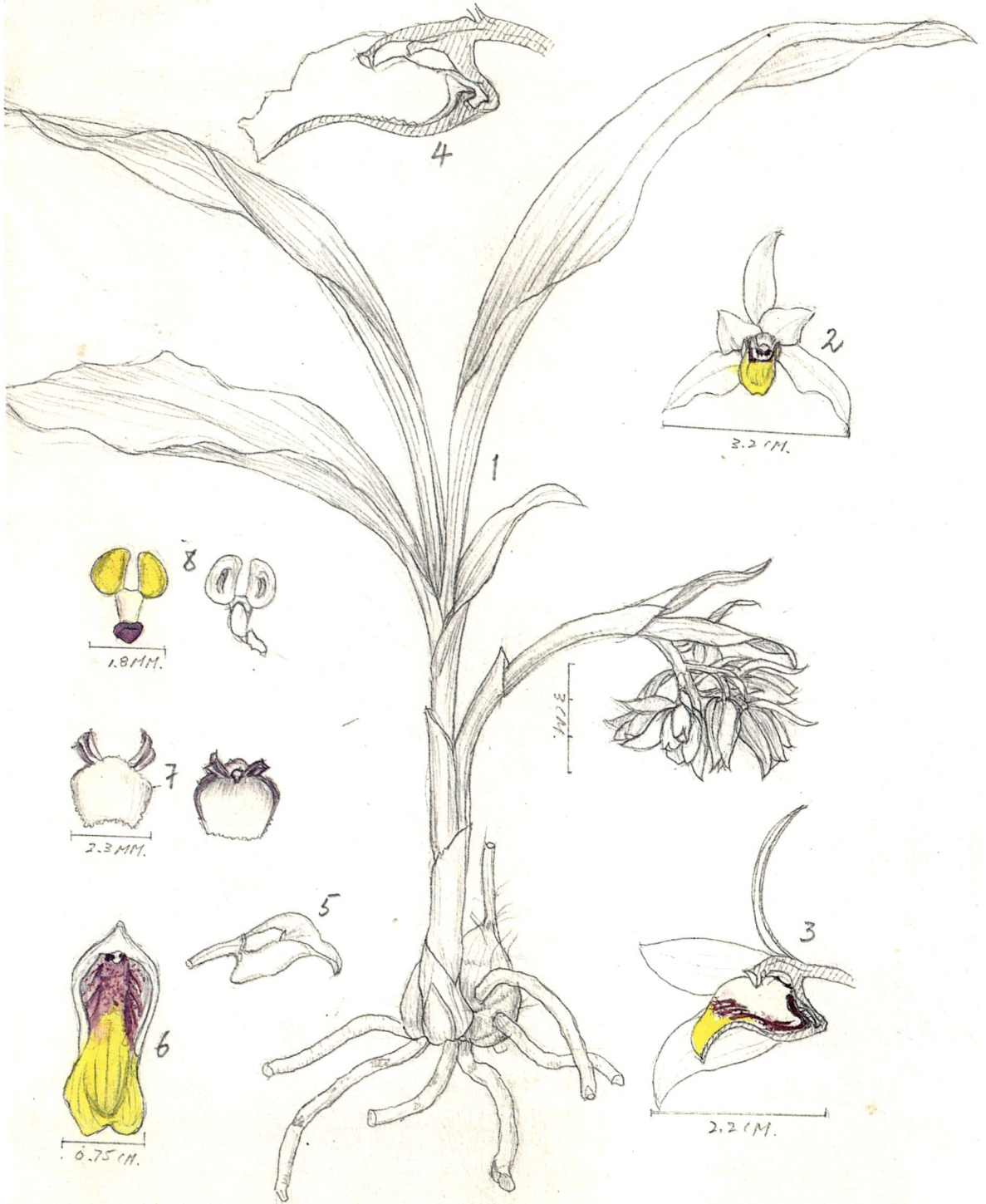

图 164　大花地宝兰 *Geodorum attenuatum* Griff.

1 植株　2 花正面　3 花纵剖面　4 蕊柱及唇瓣纵剖面　5 花蕾　6 唇瓣　7 药帽　8 花粉块

（1981/05/19 石国华采自广东广州火炉山，程式君绘）

# 165 多花地宝兰

**学名：** *Geodorum recurvum* (Roxb.) Alston

（曾用学名：*Limodorum recurvum* Roxb.；*Geodorum dilatatum* R. Br.）

**形态：** **植株** 直立，地生，高可达 30 厘米。**假鳞茎** 为地下块茎状，数个相连，直径约 2 厘米。**叶** 一般 3 枚，与花同时存在；阔披针形至椭圆状长圆形，长 12 ～ 20 厘米、宽 5 ～ 7 厘米，先端渐尖基部收窄成柄；叶柄套叠成假茎，有关节，被鞘数枚。**花葶** 短于叶，高约 12 厘米，由植株基部鞘中抽出，中部以下具 2 ～ 3 枚筒状鞘；**花序** 总状，俯垂，具十余朵密集的花。**花** 白色或微带淡紫，径 1.7 厘米 × 1.1 厘米；**萼片** 与花瓣 颜色及大小近相同；**唇瓣** 近端部淡紫，基部白色具紫色条纹；**唇盘** 中央纵棱两旁黄色，具紫红色晕和细斑点。**中萼片** 长圆状披针形，端渐尖，长 1.3 厘米、宽 0.32 厘米；**侧萼片** 与中萼片同形同大，背面有淡绿色龙骨状凸起；**花瓣** 长圆形，端渐尖，长 1.3 厘米、宽约 0.4 厘米，背面稍隆起。**唇瓣** 宽长圆形，长约 1.15 厘米、宽约 0.8 厘米，短于萼片；不明显 3 裂：**侧裂片** 半圆形；**中裂片** 扁圆形；唇瓣基部与蕊柱足相连并下凹成囊状。**蕊柱** 长 0.6 厘米、宽 0.4 厘米，黄白色；**蕊柱足** 与唇瓣相接处具紫色纹；**花粉块** 2 枚，柠檬黄色。**花期** 4 ～ 6 月。

**产地和分布：** 产于广东、海南、云南等省。越南、泰国、柬埔寨、缅甸和印度也有分布。**模式标本** 采自印度。

**生态：** 地生兰。多生于海拔 500 ～ 900 米多苔藓树林的林下、灌丛中或林缘。

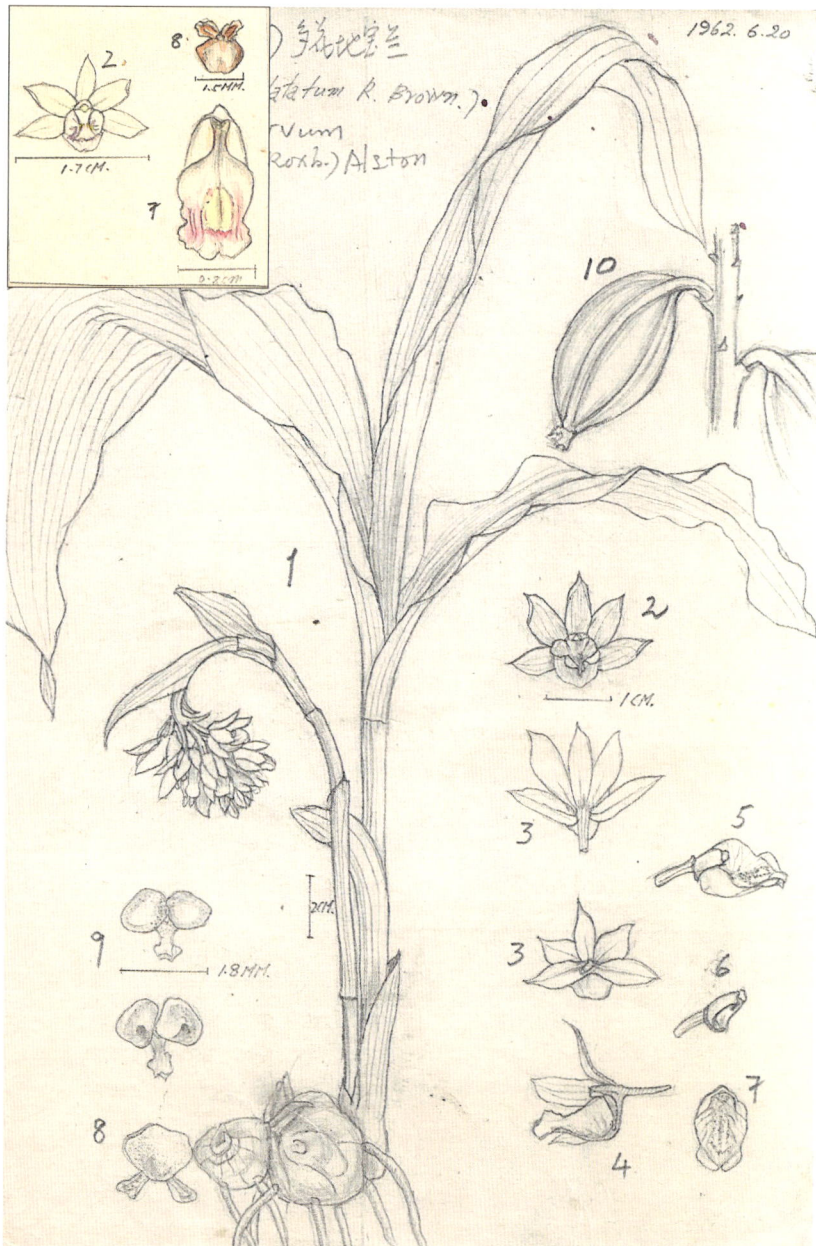

**图 165 多花地宝兰**
*Geodorum recurvum* (Roxb.) Alston
1 植株　2 花正面　3 花背面　4 花纵剖面
5 花蕾　6 蕊柱　7 唇瓣　8 药帽　9 花粉块
10 果　（1962/06/20 程式君绘）

## 3.36 斑叶兰属 *Goodyera* R. Br.

**历史:** 本属于 1813 年由 Robert Brown 在 W. Aiton 的《邱园》(*Hortus Kewensis*) 一书第 2 版中首次发表。拉丁属名 *Goodyera* 是为了纪念一位英国早期植物学家 John Goodyer (1592～1664), 将他的姓拉丁化作为属名。

**分类和分布:** 斑叶兰属隶属兰科兰亚科鸟巢兰族的斑叶兰亚族。本属与翻唇兰属 (*Hetaeria*) 和线柱兰属 (*Zeuxine*) 非常近似, 但它里面有毛且不分裂的唇瓣和位于蕊柱前面不分裂的柱头, 很容易与前述两个属区别。德国学者 Rudolf Schlechter 在《德属新几内亚的兰科植物》(*Die Orchidaceen von Deutsch-Neu-Guinea*) 一书中, 将本属分为两个组, 即①展萼斑叶兰组 Sect. Otosepalum 花的两枚侧萼片平展或外翻, 相互分开; ②真斑叶兰组 Sect. (Eu) Goodyera 花的两枚侧萼片前伸或互相平行。本属共约有 40 种, 主要分布于北温带, 南至墨西哥、东南亚、澳大利亚、南太平洋诸岛以及非洲的马达加斯加岛。我国产 29 种, 以南部和西南部较多。

**本属模式种:** 匍匐斑叶兰 *Goodyera repens* (L.) R. Br. (*Satyrium repens* L.)

**生态类别:** 地生兰。

**形态特征:** **植株** 小型或中型, 地生, 半直立。**茎** 有匍匐的根状茎和直立茎, 根状茎在节上生根, 每间隔一段距离抽出直立茎, 直立茎的基部或下半部具叶。**叶** 互生, 具柄, 表面常有斑纹。**花序** 顶生, 总状, 或因花朵小而密, 状似穗状。**花** 多为小型花, 有时偏向花序一侧, 唇瓣位于下方; **萼片** 分离, 常相似, 背面通常被毛; **中萼片** 直立, 内凹, 与狭窄的花瓣合成兜状; **侧萼片** 直立或开展; **花瓣** 较薄, 膜质; **唇瓣** 围抱蕊柱基部, 不裂, 无爪, 基部凹陷呈囊状, 囊内常有毛, 前部渐狭, 先端多少外弯; **蕊柱** 短; 花药 位于蕊喙背面; **花粉块** 2 枚, 每枚纵裂为 2, 为粒粉质的小团块组成, 无柄, 共同具一个黏盘; **蕊喙** 直立, 2 裂。**蒴果** 直立, 无喙。

## 166 大花斑叶兰 <small>(别名: 长花斑叶兰, 双花斑叶兰, 大斑叶兰)</small>

**学名:** *Goodyera biflora* (Lindl.) Hook. f.
(曾用学名: *Georchis biflora* Lindl.; *Goodyera pauciflora* Schltr.; *Goodyera macrantha* Maxim.)

**形态:** **植株** 矮小, 高 5～15 厘米。**根状茎** 匍匐, 具节, 节上生根, 前端链接直立茎。**直立茎** 绿色, 具互生叶数枚。**叶** 椭圆形或卵形, 端渐尖, 基部阔楔形, 长 2～4 厘米、宽 1～2.5 厘米, 叶面深绿色, 具天鹅绒般光泽及清晰的浅绿色网纹, 叶背淡绿色; 具叶柄, 叶柄基部扩大为包茎的鞘。**花序** 总状, 生于茎的顶端, 通常具花 1～2 朵。**花** 较大, 管状, 白色或略染分红晕; **子房** 绿色, 柱状纺锤形, 被毛, 连花梗长 5～8 毫米; **萼片** 暗绿色,深浅相间，线状披针形，近等长，长约 2 厘米、宽约 0.4 厘米，背面被毛，端钝，**中萼片**与花瓣黏合成兜状；**花瓣**白色，基部略带绿晕，菱状线形，与萼片近等长，先端急尖。**唇瓣**白色，线状披针形，不分裂，长 1.8～2 厘米，基部扩大且凹陷呈囊状，囊内散生多数淡黄色有光泽的腺毛，前部舌状前伸，长为囊长的 2 倍，先端急尖且下卷。**蕊柱**短；**花粉块**黄色，球棒状。**花期** 2～7 月。

**产地和分布：**产于陕西、甘肃、江苏、安徽、浙江、台湾、河南、湖北、湖南、广东、四川、贵州、云南、西藏等省区。尼泊尔、印度、朝鲜半岛和日本也有分布。**模式标本**采自尼泊尔。

**生态：**地生兰。多生于海拔 560～2200 米的疏林下阴湿处。

**用途：**叶色美丽，可供观赏。民间也有用作草药的。

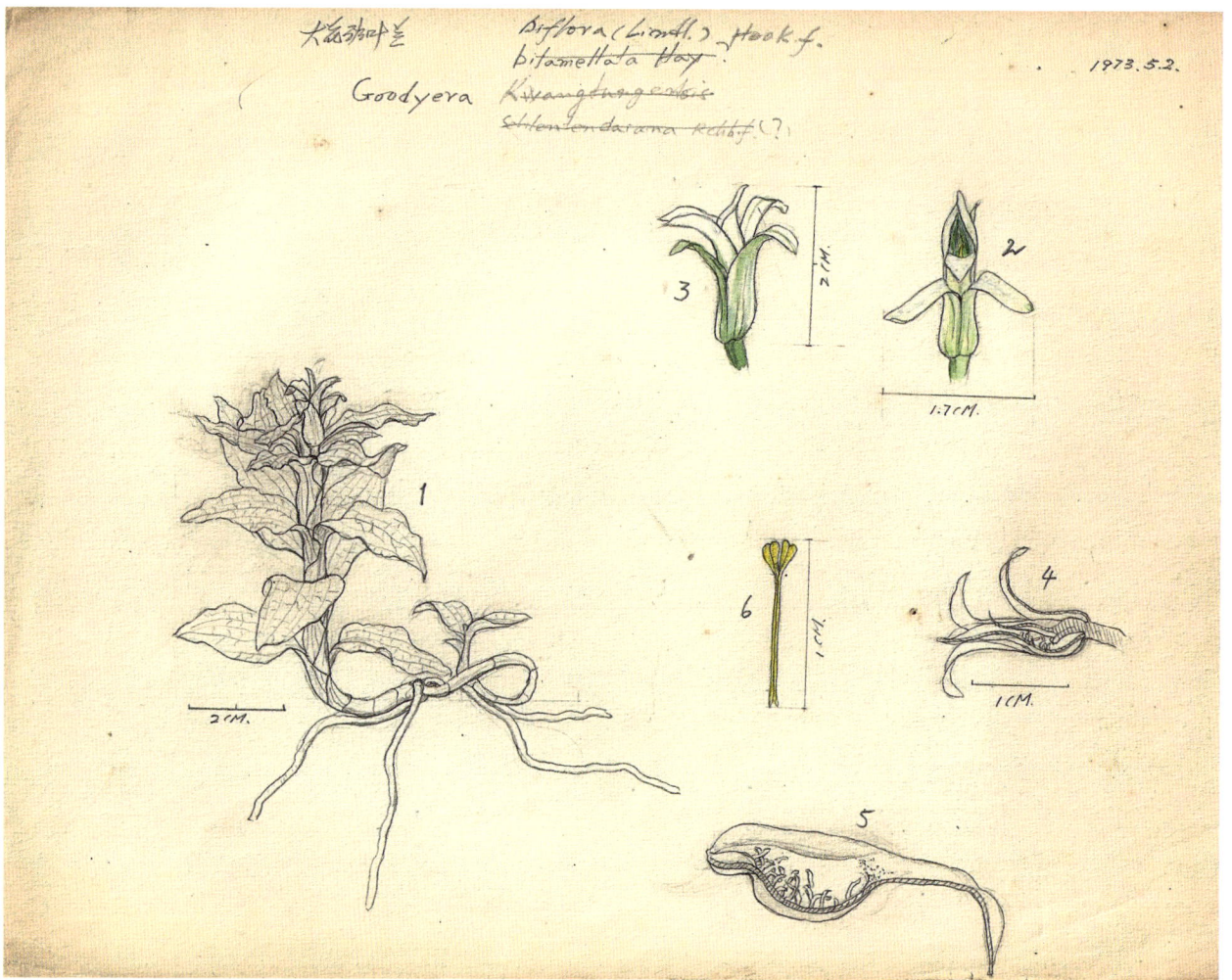

**图 166** 大花斑叶兰 *Goodyera biflora* (Lindl.) Hook. f.

1 植株　2 花正面　3 花侧面　4 花纵剖面　5 唇瓣纵剖面　6 花粉块　（1973/05/02 程式君绘）

# 167 高斑叶兰（别名：穗花斑叶兰，斑叶兰）

**学名：** *Goodyera procera* (Ker-Gawl.) Hook.

（曾用学名：*Neottia procera* Ker-Gawl.）

**形态：** **植株** 地生，直立，高20～80厘米。**根状茎** 短粗；**直立茎** 具5～14枚互生叶。**叶** 卵状披针形至阔披针形，长6～15厘米、宽1.5～4.5厘米，先端渐尖，基部渐狭成柄，叶面绿色、叶背淡绿色；叶柄长2～6厘米，基部扩大成鞘并抱茎。**花葶** 生于茎顶，粗壮，长15～40厘米，具数枚鞘状苞片；**花序** 总状，长8～15厘米，约占花葶上部的1/3；**花序轴** 被毛，密生多数小花（可多至120朵），形似穗状。花 小，绿白色，微香；**子房** 圆柱形，被毛，连花梗长约5毫米；**萼片** 淡绿色，近同形，为卵圆形或椭圆形；**中萼片** 内凹，长3～3.5毫米、宽1.7～2.5毫米，与花瓣贴合呈兜状；**侧萼片** 略偏斜，长2.5～3.2毫米、宽1.5～2.2毫米；**花瓣** 白色，匙形，长3～3.5毫米、最宽处1～1.2毫米。**唇瓣** 白色，宽卵形，较厚，长约2.5毫米、宽约1.7毫米，基部凹陷呈囊状，内具多数针状腺毛，前端外翻；**唇盘** 具胼胝体2枚；**蕊柱** 宽而短；**蕊喙** 直立；**柱头** 横椭圆形。花期4～5月。

**产地和分布：** 产于安徽、浙江、福建、台湾、广东、香港、海南、广西、四川、贵州、云南、西藏等省区。尼泊尔、印度、斯里兰卡、缅甸、越南、老挝、泰国、柬埔寨、印度尼西亚、菲律宾、日本均有分布。**模式标本** 采自尼泊尔。

**生态：** 地生兰。生于海拔250～1550米的林下阴湿处或水边。

**用途：** 民间将其全草用作草药。

图 167 高斑叶兰
*Goodyera procera* (Ker-Gawl.) Hook.
1 植株　2 花正面　2a 花侧面　3 花纵剖面
4 花部分解　5 唇瓣　6 药帽　7 花粉块
（1962/04/15 程式君绘）

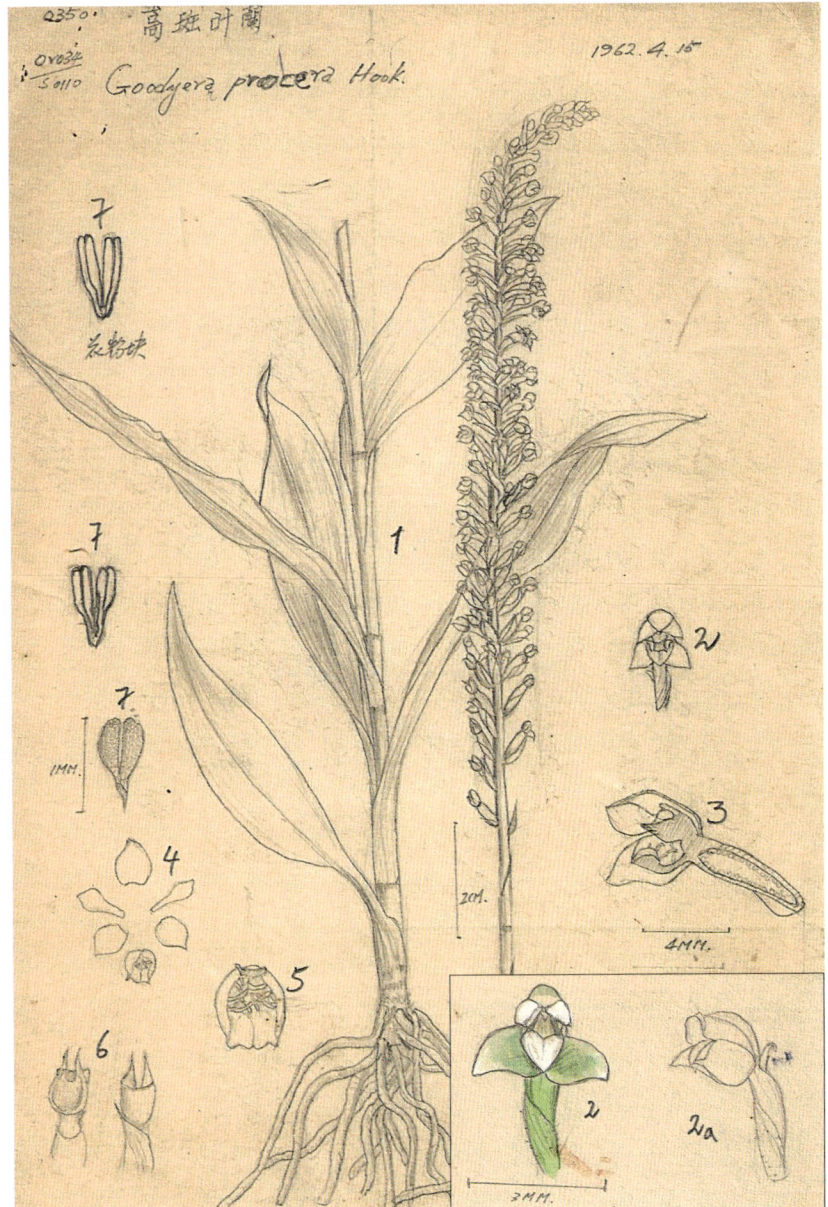

# 168 歌绿斑叶兰（别名：香港斑叶兰，歌绿怀兰，新港山斑叶兰）

**学名：*Goodyera seikoomontana* Yamamoto**

[曾用学名：*Goodyera viridiflora* auct. non Bl.；*Goodyera viridiflora* Bl. var. *seikoomontana* (Yamamoto) S. S. Ying；*Goodyera youngsayei* S. Y. Hu et Barretto]

**形态：植株** 半匍匐地生草本，高 10～20 厘米。**根状茎** 匍匐，长 10～12 厘米，具 3～10 节，每节有肉质根 1 条，节间长 0.7～3.4 厘米，圆柱状，直径 0.4～0.5 厘米。**叶** 肉质，1～5 枚，互生于直立茎上，为偏斜的卵形，端渐尖，基部圆钝或亚心形，长 3～7.5 厘米、宽 1.7～3.5 厘米；叶面亮绿色、叶背淡绿色；中脉在叶面凹陷成窄沟，在叶背略微隆起，中脉两侧各有一条弧形脉；叶柄长 1.5～3 厘米，下方的叶有较长的叶柄。**花葶** 位于直立茎的顶端，长 8～15 厘米，灰绿色，具白色棉毛；不具花的苞片 1～3 枚，膜质，粉红色，披针状舟形，端渐尖，长 1.8～2 厘米，光秃或具零星长毛。**花序** 总状，具 1～3 朵花，上部者先开；花苞片 舟状，渐尖，颜色同无花的苞片，光秃，边缘有睫状毛，脉纹凸起。**花** 横径约 2.7 厘米、竖径约 1.8 厘米，为具珍珠光泽的灰绿色；**萼片** 前端粉红色；**子房** 圆柱形，长 1～1.5 厘米，绿白色，具粉红色苞片；**中萼片** 绿色，狭卵形，渐尖，向前弧曲呈盔状，长 1.4～1.8 厘米、宽 0.5～0.7 厘米，有脉 6 条；**侧萼片** 浅绿色带紫红晕，半透明，伸展或强烈反卷，卵形，内凹，端尖，长 1.3～1.6 厘米、宽 0.6～0.7 厘米，具脉 3 条；**花瓣** 近菱形，歪斜，半透明，珍珠白色，具绿色脉 3 条、最外侧脉有分枝，长 1.4～1.6 厘米、宽 6.5～8 厘米，与中萼片贴合，在蕊柱上方形成宽而深的兜状盔。**唇瓣** 卵形，不分裂；前部白色，三角状卵形，先端向下反卷；基部凹陷呈囊状，黄色，有绿色脉 7 条（最外一条侧脉有分枝），囊内散生多数白色乳突状腺毛；**蕊柱** 短。**蒴果** 圆柱状梭形，长约 2 厘米、粗约 0.7 厘米，暗黄染粉红晕，秃净，花被宿存。**花期** 2 月。

**产地和分布：**产于台湾、香港。**模式标本**采自中国台湾。

**生态：**地生兰。生于海拔 700～1300 米的溪边潮湿树林下。

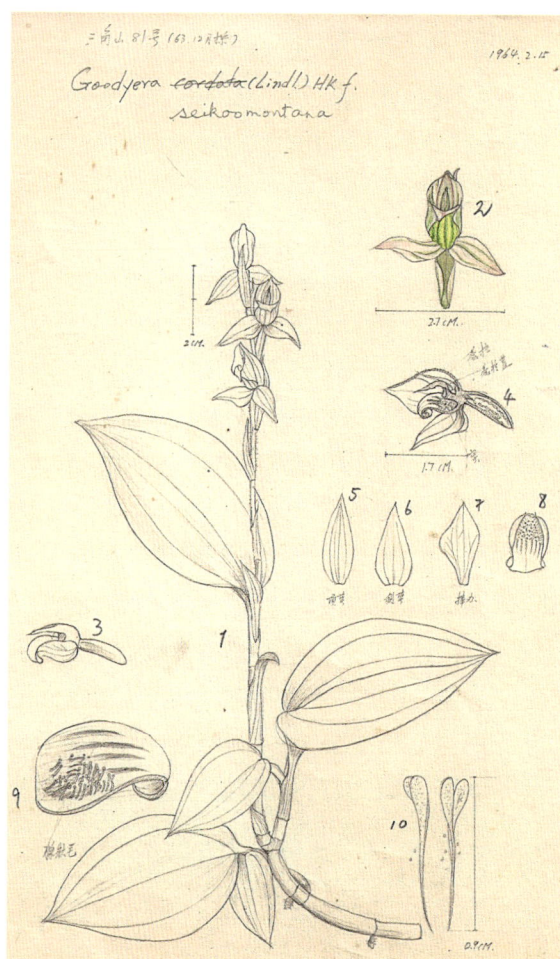

图 168 歌绿斑叶兰
*Goodyera seikoomontana* Yamamoto

1 植株
2 花正面
3 花侧面
4 花纵剖面
5 中萼片
6 侧萼片
7 花瓣
8 唇瓣
9 唇瓣及其表面附属物
10 花粉块
（1964/02/15 程式君绘）

# 169 始兴斑叶兰

**学名：** *Goodyera shixingensis* K. Y. Lang

**形态：植株** 地生，半直立，高 6～12 厘米。**根状茎** 匍匐，多节，淡褐红色。**直立茎** 下部互生 3～4 枚叶，粉红色。**叶** 肉质，卵形或长圆形，先端尖，叶基浑圆或阔楔形，长 1.5～4.5 厘米、宽 0.8～1.5 厘米；叶面深绿色，具淡黄有光泽的网纹，叶背带淡红色；叶柄 长 5～10 毫米，粉红色。**花序** 总状，长约 4 厘米，具花 10～13 朵，花序之下具鞘状苞片；**花苞片** 卵状披针形，直立，先端长渐尖，边全缘。**花** 淡红色，小，长约 5 毫米、横径

约 3 毫米，较密生；**子房** 圆柱状纺锤形，连花梗长 5～7 毫米；**萼片** 背面无毛，具 1 脉；**中萼片** 黄白色，染淡红褐色晕，椭圆形，内凹，长 3 毫米、宽 2.2 毫米，端钝，与花瓣黏合成兜状；**侧萼片** 黄白色，略带浅褐红色，并染淡绿色晕，略开展，斜卵状披针形，长 4 毫米、基部宽 1.8 毫米，先端呈舟状，急尖；**花瓣** 淡红褐色，呈镰状倒披针形，无毛，长 3 毫米、前部宽 1 毫米，极不等侧，前部边缘有锯齿，具 1 脉。**唇瓣** 总长约 5 毫米，前部黄白色，近

四方形，长约 2 毫米，凹陷，边缘具短流苏状齿，基部凹陷呈囊状，橙黄色，长约 3 毫米、平展约宽 3.5 毫米，里面密生多数黄白色半透明的毛状凸起；**蕊柱** 粗短，橙黄色；**药帽** 赭褐色；**花药** 柠檬黄色，正三角状倒卵形，2 室，顶端具鸡冠状齿。**花期** 7～8 月。

**产地：** 产于广东北部。**模式标本** 采自中国广东始兴县罗坝乡。

**生态：** 地生兰。生于海拔 300 米的树林下阴湿处。

图 169 始兴斑叶兰
*Goodyera shixingensis*
K. Y. Lang

1 植株
2 花序
3 花正面
4 花侧面
5 花纵剖面
6 药帽
7 花粉块
（1974/07/23 陈忠毅采自粤北，程式君绘）

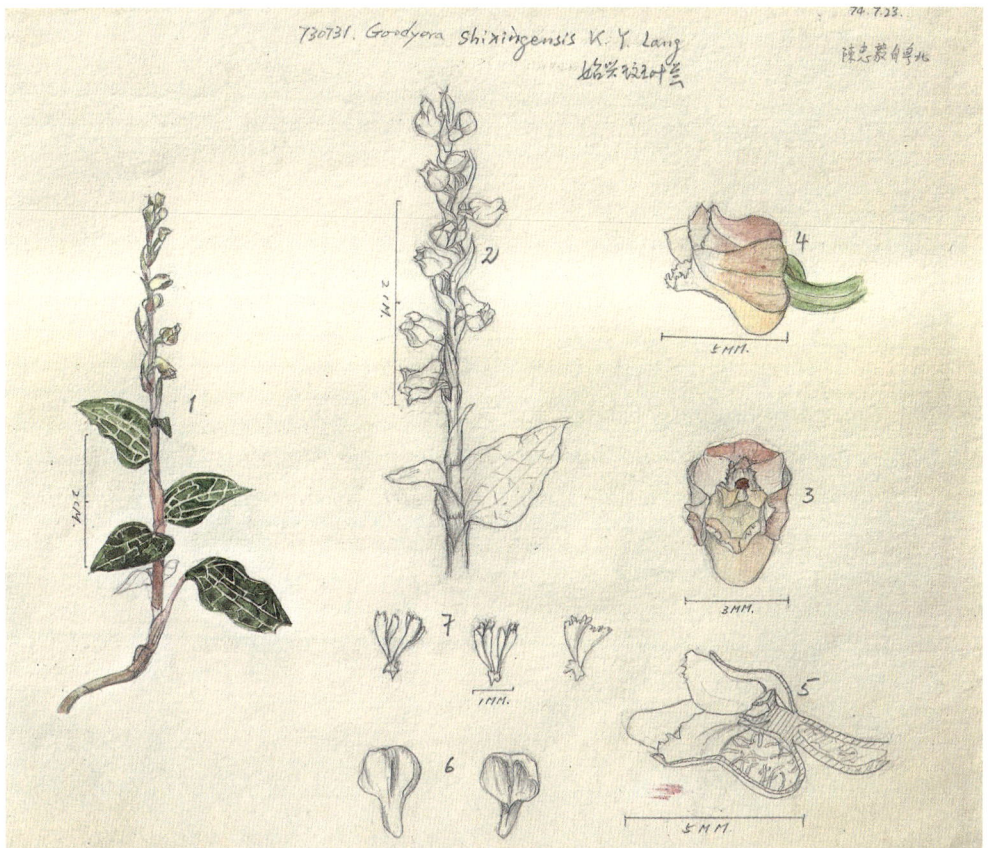

# 3.37 玉凤花属 *Habenaria* Willd.

**历史：** 本属于 1805 年首次由 C. L. Willdenow 在《植物种志》（*Species Plantarum*）一书的第 4 版中发表。后来，V. S. Summerhayes 对于本属在非洲的种类，Oakes Ames 和 C. Luer 对于本属在北美的种类，O. Ames、D. S. Cornell、F. C. Hoehne 和 F. Dungs 对于本属在拉丁美洲的种类，R. Holttum、G. Saidenfaden、T. Smitinand 和 J. J. Wood 对于本属在东南亚的种类都有较深入全面的研究。至于我国的玉凤兰属植物，当首推《中国植物志》，其记述最为详尽。拉丁属名 *Habenaria* 源自拉丁文 *habena*（缰绳），意指其花瓣和唇瓣上的长带状裂片。

**分类和分布：** 玉凤花属隶属兰科兰亚科兰族的兰亚族。本属为兰科中的大属之一，全世界共约有 600 种，广布于全球热带、亚热带和温带地区。我国约有 55 种，广布全国，但主要分布于长江流域及其以南地区，以我国西南部，特别是横断山脉地区为多。

**本属模式种：** 长角玉凤兰 *Habenaria macroceratitis* Willd.（*Orchis habenaria* L.）

**生态类别：** 地生兰。

**形态特征：** **植株** 直立，地生。**块茎** 椭圆形或长圆形，颈部具数条细长肉质根。**茎** 基部具 2～4 枚筒状鞘，鞘以上具 1 至数枚叶。**叶** 光滑，基部有鞘。**花** 组成穗状或总状花序，绿色或白色，少有黄色、橙色、粉红或红色花的。**萼片** 不等，**中萼片** 短于侧萼片，**侧萼片** 伸展或反卷。**花瓣** 不裂，有缺刻或 2 裂。**唇瓣** 与蕊柱基部连接，不裂或 3 裂，基部有距。**蕊柱** 短，两侧常有耳。**花药** 直立，2 室；**花粉块** 2 枚，为具小团块的粒粉质，通常具长柄，柄固定于黏盘；**柱头** 延长成"柱头枝"，位于蕊柱基部的前方；**蕊喙** 具厚而大的臂，臂沟与药室沟靠合成管，围抱花粉块柄。

## 170 坡参（别名：小舌玉凤花）

**学名：** *Habenaria linguella* Lindl.

[曾用学名：*Centrochilus gracilis* Schauer；*Habenaria endothrix* Miq.；*Habenaria acuifera* var. *linguella* (Lindl.) Finet；*Habenaria acuifera* auct non. Lindl.；*Habenaria chrysantha* Schltr.；*Habenaria simeonis* Kraenzl.]

**形态：** **植株** 直立，地生，高 15～50 厘米。**块茎** 黄白色，肉质，近圆柱形，略弯，横卧土中，长 3～7 厘米、粗 0.6～1.5 厘米，通体被极微细的毛。**直立茎** 圆柱形，基部有肉质索状根数条；茎中部疏生 3～4 枚叶，叶以下具 2～3 枚筒状鞘、叶以上具数枚披针形苞片状小叶。**叶** 秃净，深绿色，长圆状披针形或线状披针形，长 5～12 厘米、宽 0.7～1.5 厘米，先端渐尖、基部抱茎。**花葶** 高 12 ～ 30 厘米；**花序** 总状，长 3 ～ 6 厘米，密集着花 8 ～ 30 朵；**花苞片** 线状披针形，先端长渐尖，边缘具缘毛。**花** 亮黄色或带绿色，近凋萎时褐色，横径 1 ～ 1.2 厘米；**子房** 细圆柱状纺锤形，弧弯，扭转，连花梗长 1.5 ～ 2 厘米；**中萼片** 卵圆形，内凹，背面有矮的龙骨突，长 4 ～ 5 毫米、宽 3 ～ 3.5 毫米，先端钝，基部窄，与花瓣黏合呈兜状；**侧萼片** 半月状斜卵形，反折，长 6 ～ 7 毫米、宽 4 ～ 4.5 毫米；**花瓣** 直立，狭卵状披针形，长 4 ～ 5 毫米、宽 2 ～ 2.5 毫米。**唇瓣** 长条形，长 9 ～ 10 毫米，基部 3 裂：**中裂片** 带形，长 8 ～ 9 毫米，端钝；**侧裂片** 小，呈尖三角形，长 1.5 ～ 2.7 毫米；**距** 圆筒形，细长，下弯，长 2 ～ 2.8 厘米、直径 1 ～ 1.5 毫米，下部略增粗，端钝，长于子房；**蕊柱** 短；**花粉块** 狭倒卵形，具线形长柄和卵形的小黏盘。**花期** 6 ～ 8 月。

**产地和分布：** 产于广东、广西、海南、香港、贵州、云南。越南也有分布。

**生态：** 地生兰。生于海拔 500 ～ 2500 米的山坡林缘或草地。较喜阳，生于半阴和湿润地的植株较高大，花的黄色也更艳丽。

**用途：** 民间用为草药。本种花形奇特，花色鲜艳，可栽培供观赏。

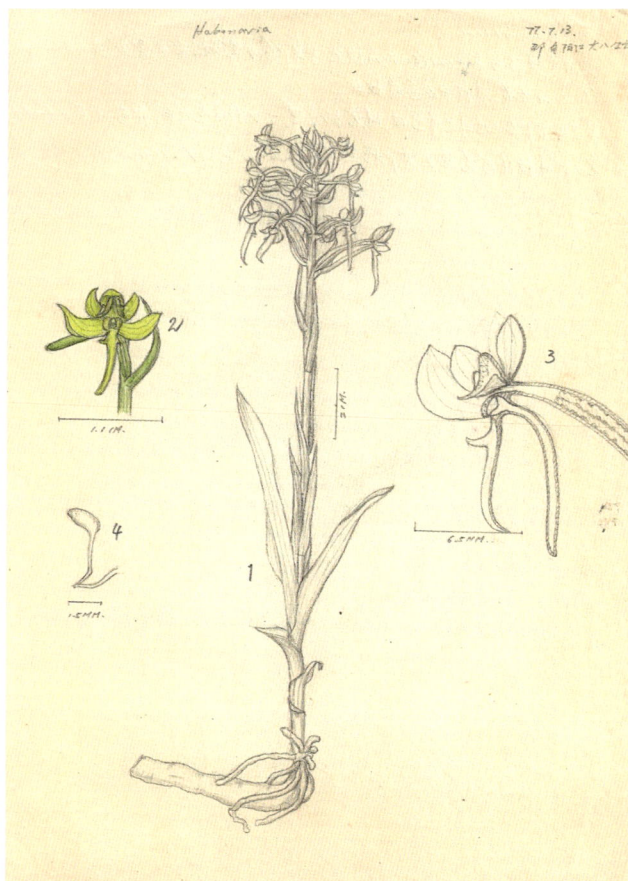

**图 170** 坡参（1）*Habenaria linguella* Lindl.
1 植株　2 花正面　3 花纵剖面　4 花粉块
（1977/07/13 邵应韶采自广东阳江大八公社，程式君绘）

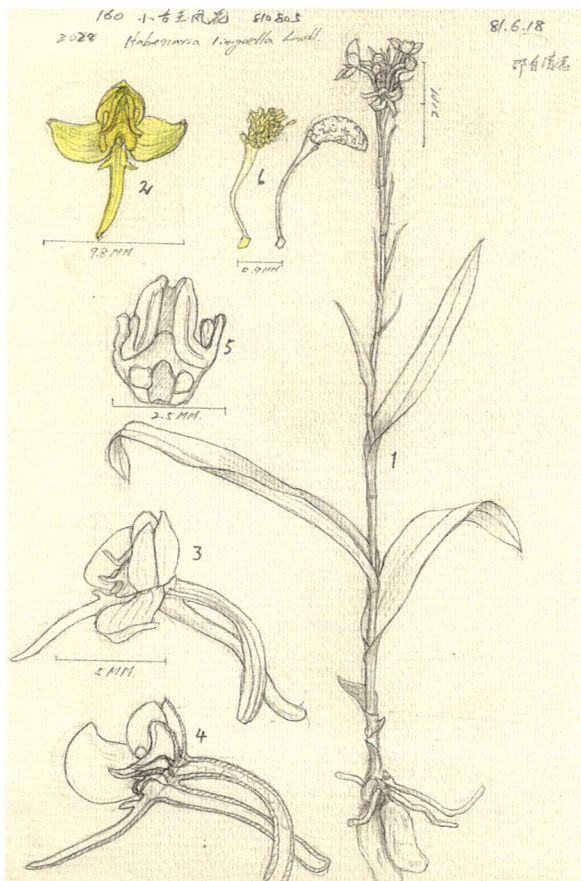

**图 170** 坡参（2）*Habenaria linguella* Lindl.
1 植株　2 花正面　3 花侧面　4 花纵剖面　5 药帽　6 花粉块
（1981/06/18 邵应韶采自广东清远，程式君绘）

# 171 橙黄玉凤花（别名：红人兰，红唇玉凤花）

**学名：** *Habenaria rhodocheila* Hance

[ 曾用学名：*Habenaria pusilla* Rchb. f.；*Habenaria militaris* Rchb. f.；*Habenaria xanthocheila* Ridl.；*Smithanthe rhodocheila* (Hance) Szlach. et Margonska]

**形态：植株** 直立，地生，高 8～35 厘米。**块茎** 肉质，长圆状纺锤形，长 2～8 厘米、粗 1～3 厘米，如贴生于岩石则变得宽而扁，被极细的丝状柔毛。**茎** 高 10～25 厘米，粗壮，基部具叶状鞘。**叶** 5～7 枚，嫩绿色，密集互生于茎上；长 4～15 厘米、宽 1.5～3 厘米，最下部的叶较短，卵形或长圆形，中部的叶最长，呈长圆状椭圆形，最上的叶最短，长仅 2～5 厘米，披针形，叶先端渐尖，基部楔形并下延抱茎。**花序** 总状，疏生花 4～12 朵。**花** 较大而鲜艳，横径约 1.7 厘米；**萼片及花瓣** 均为绿色，**唇瓣** 大，通常朱红色，但也有橙红色、橙黄色，甚至白色的；**中萼片** 近圆形，内凹，长约 0.9 厘米，与花瓣黏合呈风帽状；**侧萼片** 斜卵形，反卷，前端下弯，长约 1 厘米、宽约 0.5 厘米，端钝；**花瓣** 匙状线形，长 0.8～0.9 厘米、宽 0.2～0.3 厘米。**唇瓣** 外轮廓长卵形，长 1.8～2 厘米、最宽处 1.5 厘米，3 裂：**侧裂片** 长圆形，开展，端钝；**中裂片** 基部收窄，前端 2 深裂、开展；距 细长，圆筒状，下垂，先端略前弯，长 2～3 厘米，黄绿色；**蕊喙** 大，具延长的臂。**蒴果** 纺锤形，长约 1.5 厘米，先端具喙。**花期** 7～8 月。

**产地和分布：** 产于广东、广西、海南、香港、福建、贵州、湖南、江西等省区。分布于泰国、越南、老挝、柬埔寨、马来西亚和菲律宾。**模式标本** 采自中国广东。

**生态：** 地生兰。喜生于海拔 200～900 米阴湿山溪旁的岩石缝隙或岩面上有腐殖质蓄积的凹陷处。

**用途：** 花形奇特、颜色美丽鲜艳，可栽培供观赏。

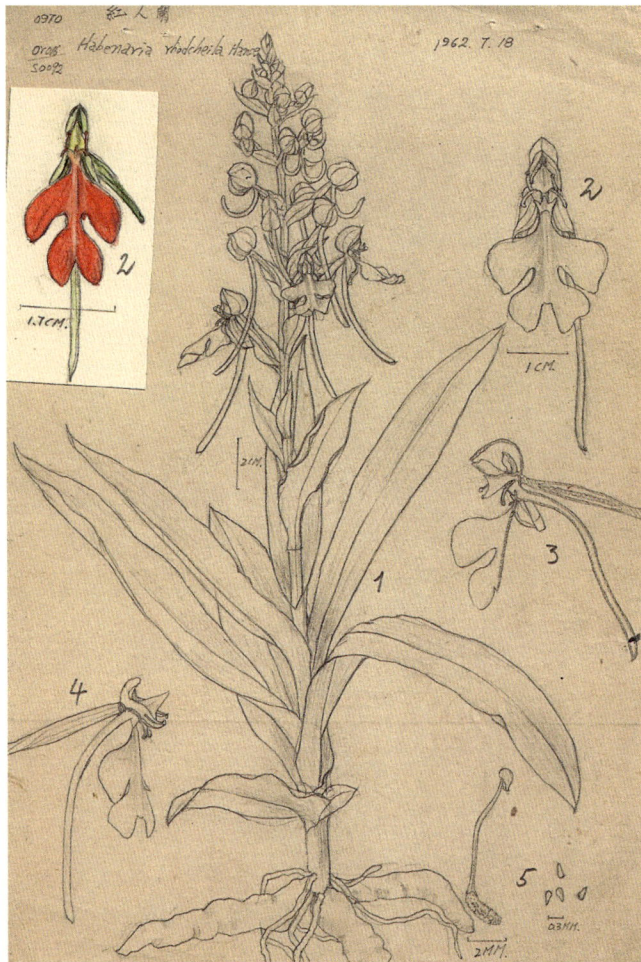

图 171 橙黄玉凤花 *Habenaria rhodocheila* Hance
1 植株　2 花正面　3 花纵剖面　4 蕊柱、子房及唇瓣　5 花粉块
(1962/07/18 程式君绘)

## 3.38 翻唇兰属 *Hetaeria* Bl.

**历史：** 本属于 1825 年由 C. L. Blume 在《荷属东印度植物志》（*Bijdragen tot de Flora van Nederlandsch Indië*）第 8 卷上发表。拉丁属名 *Hetaeria* 源自希腊文 *hetaireia*（友谊），意指它与鸟足兰族的斑叶兰属（*Goodyera*）等其他的属有很密切的关系。

**分类和分布：** 翻唇兰属隶属兰科兰亚科鸟巢兰族的斑叶兰亚族。本属与线柱兰属（*Zeuxine*）最相近，但它的唇瓣位于花的上方，很易区别；另外，它的唇瓣尖端通常没有扁平片状的部分，在唇瓣基部内侧的腺毛只分布于两侧很小的范围内，可与线柱兰区别。本属主要分布于马来西亚及由印度至斐济的亚洲热带地区和太平洋岛屿；我国产于南部亚热带和热带省区。全属共约有 20 种，我国产 5 种。

**本属模式种：** 长圆叶翻唇兰 *Hetaeria oblongifolia* (Bl.) Bl.

**形态特征：** **植株** 地生，半直立，具花时高 25～60 厘米。**根状茎** 肉质，匍匐，节上生根；**直立茎** 圆柱形，具叶数枚。**叶** 互生，肉质，较宽阔，通常不对称，叶面绿色或沿中肋具一条白色带；叶柄明显，基部扩展为绿色、抱茎的鞘。**花葶** 直立，常被毛；**花序** 总状，顶生，由多数小花组成。**花** 细小；**中萼片** 与花瓣黏合呈兜状；**侧萼片** 包围唇瓣的囊状基部；**花瓣** 较萼片窄，与中萼片近等长。**唇瓣** 位于花的上方，基部内凹呈囊状或杯状，内面底部常有各种形状的乳突、腺毛或胼胝体；唇瓣整体内凹，向先端逐渐变浅变窄，唇瓣先端有时扁平，但绝不展宽。**蕊柱** 短，前面有两条平行的翅状附属物。**雄蕊** 通常较短。**蕊喙** 有时颇长；柱头 2 个，隆起，位于蕊喙基部两侧，有时彼此紧靠；**子房** 不扭转。**蒴果** 直立。

## 172 白肋翻唇兰 （别名：白肋角唇兰，白点伴兰，伴兰，红花伴兰）

**学名：** *Hetaeria cristata* Bl.

[ 曾用学名：*Zeuxine cristata* (Bl.) Schltr.；*Zeuxine yakusimensis* Masamune；*Hetaeria tokioi* Fukuyama；*Hetaeria yakusimensis* (Masamune) Masamune；*Hetaeria cristata* Bl. var. *tokioi* (Fukuyama) S. S. Ying；*Rhomboda cristata* (Bl.) Omrd. ]

**形态：** **植株** 直立，地生，高 10～25 厘米。**根状茎** 匍匐，粗壮，有白色绒毛。**直立茎** 光滑，暗紫红色，具互生叶数枚。**叶** 表面深绿色，有天鹅绒光泽，叶脉色淡接近白色，叶背淡绿色；叶卵形或卵状披针形，偏斜，长 3～9 厘米、宽 1.5～4 厘米；**叶柄** 明显，长 1～2.5 厘米，暗红色，基部下延并扩大为抱茎的叶鞘。**花葶** 顶生，直立，暗红色；上端为花序。**花序** 总状，疏生 3～15 朵小花。

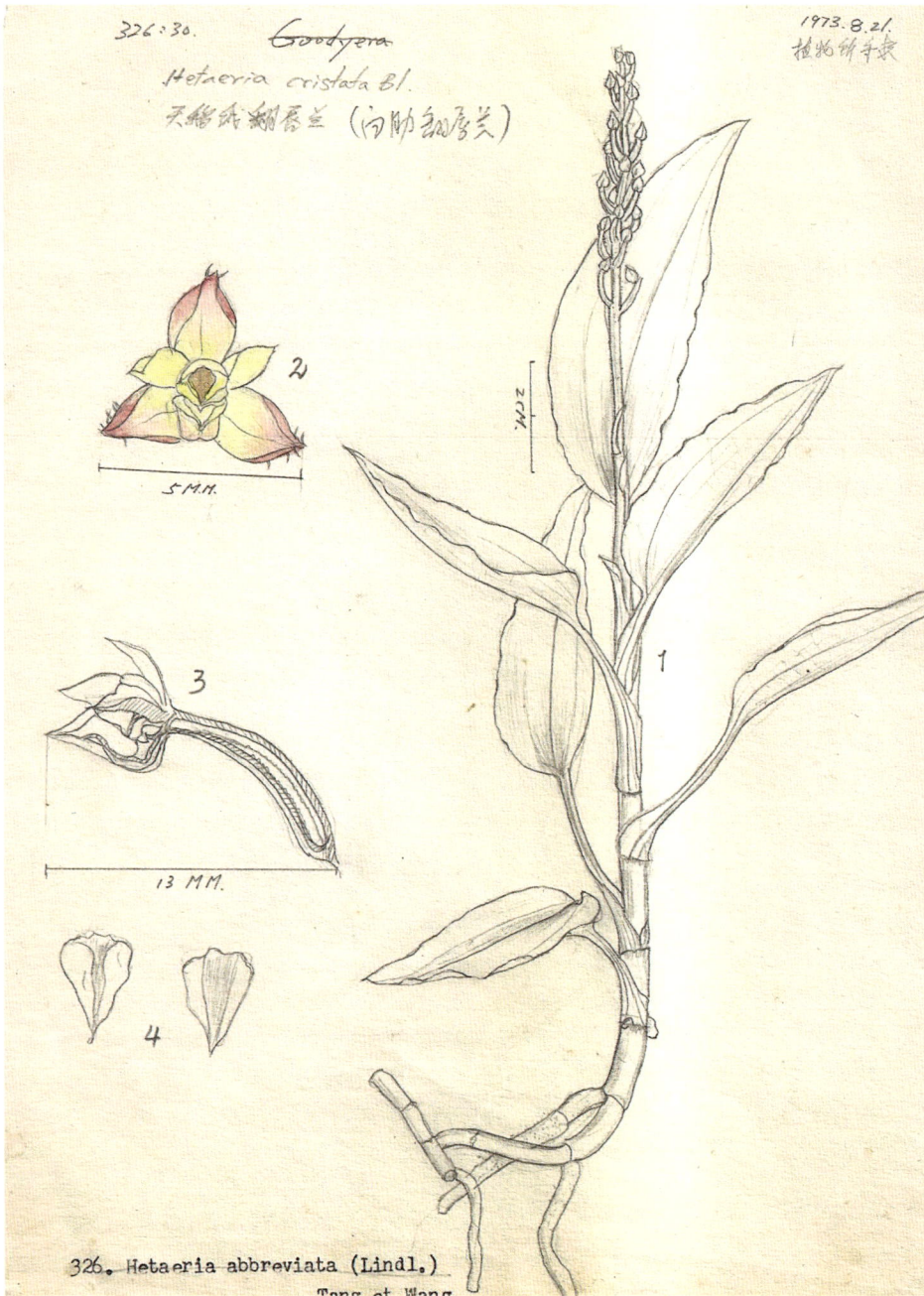

图 172 白肋翻唇兰
*Hetaeria cristata* Bl.

1 植株
2 花正面
3 花纵剖面
4 花粉块

（1973/08/21 程式君绘）

**花** 较小，半开状，红褐色；**子房** 圆柱形，被毛，连花梗长 0.75～1 厘米；**萼片** 红褐色，背面被毛；**中萼片** 宽卵形，长 2.8～3 毫米、宽约 2 毫米，先端急尖，与花瓣黏合呈兜状；**侧萼片** 卵形，偏斜，长 3.2～4 毫米、宽 2～2.3 毫米，端尖；**花瓣** 黄白色，卵形，甚偏斜，长 2.8～3 毫米、宽约 2 毫米，急尖。**唇瓣** 位于花的上方，舟状卵形，长约 3.5 毫米；**基部** 浅囊状，内具 2 枚角状胼胝体；前部 3 裂；**侧裂片** 半圆形，直立；**中裂片** 卵形，内凹，端钝。**花期** 9～10 月。

**产地和分布：**产于香港、广东、台湾。日本、菲律宾、印度尼西亚也有分布。**模式标本**采自印度尼西亚爪哇。

**生态：**地生兰。多生于山坡林下阴处。

## 3.39 湿唇兰属 *Hygrochilus* Pfitz.

**历史：** 1986 年，在缅甸采集植物多年的英国植物采集家和水彩画家 Charles Parish 首次在缅甸采到湿唇兰并送往英国。Reichenbach 在英国得到此兰，并于 1867 年在《园丁年鉴》（*Gardener's Chronicle*）杂志中将其发表，定名为"帕氏万代兰（*Vanda parishii*）"。1897 年 Ernst Pfitzer 根据它"与蕊柱连接的唇瓣可以活动"这个特点，在 *Die Naturlichen Pflanzenfamilien* 一书中建立了新属"湿唇兰属（*Hygrochilus*）"。1974 年，Leslie Garay 对此属进行了审核校订，并在《哈佛大学植物学博物馆丛书》（*Botanical Museum Leaflets of Harvard University*）中再次予以确认。拉丁属名 *Hygrochilus*，源自希腊前缀 hygro-（潮湿）和希腊文 cheilos（唇），意指它潮湿的唇瓣。

**分类和分布：** 湿唇兰属隶属兰科兰亚科万代兰族的指甲兰亚族。它和拟万代兰属（*Vandopsis*）和万代兰属（*Vanda*）比较近似，但后二者的唇瓣都固定不能动，而且湿唇兰属的蕊柱呈弓状弧曲，花粉块形状特殊，很易与它们区别。本属只有 1 种，分布于印度（东北部）、缅甸、泰国、老挝、越南和中国（南部）。

**本属模式种：** 湿唇兰 *Hygrochilus parishii* (Veitch et Rchb. f.) Pfitz.（*Vanda parishii* Rchb. f.）

**生态类别：** 附生兰。

**形态特征：** **植株** 附生，中型。**茎** 粗短，具数枚排成 2 列的叶。**叶** 扁平，肥厚，叶端不等钝 2 裂或为深凹缺，基部有关节和抱茎的鞘。**花序** 总状，自叶腋抽出，具花数朵。**花** 较大，厚实，开展，有香气；**萼片与花瓣** 相似，花瓣略短而宽；**唇瓣** 厚，肉质，3 裂，基部具一活动关节与蕊柱的基部连接；**侧裂片** 直立；**中裂片** 背面近前端具一喙状凸起，上有纵行褶片；**距** 囊状，距口处具一枚胼胝体；**蕊柱** 向前弓曲，较长，无蕊柱足；**蕊喙** 窄长，下弯；**花粉块** 2 枚，蜡质，近球形，裂隙半裂；**黏盘柄** 长而扁，向基部渐狭；**黏盘** 圆而大。

# 173 湿唇兰

**学名：** *Hygrochilus parishii* (Veitch et Rchb. f.) Pfitz.

[ 曾用学名：*Vanda parishii* Rchb. f.；*Vandopsis parishii* (Rchb. f.) Schltr. ]

**形态：** **植株** 附生，高约 15 厘米。**气生根** 粗壮，径约 4 毫米，灰绿色。**茎** 粗短，长 5～20 厘米、径 0.8～1.5 厘米，为宿存叶鞘所包被。**叶** 3～5 枚，在茎上排成 2 列，厚革质，光滑，椭圆状长圆形至倒卵状阔披针形，长 10～25 厘米、宽 2.5～7.5 厘米，叶端不等 2 圆裂或具深凹，叶基阔楔形，互相合抱，具关节；叶鞘长约 1 厘米，抱茎；中脉在叶背隆起，并在近叶基处凸出呈龙骨状。**花葶** 自近茎基的叶腋抽出，1～6个，长于叶，可达40厘米，淡绿色，直立，略呈蝎尾状；**花序柄** 粗壮，径约0.5厘米，具龙骨状的硬质鞘3～4枚；**总状花序** 长度约为花葶的1/2或1/3，疏生花1～8朵；**花苞片** 舟状，宽卵形，端钝，长1.2～1.5厘米、宽0.7～1厘米，淡绿色，质地厚硬。花较大，径3～5厘米，稍呈肉质，蜡质，略芳香，花期持久；**花梗连子房** 长2～4厘米、径约0.2厘米，白色；**萼片及花瓣** 黄色至黄绿色，近基部较白，密布近圆形的红褐色斑点，

背面白色、边缘有黄色晕；**萼片** 质厚，表面平，背面中肋呈明显的龙骨状脊，先端突尖，长约2厘米、宽约1.2厘米；**中萼片** 长圆形，**侧萼片** 卵形，两侧略呈纵向外卷；**花瓣** 阔卵形，长约1.7厘米、宽约1.5厘米，上缘呈波状。**唇瓣** 琴形，紫色，基部和边缘色较淡；前部与后部呈90度膝状折曲，并向后延伸呈短距状；3裂：**侧裂片** 近圆形，长约3毫米，白色有紫纹，2侧裂片间的区域白色，具2枚长形橙黄色点；**中裂片** 菱形，略内凹呈舟状，白色，密布紫色斑，长15毫米、最宽

处约10毫米，正中有一高约3毫米的纵向褶片，基部具1枚三角状卵形、2裂的胼胝体。**蕊柱** 白色，长约9毫米，向前弧弯，具翅。**花期** 6～7月。

**产地和分布：** 我国产于云南南部。分布于印度（东北部）、缅甸、泰国、老挝和越南。**模式标本**采自越南。

**生态：** 附生兰。多附生于海拔100～1300米常绿及半常绿疏林中的石灰石峭壁上或大树干上。

**用途：** 可栽培供观赏。

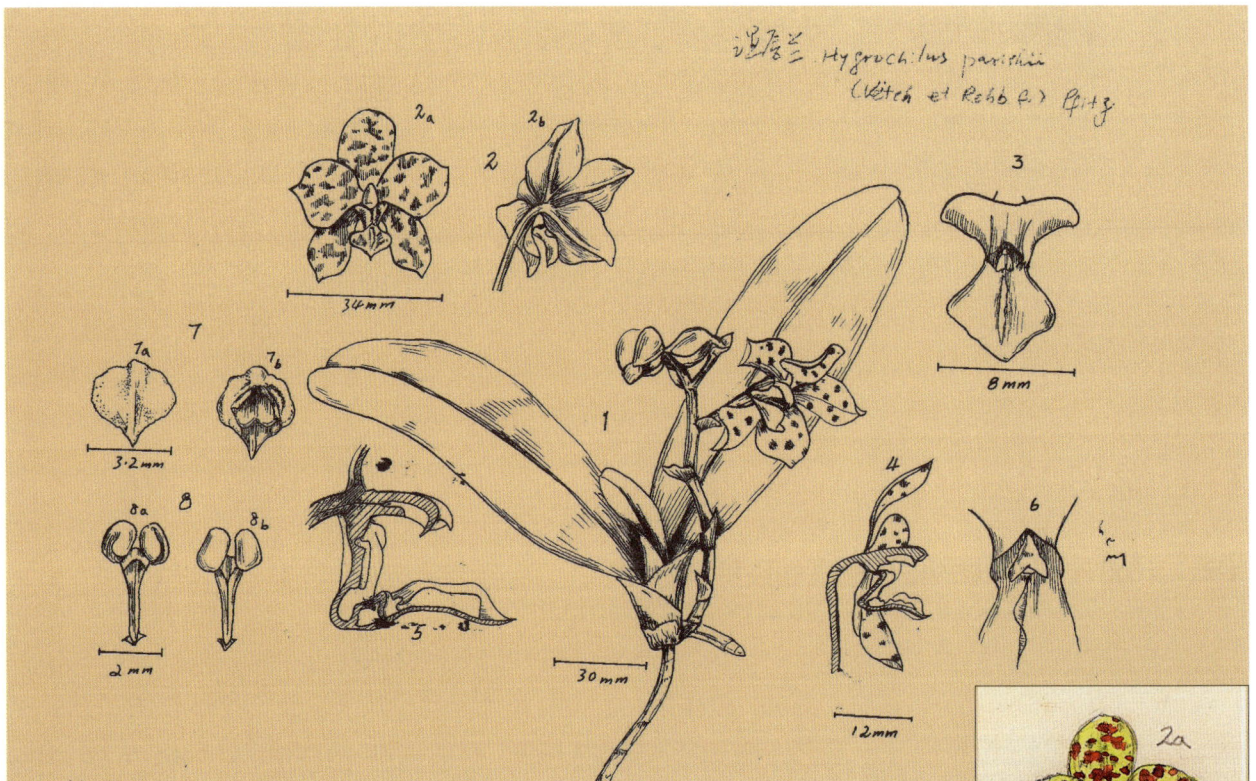

**图 173 湿唇兰 *Hygrochilus parishii* (Veitch et Rchb. f.) Pfitz.**
1 植株　2 花：2a 花正面，2b 花背面　3 唇瓣　4 花纵剖面　5 蕊柱和唇瓣纵剖面　6 胼胝体和褶片
7 药帽：7a 背面，7b 腹面　8 花粉块：8a 背面，8b 腹面 （1986/06/03 程式君采自广东深圳动植物检疫所，唐振缙绘）

# 3.40 尖囊兰属 *Kingidium* P. F. Hunt

**曾用属名：** *Kingiella* Rolfe；*Polychilos* sect. *Kingidium* (P. F. Hunt) P. S. Shim；*Phalaenopsis* Bl. sect. *Deliciosae* Christenson

**历史：** 本属于 1970 年由 P. F. Hunt 建立并在《邱园公报》（*Kew Bulletin*）发表。此属之前曾用 "*Kingiella*" 为学名（Rolfe，1917），但由于此字是比它更早发表的桑寄生科的 "*Kingella*"（van Tiegh）属的变异拼写法，所以根据《国际植物命名法规》（*International Code of Botanical Nomenclature*）避免重复的规定予以废除。属名 *Kingidium* 是为了纪念 *Orchids of the Sikkim-Himalaya* 一书的两位作者之一：George King 爵士。

**分类和分布：** 尖囊兰属隶属兰科兰亚科万代兰族的指甲兰亚族。本属与蝴蝶兰属（*Phalaenopsis*）非常接近，有些作者认为二者应为同一个属。然而，本属唇瓣的裂片直接由萼囊生出，而且没有带线状附属物的爪，与蝴蝶兰属明显不同。本属有 3 ～ 4 种，分布于中国及印度、斯里兰卡、缅甸、泰国、马来西亚、印度尼西亚和菲律宾等亚洲热带地区。我国有 3 种，产于西南和华南地区。

**本属模式种**（后选模式）：小尖囊兰 *Kingidium taenialie* (Lindl.) P. F. Hunt
（=*Aerides taeniale* Lindl.）

**生态类别：** 附生兰。

**形态特征：** **植株** 附生，低矮。**根** 扁平，簇生于植株基部。**茎** 极短，具叶数枚。**叶** 2 列，密集；叶前宽，向基部收窄，基部具关节或抱茎的鞘，在旱季或花后常凋落。**花序** 生于茎侧，总状或圆锥状，花疏生。**花** 较小，开展；**侧萼片** 常大于中萼片，贴生于蕊柱足上；**花瓣** 小于萼片，基部收窄。**唇瓣** 基部无爪，3 裂：**侧裂片** 直立，腹面常具纵向的脊突，基部下延与中萼片基部形成端尖的短距；**中裂片** 较大，前伸，基部中央具二叉状附属物。**蕊柱** 细长；**蕊柱足** 明显；**蕊喙** 狭长，2 裂；**花粉块** 2 枚，蜡质，近球形，每枚均呈不等的 2 裂；黏盘柄细长，上阔下细，**黏盘** 片状。

## 174 大尖囊兰（别名：俯茎胼胝兰）

**学名：** *Kingidium deliciosum* (Rchb. f.) Sweet
（曾用学名：*Phalaenopsis deliciosa* Rchb. f.；*Kingiella decumbens* auct. non Griff.；*Biermannia decumbens* auct. non Griff.；*Kingidium decumbens* auct. non Griff.）

**形态：植株** 附生，高 8 ～ 15 厘米。**根** 肉质，粗而扁平，曲折，有分枝，簇生于茎的基部。**茎** 甚短，长 1 ～ 1.5 厘米，通常具叶 3 枚。**叶** 2 列，紧密互生，卵圆形至长圆形，长 3 ～ 12 厘米、宽 2 ～ 4 厘米；边缘波状，先端稍钩曲，基部楔形并下延扩大为互相套叠的鞘。**花序** 总状，斜出或下垂，略长于叶或与叶等长，时有分枝，

每 1～2 朵花在同一时间开放，花序梗暗绿色。**花** 开展，径约 1.25 厘米，花时具叶；**花梗连子房** 长约 5 毫米，纤细，淡黄绿色；**中萼片** 长圆形，长 6～7 毫米、宽 3～3.5 毫米，乳白色带淡紫红晕；**侧萼片** 阔卵形，偏斜，长 5.5～6 毫米、宽 35～4 毫米，与中萼片同色，但在近基部处有微细的紫红色斑点，基部贴生于蕊柱足上；**花瓣** 与中萼片的颜色、形状和大小均相似，略带倒卵形，

端钝。**唇瓣** 基部无爪，3 裂：**侧裂片** 紫红色，具明显的紫色脉纹，直立，倒卵形，长约 4 毫米、宽约 2.5 毫米，基部下延并与中裂片基部合成宽圆锥形的距，近蕊柱处有 2 枚黄色胼胝体；**中裂片** 倒卵状楔形，平伸，长约 6 毫米、宽约 5 毫米，近基部有深紫红色斑点，中部紫红色，前端占中裂片的约 1/3 部分为白色，染淡紫红晕；**唇盘** 上与蕊柱相对处具纵向的棱脊，脊上有分叉的舌

状物。**蕊柱** 白色，基部染分红晕；**药帽** 白色；**花粉块** 乳黄色；**黏盘柄** 白色透明。花期 7～8 月。
**产地和分布：**产于海南。广泛分布于印度、斯里兰卡、缅甸、老挝、越南、柬埔寨、泰国、马来西亚、印度尼西亚、菲律宾。**模式标本**采自印度尼西亚爪哇。
**生态：**附生兰。喜生于海拔 450～1100 米的山林中树干上或山谷溪边岩石上。
**用途：**可栽培供观赏。

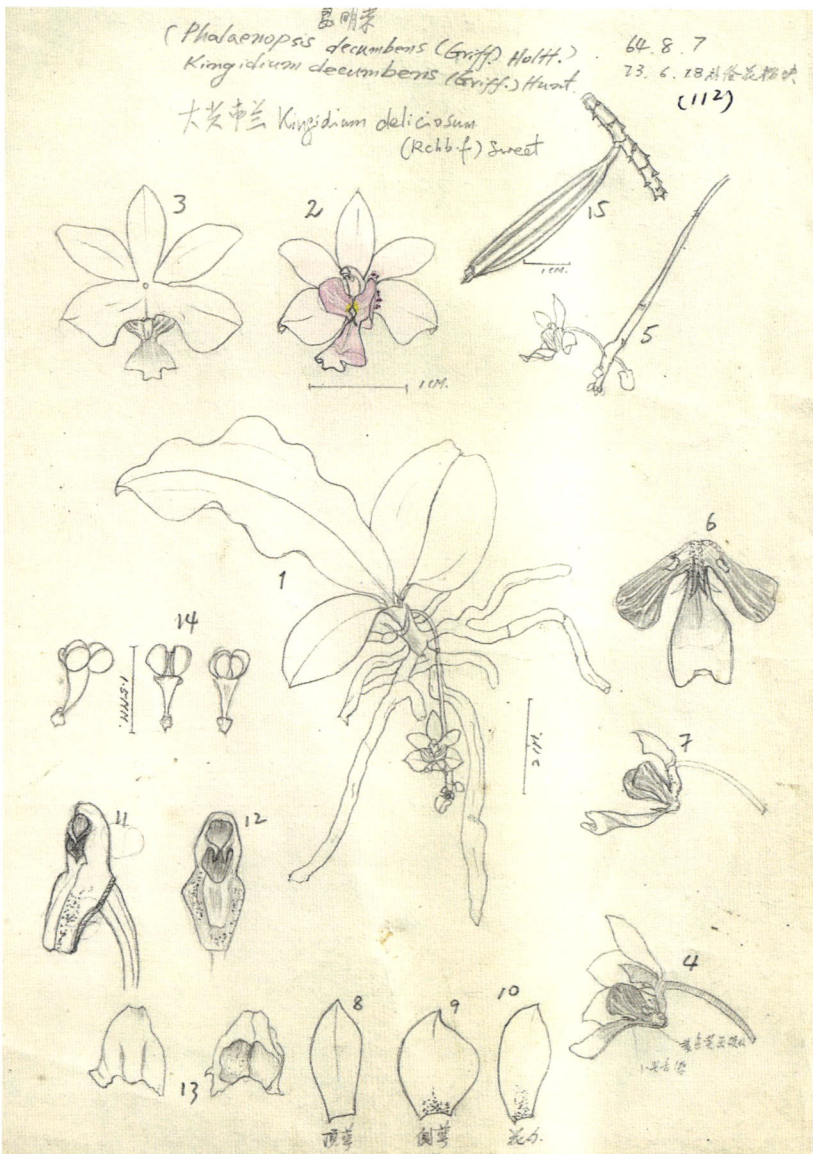

**图 174 大尖囊兰**
*Kingidium deliciosum* (Rchb. f.) Sweet

1 植株
2 花正面
3 花背面
4 花纵剖面
5 花枝
6 唇瓣
7 蕊柱及唇瓣
8 中萼片
9 侧萼片
10 花瓣
11 蕊柱侧面
12 蕊柱正面
13 药帽
14 花粉块
15 果
(1964/08/07 来自昆明，程式君绘，1973/06/18 程式君补绘花粉块)

# 3.41 羊耳蒜属 *Liparis* L. C. Rich.

**别名：** 羊耳兰属

**历史：** L. C. Richard 于 1818 年首次发表羊耳蒜属（*Liparis*）于《巴黎自然博物馆志》（*Mémoires du Muséum d'Histoire Naturelle, Paris*）。1886 年，H. N. Ridley 在《林奈学会会志》（*Journal of the Linnaean Society*）上发表了羊耳蒜属专著，将本属分为两个组，即①软叶组（Sect. Mollifoliae），下设 3 个亚组和②革叶组（Sect. Coriifoliae），下设 3 或 4 个亚组。此后本属一直没有做过全面的修正。直到 1911 年，R. Schlechter 在《德属新几内亚的兰科植物》（*Die Orchidaceen von Deutsch-Neu-Guinea*）一书中提出一个新系统，将羊耳蒜属分为 4 个亚属和 12 个组。1976 年，G. Seidenfaden 把本属的 87 个种划分为 3 个组，即①羊耳蒜组（Sect. Liparis）；②革叶组（Sect. Coriifoliae）；③二列组（Sect. Distichae）。1999 年出版的《中国植物志》则将国产的 52 种羊耳蒜属植物划分为 2 个组，即①羊耳蒜组（Sect. Liparis）：叶较薄，叶柄无关节，通常为地生兰；②附生羊耳蒜组（Sect. Cestichis）：叶厚，纸质或革质，在叶柄与假鳞茎连接处有关节，通常为附生兰。拉丁属名 *Liparis* 源自希腊语 *liparos*（油亮），意指本属很多种类具有的光滑而发亮的叶子。

**分类和分布：** 羊耳蒜属隶属兰科兰亚科树兰族的羊耳蒜亚族。本属与沼兰属（*Malaxis*）相近，但本属的唇瓣位于花的上方，唇瓣基部两侧没有像沼兰属那样围抱蕊柱的耳状物，蕊柱很长（沼兰的蕊柱很短或几乎消失），因此很容易与沼兰属区别。羊耳蒜属是兰科中的大属之一，全属共约有 250 种，大部分分布于热带亚热带地区，也见于北温带。我国共有 52 种。

**本属模式种：** 洛氏羊耳蒜 *Liparis loeselii* (L.) L. C. Rich.

（= *Ophrys loeselii* L.）

**生态类别：** 地生或附生兰。

**形态特征：** 具假鳞茎，或为多节的肉质茎，**假鳞茎** 常被有膜质鞘。**叶** 1 至数枚，基生、茎生、生于假鳞茎顶端或近顶端的节上；多少具柄，有时有关节。**花** 小或中等，扭转；**萼片** 相似，侧萼有时合生；**花瓣** 比萼片窄，线形至丝状。**唇瓣** 上部常反折，无距；**蕊柱** 较长，多少前弓，无蕊柱足；**花粉块** 4 枚，成 2 对。**蒴果** 常具 3 钝棱。

# 175 圆唇羊耳蒜（别名：海南羊耳蒜）

**学名：** *Liparis balansae* Gagnep.

（曾用学名：*Liparis hainanensis* T. Tang et F. T. Wang）

**组别：** 附生羊耳蒜组 Sect. Cestichis

**形态：** **植株** 附生，高 18～22 厘米。**假鳞茎** 互相紧靠，狭卵形至圆卵形，径 1.5～3 厘米，顶生 1 枚叶。**叶** 长圆状倒披针形，长 10～15 厘米、宽 2～2.7 厘米，端尖，基部逐渐收窄成柄。**花葶** 直立，与叶近等高，长约 15 厘米；**总状花序** 长 10～12 厘米，疏生数朵至十余朵花。**花** 径约 2.2 厘米，黄绿色；**花梗连子房** 长约 1.5 厘米，略弯；**萼片及花瓣** 线形，花瓣比萼片窄；**萼片** 长约 14 毫米、宽约 2 毫米，**花瓣** 长约 12 毫米。**唇瓣** 位于花的上方，绿褐色，宽倒卵状圆形，长约 8 毫米、宽约 10 毫米；唇瓣的前半部下折，与后部成 90 度角；先端浑圆具短尖，边缘具不规则钝锯齿，在靠近蕊柱处有两枚绿色小胼胝体。**蕊柱** 稍前弯，有阔足，两侧具翅。**花药** 2 室，具 4 枚花粉块。**花期** 9～11 月。

**产地和分布：** 产于海南、广西、四川和云南（南部）。越南和泰国也有分布。**模式标本** 采自越南。

**生态：** 附生兰。多附生于海拔 500～1600 米的林中或溪谷旁的树上或岩石上。

图 175 圆唇羊耳蒜
*Liparis balansae* Gagnep.
1 植株
2 花
3 花部解剖
4 蕊柱、子房及唇瓣
5 花粉块
（1961/11/21 程式君绘）

# 176 镰翅羊耳蒜

**学名：** *Liparis bootanensis* Griff.

[ 曾用学名：*Liparis plicata* Franch. et Savat.；*Liparis lancifolia* Hook. f.；*Liparis uchiyamae* Schltr.；*Cestichis plicata* (Franch. et Savat.) F. Maekawa；*Liparis subplicata* T. Tang et F. T. Wang；*Liparis ruybarrettoi* S. Y. Hu et Barretto；*Liparis bootanensis* Griff. var. *uchiyamae* (Schltr.) S. S. Ying；*Liparis pterostyloides* Szlach. ]

**组别：** 附生羊耳蒜组 Sect. Cestichis

**形态：** **植株** 高 10～20 厘米，群集附生。**根** 多数，线状，长约 1 厘米。**假鳞茎** 卵形或卵状长圆形，也有为狭卵状圆柱形的；长 0.8～1.8 厘米、径 0.4～0.8 厘米，顶生 1 枚叶。**叶** 纸质，倒披针形或狭长圆状倒披针形，长 5～20 厘米、宽 1～3.5 厘米；先端渐尖，基部收窄成柄，具关节；**叶柄** 长 1～10 厘米。**花葶** 由具多枚苞叶的新茎顶端抽出，长 7～24 厘米；**花序柄** 略扁，两侧具狭翅；**花序** 总状，端弧形外弯，长 5～12 厘米，疏生花数朵至 20 余朵；**花苞片** 长 3～8 毫米，呈狭披针形。**花** 黄绿色，有时略带褐或罕有近白色者；**子房连花梗** 长 4～15 毫米；**中萼片** 窄长圆形，长 3.5～6 毫米、宽 1.3～1.8 毫米，端钝；**侧萼片** 与中萼片近等长，但略宽；**花瓣** 狭线形，先端略向下弧弯，长 3.5～6 毫米、宽 0.4～0.7 毫米。**唇瓣** 长圆状倒卵形，长 3～6 毫米、中部宽 5～5.5 毫米，先端截形，具凹缺或短尖，前部边缘具不规则细齿，基部具 2 枚胼胝体（有时基部合二为一）。**蕊柱** 略前屈，两侧具翅，翅前部常下弯呈钩状或镰状。**蒴果** 倒卵状椭圆形，长 8～10 毫米，果梗与果近等长。**花期** 8～10 月。

**产地和分布：** 本种为广布种，产于江西、福建、台湾、广东、广西、海南、香港、四川、贵州、云南和西藏（墨脱）。不丹、印度、缅甸、越南、泰国、马来西亚、印度尼西亚、菲律宾和日本均有分布。

**生态：** 附生兰。多生于海拔 800～2300 米的林缘、林中或山谷阴湿处的树上或岩壁、石面上。

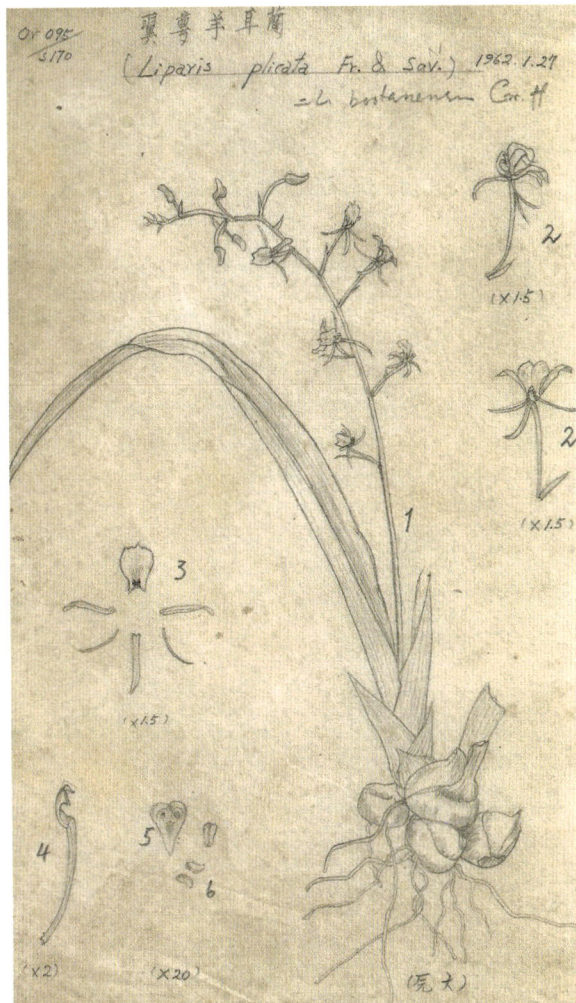

图 176 镰翅羊耳蒜（1）
*Liparis bootanensis*
　　Griff.

1 植株
2 花
3 花部分解
4 子房及蕊柱
5 药帽
6 花粉块
（1962/01/27 程式君绘）

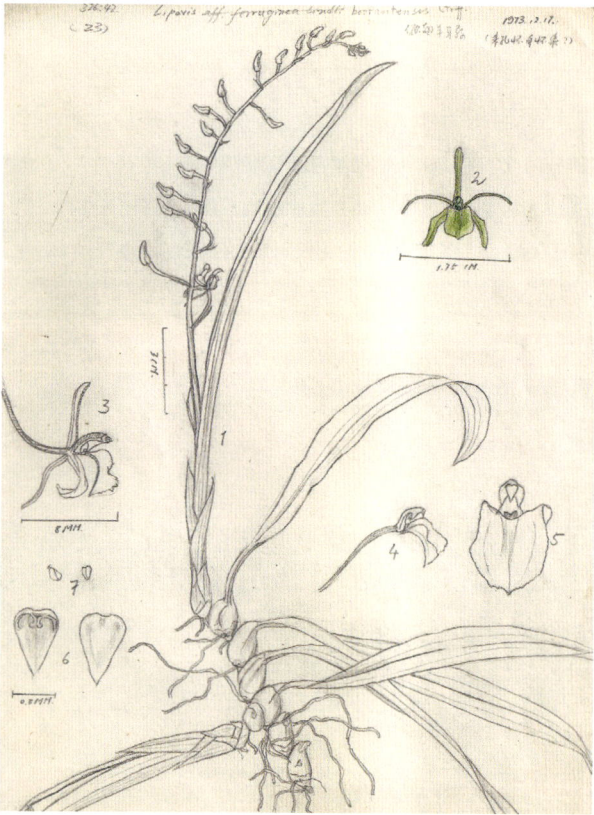

图 176a 镰翅羊耳蒜（2）*Liparis bootanensis* Griff.
1 植株　2 花正面　3 花纵剖面　4 蕊柱、子房和唇瓣
5 唇瓣　6 药帽　7 花粉块
（1973/12/17 朱孔怀采自广东怀集，程式君绘）

图 176b 镰翅羊耳蒜（3）*Liparis bootanensis* Griff.
1 植株　2 花正面　3 花纵剖面　4 蕊柱、唇瓣及子房　5 药帽
（1973/12/12 程式君绘）

# 177 丛生羊耳蒜（别名：丛花羊耳蒜，小花羊耳兰，小小羊耳蒜，桶后溪羊耳蒜）

**学名：** *Liparis cespitosa* (Thou.) Lindl.

[ 曾用学名：*Malaxis cespitosa* Thou.；*Malaxis angustifolia* Bl.；*Liparis angustifolia* (Bl.) Lindl.；*Liparis pusilla* Ridl.；*Cestorchis cespitosa* (Thou.) Ames；*Liparis laurisilvatica* Fukuyama]

**组别：** 附生羊耳蒜组 Sect. Cestichis

**形态：** **植株** 附生，矮小，高6～10厘米。**根** 少量，线形，多不分枝，长1～5厘米，棕绿色。**假鳞茎** 密集，彼此靠接；近球形，略侧扁，深绿色，具2棱；高0.5～1厘米、径0.6～1厘米，近基部存有棕色纤维状残鞘，顶端有叶1枚。**叶** 倒卵状披针形，长3～6厘米、最宽处约1.4厘米，先端突尖，基部渐狭成短柄；叶表面深绿色、背面淡绿色；中脉在叶面凹陷、在叶背隆起，有不明显的侧平行脉2条。新茎上有淡绿色的叶1或2枚，如为2枚则一枚为宽仅4毫米的狭披针形、另一枚为倒卵形，互相套叠，基部具2枚互相套叠的苞片。**苞片** 淡绿色，阔卵形，先端急尖，长1～1.5厘米、宽约0.8厘米，背面中央具龙骨脊，具绿色纵脉约7条。**花葶** 生于新茎顶端，由叶间抽出，连花序长约4.5厘米、直径约0.15厘米。**总状花序** 长2.5～3厘米、宽约1厘米，有花10～16朵；**花序轴** 淡绿色；**花苞片** 锥状，淡绿色，长3～5毫米、基部最宽处约1毫米。**花** 淡黄绿色，极细小，径约2毫米×3毫米，撕断时有胶状黏丝相连；**花梗连子房** 长约3毫米，淡绿色；**中萼片** 长圆状披针形，端钝，长1.5～1.8毫米、宽约0.7毫米；**侧萼片** 为略歪斜的卵状长圆形，向后反屈，长1.3～1.5毫米、宽约0.9毫米；**花瓣** 线状披针形，端钝，长1.5～1.8毫米、宽约0.3毫米。**唇瓣** 阔长圆形，长约1.8毫米、宽约1.2毫米，先端近截形，具短尖，边缘有微齿，无明显胼胝体。**蕊柱** 淡绿色，细长，稍前曲。花期4月下旬至10月。

**产地和分布：** 产于台湾、海南、云南。广布于自非洲至亚洲和太平洋的热带地区。**模式标本** 采自毛里求斯。

**生态：** 附生兰。多附生于海拔500～2400米的林中或溪谷旁的大阔叶树上、荫蔽的岩壁表面或溪边岩石上。

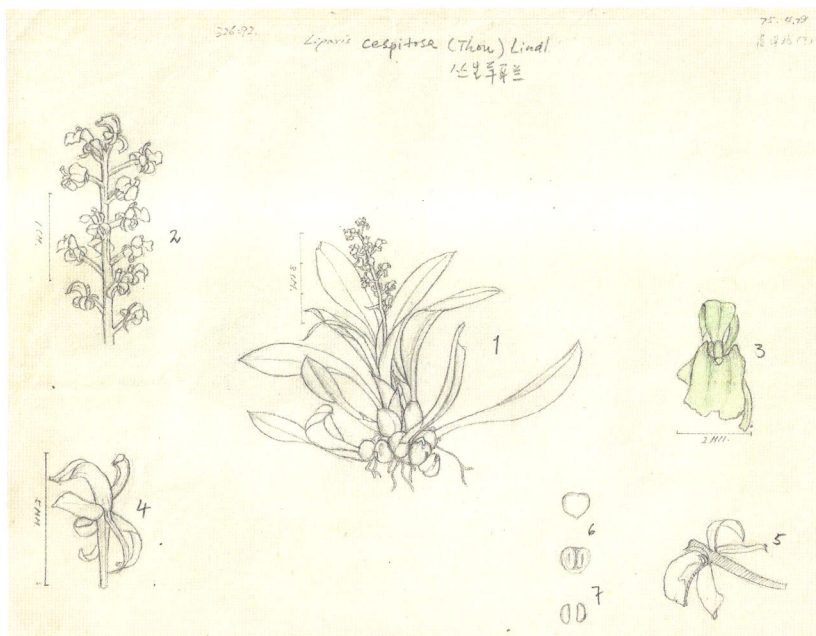

图 177 丛生羊耳蒜
*Liparis cespitosa* (Thou.) Lindl.

1 植株
2 花序
3 花正面
4 花
5 花纵剖面
6 药帽
7 花粉块
（1975/04/29 程式君采自粤北？，并绘图）

# 178 大花羊耳蒜（别名：长叶羊耳蒜，虎头石兰，蓬莱羊耳兰，台湾羊耳蒜）

**学名：** *Liparis distans* C. B. Clarke

[ 曾用学名：*Liparis macrantha* Hook. f.；*Liparis yunnanensis* Rolfe；*Liparis oxyphylla* Schltr.；*Liparis nakaharai* Hayata；*Liparis taiwaniana* Hayata；*Cestichis taiwaniana* (Hayata) Nakai；*Cestichis nakaharai* (Hayata) Kudo]

**组别：** 附生羊耳蒜组 Sect. Cestichis

图 178 大花羊耳蒜（1）*Liparis distans* C. B. Clarke

1 植株　2 花　3 花纵剖面　4 唇瓣　5 花粉块

（1962/07/07 程式君绘）

**形态：** 植株 较高大，15 ～ 40 厘米，附生。**假鳞茎** 卵形或卵状圆柱形，紧密相接，长 2.5 ～ 9.5 厘米、直径 1.5 ～ 2 厘米，顶生 2 枚叶。**叶** 窄长，倒披针形或窄倒披针形，长 15 ～ 35 厘米、宽 1 ～ 3 厘米，先端渐尖，基部收窄成 2 ～ 5 厘米长的叶柄，基部具关节。**花葶** 顶生，较扁，长 14 ～ 40 厘米；**花序** 总状，长 8 ～ 20 厘米，疏具花数朵至十余朵。**花** 较大，径 2.3 厘米 × 1 厘米，初开时深绿色，逐渐变为橙黄色至黄褐色，有腥臭味；**花梗**连子房 长 1.4 ～ 2.2 厘米；**萼片** 线形，端钝，两侧常外卷，长 1 ～ 1.6 厘米、宽约 0.2 厘米，中萼片略长于侧萼片；**花瓣** 近丝状，长 1.2 ～ 1.6 厘米，端钝。**唇瓣** 位于花的上方，宽长圆形至圆形，长 1 ～ 1.4 厘米、宽 1 ～ 1.1 厘米，先端圆钝，边缘略具不规则锯齿，基部收窄并具 1 枚绿色胼胝体；**蕊柱** 略前屈，具白色狭翅。**蒴果** 狭倒卵状长圆形，长约 1.8 厘米。**花期** 10 月至次年 2 月。**果期** 6 ～ 7 月。

**产地和分布：** 产于台湾、海南、广西、四川、贵州、云南。印度、泰国、老挝和越南也有分布。

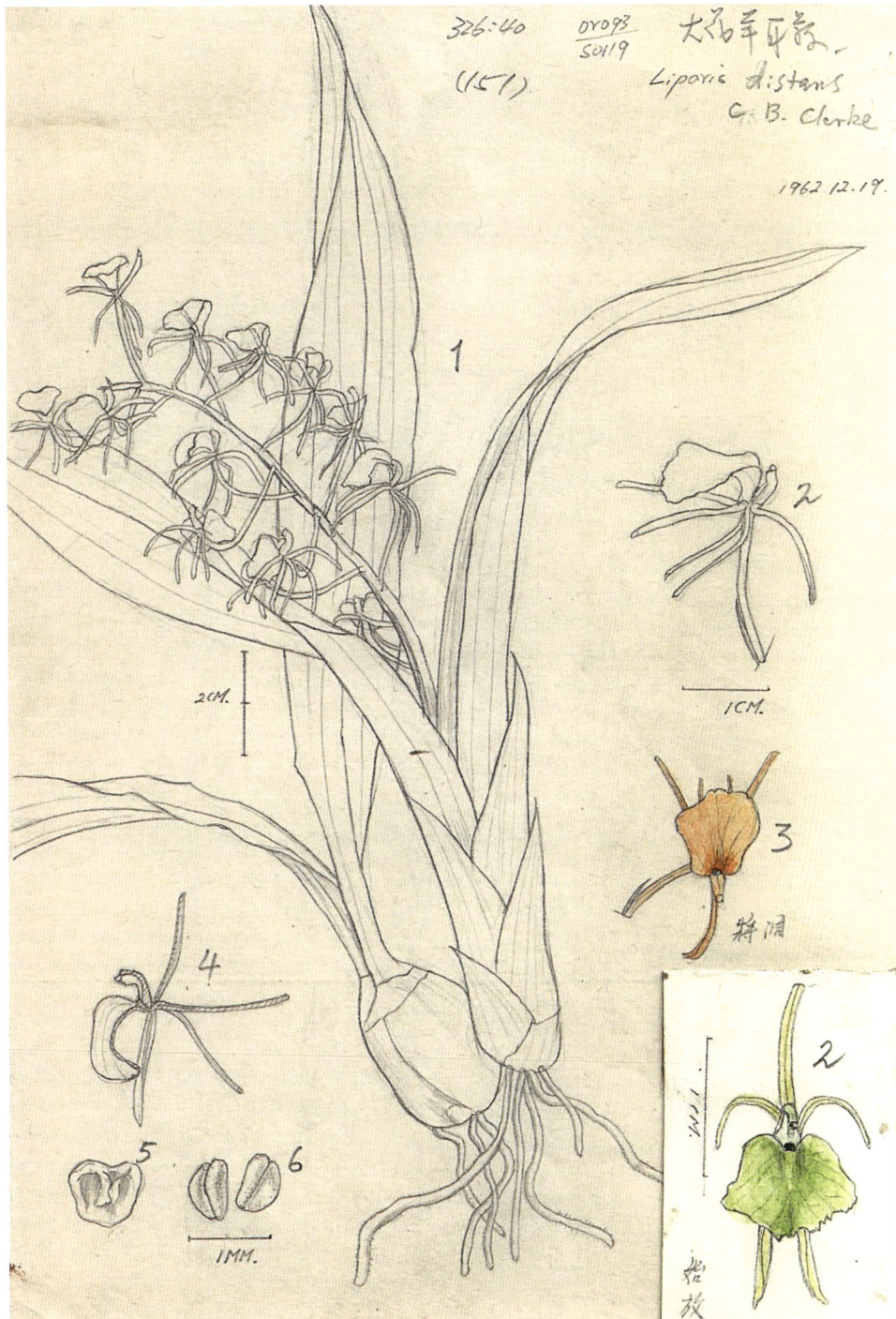

模式标本采自印度阿萨姆邦。

**生态：** 附生兰。多生于海拔500～2100米，潮湿且多苔藓、半日照的混交林内，常与苔藓混合附生于树干低处或溪边的岩石陡壁上。偶有生于路边土坡较干处的，则植株比较矮小。

**用途：** 花形奇特，适应性较强，在台湾常栽培供观赏。

图178a 大花羊耳蒜（2）
*Liparis distans* C. B. Clarke
1植株　2花　3花自然状态（唇瓣向上）
4花纵剖面　5药帽　6花粉块
（1962/12/19程式君绘）

# 179 扁球羊耳蒜

**学名:** *Liparis elliptica* Wight

[ 曾用学名: *Liparis wightii* Rchb. f.; *Liparis hookerae* Ridl.; *Leptorchis elliptica* (Wight) Ktze.; *Liparis bicornuta* Schltr.; *Liparis concava* Schltr.; *Cestichis lyonii* Ames; *Liparis platybulba* Hayata; *Liparis lyonii* (Ames) Ames; *Cestichis platybulba* (Hayata) Kudo; *Cestichis elliptica* (Wight) M. A. Clem. et d. L. Jones; *Stichorkis elliptica* (Wight) Marg., Szlach et Kulak]

**组别:** 附生羊耳蒜组 Sect. Cestichis

**形态: 植株** 附生, 较矮小, 高 8 ～ 12 厘米, 拥挤丛生。**根** 由假鳞茎基部生出, 线形, 灰白色, 多数。**假鳞茎** 密集, 互相紧靠; 黄绿色, 椭圆状或长圆状卵形至球形, 压扁, 叶鞘处隆起; 老假鳞茎表面具皱纹或棱; 长 1.5 ～ 4 厘米、宽 1 ～ 2 厘米; 顶生 2 枚叶。**叶** 长圆形至长圆状披针形, 长 4 ～ 12 厘米、宽 1.2 ～ 3 厘米, 先端尖或急尖, 基部渐窄成具槽的短叶柄, 有关节。**花葶** 长 7 ～ 17 厘米, 扁而具翅, 宽约 2.5 毫米, 呈弧状下弯或下垂; 花序下方具少数窄披针形、端尖的不育苞片; **花序** 总状, 长 4 ～ 8 厘米, 具数朵至 30 朵疏生或较密生的小花。**花** 淡黄绿色, 径 3 ～ 4 毫米,

**图 179** 扁球羊耳蒜 (1)

*Liparis elliptica* Wight

1 植株
2 花正面
3 花纵剖面
4 蕊柱、子房及唇瓣
5 唇瓣
6 药帽
7 花粉块

(1975/12/22 程式君采自云南勐仑茶山, 并绘图)

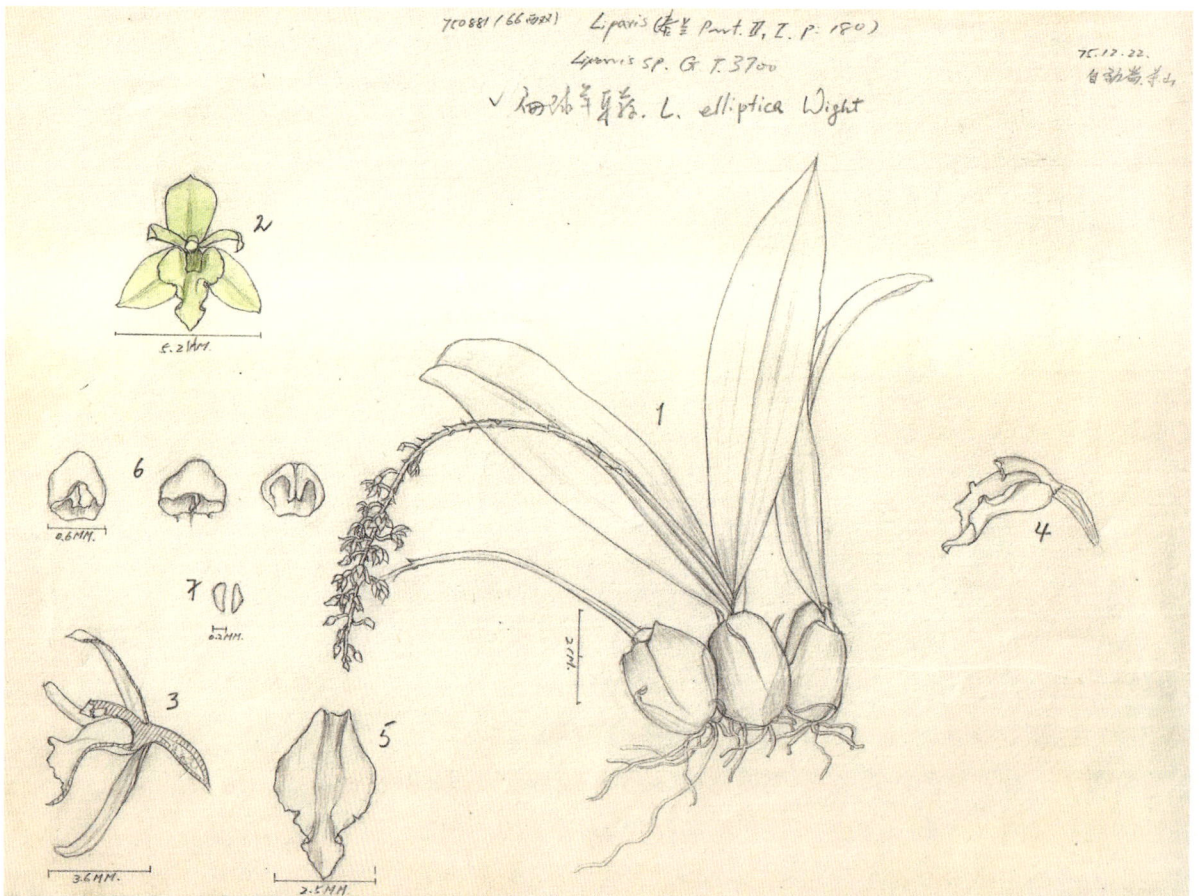

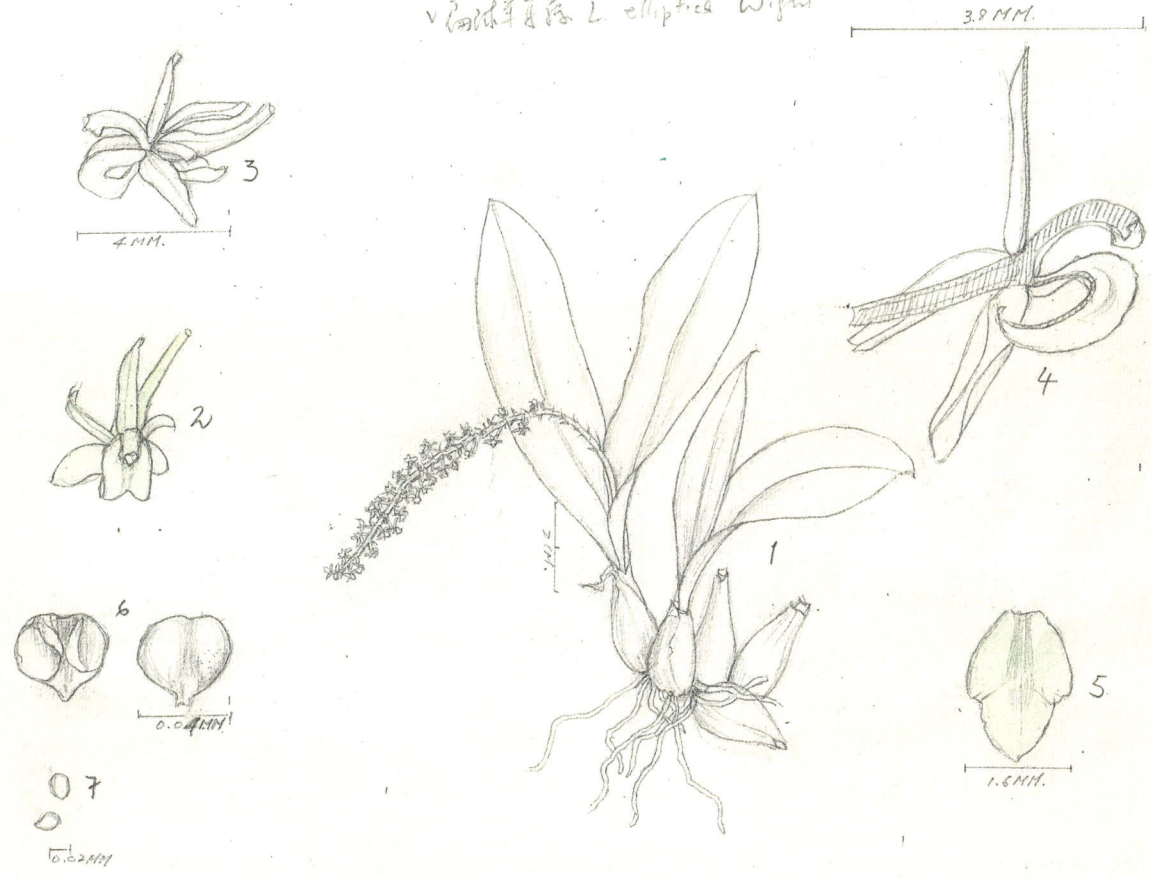

面朝下，常呈半开状；**花梗连子房** 长约 4.5 毫米；**萼片** 卵圆形，宽约 2 毫米，**中萼片** 长约 3.5 毫米，**侧萼片** 长约 4.5 毫米；**花瓣** 线形，长约 3.8 毫米、宽约 1 毫米。**唇瓣** 卵圆形或菱状圆形，长约 4 毫米、宽约 2.5 毫米，先端渐尖，边缘略呈波状皱，中部以上的两侧常有耳状皱折而略似 3 裂；无胼胝体；**蕊柱** 长约 2 毫米，无翅。**蒴果** 狭倒卵形，长约 6 毫米、径约 2.5 毫米，果梗长约 2 毫米。**花期** 11 月至次年 2 月。**果期** 5 月。

**产地和分布：**产于台湾、四川、云南和西藏（墨脱）。印度、越南、泰国、印度尼西亚（爪哇）、斯里兰卡、菲律宾、斐济、新喀里多尼亚等地均有分布。

**生态：**附生兰。附生于海拔 200～2000 米的潮湿森林中的树干上或多雾茶园生有苔藓的树枝上。

**用途：**可栽培供观赏。

图 179a 扁球羊耳蒜 (2)
*Liparis elliptica* Wight

1 植株
2 花正面
3 花侧面
4 花纵断面
5 唇瓣
6 药帽
7 花粉块
（1981/12/28 程式君绘）

# 180 见血青（别名：脉羊耳蒜，毛慈菇，肉螃蟹）

**学名：** *Liparis nervosa* Lindl.

[曾用学名：*Ophrys nervosa* Thunb.；*Epidendrum nervosum* (Thunb. ex A. Murray) Thunb.；*Malaxis nervosa* (Thunb. ex A. Murray) Sw.；*Bletia bicallosa* D. Don；*Sturmia nervosa* (Thunb. ex A. Murray) Rchb. f.；*Liparis formosana* Rchb. f.；*Liparis bituberculata* Lindl. var. *formosana* (Rchb. f.) Ridl.；*Liparis bituberculata* Lindl. var. *khasiana* Hook. f；*Liparis bambusaefolia* Makino；*Liparis bicallosa* (D. Don) Schltr；*Liparis khasiana* (Hook. f.) T. Tang et F. T. Wang；*Liparis formosana* Rchb. f. f. *aureo-variegata* Nakajima；*Liparis nervosa* (Thunb. ex A. Murray) Lindl. var. *formosana* (Rchb, f.) Hiroe；*Liparis shaoshunia* S. S. Ying]

**组别：** 羊耳蒜组 Sect. Liparis

**形态：** **植株** 地生，直立，高10～45厘米。**根** 多数，扭曲线形，径0.5～2毫米，簇生于假鳞茎基部。**假鳞茎** 丛生，绿色，圆柱状，高3～15厘米、直径0.8～1.8厘米，具4～6节，大部分为叶鞘所包被。**叶** 3～5枚，卵形至卵状椭圆形，长5～11厘米、宽3～5厘米，全缘，先端渐尖，基部收窄并下延成抱茎的鞘状柄，柄长1～4厘米。**花葶** 直立，长10～25厘米；**花序** 顶生，总状，密生数朵至55朵花；**花径** 约1厘米；**花梗** 连子房 长约8毫米；**中萼片** 宽线形，长8～10毫米、宽1.5～2毫米，绿色，前半部玫瑰紫色；**侧萼片** 狭长圆形，偏斜，长6～7毫米、宽3～3.5毫米，绿色，仅端部玫瑰紫色；**花瓣** 丝状，长约8毫米、宽约0.5毫米，绿色，前半部玫瑰紫色。**唇瓣** 倒卵状长圆形，先端截形且微凹，后半部绿色、前半部玫瑰紫色，基部渐窄并具2枚长圆形胼胝体；**蕊柱** 较粗，乳黄色有绿晕，具狭翅。**果** 倒卵状长圆形或狭椭圆形，长约1.5厘米。**花期** 2～7月。**果期** 冬季。

**产地和分布：** 产地颇广，我国浙江、江西、福建、台湾、湖南、广东、广西、四川、贵州、云南等省区，以及西藏（墨脱）、香港、澳门等地均有野生。广泛分布于全球的热带和亚热带地区。

**生态：** 地生兰。喜生于海拔500～2000米的山溪边阴湿多苔藓的岩石表面覆土上、林下或草丛阴湿处。

**用途：** 全草药用，凉血止血，清热解毒。可治咯血、血崩、蛇咬等。

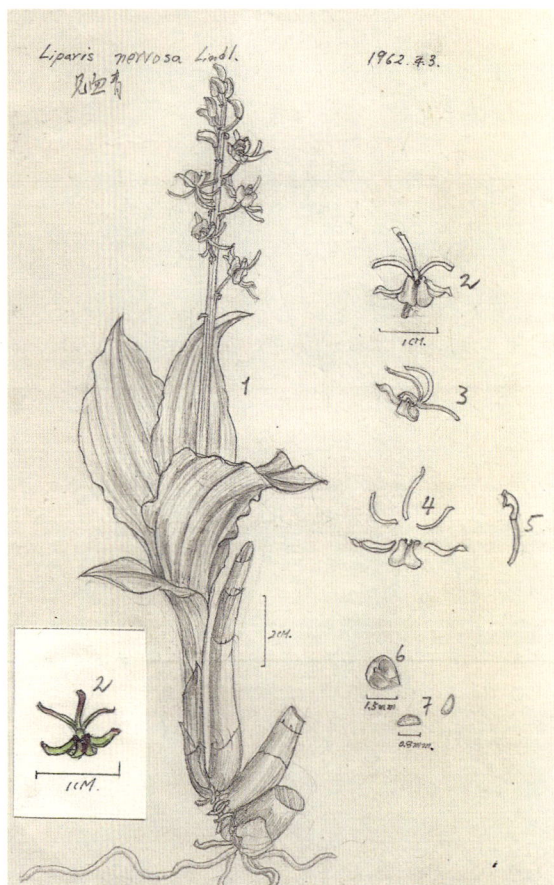

图 180 见血青
*Liparis nervosa* Lindl.

1 植株
2 花正面
3 花纵剖面
4 花部分解
5 蕊柱及子房
6 药帽
7 花粉块
（1962/04/03 程式君绘）

# 181 插天山羊耳蒜 （别名：黄花羊耳兰，黄花羊耳蒜）

**学名：** *Liparis sootenzanensis* Fukuyama

[曾用学名：*Liparis nigra* Seidenf. var. *sootenzanensis* (Fukuyama) T. S. Liu et H. J. Su；*Liparis macrantha* Rolfe var. *sootenzanensis* (Fukuyama) S. S. Ying]

**组别：** 羊耳蒜组 Sect. Liparis

**形态：** **植株** 高大地生草本，直立，为本属中的大型者。**假鳞茎** 圆柱状，肉质，粗壮，近基部直径可达2～3厘米。叶5枚左右，大型，长达18厘米、宽达8厘米，宽卵形，偏斜，先端渐尖，基部收窄成鞘状柄，叶面略呈折扇状皱折，具9条下凹的平行脉。**花葶** 粗壮，高20～30厘米，横断面呈多角形，具狭翅；**总状花序** 疏生数朵至十余朵花；**花** 径约2厘米，初开时淡绿色，逐渐转变为黄绿色至黄色；**花梗**连子房 淡绿色，长约1.4厘米；**萼片** 窄椭圆形，长约1.4毫米、宽约4毫米，先端急尖，边缘外卷，侧萼片略歪斜；**花瓣** 丝状，长约1.4厘米。**唇瓣** 倒卵形，长约1.4厘米、宽约1.1厘米；前半部扁扇形，反折，先端内凹，边缘具细齿；后部收窄，基部有两隆起的脊；**蕊柱** 黄绿色，长约8毫米，稍前弯。**蒴果** 大，长可达3厘米、

直径可达0.9厘米，椭圆形，淡绿色。**花期**4～6月。

**产地和分布：** 产于台湾，据《中国植物志》等书记载为台湾特有种。但在贵州荔波（茂兰保护区）和广东北部均有发现（**新分布！**）。

**模式标本**采自中国台湾桃园县南插天山。

**生态：** 地生兰。喜生于海拔1000～1500米的疏林或竹林下。

**用途：** 叶大而美，花形奇特，可栽培供观赏。

图 181 插天山羊耳蒜
*Liparis sootenzanensis* Fukuyama
1植株　2花　3花侧面　4花纵剖面
5蕊柱及唇瓣纵剖面　6唇瓣　7药帽
8花粉块
（1974/05/04程式君采自粤北?，并绘图）

# 182 扇唇羊耳蒜

**学名：** *Liparis stricklandiana* Rchb. f.

（曾用学名：*Liparis chloroxantha* Hance；*Liparis dolabella* Hook. f.；*Liparis malleiformis* W. W. Smith；*Liparis stricklandiana* Rchb. f. var. *longibracteata* S. C. Chen）

**组别：** 附生羊耳蒜组 Sect. Cestichis

**形态：植株** 中型，高 20～40 厘米，石生，密集成丛。**假鳞茎** 较大，斜卵形至长圆状卵形，稍扁，长 2～3.5 厘米、径 0.6～1.5 厘米，黄绿色，互相紧靠有如一堆密集相接的栗子；顶端或近顶端具 2 枚叶，基部具 4 枚苞状叶。**叶** 线状披针形，柔韧，深绿色具光泽，长 15～45 厘米、宽 1.7～3.5 厘米，先端渐尖，基部收窄成柄，有关节。**花葶** 淡绿色，长 15～30 厘米。**花序** 总状，顶生，长 8～22 厘米，密生 18～50 朵花；**花序柄** 略扁，两侧具翅。**花** 黄绿色，渐变为乳黄色，横径约 1 厘米，唇瓣位于花的上方；**花梗连子房** 长 7～11 毫米，表面具槽状条纹；**中萼片** 向下，线形，端钝，长 5～6.5 毫米、宽约 1.5 毫米，边缘反卷；**侧萼片** 平展，边缘强烈反卷，线形，但因边缘反卷而状似匙形，长约 6 毫米、宽约 2 毫米；**花瓣** 线形，反卷，长 6～6.5 毫米、

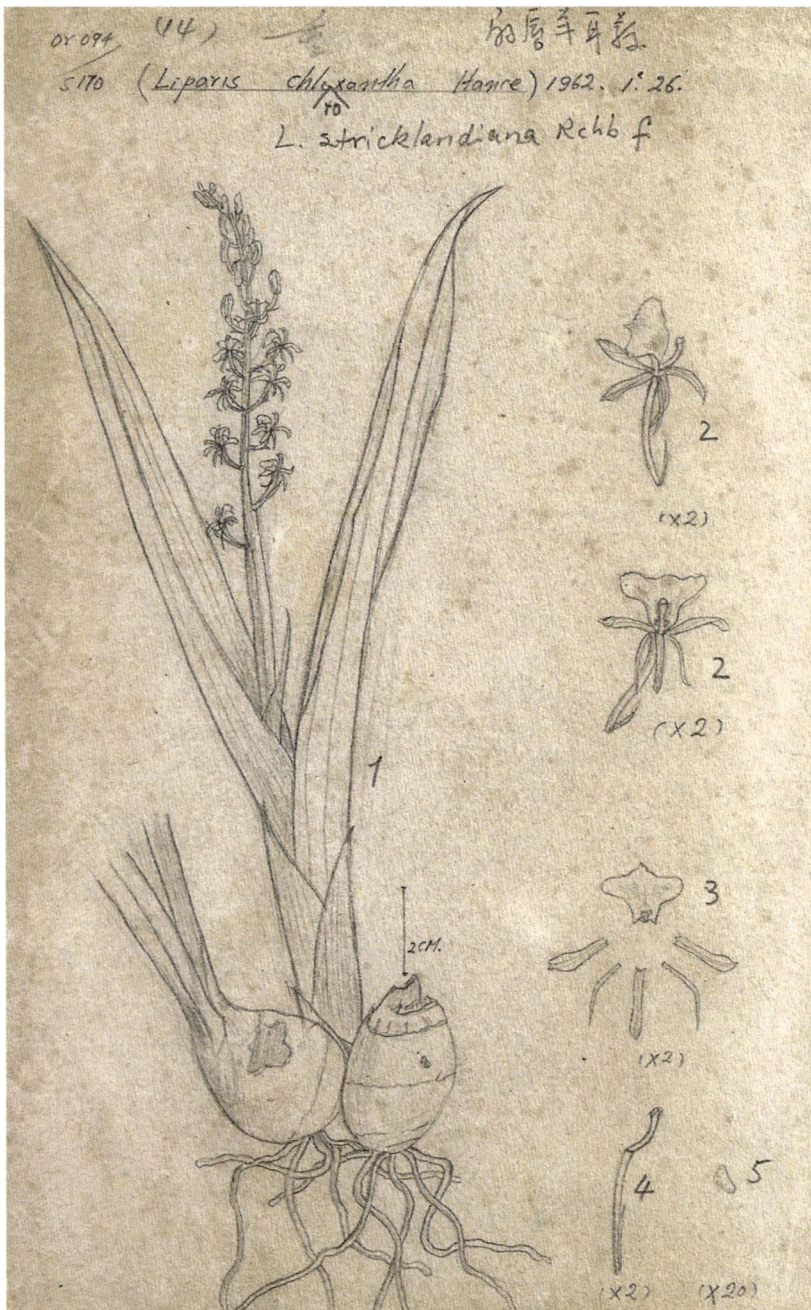

图 182 扇唇羊耳蒜（1）
*Liparis stricklandiana* Rchb. f.

1 植株
2 花
3 花部分解
4 蕊柱及子房
5 花粉块
（1962/01/26 程式君绘）

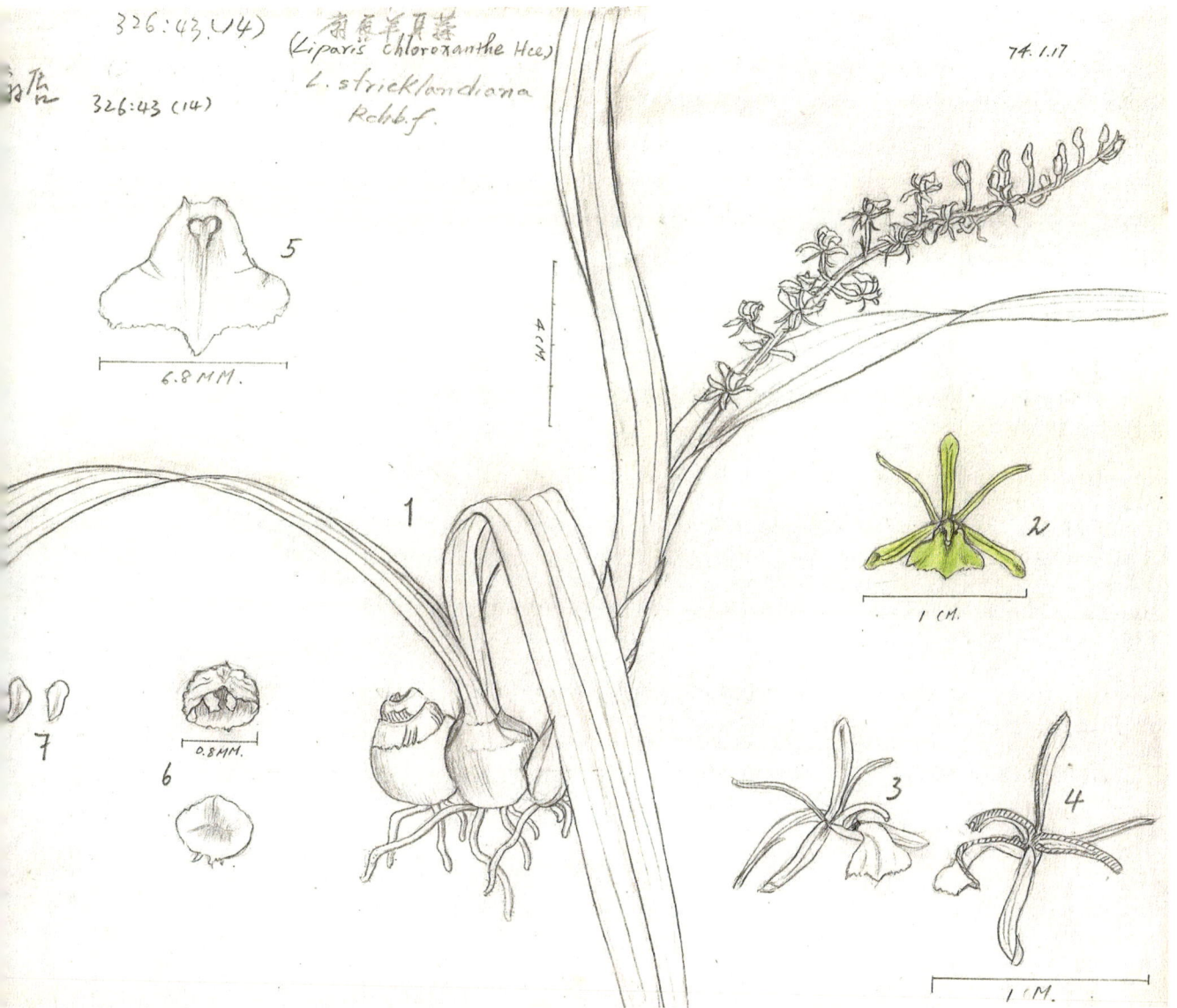

宽 0.25 ~ 0.5 毫米。**唇瓣** 位于花的最上方，呈扇形，长 3 ~ 6 毫米、前部宽 2.5 ~ 5.5 毫米，先端近截形并有短尖或凹缺，边缘具不规则细齿，基部收窄；近基部具 2 枚扁圆形胼胝体，于唇瓣上向前延伸成肥厚的中脉；**蕊柱** 纤细，基部加粗，浅绿色，顶端具狭翅。**蒴果** 近球形，黄绿色，具 6 条隆起的绿色棱。**花期** 11 月至次年 2 月。

**产地和分布：** 产于广东、广西、贵州、海南、云南、香港、西藏（南部）等省区。印度（东北部）、不丹和越南均有分布。**模式标本** 采自印度。

**生态：** 附生兰。生于海拔 400 ~ 2400 米的潮湿阴处、溪涧山谷或多雾的山坡，常成片附生于树干或岩石表面。

图 182a 扇唇羊耳蒜（2）
*Liparis stricklandiana* Rchb. f.

1 植株
2 花正面
3 花侧面
4 花纵剖面
5 唇瓣
6 药帽
7 花粉块
（1974/01/17 程式君绘）

# 183 长茎羊耳蒜 （别名：长茎羊耳兰，绿花羊耳蒜，石蒜头，石鸭儿）

**学名：** *Liparis viridiflora* (Bl.) Lindl.

[ 曾用学名：*Malaxis viridiflora* Bl.；*Liparis longipes* Lindl.；*Liparis pendula* Lindl.；*Liparis spathulata* Lindl.；*Sturmia longipes* (Lindl.) Rchb. f.；*Leptorchis viridiflora* (Bl.) Kuntze；*Leptorchis longipes* (Lindl.) Kuntze；*Cestichis longipes* (Lindl.) Ames；*Liparis pleistantha* Schltr.；*Liparis simondii* Gagnep. ]

**组别：** 附生羊耳蒜组 Sect. Cestichis

**形态：植株** 附生，中型至大型，高 18～30 厘米。**根** 索状，绿色，直径 1～2 毫米。**假鳞茎** 延长，圆柱形，黄绿色，长 6～12 厘米、直径 1～1.5 厘米，近基部歪斜且肿胀，直径 5～8 毫米，基部具 4 枚淡绿色覆瓦状鳞片。**叶** 2 枚，生于假鳞茎顶端；狭椭圆状披针形，端尖，基部具明显的关节；长 15～25 厘米、宽 2～3 厘米；叶面亮绿色，叶背色较暗淡。**花葶** 长 14～30 厘米；**花序柄** 略扁，有狭翅；**花序** 总状，长 10～20 厘米，密生小花 30～140 朵；**花苞片** 披针形，薄膜质，绿白色，长 3～7 毫米，下部的较长，可为花梗连子房长度的 1 倍，上部的较短。**花** 径 3～5 毫米，绿白色，唇瓣黄绿色，有淡香；**花梗连子房** 绿色，长 7～10 毫米，具纵棱；**中萼片** 椭圆状长圆形，长 2.5～3 毫米、宽约 0.7 毫米，翻卷；**侧萼片** 卵状披针形，比中萼片宽，长 3～4 毫米、基部宽约 1.5 毫米，先端尖且向下；**花瓣** 线形，翻卷而与子房平行，长约 3 毫米。**唇瓣** 舌状，肉质，先向上伸展，而后于中部突然向下反折；长 2.5～3 毫米、宽 1.5～2.5 毫米，前部卵形，端钝，后部具槽，边缘波状，无胼胝体。**蕊柱** 圆柱形，直立，略前倾，长约 2 毫米、宽约 0.7 毫米，基部略膨大。**蒴果** 倒卵形，长 4～6 毫米，具 6 棱，顶端残留凋萎的花被和蕊柱，果柄长。**花期** 9～11 月。**果期** 次年 1～4 月。

**产地和分布：** 产于广东、广西、海南、台湾、四川、云南、西藏（墨脱）、香港和澳门。广泛分布于尼泊尔、不丹、印度、缅甸、孟加拉国、越南、老挝、柬埔寨、泰国、马来西亚、印度尼西亚、菲律宾和太平洋诸岛。**模式标本** 采自印度尼西亚爪哇。

**生态：** 附生兰。多生于海拔 200～2300 米的林中树上或山溪旁阴湿的岩石上。

**用途：** 药用。根及根状茎用治风湿、跌打、毒蛇咬伤；全草治妇女产后腹痛。

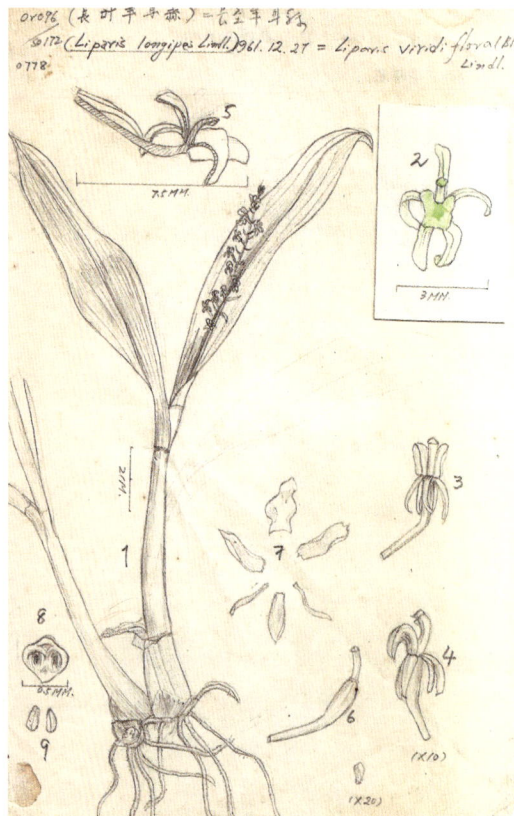

图 183 长茎羊耳蒜
*Liparis viridiflora*
 (Bl.) Lindl.

1 植株
2 花正面
3 花侧面（1）
4 花侧面（2）
5 花纵剖面
6 蕊柱及子房
7 花部分解
8 药帽
9 花粉块
（1961/12/27 程式君绘）

## 3.42 血叶兰属 *Ludisia* A. Rich.

**曾用属名**：*Haemaria* Lindl.；*Myoda* Lindl.；*Dicrophylla* Rafin.

**历史**：本属于 1825 年由 A. Richard 在《博物分类字典》（*Dictionnaire Classique d'Histoire Naturelle*）一书中建立发表，但这个名字当时被忽略了。在同一年晚些时候，John Lindley 又在《植物学采集》（*Collectanea Botanica*）一书中发表了"*Haemaria*"这个字作为本属的属名。后来 *Haemaria* 这个属名一直被错误地沿用，直到 1970 年 P. F. Hunt 在《邱园公报》（*Kew Bulletin*）上纠正了这个错误，恢复了"*Ludisia*"这个正确属名。"*Ludisia*"这个字来源不明，可能源自人名。

**分类和分布**：血叶兰属隶属兰科兰亚科鸟巢兰族的斑叶兰亚族。本属与拟线柱兰属（*Macodes*）接近，二者均有相似的卷扭状的唇瓣和蕊柱。但血叶兰属的唇瓣位于花的底部是其特点。血叶兰属也与斑叶兰属（*Goodyera*）和线柱兰属（*Zeuxine*）相近，但血叶兰属的唇瓣卷扭且具爪，蕊柱细而卷扭，柱头单一且位于蕊柱前方，可与上述两个属区别。本属共约有 4 种，分布于中国和东南亚。国产的 1 种，产于南部及西南边陲的热带、亚热带地区。

**本属模式种**：血叶兰 *Ludisia discolor* (Ker-Gawl.) A. Rich.

**生态类别**：附生或半地生兰。

**形态特征**：**植株** 地生或石生。**根状茎** 匍匐延长，肉质而粗，多节，节上生根数条。**直立茎** 较短，位于根状茎的先端，具几片枚。**叶** 互生，具明显的叶柄，叶面常具有色的叶脉。**花序** 总状，顶生；**花苞片** 膜质。**花** 较小，唇瓣位于下方；**萼片** 近相等；**中萼片** 内凹，与花瓣黏合形成兜状物；**侧萼片** 平展；**花瓣** 比萼片窄。**唇瓣** 旋扭，先端常扩大成横向的长圆状瓣片；基部与蕊柱边缘合成短管，管端囊状，此囊呈 2 浅裂，里面有两个大的胼胝体；**蕊柱** 在雄蕊之下突然收窄，呈顺时针旋扭（与唇瓣旋扭的方向相反）；**花粉块** 2 枚，粒粉质，窄倒卵形，具细柄，**黏盘** 长圆形；**蕊喙** 旋扭；柱头 1 个，位于蕊喙之下。

## 184 血叶兰（别名：异色血叶兰，石蚕）

**学名**：*Ludisia discolor* (Ker-Gawl.) A. Rich.
[ 曾用学名：*Goodyera discolor* Ker-Gawl.；*Haemaria discolor* (Ker-Gawl.) Lindl. ]

**形态**：**植株** 石生或半地生兰草本，高 10 ～ 30 厘米。**根状茎** 匍匐延伸，多节，粗厚肉质，形状如蚕，褐红色。**直立茎** 淡褐红或部分为绿色，近基部具 2 ～ 4 枚叶。**叶** 肉质，较厚，上面墨绿色，具 5 条金红色有光泽的纵脉，纵脉之间有较细的金红色网脉；叶卵形或长圆形，端尖，长 3 ～ 7 厘米、宽 1.7 ～ 3 厘米；**叶柄** 褐红色，长 1.5～2 厘米，下部扩大成抱茎的鞘。**花序** 顶生，总状，长 3～8 厘米，具花 6～15 朵；**花序轴** 被短柔毛；**花苞片** 卵形或卵状披针形，膜质，淡红色，边缘具缘毛。**花** 径约 7 毫米，白色有光泽，有时染淡红晕；**子房** 圆柱形，扭转，密被白色绒毛，连花梗长约 15 毫米；**中萼片** 长 9～10 毫米、宽约 3 毫米，卵形，

深内凹，与花瓣黏合成兜状；**侧萼片** 斜卵形，长 8～10 毫米、宽 5～6 毫米，向外伸展再下弯；近先端深粉红色，背面龙骨状，基部则对折；**花瓣** 镰形，长 7～10 毫米、中部宽 2.5～4 毫米。**唇瓣** 粘贴蕊柱，长 5.5～8.5 毫米，基部囊状，上部扭转，前端扩大为横向的长方形片；**唇囊** 2 浅裂，囊内具 2 枚胼胝体。**蕊柱** 下细顶

大，长约 5 毫米；**柱头** 1 个，位于蕊喙之下。**花期** 2～4 月。

**产地和分布：** 产于广东、广西、海南、云南、香港等地。广布于热带亚洲，如印度、缅甸、泰国、越南、马来西亚、印度尼西亚，以及大洋洲的一些岛屿。

**生态：** 石生或半地生兰。喜附生于半阴潮湿、或多石山溪的岩石表面，或生于集聚腐殖质的岩面凹处或石隙间。

**用途：** 本种形态奇特，颜色美丽，极富观赏价值。为极受欢迎的珍贵观赏植物。

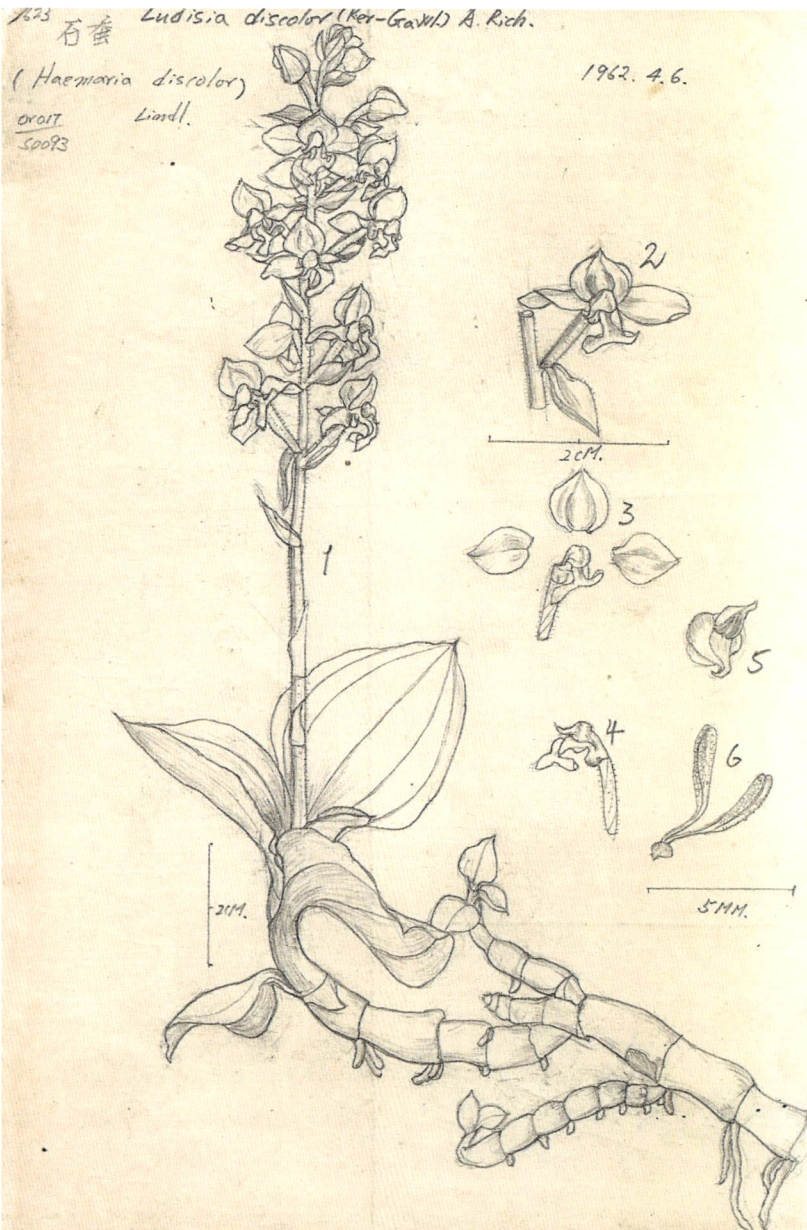

图 184 血叶兰
*Ludisia discolor* (Ker-Gawl.) A. Rich.

1 植株
2 花
3 花部分解
4 蕊柱、子房及唇瓣
5 药帽
6 花粉块
（1962/04/06 程式君绘）

# 3.43 沼兰属 *Malaxis* Soland. ex Sw.

**历史:** 本属于 1788 年由 O. Swartz 在他的《植物的新属和新种》(*Nova Genera et species Plantarum*) 中首次描述。1889 年在《林奈学会会志，植物学》(*Journal of the Linnean Society, Botany*) 中做了修正。拉丁属名 *Malaxis* 源自希腊文 *malaxis*(软化)，意指它柔软的叶子。

**分类和分布:** 沼兰属隶属兰科兰亚科树兰族的羊耳蒜亚族。本属与羊耳蒜属(*Liparis*)相近，但沼兰属唇瓣位于花的上方，唇瓣基部的耳几乎环绕短的蕊柱，可与羊耳蒜属区别。本属广泛分布于热带及亚热带地区，北温带也有少数种类。全属共约有 300 种。我国有 21 种，分别属于 5 个组，即

1. **鸢尾沼兰组** Sect. Oberoniiflorae
2. **全唇沼兰组** Sect. Glossochilus
3. **无耳沼兰组** Sect. Gastroglottis
4. **沼兰组** Sect. Malaxis
5. **多齿沼兰组** Sect. Crepidium

## 国产沼兰属的分组检索表

1. 叶 1 枚；唇瓣基部两侧各具 1 枚横向伸展的长耳⋯⋯⋯⋯**鸢尾沼兰组 Sect. Oberoniiflorae**
1. 叶 2～8 枚
  2. 唇瓣基部无耳或有短耳
    3. 唇瓣先端不收狭为尾；唇盘上有龙骨状凸起或脊⋯⋯⋯**全唇沼兰组 Sect. Glossochilus**
    3. 唇瓣先端骤然收窄为尾；唇盘无龙骨凸起或厚纵脊⋯⋯⋯**无耳沼兰组 Sect. Gastroglottis**
  2. 唇瓣基部有 1 对向后延伸围抱蕊柱的长耳，耳长为唇瓣长的 1/5 以上
    4. 唇瓣先端有多枚齿或流苏状齿⋯⋯⋯⋯⋯⋯⋯⋯**多齿沼兰组 Sect. Crepidium**
    4. 唇瓣先端不具多枚齿或流苏状齿⋯⋯⋯⋯⋯⋯⋯⋯⋯⋯**沼兰组 Sect. Malaxis**

**本属模式种:** 穗花沼兰 *Malaxis spicata* Sw.

**形态特征:** **植株** 地生或半附生。**茎** 多节肉质，或为假鳞茎；常被有膜质鞘。**叶** 1～8 枚，近基生或茎生，具脉多条，叶基收窄成多少抱茎的叶柄，无关节。**花葶** 直立，顶生；**花序** 总状，具花数朵至数十朵；**花苞片** 宿存；花小；萼片离生，开展，中萼片与侧萼片相似或较长而窄；花瓣 丝状或线形；**唇瓣** 通常位于花的上方，不裂或 2～3 裂，有时先端具齿或流苏状齿，基部常有耳或罕无耳；**蕊柱** 短，顶端常有齿 2 枚；花药宿存；**花粉块** 蜡质，4 枚分成 2 对，无明显的柄和黏盘。**蒴果** 小，椭圆形至球形。

# 185 浅裂沼兰（别名：紫盾沼兰）

**学名：** *Malaxis acuminata* D. Don

[ 曾用学名：*Microstylis wallichii* Lindl.；*Microstylis biloba* Lindl.；*Microstylis pierrei* Finet；*Malaxis biloba* (Lindl.) Ames；*Microstylis trigonocardia* Schltr；*Microstylis siamensis* Rolfe ex Downie；*Malaxis pierrei* (Finet) T. Tang et F. T. Wang；*Malaxis siamensis* (Rolfe ex Downie) Seidenf；*Malaxis allanii* S. Y. Hu et Barretto；*Crepidium acuminatum* (D. Don) Szlach. ]

**组别：** 沼兰组 Sect. Malaxis

**形态 植株** 直立，高 25 ～ 45 厘米，地生或半附生。**根** 线形，光滑，直径 1.5 ～ 2 毫米。假鳞茎 圆柱状，肉质，长 4 ～ 8 厘米、径 0.4 ～ 1 厘米，为叶鞘所包被。**叶** 3 ～ 5 枚，亮绿色，沿中脉有一条宽的紫红色带，沿侧脉基部至中部也有紫红色带状纹；叶斜卵形至长圆状披针形，长 5 ～ 15 厘米、宽 2.5 ～ 7 厘米，呈折扇式皱，先端长渐尖，基部收狭成柄，边缘有波状钝齿；**叶柄** 对折状，呈鞘状抱茎，黄绿色有紫红晕。**花葶** 直立，粗壮，长 12 ～ 40 厘米、直径约 4 毫米，具棱脊，下部绿色，向上渐转为紫红色；**花序** 总状，长 5 ～ 15 厘米，具花 10 朵至数十朵。**花** 径约 0.7 厘米 × 1.3 厘米，紫褐色（唇瓣初时黄绿色，将凋萎时呈紫褐色并具深紫色条纹）；**花梗连子房** 长 7 ～ 10 毫米；**中萼片** 狭长圆形或宽线形，端钝，长 8 ～ 9 毫米、宽约 2 毫米，边缘外翻；**侧萼片** 斜卵形，端钝，长 4 ～ 9 毫米、基部宽 3 ～ 4 毫米，下方边缘强烈外翻；**花瓣** 平展，线形，先端钝，长约 8 毫米、宽约 0.8 毫米，边缘外卷。**唇瓣** 位于花的上方，近圆形，呈盾状，长 0.5 ～ 1 厘米；不明显 3 裂：**侧裂片** 耳状，占唇瓣全长的 1/5 ～ 2/5，先端向下；**中裂片** 不分裂，或偶尔先端 2 裂，先端圆且向上，具黄色腺沟，内有多数小的蜜滴。**蕊柱** 短，圆柱形，长约 1.5 毫米、宽约 1 毫米，顶端截形且略增大。**蒴果** 倒卵状椭圆形，长约 14 毫米，具 6 条棱脊，顶端具宿存花被。花期 4 ～ 8 月。

**产地和分布：** 产于广东、贵州、台湾、云南、西藏、香港等省区。印度、不丹、尼泊尔、缅甸、泰国、越南、老挝、柬埔寨、印度尼西亚、菲律宾和澳大利亚均有分布。**模式标本**采自尼泊尔。

**生态：** 喜生于海拔 100 ～ 2000 米的林下和溪谷阴湿处及岩面上的腐殖质中。

**用途：** 花、叶均美，可栽培供观赏。

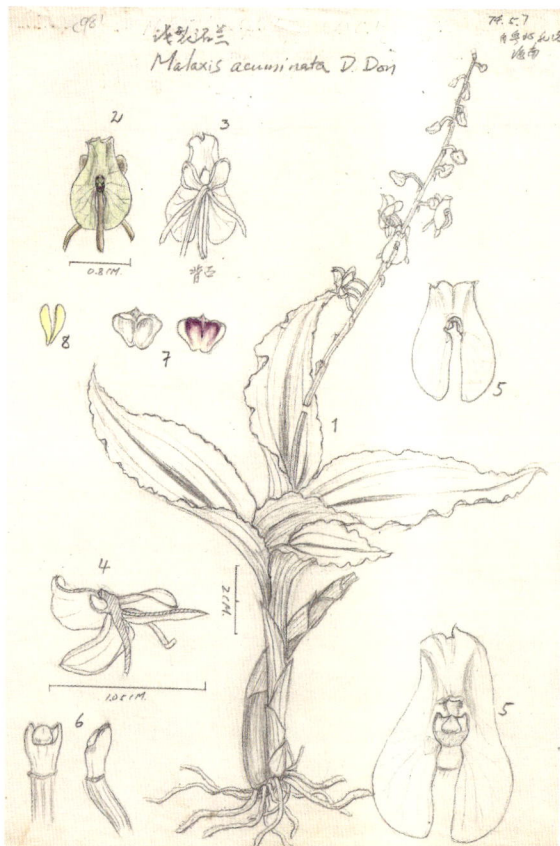

图 185 浅裂沼兰
*Malaxis acuminata*
D. Don

1 植株
2 花正面
3 花背面
4 花纵剖面
5 唇瓣
6 蕊柱
7 药帽
8 花粉块
（1974/05/07 程式君采自广东乳源，并绘图）

# 186 美叶沼兰

**学名：** *Malaxis calophylla* (Rchb. f.) Kuntze

[ 曾用学名：*Mycrostylis calophylla* Rchb. f.；*Mycrostylis wallichii* Lindl. var. *brachycheila* Hook. f. ；*Malaxis calophylla* (Rchb. f.) Kuntze var. *brachycheila* (Hook. f.) T. Tang et F. T. Wang]

**组别：** 沼兰组 Sect. Malaxis

**形态：** **植株** 小型地生兰，直立，高 7 ～ 15 厘米。**根** 十余条簇生假鳞茎基部，呈扭曲索状，肉质，淡褐色，长 1.5 ～ 3.5 厘米、径约 1 毫米。**假鳞茎** 粗短，常 2 ～ 3 个丛生，高约 3 厘米、直径 0.8 ～ 1 厘米，肉质，稍侧扁，具 3 ～ 4 节，顶生 3 ～ 4 枚叶；老假鳞茎紫褐色，节上有膜质、灰褐色残留叶鞘；嫩假鳞茎包被于叶鞘中，基部具纤维状残鞘。**叶** 长 7 ～ 10 厘米、最宽处 3 ～ 4 厘米；卵形至卵状披针形，偏斜，先端渐尖，边缘具细而密的裙边状皱折，基部下延成鞘；鞘长约 1.5 厘米、宽 0.6 ～ 0.8 厘米；叶脉 7 条，在叶面下凹，在叶背隆起并下延至叶鞘形成棱脊；叶色灰绿或带橄榄绿色，叶面中央有边界不规则的大型绿褐色斑，由叶基延伸至尖端，另有淡褐色细小斑点均匀分布于叶面，叶边的皱折部分略带紫晕。**花葶** 自茎顶的叶丛中抽出，长约 15 厘米、径约 2 毫米，淡玫瑰红色；**花序** 总状，长 4 ～ 10 厘米，花多而密，10 ～ 20 朵。**花** 径约 1 厘米 × 0.9 厘米，唇瓣位于上方；**花梗连子房** 长 2.5 ～ 4 毫米、径约 1.2 毫米，淡玫瑰红色或为淡绿色具玫瑰红色棱；**萼** 片及花瓣 均为淡玫瑰红色；**中萼片** 长圆状披针形，端钝尖，长约 5 毫米、宽约 2 毫米，两侧稍外卷；**侧萼片** 斜卵形，先端钝、略后卷，长约 3 毫米、近先端最宽处约 2.5 毫米；**花瓣** 线形，平展，长 4 毫米、宽 0.6 毫米，先端钝。**唇瓣** 淡黄色，与蕊柱连接处暗紫色，倒生朝上、似阔鱼叉形，总长约 6 毫米、宽约 5 毫米；**中裂片** 先端短 2 裂；**侧裂片** 大，向后延伸成先端圆钝的尾状；**蕊** 柱 较短，圆柱状，具风帽状的翅，与蕊柱足均为黄绿色。**蒴果** 倒卵状椭圆或长圆形，长 8 ～ 12 毫米、直径约 5 毫米，果梗长约 5 毫米。**花期** 7 月。**果期** 9 月。

**产地和分布：** 产于海南和云南。印度（锡金）、缅甸、泰国、柬埔寨、马来西亚和印度尼西亚也有分布。

**生态：** 地生兰。喜生于海拔 800 ～ 1200 米山地米林下的腐殖土中。

**用途：** 叶色和叶形美丽，花朵奇特，可栽培供观赏。

图 186 美叶沼兰
*Malaxis calophylla*
(Rchb. f.) Kuntze

1 植株
2 花正面
3 花纵剖面
4 药帽
5 花粉块
（1977/07/09 程式君采自勐腊，并绘图）

# 187　阔叶沼兰（别名：无耳沼兰）

**学名：** *Malaxis latifolia* J. E. Sm.

[曾用学名：*Dienia congesta* Lindl.；*Microstylis congesta* (Lindl.) Rchb. f.；*Microstylis latifolia* (J. E. Smith) J. E. Smith；*Microstylis carnosula* Rolfe ex Downie；*Liparis krempfii* Gagnep.；*Liparis turfosa* Gagnep.；*Anaphora liparioides* Gagnep.；*Mcrostylis kizanensis* Masamune；*Malaxis kizanensis* (Masamune) Hatsusima；*Malaxis kizanensis* (Masamune) S. Y. Hu；*Malaxis kizanensis* (Masamune) S. S. Ying；*Malaxis parvissima* S. Y. Hu et Barretto；*Malaxis latifolia* J. E. Smith var. *nana* S. S. Ying；*Malaxis shuicae* S. S. Ying；*Gastroglottis latifolia* (Sm.) Szlach.；*Malaxis latifolia* (J. Koenig) Seidenf. ]

**组别：** 无耳沼兰组 Sect. Gastroglottis

**形态：** **植株** 直立，地生，高 30～45 厘米。**根** 纤维状，多数，簇生茎的基部，径 1～2 毫米。**假鳞茎** 茎状，肉质，长圆锥形，长 8.5～14 厘米、径 1.5～4 厘米，橄榄绿色，具多节，为凋萎叶的鞘状基部所包被。**叶** 3～5 枚，具强烈的折扇状皱，卵形，略偏斜，长 6～18 厘米、宽 3～6 厘米，端渐尖或长渐尖，叶缘波状；叶基部楔形并下延收窄成柄；叶柄呈鞘状，长 3～5 厘米，抱茎；中脉在叶面下凹，在叶背隆起且染紫色晕。**花葶** 生于植株顶端，直立，长 15～60 厘米、直径约 3 毫米，具棱脊；**花序** 总状，长 6～8 厘米，密生小花 40～100 朵；**花苞片** 狭披针形，长 2.5～5 毫米，近花序基部的可长达 12 毫米。**花** 很小，径 5～5.5 毫米，黄绿色至紫红色（花蕾黄绿色），唇瓣色较深；**花梗连子房** 长 2～3 毫米，子房绿色，具 6 条紫色鸡冠状脊；**中萼片** 线状长圆形，端钝，略弯，长 2.5～5 毫米、宽 1～1.2 毫米，边缘外翻；**侧萼片** 斜卵形，扭转，端钝，长 2.2～4 毫米、宽 1～1.75 毫米，基部心形；**花瓣** 线状长圆形，边缘外翻，端钝，内弯，长 2.5～5 毫米、宽 0.75～1.75 毫米，基部截形。**唇瓣** 着生于蕊柱基部，肉质，近宽卵形，3 裂：**中裂片** 狭卵形；**侧裂片** 短或不明显，先端圆钝；**蕊柱** 粗短，长约 1.2 毫米。**果** 倒卵状椭圆形，长约 7 毫米。**花期** 5～8 月。**果期** 8～12 月。

**产地和分布：** 产于广东、广西、海南、香港、云南、福建、台湾。分布于印度、尼泊尔、缅甸、越南、老挝、柬埔寨、泰国、马来西亚、印度尼西亚、菲律宾、琉球、新几内亚和澳大利亚等地。**模式标本** 采自尼泊尔。

**生态：** 地生兰。生于海拔 150～2000 米林下、灌丛或山溪旁隐蔽处的岩石上。

**用途：** 可栽培供观赏。

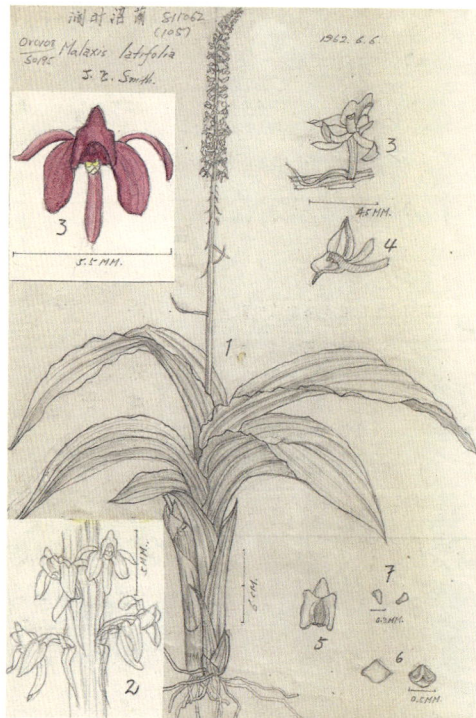

图 187 阔叶沼兰
*Malaxis latifolia* J. E. Sm.

1 植株
2 部分花序
3 花
4 花纵剖面
5 药帽（1）
6 药帽（2）
7 花粉块
（1962/06/06 程式君绘）

## 3.44 短瓣兰属 *Monomeria* Lindl.

**历史：** 本属于 1830 年首次由 John Lindley 发表于他的《兰科植物的属和种》（*The Genera and Species of Orchidaceous Plants*）。拉丁属名源于希腊文 *monos*（唯一）和 *meros*（部分）。意指本属明显不完全的花被。J. Lindley 写道："在已知的属中它是唯一一个花瓣发育不全的，在中萼片与侧萼片之间应该是花瓣的位置，只剩下一段有锯齿的空间"。

**分类和分布：** 短瓣兰属隶属兰科兰亚科树兰族的石豆兰亚族。它的形态与石豆兰属（*Bulbophyllum*）的植株外形相近，但本属的花粉块有黏盘和黏盘柄，而石豆兰属则没有，可资区别。本属共约有 3 种，分布于印度（北部）、尼泊尔、缅甸、泰国和越南。我国仅有 1 种，产于云南和西藏（南部）。

**本属模式种：** 短瓣兰 *Monomeria barbata* Lindl.

**生态类别：** 附生兰。

**形态特征：** **植株** 附生，形似石豆兰属植物。**根** 多数，簇生于假鳞茎基部根状茎的节上。**根状茎** 粗壮，匍匐。**假鳞茎** 疏生于根状茎的节上，顶生 1 枚叶。**叶** 大而厚，扁平，基部楔形，具长柄。**花葶** 于假鳞茎基部侧方抽出；**花序** 总状，疏生花多朵；**花苞片** 短于花梗连子房，宿存。**花** 中等大，**侧萼片** 大于中萼片，远离中萼片而贴生于蕊柱足中部，两侧萼片的基部或先端内缘彼此黏合；**花瓣** 发育不全，小于萼片，边缘具细齿。**唇瓣** 提琴形，小于萼片，3 裂：**中裂片** 前伸；**侧裂片** 叉开呈角状；**唇盘** 具褶片 2 条；**蕊柱** 粗短，具翅；**蕊柱足** 长而弯曲；**花粉块** 近球形，蜡质，4 枚，每 1 大 1 小为一组，具黏盘和黏盘柄。

# 188 短瓣兰

**学名：** *Monomeria barbata* Lindl.

**形态：** **植株** 附生，高 20 ～ 25 厘米。**根** 多数，簇生于假鳞茎基部的根状茎上，线形，径约 1 毫米，略屈曲，少分枝。**根状茎** 匍匐，淡褐色，粗壮，直径约 5 毫米。**假鳞茎** 卵圆形或近球形，高 1.5 ～ 4 厘米、径 1.5 ～ 3 厘米，疏生于根状茎的节上，间距 4 ～ 6 厘米；嫩时绿色，基部包被灰褐色纤维状残鞘，老时淡褐色，表面多细皱纹；每假鳞茎顶端具叶 1 枚，脱落后留下正圆形下凹的叶柄痕，内具多数凸起的维管束痕。**新芽** 暗绿色，具多数紫黑色斑点。**叶** 表面深绿、背面淡绿色，厚革质，坚硬，卵状披针形至长圆形，长 4 ～ 20 厘米、宽 1 ～ 4.5 厘米，先端钝且微缺，略反卷，基部收窄成叶柄，叶缘透明；中脉在叶面凹陷，在叶背隆起；**叶柄** 长 2 ～ 8 厘米、径 5 毫米，圆柱形，上半截近叶片处有由叶面中脉延伸而成的凹槽。**花葶** 自较老的具叶假鳞茎的基部侧面抽出，短于或略等于叶长，长 20

厘米、径约 2.5 毫米，绿色，密布紫黑色长形斑点，基部有 2～3 节，具 5 枚宽卵形、厚膜质鞘片，鞘片长 1.3 厘米、宽约 1 厘米，黄绿色，具多数紫黑色斑；**总状花序** 长约 12 厘米、宽约 6 厘米，疏生花 8 朵左右；**花苞片** 阔披针形，长 11 毫米、阔 3 毫米。**花** 较大，径 3.3 厘米 ×0.9 厘米，开展，淡铬黄色，染淡红色晕；**中萼片** 直立，与蕊柱近平行，三角状卵形，内凹，先端长渐尖，长 15 毫米、基部最宽处 7 毫米，腹面黄色、背面黄绿色具少数淡紫色斑点；**侧萼片** 卵状披针形，偏斜，端渐尖，长 23 毫米、最宽处 7 毫米，扭转，

基部联合，淡铬黄色，向先端渐淡至黄白色，具少数不规则淡紫斑块，密布粗硬毛；**花瓣** 小，斜三角形，长约 4 毫米、宽约 2 毫米，黄色，中部具暗紫色点，边缘暗紫色，且具暗紫色睫毛。**唇瓣** 琴形，长约 8 毫米、宽约 6 毫米，基部与蕊柱足连接处具可活动的关节；3 裂：**中裂片** 倒卵状长圆形，长约 6 毫米、宽约 4 毫米，先端圆钝且具微缺，由中裂片中部至唇瓣基部有一个由两条纵脊包围的灰黑色三角形区域，纵脊具光泽；**侧裂片** 小，线形、外弯呈牛角状，自两侧向中央内卷，铬黄色；唇瓣基部狭窄，两侧有

多数瘤状凸起。**蕊柱** 阔圆锥形，长、宽均约为 5 毫米，具翅，铬黄色、腹部具不规则紫色细点；**蕊柱足** 长约 7 毫米、宽约 3.5 毫米，与蕊柱同色；**药帽** 扁圆形，乳白色，中部淡褐色，略隆起；**花粉块** 4 枚，柠檬黄色，分 2 组，共具一个黏盘柄和黏盘。**花期** 12 月至次年 1 月。

**产地和分布：** 产于云南和西藏（墨脱）。分布于印度、尼泊尔、缅甸、泰国。**模式标本** 采自尼泊尔。

**生态：** 附生兰。多附生于海拔 1000～2000 米的山地林中树干上或阴湿岩石上。

**图 188** 短瓣兰 *Monomeria barbata* Lindl.
1 植株　2 花正面　3 花纵剖面　4 侧萼上的针状凸起　5 唇瓣　6 蕊柱　7 药帽　8 花粉块
（1977/12/14 程式君采自云南西双版纳，并绘图）

## 3.45　球柄兰属 *Mischobulbum* Schltr.

**历史：** 本属由德国植物学家 R. Schlechter 于 1911 年和 1919 年发表。拉丁属名 *Mischobulbum* 源自希腊文 *mischos*（柄）和 *bolbos*（鳞茎），意指它的假鳞茎具有明显的柄。

**分类和分布：** 球柄兰属隶属兰科兰亚科树兰族的拟白及亚族。全属共约有 8 种，分布于中国、东南亚至新几内亚和太平洋岛屿。我国只有 1 种，产于南方各省区。

**本属模式种：** 具花葶球柄兰 *Mischobulbum scapigerum* (Hook. f.) Schltr.
　　　　　　　（*Nephelaphyllum scapigerum* Hook. f.）

**生态类别：** 地生兰。

**形态特征：** **植株** 地生，具匍匐根状茎。**假鳞茎** 肉质，形似叶柄，顶生 1 枚叶。**叶** 无柄，基部心形，秃净，具弧形脉。**花葶** 自假鳞茎基部的侧方抽出，具筒状鞘；**花序** 总状，疏生花数朵。**花** 较大，开展；**萼片** 相似，先端渐尖；**侧萼片** 基部较宽，贴生于蕊柱足，并与唇瓣基部合生成宽大的萼囊；**花瓣** 与萼片相似而较宽。**唇瓣** 近 3 裂，基部有活动关节与蕊柱足的末端相连；**唇盘** 具褶片。**蕊柱** 较粗壮，略前弯，具翅；**蕊柱足** 长而弯；**药帽** 顶端两侧具凸起物；**花粉块** 8 枚，蜡质，分为两组，**黏盘** 大。

## 189　心叶球柄兰（别名：心叶葵兰，葵兰）

**学名：** *Mischobulbum cordifolium* (Hook. f.) Schltr.
（曾用学名：*Tainia cordifolium* Hook. f.；*Tainia fauriei* Schltr.）

**形态：** **植株** 地生，高 10～28 厘米。**根状茎** 短而匍匐。**假鳞茎** 呈叶柄状，下粗上细，长约 8 厘米、径约 0.4 厘米，常包被于 2 枚筒状鞘内，顶生叶 1 枚。**叶** 肉质，不具叶柄，呈卵状心形，长 7～12 厘米、宽 4～7 厘米，先端急尖，基部心形，具 3 条弧形主脉；叶面灰绿色，具深绿色斑块，沿叶脉也为深绿色，叶背灰白色。**花葶** 直立，长约 25 厘米，上部黄绿有细褐色点、中下部褐色，具 2～3 枚筒状鞘；**花苞片** 狭披针形，长约 7 毫米；**花序** 总状，疏生花 3～5 朵。**花** 较大，径 4.5 厘米；**花梗连子房** 长约 1.5 厘米，紫褐色；**萼片和花瓣** 黄色，具紫褐色脉纹，**唇瓣中裂片** 及唇盘中央的纵脊黄色；**侧裂片** 白色密布紫红斑点；**萼片** 相似，呈披针形，先端渐尖，长约 2.2 厘米、宽 4～5 毫米，具 3 脉，侧萼片基部展宽，贴生于蕊柱足而形成宽钝的萼囊；**花瓣** 较宽大，卵状披针形，端渐尖，长约 2 厘米、宽6～7毫米,具5脉,基部有部分贴生于蕊柱足。**唇瓣** 近阔卵形,长2.5～3厘米,呈3浅裂:**中裂片** 近三角形,反折,先端急尖;**侧裂片** 近半圆形;**唇盘** 具3条黄色纵脊,侧扁的纵脊在侧裂片间呈弧形。**蕊柱** 长约1厘米,黄色,具多数紫红细点,有翅;**蕊柱足** 长约1.4厘米。**花期** 5～7月。

**产地和分布:** 产于福建、台湾、广东、广西、香港、云南等省区。在越南也有分布。**模式标本**采自中国台湾。

**生态:** 地生兰。多生于海拔500～1000米光线中等的林下阴湿坡地上。

**用途:** 花大而奇特,栽培容易,可用作观赏植物。

图 189 心叶球柄兰
*Mischobulbum cordifolium*
(Hook. f.) Schltr.

1 植株
2 花正面
3 花纵剖面
4 唇瓣
5 药帽
6 花粉块
(1981/05/07 程式君绘)

## 3.46 云叶兰属 *Nephelaphyllum* Bl.

**历史：** 1825 年，德国植物学家、时任印度尼西亚爪哇茂物植物园副主任的 C. L. Blume 在他的《荷属东印度植物志》（*Bijdragen tot de Flora van Nederlandsch Indië*）一书中，首次发表了云叶兰属（*Nephelaphyllum*）。拉丁属名 *Nephelaphyllum* 源自希腊文 *nephela*（云）和 *phyllon*（叶），意指它叶面的云雾状斑纹。

**分类和分布：** 云叶兰属隶属兰科兰亚科树兰族的拟白及亚族。它与球柄兰属相近，但云叶兰属的唇瓣位于花的上方，唇瓣基部有距，与球柄兰属不同。本属分布于热带喜马拉雅地区、中国和东南亚。我国只有 1 种。

**本属模式种：** 美丽云叶兰 *Nephelaphyllum pulchrum* Bl.

**生态类别：** 地生兰。

**形态特征：** **植株** 多年生地生兰。**根** 稀少。**根状茎** 匍匐，肉质，节间长于径粗。**假鳞茎** 肉质，呈叶柄状，纤细，具 1 个节间，顶生 1 枚叶。**叶** 卵形，稍肉质，秃净，基部急剧收窄为短柄或无柄。**花葶** 侧生于假鳞茎基部，较纤细；**花序** 总状，具花数朵；**花序柄** 常被膜质鞘 2～4 枚。**花** 小或中等大，开展；**萼片** 相似，狭窄，离生；**花瓣** 比萼片宽，与萼片等长；**唇瓣** 位于花的上方，基部具囊状的短距；**蕊柱** 粗短，具狭翅，无蕊柱足；**蕊喙** 肉质，先端截形；**药帽** 顶端两侧各具一圆锥形附属物；**花粉块** 蜡质，每 4 枚（2 大 2 小）为 1 组，附着于共同的黏质物上。

## 190 云叶兰（别名：鸡冠云叶兰）

**学名：** *Nephelaphyllum tenuiflorum* Bl.

（曾用学名：*Nephelaphyllum cristatum* Rolfe）

**形态：** **植株** 匍匐，高 7～15 厘米。**根** 少数，锥状线形，具短茸毛。**根状茎** 肉质，多节，长 3.5～18 厘米、径约 5 毫米，紫褐色或褐绿色，节间被淡褐色膜质鞘。**假鳞茎** 肉质，似叶柄状，紫褐色，长 1～3 厘米、径 1.5～2 毫米，顶生 1 枚叶。**叶** 肉质，厚而略硬，卵形、三角状卵形或心形，长 2.2～4 厘米、近基部宽 1.3～3.5 厘米，先端急渐尖，无柄；表面灰绿色、灰白色或淡紫色，中肋附近紫褐色，其余部分具不规则的云状或大理石状紫褐色斑纹，新叶橄榄绿色，具深玫瑰红色斑纹，叶背亮紫色。**花葶** 由根状茎前端一节的假鳞茎基部侧面抽出，长 9～15 厘米，暗绿色，具紫褐色晕；**花序** 总状，疏生 1～3 朵花。**花** 径 2～3 厘米，开展，绿色，带紫色条纹；**花梗连子房** 长约 1 厘米，绿色，部分染紫褐色，子房具 6 棱；**萼片与花瓣** 外形相似，平展排列如扇，淡绿色或黄绿色；**萼片** 倒卵状狭

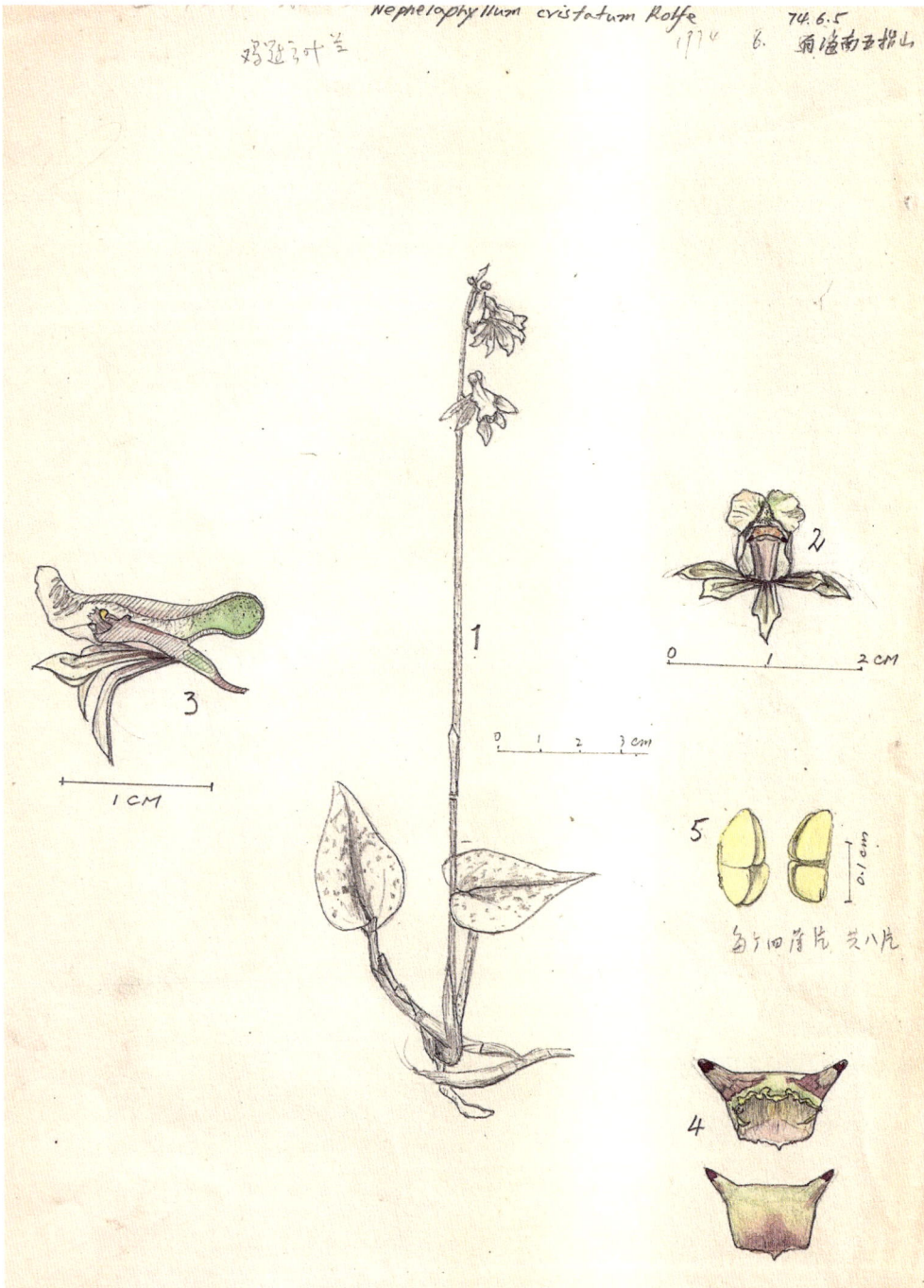

图 190 云叶兰 （1）

*Nephelaphyllum tenuiflorum* Bl.

1 植株　2 花　3 花纵剖面
4 药帽　5 花粉块
（1974/06/05 程式君采自海南五指山，唐
振缙绘）

披针形，长约1厘米、宽约2.5毫米，端渐尖，具1脉；**花瓣** 与萼片等长，但较宽，端尖，具3脉。**唇瓣** 位于花的上方，近矩形，稍内凹，长约1厘米、宽约7毫米，3裂，裂片白色：**中裂片** 扁圆形，先端微凹，边缘呈波状皱；**侧裂片** 不

明显；**唇盘** 具3条鸡冠状纵行褶片且密布乳突状毛，近先端中央簇生一堆长的乳突状毛，基部为末端膨大成球形的囊状距，长约3毫米；**蕊柱** 长而粗壮，略扁。**蒴果** 长圆形，长2.5～3厘米，反折，具棱脊。**花期** 5月下旬至7月。

**产地和分布：** 产于海南和香港。
**模式标本** 采自中国香港。
**生态：** 匍匐地生兰。多生于海拔
200～500 米，稀疏灌木林或矮
竹林下的腐殖土中，有时也见于山
谷半阴地。光照要求弱光或中等
光照。

**用途：** 叶色和叶形美丽，花朵奇
特雅致，单朵花寿可长达 15 天，
栽培容易，极具观赏价值。特别
是它的植株低矮，适于作为珍贵
的"瓶景"材料（栽植于密闭的
玻璃容器中，置于桌面或几架以
供观赏）。

图 190a 云叶兰（2）
*Nephelaphyllum tenuiflorum* Bl.

1植株　2花上面　3花下面
4花纵剖面（1）　5花纵剖面（2）
6药帽　7粉块
（1983/05/23 李秀芳采自海南霸王岭，
程式君绘）

# 3.47 芋兰属 *Nervilia* Comm. ex Gaud.

**历史：** 本属于 1829 年首次发表。拉丁属名 *Nervilia* 源自拉丁文 *nervus*（脉），指本属植物的叶具有多条明显的叶脉。

**分类和分布：** 芋兰属隶属兰科兰亚科树兰族的芋兰亚族，而且是这个亚族唯一的属。本属分布于亚洲、澳洲和非洲的热带和亚热带地区；我国有 7 种 2 变种，其中除毛叶芋兰的分布北至甘肃外，其余均分布于南部及西南部。

**本属模式种：** 广布芋兰 *Nervilia aragoana* Gaud.

**生态类别：** 地生兰。

**形态特征：** **植株** 低矮，具地下块茎的地生兰。**块茎** 肉质，近球形，每年自地下的根状茎上生出新块茎。**叶** 每株 1 枚，于花凋后出现，寿命约 5 个月；心形、圆形或肾形，基部心形，边缘全缘、波状或具角状齿，具叶柄。**花葶** 先于叶，多于雨后自块根抽出，细长，具筒状鞘；**花序** 总状，具花 1 至多朵，只维持几天。**花** 大小中等，常下垂，具细花梗；**萼片及花瓣** 分离，狭长；**唇瓣** 近直立，通常 3 裂（偶有不裂）；**花粉块** 2 枚。**蒴果** 本属植物自然授粉的成功率低，野外很少结果。

# 191 毛唇芋兰（别名：青天葵，猪獠耳，独脚天葵，半边伞，独叶莲）

**学名：** *Nervilia fordii* (Hance) Schltr.

（曾用学名：*Pogonia fordii* Hance）

**形态：** **块茎** 生于地下，圆球形，直径 1～1.5 厘米，具多节，节上疏生短根及根痕。**叶** 1 枚，于花凋萎后即生出，落叶性；质较薄，淡绿色，干后黄绿色；叶近圆形，叶基心形，先端突尖，叶缘波状，两面具 20 条左右隆起的弧状叶脉；叶柄长约 7 厘米，绿色，近地面处有紫红晕。**花葶** 高 15～30 厘米，下部具 3～6 枚筒状鞘；**花序** 总状，位于花葶上端，具花 3～5 朵；**花苞片** 线形，反折，长于**花梗**连**子房**；**花** 常呈半开状，展平后横径可达 3 厘米；**花梗** 细，略下弯，长 4～5 毫米；**子房** 椭圆形，长约

## 图 191 毛唇芋兰
*Nervilia fordii* (Hance) Schltr.

1 无叶植株
2 叶
3 花正面
4 花侧面
5 花纵剖面
6 中萼片
7 侧萼片
8 花瓣
9 唇瓣
10 蕊柱
11 蕊柱及子房
12 花粉块
（1973/04/26 程式君补绘）

5 毫米，具棱，棱上有狭翅；**萼片与花瓣** 相似，淡绿色具紫色脉，呈线状长圆形，长 10～17 毫米、宽 2～2.5 毫米，先端急尖。**唇瓣** 倒卵形，长 8～13 毫米、宽 6.5～7 毫米；3 裂：**侧裂片** 三角形，白色有紫红色条纹，直立且围抱蕊柱；**中裂片** 半圆形，白色具草绿色条纹；**唇盘** 的纵脊直至前端密被绿白色须毛；**蕊柱** 长 6～8 毫米。**花期** 4～5 月，**单花花寿** 约 10 天。

**产地和分布：** 产于广东、广西、四川。泰国也有分布。**模式标本** 采自中国广东罗浮山。

**生态：** 落叶性地生兰。多生于海拔 200～1000 米的山坡或沟谷林下阴湿处。

**用途：** ①药用：全草或块茎入药。有清热解毒，散瘀消肿之功。内服可治肺结核咯血、支气管炎、小儿疳积、疝气等病；外敷可治跌打、疮毒等症。②观赏：叶美花奇，栽培容易，可盆栽供观赏。

# 3.48 鸢尾兰属 *Oberonia* Lindl.

**历史：** 本属由 J. Lindley 于 1830 年首次在《兰科植物的属和种》（*The Genera and Species of Orchidaceous Plants*）中发表。拉丁属名 *Obronia* 源自 Obron（童话小仙子中王子的名字）。

**分类和分布：** 鸢尾兰属隶属兰科兰亚科树兰族的羊耳蒜亚族。全属共约有 300 种，主要分布由东非经整个东南亚直至太平洋诸岛。我国共有 28 种，主产于南方的热带、亚热带省区。

**本属模式种：** 鸢尾兰 *Oberonia iridifolia* Roxb. ex Lindl.

（*Cymbidium iridifolium* Roxb.）

**生态类别：** 附生兰。

**形态特征：** **植株** 矮小，附生，常多株成丛。**叶** 2 列，通常两侧压扁呈鸢尾状，极少近圆柱形，略肉质，基部互相套叠。**花葶** 自叶丛中央抽出，少数下部与叶合生且扁化呈叶状；**总状花序** 顶生，具多数小花，花序基部的花朵最后开放。**花** 直径仅 1～2 毫米，绿色、黄色、棕色或红色，多少呈轮生状；**萼片** 离生且开展，相似；**花瓣** 大都比萼片窄，边缘有时呈啮蚀状。**唇瓣** 多为 3 裂，少数不裂或 4 裂，边缘有时啮蚀状或为流苏；**侧裂片** 常围抱蕊柱，呈小耳状；**蕊柱** 短，无蕊柱足；**花粉块** 蜡质，4 枚，分为 2 对。

# 192 全唇鸢尾兰（别名：粗花茎鸢尾兰）

**学名：** *Oberonia integerrima* Guill.

**亚属：** 鸢尾兰亚属 Subgen. Oberonia

**形态：** **植株** 高大，附生，高 25～30 厘米。**根** 索状，十数条簇生植株基部，长 2～12 厘米、径 1.5～2.0 毫米。**茎** 粗壮而短。**叶** 近基生，肉质，4～8 枚排成 2 列，基部鞘状互相套叠，两侧压扁如鸢尾状；剑形或有时略如镰曲，长 12～21 厘米、宽 1.1～2.5 厘米，先端渐尖，下部的内缘具干膜质边缘；叶基部具 1 关节。**花葶** 自叶丛中央抽出，粗壮，长 13～28 厘米，具 2 条宽 1.5～2.5 毫米的翅；**总状花序** 长 6～11 厘米、粗 5～7 毫米，密生数百小花；**花序轴** 粗壮，直径达 4～5 毫米；**花苞片** 短于花，

**图 192** 全唇鸢尾兰
*Oberonia integerrima* Guill.

1 植株
2 花正面
3 花侧面
4 花纵剖面
5 药帽
6 花粉块

（1974/10/10 程式君采自云南西双版纳，并绘图）

长 1.5～2 毫米、宽约 1.5 毫米，宽卵形，边缘具不整齐细齿。**花**甚小，横径约 2 毫米，橄榄绿色；**花梗**不明显，子房略长于萼片，**花梗连子房**明显短于花苞片；**萼片与花瓣**均为橄榄绿色；**萼片**相似，宽卵形，长 1～1.2 毫米、宽约 1 毫米，端钝，反折；**花瓣**卵形，略短于中萼片，宽约 0.5 毫米，端尖，边缘略呈波状，或具不明显的啮蚀状细锯齿。**唇瓣**位于花的上方，橄榄绿，中部染绿褐色晕，心形或近扁圆形，不裂，长 1.2～1.5 毫米、宽 1.4～1.6 毫米，边缘略呈不规则的浅波状。**蕊柱**黄绿色，粗短，直立。

**蒴果**近椭圆形，长 5～6 毫米、粗 3～3.5 毫米；果梗短。**花期** 9～10 月。**果期**次年 4～5 月。

**产地和分布：**产于云南南部。越南、老挝也有分布。

**生态：**附生兰。附生于海拔 1000～1500 米石灰山的林中树上。

**用途：**可栽培供观赏。

# 193 鸢尾兰

**学名：** *Oberonia iridifolia* Roxb. ex Lindl.

[曾用学名：*Cymbidium iridifolium* Roxb.; *Malaxis iridifolia* (Roxb. ex Lindl.) Rchb. f.; *Iridorchis iridifolia* (Roxb. ex Lindl.) Kuntze]

**亚属：** 鸢尾兰亚属 Subgen. Oberonia

**形态：** **植株** 附生，小型，丛生，多下垂生长。**根** 少数，较短，长2～3厘米，呈扭曲线形，簇生植株基部。**茎** 甚短，互相紧靠。**叶** 肉质，扁平，对折，5～7枚排成扇形，呈鸢尾状，窄三角状线形，长可达16厘米、宽可达1.5厘米，先端渐尖，下部彼此套叠，内侧有干膜质边缘，基部有节。**花葶** 自叶中抽出，长15～25厘米，在靠近花序下方有少数筒状不孕鞘片；**花序** 总状，长6～18厘米，密生多数小花，有时因太密而互相遮盖，通常同时开放，整个花序外观呈鼠尾状；**花序轴** 淡绿色；**花苞片** 椭圆形，边缘啮蚀状。**花** 甚小，横径2～3毫米，绿白色，有时略染棕色晕；**中萼片** 卵状三角形，向后反折，长1～1.3毫米、宽约0.8毫米，端钝；**侧萼片** 较窄，端渐尖；**花瓣** 卵状长圆形，长0.9～1.1毫米、宽约0.6毫米，表面均匀分布多数小凸起，边缘呈啮蚀状。**唇瓣** 外轮廓为宽卵形或近半圆形，基部阔，长宽均约为1.5毫米，不明显3裂，边缘深啮蚀状或具锯齿，先端2裂，裂缺深度可达唇瓣长的1/3，裂片近三角形。**蕊柱** 短。**蒴果** 椭圆形，长约2.5毫米、径约2毫米，果梗甚短。**花期** 8～12月，单花花寿7～10天。

**产地和分布：** 产于云南南部。分布于印度、尼泊尔、缅甸、老挝、越南、马来西亚、印度尼西亚、菲律宾。**模式标本**采自印度。

**生态：** 附生兰。多生于海拔1300～1400米的山林中树上。

**用途：** 全株美丽奇特，娇小雅致，可栽培供观赏。

图 193 鸢尾兰

*Oberonia iridifolia* Roxb. ex Lindl.

1 植株　2 花正面　3 花背面　4 花纵剖面
5 药帽　6 花粉块　（1962/12/05 程式君绘）

# 194 小叶鸢尾兰 （别名：细叶荗白兰，台湾荗白兰，日本荗白兰，台湾璎珞兰）

**学名：** *Oberonia japonica* (Maxim.) Makino

（曾用学名：*Malaxis japonica* Maxim.；*Oberonia formosana* Hayata；*Oberonia insularis* Hayata；*Oberonia makinoi* Masamune）

**亚属：** 无关节亚属 Subgen. Menophyllum

**形态：** **植株** 附生或石生，常向下斜垂，矮小，高2～5厘米，常成片丛生。**茎** 长2～5厘米，为叶所包被。**叶** 4～10枚，两侧压扁，排成2列，基部互相套叠，似鸢尾状；长圆状线形至披针形，稍呈镰状，端尖，长1～3厘米、宽3～5毫米；略肉质肥厚，基部无关节。**花葶** 纤细，近圆柱形，自茎顶端叶间抽出，长2～8厘米；**花序** 总状，直立或弧弯，具多数略密集、轮生状排列的小花（轮生间距2～3毫米）；**花苞片** 线状披针形，渐尖，长约1毫米。**花** 细小，直径1～2毫米，黄绿色至橘红色；**花梗连子房** 长1～2毫米，略长于花苞片；**萼片** 卵形至宽卵形，长约0.5毫米、宽约0.4毫米；**侧萼片** 常略大于中萼片；**花瓣** 近长圆形或卵形，端钝，与萼片近等长但略窄。**唇瓣** 外轮廓为阔卵形，长约0.6毫米，3裂：**侧裂片** 卵状披针形，斜展，全缘，位于唇瓣基部两侧；**中裂片** 大于侧裂片，长圆状椭圆形，先端明显2裂，裂片端尖，裂片间的凹缺较宽，截形或圆形，期间有时具1齿；**蕊柱** 阔，长约0.2毫米；**花药** 淡黄色或近白色。**蒴果** 倒卵形，长约3毫米；果柄长1～1.5毫米。花期4～7月。

**产地和分布：** 产于福建、台湾、广东（乳源，**新分布！**）。琉球、朝鲜也有分布。

**生态：** 附生兰。生于海拔650～1000米的林中树上或石上。

**用途：** 植株玲珑小巧，花、叶美丽奇特，可栽培供观赏。

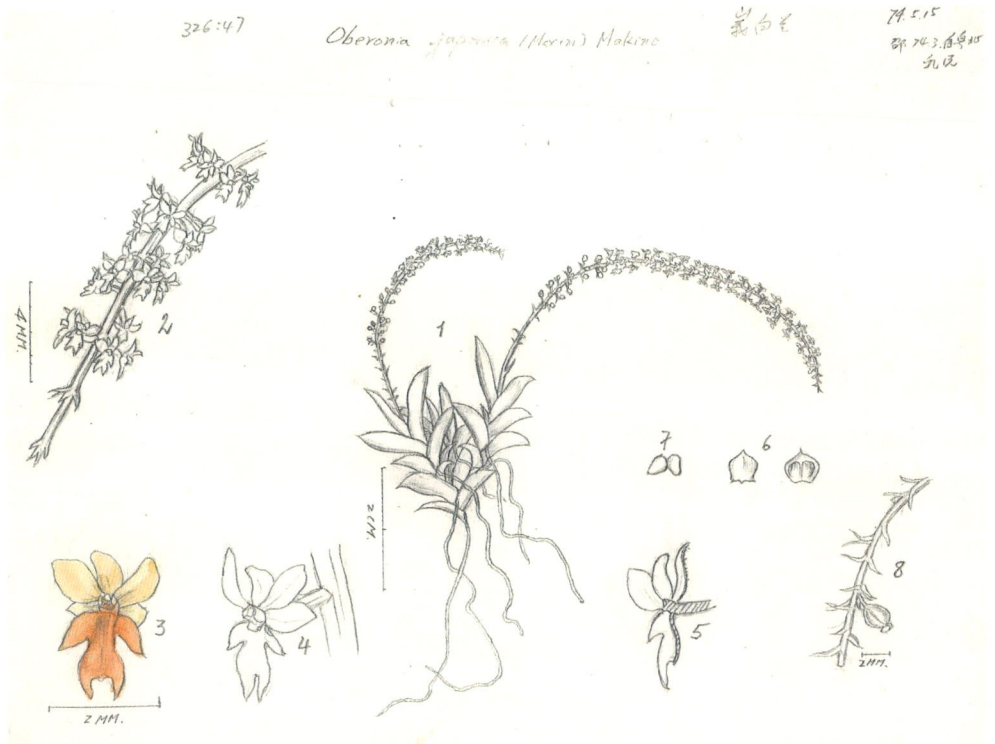

图194 小叶鸢尾兰
*Oberonia japonica*
　　　(Maxim.) Makino

1 植株
2 花序放大
3 花正面
4 花着生状态
5 花纵剖面
6 药帽
7 花粉块
8 果枝
（1974/03 邵应韶采自广东乳源，1974/05/15 程式君绘）

# 195 条裂鸢尾兰

**学名：** *Oberonia jenkinsiana* Griff. ex Lindl.

[ 曾用学名： *Malaxis jenkinsiana* (Griff. ex Lindl.) Rchb. f.； *Oberonia clarkei* Hook. f.； *Iridorchis jenkinsiana* (Griff. ex Lindl.)Kuntze]

**亚属：** 无关节亚属 Subgen. Menophyllum

**形态：** **植株** 矮小，高 5 ～ 11 厘米，附生，扁平似菖蒲或鸢尾状。**根** 线形，十数条聚生于茎的基部，长 3 ～ 5 厘米、径约 1 毫米，白色稍带绿晕。**茎** 长 1 ～ 2 厘米。**叶** 4 ～ 6 枚，黄绿色，肥厚肉质，两侧压扁，排成 2 列且基部互相套叠；刀形或稍呈镰状曲，长 3 ～ 12 厘米（与花葶合生的叶最长）、宽 4 ～ 10 毫米，先端急尖，下部内侧具干膜质边缘，基部收窄成抱茎的鞘，无关节。**花葶** 由藏于叶间的茎顶抽出，近圆柱形，长 5 ～ 12 厘米，下部多少与叶的内缘合生，具多枚长 2 ～ 3 毫米、狭披针形或钻形、先端芒状的不育苞片；**总状花序** 直立或弧曲，顶端俯垂，长 3 ～ 10 厘米，密生无数螺旋状排列的小花；**花苞片** 与小花等长，卵状披针形，具细齿。**花** 甚小，径约 1.5 毫米，橙黄色，由花序先端往基部逐渐开放；**中萼片** 椭圆形，长 0.5 ～ 0.8 毫米、宽 0.4 ～ 0.5 毫米，端钝；**侧萼片** 宽卵形，比中萼片略宽，先端急尖；**花瓣** 卵形，略短于萼片，宽约 0.3 毫米，近全缘，或上部边缘呈不明显的啮蚀状。**唇瓣** 长约 0.7 毫米，3 裂：**侧裂片** 近方形，长约 0.3 毫米，位于唇瓣基部两侧，边缘具不规则的裂条或流苏，罕为啮蚀状；**中裂片** 比侧裂片略小，近方形，宽约 0.3 毫米，先端近截形或略呈啮蚀状；**蕊柱** 粗短。**蒴果** 近椭圆形，长 1.5 ～ 2 毫米、粗约 1 毫米。**花期** 9 ～ 11 月。

**产地和分布：** 产于云南南部。印度、缅甸、泰国等也有分布。**模式标本** 采自印度阿萨姆邦。

**生态：** 附生兰。附生于海拔 1200 ～ 1500 米的山坡林中树干上。

**用途：** 可栽培供观赏。

图 195 条裂鸢尾兰
*Oberonia jenkinsiana*
Griff. ex Lindl.

1 植株　2 花正面
（1975/11/03 程式君采自云南勐海茶山，并绘图）

# 196 棒叶鸢尾兰（别名：岩葱，树葱，先轮竿，鼠尾莪白兰）

**学名：** *Oberonia myosorus* (Forster f.) Lindl. ex Wall.

[ 曾用学名：*Epidendrum myosurus* Forst. f.；*Malaxis myosurus* (Forst. f.) Par. et Rchb. f.；*Iridorchis myosurus* (Forst. f.) Kuntze；*Oberonia cavaleriei* Finet]

**亚属：** 鸢尾兰亚属 Subgen. Oberonia

**形态：植株** 矮小，高6～15厘米，常密集成片，倒垂附生。**茎** 甚短。**叶** 橄榄绿色，4～5枚，近基生，肉质，线状圆柱形或牛角形，略似葱状，稍弧弯；长4～14厘米、粗3～5毫米；先端长渐尖，基部略侧扁而互相套叠，叶基一侧具透明干膜质边缘，具关节。**花葶** 自叶丛中抽出，圆柱形，长6～9厘米，常呈弧状拱曲；在花序下方具多枚狭披针形不育苞片；**总状花序** 向下弯垂呈鼠尾状，长4～6厘米、直径3～3.5厘米，橙黄色，密集着生多数小花；**花苞片** 长于花，膜质，披针形，先端长渐尖，边缘呈不规则撕裂状。**花** 甚小，横径约2毫米，**萼片与花瓣** 淡黄白色，**唇瓣** 橙黄色；**花梗连子房** 长0.5～0.8毫米；**萼片** 相似，椭圆形至长椭圆形，端钝，背面近先端处常有刺毛状凸起，长1～1.3毫米、宽约0.7毫米，侧萼片略宽于中萼片；**花瓣** 与萼片等长，远窄于萼片，阔线形，宽约0.2毫米，端钝，背面近先端也具刺毛状小凸起。**唇瓣** 为基部较阔的近三角状长圆形，长1～1.3毫米，不明显3裂；侧裂片和中裂片边缘具多数不规则撕裂状条，近先端的裂条最长，可达1毫米以上，侧方的较短；**蕊柱** 粗短；**蒴果** 近椭圆形，长约4毫米，果梗甚短。**花期** 8～10月。

**产地和分布：** 产于贵州、广西、云南等省区。尼泊尔、印度、缅甸、泰国也有分布。**模式标本** 采自尼泊尔。

**生态：** 附生兰。多在位于海拔1200～1500米的山区林下或灌丛中的树干或树枝上，以及潮湿多苔藓的岩石面上成片生长。

**用途：** 为主要傣药之一。全草内服可解药物中毒，治肺炎、支气管炎、肝炎、尿路感染等；外用治中耳炎、疮痈、外伤出血、狂犬咬伤等。本种植株姿态美丽、花序颜色鲜明，宜栽培供观赏。

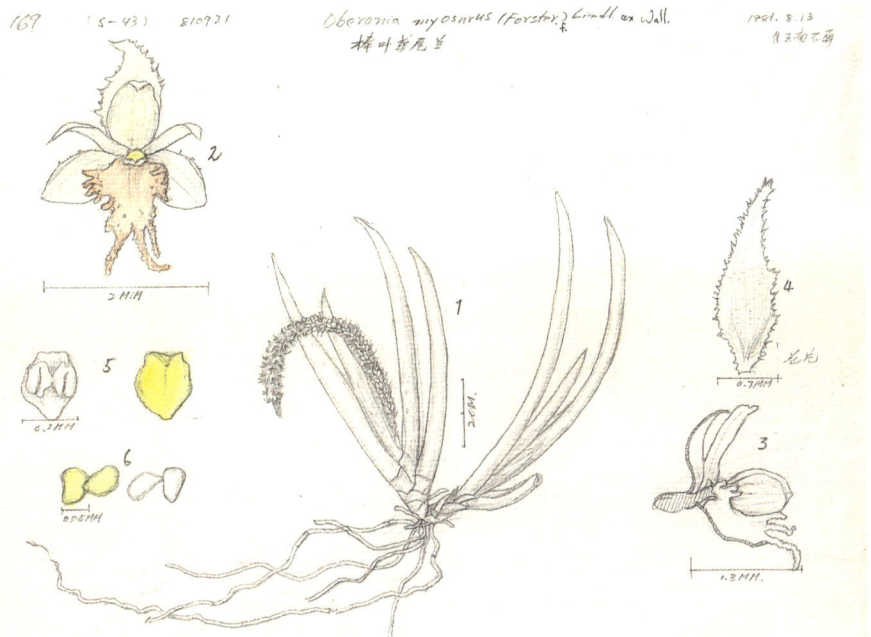

图 196 棒叶鸢尾兰
*Oberonia myosorus*
(Forster f.) Lindl. ex Wall.

1 植株　2 花正面　3 花纵剖面
4 苞片　5 药帽　6 花粉块
（1981/08/13 程式君采自云南石屏，并绘图）

# 3.49 羽唇兰属 *Ornithochilus* (Lindl.) Wall. ex Benth.

**历史:** 本属首次于1883年在边沁（G. Bentham）和虎克（J. D. Hooker）的《植物志属》（*Generum Plantarum*）一书中发表。拉丁属名 *Ornithochilus* 源自希腊文 *ornis,-ithos*（鸟）和 *cheilos*（唇），形容本属的花具有2裂的唇瓣，其裂片叉开而且直立，有如正在飞翔的鸟。

**分类和分布:** 羽唇兰属隶属兰科兰亚科万代兰族的指甲兰亚族。全世界只有2种，分布由热带喜马拉雅地区经中国西南直到东南亚。我国2种均产。

**本属模式种:** 羽唇兰 *Ornithochilus difformis* (Lindl.) Schltr.

**生态类别:** 附生兰。

**形态特征:** **茎** 短而硬，常包被于残存的叶鞘中，基部具多条扁而扭曲的气根。**叶** 数枚排成2列，扁平、肉质、偏斜，先端尖且钩转，基部收窄，与叶鞘间具关节。**花序** 细长而下垂，侧生茎上，疏生多朵花。**花** 小，略肉质；**萼片** 近相等，侧萼片略歪斜；**花瓣** 略窄于萼片。**唇瓣** 基部具爪，3裂：**侧裂片** 小；**中裂片** 大而内折，边缘撕裂状或呈波状，中央具1条纵脊；**距** 近圆筒状，距口具被毛的盖。**蕊柱** 粗短；**蕊柱足** 甚短；**蕊喙** 长，2裂；**花粉块** 蜡质，近球形，2枚，每枚不等2裂；**黏盘** 大。

## 197 羽唇兰 （别名：异形狭唇兰，鸟唇兰，喜马拉雅鸟唇兰）

**学名:** *Ornithochilus difformis* (Lindl.) Schltr.

[曾用学名: *Aerides difformis* Lindl.; *Ornithochilus fuscus* Lindl.; *Ornithochilus eublepharon* Hance; *Ornithochilus delavayi* Finet; *Sarcochilus difformis* (Lindl.) T. Tang et F. T. Wang]

**形态:** **植株** 附生，小型，高10～15厘米，未出花时外形极似蝴蝶兰。**根** 数条生于近茎基部处，索状，肉质而粗，长6～8厘米。**茎** 短，长2～4厘米，连包被的叶鞘径粗约1厘米。**叶** 3～5枚，近基生，排成2列，相互套叠；淡绿色，叶背接近绿白色，厚肉质，叶脉不明显；阔披针形、长倒卵形至长圆形，偏斜，长7～19厘米、宽2.5～5厘米；先端歪斜、尖而钩转，基部楔形；**叶鞘** 长约1厘米，紧密抱茎，与叶间有关节。**花序** 自茎基部的叶腋抽出，具1～2个分枝，下垂，等于或长于叶，最长的可达45厘米；**花序轴** 为极淡的绿色，疏生多数花朵；**花序柄** 上有锥状苞片1枚，长约3毫米、宽约2毫米；花苞片淡褐色，狭窄，长约2毫米。**花** 开展，直径1～1.5厘米；**花梗连子房** 长1～1.5厘米，略弯，淡黄色；**萼片和花瓣** 同为淡绿黄色，萼片具4条紫褐色条纹、花瓣具3条紫褐色条纹；**中萼片** 长圆形，端钝，前端舟状内凹，长约5毫米、

羽唇兰
*Ornithochilus fuscus* Wall. ex Lindl.

宽约 2 毫米；**侧萼片** 为偏斜的卵状长圆形，与中萼片等长但较宽；**花瓣** 线状长圆形，远狭于萼片，长约 4 毫米、宽约 1.2 毫米，端圆钝。**唇瓣** 紫褐色，较大，基部具爪，3 裂：**侧裂片** 半卵形，近直立；**中裂片** 锚状，向上弯曲，两侧裂片外弯，边缘具上翘的流苏；**唇盘** 中央具 1 条紫红色鸡冠状肉质脊突，其后部有白色须毛；**距** 较长，向后弯，后半部紫褐色、前半部淡黄色，长约 4 毫米；距口有具绒毛的盖，其后有 1 枚胼胝体；**蕊柱** 长约 2 毫米，基部较宽，紫褐色，无蕊柱足；**蕊喙** 长大，二叉状，端向内弯；**花粉块** 2 枚，有裂隙，蜡质，近球形；**黏盘** 较大，黄白色半透明；**药帽** 柠檬黄色，表面有多数鱼子状颗粒凸起。**花期 5～7 月，单花花寿 20～25 天。**

**产地和分布：** 产于广东、广西、香港、四川和云南。分布自热带喜马拉雅地区至东南亚。

**模式标本** 采自尼泊尔。

**生态：** 附生于海拔 300～2000 米潮湿多苔藓的山林中老树枝干上。

**用途：** 全草煎水内服供药用。有祛风除湿、消肿解毒之功。用治风湿痹痛、跌打损伤、疮疖、蛇伤等。本种花奇叶美，也可栽培供观赏。

**图 197 羽唇兰**
*Ornithochilus difformis* (Lindl.) Schltr.

1 植株
2 花正面
3 花纵剖面
4 花侧面
5 唇瓣
6 叶尖
7 药帽
8 花粉块

（1975/05/29 孙达祥采自广西大青山，程式君绘）

# 3.50 曲唇兰属 *Panisea* (Lindl.) Steud.

**历史：** 1854 年首次发表于 J. Lindley 的《兰科纪要》（*Folia Orchidacea*）一书中。拉丁属名 *Panisea* 源自希腊文的 *pas*（全部）和 *isos*（相等），意指它的萼片和花瓣大小形状相似。

**分类和分布：** 曲唇兰属隶属兰科兰亚科树兰族的贝母兰亚族。全属共有 8 个种，分布于热带喜马拉雅地区至泰国。我国有 4 种，产于云南、贵州至海南。

**本属模式种：** 低垂曲唇兰 *Panisea demissa* (D. Don) Pfitz.

**生态类别：** 附生兰。

**形态特征：** **植株** 小型附生草本。**根状茎** 匍匐。**假鳞茎** 长圆形至卵状球形，密集，互相紧靠，有时基部平卧，顶生 1～2 枚叶。**叶** 对折，线状披针形，端尖，薄革质，具柄或近无柄。**花葶** 较短，自根状茎上或幼嫩假鳞茎的顶端生出。**花序** 具 1～8 朵花，直立或下弯；**花苞片** 短于子房。**花** 倒置（唇瓣位于下方）；**萼片** 分离，与花瓣相似；**唇瓣** 全缘或 3 裂，基部有爪，常具短龙骨脊或褶片；**蕊柱** 与唇瓣等长或远短于唇瓣，具短蕊柱足或几无足；**花粉块** 4 枚，斜倒卵形，具柄；**柱头** 凹陷呈杯状；**蕊喙** 大。**蒴果** 椭圆形，有 3 棱。

# 198 单花曲唇兰（别名：单花萍丽兰）

**学名：** *Panisea uniflora* (Lindl.) Lindl.

**形态：** **植株** 小型，附生，高约 12 厘米。**根状茎** 径约 3 毫米，密被褐色鞘。**假鳞茎** 密集，多少贴伏于根状茎上；卵形或呈长颈瓶状；长 1.5～4 厘米、径 0.7～1.3 厘米，顶生 2 枚叶。**叶** 线形，长 6～20 厘米、宽 0.8～1.2 厘米，端渐尖，具长 1～2 厘米的叶柄。**花** 单生，淡黄色；**花梗连子房** 长 1～1.3 厘米；**萼片** 狭卵形，长 1.9～2.2 厘米、宽 5.5～6.5 毫米，端尖；**花瓣** 卵圆形，长 1.7～2 厘米、宽约 7 毫米，端急尖。**唇瓣** 倒卵状椭圆形，长 1.8～2.2 厘米、宽 1～1.2 厘米，先端钝圆，基部收窄并具短爪，中部具 2 枚不明显的腺体；**侧裂片** 小，位于近唇瓣基部的两侧，披针形或略呈镰状，长约 3 毫米、宽约 1 毫米；**蕊柱** 长约 8 毫米，略前倾，两侧具翅，翅在中部以上变宽。**花期** 10 月至次年 5 月。

**产地和分布：** 产于云南南部。分布于尼泊尔、不丹、印度、缅甸、泰国、老挝、越南、柬埔寨等地。**模式标本** 采自尼泊尔。

**生态：** 附生兰。多附生于海拔 800～1100 米的林中或茶园内的岩石上或树上。

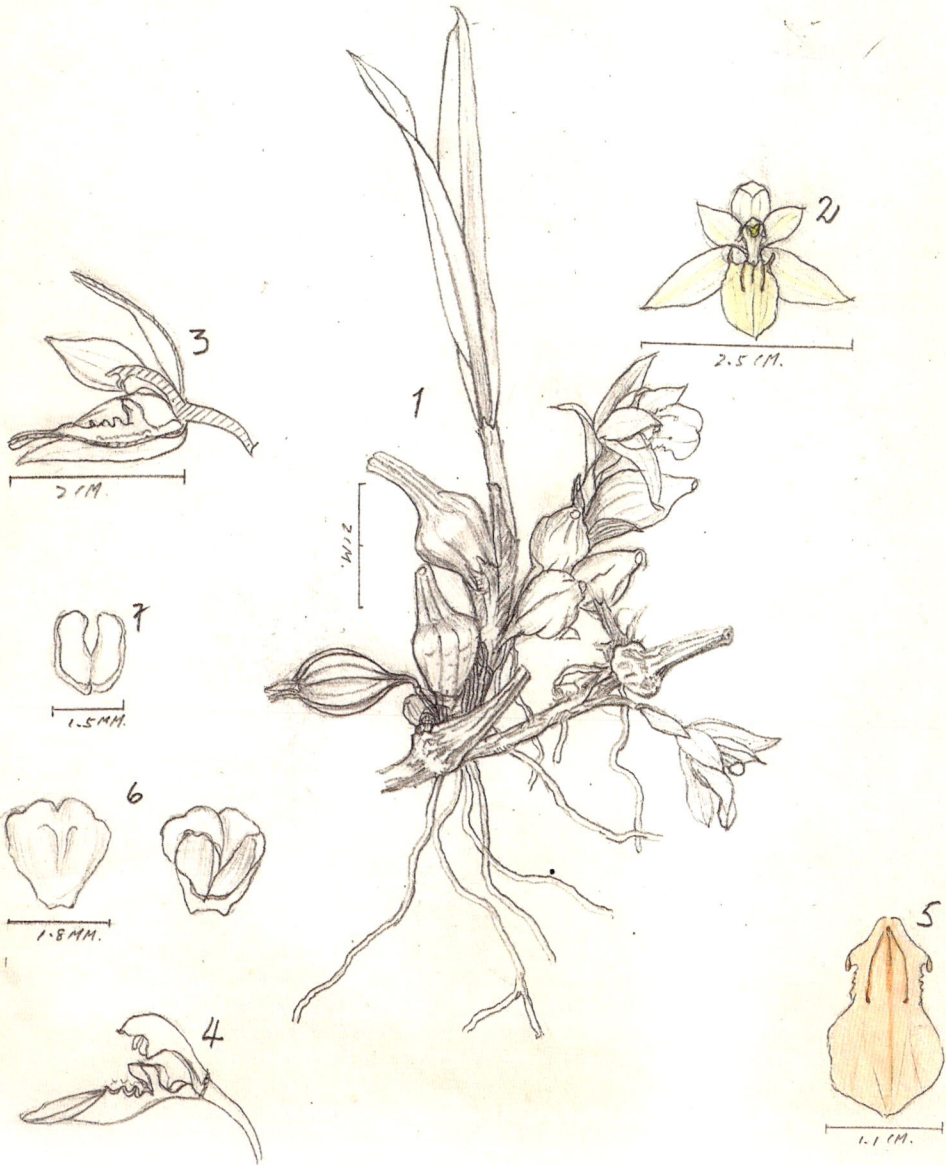

731077:21
*Panisea uniflora* (Ldl.) Lindl
单花曲唇兰

自云南西双版纳
74.5.22.

**图 198** 单花曲唇兰 *Panisea uniflora* (Lindl.) Lindl.

1 植株　2 花正面　3 花纵剖面　4 蕊柱、子房及唇瓣　5 唇瓣　6 药帽　7 花粉块

(1974/05/22 程式君采自云南西双版纳，并绘图)

# 3.51 兜兰属 *Paphiopedilum* Pfitz.

**历史：** 兰科专家 E. Pfitzer 于 1886 年在《兰科植物的形态学研究》（*Morphologische Studien über die Orchideenblüthe*）中描述了兜兰属，1903 年又将其分为 3 个亚属。拉丁属名 *Paphiopedilum* 源自希腊文 *paphia*（*paphos* 的，为爱神 Venus 的修饰语）和 *pedilon*（鞋），指形如拖鞋的唇瓣。

**分类和分布：** 兜兰属隶属兰科的杓兰亚科。属以下分为多个亚属和组，其数量因各兜兰专家的不同观点而异。本书同意我国兰科专家陈心启、刘仲建的处理方法，将本属分为 2 个亚属和 8 个组。即

    **1. 宽瓣亚属** Subgen. **Brachypetalum**

      ⅰ）小萼组 Sect. Parvisepalum

      ⅱ）绿叶组 Sect. Emersoniana

      ⅲ）同色组 Sect. Concoloria

    **2. 兜兰亚属** Subgen. **Paphiopedilum**

      ⅳ）兜兰组 Sect. Paphiopedilum

      ⅴ）单花斑叶组 Sect. Barbata

      ⅵ）多花长瓣组 Sect. Pardalopetalum

      ⅶ）多花短瓣组 Sect. Cochlopetalum

      ⅷ）多花无耳组 Sect. Coryopedilum

    本属全世界共有约 66 种，分布于亚洲热带、亚热带地区至太平洋诸岛。我国有 18 种，产于西南及华南各省区。

**本属模式种：** 美丽兜兰 *Paphiopedilum insigne* (Wall. ex Lindl.) Pfitz.

**生态类别：** 地生、半附生或附生草本。

**形态特征：** **植株** 50 厘米以下。**根** 水平伸展，颇粗，簇生于植株基部。**茎** 甚短，为互相套叠的叶鞘所包被。**叶** 排成 2 列，基生，对折；叶狭长圆形、狭椭圆形或带状；绿色或有深浅的绿色斑纹，叶背具淡红紫色斑点或全为红紫色；叶端尖或钝，先端常 2 或 3 裂，叶基部为套叠的叶鞘。**花葶** 自叶丛中抽出，**花序** 顶生，具 1 或多朵花。**花** 大而艳丽，略呈蜡质；**中萼片** 较大，直立，边缘有时略后卷；**侧萼片** 2 枚，合生成合萼片，先端不裂或稍具微齿；**花瓣** 形状多样，匙形、长圆形以至带形，平展或下垂；**唇瓣** 为兜状、拖鞋状或球形的囊状，基部常有具内弯边缘的囊柄，囊口较宽大，两侧常有直立耳状且略内折的侧裂片，间或无耳或整个边缘内折，囊内多具毛。**蕊柱** 短而下弯，具 2 枚侧生雄蕊和 1 枚位于上方、形状扁平的退化雄蕊；**花药** 2 室，花丝短，花粉粉质，不黏合成花粉块；**柱头** 位于下方，肉质，表面有乳突且不明显 3 裂，常为唇瓣的侧裂片所遮盖。

# 199 卷萼兜兰

**学名:** *Paphiopedilum appletonianum* (Gower) Rolfe

[曾用学名: *Cypripedium appletonianum* Gower; *Cypripedium bullenianum* Rchb. f. var. *appletonianum* (Gower) Rolfe; *Cordula appletonianum* (Gower) Rolfe; *Paphiopedilum hainanense* Fowlie]

**亚属:** 兜兰亚属 Subgen. Paphiopedilum

**形态:** **植株** 地生或石生,高约10厘米(不含花葶)。**根** 粗壮,条形,长约10厘米、粗约3毫米,每株有十余条;幼根黄白色,被绒毛。**叶** 4～8枚,排成2列;叶披针形、狭卵形或狭椭圆形,长9～25厘米、宽2～4厘米,先端急尖、2浅裂或具3小齿;叶表绿色,具深浅相间的绿色网格状斑,叶背浅绿,近基部处常有紫色斑。**花葶** 直立,紫色,被白色柔毛,长17～25厘米,果期可延长至60厘米;**花序** 多为单花,罕2朵;**花苞片** 卵状披针形,端渐尖,长1.5～2.3厘米,边具缘毛。**花** 大,直径6～8厘米;**花梗** 连子房长4～7厘米、径约4毫米,被短柔毛;**萼片** 淡绿色或白绿色,具深绿色纵脉,基部有时染褐紫色晕,表面有疏柔毛、背面毛较密;**花瓣** 大部分玫瑰红色或深粉红色,并具绿白色边缘,基部占全长2/5部分为绿褐色,并散布暗褐色斑点,或具绿褐色与灰白色相间的条纹。**唇瓣** 前面暗紫褐色,背面橄榄绿色,具深色脉纹,边缘淡黄绿色,囊内与外部同色,但具多数密而均匀的暗紫褐色点。退化雄蕊 中央绿色,边缘浅黄绿色;**中萼片** 卵形或阔卵圆形,长3～4厘米、宽2～3厘米,先端急尖,上部边缘内卷、基部边缘外卷,具细缘毛;**合萼片** 椭圆状披针形,长2～3厘米、宽1～1.8厘米,先端渐尖且2裂,边缘具细缘毛;**花瓣** 匙形,长4～6厘米、宽1.3～2厘米,前半段常半扭转,后半段沿上侧边缘具多枚黑褐色疣点,下侧边缘间或也有较少的黑褐色疣点。**唇瓣** 呈窄长囊状,基部具长约1.5厘米的阔柄;囊近椭圆形,长2～3.5厘米、宽1.3～2厘米,前端中央具1深缺刻,缺刻两侧各具1～3枚齿。**退化雄蕊** 倒心形至月牙形,长6～8毫米、宽8～10毫米,端具2～5齿,侧齿较,且常呈镰状。**花期** 1～5月。

**产地和分布:** 产于广西、海南和云南。柬埔寨、老挝、泰国和越南均有分布。

**生态:** 地生或石生兰。多生于海拔300～1200米的林下、灌木林和岩石缝隙的腐殖土中。

**用途:** 为著名观赏兰花,世界各地均有栽培。

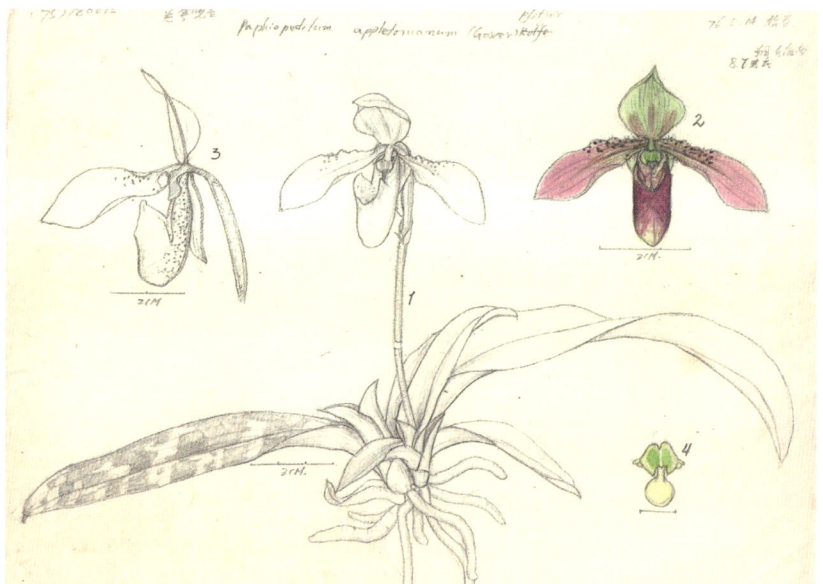

图 199 卷萼兜兰
*Paphiopedilum appletonianum*
(Gower) Rolfe
1植株 2花正面 3花纵剖面
4退化雄蕊 (广州兰圃采自海南,
1976/05/14～1976/08/07 程式君绘)

# 200 巨瓣兜兰（别名：雅洁兜兰）

**学名：** *Paphiopedilum bellatulum* (Rchb. f.) Stein

[ 曾用学名：*Cypripedium bellatulum* Rchb. f.；*Cordula bellatula* (Rchb. f.) Rolfe；*Paphiopedilum godefroyae* auct. non (Godef.) Stein]

**亚属：** 宽瓣亚属 Subgen. Brachypetalum

**形态：** **植株** 矮小，地生或半附生。**叶** 2 列，4 ～ 5 枚；狭椭圆形或长圆状椭圆形，长 14 ～ 18 厘米、宽 5 ～ 6 厘米，端钝并呈不对称裂，基部收窄成柄，对折，互相套叠；叶上表面具绿色深浅相间的格状斑，背面密布紫红色斑点。**花葶** 短，长 3 ～ 7 厘米，近直立，淡绿色被细密紫褐色点，白色长柔毛；**花苞片** 卵形或椭圆形，长 2.2 ～ 3 厘米、宽 1.5 ～ 2 厘米，先端急尖，绿色具紫红斑点，沿边具缘毛。**花** 大型，单多或偶为 2 朵，直径 5 ～ 8 厘米；白色或象牙白色，在中萼片及花瓣上有多数直径达 1.5 ～ 2 毫米的紫红或紫褐色粗斑点，合萼片、唇瓣和退化雄蕊则具细斑点；花梗连子房 长 3 ～ 3.5 厘米，被白色短柔毛；**中萼片** 阔椭圆形至阔卵形，略内凹，长 3 ～ 3.5 厘米、宽 3.5 ～ 5 厘米，先端钝，常具小尖头，背面具龙骨状中脉，并被短柔毛；**合萼片** 卵圆形，明显小于中萼片，长 2 ～ 2.5 厘米、宽 2.5 ～ 3 厘米，背面被短柔毛；**花瓣** 巨大，长 5 ～ 6 厘米、宽 3 ～ 4.5 厘米，阔椭圆形至阔卵状椭圆形，沿边具细缘毛。**唇瓣** 深囊状，椭圆形，向末端稍变窄，长 2.5 ～ 4 厘米、宽 1.5 ～ 2 厘米，前端囊口内卷 1 ～ 2 毫米。**退化雄蕊** 近圆形或近方形，长 8 ～ 11 毫米、宽 8 ～ 9 毫米，中部染淡黄晕，先端钝或近截形，略具 3 齿。**花期** 4 ～ 6 月。

**产地和分布：** 产于广西、云南等省区。缅甸、泰国等地均有分布。

**生态：** 地生或石生兰。生于海拔 1000 ～ 1800 米的石灰岩地区，山坡灌木丛或树林中多石和腐殖质、排水良好的林下，或积聚腐殖质并有遮阴的岩石缝隙中。

**用途：** 为极具观赏价值的珍贵兰花。

图 200 巨瓣兜兰
*Paphiopedilum bellatulum*
(Rchb. f.) Stein

1 植株
2 花正面
3 花侧面
4 花纵剖面
5 唇瓣纵剖面
6 不育雄蕊侧面
7 不育雄蕊正面
（1982/04/19 程式君采自云南石林，并绘图）

# 201 疣瓣兜兰（别名：胖胀兜兰）

**学名：** *Paphiopedilum callosum* (Rchb. f.) Stein

[曾用学名：*Cypripedium callosum* Rchb. f.；*Cypripedium barbartum* (Lindl.)Pfitz.；*Cypripedium schmidtianum* Kraenzl.；*Cordula callosa* (Rchb. f.)Rolfe；*Paphiopedilum sublaeve*(Rchb. f.) Fowlie；*Paphiopedilum callosum* var. *sublavae* (Rchb. f.) P. J. Cribb]

**亚属：** 兜兰亚属 Subgen. Paphiopedilum

**形态：** 植株 地生，高达 45 厘米。叶 椭圆形，长约 25 厘米、宽约 5 厘米，叶面灰绿色，具深浅绿色网格状斑块，叶端等分 2 裂。花葶 长达 38 厘米，具 1 朵或罕为 2 朵花；暗紫色，被柔毛；花苞片 长 2.2 厘米，相当于子房长度的 1/3。花 大而艳丽，直径可达 8～11 厘米；中萼片 白色，基部具深绿色纵纹，上部染紫晕，并有紫色条纹；花瓣 绿色，具深绿条纹，瓣端部 1/3 部分淡玫瑰紫色，瓣的上沿具数枚黑色疣。唇瓣 暗铜褐色；侧裂片 绿色具大型黑色疣。中萼片 卵形至心脏形，长约 5 厘米、宽约 4.5 厘米，边缘反卷；合萼片 卵形至披针形，长约 3.5 厘米，端尖。花瓣 舌形，向下成 45 度伸展，呈"八"字胡须状，长约 5.5 厘米、宽约 1 厘米，边具长缘毛。唇瓣 盔状，长约 4.7 厘米、宽约 2.2 厘米。退化雄蕊 呈马蹄形，背面具深缺刻，腹面的裂片齿状且内弯，两裂片间有一小齿状凸起。花期 春季、夏季。

**产地和分布：** 我国不产，但因其重要性及在我国大陆和港澳台地区广为栽培，故仍收于本书中。原产泰国、柬埔寨、老挝、马来西亚、缅甸、越南等东南亚国家。

**生态：** 地生兰。产于海拔 750 米左右的山区。

**用途：** 由于花形奇特、花色艳丽，早在 1885 年已由东南亚引种到欧洲栽培。是观赏价值极高的兰花，为重要的切花和众多兜兰杂交种的育种亲本。

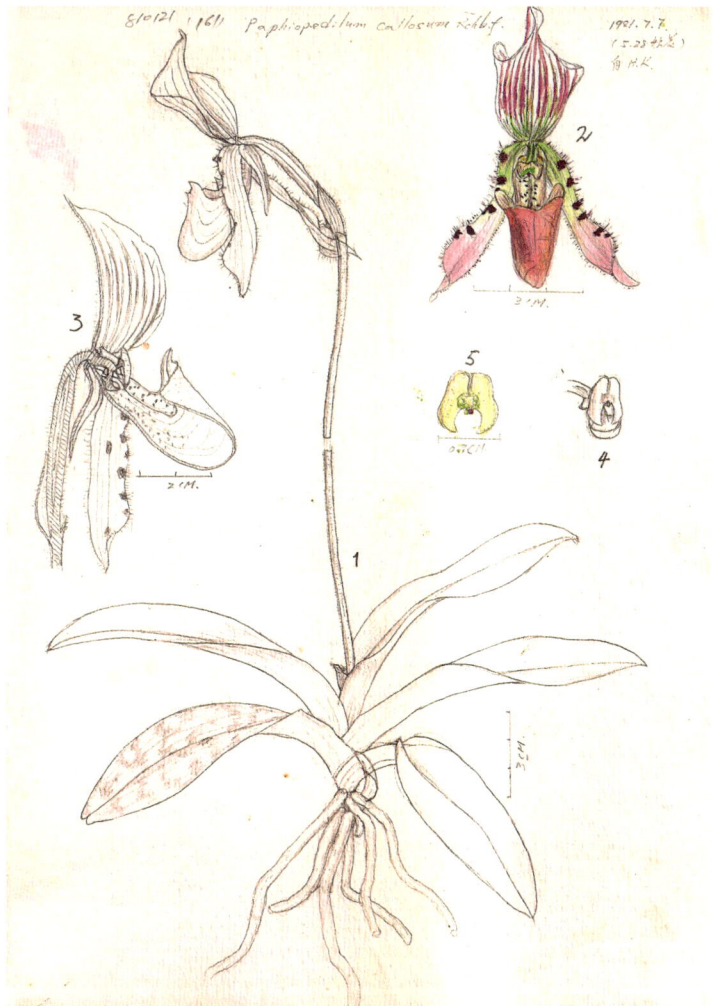

图 201 疣瓣兜兰 *Paphiopedilum callosum* (Rchb. f.) Stein
1 植株　2 花正面　3 花纵剖面　4 退化雄蕊　5 退化雄蕊正面
（程式君采自香港。1981/05/28 始花，1981/07/07 程式君绘）

# 202 同色兜兰

**学名：** *Paphiopedilum concolor* (Bateman) Pfitz.
[ 曾用学名： *Cypripedium concolor* Lindl.； *Cordula concolor* (Lindl.)Rolfe]
**亚属：** 宽瓣亚属 Subgen. Brachypetalum

**形态：** **植株** 低矮，高约 8 厘米。**根** 少数，肉质，长 2 ～ 10 厘米，被毛，簇生植株基部。**根状茎** 粗短。**叶** 基生，4 ～ 7 枚排成 2 列，狭卵形或带状长圆形，长 8 ～ 16 厘米、宽 3 ～ 5 厘米，先端钝圆，略 2 浅裂；叶上面具深、浅绿色或乳白色相间的网格状斑纹，叶背密布紫色点或全为紫色。**花葶** 长约 8 厘米，近直立，绿色，密布紫褐色细点，并被白色短柔毛，顶生花 1 朵（罕 2 ～ 3 朵）；**花苞片** 卵形，绿色，具紫褐斑，长 1.5 ～ 2.5 厘米、宽 1.5 ～ 2 厘米，具缘毛，背面具龙骨状脊，且被短柔毛。**花** 大而明显，直径 5 ～ 7 厘米，淡黄色或近乳白色，密布紫红色细斑点；**花梗** 连**子房** 长 3 ～ 4.5 厘米，紫褐色，被白色短柔毛；**中萼片** 为阔而略扁的卵形，先端钝或微缺，长 2.5 ～ 4.5 厘米、宽 2.5 ～ 4.8 厘米，具缘毛；**合萼片** 似中萼片而略小；**花瓣** 长圆形，略偏斜，长 4 ～ 5.5 厘米、宽 2.8 ～ 3.8 厘米，先端圆钝。**唇瓣** 呈窄圆锥形的深囊状，长 3.5 ～ 4.5 厘米、宽 1.4 ～ 1.8 厘米，囊口前部的内弯边缘宽 1 ～ 2 毫米。**退化雄蕊** 宽卵形或三角状卵形，长 1 ～ 2 厘米、宽 0.8 ～ 1.1 厘米，先端尖或具齿。

**产地和分布：** 产于广西、贵州和云南等省区。分布于柬埔寨、老挝、缅甸、泰国、越南。
**模式标本** 采自缅甸。

**生态：** 地生或石生兰。生于海拔 300 ～ 1400 米的石灰岩地区，多腐殖质的土壤上、或有积土和腐叶的岩石缝隙中。

**用途：** 为非常美丽的兰花，多栽培供观赏或作为育种亲本。

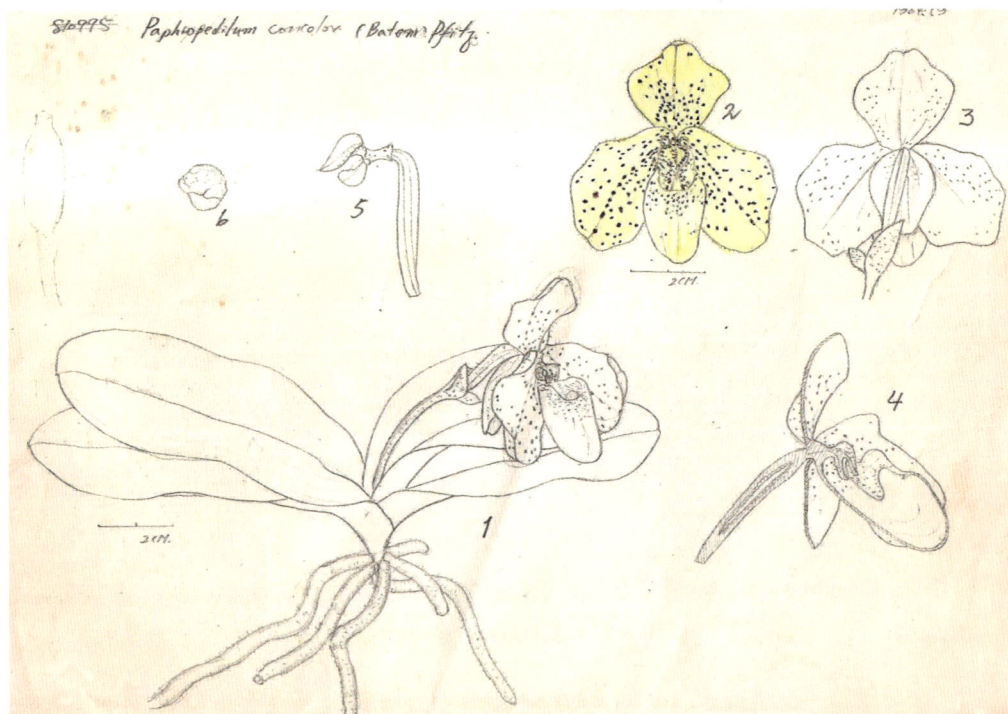

图 202 同色兜兰
*Paphiopedilum concolor*
(Bateman) Pfitz.

1 植株
2 花正面
3 花背面
4 花纵剖面
5 子房及雄蕊
6 雄蕊
（1964/05/09 程式君绘）

# 203 长瓣兜兰

**学名：** *Paphiopedilum dianthum* T. Tang et F. T. Wang

[ 曾用学名：*Paphiopedilum parishii* (Rchb. f.) Stein var. *dianthum* (T. Tang et F. T. Wang) Karasawa et Saito]

**亚属：** 兜兰亚属 Subgen. Paphiopedilum

**形态：** **植株** 高大石生植物，高可达 70 厘米。**叶** 革质，4 ～ 6 枚，宽带形或舌形，长 15 ～ 50 厘米、宽 3 ～ 5 厘米，上面深绿色、背面浅绿色，先端钝，并呈不等 2 浅裂。**花葶** 绿色，长 30 ～ 70 厘米，外弯或近直立，有时略被短柔毛；**总状花序** 具 2 ～ 5 朵花（罕为 1 朵）；**花苞片** 浅绿色，宽卵形，秃净，长 1.3 ～ 2.9 厘米。**花** 大型，直径 8 ～ 10 厘米；**花梗** 连子房绿色，秃净，长 4 ～ 5.5 厘米；**中萼片** 白色，基部绿色；**合萼片** 浅绿色，具深绿色脉纹；**花瓣** 绿色，具深色条纹或褐绿色晕；**唇瓣** 浅褐绿色，有深色条纹或晕；**退化雄蕊** 淡绿色，中央具深绿斑块。**中萼片** 倒卵形，长 4 ～ 5.5 厘米、宽 1.8 ～ 2.5 厘米，先端短尖，中部以下渐狭并向后反卷；**合萼片** 形似中萼片，但略短而宽；**花瓣** 窄长带形、向先端渐狭，成 45 度角向斜下方弯垂，并呈螺旋状扭转，长 7 ～ 12 厘米、宽 0.7 ～ 1 厘米，由基部至中部的波状边缘上常有数枚具毛或无毛的黑色疣状凸起，边上还时有少数毛簇或长毛。**唇瓣** 倒盔状，具长约 2 厘米的宽柄；囊近倒卵形，长 2.5 ～ 3 厘米、宽 2 ～ 2.5 厘米，囊口两侧耳状。**退化雄蕊** 心形，长 1 ～ 1.2 厘米、宽 0.7 ～ 0.9 厘米，先端凹缺或略呈 3 浅裂，具缘毛。**蒴果** 近椭圆形，长达 4 厘米、径约 1.5 厘米。**花期** 7 ～ 10 月。

**产地和分布：** 产于广西、贵州、云南，以及越南北部。

**生态：** 附生或石生兰。多生于海拔 1000 ～ 2250 米（偶可低至 550 米）的石灰岩地区、林缘或疏林中的树干上，或稍荫蔽且积有腐叶的岩石上。

**用途：** 花型奇特，为观赏价值相当高的名贵兰花；也常用作育种亲本。

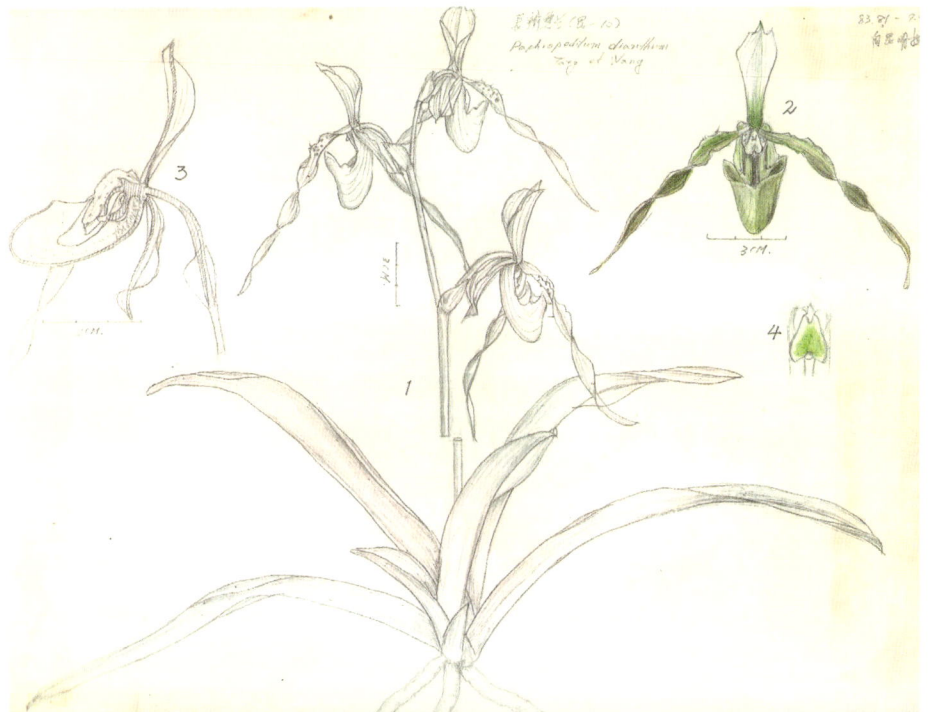

图 203 长瓣兜兰
*Paphiopedilum dianthum*
　　T. Tang et F. T. Wang

1 植株及花序
2 花正面
3 花纵剖面
4 退化雄蕊
（1983/08/01 程式君采自云南昆明植物园，并绘图）

# 204 带叶兜兰

**学名：** *Paphiopedilum hirsutissimum* (Lindl. ex Hook.) Stein

[ 曾用学名：*Cypripedium hirsutissimum* Lindl.；*Cordula hirsutissima* (Lindl. ex Hook.) Rolfe；*Paphiopedilum esquirolei* Schltr.；*Paphiopedilum chiwuanum* T. Tang et F. T. Wang；*Paphiopedilum hirsutissimum* (Lindl. ex Hook.) Stein var. *esquirolei* (Schltr.) Karasawa et Saito；*Paphiopedilum hirsutissimum* (Lindl. ex Hook.) Stein var. *chiwuanum* (T. Tang et F. T. Wang) Cribb；*Paphiopedilum saccpetalum* S. H. Hu]

**亚属：** 兜兰亚属 Subgen. Paphiopedilum

**形态：** 植株 地生或石生兰，高约20厘米。叶4～6枚，光滑无毛，带状，斜立或呈弧状弯垂，长23～44厘米、宽1.4～2.3厘米，端渐尖，并常具3小齿或为不等2尖裂；叶面深绿色，叶背淡绿，基部偶有紫红色斑点。花葶高16～30厘米，近直立或略外倾，绿色，被深紫色长柔毛，基部具长鞘；顶生花1朵；花苞片阔卵形，长0.8～1.5厘米，端钝，密被柔毛，且具长缘毛。花大型，横径达11厘米；花梗连子房长约5厘米，具6棱，棱上密被柔毛；中萼片黄绿色，中部染褐紫色，并散布深褐紫色的不规则斑纹；合萼片黄绿色，具成行的褐紫色斑点；花瓣基部黄绿色，由中部至端部渐变为褐紫色至深紫色；唇瓣褐紫色，端部黄褐色，均匀分布紫褐色小斑点；退化雄蕊褐紫色，上有2枚小圆点，白点下方具黄绿色扁圆点。萼片、花瓣和唇瓣均被黄白色或褐紫色柔毛。中萼片阔卵形，长3.5～4.5厘米、宽3.3～3.7厘米，先端钝或微缺，边波状并具缘毛；合萼片形似中萼片但略狭；花瓣匙形，长6～8厘米、宽1.5～2.5厘米，先端钝圆或近截形，波浪状且扭转，两面被毛并具缘毛。唇瓣盔状，囊椭圆状圆锥形形，长2.5～3.5厘米、宽2～2.5厘米，囊口两侧呈耳状。退化雄蕊近方形，长宽各8～10毫米，中央和基部两侧各有凸起1枚。花期4～5月。

**产地和分布：** 产于广西、贵州和云南。印度、老挝、缅甸、泰国和越南均有分布。

**生态：** 地生或石生兰。喜生于海拔300～1500米石灰岩地区多腐叶的岩石缝隙中，阔叶林或灌丛中多石和腐叶、排水良好的坡地。

**用途：** 为观赏价值甚高的兰花，并常用作育种亲本。

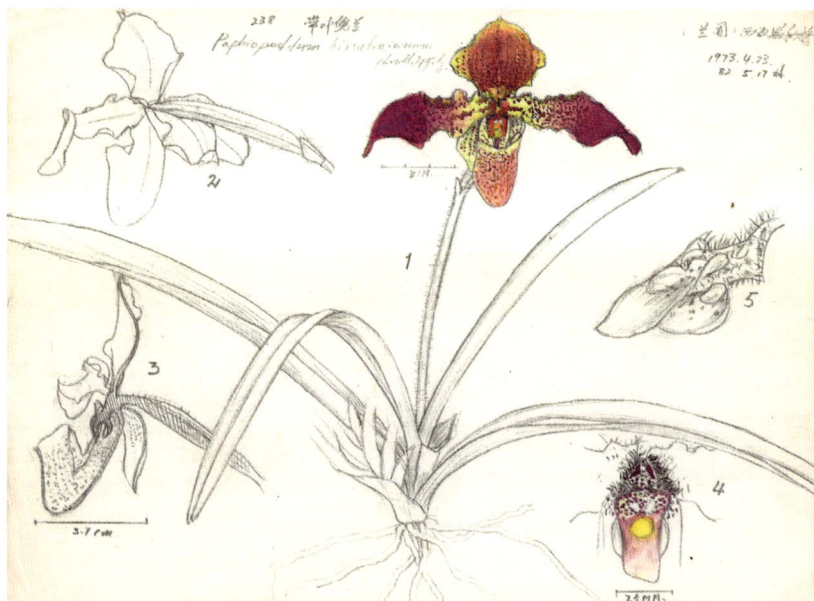

图 204 带叶兜兰
*Paphiopedilum hirsutissimum*
(Lindl. ex Hook.) Stein

1 植株和花
2 花侧背面
3 花纵剖面
4 蕊柱和退化雄蕊正面
5 蕊柱和退化雄蕊纵剖面
（广州兰圃采自西双版纳，1973/04/23 程式君绘）

# 205 美丽兜兰（别名：波瓣兜兰）

**学名：** *Paphiopedilum insigne* (Wall. ex Lindl.) Pfitz.

[曾用学名：*Cypripedium insigne* Wall. ex Lindl；*Cordula insignis* (Wall. ex Lindl.) Rafin；*Paphiopedilum macfarlanii* F. G. Mey]

**亚属：** 兜兰亚属 Subgen. Paphiopedilum

**形态：** **植株** 地生，高 20 ～ 40 厘米。**叶** 3 ～ 6 枚，带状或狭矩圆形，薄革质，弧形弯垂，长 18 ～ 30 厘米、宽 2.5 ～ 3.5 厘米，先端急尖并呈两侧不等裂，绿色，背面近基部处具紫褐色斑点。**花葶** 长 20 ～ 35 厘米，近直立，绿色，染紫褐色晕，密被紫褐色短柔毛；**花苞片** 卵状椭圆形，长 4 ～ 5 厘米、宽 2.8 ～ 3.5 厘米，基部具紫褐色斑。**花** 较大，单朵，直径 7 ～ 10 厘米；**花梗连子房** 长 4.8 ～ 5.5 厘米，密被褐紫色短柔毛；**中萼片** 黄绿色，具多行紫褐色斑点和条纹，上半部具波状白色宽边；**合萼片** 黄绿色，具深绿色脉纹，下半部具褐色细斑点；**花瓣** 黄褐色，具褐色条纹或排成条纹状的深褐色斑；**唇瓣** 黄褐色，具褐色晕及脉纹；**退化雄蕊** 黄色。**中萼片** 阔倒卵形，长 5.8 ～ 6.2 厘米、宽 4.5 ～ 4.8 厘米，先端

**图 205** 美丽兜兰（1）
*Paphiopedilum insigne*
　　　　(Wall. ex Lindl.) Pfitz.

1 植株
2 花正面
3 花纵剖面
4 叶尖
5 退化雄蕊
（1981/12/25 程式君绘于上海）

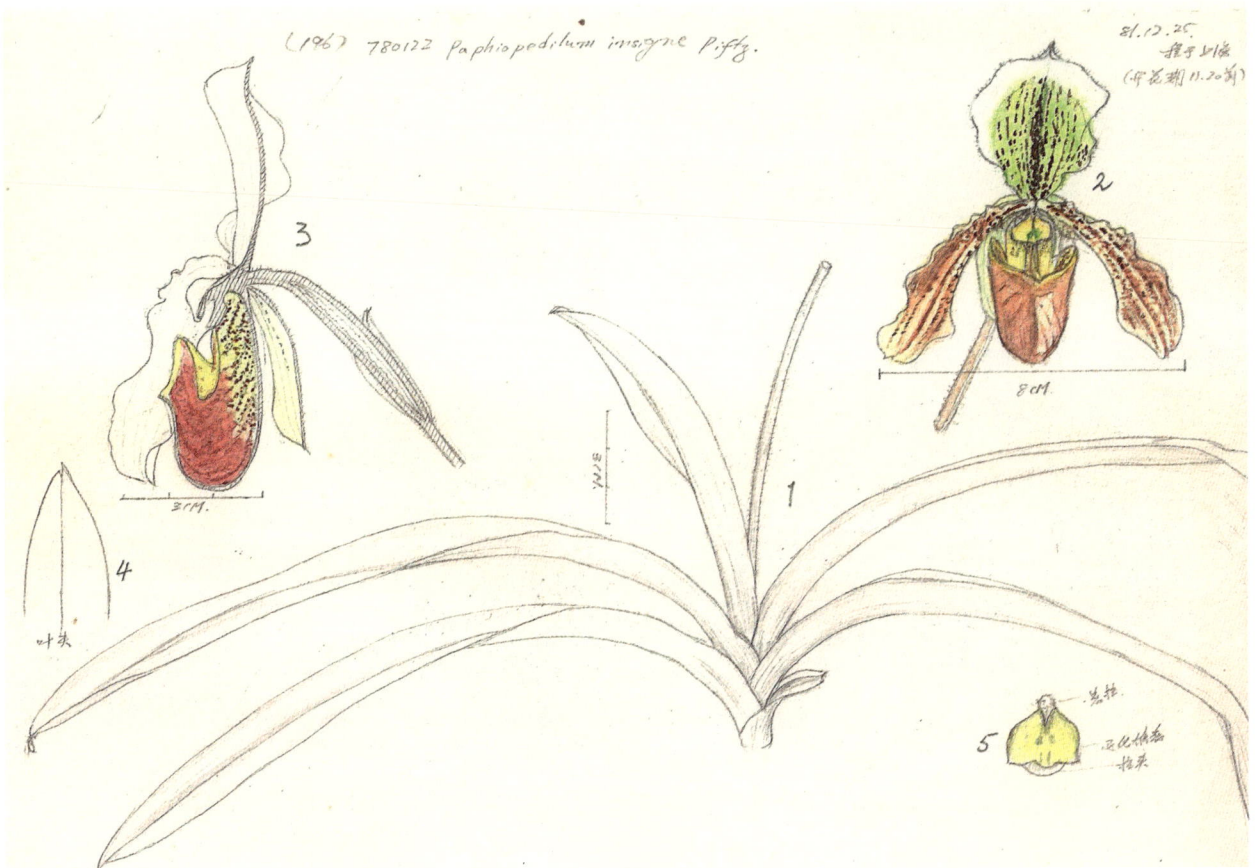

圆钝具突尖，边缘略背卷，背面密被短柔毛；**合萼片** 卵状椭圆形，长 4.5～5.5 厘米、宽 2～3 厘米，背面被短柔毛；**花瓣** 倒卵状匙形，长 5.5～6.5 厘米、宽 1.2～2.2 厘米，端钝，上侧边缘波状，基部具紫褐色长柔毛。**唇瓣** 倒盔状，基部具长约 1.5 厘米的阔柄；**囊** 椭圆状圆锥形

或椭圆状卵形，长 2.5～3.5 厘米、宽 2～3 厘米，囊口甚阔，两侧分别具一直立的耳，囊底有毛。**退化雄蕊** 倒心形，长 1～1.2 厘米、宽 0.8～1 厘米，先端近截形或微凹，被紫褐色短柔毛，中央有一深黄色小凸起。**花期** 10～12 月。

**产地和分布：** 我国产于云南。印

度和孟加拉国有分布。**模式标本** 采自印度。

**生态：** 地生兰。多生于海拔 1200～1600 米的排水良好、杂草丛生且多腐叶的多石山坡上。

**用途：** 花大色鲜，株型美丽，故有"美丽兜兰"之称。在华南及港澳庭院中常见栽培，为知名的观赏兰花。

图 205a 美丽兜兰（2）
***Paphiopedilum insigne*** (Wall. ex Lindl.) Pfitz.
1 植株　2 花　（1962/01/27 程式君绘）

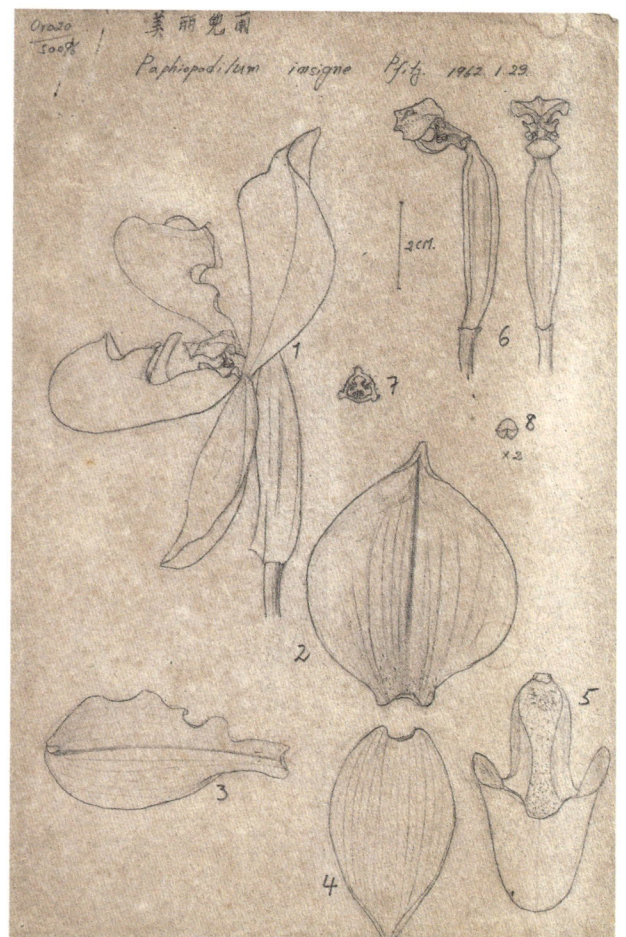

图 205b 美丽兜兰（3）
***Paphiopedilum insigne*** (Wall. ex Lindl.) Pfitz.
1 花　2 中萼片　3 花瓣　4 合萼片
5 唇瓣　6 蒴果　7 果横断面　8 退化雄蕊
（1962/01/29 程式君绘）

# 206 硬叶兜兰

**学名：** *Paphiopedilum micranthum* T. Tang et F. T. Wang

（曾用学名：*Paphiopedilum micranthum* T. Tang et F. T. Wang var. *eburneum* Fowlie；*Paphiopedilum micranthum* T. Tang et F. T. Wang var. *alboflavum* Braem；*Paphiopedilum glanzeanum* O. Gruss et F. Roeth）

**亚属：** 宽瓣亚属 Subgen. Brachypetalum

**形态：** 植株矮小，高约 15 厘米，地生或附生。**根状茎** 横走，细长，长约 10 厘米、直径 1.5 ～ 2.5 毫米，具少数被毛的肉质纤维根。**叶** 4 ～ 5 枚排成 2 列，硬革质；叶舌状或矩圆形，长 5 ～ 15 厘米、宽 1.5 ～ 3 厘米，叶面具深浅相间的网格状斑，叶背密布紫色斑点并具龙骨状凸起，叶面近端部具黄色鸟足状斑纹，近基部具长缘毛。**花葶** 长 15 ～ 25 厘米，直立，紫褐色，被白色长柔毛；**苞片** 卵形，长 1.2 ～ 1.8 厘米，背面被疏毛。**花** 大而艳丽，径约 4 厘米；**花梗连子房** 长 3.5 ～ 6 厘米，被白色长柔毛；**中萼片及花瓣** 乳白色至浅黄色，具紫红色粗条纹；**唇瓣** 白色或略带粉红色；**退化雄蕊** 白色，具淡紫红色斑点和短纹，上部具 1 枚黄斑；**中萼片** 宽卵形，长宽为 1.5 ～ 2.5 厘米，端急尖，背面被白色长柔毛；**合萼片** 与中萼片相似或略小，背面具两条略钝的龙骨状凸起；**花瓣** 阔卵形，长 2 ～ 4 厘米、宽 3 ～ 4 厘米，先端钝圆，上面基部具长柔毛、背面略被短柔毛。**唇瓣** 椭圆状球形至近球形，长 5 ～ 10 厘米、宽 4.5 ～ 5.5 厘米，囊口边缘内卷。**退化雄蕊** 椭圆形，呈纵向对折状，长 1.4 ～ 1.6 厘米、宽 1 ～ 1.3 厘米，端急尖；发育雄蕊显露。**花期** 3 ～ 5 月。

**产地和分布：** 产于四川、广西、贵州、湖南、云南。越南北部有分布。**模式标本** 采自中国云南。

**生态：** 地生或石生兰。生于海拔 400 ～ 1700 米的石灰岩地区，多石灌木丛或林下岩石缝隙中。

**用途：** 色彩艳丽、形状奇特，是观赏价值极高的兰花和育种亲本。

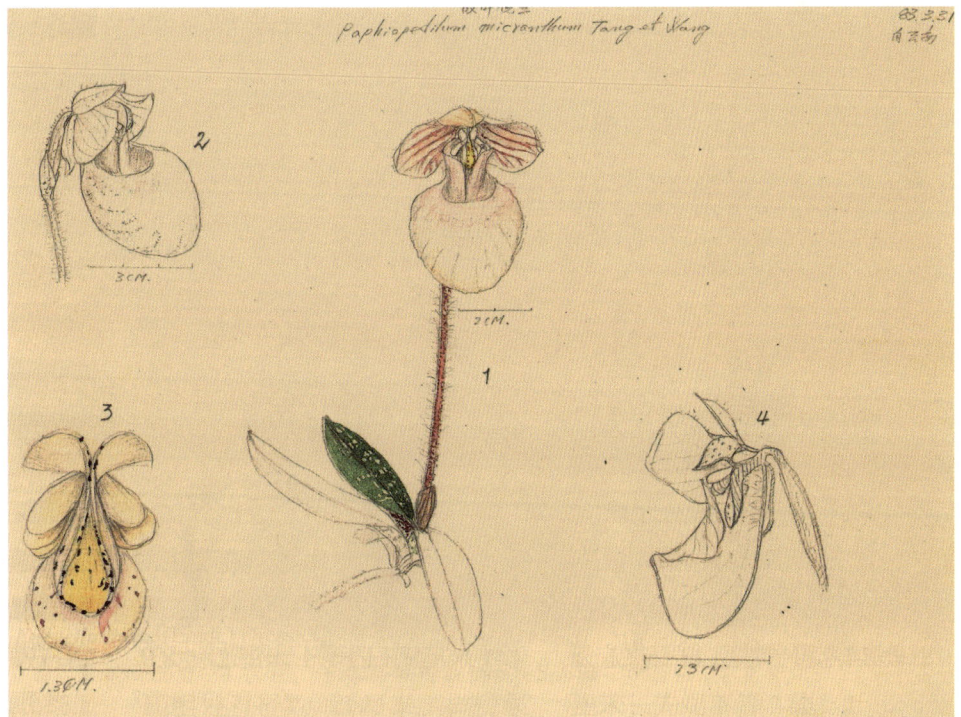

图 206 硬叶兜兰
***Paphiopedilum micranthum***
　　　　T. Tang et F. T. Wang
1 植株
2 花
3 花俯视
4 花侧面（去除一边花瓣）
（1983/03/31 程式君采自云南，
　并绘图）

# 207 飘带兜兰

**学名：** *Paphiopedilum parishii* (Rchb. f.) Stein

[曾用学名：*Cypripedium parishii* Rchb. f.；*Selenipedium parishii* (Rchb. f.) Jolibois；*Paphiopedilum parishii* (Rchb. f.) Pfitz.；*Cordula parishii* (Rchb. f.) Rolfe]

**亚属：** 兜兰亚属 Subgen. Paphiopedilum

**形态：** **植株** 中型附生或石生兰，株高 30～50 厘米。**茎** 极短，紧密丛生。**叶** 4～8 枚，排成 2 列；叶呈均匀的绿色，厚革质，带状，长达 45 厘米、宽 4～8 厘米，先端钝，呈不等 2 浅圆裂。**花葶** 近直立，淡绿色，长可达 60 厘米，密被白色柔毛；**花序轴** 近水平；总状花序 有花 3～12 朵，各花同时开放；**花苞片** 卵形，长 2.5～4 厘米、宽 1.5～3 厘米，遮蔽子房的 1/2～3/4，具缘毛。**花** 大型，横径 7～11 厘米、竖径 12～14 厘米；**花梗连子房** 长 3.5～4.5 厘米，密被黄白色柔毛；**中萼片** 与 **合萼片** 绿白色至淡黄绿色，具草绿色脉纹；**花瓣** 由基部至中部 1/3 处淡橄榄绿色，并有数枚紫褐色斑点及波状边缘，由 1/3 处至瓣末端为浅紫褐色，并有深色边缘，先端有黑褐色绒毛；**唇瓣** 浅褐绿色，有时有紫褐色晕及深色脉纹；**退化雄蕊** 白色，中央具一绿斑。**中萼片** 椭圆形，长约 4 厘米、宽 2～3 厘米，边缘具缘毛；**合萼片** 与中裂片相似而略小，端钝；**花瓣** 丝带形，向下弯垂，上半部扭转呈螺旋状、下半部边缘波状，长 8～10 厘米、宽 0.6～1 厘米，先端钝圆，两面均具褐色腺毛，近基部的下侧边缘常有少数褐色斑点或具毛的疣状凸起。**唇瓣** 倒盔状，基部柄内具褐色毛；囊近卵形或卵状圆锥形，长 1.5～3 厘米、宽 1.5～2 厘米，囊口两侧呈耳状。**退化雄蕊** 倒心形或倒卵形，长 1～1.5 厘米、宽 0.7～0.8 厘米，先端凹缺，上面近基部有一角状凸起物。花期 5～7 月。

**产地和分布：** 我国产于云南。印度、缅甸和泰国均有分布。

**生态：** 附生或石生兰。喜冷凉和荫蔽环境。多附生于海拔 1000～2200 米的阔叶林中的大树高处，与蕨类及鸟巢共处，或附生于荫蔽而多腐叶积聚的岩石上。

**用途：** 花奇特美丽，观赏价值极高。为广受推崇的观赏兰花，也常用作杂交育种的亲本。

图 207 飘带兜兰
*Paphiopedilum parishii* (Rchb. f.) Stein

1 植株
2 花正面
3 花纵剖面
（1974/07/15 程式君采自云南西双版纳，并绘图）

# 208 紫纹兜兰（别名：香港兜兰，香港拖鞋兰）

**学名：** *Paphiopedilum purpuratum* (Lindl.) Stein

[ 曾用学名：*Cypripedium purpuratum* Lindl.；*Cypripedium sinicum* Hance ex Rchb. f.；*Paphiopedilum sinicum* (Hance ex Rchb. f.) Stein]

**亚属：** 兜兰亚属 Subgen. Paphiopedilum

**形态：** **植株** 地生兰，小型，株高 10 ～ 15 厘米。**叶** 4 ～ 8 枚，2 列，基部互相套叠；叶椭圆形至长椭圆状卵形，长 9 ～ 11 厘米、宽 2.5 ～ 4 厘米，叶端急尖并具不等 3 小齿；叶表面具深浅相间的绿色不规则云纹状斑，叶背则为淡绿色。**花葶** 直立，高 12.5 ～ 20 厘米，较细，紫色，被白色茸毛；有花 1 朵（ 罕 2 朵 ）；**苞片** 窄卵状椭圆形，1.5 ～ 2.4 厘米、宽 0.7 ～ 0.9 厘米，先端渐尖，具缘毛。**花** 较大而鲜艳，径 7.5 ～ 10 厘米；**中萼片** 白色，具紫褐色及绿色纵脉，近基部处或染淡绿晕，边缘具细缘毛，背面微被绒毛；**合萼片** 绿白色，具草绿色条纹，有白色茸毛，背部被紫褐色刚毛；**花瓣** 紫褐色，具较深色的脉纹，基部草绿色，由中部至基部散布多数紫褐色斑点，其中有些斑点或呈疣状；**唇瓣** 正面暗紫褐色，具较深紫褐色的脉纹，背面则为橄榄绿色，具深橄榄绿色的脉纹；唇囊里面及两侧具多数紫红色斑点及紫褐色刚毛；**退化雄蕊** 淡黄绿色，略染紫晕，微被柔毛；**蕊柱** 褐绿色，具暗紫褐色的边缘。**中萼片** 大而显着，近圆形，长 3 ～ 4 厘米、宽 3 ～ 4.2 厘米，端渐尖；**合萼片** 窄卵形或卵状披针形，长 2 ～ 3.5 厘米、宽 0.9 ～ 1.5 厘米，先端渐尖；**花瓣** 近矩圆形，长 3.5 ～ 5 厘米、宽 1 ～ 1.4 厘米，

图 208 紫纹兜兰（1）
*Paphiopedilum purpuratum* (Lindl.) Stein
1 植株 2 花正面 3 花纵剖面
（1974/11/13 程式君绘）

端部急尖。**唇瓣** 倒盔状；**侧裂片** 内弯，并具多数疣状凸起；唇囊卵形，长 2～3 厘米、宽 2.2～2.8 厘米，囊口两侧呈耳状。**退化雄蕊** 弯月形，长 0.7～0.8 厘米、宽 1～1.1 厘米，先端为 2 个下弯的裂片，2 裂片之间为 1 齿状物。**花期** 6～9 月，或 10 月至次年 1 月。有些作者将前者另作"夏花兜兰（ *P. aestivum* ）"处理，根据它们的形态特征，应该同为本种。**单花花寿** 20～25 天。

**产地和分布：** 我国产于香港、福建、广东、广西、海南和云南。越南北部也有分布。**模式标本** 于 1850 年采自中国香港。

**生态：** 地生或半附生。生于海拔 700 米以下或偶有至海拔 1200 米的地区。喜温凉气候和浓荫，常见于腐殖质丰富而多石的地段、溪谷边苔藓、砾石覆盖之地或岩石上，也见于竹林下、竹根间积聚的腐叶中。

**用途：** 花叶皆美，栽培容易，为较常见的观赏佳品。

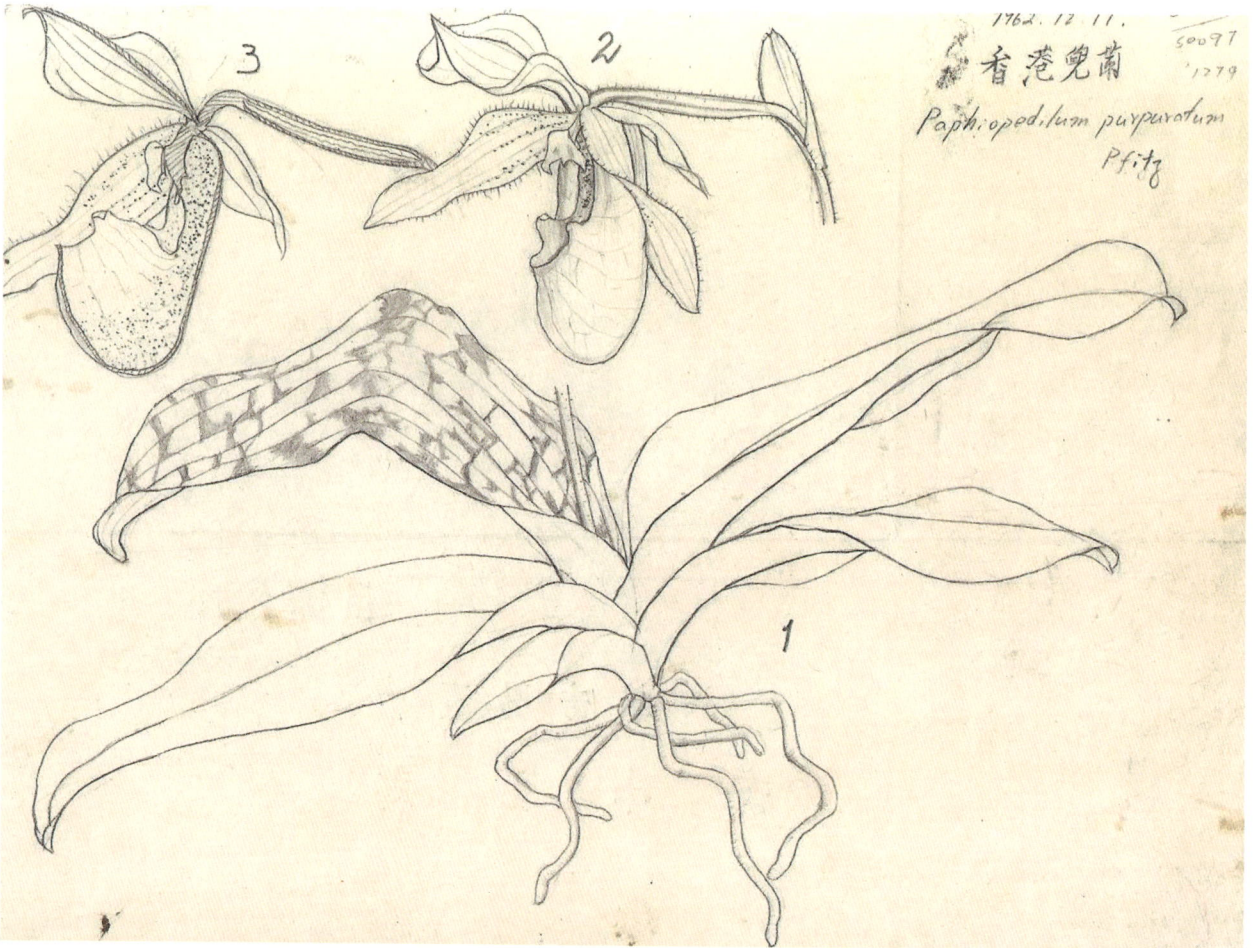

图 208a 紫纹兜兰（2） ***Paphiopedilum purpuratum*** (Lindl.) Stein

1 植株　2 花　3 花纵剖面　（1962/12/17 程式君绘）

# 209 罗斯兜兰 （别名：罗氏兜兰，若氏兜兰，兜兰之王，拖鞋兰王）

**学名：** *Paphiopedilum rothschildianum* (Rchb. f.) Stein

[ 曾用学名：*Cypripedium rothschildianum* Rchb. f.；*Cypripedium elliotianum* O'Brien；*Cypripedium neo-guineense* Linden；*Paphiopedilum elliotianum* (O'Brien) Stein；*Paphiopedilum rothschildianum* (Rchb. f.) Stein var. *elliotianum* (O'Brien) Pfitz.；*Cordula rothschildiana* (Rchb. f.) Rolfe]

**亚属：** 兜兰亚属 Subgen. Paphiopedilum

**形态：** **植株** 地生，高大，约高 55 厘米。**根** 少数，肉质，绳索状；新根黄白色，被白色柔毛，老根褐黄色，毛也略黄。**叶** 6～8 枚，长大，厚革质，带状或窄舌状，斜出，前半段弯垂，长 20～60 厘米、宽 4～7 厘米，表面亮绿色，有光泽，背面黄绿色。**花葶** 长 40～60 厘米，暗紫褐色，被短毛；**花序** 具花 2～6 朵，依次由下向上开放；**苞片** 与子房近等长，淡黄绿色，具深褐色条纹，先端具 3 尖头。**花** 大型，直径 15～30 厘米；**花梗连子房** 长 7.5 厘米，花梗紫红色具黄绿色细点和红褐色刚毛，子房淡绿色，具褐色纵棱和紫褐色刚毛；**中萼片与合萼片** 乳白色或淡黄色，具褐色粗脉纹；**花瓣** 乳白色或淡黄色，具褐色脉纹及斑点；**唇瓣** 黄色，染紫色晕，并具紫色网状脉纹；**退化雄蕊** 淡紫色。**中萼片** 宽卵状圆形，长 5.4～6.8 厘米、宽 3.5～4.8 厘米，具紫红色刚毛及缘毛；**合萼片** 与中萼片相似而较小，外面具紫红色刚毛，内面无毛；**花瓣** 窄长，呈线状披针形，向两侧平伸，长 10～15 厘米、宽约 1 厘米，两瓣端之间可宽达 30 厘米，花瓣的前半段呈螺旋状扭卷，边缘波状，表面具紫红色长刚毛，背面无毛但具紫红色晕，边具缘毛，近先端有乳突。**唇瓣** 倒盔状；**侧裂片** 小且内弯；唇囊长 3～3.5 厘米、宽 2～2.5 厘米。退化雄蕊 呈卵状矩圆形，长 1.4～1.6 厘米、宽 0.4～0.5 厘米，先端 2 裂，边缘及基部具腺毛。**花期** 4～6 月，其中 4～5 月盛花，**单花花寿** 25～30 天。

**产地和分布：** 产于马来西亚的沙巴州。虽然我国不产，仅偶有栽培，但由于它是兜兰属中极重要的种类，故仍收入本书。

**生态：** 地生或石生兰。原生于马来西亚沙巴州 Kinabalu 山的雨林中。喜生于光线不强、湿润而多腐殖质的林下地上，或积聚较多腐叶尘土、有荫蔽的岩石上。

**用途：** 本种的植株姿态挺拔大气，花型、花色极具特色，是观赏价值极高、最受推崇的著名兜兰，有"兜兰之王"的称号，是众多兜兰品种的育种亲本。

图 209 罗斯兜兰

*Paphiopedilum rothschildianum*
(Rchb. f.) Stein

1 植株及花序　2 花正面　3 花背面　4 花纵剖面　5 子房横断面

（厦门黄运森赠。1973/05/20 始花，1973/05/31 程式君绘）

# 210 紫毛兜兰（别名：白萼紫毛兜兰）

**学名：** *Paphiopedilum villosum* (Lindl.) Stein
[ 曾用学名：*Paphiopedilum villosum* f. *annamense* (Rolfe)Braem, C. Baker et M. Baker]
**亚属：** 兜兰亚属 Subgen. Paphiopedilum

**形态：植株** 地生或附生，高 12～25 厘米。**叶** 4～5 枚，基生，2 列，斜出后呈弧形弯垂；叶呈带状或线形，长 20～40 厘米、宽 2.5～4 厘米，先端常为不等 2 尖裂，基部收窄对折，并互相套叠；为均匀的黄绿色，叶背近基部密布细小紫色点。**花葶** 直立，高 10～25 厘米，黄绿色，有紫色斑点并密布长柔毛，顶生花 1 朵；**花苞片** 膜质，长卵形，长约 3.5 厘米、宽约 1.8 厘米，围抱子房，草绿色，具由紫红色小点组成的脉纹 7 条，背面中脉基部具长柔毛。**花** 大，直径 9.5～10 厘米。**花梗**连**子房** 长 4～5 厘米、粗 0.9 厘米，草绿色，被紫红色绒毛，

子房的 3 条棱上被毛较密。**中萼片** 正面上半部及边缘白色，略染紫晕，下半部绿褐色具紫褐色脉纹及细斑点，正面中央中脉处具 1 条深紫褐色带，两旁各有 3～4 条淡紫红脉；背面白色，基部染草绿色晕，向上渐转为淡紫色晕，中脉突出，基部密布紫红色刺毛，渐向上转为黄白色以至白色毛。**合萼片** 淡黄绿色，具较深色的平行脉多条。**花瓣** 中脉暗紫褐色，将花瓣分为不同色的上下两边：上边黄褐色，下边淡黄褐略带绿色。**唇瓣** 褐黄色，略具暗色脉纹。**退化雄蕊** 淡紫色。**中萼片** 阔倒卵形至近圆形，长约 5.4 厘米、宽约 4.8 厘米，端部圆钝具凸尖，

尖部边缘内卷，基部收窄且边缘背卷，具缘毛；**合萼片** 卵形，长约 4.5 厘米、宽约 2.7 厘米，具缘毛；**花瓣** 倒卵状匙形，长约 6 厘米、宽约 2.3 厘米，端钝，上边缘波状，略背卷，具缘毛，基部收窄成爪，并在内表面有少量紫褐色长柔毛；**唇瓣** 倒盔状，基部具长 2～2.5 厘米的阔柄，唇囊椭圆状圆锥形，长 2.5～3.2 厘米、宽 2～3 厘米，囊口极阔，两侧各有一直立的耳，囊底有毛；**退化雄蕊** 铲形，长 1～1.5 厘米、宽 0.7～1 厘米，先端截形且略具凹缺，基部两侧有耳，中央具脐状凸起，上面有时有小疣点。**花期** 2～7 月。

**产地和分布：** 产于云南。老挝和越南均有分布。**模式标本** 采自越南。

**生态：** 附生或地生兰。多生于海拔 2200 米左右的多云雾林中的树上或林下。

**用途：** 花大而美，花期较长，植株姿态秀丽，栽培较易，在我国港澳和台湾地区常见栽培以供观赏。

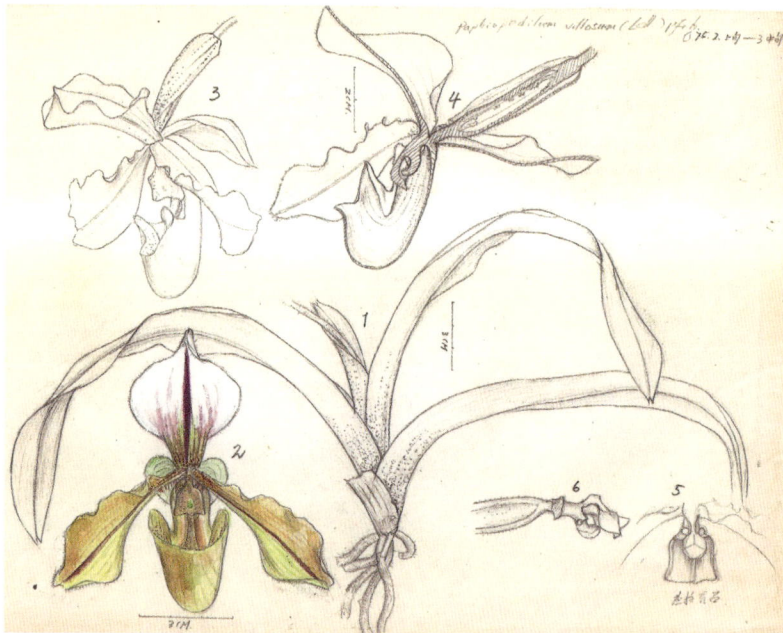

图 210 紫毛兜兰
*Paphiopedilum villosum* (Lindl.) Stein
1 植株 2 花正面 3 花侧面 4 花纵剖面
5 蕊柱背面 6 蕊柱正面
（1975/02 上旬至 1975/03 中旬 程式君绘）

## 3.52 白蝶兰属 *Pecteilis* Rafin.

**别名**：鹅毛玉凤花属

**历史**：19世纪欧洲著名博学大师、法国生物学家 C. S. Rafinesque-Shmaltz 于1836年在他的 *Flora Telluriana* 一书中发表了白蝶兰属（*Pecteilis*）。拉丁属名 *Pecteilis* 源自希腊文 *pectein*（梳），意指本属花朵唇瓣的梳状侧裂片。

**分类和分布**：白蝶兰属隶属兰科兰亚科兰族的兰亚族。它和玉凤花属（*Habenaria*）、舌唇兰属（*Platanthera*）很相近，有些植物学家主张它应属于这两个属，然而它特有的无柄和2裂的柱头与这两个属都不相同。本属全球共约有7种，分布于亚洲热带和亚热带地区。我国有3种，分布于江西、福建、广东、广西、海南、香港、贵州、四川、云南、河南等省区。

**本属模式种**：白蝶兰 *Pecteilis susannae* (L.) Rafin.（*Orchis susannae* L.）

**生态类别**：地生兰。

**形态特征**：**植株** 中型地生兰，通常具椭圆形、长圆形或近球形的块根，块根颈部具细长根数条。**茎** 直立，基部具鞘数枚。**叶** 互生茎上，散生或集中于茎的中下部，**叶**基呈鞘状抱茎；叶以上部分具数枚披针状鳞状叶，往上渐变为苞片。**花序** 总状，顶生；苞片宿存。**花** 小或中等大，扭转；**中萼片** 常与花瓣黏合成盔；**侧萼片** 伸展或反折；**花瓣** 披针形、倒披针形或长圆形，比萼片狭小；**唇瓣** 常3裂，基部有长距或短距，或仅为囊状，甚或无距。**蕊柱** 短，两侧具耳（退化雄蕊）；**花药** 直立，2室，药室岔开，基部延长成管；**花粉块**2枚，粉质，具长柄；**柱头**2个，凸起成"柱头枝"，位于蕊柱前方的基部；**蕊喙** 具厚而较大的臂。

## 211 白蝶兰（别名：龙头兰，鹅毛白蝶兰，鹅毛玉凤花）

**学名**：*Pecteilis susannae* (L.) Rafin.

[曾用学名：*Orchis susannae* L.；*Habenaria susannae* (L.) R. Br.；*Habenaria susannae* (L.) Bl.；*Platanthera susannae* (L.) Lindl.；*Hemihabenaria susannae* (L.) Finet]

**形态**：**植株** 地生，高大，株高45～120厘米。**块根** 肉质，长圆形，长4～6厘米、径1.5～2.5厘米。**茎** 直立，基部具鞘。**叶** 多枚，互生茎上直至花序基部；下部的叶卵形至长圆形，长6～10厘米、宽3～6厘米，上部的叶披针形，呈苞片状，长达5厘米。**花序** 总状，长6～15厘米，具花2～5朵；**花苞片** 叶状。**花** 大，纯白，有香气；**中萼片** 阔卵形，略内凹，长2.5～3厘米、宽2～2.8厘米，端圆钝；**侧萼片** 宽卵形，略歪斜，开展，较长于中萼片，边缘略呈波状且外卷，端钝；**花瓣** 甚窄小，呈线状披针形，远较萼片为短，长度短于1厘米。**唇瓣** 大而明显，长2.5～3厘米、最宽处3厘米，3裂：**中裂片** 线状长圆形，全缘，肉质，长约2厘米、宽约0.4厘米；**侧裂片** 近扇形，外侧边缘呈流苏状撕裂，内侧边缘全缘；**距**甚长而下垂，为子房长度的2～3倍，长6～10厘米、直径0.3～0.5厘米。**花期** 7～9月。

**产地和分布：** 我国产于江西、福建、广东、广西、海南、香港、贵州、四川、云南等多个省区。

马来西亚、缅甸、印度和尼泊尔均有分布。**模式标本** 采自印度。

**生态：** 地生兰。喜生于海拔540～2500米的山坡林下、沟边或草坡。

**用途：** 花形优美奇特，花色纯洁，为观赏价值极高的兰花。

图 211 白蝶兰
*Pecteilis susannae* (L.) Rafin.
1 植株
2 花正面
3 花背面
4 花侧面
5 花纵断面
6 果
（1962/07/18 程式君绘）

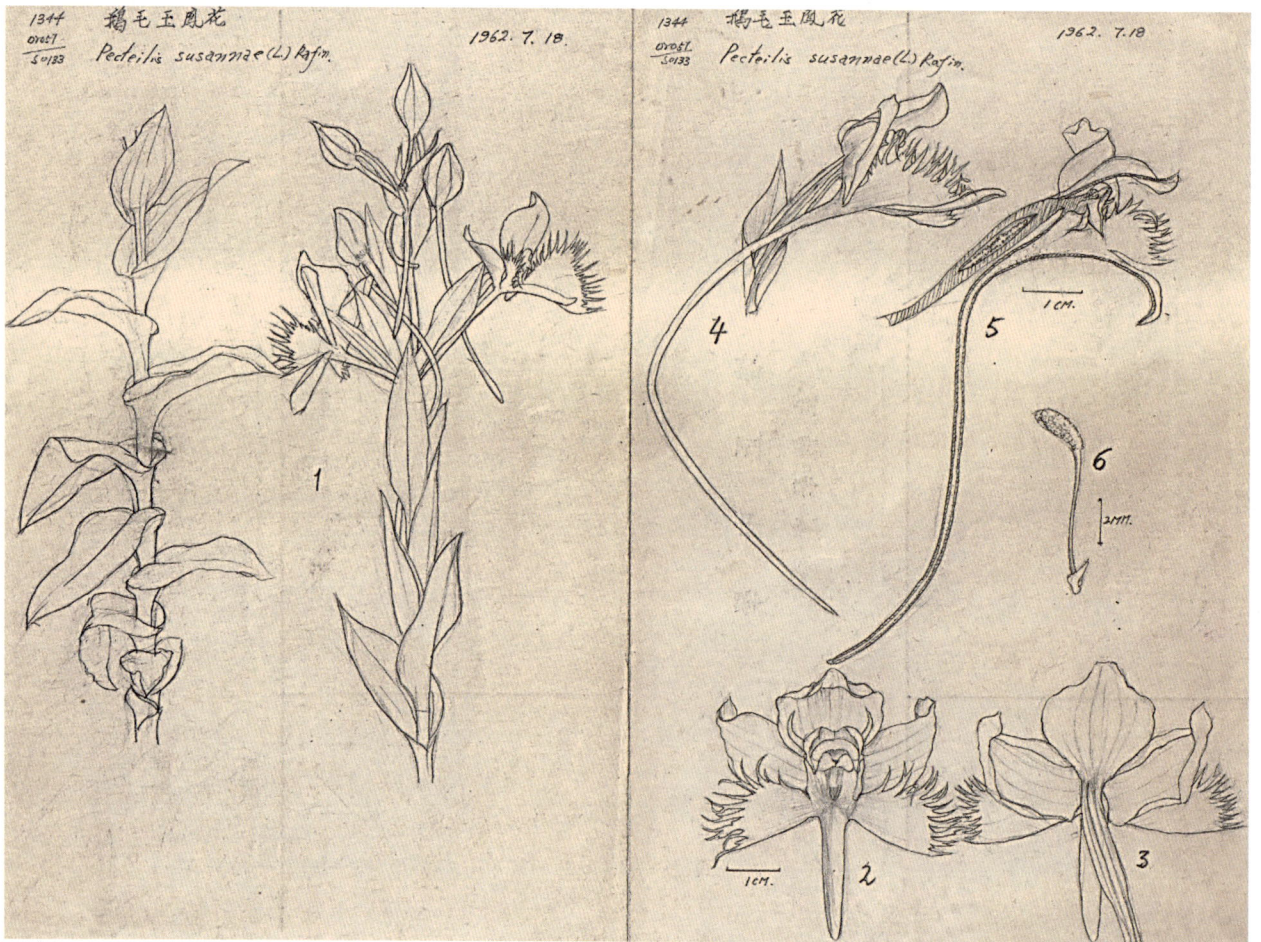

## 3.53 钻柱兰属 *Pelatantheria* Ridl.

**历史：** 英国植物学家、新加坡植物园首届科学主任 Nicholas Ridley 在 1896 年的《林奈学会会志》（*Journal of the Linnaean Society*）中，以 3 个产自东南亚的种为基础，描述并创立了钻柱兰属（*Pelatantheria*）。拉丁属名 *Pelatantheria* 源自希腊文 *pelates*（接近、相邻），意指不清楚，可能是指本属花中的退化雄蕊包围药帽，并相互靠近之意。

**分类和分布：** 钻柱兰属隶属兰科兰亚科万代兰族的指甲兰亚族。它和隔距兰属（*Cleisostoma*）相近，但本属的蕊柱很阔而厚，花粉块明显，且具短阔四方形的黏盘柄和宽大的黏盘，与隔距兰属很易区别。本属为一小属，全世界共约有 5 种，分布由印度东北部向东南直至东南亚的印度尼西亚。我国有 3 种，产于云南、贵州、广西等热带、亚热带地区。

**本属模式种：** 锯尾钻柱兰 *Pelatantheria ctenoglossum* Ridl.

**生态类别：** 附生兰。

**形态特征：** **植株** 附生草本。**茎** 单轴型，长而多节，坚硬，为宿存的叶鞘所包被。**叶** 排成 2 列，革质，长圆形，端钝且具 2 不等裂，基部具关节和叶鞘。**花序** 总状，短，侧生叶腋中，具少数花。**花** 小，肉质；**萼片** 披针形或卵状披针形；**花瓣** 与萼片相似。**唇瓣** 有距；3 裂：侧裂片 粘贴于蕊柱；**中裂片** 大而前伸，上有齿状胼胝体；**距** 窄圆锥形，距口具胼胝体。**蕊柱** 短而阔；**蕊柱齿** 长而直立；**雄蕊** 大，卵形，2 室；**花粉块** 2 枚；**黏盘柄** 短而阔，近四方形，具多个向上弯曲的角；**黏盘** 大，肾形或近四方形。

# 212 锯尾钻柱兰

**学名：** *Pelatantheria ctenoglossum* Ridl.

**形态：** **植株** 附生，单轴型。**根** 索状，常单条由抱茎的叶鞘基部抽出，长 11～18 厘米、粗约 0.2 厘米，偶有分枝；老根褐色木栓化，新根绿白色，根尖嫩绿色。**茎** 长 20～30 厘米，近基部较细而向上渐增粗，老茎常为淡黄褐色的宿存叶鞘所包被。**叶** 肥厚，革质略带肉质；表面深绿色、背面黄绿色，长圆形，长 3.5～4.2 厘米、宽 1.2～1.4 厘米；中脉在叶面凹陷、在叶背隆起；叶端钝，下凹呈不等 2 裂，叶基有关节和长约 2 厘米的对折叶鞘。**总状花序** 短小，从茎中部与叶相对的位置抽出，通常具花 1 朵。**花**

径约 1.4 厘米；**花梗**连**子房** 长约 1.8 厘米，上部黄白色、基部淡绿色；**萼片** 淡橙色，上有 5～7 条淡紫色条纹，端部黄色较深，中萼片与侧萼片形状相似，呈阔倒卵近圆形，端部内凹略呈匙形，长约 5 毫米、宽约 4.5 毫米。**花瓣** 黄白色有紫晕，披针形，先端钝，长约 6 毫米、宽约 2.5 毫米。**唇瓣** 肉质，3 裂：**侧裂片** 直立，上缘紫红色，近卵状三角形，端

钝；**中裂片** 黄白色，中央有柠檬黄色区域，其两侧具有由褐色细点连成的线纹，半圆形，宽约 6 毫米、长约 4 毫米，端圆钝，中央突呈短尾状延伸，尾端分叉如蛇舌状，两侧具白色流苏；**距** 白色，末端淡黄，长 4～5 毫米、粗 2～3 毫米，横向压扁且有纵沟，端部微凹呈 2 裂状，距内具 1 条纵向脊凸、背壁有 1 枚凸出附属物。**蕊柱** 短，黄白色，基部

两侧格局白毛 1 簇，柱头两侧各有 1 枚触须状蕊柱齿；**花粉块** 4 枚，分为 2 组，淡柠檬黄色，基部有宽大的黏盘，**黏盘** 白色，上部透明。**花期** 8 月。

**产地和分布：** 我国产于云南南部。越南、老挝和泰国均有分布。**模式标本** 采自越南。

**生态：** 附生兰。多生于海拔 700 米左右的常绿阔叶林中的树干上，或林下岩石上。

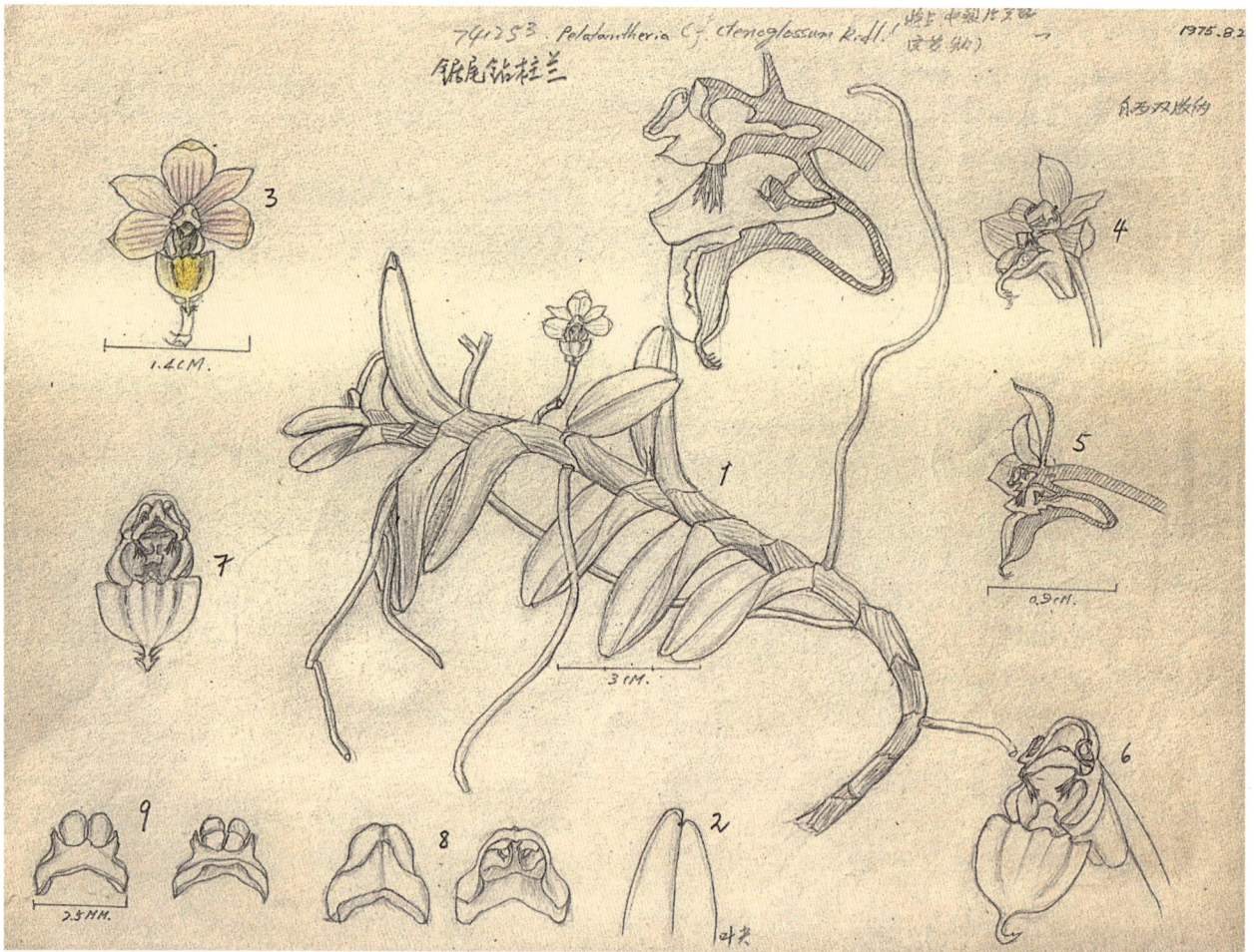

**图 212 锯尾钻柱兰 *Pelatantheria ctenoglossum* Ridl.**

1 植株　2 叶尖　3 花正面　4 花侧面　5 花纵剖面　6 唇瓣、蕊柱及子房　7 蕊柱及唇瓣正面　8 药帽　9 花粉块

（1975/08/20 程式君采自云南西双版纳，并绘图）

# 213 钻柱兰

**学名:** *Pelatantheria rivesii* (Guillaum.) T. Tang et F. T. Wang

[ 曾用学名: *Sarcanthus rivesii* Guillaum.; *Pelatantheria insectifera* auct. non (Rchb. f.) Ridl. ]

**形态:** **植株** 附生, 匍匐伸长呈蜈蚣状。**茎** 呈扁三棱形, 长 50～60 厘米, 有时可达 1 米, 粗约 7 毫米, 常分枝。**叶** 多而密, 在茎上排成 2 列, 基部抱茎; 叶长圆状披针形, 长 2.5～4 厘米、宽 0.8～1.2 厘米, 顶端为不等 2 圆裂。**花序** 总状, 腋生, 短于叶, 具 2～6 朵花; **花苞片** 卵状三角形, 长约 1.2 毫米, 端钝。**花** 略呈肉质, 横径约 8.5 毫米、竖径约 11 毫米; **萼片及花瓣** 均为橄榄绿色, 上有 2 条褐红色条斑; **中萼片** 近椭圆形, 长约 4 毫米、宽约 2.2 毫米, 端钝, 内凹; **侧萼片** 卵状长圆形, 比中萼片略宽, 端钝, 内凹; **花瓣** 倒卵状披针形, 端急尖, 长约 4 毫米、宽约 1.5 毫米。**唇瓣** 比萼片和花瓣大, 3 裂: **侧裂片** 黄白色, 直立, 卵状三角形; **中裂片** 厚肉质, 粉红色, 呈宽卵状三角形, 长 6 毫米、基部宽 6 毫米, 先端骤窄成钝凸起; **距** 囊状, 黄白色, 长约 3 毫米、粗约 2.5 毫米, 内具 1 条纵脊, 上方具 1 枚椭圆形附属物。**蕊柱** 黄色, 长约 2 毫米, 上具 2 枚弯如蟹螯的蕊柱齿, 药帽以下的两侧密生白色透明长腺毛; **药帽** 黄白色, 端部扩大, 截形, 具黄褐色斑点; **花粉块** 4 枚, 铬黄色, 分为 2 组, 每组 1 大 1 小; **黏盘柄** 短阔, 白色透明。**花期** 9～10 月。

**产地和分布:** 产于广西、云南。越南、老挝均有分布。**模式标本**采自越南。

**生态:** 附生兰。多附生于海拔 700～1100 米的常绿阔叶林中树干上或林下岩石上。

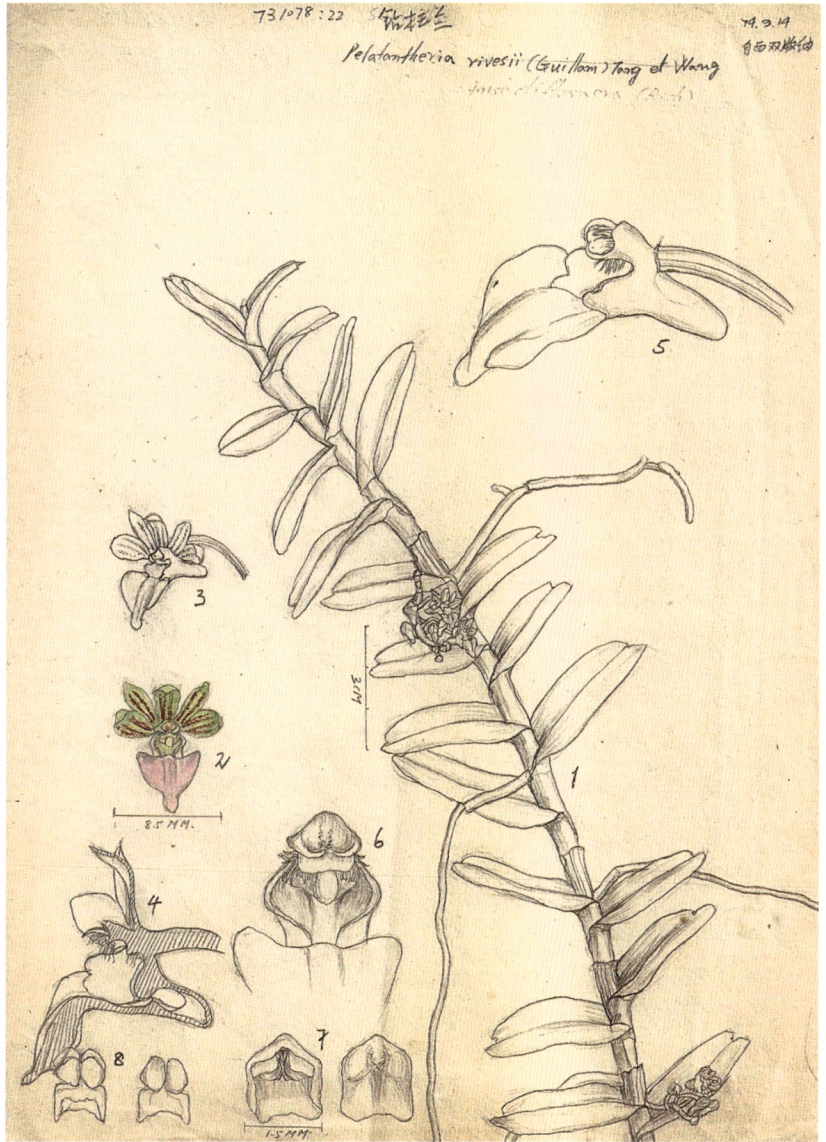

**图 213** 钻柱兰
*Pelatantheria rivesii*
　　(Guillaum.) T. Tang et F. T. Wang

1 植株　2 花正面　3 花侧面　4 花纵剖面
5 蕊柱、唇瓣和子房　6 蕊柱正面
7 药帽　8 花粉块
(1974/09/14 程式君采自云南西双版纳, 并绘图)

# 3.54 鹤顶兰属 *Phaius* Lour.

**历史：** 葡萄牙植物学家 Juan Loureiro 于 1790 年在其 *Flora Cochinchinensis* 一书中，描述发表了鹤顶兰属（*Phaius*）。德国植物学家 R. Schlechter 在他 1912 年出版的《德属新几内亚的兰科植物》（*Die Orchidaceen von Deutsch-Neu-Guinea*）中，将本属原来的 4 个组缩减为 2 个。稍后，他又在 1924 年的《菲德，新种附录》（*Fedde, Specierum Novarum, Beihefte*）中，将 C. L. Blume 建立的鹤顶兰属的亚属 Subgen. Gastrorchis 升格为独立的新属。1964 年，兰科专家 V. S. Summerhayes 在《邱园公报》（*Kew Bulletin*）（1964）中又将 Gastrorchis 归并为鹤顶兰属的一个组。多数专家都认可这个意见。拉丁属名 *Phaius* 源自希腊文 *phaios*，原意为"灰色"、"肤色黧黑"，大概是指本属的花凋落或受损后逐渐转为黑色的现象。

**分类和分布：** 鹤顶兰属隶属兰科兰亚科树兰族的拟白及亚族。本属与虾脊兰属（*Calanthe*）最相近，但它独立的蕊柱和短而囊状的距（或无距）可与虾脊兰属区别。本属全世界共有约 40 种，广布于热带亚洲、非洲和大洋洲。国产 8 种，分布于南方热带、亚热带省区，以云南南部最为丰富。

**本属模式种：** 鹤顶兰 *Phaios tankervilleae* (Banks ex L'Herit.) Bl.
  （*Limodorum tankervilleae* Banks ex L'Herit.）

**生态类别：** 地生兰。

**形态特征：** **植株** 大型或中型，地生。**根** 粗壮，密被绒毛。**茎或假鳞茎** 丛生，直立，常被鞘，具叶数枚。**叶** 大型，互生，具柄，呈折扇状皱，干后变为靛蓝色；叶鞘紧抱茎或互相套叠而成假茎。**花葶** 1～2 个，着生于茎或假鳞茎的中部，侧生或腋生；**花序柄** 疏被少数鞘；**花序** 总状，疏生少数花或较密的多数花；**花苞片** 大。**花** 大而美丽；**萼片与花瓣** 肉质，近等大，伸展。**唇瓣** 直立，无柄，稍贴生于蕊柱基部，基部具短距或无距，全缘或近 3 裂，两侧围抱蕊柱。**蕊柱** 长而粗壮，上端扩大；**花药** 2 室，**花粉块** 蜡质，8 枚，每 4 枚为一组。

# 214 仙笔鹤顶兰（别名：仙人笔）

**学名：** *Phaius columnaris* C. Z. Tang et S. J. Cheng
（本种为本书作者唐振缢和程式君于 1985 年 4 月发表的新种，新种的描述于 1985 年 4 月刊登在《植物研究》杂志第 5 卷第 2 期，141-143 页）

**拉丁文原始描述：** *Phaius columnaris* C. Z. Tang et S. J. Cheng, sp. nov.

Affinis *P. hainanensis* C. Z. Tang et S. J. Cheng, sed pseudobulbis elatioribus columnaribus, petiolis obscuris, labello paene orbiculato aurantiaco, calcari brevissimo distincta.

Herba terrestris c. 60-80cm alta. Pseudobulbi robusto-columnares, 15-25cm alti, 3-3.5cm diam. , longitudinaliter multo-porcati, atrovirentes, plerumque 9-nodi. Folia pluries 6, papyracea, ovato-lanceolata vel oblonga, apice acuminate,basin versus attenuate, 30-60cm longa, 9-14cm lata, margine integra et leviter undulate, 9-nervia. Vaginae foliiformes 5, late ovatae vel ovatae, 4-7cm longae, c. 6cm latae, tandem delapsae. Scapus erectus, c. 23cm altus, racemo c. 3.5cm longo terminatus, ex ipso nodi prope basim pseudobulbi ortus. Flores carnosi, eburnei, 8-8.5cm diam. , bracteae ovato-lanceolatae, c. 1.7cm longae, c. 1.4cm latae, membranaceae, atrae. Sepalum dorsale lanceolatum, 5-nervium, c. 4.5cm longum, 1.4cm latum, sepala lateralia falcato-oblonga, apice acuta, c. 3.8cm longa, 1.4cm lata. Petala falcato-oblonga, apice acuta, c. 4cm longa, 1.6cm lata. Labellum paene orbiculatum, c. 3cm longum, 3.6cm latum, obscure trilobatum, apice undulatum, lobis lateralibus depresse semiorbiculatis, c. 3cm longis, 1.1cm latis, eburneis aurantiaco-suffusis ; lobo intermedio semiorbiculato, c. 0.8cm longo, 1.8cm lato, dilute aurantiaco, disco lamellis tribus longitudinalibus obsito ; calcari tereti, brevi, apice leviter concavo, c. 3.5mm longi, 2.5mm diam. Columna depresse columnaris, dorsale eburnea, antice aurantiaca, c. 2cm longa, 0.6cm diam. , pede brevi. Ovarium cum pedicello 3.5cm longum, sparsim pilis brunneis indutum. Operculum eburneum. Fl. VI.

**Guangdong:** Yinde, Xiniou Pagus, in silvis, alt. c. 230m. 2, VI, 1981, S. J. Cheng 811249 (**Typus**! In Herb. Inst. Austrosin. servatus；specimen vivum in Hort. Bot. Austrosin. culta).

**形态：植株** 高大地生兰，株高 60～80 厘米。**茎** 直立，粗壮，圆柱形，具多条纵棱，高 15～25 厘米，粗 3～3.5 厘米，通常 9 节，橄榄绿色。**叶** 纸质，通常 6 枚，长 30～60 厘米、宽 9～14 厘米，卵状披针形至长圆形，先端渐尖，基部渐窄，叶柄不明显，叶缘全缘并略呈波状，叶脉 9 条。**叶状鞘** 5 枚，宽卵形至卵形，长 4～7 厘米、宽约 6 厘米，老时脱落。**花葶** 直立，由茎基部的节上抽出，长约 23 厘米，有鞘 3 枚，鞘长 1.8 厘米；**花序** 总状，顶生，长约 3.5 厘米。**花** 肉质，乳白色，径约 8.5 厘米；**苞片** 卵状披针形，长约 1.7 厘米、宽约 1.4 厘米，膜质，黑色；**子房**连花梗 长约 3.5 厘米，疏生褐色毛；**中萼片** 乳白色，前伸俯向蕊柱，卵状披针形，短尖，有脉 5 条，长约 4.5 厘米、宽约 1.4 厘米；**侧萼片** 与中萼片同色，镰状长圆形，端尖，长约 3.8 厘米、宽约 1.4 厘米；**花瓣** 乳白色，镰状长圆形，先端短渐尖，长约 4 厘米、宽约 1.6 厘米。**唇瓣** 近圆形，长约 3 厘米、宽约 3.6 厘米，不明显 3 裂，前端边缘波状；**侧裂片** 扁半圆形，长约 3 厘米、高约 1.1 厘米，乳白色染橙红色晕；**中裂片** 半圆形，长 0.8 厘米、宽 1.8 厘米，淡橙红色，有 3 条褶片状纵脊。**距** 短圆柱形，先端微凹，长约 3.5 厘米、粗约 2.5 厘米。**蕊柱** 背面乳白色、腹面橙红色，扁棒状，长约 2 厘米、粗 0.6 厘米；**蕊柱足** 短，药帽乳白色。花期 6 月。

**产地和分布：**产于广东、贵州和云南。**模式标本：**程式君 811249 于 1981 年 6 月 2 日采自中国广东省英德西牛公社，海拔约 230 米的林下，蜡叶标本存中国科学院华南植物研究所标本室，活植物栽植于华南植物园。

**生态：**地生兰。生于海拔 230～1700 米的石灰岩山林下、岩石间的狭窄空地上。

**用途：**为珍贵稀有的观赏兰花。

**图 214** 仙笔鹤顶兰 *Phaius columnaris* C. Z. Tang et S. J. Cheng

1 植株　2 花正面　3 花纵剖面　4 唇瓣　5 药帽　6 花粉块

（1981/06/02 程式君采自广东英德西牛公社，并绘图。**Type!**）

# 215 黄花鹤顶兰（别名：斑叶鹤顶兰，洒金鹤顶兰）

**学名：** *Phaius flavus* (Bl.) Lindl.

[ 曾用学名：*Limodorum flavum* Bl.；*Bletia woodfordii* Hook.；*Phaius maculatus* Lindl.；*Phaius undulatomarginata* Hayata；*Phaius somai* Hayata；*Phaius woodfordii* (Hook.) Merr. ]

**形态：** **植株** 中型地生兰，高50～70厘米。**假鳞茎** 圆锥形或狭卵状矩圆形，长5～6厘米、粗2.5～4厘米，具皱纹。**叶** 4～6枚，椭圆状披针形，呈折扇状皱，长可达45厘米、宽5～10厘米，端尖，基部收窄为长柄，叶面深绿色，具多数星点状黄色斑点。**花葶** 侧生于假鳞茎基部，1～2个，直立，粗壮，高可达75厘米；**花苞片** 披针形，宿存，宽大，但短于子房加花梗；**花序** 总状，长达20厘米，密生数朵至十余朵花。**花** 径5～7厘米，黄色，干后靛蓝色，半开状；**萼片及花瓣** 近等长，长约3厘米，为纯净而柔和的黄色；**唇瓣** 也为黄色，但其中裂片边缘具红棕色条纹；**萼片** 矩圆形，端钝；**花瓣** 镰状倒披针形，端钝；**唇瓣** 倒卵形，贴生于蕊柱基部，长2.5厘米、宽约2.2厘米，先端3裂：**侧裂片** 近倒卵形，围抱蕊柱；**中裂片** 近圆形，略反卷呈螺壳状，前端边缘褐色并呈波状皱；**唇盘** 具3～4条褐色脊凸；**距** 白色，端钝，长7～10毫米，约为子房之半，粗约2毫米。**蕊柱** 白色，纤细，长约2厘米，两侧密被白色长毛；**药帽** 白色，端锐尖。**花期** 4～10月。

**产地和分布：** 为广布种。我国产

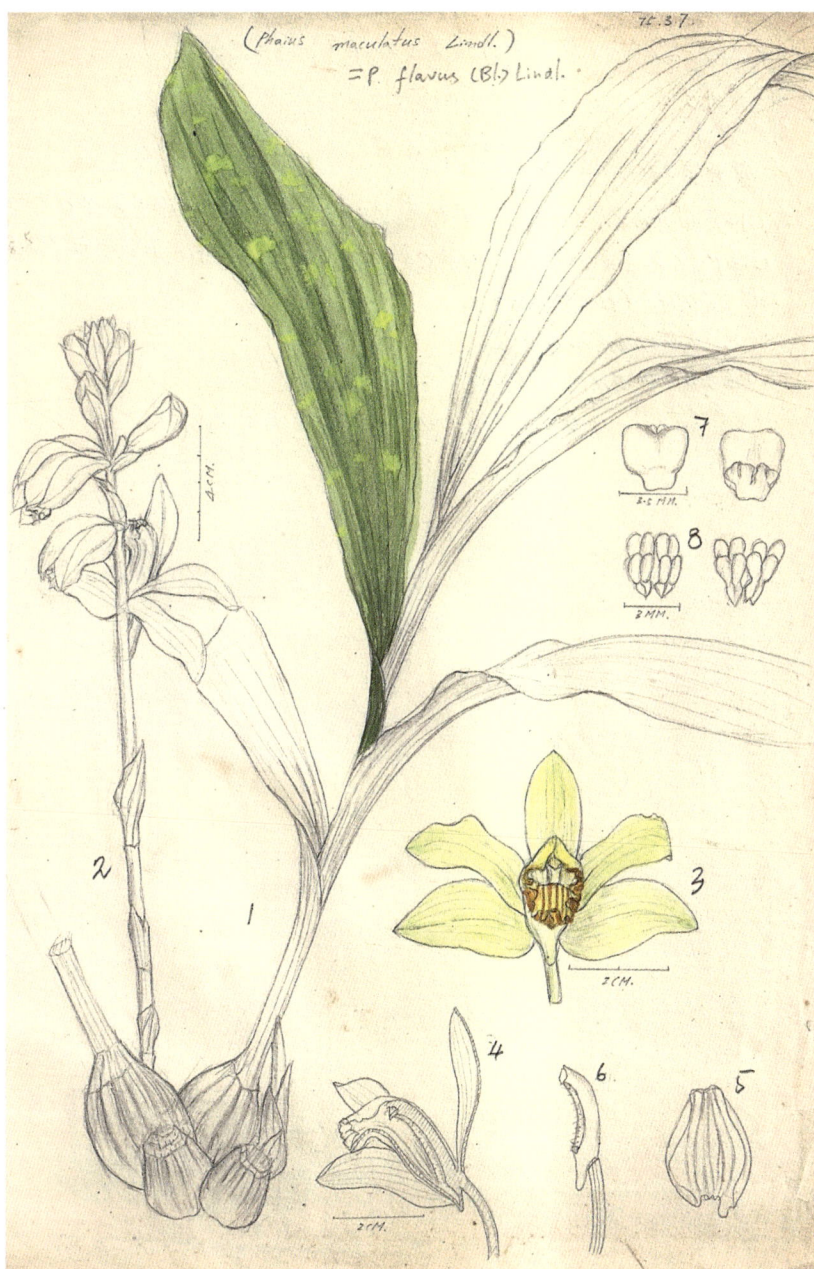

图 215 黄花鹤顶兰（1）*Phaius flavus* (Bl.) Lindl.
1 植株  2 花葶  3 花正面  4 花纵剖面  5 唇瓣  6 蕊柱  7 药帽  8 花粉块
（1975/03/07 程式君绘）

于福建、台湾、湖南、广东、广西、海南、香港、贵州、四川、云南和西藏（墨脱）等省区。分布于斯里兰卡、尼泊尔、不丹、印度、日本、菲律宾、老挝、越南、马来西亚、印度尼西亚和新几内亚等地。**模式标本**采自印度尼西亚爪哇。

**生态：** 地生兰。喜生于海拔 300～2500 米的山坡林下阴湿处。

**用途：** 花、叶均美，较易栽培，为很受欢迎的观赏兰花。茎为民间草药，具清热止咳，活血止血之功；主治咳嗽、多痰咯血、外伤出血等。

图 215a 黄花鹤顶兰 (2) *Phaius flavus* (Bl.)Lindl.

1植株　2花葶　3花瓣　4中萼片　5侧萼片　6唇瓣　7蕊柱及子房　8花粉块

（1962/04/18 程式君绘）

# 216 海南鹤顶兰

**学名：** *Phaius hainanensis* C. Z. Tang et S. J. Cheng

（本种为本书作者唐振缁和程式君于 1982 年 5 月发表的新种。 新种描述于 1982 年 5 月刊登在《植物分类学报》第 20 卷，第 2 期，199-201 页）

**拉丁文原始描述：** *Phaius hainanensis* C. Z. Tang et S. J. Cheng, sp. nov.

Affinis *P. tankervilliae* (Ait) Bl. , sed floribus eburneis, labello eburneo medio citrino ； vaginis , petiolis et scapis ramentis memnoniis obsitis； sepalis dorso setis fulvis obsitis distincta.

Herba terrestris, c. 50-80cm alta; pseudobulbi ovato-conici, 5-9cm alti, 3.5-5cm diam. , atrovirentes, ad apicem et nodos superos vaginis persistentibus fibrosis instructi. Folia oblongo-ovata vel late lanceolata, apice acuminata, basin versus attenuata, cum petiolis 25-70 longa, 6-12cm lata, leviter plicata, marginibus leviter undulatis, nervis 7 manifestis; petioli 6-17cm longi, canaliculati; petioli et vaginae ramentaceae, ramentis memnoniis. Basis plantae et basis scapi vagina singula instructa, vagina triangulari carinata coriacea 9-20cm longa, 5cm lata, flavo-virenti 7-nervosa. Scapus compressus, robustus viridis c. 40cm altus, ramentis memnoniis laxe obductus, ex ipso latere pseudobulbi cauliferi ortus; racemus flores c. 10 gerens; bracteae ovatae, cuspidatae, tenuiter coriaceae, 3.5-3cm longae, 2-3cm latae, squamis memnoniis laxe obsitae. Flos magnus 8-9cm diam. , primo eburneus, tandem lutescens; sepalum dorsale ovato-lanceolatum, 7-nervosum, c. 4.3cm longum, 1.2cm latum; sepala lateralia lanceolata, c. 4.2cm longa, 1cm lata, 7-nervosa, dorso setis fulvis laxe obsita; petala obovato-lanceolata, 4cm longa, 1.2cm lata; sepala et petala eburnea apice uneata; labellum eburneum, medio citrinum, tandem luteum, basi involutum tubulatum, columnam cingens, c. 4cm longum, 3.2cm latum, trilobatum, lobo intermedio magno depresse semirotundato, disco lamellis tribus longitudinalibus citrinis obsito, calcare 1.6-1.8cm longo, c. 0.2 diam. , eburneo, citrino-suffuso, tandem flavescenti, ad extremitatem inaequaliter bilobo, operculo hirsuto; ovarium cum pedicello 3cm longum.

**Hainan:** Qiongzhong, alt. 1100m, ad saxa in valle, Majus, 15, 1978, S. J. Cheng 730517 (**Typus**! In Herb. Inst. Bot. Austrosin. servatus), specimen vivum in Hort. Bot. Austrosinensi culta.

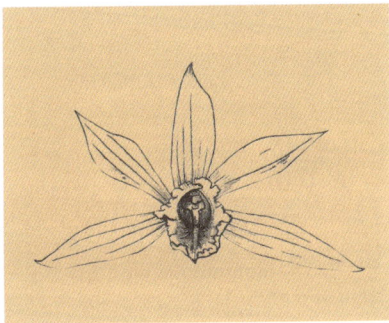

**形态：** **植株** 大型地生，高 50～80 厘米；基部具鞘 1 枚，呈三角形、龙骨状，革质，长 9～20 厘米、基部宽约 5 厘米，黄绿色，具 7 脉。**假鳞茎** 卵状圆锥形，高 5～9 厘米、粗 3.5～5 厘米，深绿色；新假鳞茎为叶鞘所包被，老假鳞茎在顶部及近顶数节的节上有纤维状残存叶鞘。**叶** 长圆状卵形或阔披针形，端渐尖，基部收窄成柄，连柄长 25～70 厘米、宽 6～12 厘米，略具褶，边缘略呈波状；叶脉 7 条，明显；叶柄具沟，长 6～17 厘米；叶柄及叶鞘均被黑色鳞毛。**花葶** 自假鳞茎基部侧方抽出，呈扁圆柱形，粗壮，绿色，高约 40 厘米，疏被黑褐色鳞毛；**花序** 总状，有花约 10 朵；**苞片** 卵形，先端突尖，软革质，绿白色，长 3～5.5 厘米、宽 2～3 厘米，疏被黑褐色鳞毛，于花开放后脱落。**花** 大，径 8～9 厘米；**花梗连子房** 长约 3 厘米；**中萼片** 卵状披针形，长约 4.2 厘米、宽约 1 厘米，7 脉，背面疏具黄色刺毛；**花瓣** 倒卵状披针形，长 4 厘米、宽 1.2 厘米；**花萼与花瓣** 均为象牙白色，先端钩状；**唇瓣** 卷成喇叭状，围抱蕊柱，长约 4 厘米、最宽处约 3.2 厘米，3 裂：

**中裂片** 大，扁半圆形；**唇盘** 上具 3 条柠檬黄色纵向褶片，旁边的两条甚短；**距** 长 1.6～1.8 厘米，粗约 2 毫米，末端为两侧不等的二叉状，淡黄色，略带柠檬晕；唇瓣象牙白色，中部柠檬黄色，花将凋萎时整个唇瓣转为深黄色。**药帽** 有毛。**花期** 5 月。**果期** 12 月至次年 1 月。

**产地和分布：** 为我国特有种，产于海南。**模式标本**（程式君 730517）采自中国海南琼中五指山。

**生态：** 地生兰。生于海拔 1100 米的阴湿山谷石缝中。

**用途：** 叶大花美，植株姿态雄伟，为珍贵高质的观赏兰花。可盆栽观赏或供园林布置之用。

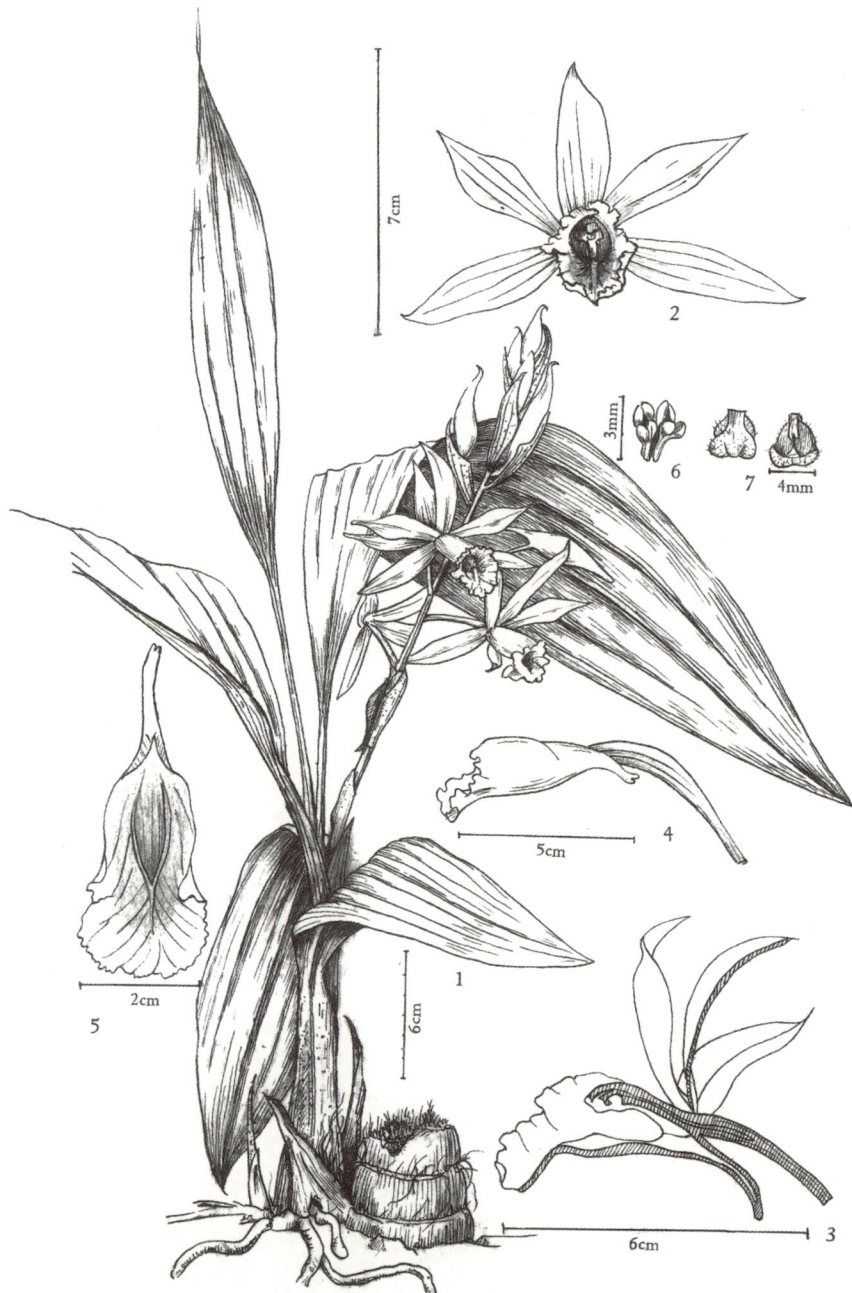

图 216 海南鹤顶兰 *Phaius hainanensis* C. Z. Tang et S. J. Cheng
1 植株　2 花正面　3 花纵剖面　4 唇瓣及子房　5 唇瓣　6 花粉块　7 药帽
（1973/05/17 程式君采自海南五指山，1974/05/22 唐振缢绘）

# 217 紫花鹤顶兰（别名：细茎鹤顶兰，细距鹤顶兰）

**学名：** *Phaius mishmensis* (Lindl. et Paxt.) Rchb. f.

[ 曾用学名：*Limatodes mishmensis* Lindl.；*Phaius gracilis* Hayata]

**形态：植株** 中型、大型地生兰，株高 50～130 厘米。**假鳞茎** 直立，圆柱形，长 45～130 厘米、粗 0.6～1 厘米，多节，下部具 3～4 枚筒状鞘，上部着生 5～8 枚叶。**叶** 互生，椭圆状披针形至长圆状卵形，长 10～30 厘米、宽 4～8 厘米，先端急尖，基部收窄成抱茎的鞘，叶具折扇状皱，边缘略呈波状，干后呈靛蓝色；叶鞘互相套叠形成假茎。**花序** 总状，侧生于茎中部的节上或叶腋，长 30～60 厘米，即与叶等长或略短，具 2 枚长约 2 厘米的鳞片状鞘，疏生少数花；**花苞片** 长圆状披针形，内凹，与花梗连子房近等长，花开时即脱落。**花** 直径 3.7～6 厘米，半开状，侧面由唇瓣端部至距末端长 3.8 厘米，粉红色，开数天后转为淡橘红色；**花梗连子房** 长 2～3 厘米，无毛，黄绿色；**花萼及花瓣** 纯白色，但萼片的尖端翠绿色；**唇瓣** 底色黄白，但密布玫瑰红色斑纹，近端部斑纹更密，且染玫瑰紫晕；**中萼片** 长圆形，**侧萼片** 卵形，均端尖而内凹，大小相似，长 1.5～3 厘米、宽 0.6～1 厘米；**花瓣** 倒披针形，略呈镰状弯曲，长度与萼片相近但略窄，端略钝。**唇瓣** 轮廓为阔倒卵状三角形，与萼片近等长，3 裂：**侧裂片** 直立，

围抱蕊柱；**中裂片** 近阔倒卵形，边缘波状；**唇盘** 被稀疏的白色透明柔毛，中央具黄白色鸡冠状凸脊，凸脊附近毛较长而密；**距** 长约 1 厘米，端钝，黄白色，距内具短而密的白毛。**蕊柱** 细长，长约 2 厘米，背面白色，腹面黄白色具紫红色条斑，基部两侧被毛；**药帽** 白色，两旁略染褐色晕，被短毛。**花粉块** 8 枚，黄色，倒卵形，长 1.5～2 毫米。**花期** 10 月至次年 1 月。

**产地和分布：** 我国产于台湾、广东、广西、云南和西藏墨脱。分布于不丹、印度、缅甸、越南、老挝、泰国、菲律宾和日本。**模式标本** 采自印度。

**生态：** 地生兰。喜温热气候。多生于海拔 500～2000 米的阴湿林下多石处。

**用途：** 花朵和植株均具观赏价值，多盆栽或地栽以供观赏。

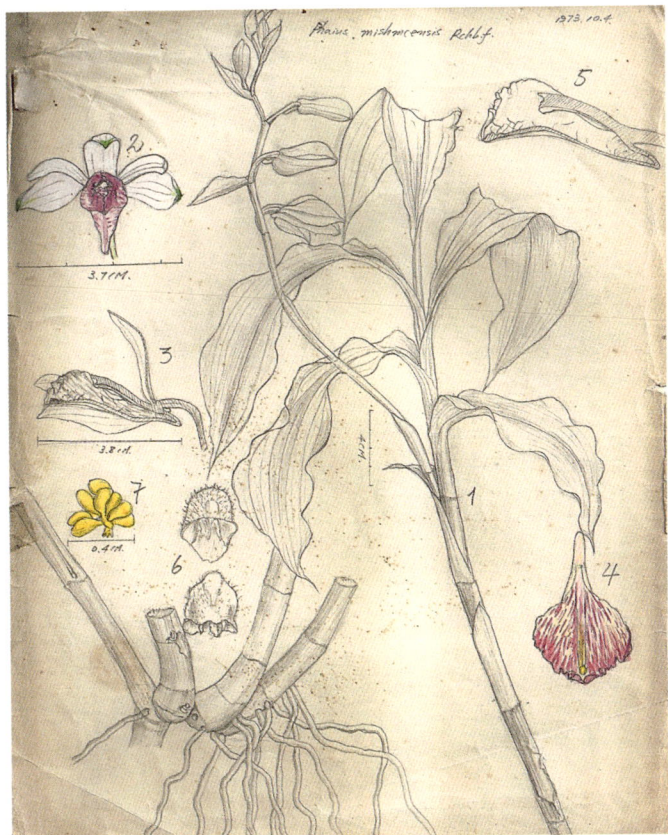

**图 217** 紫花鹤顶兰 *Phaius mishmensis* (Lindl. ex Paxt.) Rchb. f.
1 植株 2 花正面 3 花纵剖面 4 唇瓣 5 唇瓣及蕊柱纵剖面 6 药帽 7 花粉块 （1973/10/04 程式君绘）

# 218 鹤顶兰

**学名:** *Phaius tankervilleae* (Banks ex L'Herit.) Bl.

[ 曾用学名: *Limodorum tankervilliae* Banks ex L'Herit.; *Limodorum tankervilleae* Dryander; *Phaius grandifolius* Lour; *Phaius grandifolius* var. *superbus* van Houtte; *Phaius sinensis* Rolfe; *Phaius tankervilleae* (Banks ex L'Herit.) Bl. var. *superbus* (van Houtte) S. Y. Hu]

**形态:** **植株** 高大，地生。**假鳞茎** 圆锥形，长 6 厘米以上，基部直径约 5 厘米，具鞘。**叶** 4 ～ 6 枚，矩圆状披针形，长 30 ～ 65 厘米、宽可达 10 厘米，先端短尖，基部收窄成长柄，折叠状。**花葶** 直立，圆柱状，自假鳞茎基部或叶腋抽出，高 30 ～ 90 厘米、径约 1 厘米，疏生数枚大型鳞片状鞘；**花序** 总状，具 12 ～ 18 朵花；**花苞片** 大型，长于花梗连子房，膜质，呈舟状，先端尖。**花** 大型，直径 7 ～ 10 厘米，美丽，外面纯白色、里面黄褐色；**萼片** 与**花瓣** 相似，呈矩圆状披针形，长 4 ～ 5 厘米、宽约 1 厘米，先端有短尖，具 7 脉；**唇瓣** 阔倒卵形，长度与花瓣等；外面白色，仅基部和先端染紫晕，内面大部为紫色；3 裂：**侧裂片** 短而圆，围抱蕊柱使唇瓣呈喇叭状；**中裂片** 近圆形，先端微凹或具短尖头，边缘略呈波状；**唇盘** 被短毛，具褶片 2 条；**距** 短，窄圆锥形，长约 1 厘米，白色。**蕊柱** 白色有绿晕，长约 2 厘米，细长，顶部扩大呈风帽状；**药帽** 呈猴头状，表面被细乳突状毛；**花粉块** 8 枚，黄色。花期 3 ～ 6 月。

**产地和分布:** 我国产于台湾、福建、广东、广西、海南、香港、云南和西藏（东南部）等省区。广泛分布于亚洲的热带、亚热带地区和大洋洲。**模式标本**采自中国。

**生态:** 地生兰。喜高温潮湿和半阴环境，多生于海拔 700 ～ 1800 米的林缘或沟谷溪边阴湿处。

**用途:** 花大而美、花葶挺拔、植株伟岸、栽培容易。加之花寿颇长，单花花寿 15 ～ 20 天，每株开花 2 个月左右，是观赏价值甚高的花卉，可盆植或地栽以供观赏。其假鳞茎可入药，有清热止咳、活血止血之功，主治咳嗽多痰、咳血等症。

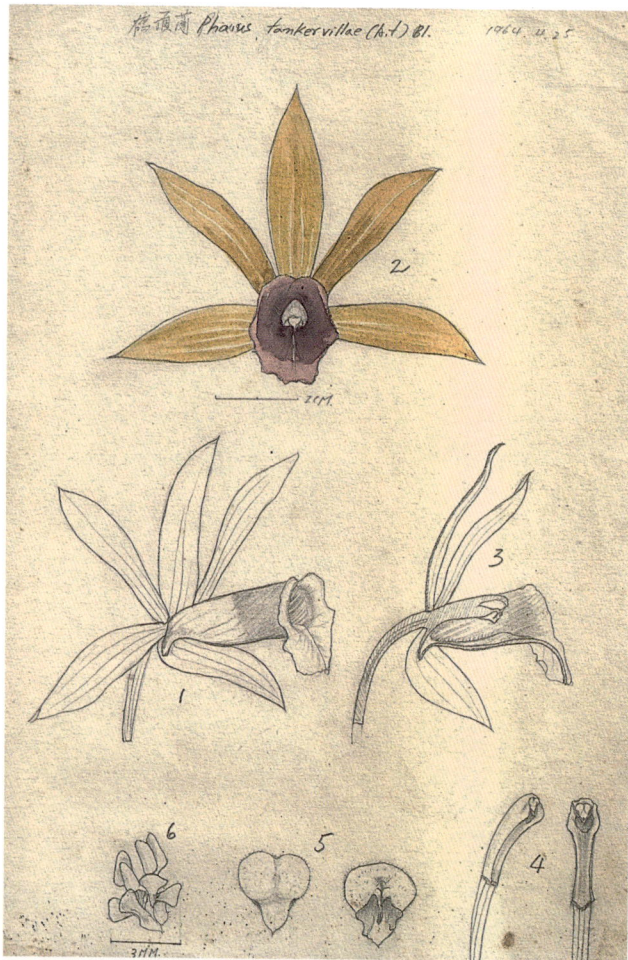

图 218 鹤顶兰 *Phaius tankervilleae* (Banks ex L'Herit.) Bl.
1 花侧面　2 花正面　3 花纵剖面　4 蕊柱和子房　5 药帽　6 花粉块
（1964/04/25 程式君绘）

## 3.55 蝴蝶兰属 *Phalaenopsis* Bl.

**历史：** 本属首次由 C. L. Blume 于 1825 年发表于他的《荷属东印度植物志》（*Bijdragen tot de Flora van Niderlandsch Indië*）一书。后经多次修订，比较重要的有：H. G. Reichenbach 于 1862 年在 *Xenia Orchidacea* 中的修订，R. A. Rolfe 于 1886 年在 *Gardeners' Chronicle* 中的修订和 H. Sweet 在《美国兰花协会杂志》（*American Orchid Society Bulletin*，1968-69）中发表的修订。Reichenbach 将当时本属的 11 个种分为 2 个群，Rolfe 将 24 个种分置于 4 个组。Sweet 的修订涉及 46 个种，将其分置于 9 个组。Sweet 并按照 A. D. Hawkes 的主张，将具有棒状叶的种类划为另外的筒叶蝴蝶兰属（*Paraphalaenopsis*）。拉丁属名*Phalaenopsis*源自希腊文*phalaina*（飞蛾）和*opsis*（外表），意指本属的花形似某些热带的飞蛾。

**分类和分布：** 蝴蝶兰属隶属兰科兰亚科万代兰族的指甲兰亚族。与五唇兰属（*Doritis*）等属关系较近并可进行属间杂交。全属共有约 46 种，分布于印度及东南亚和澳洲北部等热带地区。我国有 6 种，产于南方和西南热带地区。

**本属模式种：** 美丽蝴蝶兰 *Phalaenopsis amabilis* (L.) Bl.

**生态类别：** 附生兰。

**形态特征：** **植株** 附生或石生。**根** 气生，肉质，发达；无叶种类的根具叶绿素。**茎** 短，多叶，无假鳞茎。**叶** 排成 2 列，通常向先端渐宽，叶基呈对折状，罕具叶柄。**花序** 侧生，总状或圆锥状，具 1 至多花；**花苞片** 比花梗连子房小。**花** 通常艳丽，小型至大型，花寿持久，有白色、粉红色、蓝紫色或黄色等多种颜色，并常有红棕色斑点。**萼片** 分离，平展。**花瓣** 与萼片相似或较大而宽，基部具爪或渐窄。**唇瓣** 3 裂：**侧裂片** 直立，与蕊柱平行，中部或近中部具肉质肿块；**中裂片** 肉质，前伸，中央常具脊，多少被毛；**唇盘** 在两侧裂片之间的部分常具一枚形状较复杂的胼胝体。**蕊柱** 直立，无翅，基部扩展成短的蕊柱足；**柱头** 大；**花粉块** 2 枚，近球形，有翅。

## 219 蝴蝶兰 （别名：蝴蝶兰，台湾蝴蝶兰，台湾白花蝴蝶兰，阿芙若蝴蝶兰）

**学名：** *Phalaenopsis aphrodite* Rchb. f.

[ 曾用学名：*Phalaenopsis amabilis* auct. non Bl.；*Phalaenopsis amabilis* Bl. var. *aphrodite* (Rchb. f.) Ames；*Phalaenopsis formosana* Miwa]

**组别：** 蝶兰组 Sect. Phalaenopsis

**形态：** **植株** 附生兰，高 15～30 厘米，下垂。**根** 多而粗壮，肉质，光滑，多曲折，尖端略呈紫色。**茎** 短，偶呈根茎状，完全为叶基所包被。**叶** 3～4 枚或更多，肉质，上面绿色、背面紫色；椭圆形或长圆状椭圆形，长圆状卵形至长圆状披针形，先端尖或钝，偶为圆形，向基部逐渐收窄成对折的叶鞘；长可达 25 厘米、宽可达 6 厘米。**花序** 自茎基部侧面生出，弧曲或下垂，远长于叶，

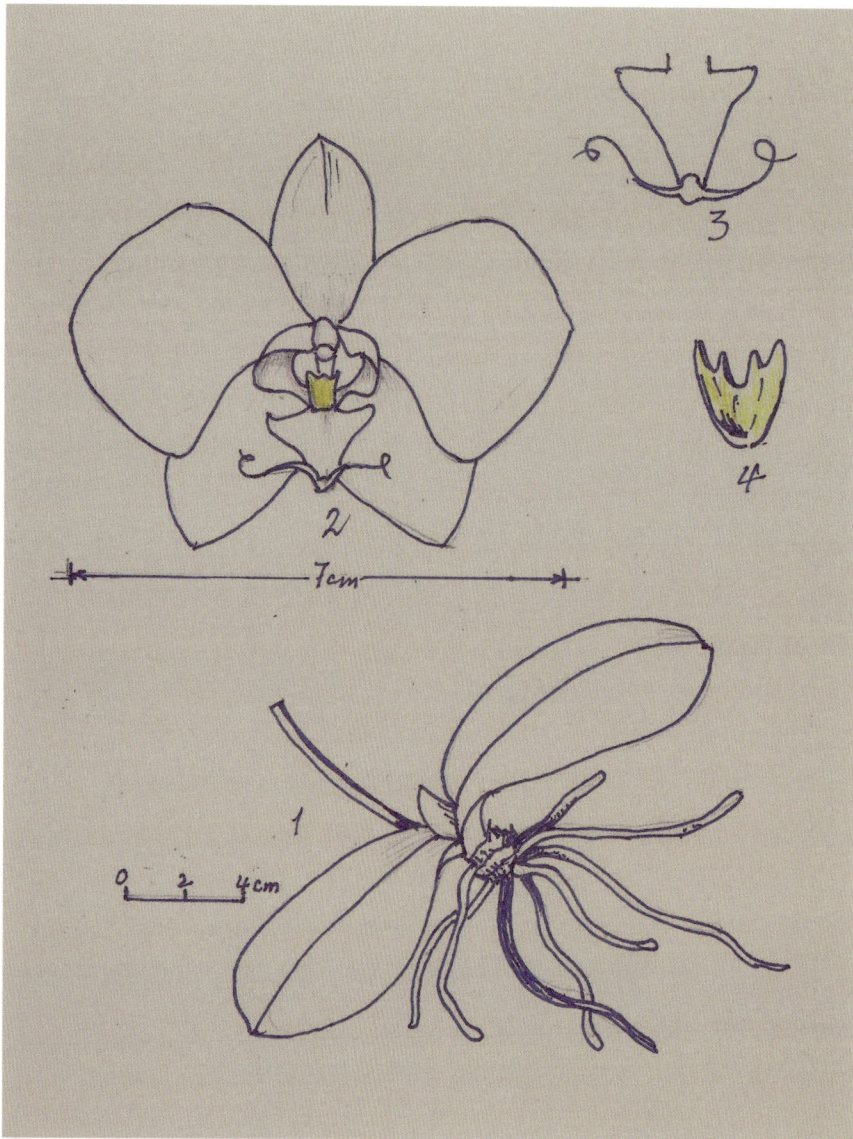

图 219 蝴蝶兰
*Phalaenopsis aphrodite* Rchb. f.

1 植株
2 花正面
3 唇瓣中裂片先端的卷须
4 胼胝体
（唐振缙绘）

总状，或偶有少数分枝，序轴紫色、多少呈回折状，序柄绿色；具数朵至数十朵花，由基部向顶端顺次开放；**苞片** 阔三角形，内凹，长约 5 毫米。**花** 美丽，白色，径 6.5～9 厘米，为国产蝴蝶兰属植物中的最大花者；**中萼片** 椭圆形或卵状椭圆形，先端钝或圆，基部略收窄，长达 4 厘米、宽 2 厘米；**侧萼片** 歪卵形，端尖或钝，长达 4 厘米、宽达 2 厘米；**花瓣** 菱状圆形，先端钝或圆，基部渐

窄呈楔形，近似于爪，长宽均可达 4 厘米；**萼片和花瓣** 均具隆起的网状脉纹。**唇瓣** 具明显的爪，3 裂：**侧裂片** 直立，基部楔形，其上为斜卵形，端钝或圆；**中裂片** 无柄，呈箭头状戟形，两侧具阔三角形的尖锐裂片，先端箭头形部分的末端为二分叉，呈波状曲折的卷须。**胼胝体** 黄色，位于中裂片基部、两枚侧裂片之间的位置。**蕊柱** 粗壮，长约 1 厘米；**蕊柱足** 宽；**花粉块** 2 枚，近球形，

各呈不等 2 裂。**花期** 4～6 月，**单花花寿** 30～50 天。

**产地和分布：**产于台湾。分布于菲律宾。**模式标本**采自菲律宾。
**生态：**附生兰。多生于低海拔热带丛林中的树干上。
**用途：**花大而美丽，花期长，易栽培，为重要的观赏兰花。且为培育众多蝴蝶兰栽培品种的重要杂交育种亲本。

## 3.56 石仙桃属 *Pholidota* Lindl. ex Hook.

**历史:** 英国植物学家 John Lindley 于 1826 年在 William Hooker 爵士的《国外植物学》（*Exotic Botany*）（第 138 卷）中，首次描述了石仙桃属（*Pholidota*）。1890 年，Joseph Hooker 在《英属印度植物志 - 兰科》（*Flora of British India-Orchideae*）中，将本属的印度种类分为 2 个组群。1964 年，R. Holttum 在他的《马来亚的兰科植物》（*Orchids of Malaya*）一书中，将石仙桃属扩大，包括了 *Crinonia* 属和 *Chelonanthera* 属。拉丁属名 Pholidota 源自希腊文 *pholidotos*（有鳞片的），意指它假鳞茎上的大型鳞片或花序的鳞状苞片。

**分类和分布:** 石仙桃属隶属兰科兰亚科树兰族的贝母兰亚族。全属共约有 30 种，分布于亚洲热带和亚热带地区、南至澳洲和太平洋诸岛。我国有 14 种，产于西南、华南地区和台湾，分别属于 4 个组，即

    1. **节茎组** Sect. Articulatae，如节茎石仙桃。

    2. **脱苞组** Sect. Repentes，如广东石仙桃。

    3. **双叶组** Sect. Chinenses，如石仙桃。

    4. **单叶组** Sect. Pholidota，如宿苞石仙桃。

**本属模式种:** 宿苞石仙桃 *Pholidota imbricata* Hook.

**形态特征:** **植株** 小型至中型附生草本。**假鳞茎** 密生或疏生于根状茎上，顶生 1～2 枚叶。**花葶** 自假鳞茎顶部抽出；**花序** 总状，具数朵至多朵花；**花序轴** 常呈 "之" 字形折曲；**花苞片** 大，2 列，内凹，脱落或宿存。**花** 较小，常呈半开状，近球形，排成 2 列；**萼片** 相似，且多少内凹；侧萼片背面常有龙骨状凸起；**花瓣** 平坦，常小于萼片；**唇瓣** 着生于蕊柱基部，直立，基部囊状，3～4 裂或近全缘。**蕊柱** 短，上端有宽翅围绕花药；**花粉块** 4 枚，成 2 对，近球形。**蒴果** 小，具棱。

## 220 节茎石仙桃 (别名: 节兰)

**学名:** ***Pholidota articulata*** Lindl.

[曾用学名: *Pholidota khasiana* Rchb. f; *Coelogyne khasiana* (Rchb. f.) Rchb. f; *Coelogyne articulata* (Lindl.) Rchb. f; *Pholidota grifithii* Hook. f.; *Pholidota obovata* Hook. f.; *Pholidota lugardii* Rolfe; *Pholidota articulata* var. *grifithii* (Hook. f.) King et Pantl.; *Pholidota articulata* var. *obovata* (Hook. f.) T. Tang et F. T. Wang]

**组别:** 节茎组 Sect. Articulatae

**形态:** **植株** 藤状，匍匐附生。**假鳞茎** 圆柱状，表面常有纵行皱纹，长 3～12 厘米、径 0.5～1 厘米，首尾相接如长链，相接处有时有一段短的根状茎或 3～4 条短根。**叶** 生于新假鳞茎顶端，2 枚，长圆形或狭卵形，长 5～15 厘米、宽 2～5 厘米，先端渐尖或近急尖，具折扇状脉；**叶柄** 长 0.8～1.2 厘米。**花葶** 自假鳞茎

顶端两叶之间抽出，细柔呈弧弯下垂，略长或短于叶；**花序** 总状，具花 6～10 朵，较疏，排成 2 列；**花序轴** 呈"之"字形折曲；**花苞片** 狭卵状长圆形，开花期间逐渐脱落。**花** 横径约 1.3 厘米、竖径约 1.1 厘米；**花梗连子房** 长 6～7 毫米；**萼片及花瓣** 为极淡的橙黄色，略带粉红晕；**唇瓣** 大部分及侧裂片为淡朱红色；**中裂片** 端部 2 裂片为铬黄色；**中萼片** 卵圆形，内凹呈舟状，长 8～10 毫米、宽 4～5 毫米，背面隆起呈龙骨状；**侧萼片** 形状相似但略宽，歪斜；**花瓣** 长圆状倒卵形，长约 7 毫米、宽 2～2.5 毫米。**唇瓣** 外轮廓为阔长圆形，上部 1/3 处缢缩而形成前后唇；后唇凹陷呈舟状，近基部具 5 条纵行褶片；3 裂：**侧裂片** 半圆形，不明显；**中裂片** 前端扩大并分裂成 2 裂片，边缘略呈波状。**蕊柱** 粗壮，淡朱红色，端部具翅；**蕊喙** 大，宽卵至卵圆形，先端有端尖头。**蒴果** 椭圆形至倒卵状椭圆形，长约 2 厘米，果柄长约 2.5 毫米。**花期** 6～8 月。**果期** 10～12 月。

**产地和分布：** 我国产于四川、云南和西藏（墨脱）。广布于南亚和东南亚，如尼泊尔、不丹、印度、缅甸、越南、柬埔寨、泰国、马来西亚和印度尼西亚。**模式标本** 采自印度东北部。

**生态：** 附生兰。多生于海拔 800～2500 米的山地林中树上或荫蔽湿润的岩石上。

图 220 节茎石仙桃
*Pholidota articulata* Lindl.

1 植株
2 花正面
3 花纵剖面
4 唇瓣、蕊柱、子房侧面
5 唇瓣
6 蕊柱
7 药帽
8 花粉块
（1973 邵应韶采自云南西双版纳，1974/07/05 程式君绘）

# 221 广东石仙桃（别名：细叶石仙桃，小花石仙桃，小石仙桃）

**学名：** *Pholidota cantonensis* Rolfe
（曾用学名：*Pholidota uraiensis* Hayata）
**组别：** 脱苞组 Sect. Repentes

**形态：** 植株 小型，高5～8厘米，附生。**根状茎** 匍匐，细长，有分枝，粗2.5～3.5毫米，密被鳞片状鞘，节上疏生根1～5条。**假鳞茎** 垂直疏生于根状茎上，间距1～3厘米；狭卵形至卵状长圆形，长1～2厘米、径0.5～0.8厘米，基部在幼嫩时包于鞘中，顶端具叶2枚。**叶** 披针形至线状披针形，长2～8厘米、宽0.5～0.7厘米，先端尖，边缘多少外卷，基部收窄成柄；叶柄长0.2～0.7厘米。**花葶** 自根状茎的先端抽出，长4～5厘米，纤细；**总状花序** 疏生花12～18朵，排成2列；**花苞片** 卵状长圆形，当花凋谢时已完全脱落。**花** 小，直径5～6.5毫米，白色，具柠檬黄色唇瓣；**花梗连子房** 长2～3毫米；**中萼片** 卵状长圆形，长3～4毫米、宽约2毫米，稍内凹呈舟状，背面略呈龙骨状凸起，端钝；**侧萼片** 卵形，歪斜，略宽于中萼片；**花瓣** 菱状卵形，长约3.2毫米、宽约2.5毫米。**唇瓣** 阔椭圆形，长约3毫米、宽3～4毫米，凹陷而呈舟状，先端钝。**蕊柱** 粗短，顶端两侧具翅。**蒴果** 倒卵形，长6～8毫米、径4～5毫米，果梗长2～3毫米。**花期** 8～9月。

**产地和分布：** 产于浙江、江西、福建、台湾、湖南、广东、广西等省区。**模式标本** 采自中国广东广州。

**生态：** 附生兰。多攀附于海拔200～850米的山林中树上或林下及溪边荫蔽处的岩石上。

**用途：** 全草及假鳞茎入药，煎服及外用。有清热凉血，滋阴润肺，解毒之功。主治高热、头晕、头痛、肺热咳嗽、咳血、急性胃肠炎、慢性骨髓炎、跌打损伤。

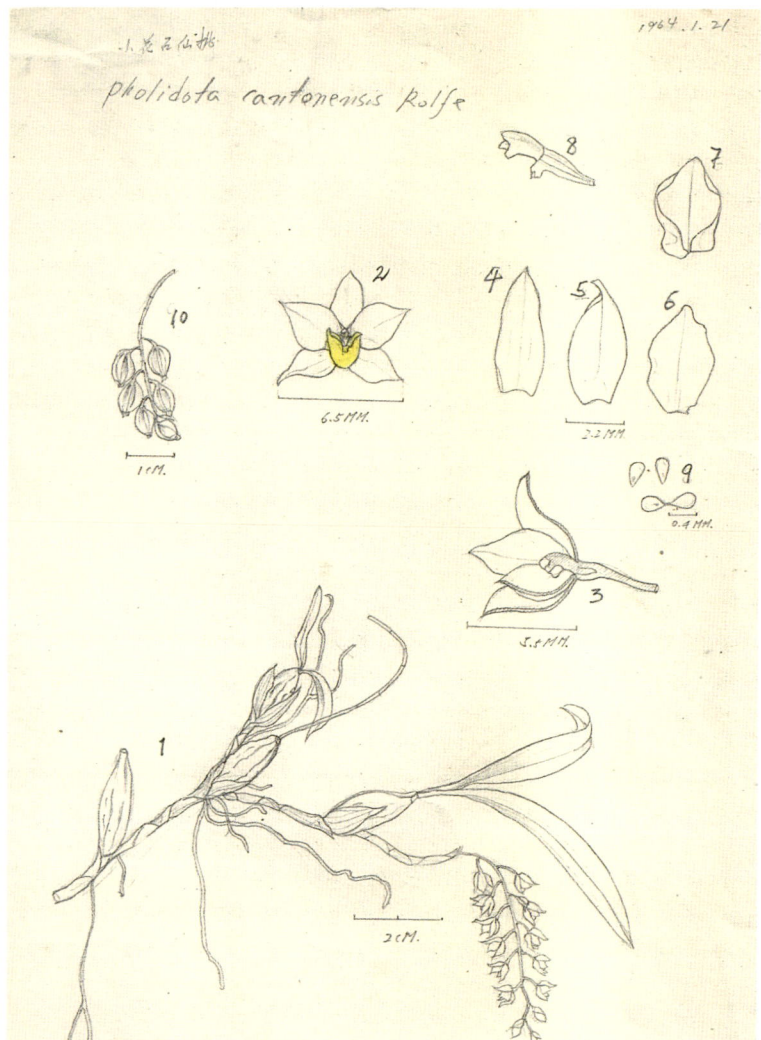

**图 221** 广东石仙桃 *Pholidota cantonensis* Rolfe
1 植株 2 花正面 3 花纵剖面 4 中萼片 5 侧萼片 6 花瓣 7 唇瓣 8 蕊柱及子房 9 花粉块 10 蒴果 （1964/01/21 程式君绘）

# 222 石仙桃 （别名：石橄榄，石上莲，果上叶）

**学名：** *Pholidota chinensis* Lindl.
[曾用学名：*Coelogyne chinensis* (Lindl.) Rchb. f.; *Pholidota chinensis* Lindl. var. *cylindracea* T. Tang et F. T. Wang]
**组别：** 双叶组 Sect. Chinenses

**形态：** **植株** 中型石生兰，高10～15厘米。**根状茎** 匍匐，较粗壮，径3～8毫米，节密，根较多。**假鳞茎** 绿色，光滑，密生于根状茎上，间距0.5～1.5厘米；呈球形或长卵形，通常长1.5～5厘米、直径可达3厘米，向顶端渐细，基部收窄成柄（老鳞茎的柄可长达2厘米）。**叶** 2枚，生于假鳞茎顶端；椭圆形、椭圆状长圆形或椭圆状倒卵形，端尖，长5～15厘米、宽3～4.5，叶缘多少呈波状；主脉3条，在叶面下陷、叶背隆起；叶柄长约15毫米、宽3毫米，基部沟状。**花序** 总状，着生于自假鳞茎基部抽出的新枝先端，柔软弯垂；**花序柄** 长2～3厘米，基部具长约2.5厘米、阔舟状的叶状苞片，渐向上则苞片渐短；**花序轴** 长8～18厘米，基部为绿色具粉红边的鳞片包被，鳞片在开花期间脱落；**花苞片** 略带粉红色，覆瓦状排列；花6～30朵，花序先端的先开。**花** 横径1.7～2.5厘米，略有香气，珍珠白色或略染绿晕，背部略带粉红；**花梗** 长4～6毫米，淡绿色；**子房** 倒圆锥形，长3毫米，秃净，具6棱；**中萼片** 直立，内凹，阔卵形，长7～12毫米、宽5.8～8毫米，先端钝，背面有龙骨状脊；**侧萼片** 平展或前指，内凹，歪卵形，端尖，长8～11毫米、宽5～7毫米，背面具锐脊，下侧边缘起皱；**花瓣** 向两侧平展，长圆状披针形，长6～10毫米、宽2～4毫米，比萼片窄且略短。**唇瓣** 肉质，贴生于蕊柱基部，袋状，白色或绿白色，3裂：**侧裂片** 直立，极度内凹，高4.5～5毫米，其基部突向上弯而形成"袋"的侧边和前边；**中裂片** 阔4.5～5毫米，下折，先端外翻，端部有裂隙；袋内疏被腺毛，并具3～5条低矮的纵脊。**蕊柱** 短而直立，长5～6毫米、宽3～3.5毫米，白色或乳白色，顶部和两侧具阔翅，顶端两侧各有一齿状物。**蒴果** 椭圆状倒卵形，长1.5～2.5厘米、径约1厘米，具6棱，棱略具翅。**花期** 3～5月上旬。**果期** 9月至次年1月。

**产地和分布：** 产于浙江、福建、广东、广西、海南、香港、贵州、云南和西藏（墨脱）等地。越南和缅甸也有分布。**模式标本** 采自中国香港。

**生态：** 石生兰。多生于海拔100～1500米的岩石或石壁上，有时也附生于树干的下部。

**用途：** 全草或假鳞茎入药，有滋阴降火、平肝熄风之功。主治头晕、神经衰弱、肺热咳嗽、肺结核咯血、淋巴结核、小儿疳积、胃痛、风湿性关节炎、尿道炎、牙痛等症。石仙桃植株雅致、花朵美丽、假鳞茎光滑翠绿如玉，可栽培供观赏，特别适于配植点缀石山盆景。

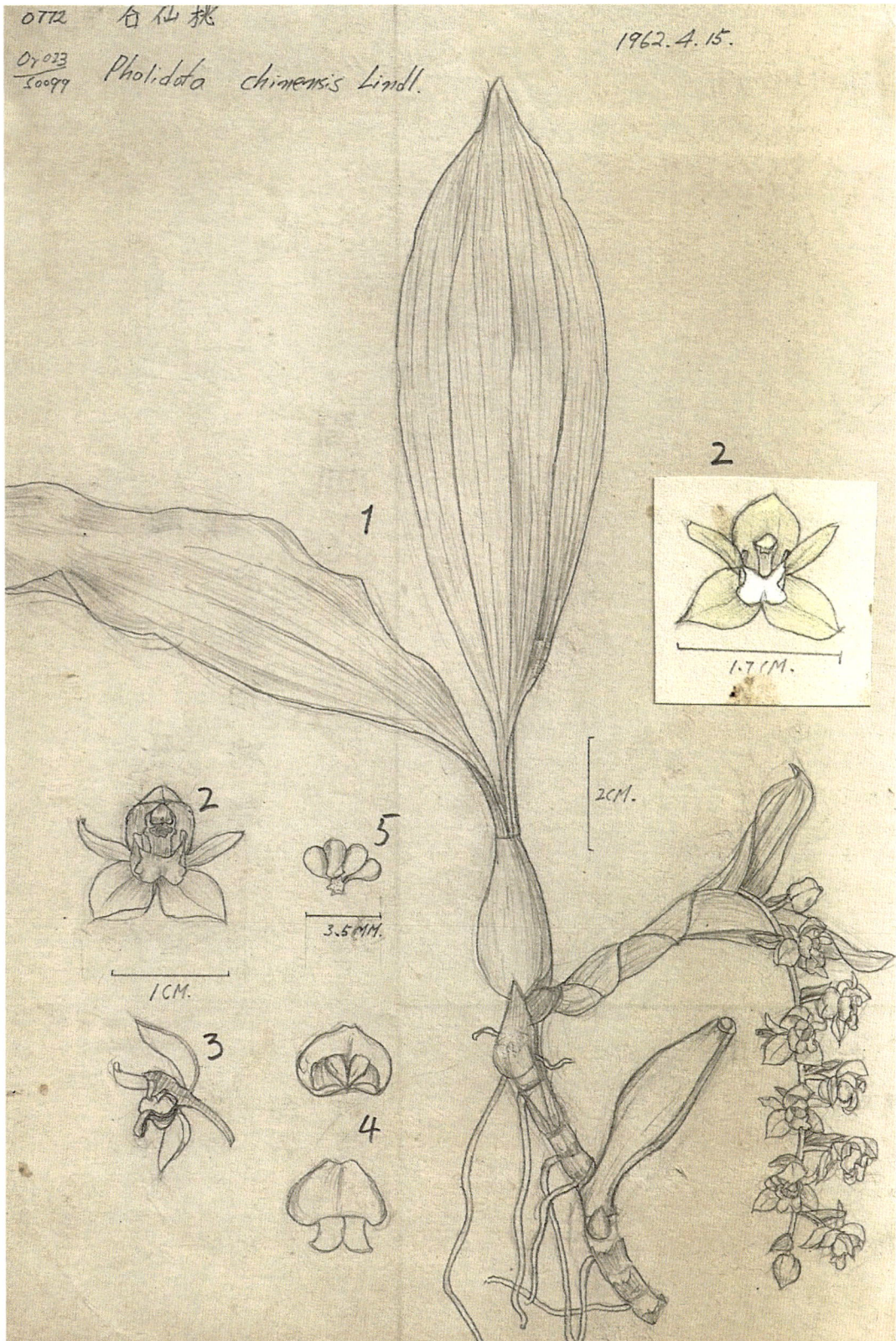

OTT2 石仙桃

04.033/50099 *Pholidota chinensis* Lindl.

1962.4.15.

**图 222 石仙桃 *Pholidota chinensis* Lindl.**
1 植株　2 花正面　3 花纵剖面　4 药帽　5 花粉块　（1962/04/15 程式君绘）

# 223 宿苞石仙桃

**学名：** *Pholidota imbricata* Hook.

[ 曾用学名: *Cymbidium imbricatum* Roxb.; *Coelogyne imbricata* (Hook.) Rchb. f.; *Ornithidium imbricatum* Wall. ex Hook. f.; *Pholidota henryi* Kraenzl.; *Pholidota imbricata* Hook. var. *henryi* (Kraenzl.) T. Tang et F. T. Wang]

**组别：** 单叶组 Sect. Pholidota

**形态：植株** 高 15～20 厘米。**根状茎** 匍匐，较粗壮，径 0.5～0.7 厘米，密被鳞片状鞘，多节，具根多数。**假鳞茎** 近球形或长圆形，向上稍收窄，略具 4 钝棱，长 2～8 厘米、径 1～1.5 厘米，顶生叶 1 枚。**叶** 坚硬、薄革质，长圆状倒卵形或长椭圆形，长 5.6～32 厘米、宽 2～8.5 厘米，端急尖，基部楔形，具明显 3 脉，脉在叶面凹陷、在叶背凸出；**叶柄** 长 1～5 厘米，新叶叶柄被苞状鞘，鞘背面具细而均匀的黑褐色点。**花葶** 自幼茎顶端抽出，细长下垂，一般长 13～50 厘米；**花序** 总状，下垂，长 5～30 厘米，密生 40～80 朵排成两列的小花；**花苞片** 阔卵形至近方形，淡绿褐色或浅褐色，具细小的褐色点和密脉纹，长 4～7 毫米、宽 4～8 毫米，宿存。**花** 小，白色略带绿色，横径约 7 毫米；**萼片及花瓣** 黄白色，唇瓣白色，蕊柱黄绿色，蕊柱翅白色，药帽橙黄色，花粉块柠檬黄色；**花梗连子房** 长 4～5 毫米；**中萼片** 阔卵形或近圆形，长 3～4.5 毫米，内凹呈舟状，具 5 脉，中脉在背面略隆起；**侧萼片** 卵形，长 4～6 毫米、宽 3.5～4 毫米，向内凹呈舟状，背面的龙骨状凸起宽而极为明显；**花瓣** 较小而窄，呈线状披针形，长 3～4.5 毫米、宽 1～1.5 毫米，仅具 1 脉。**唇瓣** 长 4～6 毫米，凹陷呈囊状，略 3 裂：**侧裂片** 近宽长圆形，长 2.5～3 毫米、宽约 2 毫米，直立，围抱蕊柱；**中裂片** 近长圆形，宽 3～4 毫米，边缘略呈波状，先端有凹缺；近基部凹陷处具 2～3 条纵行褶片。**蕊柱** 粗短，长 3～4 毫米，两侧具翅直达顶端。**蒴果** 倒卵状椭圆形，长 1～1.3 厘米、径 0.6～0.7 厘米；**果梗** 长 2～4 毫米。**花期** 7～9 月。**果期** 10 月至次年 1 月。

**产地和分布：** 我国仅产于四川、云南和西藏（东南部）。南亚和东南亚的尼泊尔、不丹、印度、斯里兰卡、缅甸、越南、老挝、柬埔寨、泰国、马来西亚、印度尼西亚和新几内亚等地均有分布。**模式标本** 采自印度东北部。

**生态：** 附生兰。生于海拔 1000～2700 米的林中树上或岩石上。

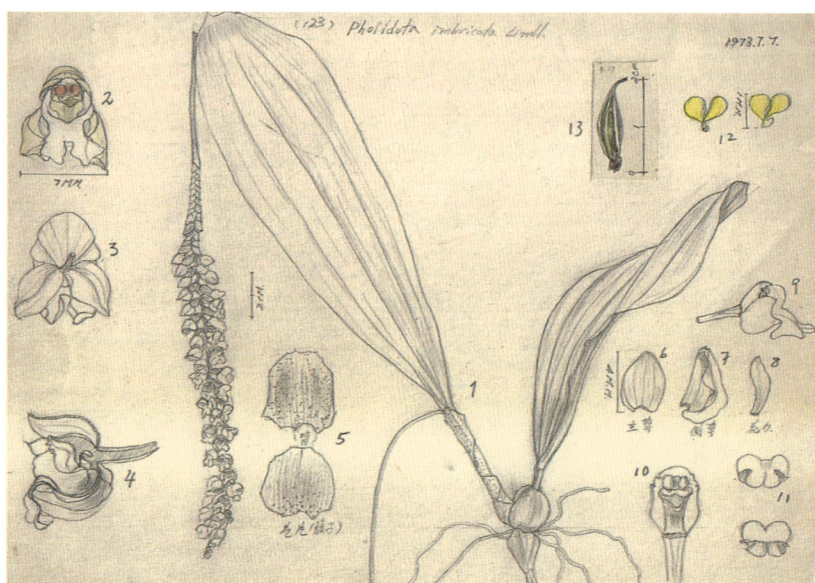

图 223 宿苞石仙桃
*Pholidota imbricata* Hook.
1 植株　2 花正面　3 花背面
4 花纵剖面　5 苞片(上: 背面, 下: 腹面)
6 中萼片　7 侧萼片　8 花瓣
9 唇瓣、蕊柱及子房　10 蕊柱正面
11 药帽　12 花粉块　13 蒴果
（1973/07/07 程式君绘）

# 3.57 舌唇兰属 *Platanthera* L. C. Rich.

**别名：** 长距兰属

**历史：** 本属是法国植物学家和植物画家 Louis Claude Marie Richard（1754～1821）于 1817 年在其名著《欧洲兰科植物》（*De Orchideis Europaeis*）中描述创立的。拉丁属名 *Platanthera* 源自希腊文 *platys*（宽）和 *anthera*（花药），意指它那特别宽的花药。

**分类和分布：** 舌唇兰属隶属兰科兰亚科兰族的兰亚族。全属共约有 150 种，其分布区主要在北温带，向南可达中南美、热带非洲和热带亚洲。我国产 41 种和 3 个亚种，以西南部最多。国产种类分别隶属 2 个亚属，即

1. **舌唇兰亚属** Subgen. Platanthera：柱头 1 个，凹陷。萼片边缘无睫毛状细齿。

2. **显柱舌唇兰亚属** Subgen. Stigmatosae：柱头 1～2 个，隆起。萼片边缘常具睫毛状细齿。

**本属模式种：** 双叶舌唇兰 *Platanthera bifolia* (L.) L. C. Rich.

**生态类别：** 地生兰。

**形态特征：** **植株** 中型地生草本，具肥厚、肉质、纺锤形的块茎，在寒冷干燥季节休眠。**茎** 单生，直立，具多枚互生叶。**叶** 椭圆形、卵形或线状披针形。**花序** 总状，顶生，具少数或多数花；**花苞片** 草质，通常披针形。**花** 小或中型，倒生（即唇瓣位于下方），白色、黄绿色或绿色；**中萼片** 短，内凹，常与花瓣靠合呈头盔状；**侧萼片** 开展，反卷，长于中萼片；**花瓣** 通常比萼片窄。**唇瓣** 肉质，线形或舌状，向前伸展，通常具甚长的距，少数距较短。**蕊柱** 短粗；**花粉块** 2 枚，颗粒状粉质，球棒状，具明显的柄和裸露的黏盘；**蕊喙** 基部具大而叉开的臂；**退化雄蕊** 2 枚，位于花药基部两侧。**蒴果** 直立。

# 224 小舌唇兰 （别名：小长距兰，卵唇粉蝶兰，高山粉蝶兰，蛇儿参）

**学名：** *Platanthera minor* (Miq.) Rchb. f.

[曾用学名：*Habenaria japonica* (Thunb.) A. Gary var. *minor* Miq.; *Platanthera interrupta* Maxim.; *Habenaria henryi* Rolfe; *Platanthera henryi* (Rolfe) Kraenzl.; *Platanthera henryi* (Rolfe) Rolfe; *Habenaria multibracteata* W. W. Sm.; *Platanthera sigeyosii* Masamune]

**亚属：** 舌唇兰亚属 Subgen. Platanthera

**形态：** **植株** 地生，直立，高 15～50 厘米。**根** 数条，条形，粗壮肉质，稍扭曲，长 6～7 厘米、径约 0.25 厘米，棕褐色，表面有毛。**块茎** 纺锤形，肉质，长 1.5～2 厘米、径 1～1.5 厘米。**茎** 直立，粗壮，下部具 1～2 枚互生的正常的大叶，往上具多枚（通常 2～6 枚）披针形或阔披针形的苞片状小叶，基部具 1～2 枚筒状鞘。**叶** 下部 2 叶为正常叶，互生靠近，略似对生，最下的一

枚最大，由茎基抽出，长圆形或卵形，端渐尖，长 8.5 ～ 16 厘米、宽 3.3 ～ 5.3 厘米，深绿色，边缘略呈波状；叶表约有 11 条平行脉，其中 3 ～ 5 条明显，其余的仅隐约可见，平行脉间有多数横脉相连，形成方格状；叶背色较淡，呈粉绿色，具平行脉 7 ～ 9 条；叶柄明显，长约 4 厘米，呈对折状。**花葶** 直立，顶生，自对折的叶柄中抽出，通常长约 33.5 厘米，圆柱形，具 5 ～ 6 条纵棱；**花序** 总状，长约 13 厘米，疏生花 14 朵；**花苞片** 卵状披针形，绿色，长 0.8 ～ 2 厘米、宽约 0.5 厘米，下部的长于子房。**花** 草绿色，横径约 8 毫米、竖径约 15 毫米；**子房** 圆柱形，自下向上渐狭，扭转，有深绿色纵纹数条，连花梗长 1 ～ 1.5 厘米；**萼片** 全缘，具 3 脉；**中萼片** 卵形，背面绿色、腹面淡绿色，长约 7 毫米、宽约 5 毫米，前弯，内凹呈舟状，与花瓣贴合呈风帽状；**侧萼片** 线形，略向后弯，长约 9 毫米、宽约 3 毫米；**花瓣** 直立，卵形，先端稍歪斜，浅绿色，长约 7 毫米、宽约 3 毫米。**唇瓣** 淡绿色，舌状，肉质，不分裂，长约 10 毫米、基部最宽处约宽 3 毫米，垂直向下；**距** 颇长，绿色，着生于唇瓣基部，呈管状长锥形，长约 12 毫米、基部最粗处径约 1 毫米，中空，内有白色透明的刺毛。**蕊柱** 阔而扁，内凹，长约 5 毫米、宽约 4 毫米，背部与中萼片相连；**药帽** 蝌蚪形，黄白色，长约 2.5 毫米、宽约 1 毫米；花药 2 枚，着生于蕊柱两侧；**花粉块** 2 枚，黄色，棒槌形，具细长棕色的柄，其基部具黏盘。

**产地和分布：** 我国广泛分布于河南、安徽、福建、广东、广西、海南、香港、贵州、湖北、湖南、江苏、江西、四川、浙江、云南、台湾等省区。日本和朝鲜半岛也有分布。**模式标本** 采自日本。

**生态：** 地生兰。喜生于海拔 250 ～ 2700 米多雾的山坡疏林下或草地、山谷溪边荫蔽处的岩石隙缝、或短时间过水的湿地。

**用途：** 民间药用，为"蒙药"的一种。药性苦，平。有补肺、生肌、化瘀、止血之功。用治肺痨咳血、吐血、衄血；外用于创伤出血、痈肿、烧烫伤。

**图 224** 小舌唇兰 *Platanthera minor* (Miq.) Rchb. f.

1 植株　2 花正面　3 花纵剖面　4 蕊柱剖面　5 花粉块 （1975/04/30 程式君绘）

# 3.58 独蒜兰属 *Pleione* D. Don

**历史：** 1825 年苏格兰植物学家 David Don 以原属于树兰属的两种喜马拉雅植物（即现在的疣鞘独蒜兰 *P. praecox* 和矮生独蒜兰 *P. humilis*）为基础，创立了独蒜兰属（*Pleione*）。后来，植物学家 J. Lindley 和 J. D. Hooker 不同意 D. Don 的意见，分别于 1830 年和 1890 年将独蒜兰属降格为贝母兰属（*Coelogyne*）下的一个组。英国植物学家 R. A. Rolfe 认为独蒜兰属的叶、唇瓣、花序和一年生假鳞茎形状等均有别于贝母兰属，因此于 1903 年重新将独蒜兰恢复为独立的属。以后很多权威植物分类学家如 Pfitzer 和 Kraenzlin（1907）、Schlechter（1914、1919、1922）及 Hunt 和 Vosa（1971），以及后来的众多植物学者都赞同这一观点。拉丁属名 *Pleione* 源自希腊神话中女海神的名字。

**分类和分布：** 独蒜兰属隶属兰科兰亚科树兰族的贝母兰亚族。本属与贝母兰属（*Coelogyne*）很接近，但它的假鳞茎和叶均为一年生，花单朵，花期无叶或仅有嫩叶，可与贝母兰属区别。本属共约有 19 种，分布范围甚广：由尼泊尔中部向东直至中国台湾，由中国秦岭以南、华中、向南至东南亚的缅甸、泰国（北部）和老挝。我国有 16 种，主要产于西南、华中和华东，两广北部和台湾山地也产。国产种类分属于 2 个组，即

    1. **独蒜兰组** Sect. Pleione：秋季开花，一般具 2 枚叶。如疣鞘独蒜兰。

    2. **春花独蒜兰组** Sect. Humiles：春季开花，一般具 1 枚叶。如毛唇独蒜兰。

**本属模式种：** 疣鞘独蒜兰 *Pleione praecox* (J. E. Smith) D. Don

**生态类别：** 附生、半附生或地生兰。

**形态特征：** **植株** 矮小草本植物。**假鳞茎** 一年生，常密集群生，卵形、圆锥形、梨形或桶形，幼时多少有鞘包被，顶生 1～2 枚叶。**叶** 质薄，落叶性，直立或呈弧形展开，具折扇状皱，多数具短柄。**花序** 基生，每假鳞茎有花序 1 至数个，直立，通常 1 朵花，有时 2 朵。**花** 美丽，有时芳香，白色、粉红色至玫瑰紫色，罕为黄色，唇瓣具黄色、红色或褐色斑纹。**萼片及花瓣** 分离，多少开展。**唇瓣** 不明显 3 裂或全缘，有时基部与蕊柱结合，前端边缘啮蚀状至撕裂状；唇瓣表面沿脉具有 2 至多行褶片或毛。**蕊柱** 纤细，略弧曲，上部具翅，顶端全缘，啮蚀状或具齿。

# 225 毛唇独蒜兰

**学名：** *Pleione hookeriana* (Lindl.) P. S. Williams
[ 曾用学名：*Coelogyne hookeriana* Lindl.；*Coelogyne hookeriana* Lindl. var. *brachyglossa* Rchb. f.；*Pleione hookeriana* (Lindl.) B. S. Williams var. *brachyglossa* (Rchb. f.) Rolfe；Pleione laotica Kerr. ]
**组别：** 春花独蒜兰组 Sect. Humiles

**形态：** **植株** 附生或石生草本。**假鳞茎** 圆锥形至卵圆形，高 1 ～ 3 厘米、径 0.5 ～ 1.5 厘米，常聚集成大群，绿色或紫色，具 1 枚叶。**叶** 椭圆状披针形至倒披针形，端尖，长 5 ～ 21 厘米、宽 1 ～ 4.6 厘米；叶柄长 3 ～ 4 厘米。**花序** 长 7 ～ 14 厘米，具花 1 朵，与幼叶同时出；花序梗细，直立，长 7 ～ 10.5 厘米；**花苞片** 卵状椭圆形，先端圆，1 ～ 1.5 厘米长、0.9 ～ 1.2 厘米宽。**花** 较小；**萼片及花瓣** 粉红色至玫瑰红色，罕为白色；**唇瓣** 白色，具黄色唇盘及褶片，散布紫色或黄褐色斑点；**子房** 长 0.7 ～ 1.7 厘米。**中萼片** 长圆状披针形至倒披针形，长 2 ～ 3.2 厘米、宽 0.6 ～ 0.9 厘米，端尖；**侧萼片** 镰状披针形，长 1.5 ～ 2.6 厘米、宽约 1 厘米，端尖。**花瓣** 开展，倒披针形，长 2.5 ～ 3.5 厘米、宽 0.5 ～ 0.7 厘米，端尖。**唇瓣** 压平后呈心形或多少呈肾形，宽大于长，长 2 ～ 4 厘米、宽 2.5 ～ 4 厘米，不明显 3 裂，先端具缺刻，边缘有锯齿；唇盘 有 7 条具毛的褶片。**蕊柱** 长 1.5 ～ 2.2 厘米，上部具阔翅，顶端具齿。**蒴果** 椭圆形，长 1.5 ～ 1.9 厘米，果梗长 1.5 ～ 1.6 厘米。**花期** 4 ～ 6 月。**果期** 9 月。

**产地和分布：** 我国产于广东、广西、贵州、云南和西藏（南部）。国外如尼泊尔、不丹、印度、缅甸、老挝和泰国也有分布。**模式标本** 采自印度。

**生态：** 附生或石生兰。生长海拔高于本属的大多数种类。常附生于海拔 1600 ～ 3100 米的树干上、苔藓覆盖的岩石上或岩壁上。

**用途：** 为美丽的观花植物。

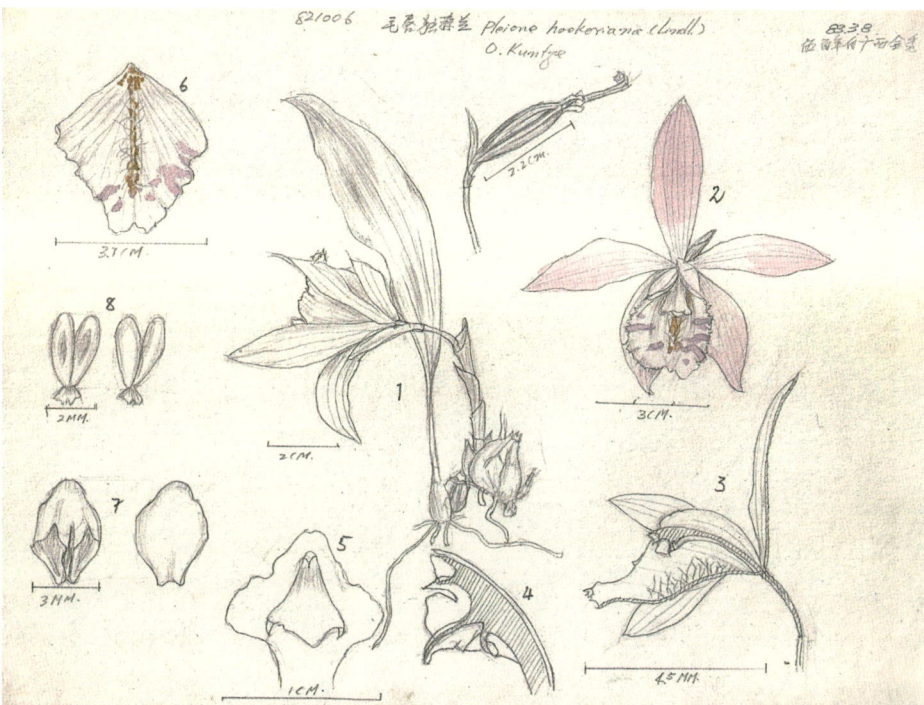

图 225 毛唇独蒜兰
*Pleione hookeriana*
(Lindl.) P. S. Williams
1 植株 2 花正面
3 花纵剖面 4 蕊柱纵剖面 5 蕊柱顶部俯视
6 唇瓣 7 药帽 8 花粉块
（1983/03/08 伍百年采自广西金秀。程式君绘）

# 3.59 多穗兰属 *Polystachya* Hook.

**历史：** 1825 年英国植物学家 William Hooker 爵士在其大作《珍奇植物》（*Exotic Flora*）中创立了多穗兰属（*Polystachya*）。1926 年，F. Kraenzlin 在 Fedde, *Repertorium Specierum Novarum, Beihefte* 一书中对本属进行了修订。此后，本属又有大量种类在东非和中南非陆续被发现，使得 F. Kraenzlin 的处理也显得陈旧了。拉丁属名 *Polystachya* 源自希腊文 *polys*（多）和 *stachys*（穗），意指本属一些种类的花序形似穗状。

**分类和分布：** 多穗兰属隶属兰科兰亚科树兰族的多穗兰亚族。本属与石豆兰属（*Bulbophyllum*）近似，但其花序顶生、假鳞茎具 2 个以上的节，与石豆兰属不同。全属共约 150 种，主要分布于非洲、热带美洲也有一些分布；热带亚洲只有 1 种，也产于我国。

**本属模式种：** 淡黄多穗兰 *Polystachya luteola* (Sw.) Hook.

**生态类别：** 附生兰，石生兰，罕为地生兰。

**形态特征：** **茎** 具茎或假鳞茎，多少压扁，具 1 或数枚叶。**叶** 直立或平展，革质、肉质或纸质。**花序** 总状或圆锥状，罕为单花。**花** 小，罕艳丽，白色、绿色、黄色、紫色或粉红色。**中萼片** 独立；**侧萼片** 较大，与蕊柱足合生成萼囊。**花瓣** 比萼片小，分离。**唇瓣** 全缘或 3 裂，位于花的上方。**蕊柱** 通常短；**花粉块** 4 枚，球形或椭圆形；柄 1 个，短，上部略呈兜状；**黏盘** 1 枚，卵形至椭圆形。

# 226 多穗兰

**学名：** *Polystachya concreta* (Jacq.) Garay et Sweet

[ 曾用学名：*Epidendrum concretum* Jacq.；*Onychium flavescens* Bl.；*Polystachya purpurea* Wight；*Polystachya flavescens* (Bl.) J. J. Sm.；*Polystachya purpurea* Wight var. *lutescens* Gagnep.]

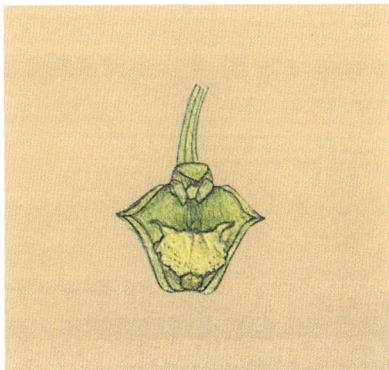

**形态：** **植株** 附生，高约 15 厘米，丛生。**根** 丛生于茎的基部，每丛有 10～20 条，条形，粗壮，长 1.5～9 厘米、径约 0.3 厘米，老根黄褐色，新根嫩绿色，表面带灰白色。**假鳞茎** 圆锥形，长 0.8～2 厘米（多为 1.5 厘米）、最粗处直径约 1.3 厘米，橄榄绿色，一般有 3 节；节间有黄褐色的叶鞘痕和纤维状的残存叶鞘。**叶** 5 枚，着生于 1～2 年生假鳞茎的顶部，下部叶小，越往上越大；基部的叶卵圆形，长 1 厘米、宽约 0.8 厘米，上部的叶披针形，长 12～14 厘米、宽 1.8～2.4 厘米，先端不等 2 裂；叶表面绿

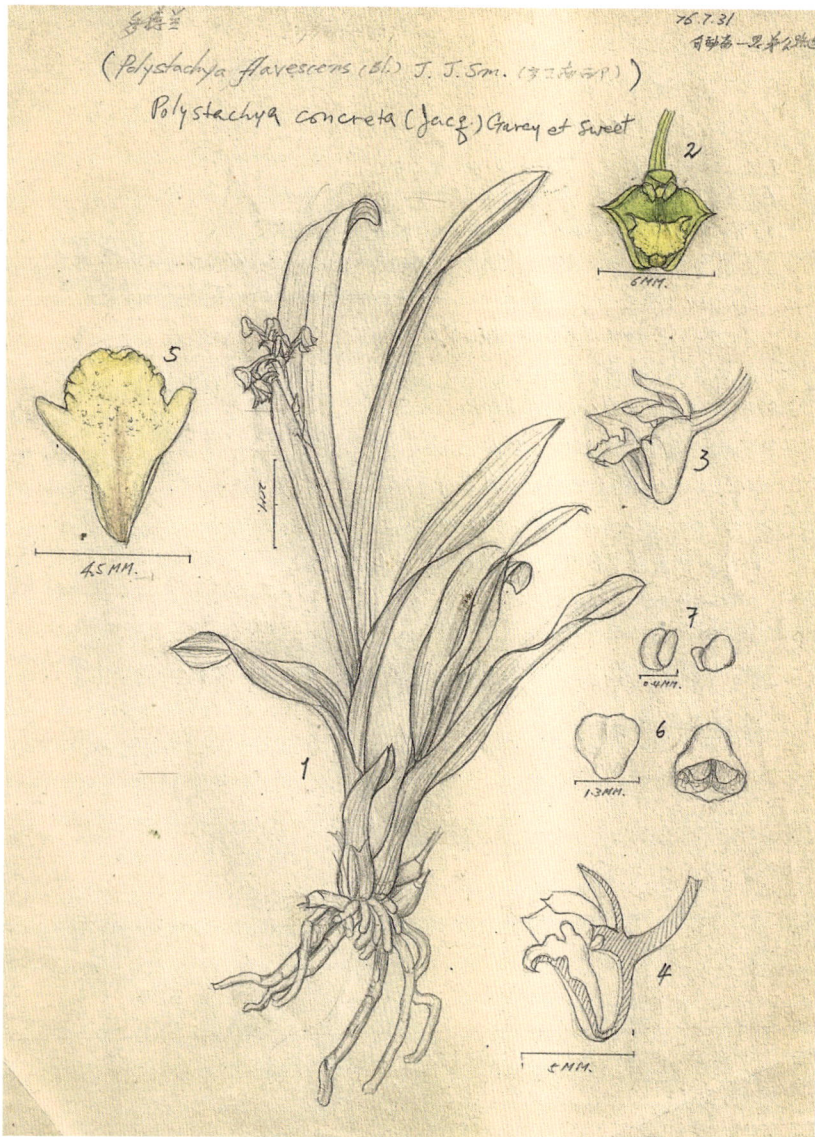

图 226 多穗兰

*Polystachya concreta*

(Jacq.) Garay et Sweet

1 植株
2 花正面
3 花侧面
4 花纵剖面
5 唇瓣
6 药帽
7 花粉块

（1976/07/31 程式君采自云南勐仑至思茅公路边，并绘图）

色，中脉凹陷，叶背面淡绿，中脉凸出，中脉两侧各有平行脉 3 条；叶具关节；叶鞘互相套叠、形成粉绿色的嫩茎。**花序** 总状，长约 1.5 厘米，连花序柄长 8.5 厘米，具花 5～7 朵；**花序轴** 草绿色，侧扁，最宽处 3 毫米；**花苞片** 圆锥形。**花** 嫩绿色，径 6 毫米。**花梗连子房** 长约 6 毫米、径约 1.5 毫米，淡黄绿色；**中萼片** 卵圆形，端渐尖，长约 3 毫米、宽约 2.1 毫米，嫩绿色；**侧萼片** 斜卵形，

端渐尖，长约 4.5 毫米、宽约 3 毫米，嫩绿色，基部与蕊柱足相连；**花瓣** 线形，先端斜渐尖，长 2.2 毫米、宽约 0.8 毫米，黄绿色。**唇瓣** 淡铬黄色，中部黄褐色，外轮廓呈倒三角形，长 5.5 毫米、宽 4.5 毫米；3 裂：**侧裂片** 长圆形，长 1 毫米、宽 0.5 毫米，淡黄色；**中裂片** 扁圆形，长约 2 毫米、宽 2.5 毫米，边缘呈裙边状皱，淡铬黄色，边缘色较深，唇瓣基部有爪，爪长约 2 毫米，淡黄色，中部的

褐色晕可延伸至中裂片。**蕊柱** 绿白色，短；**蕊柱足** 长，与蕊柱同色。**花果期** 7～9 月。

**产地和分布：** 产于云南南部。广泛分布于印度、斯里兰卡、越南、老挝、柬埔寨、泰国、马来西亚、印度尼西亚、菲律宾及美洲和非洲的热带、亚热带地区。**模式标本** 采自西印度群岛。

**生态：** 附生兰。多附生于海拔 1000～1500 米的密林或灌丛中的树干上。

## 3.60 火焰兰属 *Renanthera* Lour.

**历史：** 本属于 1790 年由 Juan Loureiro 在 *Flora Cochinchinensis* 一书中发表创立。拉丁属名 *Renanthera* 源自拉丁文 *renes*（肾）和希腊文 *anthera*（花药），意指本属模式种的花粉块呈肾形。

**分类和分布：** 火焰兰属隶属兰科兰亚科万代兰族的指甲兰亚族。从其蕊柱和花粉器的构造可见，本属与万代兰属和指甲兰属非常相近。然而，火焰兰属的花被形状很不相同，特别是它的侧萼片通常长于其他部分。本属全世界共有约 15 种，分布于热带喜马拉雅至东南亚；我国产 2 种，分布于南方热带、亚热带地区。

**本属模式种：** 火焰兰 *Renanthera coccinea* Lour.

**生态类别：** 附生兰。

**形态特征：** **植株** 大型，附生或半附生。**茎** 单轴型，甚长，如藤状。**叶** 多数，在茎上排成 2 列；革质，多为长圆形，先端不等 2 裂。**花序** 圆锥形，通常很长，具多花。**花** 艳丽，主要为红色、黄色和橙黄色；**中萼片和花瓣** 相似，开展；**侧萼片** 大型，近平行。**唇瓣** 比其他花部小得多，基部有距或囊；3 裂：**侧裂片** 直立；**中裂片** 舌状，反卷，具褶片。**蕊柱** 粗壮而短；**花粉块** 4 枚，成 2 对，肾形，不等；**黏盘** 椭圆形，不等；**黏盘柄** 1 个，线形。

## 227 火焰兰 （别名：红珊瑚）

**学名：** *Renanthera coccinea* Lour.

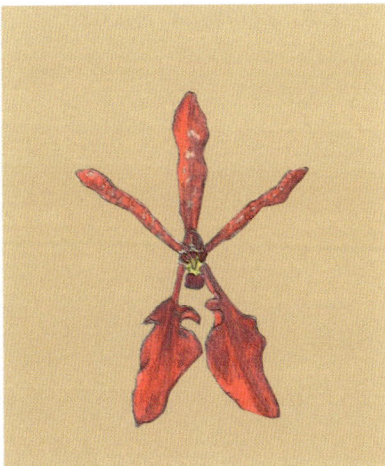

**形态：** **植株** 附生，藤蔓状，长可达十余米。**茎** 圆柱形，不分枝，坚硬，粗壮，径约 1.5 厘米，节间长 3～4 厘米。**叶** 多枚，质厚，排成 2 列；舌形或长圆形，长 6～10 厘米、宽 2～3 厘米，先端为不等 2 圆裂。**花序** 圆锥形，长而大，长可达 50 厘米以上，有分枝，疏生多数花；**花苞片** 长仅为 2 毫米，阔卵形，端钝。**花** 艳丽，火红色，开展，直径 6～7 厘米；**花梗连子房** 长 2.5～3 厘米；**中萼片** 狭倒卵状线形，先端钝宽，下部收狭，长 2～2.5 厘米、宽约 0.4 厘米，橙黄色且有深色斑块；**侧萼片** 呈桨状匙形，前部宽大，基部极狭且多少具爪，长 2.8～3.7 厘米、前部宽 0.8～1 厘米、基部宽约 2 毫米，两侧边缘呈裙边状波状皱；**花瓣** 与中萼片相似但较小，端圆，长 1.6～2 厘米。**唇瓣** 甚小，长 9～10 毫米，3 裂：**中裂片** 卵形，长 5～6 毫米、宽 3.5～4 毫米，深红色，仅基部为白色；**侧裂片** 位于距口两旁，近方形，长约 3 毫米、宽约 3.5 毫米，黄色，具红色条纹，基部与中裂片连接处各有半圆形的胼胝体 1 枚；**距** 位于唇瓣基部，圆锥形，略侧扁，顶端钝，长约 3 毫米，距内的前壁具小乳突；**蕊柱** 粗而直立，近圆柱形，长约 5 毫米；**药帽** 半球形，先端截形并具凹缺。**蒴果** 椭圆形，长约 5 厘米、直径约 1.3 厘米，具长约 2 厘米的柄。**花期** 4～6 月。

**产地和分布：** 产于海南和广西。分布于缅甸、泰国、老挝和越南。

**模式标本** 采自越南。

**生态：** 附生兰。喜半阳环境。多生于海拔 1400 米左右的山区，常攀爬于沟边林缘、疏林中的树干上或岩石上。

**用途：** 为具热带特色的美丽观花藤本。在园林中用于攀爬装饰棚架、廊柱、山石等。

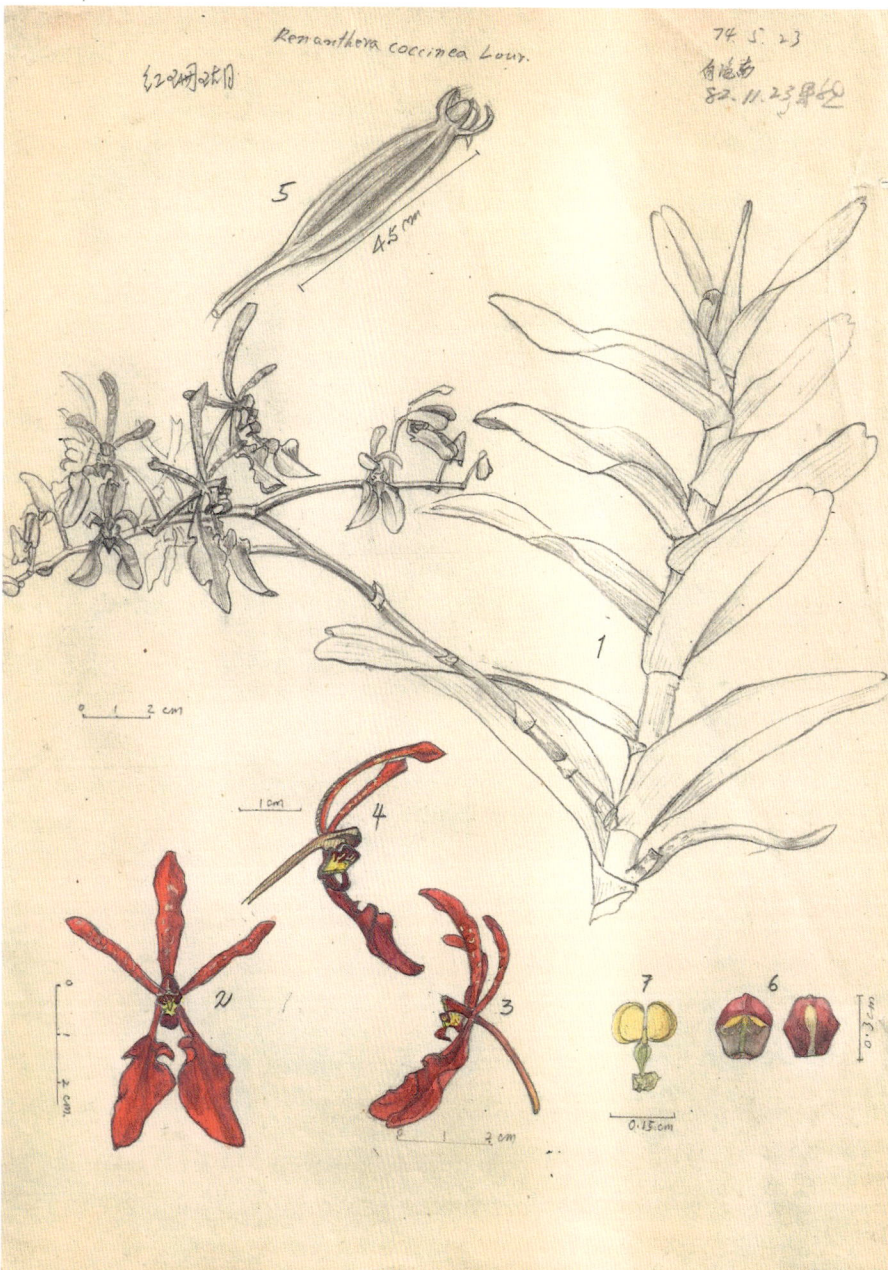

图 227 火焰兰
*Renanthera coccinea* Lour.

1 植株
2 花正面
3 花侧面
4 花纵剖面
5 蒴果
6 药帽
7 花粉块
（1974/05/23 程式君采自海南，1982/11/23 果熟。唐振缁绘）

## 3.61 钻喙兰属 *Rhynchostylis* Bl.

**历史:** C. L. Blume 于 1825 年在《*Bijdragen*》一书中首次描述并建立了钻喙兰属(*Rhynchostylis*)。1953 年 R. Holttum 在《兰花杂志》(*Orchid Journal*)中对属做了修正和讨论。拉丁属名 *Rhynchostylis* 源自希腊文 *rhyncenhos*(喙)和 *stylis*(蕊柱),意指其模式种花的蕊柱有喙。

**分类和分布:** 钻喙兰属隶属兰科兰亚科万代兰族的指甲兰亚族。本属与指甲兰属外形相似,但它的茎较短、叶较厚、唇瓣与蕊柱足无明显分界、距向后弯、唇瓣只略微分裂,与指甲兰属不同。全属共约有 6 种,分布于印度、马来西亚、印度尼西亚和菲律宾等地。我国有 2 种,产于南方的云南、贵州、海南等热带和亚热带地区。

**本属模式种:** 钻喙兰 *Rhynchostylis retusa* (L.) Bl.

**生态类别:** 附生兰。

**形态特征:** **植株** 中型至大型附生兰。**茎** 短粗。**叶** 厚肉质,颇长且窄,中部以下常呈"V"形对折,先端不等 2 裂并具齿,具数条纵行浅色线条。**花序** 直立或下垂,长度约与叶相等,具许多密集着生的花朵。**花** 中型,美丽;**萼片和花瓣** 开展,有时有紫色或蓝色斑点,花瓣比萼片小;**唇瓣** 贴生于蕊柱足末端,不裂或略呈 3 裂,向前指;**距** 侧扁并指向后方。**蕊柱** 短;**蕊柱足** 也短,与唇瓣的分界不明显;**花粉块** 2 枚,具裂隙,柄纤细、顶端略宽,**黏盘** 小;蕊喙和花药具长尖头。

## 228 海南钻喙兰 （别名：琼兰，安诺兰）

**学名:** *Rhynchostylis gigantea* (Lindl.) Ridl.

[ 曾用学名: *Saccolabium giganteum* Lindl.; *Vanda densiflora* Lindl.; *Vanda hainanensis* Rolfe; *Anota densiflora* (Lindl.) Schltr.; *Anota hainanensis* (Rolfe) Schltr. ]

**形态:** **植株** 大型附生兰。**气生根** 极肥厚,直径达 0.7 ～ 1 厘米。**茎** 粗壮,直立不分枝,长达 13 厘米以上,粗约 2 厘米,为叶鞘所覆被。**叶** 多枚,肉质,在茎上排成 2 列,互相紧靠,长 20 ～ 40 厘米、宽 3 ～ 4 厘米,宽带状,外弯,先端不等 2 圆裂,基部具关节及抱茎的鞘。**花序** 自叶腋抽出,下垂,连柄长 13 ～ 25 厘米,序柄及序轴粗,直径 0.4 ～ 0.7 厘米;密生花 15 ～ 20 朵或更多;**花苞片** 宽卵形,长约 7 毫米,端钝。花横径约 2.4 厘米,白色,疏具玫瑰红色不规则斑点,有香气;**萼片**

椭圆形，侧萼片略歪斜，肉质，白色略染玫瑰紫晕并具 1～2 玫瑰紫色斑点；**中萼片** 长约 1.3 厘米、宽约 0.9 厘米；**侧萼片** 长约 1.25 厘米、宽约 0.95 厘米；**花瓣** 肉质，窄长圆形，长约 1.35 厘米、宽约 0.7 厘米，白色，在中肋附近散布 7～8 枚玫瑰紫色斑点。**唇瓣** 厚肉质，与萼片近等长，宽约 8 毫米，呈长圆状琴形，先端上卷如舌；表面玫瑰紫色，具 5 条较深色的条纹，背面白色，近端部一圈为玫瑰紫色；顶端 3 裂；**中裂片** 小于侧裂片，近长圆形，端钝，肥厚；**侧裂片** 半圆形，直立；距 压扁状圆锥形，长约 5 毫米，外面绿色有紫晕。**蕊柱** 短而粗，长约 3 毫米，绿色，基部有紫红斑点；**药帽** 表面与花粉块相对处为淡橙红色，旁有紫红晕及斑点；**花粉块** 2 枚，铬黄色。**蒴果** 棒状，长约 4 厘米，具翼状棱脊。**花期** 1～4 月。**果期** 2～6 月。

**产地和分布：** 我国产于海南。分布于越南、老挝、柬埔寨、缅甸、泰国、马来西亚、新加坡和印度尼西亚。**模式标本** 采自缅甸。

**生态：** 附生兰。常附生于海拔 1000 米左右的山地疏林中树干上。

**用途：** 花美丽，繁密芳香，可栽培供观赏。

图 228 海南钻喙兰
*Rhynchostylis gigantea* (Lindl.) Ridl.

1 植株
2 花正面
3 花纵剖面
4 唇瓣
5 花粉块
6 药帽
（1962/04/10 程式君绘）

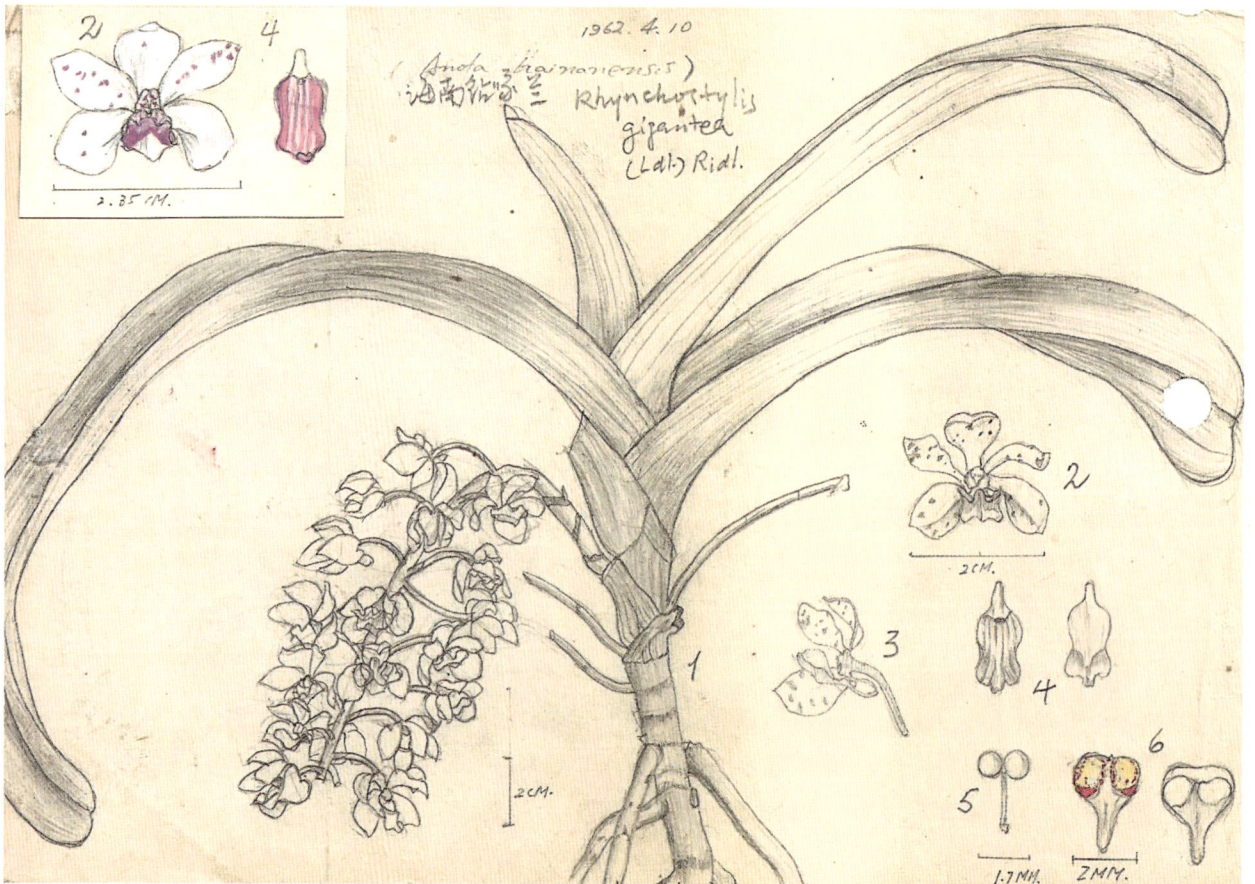

# 229 钻喙兰

**学名：** *Rhynchostylis retusa* (L.) Bl.
（曾用学名：*Epidendrum retusum* L.）

**形态：植株** 附生，单轴型，高约30厘米。**根** 发达，粗壮肥厚，灰绿色，6～8条着生于茎的下部，长可达30厘米，径0.6～1.6厘米，老根表面具干缩的皱纹，与茎连接处呈缢缩状。**茎** 棕灰色，长约7厘米、直径约1.5厘米，上粗下细，具多节；茎侧面有根脱落的痕迹（为直径2～5毫米的下凹小圆穴），茎上部为灰褐色的残鞘所包被。**叶** 4～8枚，生于茎顶，坚硬革质，肥厚，厚约2毫米，带状，长10～40厘米、宽2～3厘米，有不规则的宽窄变化；叶面深绿色，有隐约的凸点，中肋凹陷，侧脉不明显，叶背色较淡；叶基部内折，互相套叠，叶先端呈啮蚀状。**花序** 总状，由叶腋抽出、向下弯垂，花序长约18厘米、宽约5厘米，有花30余朵。**花** 美丽，径约2厘米；**中萼片** 长圆形，长约9毫米、宽约6毫米，先端略内弯，白色，略带玫瑰红，隐约散布玫瑰紫色的不规则小斑块，具脉5条；**侧萼片** 歪卵形，端钝尖，长约10毫米、宽约7毫米，颜色同中萼片，具7脉；**花瓣** 阔倒披针形，端钝，长约11毫米、宽约3.5毫米，白色带淡玫瑰紫色，有不规则的淡玫瑰紫小斑块，有脉3条。**唇瓣** 玫瑰紫色，长矩圆形，先端钝、

有凹缺，长10毫米、宽3.8毫米，不分裂，有纵脊4条，唇中部下凹，近矩口处有少数针状毛；**矩** 颇长，侧扁，呈扁囊状，侧面长7毫米、宽约4毫米，窄侧面仅宽1毫米，白色，略带紫晕，距内具白色透明的针状毛。**蕊柱** 短粗，白色染紫晕；**药帽** 棕褐色。**花粉块** 2枚，圆球状，柠檬黄色，具白色透明的细长柄。**花期** 5～6月。**果期** 5～7月。

**产地和分布：** 我国产于贵州和云南。广泛分布于亚洲热带，由斯里兰卡、印度、热带喜马拉雅，经老挝、越南、柬埔寨、马来西亚至印度尼西亚和菲律宾。**模式标本** 采自印度。

**生态：** 附生兰。多附生于海拔310～1400米的疏林中或林缘的树干上。

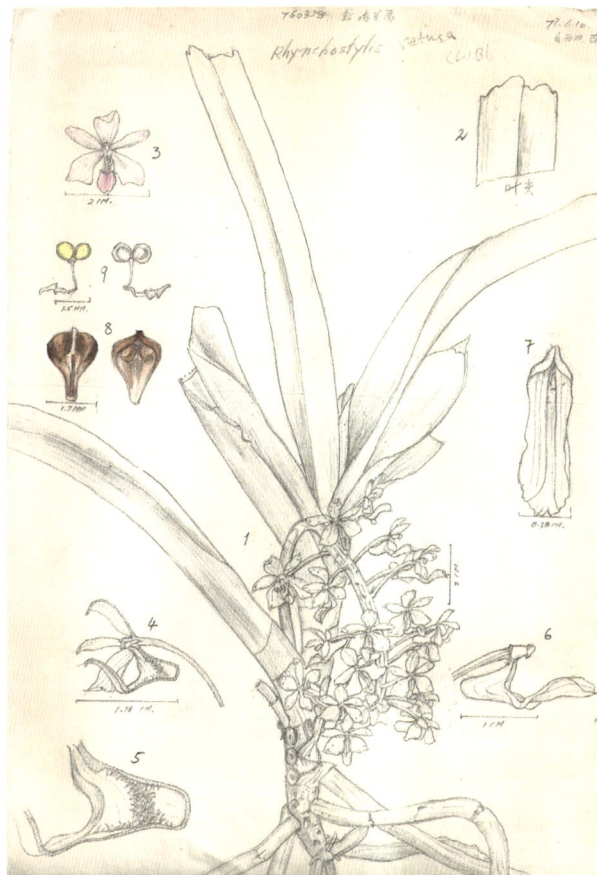

图229 钻喙兰 *Rhynchostylis retusa* (L.) Bl.
1 植株　2 叶尖　3 花正面　4 花纵剖面　5 矩纵剖面
6 子房、蕊柱、唇瓣侧面　7 唇瓣　8 药帽　9 花粉块
（1977/06/10 采自云南西双版纳，程式君绘）

# 3.62 寄树兰属 *Robiquetia* Gaud.

**历史：** 本属于 1826 年由法国植物学家 Charles Gaudichaud 在 Louis de Freycinet 的 *Voyage sur l'Uranie et la Physicienne* 一书中创立。拉丁属名 *Robiquetia* 是为了纪念发明咖啡碱和吗啡的法国化学家 Pierre Robiquet，以他的姓为属名。

**分类和分布：** 寄树兰属隶属兰科兰亚科万代兰族的指甲兰亚族。全世界共约有 40 种，分布于东南亚至澳大利亚和太平洋诸岛。我国产 2 种，分布于南部各省区。

**本属模式种：** 攀登寄树兰 *Robiquetia ascendens* Gaud.

**生态类别：** 附生兰。

**形态特征：** **植株** 攀蔓状附生草本。**茎** 具多节，圆柱状，延伸如藤蔓，常下垂。**叶** 多数，疏生，在茎上排成 2 列；叶长圆形或狭椭圆形，歪斜，先端钝且不等 2 裂，或为斜截形并具不整齐缺刻，基部具关节和鞘。**花序** 总状，圆锥形或圆柱形，通常下垂，密生多花。**花** 小，半开状；**花萼和花瓣** 分离；**萼片** 相似，**中萼片** 内凹如兜，前倾罩于蕊柱上方；**花瓣** 小于萼片。**唇瓣** 与蕊柱固定连接，肉质，3 裂：**侧裂片** 小，略肉质，上缘多少与蕊柱连接；**中裂片** 小，前端尾状或线形，肉质，内凹，基部常有 1 条脊；**距** 位于唇瓣下方，颇长，略呈圆柱状，常弯曲并侧扁，无隔，无胼胝体，但有时背壁增厚。**蕊柱** 短，无蕊柱足，顶部略后弯；**花粉块** 2 枚，球形；**黏盘柄** 1 个，上部扩展；**黏盘** 小。

# 230 大叶寄树兰（别名：匙唇陆宾兰）

**学名：** *Robiquetia spathulata* (Bl.) J. J. Sm.

（曾用学名：*Cleisostoma spatulatum* Bl.；*Saccolabium densiflorum* Lindl.）

**形态：** **植株** 中型，附生。**茎** 悬垂，长可达 50 厘米，节间距 2～3 厘米。**叶** 基部扭转，故所有叶片均处于同一平面，叶倒卵状长圆形，长 12～20 厘米、宽 4～5 厘米，叶尖不等 2 裂。**花序** 下垂，长可达 25 厘米，密生多数花；**花苞片** 狭窄，反卷，长约 5 毫米。**花** 小，肉质；**萼片及花瓣** 绿黄色，具红棕色斑点；**唇瓣** 绿黄色；**侧裂片和中裂片** 具红褐色斑，**距** 具红棕色点；**蕊柱** 白色。**中萼片** 椭圆形，内凹，端钝，长约 5 毫米、宽约 3.5 毫米；**侧萼片** 镰状椭圆形，先端钝或圆，长约 6.5 毫米、宽约 4 毫米。**花瓣** 倒卵形，端钝，长约 4 毫米、宽约 2.5 毫米。**唇瓣** 近基部 3 裂，长宽均约

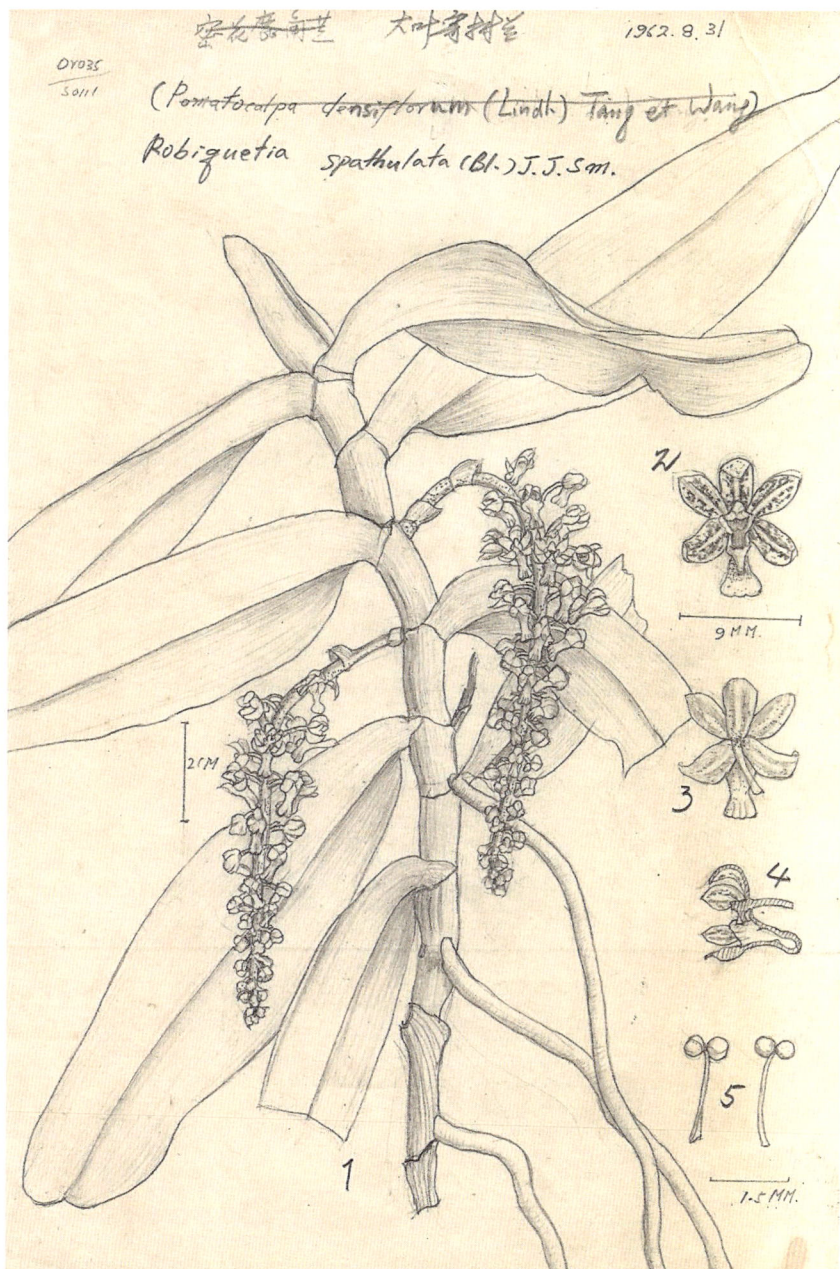

图 230 大叶寄树兰
*Robiquetia spathulata* (Bl.) J. J. Sm.
1 植株
2 花正面
3 花背面
4 花纵剖面
5 花粉块
（1962/08/31 程式君绘）

4 毫米；**侧裂片** 直立，长圆近方形；**中裂片** 前伸，卵形或三角形，具细尖头，末端加厚并收窄；**距** 口部扩大，末端扩张且为截形，长约 5 毫米，距内部近末端处有一肉质的胼胝体。**蕊柱** 短粗，长约 2.5 毫米。**花期** 7 ～ 8 月。**果期** 9 ～ 10 月。

**产地和分布：** 产与海南。印度、缅甸、泰国、老挝、越南、柬埔寨、马来西亚、新加坡、印度尼西亚均有分布。**模式标本** 采自印度尼西亚爪哇。

**生态：** 附生兰。多附生于海拔 1700 米的山地林中树干上、林下或溪边的岩石上。

# 231 寄树兰 （别名：小叶寄树兰，截叶陆宾兰）

**学名：** *Robiquetia succisa* (Lindl.) Seidenf. et Garay

（曾用学名：*Sarcanthus succisus* Lindl.；*Cleisostoma virginale* Hance；*Sarcanthus henryi* Schltr.）

**形态：** **植株** 附生，藤蔓状。**茎** 长 35 厘米以上、径约 5 毫米，具多节，节间长约 2 厘米，下部节上具长而粗的气生根。**叶** 排成 2 裂，长圆形，长 6 ～ 8 厘米、宽 1.3 ～ 2.5 厘米，先端 2 裂，裂隙中有细尖头，或先端呈不规则截形及啮蚀状。**花序** 与叶对生，为圆锥花序，长 15 ～ 24 厘米，长具 1 ～ 2 个分枝；**花苞片** 卵状披针形，长 2 ～ 5 毫米。**花** 小而密集，黄色或黄绿色，质厚；**中萼片** 宽卵形，内凹，长 3 ～ 3.5 毫米、宽约 2.5 毫米，顶端钝，略前倾；**侧萼片** 近圆形，长约 4 毫米、宽约 3.5 毫米，先端急尖；**花瓣** 近倒卵状圆形，比侧萼片小，长约 2.5 毫米，黄色，具红色带状斑。**唇瓣** 白色，3 裂：中裂片肉质，三角状披针形，长约 3 毫米，侧扁，上有 2 条合生的纵行褶片；**侧裂片** 直立，耳状，位于距口，与中裂片等长，但较宽，端钝；距长 3 ～ 4 毫米，前壁有 1 枚胼胝体。**花期** 6 ～ 9 月。**果期** 7 ～ 11 月。

**产地和分布：** 产于福建、广东、广西、海南、香港、云南。分布于印度、不丹、缅甸、泰国、老挝、柬埔寨、越南。**模式标本** 采自中国香港。

**生态：** 附生兰。常附生于海拔 570 ～ 1150 米的疏林中树干上或岩壁上。

**图 231** 寄树兰 *Robiquetia succisa* (Lindl.) Seidenf. et Garay

1 植株　2 花正面　3 花背面
4 花侧面　5 花纵剖面　6 药帽腹面
7 药帽背面　8 花粉块
（1962/07/05 程式君绘）

# 3.63 匙唇兰属 *Schoenorchis* Bl.

**别名**：羞花兰属，莞兰属

**历史**：C. L. Blume 于 1825 年在他的 *Bijdragen* 中首次创立了匙唇兰属（*Schoenorchis*）。拉丁属名 *Schoenorchis* 源自希腊文 *schoenos*（芦苇或灯芯草）和 *orchis*（兰），意指它狭窄的叶状如芦苇或灯心草。

**分类和分布**：匙唇兰属隶属兰科兰亚科万代兰族的指甲兰亚族。全属共约有 24 种，分布西起热带喜马拉雅，东至新几内亚、澳大利亚和太平洋诸岛。我国有 3 种，产于南部热带、亚热带省区。

**本属模式种**：灯芯草叶匙唇兰 *Schoenorchis juncifolia* Bl.

**生态类别**：附生兰。

**形态特征**：**植株** 小型或中型的单轴型附生兰。**茎** 细圆柱形，有分枝，长度短或中等，斜立或悬垂。**叶** 肉质，扁平或棍状。**花序** 下垂或水平，有或无分枝，围绕花序轴着生许多小花。**花** 小，通常呈半开状，各片萼片及花瓣相互分离；**唇瓣** 3 裂；**中裂片** 肉质而厚，有一通常弯曲的距；**蕊柱** 无蕊柱足；**花粉块** 4 枚，分成 2 组。

# 232 匙唇兰（别名：海南匙唇兰，海南囊唇兰）

**学名**：*Schoenorchis gemmata* (Lindl.) J. J. Sm.

[ 曾用学名：*Saccolabium gemmatum* Lindl.；*Saccolabium hainanense* Rolfe；*Schoenorchis hainanense* (Rolfe) Schltr. ]

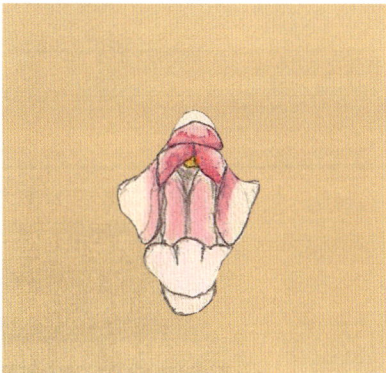

**形态**：**植株** 附生。**茎** 下垂或呈弧弯状，长 5～20 厘米，稍呈扁圆柱形。**叶** 肉质，狭披针形，平展，两侧对折呈镰刀状或半圆柱状向外下弯，长 4～13 厘米、宽 0.5～1.3 厘米，先端略 3 裂，基部具紧密抱茎的鞘。**花序** 圆锥状，腋生于茎的上部，直立，具多分枝，密生多数小花；花序柄和具棱的花序轴 纤细，紫褐色；**花苞片** 长约 1 毫米，卵状披针形，先端急尖。**花** 小，紫红色，仅唇瓣为白色；**花梗连子房** 长 3 毫米，紫红色；**中萼片** 矩圆形，长 2.5 毫米、宽约 1 毫米；**侧萼片** 较大，斜矩圆形；**花瓣** 矩圆形，小于中

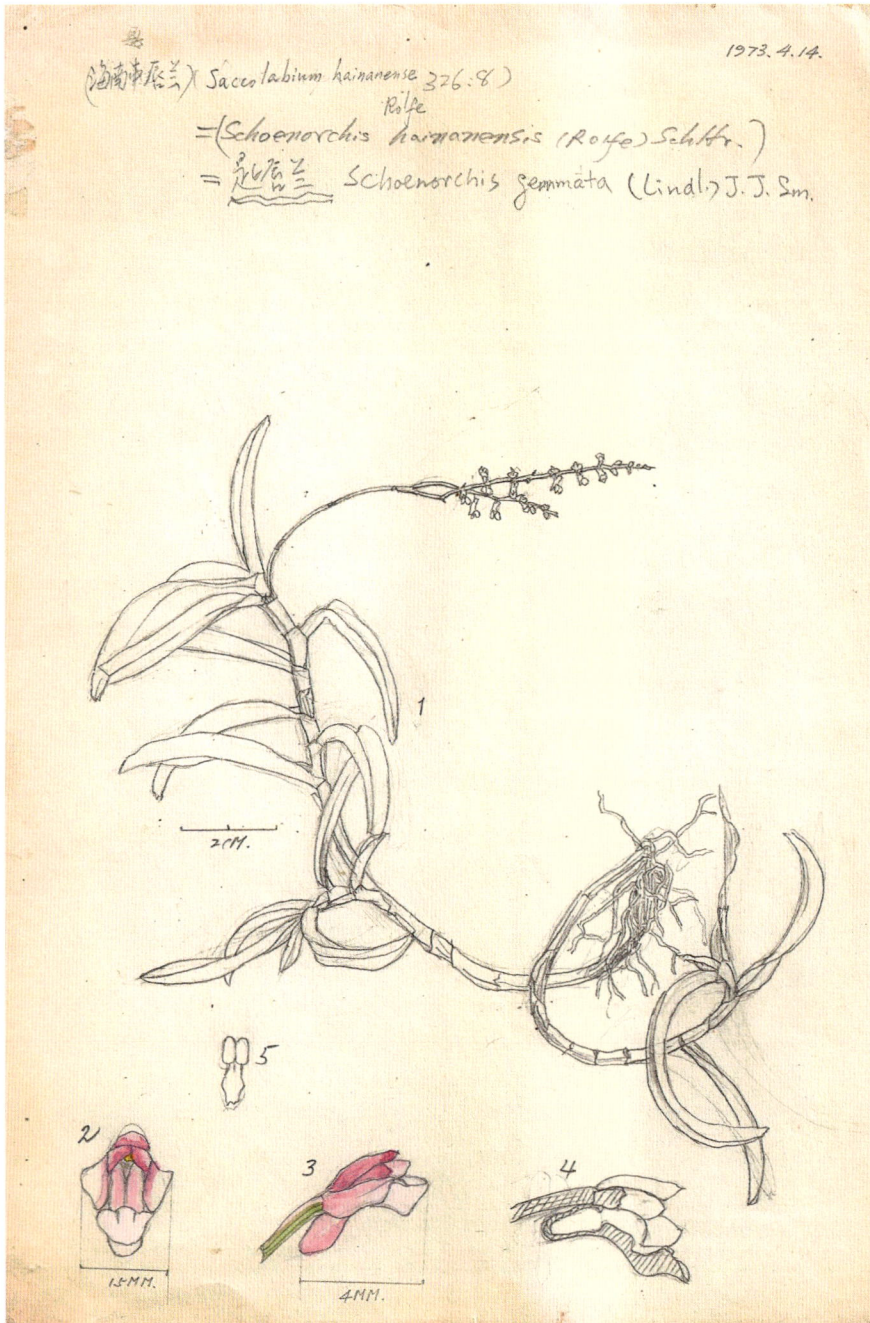

萼片；**唇瓣** 厚肉质，匙形，长于萼片；**距** 长度与萼片相等，与子房平行。**蕊柱** 极短，黄褐色；**蕊喙** 钻状，向上翘起；**花粉块** 4枚，分成 2 对。**蒴果** 近卵形，长约 6 毫米。花期 3 ～ 6 月。果期 4 ～ 7 月。

**产地和分布：**产于福建、海南、广西、香港、云南和西藏（东南部）。尼泊尔、印度、缅甸、泰国、老挝和越南均有分布。**模式标本**采自印度东北部。

**生态：**附生兰。常附生于海拔250 ～ 2000 米的山地林中树干上。

**图 232 匙唇兰**

*Schoenorchis gemmata* (Lindl.) J. J. Sm.

1 植株
2 花正面
3 花侧面
4 花纵断面
5 花粉块

（1973/04/14 程式君绘）

# 3.64 苞舌兰属 *Spathoglottis* Bl.

**历史:** 1825 年 C. L. Blume 在其 *Bijdragen* 一书中首次描述和创立了苞舌兰属（*Spathoglottis*）。拉丁属名 *Spathoglottis* 源自希腊文 spathe（佛焰苞）和 glotta（舌），意指本属植物的唇瓣有很宽的中裂片。

**分类和分布:** 苞舌兰属隶属兰科兰亚科树兰族的拟白及亚族。与奇兰属（*Ipsea*）和粉口兰属（*Pachystoma*）接近。全属共有约 46 种，分布于热带亚洲至澳大利亚和太平洋岛屿；我国有 3 种，分布于南方各省区。

**本属模式种:** 紫花苞舌兰 *Spathoglottis plicata* Bl.

**生态类别:** 地生兰。

**形态特征:** **植株** 地生，直立，具纤维状根。**假鳞茎** 圆锥状卵形、卵球形或球形，为鳞片状的鞘所包被，顶生 1～5 枚叶。**叶** 长披针形，折扇状，先端渐尖，基部收狭成柄，柄下被鞘。**花葶** 由假鳞茎基部抽出，侧生，粗壮，直立，基部有数枚鞘；**花序** 总状，疏生少数花；**花苞片** 短于花梗连子房。**花** 美丽，中等大，开展；**萼片** 相似，背面有毛；**花瓣** 与萼片相似，但常比萼片宽。**唇瓣** 无距，粘贴于蕊柱基部，明显 3 裂：**侧裂片** 近直立，常有毛；**中裂片** 基部明显具爪；唇盘和中裂片的爪常有胼胝体、褶片或其他附属物。**蕊柱** 纤细，弧曲，上部扩展，具翅，无蕊柱足；**蕊喙** 不裂；**花粉块** 8 枚，分为 2 组，大小近相等，蜡质，窄倒卵形；**黏盘** 三角形。

# 233 苞舌兰（别名：牛油杯，黄花独蒜，土白及）

**学名:** ***Spathoglottis pubescens* Lindl.**

（曾用学名：*Spathoglottis fortunei* Lindl.；*Eulophia sinensis* auct. non Bl.）

**形态:** **植株** 中型，地生。假鳞茎扁球形，直径 1～2.5 厘米，具 1～3 枚叶。**叶** 线状披针形或披针形，长 20～30 厘米、宽 1～2 厘米，先端渐尖，基部具柄。**花葶** 高可达 50 厘米，被柔毛；**花苞片** 披针形，长 0.5～1 厘米，绿色，被柔毛；**花序** 总状，疏生 2～8 朵花。**花** 鲜艳，开展，直径 2.5～3 厘米，除唇瓣的侧裂片为褐色外，整朵花为亮丽的鲜黄色；**花梗** 长约 1 厘米，绿色，被柔毛；**子房** 长约 1.2 厘米，具 3 棱，绿色，被柔毛；**中萼片** 倒卵形，略内凹，端尖，长 1.4～1.6 厘米、宽 0.8～1 厘米，基部收窄；

**侧萼片** 斜卵状长圆形，端尖，长约 1.5 厘米，内缘阔，基部下弯，略呈囊状；**花瓣** 长圆形，与萼片等长，但较宽，先端钝，基部具短爪，背面具疏毛。**唇瓣** 着生于蕊柱基部，展平后长 1.2 ～ 1.5 厘米、宽 1.3 ～ 1.5 厘米，明显 3 裂，基部钝囊状；囊内有 2 条具毛的纵脊，并具疏长毛；**侧裂片** 镰状长圆形，褐色，与蕊柱平行，长约 1 厘米、宽 0.5 厘米；**中裂片** 提琴形，长 0.8 ～ 1 厘米、宽 0.6 ～ 0.8 厘米，先端 2 裂，基部具爪，爪上有 1 对半圆形肥厚的附属物；**唇盘** 有毛，具 3 条纵行龙骨脊。**蕊柱** 黄色，长约 1 厘米。**蒴果** 长圆形，具 3 条隆起的脊，长 1 ～ 1.2 厘米、直径 0.5 ～ 0.7 厘米，被柔毛，柄纤细。**花期** 7 ～ 10 月。

**产地和分布：** 产于浙江、江西、福建、湖南、广东、广西、香港、四川、贵州、云南等省区。分布于印度、缅甸、柬埔寨、越南、老挝和泰国。**模式标本** 采自印度东北部。

**生态：** 地生兰。多生于海拔 380 ～ 1700 米的开阳山坡草丛中、疏林下、湿润石上、山径两旁或溪涧两岸。

**用途：** 花朵鲜艳美丽，宜栽培供观赏。假鳞茎入药，有补肺、止咳、生肌之效。

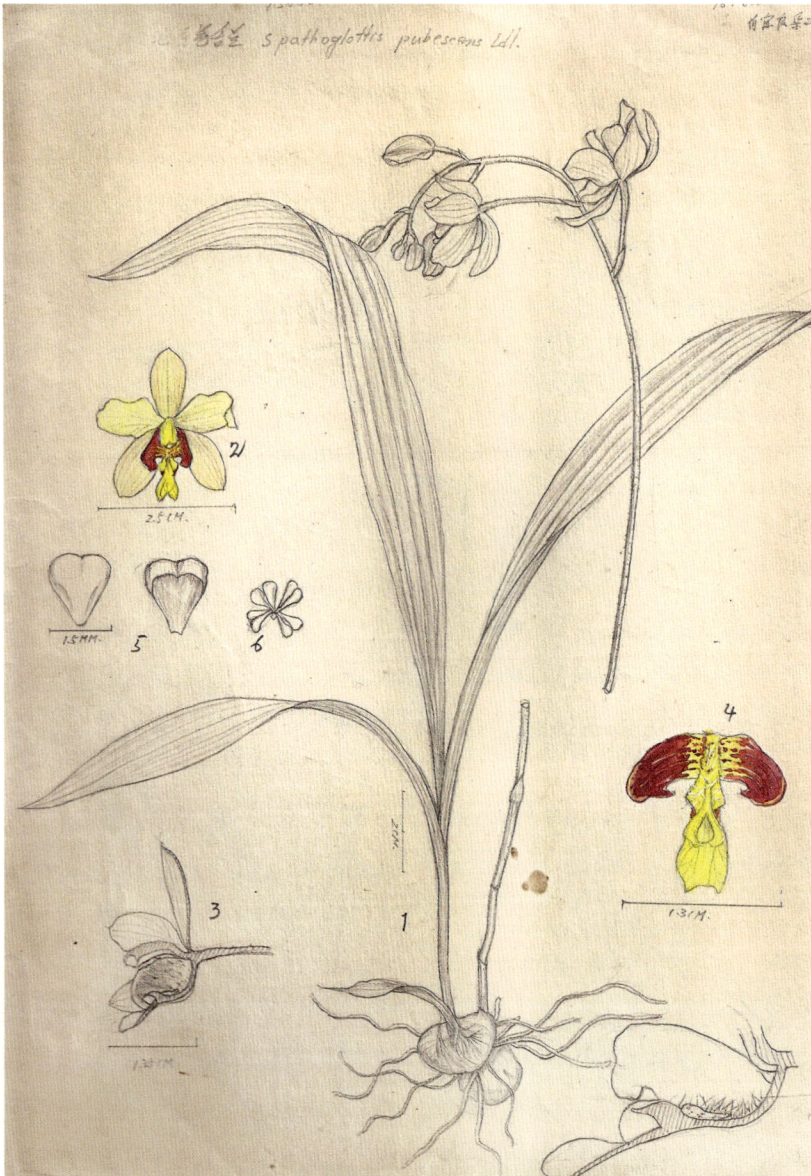

图 233 苞舌兰
*Spathoglottis pubescens* Lindl.

1 植株
2 花正面
3 花纵剖面
4 唇瓣
5 药帽
6 花粉块
（1976/08/30 程式君采自云南宜良集市，并绘图）

# 3.65 绥草属 *Spiranthes* L. C. Rich.

**历史：** 本属的属名 *Spiranthes* 于 1817 年首次由 L. C. Richard 在《巴黎自然博物馆志》（*Mémoires du Muséum d'Histoire Naturelle, Paris*）第 4 卷》中发表。拉丁属名 *Spiranthes* 源自希腊文 *speira*（盘绕）和 *anthos*（花），是因本属的很多种类都有盘绕状的花序而得名。

**分类和分布：** 绥草属隶属兰科兰亚科鸟巢兰族的绥草亚族。全属共约有 50 种，分布以北美洲为主，南美洲和其他各大洲也有少数种类。我国产 1 种，在全国各省区均有分布。

**本属模式种：** 螺旋绥草 *Spiranthes spiralis* (L.) Cheval.

**生态类别：** 地生兰。

**形态特征：** **植株** 矮小。**根** 数条簇生，肉质，指状。**叶** 略为肉质，基生如莲座状，有时茎生，线形、椭圆形或卵形，罕为近圆柱形，基部具鞘。**花序** 顶生，总状，具多数小花，多少呈螺旋状盘绕。**花** 细小，不开展，唇瓣处于下方，白色或粉红色。**萼片** 分离，近相似；**中萼片** 直立，常与花瓣靠合呈盔状；**侧萼片** 基部膨大或有时呈囊状。**花瓣** 质薄。**唇瓣** 倒披针形或匙形，不裂或 3 裂，基部内凹，有时具短爪，常具 2 枚胼胝体，多少围抱蕊柱，边缘有褶皱。**蕊柱** 圆柱或棒状，无或偶有蕊柱足；**雄蕊** 直立，2 室，位于蕊柱的远轴面；**花粉块** 2 枚，粒粉质，具短柄和窄黏盘；**蕊喙** 直立，2 裂；**柱头** 2 个，位于蕊喙的两个底部。

---

# 234 绥草 （别名：盘龙参，龙抱柱，一线香，盘龙箭，双瑚草，清明草）

**学名：** *Spiranthes sinensis* (Pers.) Ames

[ 曾用学名：*Neottia sinensis* Pers.；*Neottia australis* R. Br.；*Neottia amoena* M. v. Bieb.；*Spiranthes australis* Lindl.；*Spiranthes amoena* (M. v. Bieb.) Spreng.；*Spiranthes australis* (R. Br.)Lindl. var. *suishaensis* Hayata；*Spiranthes suishaensis* Schltr.；*Spiranthes suishaensis* (Hayata) Hayata；*Spiranthes sinensis* var. *amoena* (M. v. Bieb.) H. Hara；*Spiranthes lancea* acut. non Backer, Bakh. f. et V. Steenis]

**形态：** **植株** 矮小，地生，高 13～30 厘米。**根** 3～4 条，簇生于茎基部，肉质，呈指状，被疏毛。**茎** 较短，近基部处生叶 2～5 枚。**叶** 线形，状如草叶，长 2～12 厘米、宽 0.3～0.4 厘米。**花葶** 直立，长 10～25 厘米，下部具茎生叶 1 枚和 3～4 枚不孕鞘状苞片，**苞片** 披针形，略长于无柄的子房。**花序** 总状，长 4～10 厘米，扭转呈螺旋状。**花** 小，多数，紫红色、粉红色或白色，互相紧靠，沿花序轴呈螺旋状盘旋向上，如龙盘柱，因此有"盘龙参"之名；**子房** 连花梗 长 4～5 毫米；**中萼片** 卵状披针形，端钝，长 3 ～ 3.5 毫米、宽约 1 毫米，向先端渐窄并上翘，下面与花瓣黏合形成罩在蕊柱上方的盔状物；**侧萼片** 歪卵形，长 3 ～ 4 毫米、宽约 1 毫米；**花瓣** 多少呈镰状，长 3 ～ 3.5 毫米、宽约 0.75 毫米。**唇瓣** 肉质，外翻，长 4 ～ 4.5 毫米，基部窄，略呈囊状，前端阔圆，有光泽，先端具凹缺及波状缘，基部浅囊状，囊内具 2 枚胼胝体。**蕊柱** 淡绿色，弧曲，顶端扩大。**花期** 7 ～ 8 月。

**产地和分布：** 我国全国各省区均产。俄罗斯、蒙古、朝鲜、日本、阿富汗、克什米尔地区至不丹、印度、缅甸、越南、泰国、菲律宾、马来西亚、澳大利亚也有分布。**模式标本** 采自中国广东。

**生态：** 地生兰。多生于海拔 200 ～ 3400 米的山林和灌丛下、草地、沼泽草甸中。

**用途：** 植株及花玲珑美丽、花形奇特，适于盆栽供近距离观赏。根或全草入药，用于治疗病后虚弱、神经衰弱、肺结核咯血、咽喉肿痛、糖尿病、白带。外治毒蛇咬伤。

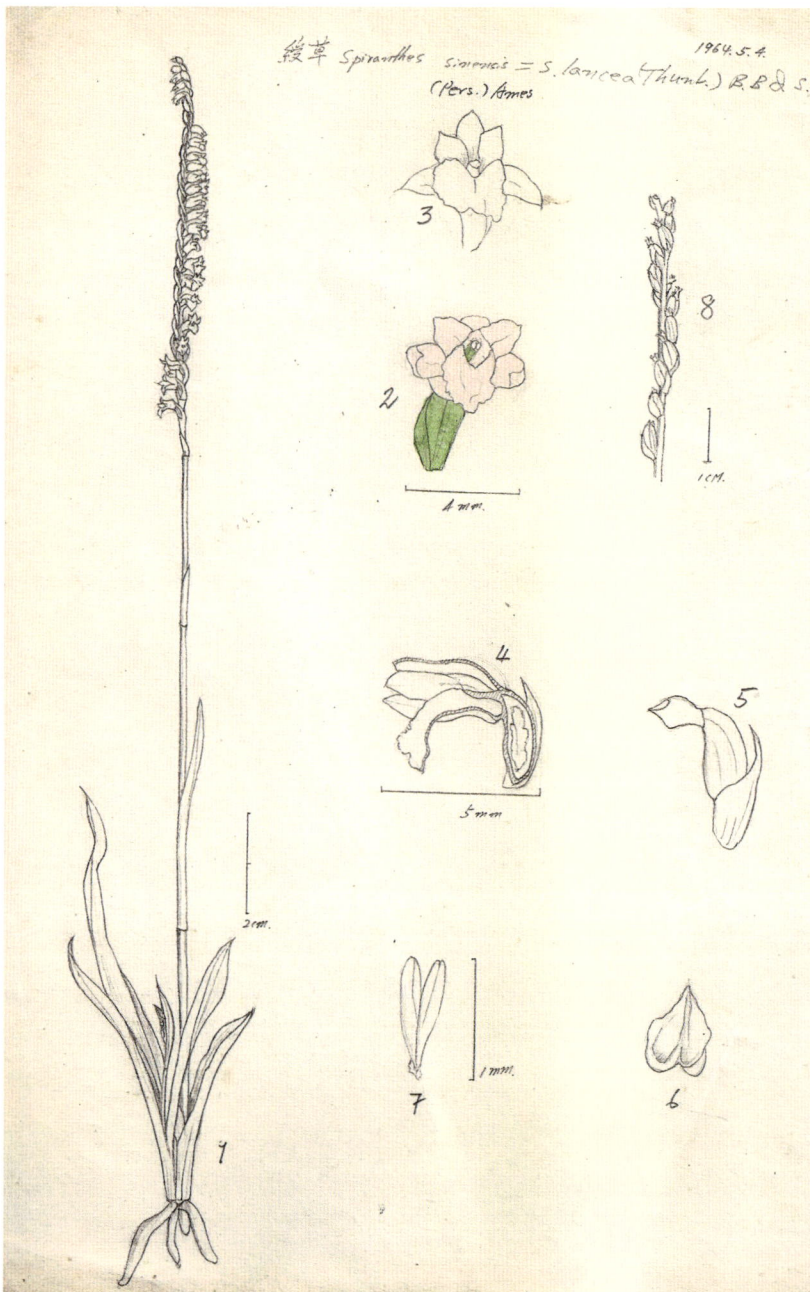

图 234 绶草

*Spiranthes sinensis* (Pers.) Ames

1 植株
2 花
3 花正面
4 花纵剖面
5 果
6 药帽
7 花粉块
8 花序（果序）
（1964/05/04 程式君绘）

# 3.66 掌唇兰属 *Staurochilus* Ridl. ex Pfitz.

**别名:** 豹纹兰属

**历史:** 英国植物学家 H. N. Ridley 以 E. Pfitzer 1900 年在 Engler Prantle 的巨著 *Die Nat. Pflanzenfamilien* 中所描述为基础, 于 1907 年在《马来半岛植物志资料》(Mat. Fl. Malay Pen., 1907, 153) 中创建了掌唇兰属 (*Staurochilus*)。拉丁属名 *Staurochilus* 源自希腊文 *stauros* (十字交叉) 和 *cheilos* (唇), 意指它唇瓣的裂片交叉呈十字架状。

**分类和分布:** 掌唇兰属隶属兰科兰亚科万代兰族的指甲兰亚族。与毛舌兰属 (*Trichoglottis*) 很相似, 区别是花序等于或长于叶、常有分枝、疏生多数花, 花朵较大。本属共约 12 种, 以菲律宾最多, 但自印度经缅甸和泰国直至印度尼西亚等热带、亚热带地区也有分布。我国有 3 种, 产于南方热带、亚热带省区。

**本属模式种:** 簇生掌唇兰 *Staurochilus fasciatus* (Rchb. f.) Ridl. ex Pfitz.
    ( = *Trichoglottis fasciata* Rchb. f. )

**生态类别:** 附生兰。

**形态特征:** **植株** 附生。**茎** 直立或下垂, 具多节。**叶** 多数, 2 列; 叶狭长, 斜立或外弯, 先端不等 2 裂。**花序** 侧生, 斜立, 总状或圆锥状, 花疏生。**花** 中型, 开展; **萼片与花瓣** 相似, 花瓣略小; **唇瓣** 肉质, 3～5 裂: **侧裂片** 直立; **中裂片** 上面及两枚侧裂片之间被密毛; **距** 囊状, 距内壁上方具被毛的附属物; **蕊柱** 粗短, 常被毛, 无蕊柱足; **药帽** 前端三角形; **花粉块** 蜡质, 近球形, 共 4 枚, 两两成对, 不等大; **黏盘** 近圆形或卵形。

---

## 235 掌唇兰 (别名: 豹纹兰)

**学名:** *Staurochilus dawsonianus* (Rchb. f.) Schltr.

[ 曾用学名: *Cleisostoma dawsonianum* Rchb. f.; *Trichoglottis dawsoniana* (Rchb. f.) Rchb. f. ]

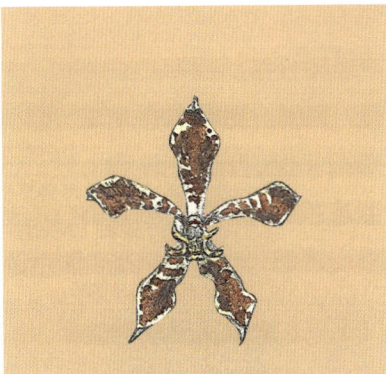

**形态:** **植株** 中型附生兰, 长 20～50 厘米。**不定根** 自多个节上生出, 肉质, 长而分枝。**茎** 圆柱形, 质硬, 长而粗壮, 长达 50 厘米、径约 0.6 厘米, 有时有分枝; 具多节, 节间长 1.5～2.5 厘米。**叶** 多数, 在茎上排成 2 列, 叶斜立, 较厚, 呈狭长圆形至带状长圆形, 长 10～18 厘米、宽 1.5～2 厘米, 叶端呈不等 2 圆裂, 叶基具关节和抱茎的鞘。**花序** 与叶对生, 较硬, 斜出或上举, 圆锥状或偶为总状, 长约 45 厘米, 疏生数朵至 20 余朵花; **花序柄** 径约 4 毫米, 与花序轴同为黄绿色; **花序轴** 压扁或略呈三棱

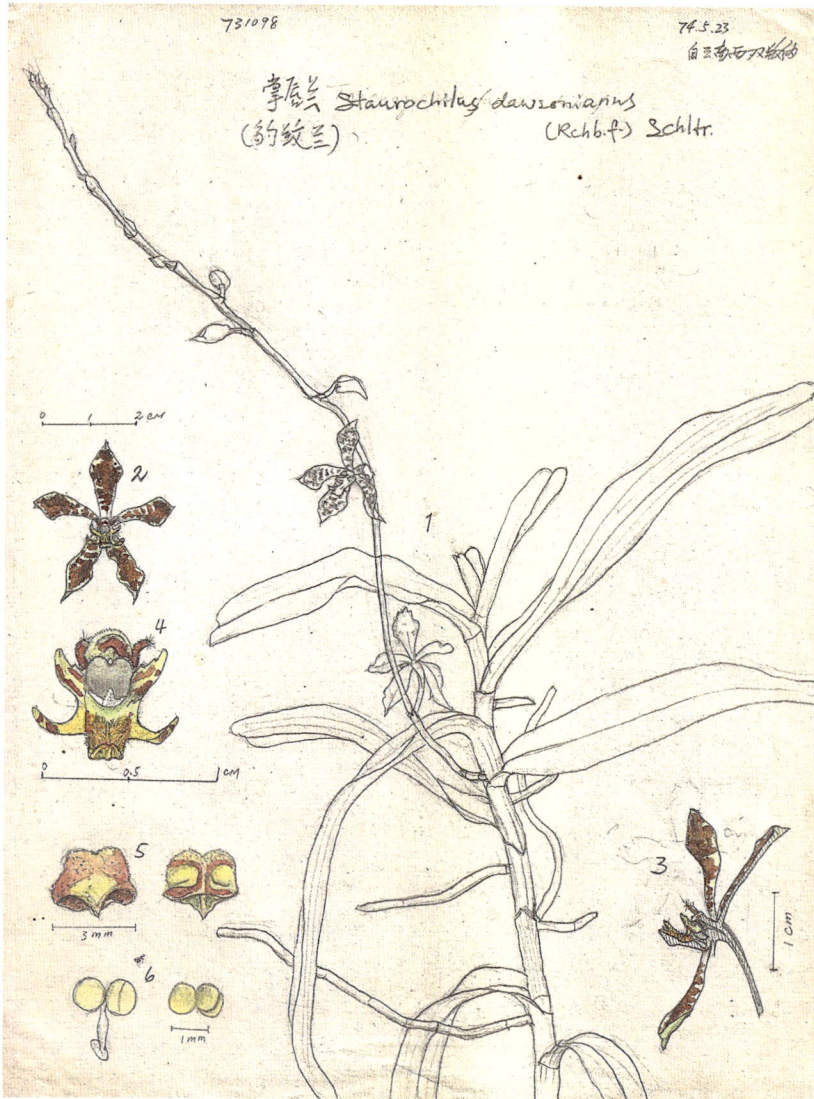

图 235 掌唇兰

*Staurochilus dawsonianus*
　　　(Rchb. f.) Schltr.

1 植株
2 花正面
3 花纵剖面
4 唇瓣
5 药帽
6 花粉块
（1974/05/23 程式君采自云南西双版纳，唐振缉绘）

形，具翅；**花苞片** 卵状三角形，长 5～7 毫米，先端略钝。**花** 径 2～3 厘米，开展，肉质；**花梗连子房** 三棱形，扭曲，乳白色，长 1.5～2 厘米。**萼片和花瓣** 匙形，侧萼片略歪斜；表面淡黄色具褐色宽横纹，背面淡黄绿色，基部乳白色；先端加厚，背面中央有纵脊，并向先端延伸成突尖；**萼片** 长 1～1.5 厘米、宽约 5 毫米，**花瓣** 较短且较窄。**唇瓣** 黄色，长约 7 毫米，3 裂：**侧裂片** 斜立，长圆形；**中裂片** 再 3 裂：侧生小裂片向前斜伸，端钝；前端小裂片厚肉质，端钝且具宽凹缺；所有裂片的先端均向上内屈。**唇盘** 密布长硬毛。距 短，圆锥形。**蕊柱** 粗壮，顶端两侧具有毛的蕊柱齿；**柱头** 大，位于蕊柱基部；**药帽** 半球形，顶端前面具沟，基部先端三角形，密布细乳突状毛。**花粉块** 4 枚，球形，径约 0.5 毫米。

**蒴果** 长 4 厘米、径约 1 厘米，果梗长约 1 厘米。**花期** 5～7 月，**单花花寿** 15～20 天。**果期** 9～10 月。

**产地和分布：** 产于云南南部。老挝、泰国、缅甸均有分布。
**模式标本** 采自缅甸。
**生态：** 附生兰。多生于海拔 200～800 米的常绿混交林中或林缘的树干上。

# 3.67 带唇兰属 *Tainia* Bl.

**历史：** 本属于 1825 年首次由 C. L. Blume 在其《荷属东印度植物志》（*Bijdragen tot de Flora van Nederlandsch Indië*）中描述创立。拉丁属名 *Tainia* 源自希腊文 *tainia*（束发带），可能是形容它具长柄的窄长叶片，有如束头发的饰带。

**分类和分布：** 带唇兰属隶属兰科兰亚科树兰族的拟白及亚族。本属与云叶兰属（*Nephelaphyllum*）及金唇兰属（*Chrysoglossum*）接近，但本属的唇瓣位于花的下方，叶无花纹，可与云叶兰属区别；本属与金唇兰属的区别是：本属具花粉块 8 枚，而金唇兰属只有 2 枚。本属共约有 15 种，分布自热带喜马拉雅往东至日本南部，南至东南亚一带。我国有 11 种，产于长江以南个省区。

**本属模式种：** 美丽带唇兰 *Tainia speciosa* Bl.

**生态类别：** 地生兰。

**形态特征：** **植株** 中型，地生草本。**根** 肉质，密布灰白色的长绒毛。**根状茎** 细长横生，被覆瓦状的鳞状鞘。**假鳞茎** 肉质，近圆柱形或狭长卵形，仅具 1 个节间，基部被纸质鳞状鞘，顶生 1 枚叶。**叶** 大，纸质，具折扇状脉；**叶柄** 长，具纵棱，基部具筒状鞘。**花葶** 自假鳞茎基部一侧抽出，直立，细长，被少数筒状鞘；**花序** 总状，顶生，疏生少数或多数花；**花苞片** 披针形，膜质，短于花梗连子房。**花** 中型，开展；**萼片与花瓣** 相似，侧萼片贴生于蕊柱基部或蕊柱足上，形成萼囊；**花瓣** 比萼片窄。**唇瓣** 贴生于蕊柱足末端，直立，基部具短距或浅囊，不裂或前部 3 裂：**侧裂片** 直立；**中裂片** 伸展；**唇盘** 具褶片；**蕊柱** 前弯，两侧具翅；**蕊喙** 近半圆形，不裂；**药帽** 半球形，顶端两侧有时具圆锥形隆起物；**花粉块** 8 枚，每 4 枚为 1 组，**黏盘** 小。

# 236 带唇兰

**学名：** *Tainia dunnii* Rolfe

（曾用学名：*Tainia shimadai* Hayata；*Tainia flabellilobata* C. L. Tso；*Tainia gracilis* C. L. Tso；*Tainia parvifolia* C. L. Tso；*Tainia quadriloba* Summerh.；*Tainia piyananensis* Fukuyama；*Tainia elliptica* Fukuyama）

**形态：** **植株** 地生，高约 30 厘米。**假鳞茎** 圆柱状，顶生 1 枚叶。**叶** 披针形至椭圆状披针形，长 12～32 厘米、宽 0.5～3.5 厘米，先端渐尖，基部收窄，具叶柄；**叶柄** 长 2～6 厘米。**花葶** 由紧靠假鳞茎的侧边抽出，直立，纤细，高 30～60 厘米；**花序** 总状，长可达 20 厘米；**花序轴** 棕红色，疏生多数花；**花苞片** 红色，狭披针形，长 3～7 毫米。**花** 黄褐色或褐紫色，横径约 2 厘米；**花梗连子房** 红棕色，长约 1 厘米，子房呈棒状；**萼片与花瓣** 大小相似；**中萼片** 狭长圆状披针形，长 11～12 毫米、宽 2.5～3 毫米；

**侧萼片** 镰状狭长圆形，与中萼片等长，基部与蕊柱足贴生而成明显的萼囊；**花瓣** 与萼片等长而较宽，先端尖，下部靠近中萼片而斜指向上。**唇瓣** 黄色，外轮廓近圆形，长约 1 厘米，基部贴生于蕊柱足末端，前部 3 裂：**侧裂片** 直立，三角形，淡黄色，密布多数紫色细小斑点；**中裂片** 鲜黄色，先端近截形或凹缺；**唇盘** 有纵棱 3 条，两侧者较高。**蕊柱** 纤细，前弯；**蕊柱足** 长约 2 毫米。**药帽** 顶端两侧各具 1 枚紫色圆锥状凸起。**花期** 3 ～ 4 月。

**产地和分布：** 广泛分布于浙江、江西、福建、台湾、湖南、广东、广西、香港、四川、贵州等省区。**模式标本** 采自中国福建。

**生态：** 地生兰。多生于海拔 580 ～ 1900 米的山地阔叶林下或山谷溪涧旁。

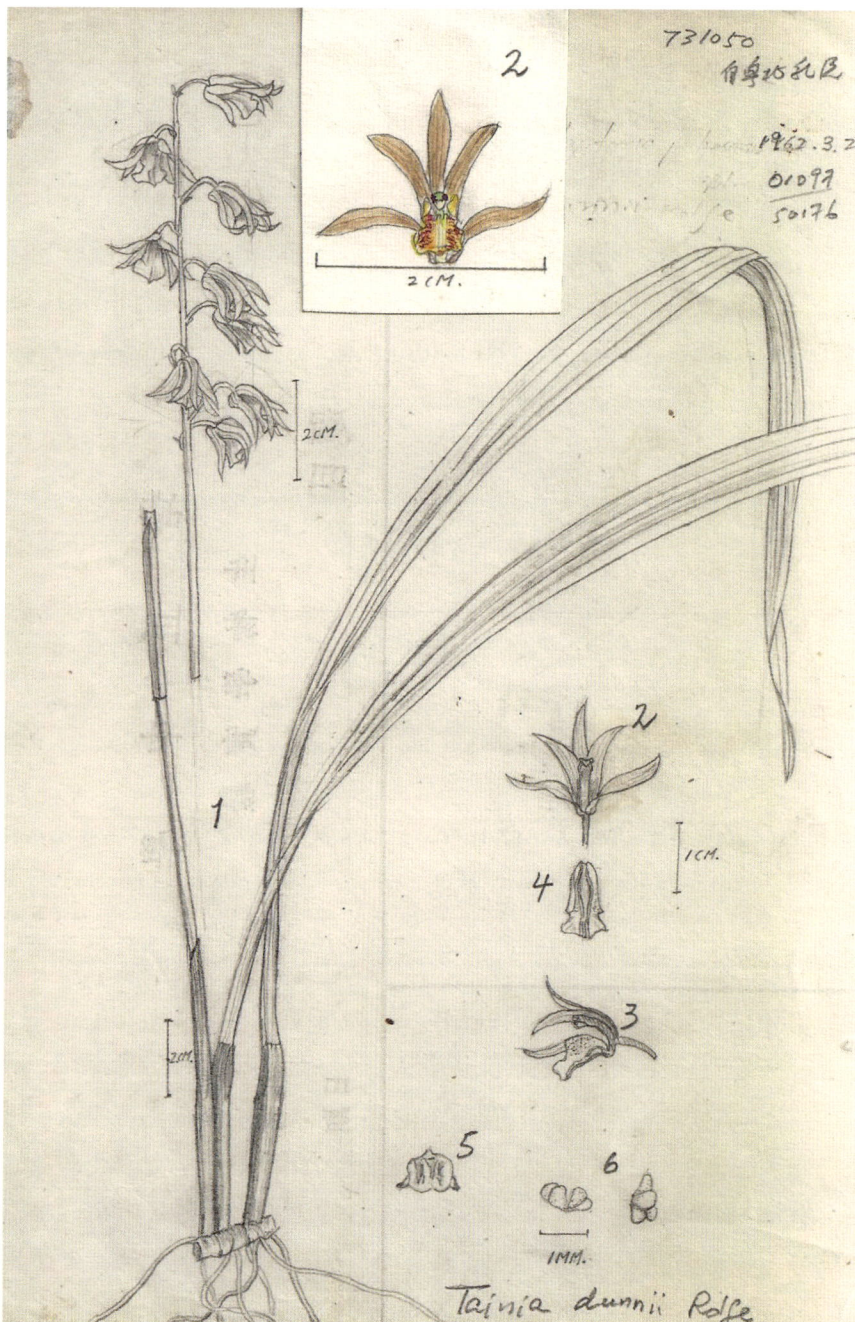

图 236 带唇兰 *Tainia dunnii* Rolfe

1 植株
2 花
3 花纵剖面
4 唇瓣
5 药帽
6 花粉块

（1962/03/21 程式君采自广东乳源，并绘图）

# 237 大花带唇兰（别名：大花球柄兰）

**学名：** *Tainia macrantha* Hook. f.
［曾用学名：*Mischobulbum macranthum* (Hook. f.) Rolfe］

**形态：植株** 地生，高 15～40 厘米。**根状茎** 匍匐。**假鳞茎** 细圆柱形，下部先向根状茎俯弯，然后直立，长 4～9 厘米、直径 0.5～0.7 厘米，顶生 1 枚叶；**叶** 薄而大，长圆状椭圆形，长 14～20 厘米、宽 4～7 厘米，先端渐尖，基部收窄成柄；柄长 4～5 厘米。**花葶** 直立，远高于叶，基部具套叠的鞘；**花序** 总状，具花 3～6 朵。花 大；**萼片** 及**花瓣** 正面褐红色，近基部色渐淡至近白色，并具多数红褐色斑点；唇瓣大部淡堇色，仅中裂片为黄色；**花梗**连子房 绿色；**中萼片** 长圆状披针形，长约 3.5 厘米、宽约 1 厘米，先端渐尖；**侧萼片** 比中萼片长而且宽，先端长渐尖，

基部扩宽并贴生蕊柱足上；**萼囊** 阔圆锥形；**花瓣** 卵状披针形，与中萼片等长，基部近一半贴生于蕊柱足上。**唇瓣** 近戟形，长约 3.5 厘米，略 3 裂：**侧裂片** 小，直立，近三角形；**中裂片** 卵状三角形，先端急尖，上有褶片 3 条，中间的较低矮。**蕊柱** 长约 15 毫米，具翅；**蕊柱足** 略短于蕊柱。**花期** 7～8 月。

**产地和分布：** 产于广东和广西。越南也有分布。**模式标本**采自中国广东。

**生态：** 地生兰。生于海拔 700～1200 米的山坡林下或阴湿的沟谷岩石边。

**图 237** 大花带唇兰
*Tainia macrantha* Hook. f.

1 植株
2 花正面 （程式君绘）

# 3.68　矮柱兰属 *Thelasis* Bl.

**历史：**本属于 1825 年由 C. L. Blume 在其《荷属东印度植物志》（*Bijdragen tot de Flora van Nederlandsch Indië*）中首次发表。拉丁属名 *Thelasis* 源自希腊文 *thele*（乳头），可能是指它形似乳头的蕊喙。

**分类和分布：**矮柱兰属隶属兰科兰亚科树兰族的矮柱兰亚族。与馥兰属（*Phreatia*）接近，但本属无蕊柱足，唇瓣基部不为囊状，药帽直立、有喙，与馥兰属颇易区别。全属共约有 20 种，分布于亚洲热带地区，其中以东南亚最为集中，向北到达尼泊尔和中国南部、向南可达新几内亚。我国有 2 种，产于台湾、海南、云南等省的热带地区。

**本属模式种：**钝叶矮柱兰 *Thelasis obtuse* Bl.

**生态类别：**附生兰。

**形态特征：植株** 矮小，密集聚生。**茎** 为假鳞茎，或包藏于套叠叶鞘中的缩短的茎。**假鳞茎** 顶生 1～2 枚叶，缩短茎则具数枚排成紧密 2 列的叶，叶鞘完全包被茎部。**叶** 狭长，基部有节。**花葶** 细长；**花序** 总状，具多朵小花。**萼片** 不开展，相似；**侧萼片** 背面有时具翼状龙骨；**花瓣** 较小，或与中萼片相似。**唇瓣** 不裂，或罕为不明显的 3 裂，内凹，无囊或距。**蕊柱** 短，无明显蕊柱足；**花药** 2 室；**花粉块** 8 枚，分为 2 组，蜡质，每组共同连于一个细长柄上；**黏盘** 小；**蕊喙** 直立，渐尖，2 裂。

# 238　矮柱兰（别名：石兰，闭花八粉兰）

**学名：*Thelasis pygmaea* (Griff.) Bl.**

（曾用学名：*Euproboscis pygmaea* Griff.；*Thelasis triptera* Rchb. f.；*Thelasis elongata* Bl.；*Thelasis hongkongensis* Rolfe；*Thelasis clausa* Fukuyama）

**形态：植株** 矮小附生，密集成片，高 8～12.5 厘米。**根** 10 条以上，簇生假鳞茎基部，呈线状，长约 3 厘米、粗 1 毫米。**假鳞茎** 黄绿色，光滑，扁球形，形如荸荠，高 0.5～1 厘米、直径 0.8～1.5 厘米；老鳞茎色较黄，被灰色宿存残鞘，新鳞茎色青绿，具明显的淡绿色鞘脉；新假鳞茎顶端具 2 枚叶，1 大 1 小，老假鳞茎叶脱落，初生新假鳞茎常为 3 枚三角形的对折苞片所包围。**叶** 较厚，肉质，基部有关节，叶表深绿色，中脉下陷，叶背草绿色，中脉隆起，叶背均匀分布鳞片状的微小圆形凸起；大叶近长圆形或线形，

图 238 矮柱兰
***Thelasis pygmaea*** (Griff.) Bl.

1 植株　2 花序
3 花序上的花　4 花正面
5 花纵剖面　6 蕊柱及唇瓣
7 中萼片　8 侧萼片
9 花瓣　10 唇瓣
11 唇瓣俯视　12 蕊柱及蕊喙
13 蕊柱及蕊喙侧面　14 药帽
15 花粉块　16 叶背部分放大
（1974/07/05 程式君采自海南霸王岭，
并绘图）

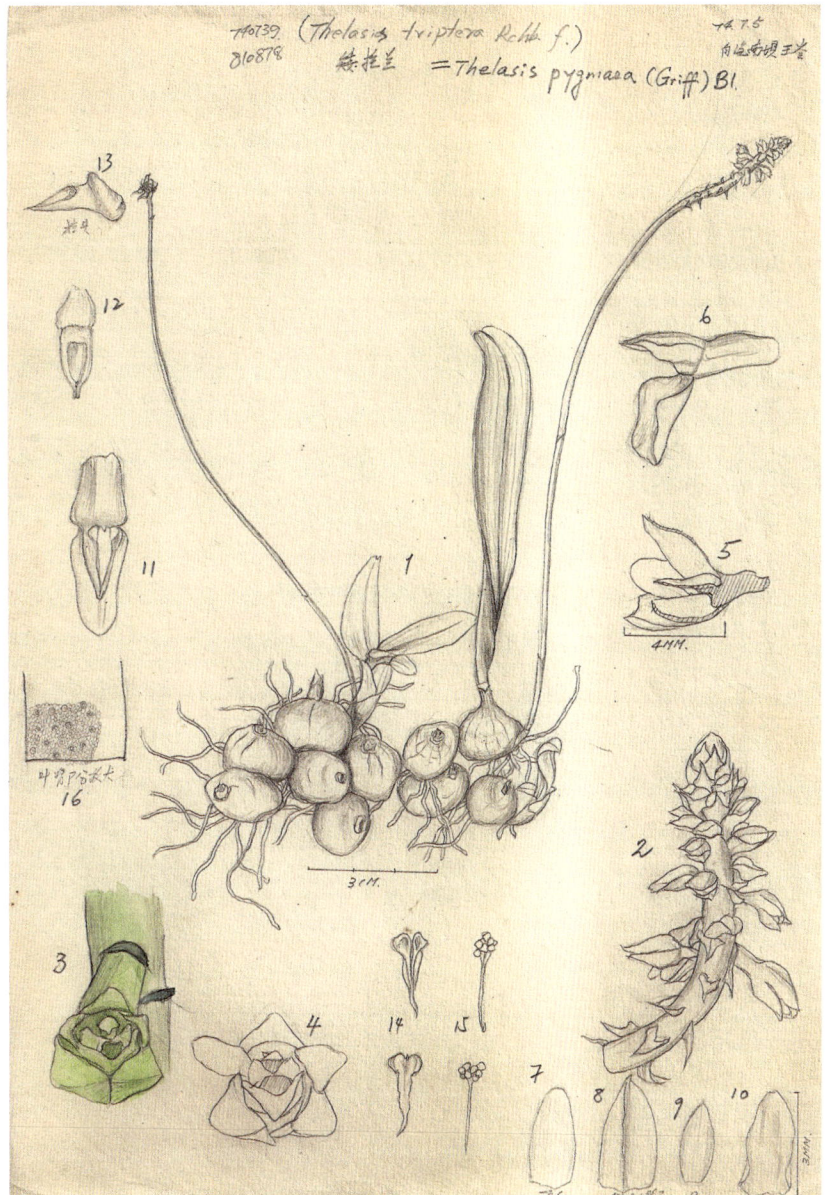

向基部收窄，长 5 ～ 14 厘米、宽 0.8 ～ 1.2 厘米；小叶通常为狭椭圆形或长圆形，较小，先端钝或为不等 2 浅裂，基部有关节。**花葶** 由靠近假鳞茎底部的根状茎上抽出，纤细而长，通常长 13 ～ 25 厘米，中部以下至基部具鞘状鳞片 3 ～ 4 枚；**花序** 总状，但因花柄极短，故形似穗状花序，长 3 ～ 3.5 厘米，顶生，圆柱形，密生 30 ～ 40 朵小花；**花序轴** 较肥厚，淡草绿色，基部有淡绿色苞片 1 枚；**花苞片** 卵状三角形或卵状披针形，长约 2 毫米，黄绿色略带紫色，宿存。**花** 细小，径 2 ～ 2.5 毫米，自花序下部陆续向上开放，肉质，不甚开展，初开时草绿色，将萎时铬黄色；**中萼片** 卵状披针形或长圆状披针形，长 2 ～ 2.5 毫米、宽 1 ～ 1.4

毫米，端钝，质薄，淡绿色；**侧萼片** 近似中萼片，但背面具龙骨凸起或呈狭翅状，长 3.7 毫米、宽约 2 毫米，先端渐尖，淡绿色；**花瓣** 近长圆形，长 2 ～ 2.5 毫米、宽 0.7 ～ 1 毫米，淡绿色，半透明。**唇瓣** 卵状三角形，长约 3 毫米、最宽处约 1.5 毫米，不明显 3 裂，先端渐尖，边缘内卷，基部黄绿色，先端色较淡，基部有短爪。

**蕊柱** 短，无蕊柱足；**蕊喙** 直立，长达 1.2 毫米；**花粉块** 8 枚；**药帽** 绿白色。花期 4 ～ 10 月。
**产地和分布：** 产于海南和云南。尼泊尔、印度、缅甸、泰国、越南、马来西亚、印度尼西亚和菲律宾也有分布。**模式标本** 采自菲律宾。
**生态：** 附生兰。多附生于海拔 1100 米以下的溪谷旁树干上或林中石上。

# 3.69　白点兰属 *Thrixspermum* Lour.

**历史：** 本属首次于 1790 年由 J. Loureiro 在 *Flora Cochinchinensis*（第 2 卷，第 519 页）中发表。拉丁属名 *Thrixspermum* 源自希腊文 *thrix*（毛发）和 *sperma*（种子），意指它的种子形状有如毛发。

**分类和分布：** 白点兰属是一个大属，隶属兰科兰亚科万代兰族的指甲兰亚族，曾被分为 3 个组。全属种数至今尚未确定，应在 100 ～ 150 种，分布于热带亚洲至大洋洲。我国有 12 种，产于南方热带、亚热带省区。

**本属模式种：** 白点兰 *Thrixspermum centipeda* Lour.

**生态类别：** 附生兰。

**形态特征：** **茎** 长而攀援，具许多疏生的叶，或短而只有几枚密集着生的叶。**叶** 革质，基部有关节。**花序** 短或长，同一节上有时可长出几个花序；**花序轴** 稍扩大；**花** 在花序轴上排列为互生 2 列或向四周生长，花寿极短，常于一天后即凋萎；**萼片和花瓣** 多少相似，短而宽或长而狭；**唇瓣** 3 裂，固定着生于蕊柱足，基部囊状，囊内前部有一胼胝体；**侧裂片** 多少直立于囊上；**中裂片** 短或长，通常肉质。**蕊柱** 短，具明显的蕊柱足；**花粉块** 4 枚，不等大，分 2 组，柄短而阔。

# 239　白点兰

**学名：** *Thrixspermum centipeda* Lour.

[ 曾用学名：*Dendrobium auriferum* Lindl.；*Thrixspermum auriferum* Lindl.；*Sarcochilus hainanensis* Rolfe；*Thrixspermum hainanense* (Rolfe) Schltr. ]

**形态：** **植株** 中型，藤状，攀附或悬垂，附生或石生。**茎** 较长，肉质，具多节，节上生气根。**叶** 多枚，排成 2 列，肉质，狭椭圆形或长圆形，长 7 ～ 14 厘米、宽 1.2 ～ 2.5 厘米，先端不等 2 圆裂，基部具关节和抱茎的鞘。**花序** 长 6 ～ 17 厘米，有 1 至数个，与叶对生，与茎垂直或斜立；**花序柄** 扁，两侧具透明翅；**花苞片** 宿存，长约 6 毫米，肉质，两侧对折呈牙齿状，在花序轴上紧密排成 2 列，令整个花序轴呈梳篦状。**花** 较大，质厚，展开后直径约 5 厘米，白色或乳白色，后变为黄色，有椰子香味；**花梗连子房** 长约 7

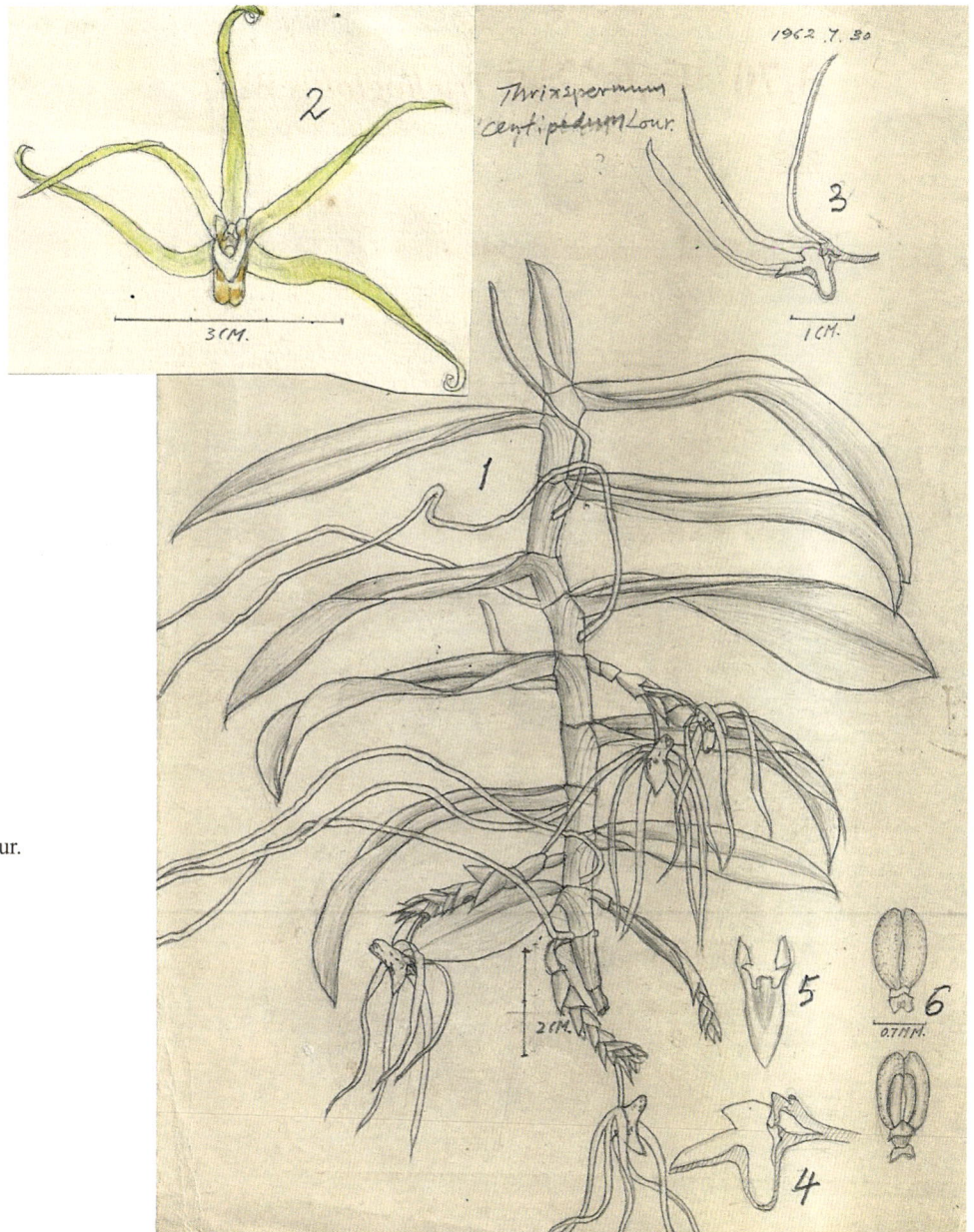

**图 239 白点兰**
*Thrixspermum centipeda* Lour.

1 植株
2 花正面
3 花纵剖面
4 蕊柱及唇瓣纵剖面
5 唇瓣
6 花粉块
（1962/07/30 程式君绘）

毫米，白色；**萼片**和**花瓣**以蕊柱为中心呈辐射状排列，颜色、形状和大小均相似，呈线状披针形，长约 4 厘米、宽约 0.5 厘米，向先端渐窄。**唇瓣**较厚，外面呈耀眼的白色，内面黄色具暗红点；基部呈囊状与蕊柱紧密结合，囊部蜡黄色，基部及喉部有棕黄色斑点，喉部有 1 枚胼胝体；**唇瓣** 3 裂：**侧裂片** 直立；**中裂片** 肉质肥厚，乳白色，呈锐三角形，前伸。**蕊柱** 短；花粉块 4 枚，2 大 2 小，米黄色。花期 6～7 月。

**产地和分布：**产于海南、广西、香港、云南。分布于不丹、印度、缅甸、泰国、老挝、柬埔寨、越南、马来西亚、印度尼西亚。

**模式标本**采自中南半岛地区。

**生态：**附生或石生兰。多生于海拔 700～1150 米的山地林中树干上。

# 3.70 毛舌兰属 *Trichoglottis* Bl.

**别名：** 船唇兰属

**历 史：** C. L. Blume 于 1825 年在其《荷属东印度植物志》（*Bijdragen tot de Flora van Nederlandsch Indië*）中首次发表了毛舌兰属（*Trichoglottis*）。它的主要特征为：距背面的舌状片、蕊柱具耳和唇瓣中裂片通常 3 裂。拉丁属名 *Trichoglottis* 源自希腊文 *thrix*（毛）和 *glotta*（舌），意指它的唇瓣喉部通常被毛的舌状物。

**分类和分布：** 毛舌兰属隶属兰科兰亚科万代兰族的指甲兰亚族。与本属相近的属有：脆兰属（*Acampe*）、拟万代兰属（*Vandopsis*）、隔距兰属（*Cleisostoma*）和鹿角兰属（*Pomatocalpa*）。本属全世界共有约 60 种，分布由热带喜马拉雅向东经东南亚至新几内亚和所罗门群岛，向北到达中国南部。我国产 1 种和 1 变种，分布于南部热带省区。

**本属模式种：** 钝叶毛舌兰 *Trichoglottis retusa* Bl.

**生态类别：** 附生兰。

**形态特征：** **植株** 附生，单轴型，多数种类长而悬垂，少数矮小直立。**茎** 短或长，具少数或多数节。**叶** 多数，排成 2 列。**花序** 通常短。**花** 开展，**唇瓣** 位于花的下方，3 裂，固定连接于极短的蕊柱足上；唇基部具囊或距，在囊或距的背壁近唇瓣基部处有一小的舌状物；**花粉块** 4 枚，分离，大小不同。

# 240 毛舌兰（别名：小毛舌兰）

**学名：** *Trichoglottis triflora* (Guillaum.) Garay et Seidenf.
（曾用学名：*Saccolabium triflorum* Guillaum.）

**形态：** **植株** 直立附生，低矮，高 6～7 厘米。**根** 由茎下部的节上生出，肉质，索状，长 1.5～7 厘米，嫩时绿白色，老时灰褐色。**茎** 较短。**叶** 呈 2 列排于茎上，革质，表面暗绿色、背面色较淡，狭卵状披针形或狭带状，下半部常呈"V"形对折，长 7～8 厘米、宽 0.7～0.8 厘米，叶端不等 2 裂，基部有关节，具抱茎的鞘，叶凋落后叶鞘宿存。**花序** 自叶腋抽出，有花 1～3 朵；**花序柄** 基部具 1～2 枚鞘；**花苞片** 卵状三角形，长约 1 毫米。**花** 略为肉质，径约 0.8 厘米，较不开展；**萼片及花瓣** 近相似，淡土黄色具褐色斑；**中萼片** 倒卵状长圆形，端钝，长 3.5 毫米、宽约 1.8 毫米；**侧萼片** 歪倒卵状长圆形，端钝，长约 3 毫米、宽约 1.8 毫米；**花**

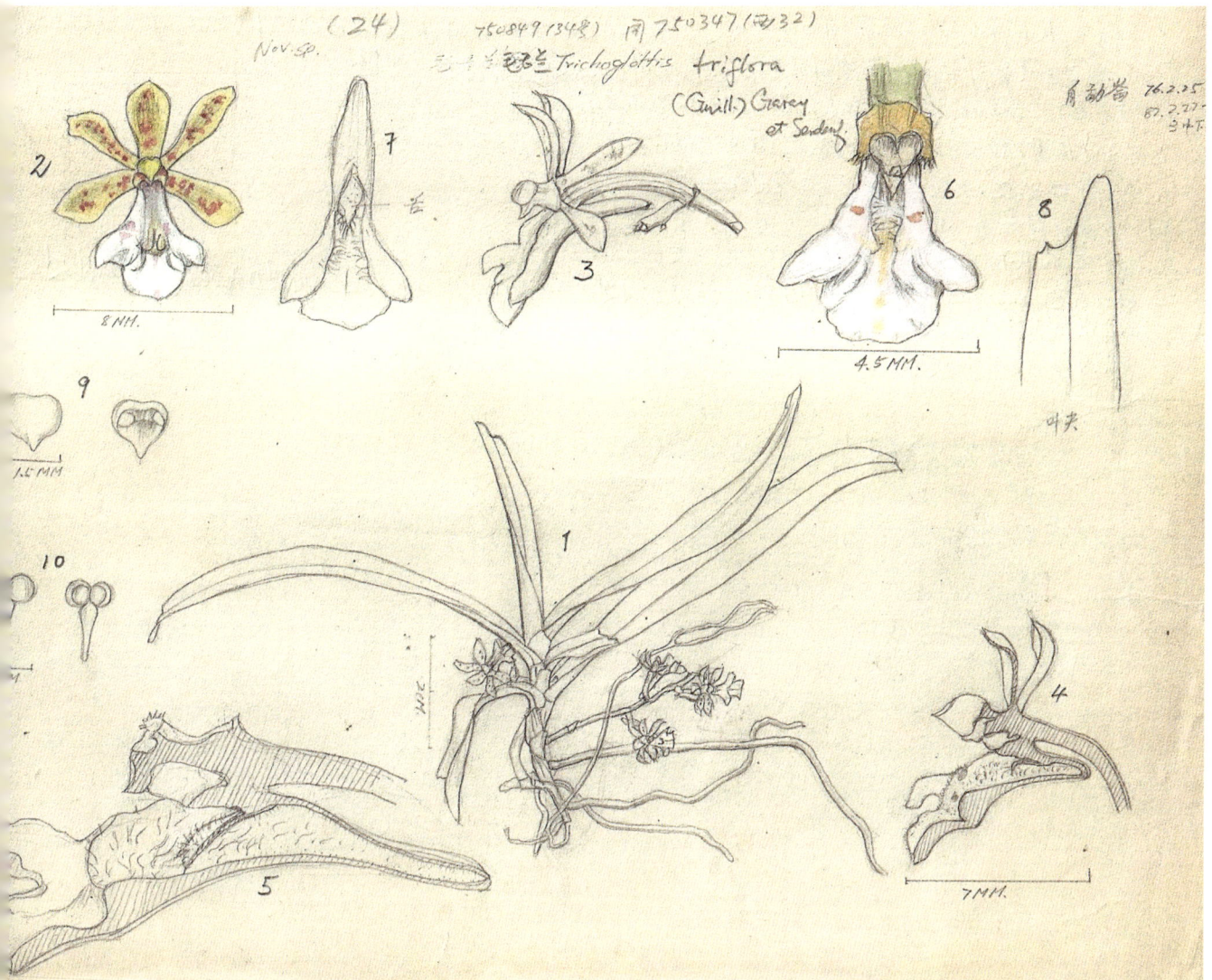

瓣 狭卵状披针形，先端截平，长约 4 毫米、宽 1.5 毫米。**唇瓣** 白色具紫红色斑点，长约 5 毫米、宽约 4 毫米，基部狭，向中部逐渐展宽，3 裂：**侧裂片** 直立，状如鹦鹉嘴，白色，基部有一紫红斑点，长 1.5 毫米、宽约 1 毫米；**中裂片** 半圆形，白色，在与距连接处略呈铬黄色，长约 2.5 毫米、宽约 2 毫米；在中裂片与侧裂片相接处有疣状凸起，由此直至距

筒内部均密被白色针状毛；距口上壁近蕊柱基部具一长圆形淡黄色舌状物。**药帽** 铬黄色；**花粉块** 4 枚，淡黄色，球形，2 大 2 小，每 2 枚为 1 组；**柄** 透明，白色；**黏盘** 厚，圆盘状。**花期** 2～3 月。

**产地和分布：**产于云南南部。分布于越南、泰国。**模式标本**采自越南。

**生态：**附生兰。附生于海拔 1180 米的山地林中树干上。

**图 240 毛舌兰**
*Trichoglottis triflora*
(Guillaum.) Garay et Seidenf.

1 植株　2 花正面
3 花侧面　4 花纵剖面
5 蕊柱及唇瓣纵剖面
6 蕊柱及唇瓣俯视
7 唇瓣俯视　8 叶尖
9 药帽　10 花粉块
（1976/02/25 程式君采自云南勐仑，并绘图）

# 3.71 万代兰属 *Vanda* W. Jones ex R. Br.

**历史：** 本属于 1795 年由 W. Jones 爵士在《亚洲研究》（*Asiatic Researches*）第 4 卷中创立。拉丁属名 *Vanda* 是梵文中代表产于印度和孟加拉国的黑珊瑚（*V. tesselata*）及在相似生境中的其他兰花，甚至包括某些桑寄生科植物的一个名词。

**分类和分布：** 万代兰属隶属兰科兰亚科万代兰族的指甲兰亚族。本属共有 40 ～ 45 种，广泛分布于自锡兰和热带喜马拉雅地区往东至台湾、菲律宾和琉球群岛，往南经印度尼西亚至新几内亚和澳大利亚的广大地区。我国有 10 种，产于南方热带、亚热带省区。

**本属模式种：** 黑珊瑚 *Vanda tesselata* (Roxb.) G. Don（*V. roxburghii* R. Br.）

**生态类别：** 附生兰。

**形态特征：植株** 单轴型，直立或攀援状，多为附生或石生，极少地生。**根** 索状，为粗长的肉质气根，组成发达根系。**茎** 颇粗壮，多节，节间短。**叶** 在茎上排成 2 列，与茎形成锐角，带状，质硬，中脉凹陷如沟，叶端多呈啮蚀状。**花序** 单生，自叶腋抽出，多少直立，疏具花数朵。**花** 中型或大型，花色华丽，颇肉质，通常具长柄。**萼片与花瓣** 近相等，或有时萼片较阔，向基部收窄，边缘多少反卷，常常旋卷或呈波状皱，通常具方格纹。**唇瓣** 固定贴生于非常短而不明显的蕊柱足上，具短距，3 裂，距内无附属物，但中裂片上常有低而钝的纵行隆起或龙骨，在中裂片基部的距口附近更常有一两个小胼胝体。**蕊柱** 短而粗，两侧向基部逐渐加宽；**蕊喙** 的延长部分短而宽，移去黏盘后呈 2 齿状；**黏盘** 大，横椭圆形，**黏盘柄** 短而宽，在 2 裂的花粉块下方。

**用途：** 万代兰属是重要的观赏兰花，为兰科四大观赏兰属之一。它的成员花朵艳丽多姿，花色极为丰富，观赏价值极高，而且栽培容易。在全世界广为栽培，并育成大量的观赏品种。其自然杂交种"卓锦万代兰（*Vanda* 'Miss Joaquim'）"是新加坡的国花。

# 241 白柱万代兰

**学名：** *Vanda brunnea* Rchb. f.

（曾用学名：*Vanda henryi* Schltr.；*Vanda denisoniana* var. *hebraica* Rchb.f.；*Vanda bensonii* auct. non Batem；*Vanda denisoniana* auct. non Benson et Rchb. f.；*Vanda coerulescens* auct. non Griff. ex Lindl.）

**形态：植株** 中型，附生。**根** 单生于茎节上，褐色，状如电线，长约 50 厘米、直径约 0.7 厘米。**茎** 粗壮，为略扁的圆柱形，长约 40 厘米、宽 1.2 厘米、厚 0.9 厘米，为褐色的残留叶鞘所包被。**叶** 黄绿色，互生于茎上部的节上，排成 2 列，每茎具叶 5 ～ 9 枚；叶长而扭曲，阔披针形至带状披针形，长 12 ～ 25 厘米、宽 2 ～ 3 厘米，前半段常略下垂，先端不等 2 裂或为 2 ～ 3 不整齐尖齿，基部具关节和抱茎的鞘；中脉在叶表凹陷、在叶背隆起。**花序** 自叶腋抽出，总状，疏生花 5 ～ 6 朵；**花序柄** 绿色染紫晕，径 4 ～ 5

图 241 白柱万代兰 *Vanda brunnea* Rchb. f.
1 植株　2 花　3 花纵剖面　4 唇瓣中裂片　5 药帽　6 花粉块　7 叶尖　8 果
（1976/02/12 程式君采自云南西双版纳茶山，并绘图）

毫米，近基部处有 3 节，每节为一个褐色、圆筒状、长 2～4 毫米的鞘所包围；**花苞片** 半月形，褐色、膜质，长 2.2 毫米、宽 5 毫米。**花** 大而明显，横径 3.7 厘米、竖径 4 厘米；**花梗连子房** 长约 5 厘米、径约 0.3 厘米，稍扭转，白色；**萼片与花瓣** 表面紫褐色，隐约可见稍隆起的网格纹，边缘橄榄绿色，背面上半部淡褐色、下半部淡黄绿色；**中萼片** 倒卵形，长 2 厘米、宽 1.2 厘米，边缘波状，略背卷；**侧萼片** 阔卵形，

比中萼片宽大，长 2 厘米、宽 1.5 厘米，边缘波状；**花瓣** 倒卵形，长 2 厘米、宽 1.3 厘米，边缘强波状。**唇瓣** 3 裂：**侧裂片** 卵形，白色，基部有紫色斑，长 0.9 厘米、宽 0.7 厘米，下方有缺刻；**中裂片** 提琴形，长 1.7 厘米、基部宽 1.1 厘米，先端 2 裂，宽 1 厘米，中部最窄处宽 0.5 厘米；绿褐色，基部淡黄色、有紫色纹 4 条；**唇瓣** 基部有距，近距口有 2 枚白色、三角形的凸起物。**蕊柱** 粗壮，无蕊柱足，白色染紫晕，长约 0.8

厘米、基部最宽处 0.9 厘米、顶部 0.5 厘米；**药帽** 淡黄色；**花粉块** 球形，柠檬黄色，4 枚分为 2 组；**黏盘** 大，白色透明。**花期** 2～3 月。

**产地和分布：** 产于云南南部。分布于缅甸、泰国。**模式标本** 采自缅甸。

**生态：** 附生兰。喜附生于海拔 800～1800 米的疏林中或林缘、阳光充足的树干上。

**用途：** 为美丽的兰花，可栽培供观赏或作为育种亲本。

# 242　大花万代兰

**学名：** *Vanda coerulea* Griff. ex Lindl.

**形态：植株** 中型或大型，单轴型附生兰。**茎** 粗壮，长 5～150 厘米、直径 0.8～1.5 厘米。**叶** 革质，舌状，排成 2 列，长 7.5～25 厘米、宽 2～3 厘米，叶端歪截形且具 3 齿。**花序** 腋生，直立或近直立，长 20～60 厘米，疏生 3～15 朵花；**花序柄及花序轴** 淡黄绿色，密布多数紫色点；花序轴呈"之"字形曲折；**花苞片** 卵圆形，膜质，长 1.2 厘米、宽 0.6 厘米。**花** 大而美，质薄，开展，径 8.3 厘米 × 9.2 厘米，紫蓝色，初开时色较深，逐渐变淡，有由纵横脉组成的整齐方格网纹；**花梗** 连子房 长约 5 厘米，粗壮，扭曲，呈淡紫色；**中萼片** 椭圆形，边全缘，略呈波状，长 4.7 厘米、宽 2.7 厘米，有脉 7 条；**侧萼片** 阔椭圆形，边缘略呈波状，长 5 厘米、宽 4 厘米，有脉 8 条；**花瓣** 阔卵圆形，具爪，边缘略呈波状，基部扭曲，长 4.5 厘米、宽 3.2 厘米，有脉 9 条。**唇瓣** 较肉质而厚，线状长圆形，长 1.5 厘米、宽 0.6 厘米，3 裂：**侧裂片** 与蕊柱足相连，白色，端部钩状；**中裂片** 窄长圆形，先端稍内凹，上有两条增厚的脊，脊端瘤状；**距** 长而下弯，长 1.1 厘米、最宽处 0.4 厘米，带蓝紫晕。**蕊柱** 长约 4 毫米，白色，基部带蓝紫晕；**蕊柱足** 基部两裂片之间有黄色斑块，其下直至距筒内染蓝紫色晕；**药帽** 白色，顶部有小凸起，两旁有 2 枚铬黄色眼状点，点边缘为紫色；**花粉块** 圆球形，4 枚，分为两组；**柄** 短，白色半透明；**黏盘** 阔大。花期 10～11 月。

**产地和分布：** 产于云南南部。分布于印度、缅甸、泰国。

**模式标本** 采自印度。

**生态：** 附生兰。喜阳光，耐霜寒，多附生于海拔 800～1600 米的河岸或山地疏林中，特别是有明显旱季的落叶林区域的裸露树干上。

**用途：** 本种的花朵是万代兰属各种中最大的，花形和花色非常美丽，是观赏价值极高的兰花。它还是重要杂交品种的育种亲本，特别是蓝色系品种的育种源。

**图 242** 大花万代兰 *Vanda coerulea* Griff. ex Lindl.
1 植株　2 花正面　3 花纵剖面　4 唇瓣　5 药帽　6 花粉块
（1975/10/31 程式君采自云南西双版纳大渡岗，并绘图）

# 243 琴唇万代兰（别名：同色万代兰，松兰）

**学名：** *Vanda concolor* Bl.

（曾用学名：*Vanda cruenta* Lodd. ex Sweet; *Vanda esquirolei* Schltr.; *Vanda guangxiensis* Fowlie; *Vanda roxburghii* var. *unicolor* Hook.）

**形态：** **植株** 小型至中型，单轴型附生兰。**茎** 短，一般长 4～15 厘米，有时更长。**叶** 数枚，在茎上排成 2 列，革质，带状，长 20～30 厘米、宽 1～3 厘米，中部以下常呈"V"形对折，先端不等 2 裂成 2～3 枚尖齿状，基部具鞘；鞘宿存并抱茎。**花序** 腋生，1～3 个，长 11～17 厘米，不分枝，具花 4～8 朵；**花序柄** 长 6～9 厘米，具膜质鞘 2～3 枚；**花苞片** 卵形，长约 3 毫米。**花** 直径 3～4 厘米，质厚，有香气；**花梗连子房** 长 4～4.5 厘米，纤细，白色；**花萼及花瓣** 正面黄褐色，背面白色；**萼片** 相似，长圆状倒卵形，长约 1.6 厘米、宽约 1 厘米，先端钝，基部收窄，边缘略呈波状；**花瓣** 端圆基窄，形似匙形，长约 1.5 厘米、宽约 0.8 厘米，边缘略呈波状。**唇瓣** 3 裂：**侧裂片** 白色染淡黄晕，腹面并具多数紫色斑点，直立，近镰刀状或为披针形，端钝；**中裂片** 提琴形，长约 1.2 厘米、宽约 0.7 厘米，下半部褐黄色，上半部淡黄色，

具 6 条黄褐色带状脊突，近先端处缢缩，先端扩大并稍 2 圆裂；**距** 白色，细圆筒形，长约 8 毫米、径约 1.3 毫米，距内近距口处被短毛；**蕊柱** 白色，长约 7 毫米；**药帽** 黄色。花期 4～5 月。

**产地和分布：** 我国产于广西、海南、贵州、云南。越南北部也有分布。**模式标本** 采自中国。

**生态：** 附生兰。喜温暖或冷凉。多附生于海拔 700～1600 米的疏林下或林缘的树干上或岩石上。

**用途：** 花美丽而芳香，是有高度观赏价值的兰花和育种亲本。

图 243 琴唇万代兰 *Vanda concolor* Bl.
1 植株　2 花正面　3 花纵剖面
4 唇瓣　5 药帽　6 花粉块
（1961/11/06 广州兰圃采自海南，
1982/01 程式君绘）

# 244 广东万代兰

**学名：** *Vanda kwangtungensis* S. J. Cheng et C. Z. Tang

（本种为本书作者唐振缁和程式君于 1986 年 8 月发表的新种，新种描述刊登在《云南植物研究》[8（2）：213-221，1986]、唐振缁和程式君的《我国万代兰属植物》一文中的 218-220 页）

**拉丁文原始描述：** *Vanda kwangtungensis* S. J. Cheng et C. Z. Tang, sp. nov.

Affinis *V. tessellata* (Roxb.) G. Don, sed foliis grandioribus； floribus minoribus； labello sepalis lateralibus longiore ； sepalo dorsali flavovirenti； calcari longiore et gracilliore distinguenda.

Herba epiphytica, c. 36cm alta. Folia 5-9, disticha,coriacea,late linearia, conduplicata, c. 25cm longa et c. 2.5cm lata, curvata, apice inaequaliter biloba et leviter erosa. Inflorescentia axillaris, c. 10cm longa, 3-6 floribus. Flos c. 3.7cm diam. , carnosulus, odoratus； sepalo dorsali ovato-spathulato, unguiculato, 1.6-1.7cm longo, usque ad 0.8cm lato, brunneo, obscure reticulate, ad apicem flavovirentio； sepalis lateralis latioribus, c. 1.5cm longis, 0.8-1cm latis, brunneis, obscure unguiculatis； petalis spathulatis, expansis, undulates, leviter reflexis, manifeste unguiculatis, brunneis, apice flavovirentis, c. 1.7cm longis, usque ad 1cm latis. Labellum trilobatum, c. 1.9cm longum, c. 0.6cm latum； lobo intermedio pandurato, pubescente dilute flavovirente, 1.5cm longo, ad basim c. 0.7cm lato, ad medium 0.4cm lato, apice dilatato, c. 0.9cm lato, retuso； lobis lateralibus ovato-triangularibus, erectis, dilute flavis cum striis brunneis. Calcar gracile, 0.9-1cm longum, c. 0.2 cm diam. , apice leviter flexum. Columna brevis, c. 0.7cm longa, c. 0.4cm lata, eburnean. Ovarium cum pedicello c. 4cm longum, flavovirens.

**Guangdong:** Yingde, Shaba District, Xingtang, on limestone hill, 15 May 1981, S. J. Cheng 811186 (**Typus!** SCBI).

**形态：植株** 高约 36 厘米。**叶** 5 ～ 9 枚，排成 2 列；叶革质，带状，对折；长约 25 厘米、宽约 2.5 厘米，略呈弧形下垂，先端不等 2 裂且具不整齐齿。**总状花序** 自叶腋抽出，长约 10 厘米，具花 3 ～ 6 朵。**花** 直径约 3.7 厘米，肉质，有微香；**子房连花梗** 长约 4 厘米，黄绿色；**中萼片** 卵状匙形，有爪，长 1.6 ～ 1.7 厘米、最宽处约 0.8 厘米，褐色，近先端边缘黄绿色，具不明显格状纹；**侧萼片** 似中萼片但稍宽，长约 1.5 厘米、最宽处 0.8 ～ 1 厘米，褐色，爪不明显；**花瓣** 匙形，伸展，有明显的爪，边缘波状，稍反折，长 1.7 厘米、最宽处 1 厘米，褐色，端部黄绿色。**唇瓣** 长 1.9 厘米、宽约 0.6 厘米，3 裂：**中裂片** 琴形，长约 1.5 厘米、基部宽约 0.7 厘米、中部收窄为 0.4 厘米、端部扩大为 0.5 厘米，先端微凹形成 2 圆裂，淡黄绿色，表面被茸毛，具两条纵向棱脊；**侧裂片** 卵状三角形，直立，淡黄色有褐色条纹。**距** 细长而尖，长 0.9 ～ 1 厘米、径约 0.2 厘米，端部稍向后弯。**蕊柱** 短，长约 0.7 厘米、宽约 0.4 厘米，黄白色。**花期** 5 ～ 6 月。有些作者将广东万代兰作为琴唇万代兰的异名，实属大错。今将二者的差别列表比较如下。

| | 广东万代兰 | 琴唇万代兰 |
|---|---|---|
| 叶 | 较窄而长，较软，呈弧形下垂或下垂 | 较宽而短，较硬，呈弧形平展 |
| 花瓣 | 长于侧萼片 | 短于侧萼片 |
| 唇瓣 | 长于侧萼片 | 短于侧萼片 |
| 唇瓣中裂片 | 淡绿黄色，具2条淡黄纵棱脊 | 褐色，具5～6条褐色纵棱脊 |
| 唇瓣侧裂片 | 有多条褐色条纹 | 白色，无任何条纹 |
| 距 | 细长而尖，长约10毫米 | 较短而钝，长约8毫米 |

**产地和分布：** 产于广东北部。

**模式标本** 于 1981 年 5 月 15 日采自中国广东英德县沙坝区兴塘乡（程式君 811186 号，存华南植物研究所标本馆）。

**生态：** 附生兰。生于石灰岩山上。

**用途：** 为本属中的稀有种类。可栽培供观赏。

图 244 广东万代兰
**Vanda kwangtungensis**
　　S. J. Cheng et C. Z. Tang
1 植株
2 花正面
3 花正侧面
4 花纵剖面
5 蕊柱纵剖面
6 唇瓣
7 药帽
8 花粉块
（1981/05/15 程式君采自广东英德，并绘图）

# 245 纯色万代兰

**学名：** *Vanda subconcolor* T. Tang et F. T. Wang
（曾用学名：*Vanda subconcolor* var. *disticha* T. Tang et F. T. Wang；*Vanda roxburghii* auct non R. Br.）

**形态：** **植株** 单轴型附生，中型，高 25～30 厘米。**茎** 粗壮，长 15～18 厘米或以上、直径约 1 厘米。**叶** 多枚，互生，在茎上排成 2 列；肉质，带状，长 14～20 厘米、宽约 2 厘米，略向外呈弧弯，中部以下呈"V"形对折，先端裂成 2～3 不等长的尖齿，基部具抱茎且宿存的鞘。**花序** 不分枝，长约 17 厘米，疏生花 3～6 朵；**花序柄** 具鞘 2 枚；**花苞片** 阔卵形，端钝，长约 3 毫米。**花** 开展，径 4～4.5 厘米，质厚，芳香；**花梗连子房** 长 4～7 厘米，白色；**萼片及花瓣** 腹面黄绿色密布褐黄色细点，骤看似褐黄色，具背面则白色带绿；**中萼片及花瓣** 均为倒卵状匙形，先端圆钝，边缘强烈波状，中部以下收窄，且两侧边缘外反，中萼片 略前倾，**花瓣** 分别由两侧呈弧形下弯；**侧萼片** 倒卵状长圆形，略向唇瓣方向呈弧形内弯，前端钝，边缘呈波状皱，由中部至基部的两侧背卷；**中萼片** 长 2.2～2.8 厘米、中部宽 1～1.2 厘米；**侧裂片** 与中萼片近等长但较宽，中部宽 1.4～1.5 厘米；**花瓣** 比中萼片略小。唇瓣 3 裂：**侧裂片** 紫红色，仅边缘为乳黄色或间有乳黄色细点，直立，呈卵状三角形，长 7～9 毫米、宽约 6 毫米，端钝；**中裂片** 乳黄色，上有 6 条紫红色条斑，条斑的后段由紫红点组成，至中段逐渐增粗，近先端时则数条融合成一片紫红色，长约 1.4 厘米、基部宽约 1 厘米，卵形，中部以上收窄且两侧边缘背反，先端扩大且中央略凹；**距** 长约 3 毫米，圆锥形。**蕊柱** 白色，中部有少数紫红斑点，粗而短，长约 7 毫米；**药帽** 乳黄色；**花粉块** 柠檬黄色，4 枚分成 2 组，每组 1 大 1 小；**黏盘柄及黏盘** 白色半透明。花期 2～3 月，单花花寿 25～30 天。

**产地和分布：** 产与海南和云南。**模式标本**采自中国海南。

**生态：** 附生兰。喜中等光照。多附生于海拔 600～1000 米的疏林中树干上。

**用途：** 花美丽芳香，可栽培供观赏，或用作杂交育种亲本。

图 245 纯色万代兰 *Vanda subconcolor* T. Tang et F. T. Wang
1 植株　2 花正面　3 花纵剖面　4 子房、蕊柱、唇瓣　5 药帽
6 花粉块　7 蒴果（1973/11 孙达祥等采自海南，1974/03/21 程式君绘）

## 3.72 香荚兰属 *Vanilla* Plumier ex P. Mill.

**历史：** 虽然有的学者认为本属是 O. Swartz 于 1799 年在《新乌普萨拉科学学报》（*Nova Acta Regiae Societatis Scientiarum Upsaliensis*）中描述的，其实 Philip Miller 早在 1754 年已经于《园丁字典》（*Gardener's Dictionary*）第 4 版中首次描述发表了。拉丁属名 *Vanilla* 源自西班牙文 *vainilla*（小荚果），意指本属细长的荚果。

**分类和分布：** 香荚兰属隶属兰科兰亚科树兰族的香荚兰亚族。本属的攀援特性与万代兰属（*Vanda*）及其相邻属近似，但香荚兰属每个节上与叶相对的位置具不定根，可与后者区别。其邻近地面的不定根常分枝并伸入枯叶层中。在地生兰中，只有香荚兰属（*Vanilla*）和山珊瑚属（*Galeola*）具有像万代兰亚族那样发达的单轴型攀援习性。本属共约有 70 种，分布于全球热带地区；我国有 2～3 种，产于南部热带省区。

**本属模式种：** 墨西哥香荚兰 *Vanilla mexicana* P. Mill.（*Epidendrum vanilla* L.）

**生态类别：** 附生或地生攀援藤本。

**形态特征：** **植株** 单轴型。**茎** 攀缘，分枝，通常为藤状，每节上具一枚叶和不定根。**叶** 较大或罕为鳞片状，互生，肉质、革质、纸质或膜质。**花序** 短，总状或穗状，腋生或近顶生。**花** 大型，花寿短，艳丽；花部分离，平展或呈环状。**唇瓣** 具明显的爪，与蕊柱足粘连，基部多少旋卷，上部全缘或 3 裂。**蕊柱** 细长，下部常有短毛；**花药** 内曲；**花粉块** 粉状或粒状。**果** 为肉质荚果，长圆柱形，通常不开裂。

**用途：** 本属部分种类的果实可加工制造食品香料 vanilla，具相当高的经济价值。

# 246 台湾香荚兰

**学名：** *Vanilla somai* Hayata

[ 曾用学名：*Vanilla griffithii* Rchb. f. var. *formosana* Ito；*Vanilla ronoensis* Hayata；*Vanilla griffithii* Rchb. f. var. *ronoensis* (Hayata) S. S. Ying；*Vanilla grifithii* auct. non Rchb. f.；*Vanilla albida* auct. non Bl. ]

**形态：** **植株** 攀缘大藤本。**茎** 长可达十余米，径约 1 厘米，绿色，光滑；多节，节间长约 6 厘米，节上具叶 1 枚及 1 条与叶对生、灰绿色的气生根，**根** 长约 6 厘米、直径约 0.2 厘米，呈粗线状。**叶** 多数，互生于茎上，排成 2 列；深绿色，厚革质，光滑无毛，倒卵状长圆形，先端短渐尖，基部为稍偏斜的圆形；长约 15 厘米、最宽处约 6 厘米；叶柄极短。**花序** 总状，自叶腋抽出，侧扁，花序连花长宽各约 10 厘米；**花苞片** 深绿色，革质，互相套叠。**花** 淡黄绿色，直径约 7 厘米、长约 7 厘米；**花梗连子房** 长 3～4 厘

(Vanilla moonii Thw. ?)

广东香荚兰（阳春粒兰）

台湾香荚兰

V. somai Hayata

**图 246 台湾香荚兰 *Vanilla somai* Hayata**

1 植株及花　2 花纵剖面　3 药帽　4 花粉块　（采自广东肇庆鼎湖鸡笼山，栽培于华南植物园。1975/02/18 程式君绘）

米、径约 0.6 厘米，草绿色；**萼片**与**花瓣**相似，淡黄绿色，尖端深绿色，倒卵状披针形；**中萼片**长 6 厘米、最宽处 1.5 厘米；**侧萼片** 长 5.6 厘米、最宽处约 2 厘米，背面中肋隆起；**花瓣** 比萼片略短而阔，长约 5.5 厘米、最宽处约 2.4 厘米，中肋两面均隆起。**唇瓣** 淡黄色具紫褐色条纹，2/3 与蕊柱联合而形成漏斗状，此部分具浅玫瑰色晕，唇瓣中央有 1 条毛毡状带，后部约 1/3 处密生白色肉刺状毛，前部 2/3 具 3 行黄褐色至白色肉刺状毛。**蕊柱** 白色，长 3 厘米、宽约 0.4 厘米，下弯，腹面近柱头处有长 1 厘米的紫红色纵纹数条；**药帽** 较蕊柱略黄，基部在花渐凋时变棕褐色；**花粉块** 较大，4 枚，柠檬黄色，无黏盘。**花期** 2 ～ 4 月。

**产地和分布：** 产于台湾和**广东（新分布！**肇庆鼎湖鸡笼山及从化三角山）。

**生态：** 附生兰，有时为地生藤本。多生于海拔 1200 米以下的林下树干上或溪边阴湿岩石上。

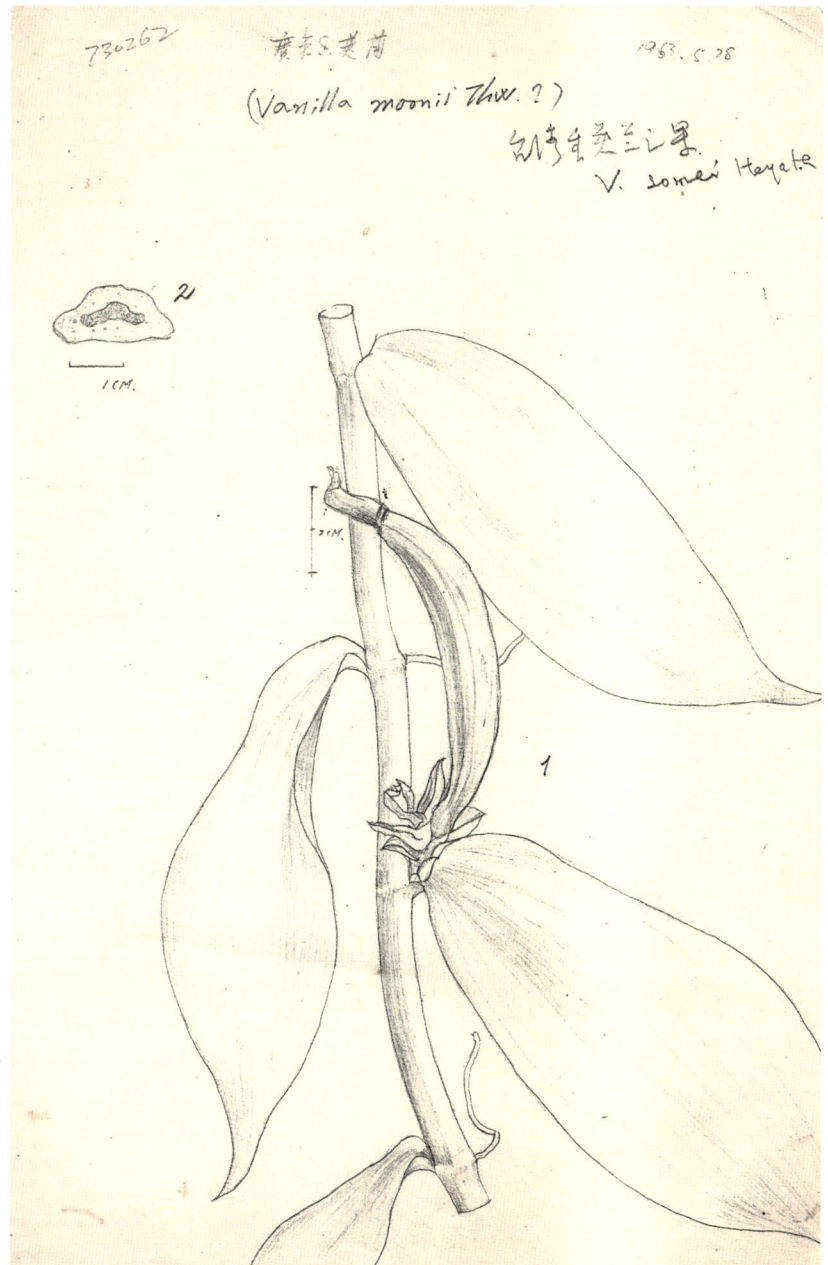

**图** 246a 台湾香荚兰
**Vanilla somai** Hayata 之果

1 具果的枝条
2 果的横断面
（采自肇庆鼎湖鸡笼山，栽培于华南植物园。1963/05/28 程式君绘）

# 3.73 线柱兰属 *Zeuxine* Lindl.

**历史：** J. Lindley 于 1825 年在其《植物学采集》（*Collectanea Botanica*）中发表了<u>线柱兰属</u>（*Zeuxine*）。拉丁属名 *Zeuxine* 源自希腊文 *zeuxis*（结合），意指唇瓣的部分与蕊柱联合。

**分类和分布：** <u>线柱兰属隶属兰科兰亚科鸟巢兰族的斑叶兰亚族</u>。全属共约有 50 种，分布于非洲和亚洲的热带、亚热带地区；我国有 13 种，产于长江以南诸省区，其中以台湾最多。

**本属模式种：** 具槽线柱兰 *Zeuxine sulcata* (Roxb.) Lindl.

**生态类别：** 地生或罕为附生兰。

**形态特征：** **根状茎** 肉质，匍匐，常伸长，茎状，具节；每节上生 1 条粗根。**茎** 肉质，直立向上，圆柱状，具叶。**叶** 略呈肉质，卵形、披针形至长圆状卵形，具柄或近无柄，上面绿色或沿中脉具一白色带，有些种类的叶在花期凋萎。**花序** 总状，顶生，具少或多数花。**花** 颇小，不张开，唇瓣位于下方。**萼片** 分离，被毛或秃净；**中萼片** 内凹，与花瓣形成盔状；**侧萼片** 围抱唇瓣基部；**花瓣** 长度与中萼片近相等，但比后者较窄、较薄。**唇瓣** 基部与蕊柱粘连，凹陷呈囊状，腹面基部通常具 2 胼胝体，中部收窄成短爪，前部阔大叉开成 2 裂片。**蕊柱** 短，有或无纵向的翅状附属物；**雄蕊** 2 室；**花粉块** 2 枚，每个多少纵裂为二，粒粉质，柄短，具一共同黏盘；**蕊喙** 明显，直立，叉状 2 裂；**柱头** 2 个，分离，位于蕊喙基部的两侧。**蒴果** 直立。

# 247 线柱兰

**学名：** *Zeuxine strateumatica* (L.) Schltr.

[ 曾用学名：*Orchis strateumatica* L.；*Spiranthes strateumatica* (L.) Lindl.；*Zeuxine sulcata* Lindl.；*Zeuxine membrabancea* Lindl.；*Zeuxine rupicola* Fukuyama；*Zeuxine strateumatica* (L.) Schltr. var. *rupicola* (Fukuyama) S. S. Ying]

**形态：** **植株** 小型，偶有中型，高 4 ～ 28 厘米。**根状茎** 白色至淡棕色，细而短，长 8 ～ 10 毫米、直径约 1 毫米，具节，每节具 1 枚块茎。**块茎** 腊肠状，长约 6 毫米、直径约 2.5 毫米，被毛。**茎** 直立或近直立，下部粉红色、上部褐绿色，粉红部分包括 3 节，具粉红色鳞片叶和肉质的根；褐绿部分松散丛生 5 ～ 9 枚橄榄绿色、包茎的叶。**叶** 较硬，肉质，直立，线状披针形，灰绿色，基部红色，光滑无毛，叶缘和叶脉粉红色；下部的叶长约 1 厘米、宽约 0.3 厘米，基部抱茎；中部的叶长约 3.5 厘米、宽约 0.5 厘米；上部的叶长约 2.5 厘米、宽约 0.3 厘米。**花序** 长 2 ～ 5 厘米，密生 5 ～ 25 朵花，无毛；**花苞片** 卵状披针形，先端渐尖且略弯，长约 1 厘米、宽约 0.3 厘米，光滑，粉红色具橄榄绿脉纹。**花** 直径约 5.5 毫米，唇瓣位于下方，无柄；**萼片和花瓣** 白色略带浅粉，基部稍染绿色，具粉

红色脉纹；**唇瓣** 基部白色带浅粉，中部以上转为淡黄绿色；**子房** 倒卵状椭圆形，较粗，长4～7毫米，淡绿色，具螺旋状纵脊，光滑无毛；**中萼片** 卵状长圆形，端钝，长6～6.5毫米、宽约2.5毫米，内凹，基部囊状，与花瓣黏合成盔状，罩在蕊柱和唇瓣之上，无毛；**侧萼片** 偏斜的长圆形，端钝，长4～4.5毫米，无毛；**花瓣** 线形，歪斜，长4.5～6毫米、宽约1.8毫米。**唇瓣** 肉质，具乳突，长约4毫米，中部缢缩，唇瓣基呈浅囊状，上唇先端不明显2裂，两侧各具1枚白色、长圆形的腺体。**蕊柱** 长约1毫米，两侧膜质，膨大，与唇瓣的基部融合；在融合处上方两侧，各有1枚灰色光亮的腺体；**雄蕊** 红棕色，卵状长圆形，具2条灰绿色的平行纵脊。**蒴果** 长圆状卵形，淡褐色，长约5毫米、直径约3毫米，顶端具残留的宿存花被。**花期** 12月至次年4月。

**产地和分布：** 广布于福建、台湾、湖北、广东、广西、海南、香港、四川、云南等省区。日本、菲律宾、马来西亚、新几内亚、老挝、柬埔寨、越南、缅甸、斯里兰卡、印度、阿富汗等地也有分布。**模式标本**采自斯里兰卡。

**生态：** 地生兰。多生于海拔1000米以下的沟边和河边的潮湿草地，甚至全日照的城郊荒废地和城市草坪也有生长。

**图 247 线柱兰**
*Zeuxine strateumatica* (L.) Schltr.

1 植株
2 花序
3 花正面
4 花侧面
5 花纵剖面
6 花瓣
7 唇瓣
8 药帽
9 花粉块
（1975/01/29 程式君采自广州 157 医院，1983/03/11 程式君绘）

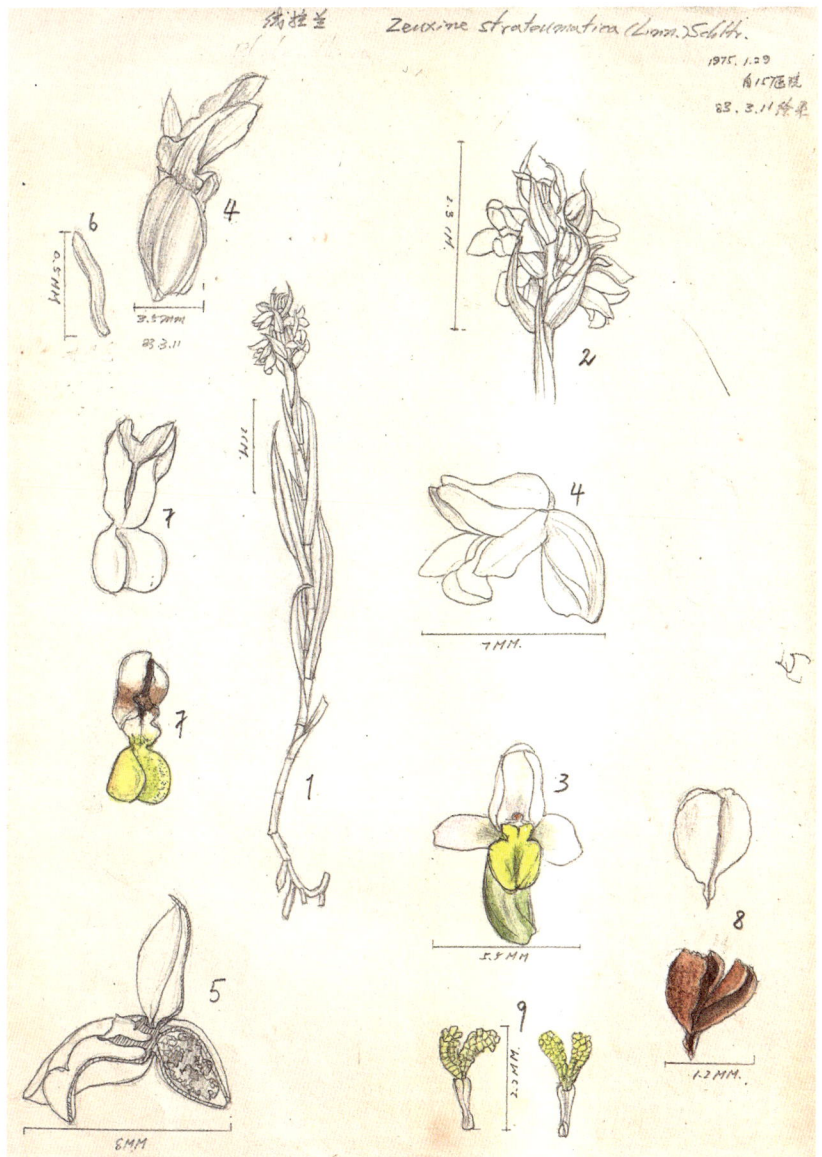

# 主要参考文献

陈榕生，叶秀端．2000．厦门植物园植物名录．厦门：厦门植物园，227-232.

陈心启，吉占和．1998．中国兰花全书．北京：中国林业出版社.

陈心启，吉占和，郎楷运．1999．中国植物志（第17、第18、第19卷）．北京：科学出版社.

陈心启，刘方媛．1982．云南几种兜兰属植物．云南植物研究，4(2): 163-176.

程式君．1982．美国的兰花工业化生产．世界农业，(4): 19-21.

程式君．1983．广东的石斛种类及其栽培．广东园林，(2): 27-31.

程式君．1984a．关于保护和发掘利用我国兰花种质资源的建议．广东园林，(4): 43-44.

程式君．1984b．兰花花粉块生命力保存的方法．园艺学报，11(4): 279-280.

程式君．1985．石斛属的引种栽培．植物引种驯化集刊，(4): 59-63.

程式君．1986a．石斛的人工授粉．中国科学院华南植物研究所季刊，(3): 46-49.

程式君．1986b．中国の蘭资源及びその利用概况．西武舞鹤植物研究所报告，(2): 103-106.

程式君，胡志衡，李秀兰，陈瑞阳．1985．国产石斛属染色体研究初报．园艺学报，12(2): 119-124.

程式君，唐振缁．1980．石斛属一新种．植物分类学报，18(1): 98-99.

程式君，唐振缁．1984．中国石斛属新发现．云南植物研究，6(3): 280-284.

程式君，唐振缁．1986．中国万代兰属植物．云南植物研究，8(2): 213-221.

程式君，唐振缁．1988．中国原产万代兰属植物．洋兰月刊，(29): 19-29.

冯国楣．1988．中国珍稀野生花卉．北京：中国林业出版社.

广东省植物研究所．1977．海南植物志（第四册）．北京：科学出版社，185-264.

贵州省中医研究所．1976．贵州石斛的调查研究．贵州省中医研究所内部参考资料.

杭州植物园．1963．杭州植物园栽培植物名录．杭州：杭州植物园，179-180.

吉占和．1980．中国石斛属的初步研究．植物分类学报，18(4): 427-449.

吉占和，陈心启．1995．云南西双版纳兰科植物．植物分类学报，33(3): 281-296.

庐山植物园．1982．庐山植物名录．九江：江西庐山植物园，321-325.

麦奋．1987．拖鞋兰 - 芭菲尔鞋兰属．台湾：淑馨出版社.

麦奋．1990．亚洲原产拖鞋兰图谱．台湾：淑馨出版社.

沙文兰，罗金裕．1978．中药石斛原植物和药材调查．广西医药研究所科技资料，(13): 1-44.

松泽正二．2001．洋兰家庭栽培．北京：中国林业出版社.

唐振缁，程式君．1982．中国鹤顶兰属（兰科）一新种．植物分类学报，20(2): 199-201.

唐振缁，程式君．1984．中药"霍山石斛"原植物的研究．植物研究，4(3): 141-146.

唐振缢, 程式君. 1985. 广东鹤顶兰属一新种. 植物研究, 5(2): 141-143.

唐振缢, 程式君. 1986. 广东石斛属的研究. 中科院华南植物研究所集刊, (2): 7-32.

王用平. 1984. 贵州产石斛属植物引种驯化研究. 贵州: 贵州省植物园, 07.

吴德邻, 胡启明, 陈忠毅. 2006. 广东植物志第七卷. 广州: 广东科技出版社, 324-499.

吴应祥, 陈心启. 1980. 国产兰属分类研究. 植物分类学报, 18(3): 292-307.

叶秀粦, 程式君, 王伏雄, 钱南芬. 1988. 黑节草未成熟种子的形态发育及其在离体培养时的表现. 云南植物研究, 10(3): 285-290.

中国科学院华南植物园. 2005. 华南植物园植物名录. 广州: 华南植物园.

中国科学院昆明植物研究所. 1988. 昆明植物园栽培植物名录. 昆明: 云南科技出版社, 181-195.

中国科学院云南热带植物研究所. 1983. 西双版纳植物名录. 昆明: 云南民族出版社, 429-441.

中国科学院植物研究所. 1976. 中国高等植物图鉴 ( 第五册 ). 北京: 科学出版社, 602-772.

中国科学院植物研究所. 1996. 新编拉汉英植物名称. 北京: 航空工业出版社.

Barretto G, Cribb P, Gale S. 2011. The Wild Orchids of Hong Kong. Kota Kinabalu: National History Publications (Borneo).

Bechtel H, Cribb P, Launert E. 1980. The Manual of Cultivated Orchid Species. London: Ward Lock Limited.

Birk L A. 1983. The Paphiopedilum Grower's Manual. Santa Barbara: Pisang Press.

Chase M W, Camaron K M, Barrett R L, Freudenstein J V. 2003. DNA data and Orchidaceae systematics: A new phylogenetic classification. *In*: Dixon K W, Kell S P, Barrett R L, Cribb P J. Orchid Conservation. Kota Kinabalu: Natural History Publication, 69-89.

Comber J B. 1990. Orchids of Java. London: Bentham-Moxon Trust, RBG Kew, UK.

Cribb P, Tang C Z. 1982a. *Spathoglottis* (Orchidaceae) in Australia and the Pacific Islands. Kew Bull, 36(4):721-729.

Cribb P, Tang C Z. 1982b. The genus *Paphiopedilum* (Orchidaceae) in China. The Plantsman, (3):165-176.

Cribb P, Tang C Z. 1983. The Chinese species of *Paphiopedilum*. The Orchid Review, 91(1075):160-165.

Cribb P, Tang C Z, Butterfield I. 1983. The genus *Pleione*. Curtis's Botanical Magazine, 184(3):93-147.

Dressler R. 1993. Phylogeny and classification of the Orchid family. Cambridge Mass: Harvard University Press.

Fowlie J A, Tang C Z. 1987. The rediscovery of *Paphiopedilum barbigerum* Tang & Wang in an Importation by Richard Jack Topper. Orchid Digest, 51(1):45-46.

Garay L A, Sweet H R. 1974. Orchids of Southern Ryukyu Islands. Cambridge Mass: Bot. Mus. , Harvard Univ.

Greatwood J, Hunt P F, Cribb P, Stewart J. 1993. The Handbook of Orchid Nomenclature and Registration, (4th ed.). London: The International Orchid Commission.

Hágsater E, Dumont V. 1996. Status Survey and Conservation Action Plan: Orchids, IUCN Gland, Switzerland and Cambridge, UK.

Holttum R E. 1964. Orchids of Malaya (vol. Ⅰ of Flora of Malaya) (3rd ed.). Singapore: Government Printing Office.

Hu Shiu-ying. 1977. The genera of Orchidaceae in Hong Kong. Hong Kong: The Chinese Univ Press.

Hu Shiu-ying. 1972-1975. The Orchidaceae of China. Quarterly Journ. Taiwan Mus, vols: ⅩⅩⅤ-ⅩⅩⅧ.

Puy D D, Cribb P. 1988. The genus *Cymbidium*. Portland: Timber Press.

Roberts J A, Beale C R, Benseler J C, McGough H N, Zappi D C. 1995. CITES Orchid Checklist, vol Ⅰ. The Trustees of the RBG Kew.

Schultes R E, Pease A S. 1963. Generic Names of Orchids. New York: Academic Press.

Seidenfaden G. 1971. Notes on the Genus Luisia. Dansk Botanisk Arkiv, 27(4): 1-101.

Seidenfaden G. 1973. Notes on Cirrhopetalum Lindl.. Dansk Botanisk Arkiv, 29(1): 1-260.

Seidenfaden G. 1975a. Orchid Genera in Thailand Ⅰ, Calanthe R. Br.. Dansk Botanisk Arkiv, 29(2): 1-50.

Seidenfaden G. 1975b. Orchid Genera in Thailand Ⅱ, Cleisostoma Bl.. Dansk Botanisk Arkiv, 29(3): 1-80.

Seidenfaden G. 1975c. Orchid Genera in Thailand Ⅲ, Coelogyne Lindl. Dansk Botanisk Arkiv, 29(4): 1-94.

Seidenfaden G. 1976. Orchid Genera in Thailand Ⅳ, Liparis L C Rich.. Dansk Botanisk Arkiv, 31(1): 1-105.

Seidenfaden G. 1977a. A Note on Dendrobium serpens (Hk. f. ) Hk. f. Gardens' Bull. ⅩⅩⅩ: 269-274.

Seidenfaden G. 1977b. Orchid Genera in Thailand Ⅴ, Orchidaceae. Dansk Botanisk Arkiv, 31(3): 1-149.

Seidenfaden G. 1978a. Orchid Genera in Thailand Ⅵ, Neottioideae Lindl.. Dansk Botanisk Arkiv, 32(2): 1-195.

Seidenfaden G. 1978b. Orchid Genera in Thailand Ⅶ, Obcronia Lindl. & Malaxis Sol. ex Sw. Dansk Botanisk Arkiv, 33(1): 1-94.

Seidenfaden G. 1979. Orchid Genera in Thailand Ⅷ, Bulbophyllum Thou. Dansk Botanisk Arkiv, 33(3): 1-228.

Seidenfaden G. 1980. Orchid Genera in Thailand Ⅸ, Flickingeria Hawkes & Epigeneium Gagnep. Dansk Botanisk Arkiv, 34(1): 1-104.

Seidenfaden G. 1982a. Contributions to the orchid flora of Thailand X. Nord J Bot, 2: 193-218.

Seidenfaden G. 1982b. Orchid genera in Thailand Ⅹ, Trichotosia Bl. & Eria Lindl.Opera Botanica, 62-April: 1-157.

Seidenfaden G. 1983. Orchid Genera in Thailand Ⅺ, Cymbidieae Pfi tz. Opera Botanica, 72: 1-124.

Seidenfaden G. 1985. Orchid Genera in Thailand Ⅻ, Dendrobium Sw. Opera Botanica, 83: 1-295.

Seidenfaden G. 1986a. A collection of orchids from Malaya. Nord J Bot, 6: 157-181.

Seidenfaden G. 1986b. Orchid Genera in Thailand , Thirty-three epidendroid Genera Opera Botanica, 89:1-216.

Seidenfaden G. 1988. Orchid genera in Thailand , Fifty-nine vandoid Genera Opera Botanica, 95: 1-398.

Seidenfaden G, Wood J J. 1992. The Orchids of Penninsular Malasia and Singapore Fredensborg: Olsen & Olsen.

Seidenfaden G. 1995. The Descriptiones Epidendrorum of J G Konig 1971. Fredensborg: Olsen & Olsen.

Sheehan T, Sheehan M. 1979. Orchid Genera Illustrated. New York, Cincinnati, Toronto, London and Melbourne: Van Nostrand Reinhold Company.

Sweet H R. 1980. The Genus *Phalaenopsis*. Laguna Niguel: The Orchid Digest Inc.

Tang C Z. 2002. Orchidaceae in Checklist of Hong Kong Plants. Agriculture, Fisheries & Conservation Dept. , Govern. Hong Kong SAR.

Tang C Z, Cheng S J. 1981. A new Orchid from South China. The Orchid Review, 89(1051): 144-146.

Tang C Z, Cheng S J. 1986a. A new *Dendrobium* (Orchidaceae) found in China. Orchid Digest, May-June: 95-97.

Tang C Z, Cheng S J. 1986b. Two new Phaius species from China. Orchid Digest, Nov-Dec: 198-202.

Tharp A G, Fowlie J A, Tang C Z. 1987. A recent described *Phalaenopsis* species from the Philippines: *Phalaenopsis philippinensis* Golemco ex Fowlie & Tang C Z. The Orchid Digest, 51(2): 87-92.

Yan T W. 1995. Orchids of the Singapore Bot. Garden, National Parks Board, Singapore B G.

# 中文名索引

# 拉丁名索引